中国白酒通解

Chinese Baijiu Mini Encyclopedia For Everyone

李寻 楚乔 著

西北大学出版社

·西安·

高粱是中国白酒最主要的酿酒原料，有多个品种。图为山西运城黄河滩地的数万亩高粱地（2020.8.5）（摄影／李寻）

大麦、小麦是中国白酒大曲的主要原料。图为陕西长安区中江兆村的麦田（2022.5.25）（摄影／胡纲）

中国传统白酒主要靠人工操作，是重体力劳动，虽然现在很多酒厂采用了不少自动化、机械化的设备代替人工，但是，品质优秀的白酒都保留了人工操作的传统。图为江西四特酒有限责任公司人工酿酒车间热气腾腾的生产场面（2020.11.26）（摄影／李寻）

遍饮天下酒，风味我自得

—— 元·郝经

作者简介：

李寻

自由学者，游于哲学、历史、自然科学；平生好酒，慷慨任性，以天地风云为友。国家二级品酒师。

楚乔

历史学博士、博士后，治俄国史、中东史；既嫁酒徒，遂作当垆文君，同游万里，无酒不饮。国家二级品酒师。

二人所著上一本书《酒的中国地理——寻访佳酿生成的时空奥秘》于2019年6月由西北大学出版社出版，至2022年已重新印刷三次。

**李寻、楚乔，把酒观海于山东威海成山头
（2022.5.28）（摄影／朱剑）**

序

李家民

三年多前，李寻先生和我说，他要写一本给普通白酒消费者读的书，现在，当他把书稿送给我，并请我审读作序时，我吃了一惊，"这么厚的一本书，普通白酒消费者怎么读啊？"我问他。

"没办法，普通白酒消费者应该知道的白酒知识太多，只能写厚了。"李寻苦笑着回答，"不过，真读完这本书，普通消费者也就变成专家了，专业的选酒专家、选酒师。"

三年来，李寻先生为写作这本书所下的功夫我是见证过的，他多次专门乘高铁从西安到成都来找我，只是为了请教几个具体的酿造技术问题。有些问题，如果不在生产现场，仅靠口头讲解，无法理解。于是，我又数次联系宜宾、广汉、邛崃的酒厂，陪他到酒厂去，在生产车间对着实物现场讲解，并让他亲手操作，感知那些工艺环节的控制要点。他读过的书很多，除了已经公开出版的书籍外，还及时下载各大学酿酒专业的博士和硕士研究生论文，那些论文有的一篇就十几、二十万字，相当于一本专著。我都觉得他可直接转行到酿酒厂从事科研和生产工作了。他自己了解的东西多了，想分享给读者的东西也就多了，于是便有了这种"厚砖头"一样的、可能会让普通白酒消费者"望而生畏"的巨著，这种篇幅，认真读下来，真的可能把普通小白变成了专家。

书中关于白酒生产的诸多内容皆有根据，李寻和楚乔在每页上标注了文献出处，便于读者深入查询。一本厚书需要简短的序言，我就不多说了。

作为白酒专业科研生产人员，我在这里谈一点读这本书的特别感受：

第一，近七十年现代白酒工业的科学技术发展史值得反思总结。

李寻和楚乔在这本书中实际回顾了近七十年中国白酒的关键性科技发展，对麸曲、糖化酶、新工艺酒等关键技术进步提出了和当时推进这些技术变革有所不同的观点，他的这些看法也反映了消费者对这些问题的疑惑。这促使我们专业酿酒工作者深入思考现代科学进步和古老的传统智慧如何更加平衡、协调地发展。

第二，白酒市场的营销方式将发生重大的变化。

李寻提出了"选酒师"这个新的职业概念，当然不是为他把书写厚了找的借口，而是映射出白酒消费者的新要求，新一代白酒消费者们受教育程度普遍提高了，他们对于白酒的品质和生产信息有进一步的要求，但他们能接触到的第一批白酒行业的"专业人员"不是酒厂的科研生产、销售人员，而是白酒零售终端的服务人员。诚如李寻所说，各行各业的一线售货员是消费者实用商品知识的第一位启蒙老师，白酒零售人员也将会以启蒙老师的形象出现在普通消费者面前。对酒厂来说，意味着他们将面对和自己有着同样知识水平、对产品品质更挑剔的客户群体。从长远的角度看，这会引起白酒产品的结构和酒厂营销方式的重大变革。事实上，十多年来，白酒市场的产品结构已经发生了重大的变化，也正是这种变化，才催生了"选酒师"这类新概念、新职业的出现。

消费者和生产者是决定产业格局的两个最根本性的力量，这本书的出发点是为了向消费者讲清楚白酒的基本知识，而了解白酒基本知识后的消费者对白酒产品会提出怎样的新需求，这是白酒生产者需要及时关注并预先研判的问题。他们的这本书，不仅白酒消费者可以读，白酒生产者也有必要读一读。

是为序。

李家民

中国酿酒大师、中国首席品酒师、中国发明协会副理事长、全国白酒标准化技术委员会浓香型白酒分会委员、中国名优白酒基因传承博物馆馆长、四川大学白酒研究院院长。原沱牌舍得副董事长、副总经理、总工程师、首席质量官。

扎根基层从事生态酿造研发、质量安全工作40年（1982～2022），首倡并构建生态酿酒、生态经营、生态文明、生态文化体系，定义生态酿酒国标术语，揭示固态发酵遵循的"五三"原理，创新提出食品感官风味成分形成及作用机理的"五味九觉"原理。获13项国际发明金奖（其中"钻石大奖"系中国唯一）、发明创业奖特等奖（全国食品行业唯一）。著有《固态发酵》《走向生态化经营》《标准化整合营销》等著作。

序

余乾伟

  李寻、楚乔二位是在各自研究领域中小有成就的学者，李寻治哲学、历史及石油地质学；楚乔为历史学博士、博士后，治世界史及国际关系。我们因书结缘于2018年夏，2019年他们报名参加四川省食品发酵工业研究设计院举办的白酒品酒师培训班，两位在各自专业学有所成的学者，又都是在50多岁的年龄，来接受白酒品酒师这种岗位职业技能培训，这是为了什么？我有些好奇地问他们。他们告诉我，他们应西北大学出版社之邀，已写作并出版了《酒的中国地理——寻访佳酿生成的时空奥秘》一书，本来是想基于已有的白酒科技理论及生产状况，介绍中国白酒的历史演变和自然地理分布特征，但在研究中发现，白酒科学理论与生产实践在近70年间发生了多次变化，以至于改变了"一方水土一方酒"这种传统白酒的自然地理属性。要进一步搞清楚1950年代以来白酒理论和技术的演变，非深入到白酒行业内部不可。他们是为了搞明白自己心中存在的问题而来学习的。在培训班上，他们学习态度极其认真，认真听课，认真做笔记，认真完成每一项实验。学习班结束后，经过考试和专家鉴定，他们获得国家人事部颁发的二级品酒师职业资格证书。

  此后我和他们保持着持续的交流，他们经常会向我咨询一些白酒专业方面的问题，我是知无不答。哲学、社会科学、自然科学，虽然专业领域不同，但都要遵循共同的学术准则，那就是：求真、客观。李寻、楚乔二位治学严谨，不遗余力地探索事实真相，态度客观平实，我和他们的学术交流顺畅且愉快。

  如今他们历时三年写就的新作《中国白酒通解》已经完稿，他们将书稿发给我，请我对全书进行审定并作序。我欣然允诺，认真通读了全书，深以为这是一部态度严谨、知识系统、证据可靠、见解独到的白酒专著。作者是以白酒消费者的角度切入白酒领域的，自谓要为白酒消费者写一本书，所以，书中提出的很多问题来自白酒消费者，回答问题的方式也尽量通俗易懂。全书大致分为三部分，一是白酒工艺学及现代白酒工艺发展史；二是白酒品鉴学；三是白酒市场学。在充分掌握资料，如实描述事实的基础上，作者也做了极具其个人哲学风格的解释。

  作者写作此书的时间是2020年到2022年，此间，国家相关部门开始对白酒的各种国家标准进行近几十年以来最大规模的修订，有些已经完成修订的新标准，在2022年6月生效，有些还在修订中。在该书的写作过程中，我及时与他们分享了新的白酒国家标准修订信息，他们也及时地补充在书中。但由于是在新旧标准交替过程中的写作，只能将新旧标准的内容同时加以引用和解说，这不仅增加了篇幅，而且增加了普通消费者的理解难度。但是，这次白酒标准的修订是对当代中国白酒发展具有举足轻重影响的历史事件，该书作者有机会躬逢其盛，如实记载历史变动过程中新旧标准杂糅并过渡演化的实态，因而也别具现代白酒工业演化史的价值。

　　李寻、楚乔两位作者在书中多次强调，作为普通白酒消费者，要系统、完整、全面地了解中国白酒的历史、工艺、演变过程及其与现代科学理论的关系后，才能对各种具体问题做出科学理性的判断，要尽量避免因种种原因导致的知识碎片化、观点片面化和绝对化，看透各种"神话"。我对此观点深以为然，中国白酒有悠久的历史，而历史不是一成不变的，始终处于发展中，特别是在现代科学的推进下，白酒在基础理论、工艺技术方面迭经变化，正在进行中的白酒系列国家标准系统修订也是这类变化中的一部分。在不断的历史变化中，如何继承传统中的优秀精华，如何接受使用现代科学，始终处于研究探索中。在探索中，自然会改变很多观念，而且翻来覆去地改，还会制造出很多新的概念。但无论怎么改，最基本的原则还是求真、客观，只要坚持这一原则，就会避免片面化、绝对化、神话诸问题。希望《中国白酒通解》能给广大的白酒消费者带来实实在在的帮助。

　　是为序。

余乾伟

　　教授级高级工程师，中国白酒大师，国家高级考评员，科技部、四川省科技项目评审专家，《中国白酒》编委，《食品科学》《食品工业科技》特约审稿专家。先后完成省、部级科研项目10余项，出版有《传统白酒酿造技术》专著一部，发表论文50余篇，获得专利4项，起草标准5项。

第一章 中国白酒是什么

第二章 中国传统白酒工艺详解

第五章　中国白酒的香型
—— 各种香型白酒的自然地理条件、生产工艺特点及酒体风味品鉴

第六章 白酒市场解剖

第七章 李寻白酒品评法
—— 供消费者和选酒师使用的白酒品评法

封面图片：中国白酒不同香型色谱指纹图，自下而上，分别是：浓香型、酱香型、董香型、米香型、清香型。引自吴天祥、田志强编著《品鉴贵州白酒》，北京理工大学出版社，2012年4月第一版，第142页。

第一章

中国白酒是什么

第一节
现代科学出现之前的酒

　　酿酒技艺的出现，比现代科学的出现早得多，现代科学自 16 世纪以后出现，一直持续至今仍在不断发生新的"革命"，而在此之前蒸馏酒已经存在几百年了，在这段漫长的岁月里，人们对酒的介绍是按照制作工艺、产品特点来描述的，不会按照后来的科学原理来描述。

　　中国最早记载"酒"的文字是甲骨文，被写成"酉"，形似一个陶罐，篆书"酒"字也是取了陶罐之形，东汉时期许慎在《说文解字》里给它加了三点水，以此象征它是装在陶罐里的一种液体。

　　对酒的定义也不是从物质构成的角度来定义的，中国第一部字书、东汉许慎编的《说文解字》对酒的解释是，"酒，就也，所以就人性之善恶。一曰造也，吉凶所造也。"这是从喝酒之后的反应来定义酒，意思是酒迁就了人性的善恶，喝了酒之后使人性当中善的更善、恶的更恶；说它是吉凶所造，好事、坏事都是由它促成的。这个定义对酒的成分属性没有界定，只是描述了喝酒后的反应，意指它是能带来这样后果的一种饮料。

　　到现在为止，中国酒至少已有六七千年历史，在没有现代科学之前就有酒，在这么漫长的时间里，酒是作为人类日常生活中常用饮品而存在的。

　　最初的酿酒技术是怎么出现的？距今 1700 多年的西晋时期江统有篇残文《酒诰》里写道："酒之所兴，肇自上皇，或云仪狄，一曰杜康，有饭不尽，委余空桑，郁积生味，久蓄成芳，本出于此，不由奇方"。译成大白话就是，"酒这东西，在遥远的上古时代就已出现，人们或传说是仪狄造酒，或传说是杜康造酒，好像很神奇，其实做个试验就知道，把吃剩下的饭放到野外桑树的空洞里，搁一段时间会变味，最后会发出独特的芳香，自然而然就变成了酒，酿酒就是受到这种自然现象的启发，没有什么神奇的地方。"

也就是说，酿酒的出现可能是自然发酵现象引起了人们的重视，进而不断重复，进行一些人工控制，逐渐发展起来的一种古老的技术和工艺。最早出现的是发酵酒，蒸馏酒是对发酵酒进一步提纯的产物。

中国酿酒产生的时间非常早，在陶器时代就出现了，距今至少有6000年以上历史，当时的酒是发酵酒，蒸馏酒的出现要晚一些。

关于蒸馏酒的起源时间，历来学者们争议纷纷，有说最早在东汉时期就出现了蒸馏酒，最晚的说法也说不晚于元代出现；有学者根据元朝文献记载，把白酒叫阿刺（lā）吉酒，认为"阿刺吉"是来自于阿拉伯语（Araq）的音译，据此推测中国蒸馏酒技术是元朝的时候由阿拉伯通过东南亚传到中国。

不过，考古发现证明金代已经出现了蒸馏器。近年来也有学者，如资深白酒研究者要云先生在研究中发现，"阿刺吉"乃是满语对蒸馏酒的一个称呼，中国蒸馏酒起源于金朝更可靠一些。语言文化学上的研究和考古学相互印证，证明中国蒸馏酒在金朝就已出现。

西方大致也是在12世纪左右开始出现关于蒸馏酒的文字记录，西方关于蒸馏酒起源的研究也跟中国一样存在多种说法，有说是本土起源的，也有说是从东方传过去的。

中国古代有时候把蒸馏酒称为"烧酒""火酒"，主要是因为它的口感比较灼烈，刺激性比较强——燥辣，像火烤一样，民间也把白酒叫"烧刀子"。现在常用的"白酒"一词，在于它的无色透明之故，中国人日常口语中常把无色透明称作白色，白开水的"白"便是这个意思。

唐代文献里出现过"烧酒""白酒"的字眼，白居易诗中有云："荔枝新熟鸡冠色，烧酒初开琥珀香""黄鸡与白酒，欢会不隔旬"，所以也有学者据此说唐朝就有蒸馏酒。当然，更多的学者不同意这种观点，因为中国的发酵酒也有白色的，而且中国的发酵酒在酿造过程中有上锅蒸粮的工序，也可以叫作"烧酒"。

中国古代把酒视作"百药之长"，认为酒能"行药势，杀百邪恶气，通血脉，厚肠胃，润肌肤，散湿气，消忧发怒，宣言畅意。"（《本草纲目》谷部第二十五卷）东汉名医张仲景所著的《伤寒杂病论》当中，有关酒的方剂达16种。现代文献中广泛引用的关于蒸馏酒出现于元代的记录是明代大医学家李时珍的巨著《本草纲目》中的记载，这本书中不仅记载了69种药酒方，还说明了对酒的正确使用范围："酒，天之美禄也，面曲之酒，少饮则和气行血，壮神御寒，消愁遣兴；痛饮则伤神耗血，损胃失精,生痰动火。沉湎无度,醉以为常者,轻则致疾败行,甚则丧邦亡家而殒命。"①

当然,并非《本草纲目》上所说的一切都是正确的。和一切伟大的科学著作一样,《本草纲目》有正确的地方,也有错误的地方,有些关于酒的药方在现代医学看来并不正确,比如"惊怖猝死,温酒灌之即醒"。猝死有多种原因导致,灌酒有时反而是一种错误的急救方法。

西方也一样把酒当药用,古希腊、古罗马的医生用酒处理伤口、退烧、利尿、补充体力。古医书里也记载了各种用酒的药方。17世纪以前,西方的蒸馏酒价格昂贵,通常只在药铺销售,那时人们认为它有"奇迹"般的起死回生神效,从要命的瘟疫到精神忧郁,没有一种病是它不能治疗的,白兰地的别称是"生命之水"(Aqua Uifae),威士忌的原文whisky(来自于盖尔语的uisge beatha),也是同义。由于视酒为药品,一度管理甚严,德国奥格斯堡甚至规定在店里买了白兰地必须当即服下,不准带走。

关于酒究竟有什么药用价值,18、19世纪西方医学界有过激烈争论,当时达成共识的是酒可以作为急救的兴奋剂。极端的观点也时不时地出现,17世纪西方有位医生说每天早上服半盅白兰地的人一辈子不会生病。②2018年著名医学杂志《柳叶刀》发表的一篇文章说,根据调查统计,喝酒只有害处,没有益处,让那些好饮的酒徒们心里哆嗦了一下。当然,极端的现实并没有出现,想喝酒的人照喝不误,不想喝酒的人灌他也不喝。

---

① 李时珍:《本草纲目(校点本)》下册,人民卫生出版社,2020年4月第二版,第1560页。
② 戴维·考特莱特:《上瘾五百年——烟、酒、咖啡和鸦片的历史》,中信出版社,2014年8月,第92页—第93页。

第二节
酒精的发现及对传统酿酒业的影响

　　酿酒业存在了几千年，直到17世纪科学革命发生以后，西方科学家们才得以把酒当作一个重要的对象加以研究，在酒的研究领域也出现了很多划时代的科学家。

　　18世纪末，现代化学的创始人、法国化学家拉瓦锡率先发现乙醇是由碳、氢、氧等元素构成的；1807年另一位科学家尼古拉斯•泰奥多尔•索绪尔（Nicolas-Théodore de Saussure），确立了乙醇的化学式是C_2H_5OH；1857年阿奇博尔德•斯科特•库伯（Archibald Scott Couper），进一步发现了乙醇的结构式是：

$$
\begin{array}{c}
\quad H \quad H \\
\quad | \quad\ | \\
H-C-C-O-H \\
\quad | \quad\ | \\
\quad H \quad H
\end{array}
$$

　　这也是现代科学最早发现的结构式之一。

　　从此以后，人们开始对酒精有了科学上的准确认知，即酒里面能让人饮后感到兴奋和愉快的成分是——乙醇。另外还有两项重要发现，对以后的酒精和酿酒业产生了非常深远的影响。

　　第一项发现是1857年法国科学家路易斯•巴斯德（Louis Pasteur）发现酿酒之所以能够出现酒精，是由活的酵母菌引起的，酿酒过程中还会产生其他物质，这些其他物质也是由其他不同的微生物作用形成的。巴斯德是现代微生物学的创始人，在微生物学领域的影响极其深远，他的研究成果不仅影响了酿酒，也影响了整个食品工业以及医学等领域。

第二项重要发现是现代生物化学创始人、德国化学家布希纳（E. Buchner）在1897年完成的，他在实验中看到，没有活的酵母菌，酒也可以出现！酒能够出现的真正原因是一种特殊物质的存在和发挥作用的结果，他把新发现的这种物质命名为"酿酶"，意即"酿造的酶"。[①]

从拉瓦锡到布希纳，这些现代化学、微生物学及生物化学领域奠基人的一项又一项研究活动及其成果，最终使关于酒精的科学原理成为完整的体系，而且基于此发展出了独立的酒精生产工业。

酒精理论的出现对传统酿酒业产生了重要的影响。

第一，对酒的命名发生了变化。过去西方人把烈性酒叫作"生命之水"，现在不这么叫了，改为把所有的酒笼统地定义为"酒，含有酒精（乙醇）的饮料"。

第二，是用酒精的原理来解释酿酒的原理。酒精的原理和酿酒的原理其实是不一样的，后面的章节会详细解释和分析它们之间的不同。但是自从酒精理论出现之后，利用酒精理论解释酿酒原理在世界上成为潮流，不只是在中国，西方酿酒也受到了很大的影响。

第三，出现了跟传统酿酒业完全不同的、以生产纯粹的乙醇（即酒精）为产品的酒精工业。

随着酒精产业向酿酒产业的渗透，也出现了两个概念：一个是酿造酒，一个是酒精酒。所谓酿造酒，就是用传统方式酿造出来的酒，包括酿造的发酵酒和蒸馏酒；所谓酒精酒，就是直接用酒精加水和别的香精混合出来的酒。

这个现象是世界范围的，在法国、英国、俄国等这些以传统酿酒而闻名世界的国家都一样，把酒分成酿造酒和酒精酒两种，好酒和差酒从此有了新的概念。在酒精酒出现之前，好酒和差酒可能就是兑水多少的问题，或者是在同样的工艺上又形成了不同的风味、口感的品质差异；酒精酒出现之后，好酒和差酒明显的区分标志就是——好酒是酿造酒，差酒是酒精酒。

有些心急的科学家总是认为他们现在的发现就是终极真理，认为所谓酒无非是酒精加水的溶液，酒精就是酒的一切，所以发展出来了酒精兑水这种所谓新型白酒。而遵循传统的酿酒师以及大部分消费者在品饮的过程中还是更钟情于成分丰富的酿造酒。

[①] 宋大康：《微生物学史》，中国农业大学出版社，2009年6月，第13页—第121页。

第三节
酒精不是酒

从严格的科学意义来讲，酒精（乙醇）不是酒，它只是酒中的一种主要成分。酒是包含酒精在内的、由多种物质成分组成的混合物的水溶液，这就好比炒菜加了盐，但盐并不是炒菜一样。

酒精是酒里面一个主要成分，在蒸馏酒范畴当中的中国白酒和西方一些烈性酒里，酒精还是比重比较大的一个成分。按照体积分数，中国的蒸馏酒里面，高度酒有 60°，甚至 70° 以上，低度酒也有 38°～40°，也就是说其中有 40%～70% 是乙醇，是酒精成分。但即便如此，在整个酒里面，除了水之外 98% 是乙醇，另有 2% 则是其他微量成分，包括酸、酯、醇，还有羰基化合物等等。

而在发酵酒当中酒精占不了太大的比例，在黄酒里占 12%～15%，葡萄酒里面占 10%～15%，啤酒里面占 3.5% 左右；现在还有一些新型的酒，比如无醇的葡萄酒，乙醇的含量还不到 1%。在黄酒和葡萄酒中，除了乙醇和水之外还有其他更多的成分，比如糖、氨基酸，等等。

因此，酒之所以能成为饮料，酒精（乙醇）只是其中一个组成部分，此外酒里面还有其他的组成部分，酒精和它们在一起共同产生作用，才有了饮后兴奋和愉快、舒适的感受。

就白酒而言，除水之外，占比 98% 的乙醇只说明了它含有酒精，另外 2% 的微量成分才决定了它究竟是好酒还是差酒，也决定了它的价格差异。

就物理化学属性来看，乙醇是碳氢氧的化合物（C_2H_5OH），用它兑水就是乙醇的水溶液，而不是酒；而酒不是这么简单的二合一，酒是包括乙醇在内的有多种成分的混合溶液，而且是复杂的、以饮用为目的的混合溶液。

酒精工业和酿酒工业是不一样的，酒精工业的生产目的是生产纯粹的乙醇，而且要纯度越高越好，纯度高的乙醇可以用来做燃料、化工原料、医学基础原料，还可以成为一些食品的原料，等等。

从本质上讲，酒精工业是作为一种生产原料的工业而存在的。而酒是一种饮料，是作为饮料产业出现的，生产的目的在于它有好的饮用性，饮后令人愉快、舒适、健康等等。酒精工业和酿酒工业的生产目的是不一样的，当然饮用效果也是不一样的，尽管有一些心急的科学家和企业家曾经多次做过实验并将其产业化，这种用食用酒精加水做出来的酒——全球各个国家都做过这种努力和实验，现实中遭到了大部分饮用者的抵触，大家觉得不好喝，喝了之后体感不舒适，风味也不丰富，在全球各国，酒精酒都被当作差的酒来看待。

而采用传统酿造工艺生产出来的酒，包括发酵酒和蒸馏的烈性酒在内，无论风味口感的丰富程度还是饮后的愉快、舒适感，都是酒精酒无法相比的。

第四节
酒精理论对中国白酒行业的重要影响

我国接受酒精理论的时间，其实也是接受现代科学的时间。20 世纪 20 年代到 30 年代，我国第一批从国外留学回来的科学家们开始接受酒精的理念，用它来解释中国传统的酿酒工艺。

我国的酒精工业出现比较晚。20 世纪 40 年代抗战进入相持阶段，日军封锁交通，我国运不进来汽油，于是在各地建立酒精厂，为汽车和飞机提供燃料，当时在四川、贵州、陕西建立了将近 200 家酒精厂，这是中国现代酒精工业的起源。抗战时期兴起的酒精工业在战争结束后多数宣告停产，有一部分转入酿酒行业。

对中国白酒行业产生影响的酒精产业是在 1950 年代以后出现的。目前用于燃料生产和食品工业生产的酒精工业的设备和技术，大多是在改革开放后从国外引进的。

酒精理论以及酒精工业进入中国之后，对中国白酒行业产生了重大的影响。

其中一个重要的影响是把酒精理论当作白酒理论，对白酒的传统工艺进行解释。从现在的效果来看，这种解释有些是合理的，有些则是不合理的。20 世纪 50 年代以后，我国第一批酿酒科学家深入到酿酒一线，对传统酿酒产业进行观察，选择了四个试点，包括汾酒试点、茅台试点、泸州老窖试点以及西凤酒试点。

试点工作包括两个方面，第一方面是写实。

所谓写实，是指把传统酿酒行业的操作过程一五一十地记录下来。传统酿酒行业主要由工匠操作，很多人没文化，不识字，没有理论积累，是全靠口传心授、师傅带徒弟这种方式传承下来的一种传统技艺。这批科学家进驻酒厂之后，首先把酿酒匠人们日常工作的所有细节全部记录下来。

另一个方面工作是用所谓现代科学理论对传统酿酒产业的原理进行解释，同时在生产实践中做一部分实验来证明这些理论是有效的。

为了便于对比，需要先把酒精生产理论简单地介绍一下。酒精工业理论的生产目标是生产乙醇，乙醇的用途前面讲过是多方面的，可用于工业燃料、工业原料、食品原料等等。

酒精的生产有如下几个环节：

第一个环节是培菌和制酶。按照现代微生物学和生物化学的观点，不是所有的微生物都适合产酒，要专门寻找那种适合产酒的酵母；而且也不是所有的微生物都适合分解产酒的酶的，要找那种产酶能力最大的霉菌，或者干脆就直接提取出来酶，用酶而不是用霉菌作为产酒精的糖化剂。

第二个环节是淀粉的糖化。淀粉是粮食里面的主体成分，从化学角度来描述，也是碳氢氧化合物，化学式为 $(C_6H_{10}O_5)$ n，它是由多个葡萄糖分子聚合形成的多糖分子，一粒淀粉可能有几千个葡萄糖分子。

由于淀粉是一个聚合度很高的多糖分子，酵母菌无法把它转化成乙醇，所以先要通过霉菌产生的酶，即糖化酶（也叫淀粉酶）把它转化成酵母菌可以利用的单糖分子，也就是葡萄糖 $(C_6H_{12}O_6)$ 。

$$(C_6H_{10}O_5) n + nH_2O \rightarrow nC_6H_{12}O_6$$

第三个环节是酒化。葡萄糖单糖分子在酵母菌以及酵母菌代谢出来的酒化酶的作用下生成乙醇和二氧化碳，当然实际反应过程远比这个简单描述要复杂，酒精的生产过程中还会加入其他催化剂，但理论原理大致如此。

第四个环节是蒸馏提纯。酒精生产中的酒化过程跟传统酿酒有些相像，只是用的糖化剂、酒化剂跟传统酿酒不太一样，但在酒化之后，它和传统酒一样里面有很多其他成分（通过提炼分离出来的副产品当中有40多种是有工业价值的，包括杂醇油等），需要把这些成分再分离出去，酒精生产过程中蒸馏的目的是使乙醇纯度更高，含量更大。

中国白酒传统的工艺大概可以分成五个环节，分别是制曲、蒸粮、发酵、蒸馏和贮存老熟。科学家们用酒精理论对白酒的传统生产环节进行了解释。

一、制曲

他们解释为在制作糖化剂和酒化剂，这个解释其实是不全面的。大曲确实有糖化剂和酒化剂的功能，但也有作为酿酒用的粮食、作为发酵底料的作用，因为有些酒的大曲已经占了酒粮一半以上，相当于做了发酵底料，不仅仅是糖化剂了，如果仅把它作为糖化剂、酒化剂来解释，是不全面的。

就算从糖化剂和酒化剂的角度来看，也是不全面的。酒精生产用的糖化剂有特定的微生物、特定的酶。酶的作用有定向性，一种酶只有一种作用，目前具备糖化能力的酶大概有十来种。酒化也是特定的几种酵母在起作用，目前能培植出来的纯种菌大概有几十种。

但大曲的制作是一个开放式的过程，采集的菌种从环境中得到，包括粮食本身带来的、空气中带来的、土壤中带来的、制曲厂房环境带来的，甚至包括制曲人员的人体带来的微生物都有介入进去，所以大曲里的菌种可以说成千上万，有太多人们不知道起什么作用的微生物汇入进去，这些微生物在酿造过程中又起了什么作用，目前也是不完全清楚的，所以说把大曲仅解释为糖化剂、酒化剂，这个说法是片面的。而依据这个解释之后采取的工程手段生产出的"酒"和传统工艺生产出来的酒的风味品质相差很大，用生产酒精的糖化剂和干酵母代替大曲生产的白酒就不好喝，上头、不舒服，这在实践中已经被反复证明。

二、蒸粮

蒸粮环节被解释为糊化，即淀粉要变成糖仅靠糖化酶还不行，要把它蒸煮熟了变成糊精，糊精是介于糖和淀粉之间的一种状态，更有利于糖化。这是从酒精生产理论出发看问题的，传统酿酒的工匠们不这么认为，工匠们认为粮食蒸了才能熟，熟了才香，所以得用熟粮酿酒。

也同样是基于酒精理论，日本曾经因为经历过能源危机而提出了生料酿酒，就是不蒸酒粮，直接用生粮酿酒以节省能源，这个概念在 20 世纪 90 年代传入我国，曾经热闹了一阵，但最后也沉寂了。

三、发酵

传统酿酒中把酒粮和大曲粉拌好了放在窖池里面发酵，这个过程按照酒精理论的解释是糖化和酒化同时进行的过程，术语称为"双边发酵"，即边糖化，边酒化。这跟酒精是不一样的，酒精的糖化和酒化过程是分开的。

这种解释其实也是不全面的，因为除了糖化、酒化，传统酿酒的发酵当中还发生了很多其他微量成分产生的过程，如果没有这些微量成分那就没有酒了，用糖化、酒化、双边发酵这种概念来解释中国白酒的发酵，以此和生产酒精的发酵情况做类比是不完整的，甚至有些牵强。

四、蒸馏

蒸馏环节，按照酒精理论解释也就是提纯过程，但实际上只有酒精是要分离提纯的。白酒蒸馏时主要是保留其复杂成分，同时也有分离其他成分的作用，该过程还生成少量新的微量成分，而是要保留复杂微量成分的，只是按照酒精度不同来分馏段，掐头去尾后，保留最适合饮用的馏段做成品酒。

五、储存老熟

酿酒里的储存老熟概念在酒精工业里是没有的，储存老熟过程中会发生哪些变化？为什么会发生变化？关于这方面的诸多问题，目前有些物理上的解释是水分子和乙醇分子的缔合、化学上的酯化和酸化反应等。应该说，这些解释都不全面，中间可能还会发生很多其他的变化，包括生物化学的变化。关于储存老熟方面的系统科学解释目前来看还没有出现。

酒精理论和酒精工业的科学成果还给中国的白酒带来两个新的工艺环节，即勾兑和过滤，这些细节将在其他章节中讨论，这里不再赘述。

最后总结一下，现代科学传入中国，特别是1950年代以后，把酒精理论引入白酒行业且进行巨大改造的结果有以下几个方面：

（1）酒精工业还是独立的酒精工业，酿酒工业还是独立的酿酒工业，两种工业并行发展的格局没有变化。国家管理部门也一直把酒精和白酒分成两类产品进行统计。

（2）将生物化学、微生物学等酒精理论的片段植入酿酒业的工艺环节，也进行了一些改造，既产生过积极性的结果，也产生过消极性的结果，其中消极结果有的被酒厂接受，有的并没被接受。

（3）市场上生产者和消费者相互作用过程中产生了关于好酒和差酒一些约定俗成的认知：即认为酿造酒（中国消费者一般俗称为粮食酒）是好酒；酒精酒（中国消费者俗称为"勾兑酒"）是差酒。

与之对应的是，在科学上也出现了两种思路的分歧：一派姑且称之为酒精派，他们一直认为酒无非是酒精水溶液，缺什么成分可以用化学手段补什么成分；另外一派可称之为传统派，他们在实际生产中更加尊重传统工艺，生产传统的固态酿造酒，坚持认为酒质好的一定是传统酒。

这两种分歧不仅在酿酒生产领域存在，在学术理论方面上一样存在，如果深入研究相关的学术文献就能看到这种分歧。在生产一线，酿酒师傅经常说"科学是骗人的，科学没用，我们酿酒是不听它的"；而坚持科学的这一派认为传统工艺是老旧的，需要不断改造，并在掌握主流话语权之后不断地把一些新技术推进到酿酒行业里，如糖化酶的使用、干酵母的使用，还有勾兑技术，等等，全都是这样力推进来的。

（4）酒精理论和酒精工业对中国白酒最重要的影响，是出现了新工艺酒。新工艺酒包括麸曲酒、液态酒，还有固液酒。

第五节
什么是好酒，什么是差酒

现在我们可以直接回答酒友们最关心的问题了：什么是好酒？什么是差酒？如果没有前面那些略显艰涩和冗长的铺垫，其实是无法真正理解和回答好这两个问题的。

好酒和差酒首先是一个与时代性有关的概念，现代科学出现之前和之后的所谓好酒和差酒的概念当然不一样。以白酒为例，现代科学出现之前，好酒和差酒可能就是一个加水多少的问题，好一点的酒加水少，不好的酒加水多；现代科学出现之后，好酒和差酒的概念变了，包括生产者和消费者，大家有了一个约定俗成的新标准——好酒是酿造酒，不好的酒是酒精酒。

当我们现在再谈论好酒和差酒的时候，我认为还要依据目前中国市场上的一些产品和酒厂实际的生产状态、生产理念、工艺和产品的品质来做出具体的判断。

所谓好酒，中国消费者俗称粮食酒；与之对应的是勾兑酒，即所谓差酒。而有些专家认为，所有的酒里都有酒精，酒精可能也是粮食做原料生产出来的；至于勾兑，现在所有的酒都有这个工艺环节；所以，消费者俗称曰："粮食酒"和"勾兑酒"的称呼并不准确。实际上，消费者所指的东西是很清楚的，专家也知道这两个俗称指的是什么东西。简单地把好酒和差酒说成粮食酒和酒精酒确实在概念上不太准确，在白酒专家看来，所谓粮食酒应该叫传统白酒，或者更准确的全名是纯粮固态大曲发酵酒；所谓勾兑酒或者说酒精酒，应该叫新工艺酒（包括液态酒和固液酒）。

在国外，中国消费者俗称的粮食酒一般叫作发酵酒，勾兑酒叫酒精酒。如果咬文嚼字的话，中外这些称呼可能都有不准确的地方，但实际上所指的意思大家是清楚的。

纯粮固态发酵的大曲酒在生产中，原酒是要分等级的，按照现在的国家标准，一般分两级制（优级、一级）；有的企业分得细一点，分成三级或四级制（特级、优级、一级、二级）；还有的企业分到八级；追求更极致的，分到十级的例子也有。不过，现在原酒级别与成品酒的对应关系已经很不明确了，勾兑技术普遍应用后，酒厂把各种等级的原酒放在一起混合勾兑而调制出来的成品酒已经无法与原酒保持一一对应关系，造成的结果是现在的成品酒市场上国家标准的分级指标实际上已经没有什么约束力了。

酒厂生产过程中还有一个分级的标准是看贮存时间，储藏老熟时间长的酒被叫做老酒，老熟时间不同的酒，如 10 年、15 年、20 年、30 年，价格就不同，年份越长则价格越贵。近些年酒业协会出台规定不准使用年份酒字样，原因是涉嫌所谓虚假信息，也有律师投诉过茅台的年份酒，茅台最后给出的解释是，酒标上的所谓年份"不是指真实的 15 年的酒，而是相当于 15 年的口感"，这个案例告诉我们，所谓年份酒实际上跟储存时间并没有严格的对应关系。[1]

当然，酒厂在生产"相当于 15 年口感"酒的过程中，尽管比例多少不得而知，应该还是使用了一部分 15 年老酒的，因为只有老酒才能带来这种香气和口感。政策上不能标年份，酒厂采取变通办法，仍然标识"十五""二十""三十"等数字，把"年"字去掉，实际上消费者还把这个数字当成年份的意思。

差酒分两种情况。一种是液态酒，有一个短暂的阶段，液态酒是按照酒的工艺进行生产的，与酒精生产工艺无关；但现在的液态酒，就是食用酒精了。

在国家液态酒的标准 GB/T 20821—2007 里面，液态酒的定义是"以含淀粉、糖类物质为原料，采用液态糖化、发酵、蒸馏所得的基酒（或食用酒精），可用香醅串香或用食品添加剂调味、调香，勾调而成的白酒。"从定义可知，液态糖化、发酵、蒸馏这种液态酒的生产工艺是有的，但这种酒现在基本上不生产了，食用酒精的生产效率更高、成本更低，所以现在市场上存在的液态酒基本都是直接使用食用酒精。从科学概念上讲，食用酒精和液态酒是不一样的，这一点需要明确。

比液态酒稍微好一点的酒，是固液酒。固液酒的国家标准在表述上比较严谨，是把固态酒、液态酒的概念引述在先，再给出固液酒定义的，按照国家标准 GB/T 20822—2007 的定义，固液酒是"以固态法白酒（不低于 30%）、液态法白酒勾调而成的白酒"。[2]

---

[1]《"陈年茅台酒"被告欺诈，调解结案！50年是口感而非酒龄》，中国消费者报，2020年11月6日。
[2]液态酒、固液酒的国家标准已于2021年完成修订，2022年6月1日起正式执行。新标准规定，液态酒和固液酒不能再添加食品添加剂。本书写作时，新标准尚未发布；本书付印时，新标准虽然生效，但市场上按老标准生产的液态酒、固液酒依然在架销售。处于新旧标准变化之际，本书将新老标准的内容同时加以介绍，反映的是当下的市场实际状况，未来白酒生产企业按新标准生产出来的液态酒、固液酒其风味有待进一步观察。

　　一般市场上销售的固液酒都不标明自己是固液酒，标明固液比的酒更是没有，因此没有明确的等级之分。但实际上固液酒是可以分出等级的，等级的差别酒厂生产者知道得非常清楚，主要是根据固态酒比例不同来定级，最起码应该符合国家标准的规定，即固态酒比例达到30%以上，如果固态酒比例更高，达到40%、50%，甚至60%、70%以上，当然就好一些，等级也高一些，价格相应贵一些，久而久之这也成了固液酒领域约定俗成的惯例。当然，固液酒当中的固态酒比例也不会太高，比如达到90%以上，如果真是这样基本就可以当固态酒来卖了。

　　实际上中国白酒等级划分中的灰色地带比较多，比如，固液酒里面加的固态酒比例不到30%，但生产者不说，仍当普通白酒（固液酒）来卖。2005年国家发布并推广使用纯粮固态发酵白酒标志，酿酒企业生产优质、高档白酒符合《全国白酒行业纯粮固态发酵白酒行业规范》，就可以按照《纯粮固态发酵白酒标志使用管理要求》，由国家机构认证后申请使用这个标志，较早获得固态标志使用权的白酒有五个品牌——贵州茅台酒、五粮液、泸州老窖、全兴大曲和剑南春。由于这个标志具有比较高的权威性，在商业上带来的权威效果很好，所以越来越多的厂家都想尽办法获准使用，打着这个固态标志的白酒越来越多。在这种情况下，印着固态酒标准的酒瓶里面装的是固态酒，还是固液酒？如果是固液酒，固液比有多少？这中间的灰色地带是客观存在的。

　　食用酒精的生产效率高，成本远远低于固态发酵酒的成本，大约只有固态发酵酒的成本的1/10左右。酒厂把固液酒模糊为固态酒的方式卖酒，主要是为了降低成本。当然也有不是为降低成本而使用食用酒精的情况，因为纯粮固态发酵的大曲酒的风味在不断变化过程中，酒厂为了控制产品出厂时保持标准的风味品质而可能添加一部分酒精，这是秘而不宣的事实。

第六节
不能喝和不宜喝的酒

前面我们说了好酒和差酒，不论好酒还是差酒，只要它们符合国家食品安全标准，都是能喝的酒。但有些酒在卫生指标上不符合国家对蒸馏酒及配制酒的食品安全要求、有害成分超标的话，这种酒就是不能喝的酒。

一、甲醇、氰化物超标的酒不能喝

甲醇是剧毒物质，人体摄入 5 ～ 10 毫升可能导致失明，摄入 25 毫升可能致死。按照国家对甲醇指标的规定，粮谷类的酒不能超过 0.6g/L，其他原料的酒不能超过 2.0g/L。所谓其他原料主要是薯类和水果，果胶质比较多，易产生更多的甲醇。仅从食品安全指标上我们就可以作出一个基本的判断：即粮食酒好，原因之一就是甲醇指标比其他原料的酒低，能喝粮谷为原料的酒就不要喝薯干和水果为原料的酒。

$$
\begin{array}{c}
\text{H} \\
| \\
\text{H}-\text{C}-\text{O}-\text{H} \\
| \\
\text{H}
\end{array}
\qquad\qquad
\begin{array}{c}
\text{H}\quad\text{H} \\
|\quad\ | \\
\text{H}-\text{C}-\text{C}-\text{O}-\text{H} \\
|\quad\ | \\
\text{H}\quad\text{H}
\end{array}
$$

甲醇分子结构式　　　　　　　　　　乙醇分子结构式

如上图所示，甲醇和乙醇有着同样的元素，只是在结构上有所不同，引起的后果却非常严重——甲醇是剧毒，乙醇虽然也是有毒副作用的，但可以适量饮用。

关于氰化物，大家熟知的氰化钾是一种剧毒，安全标准是每升不能超过 8 毫克。酒中氰化物的来源有些是粮食原料中微量氰苷水解产生的氢氰酸，如木薯等代用品里面产生氰化物的可能性就比较大。[1]氰化物超标的酒是绝对不能喝的，国家也不允许上市。

---

[1]胡建锋：《食品安全国家标准蒸馏酒及其配制酒 (GB 2757—2012) 新标准的解读》，酿酒科技，2013 (2)。

二、杂醇油超标的酒不宜喝

杂醇油是含两个以上碳原子的脂肪醇的总和，又叫高级醇，包括正丙醇、异丁醇、异戊醇、活性戊醇、苯乙醇，等等。杂醇油对酒的风味是有影响的，酒里一定的含量带来了白酒令人愉快的一些风味，但超标了会带来头疼、恶心等不适感。我国食品卫生标准（1981 版）对限定杂醇油指标的要求是不能高于 1.5g/L，以大米为原料的不能高于 2.0g/L；1986 年做了一次修订，把"大米为原料"几个字删掉，规定所有的酒都不能高于 2.0g/L。

2006 年修订标准的时候，杂醇油标准不能高于 2.0g/L 这条标准被删掉。2012 版关于蒸馏酒和配制酒的卫生标准当中也没再列这一条指标。据相关资料介绍，删掉关于杂醇油的指标是为了跟国际例行做法更好地接轨，因为国际上其他国家的烈性酒对杂醇油指标没有规定。

但是 1981 年版食品卫生标准当中有过对杂醇油的限制标准，而且杂醇油过多确实会引起头疼，上头比较快，所以我们认为既然曾经有过限制规定，还是坚持那个标准比较好，也就是杂醇油指标超过 2.0g/L 以上的酒，还是不要喝为好。

国内外标准不同怎么办？这方面，还是要按国内标准来执行，比如甲醇指标，国外有些酒的要求跟我们不一样（参见表 1-6-1《各国酒精饮料中甲醇限量指标》、表 1-6-2《我国各种蒸馏酒的甲醇限量》），某些国家的白兰地和水果蒸馏酒的甲醇指标远高于我国白酒的要求，显然，采纳我国的标准更稳妥，超过国内标准的酒不宜喝。

表 1-6-1　各国酒精饮料中甲醇限量指标[①]

国家法规	名称	甲醇限量（g/L）
欧盟 EC110/2008	葡萄蒸馏酒	2.0
	白兰地	2.0
	水果蒸馏酒	10.0
美国 CPG 7119.09	白兰地	约 2.8（体积分数 0.35%）
澳新食品法典	白兰地	3.0
	韩国清米酒	0.5
	韩国烧酒	0.5
韩国食品法典	白兰地	1.0
	水果发酵酒	1.0
	配制酒	1.0

①胡建锋：《食品安全国家标准蒸馏酒及其配制酒（GB 2757—2012）新标准的解读》，酿酒科技，2013（2）。

表 1-6-2 我国各种蒸馏酒的甲醇限量

名称	甲醇限量（g/L）	标准 [a]
白　酒	≤ 0.6	GB 2757-2012 粮谷类
伏特加	≤ 0.05	GB/T 11858-2000
白兰地	≤ 2.0	GB 2757-2012 其他类
威士忌	≤ 0.6	GB 2757-2012 粮谷类
朗姆酒	≤ 2.0	GB 2757-2012 其他类

[a] 根据GB/T 11858—2000伏得克（伏特加），以100%vol为理化指标，甲醇的指标限量为50mg/L，换算之后为0.05g/L。因白兰地（GB/T 11856—2008）、威士忌（GB/T 11857—2008）、朗姆酒（QB/T 5333—2018）的理化指标中没有标明甲醇，甲醇限量统一按类别取自《食品安全国家标准蒸馏酒及其配制酒》（GB 2757—2012）。

三、含有国家禁止使用的添加剂的酒也不能喝

以塑化剂为例，塑化剂是在工业生产上被广泛使用的高分子材料助剂，又称增塑剂，凡添加到聚合物材料中能使聚合物塑性增加的物质都称为塑化剂，包括邻苯二甲酸二（2-乙基）己酯（DEHP）、邻苯二甲酸二异丁酯（DIBP）和邻苯二甲酸二丁酯（DBP），等等。

塑化剂本身不是食品添加剂，人体摄入对生理有害，食物添加塑化剂是明令禁止的。在生产环节中导致塑化剂进入白酒的途径，目前看有两条：一是使用了不合格的塑料制品，有些塑料制品本身是不含塑化剂的，用于食品包装的塑料产品，如矿泉水瓶、保鲜膜等等，这类塑料制品不会产生塑化剂迁移，换句话说，用不含塑化剂的矿泉水瓶偶尔装一下白酒是不必紧张的，但如果塑料制品在生产中使用了不合格的原料，即原料中含塑化剂，由此制成的塑料用品与食物接触中会浸出塑化剂；二是有的酒厂生产新工艺酒过程中添加食用香精，有可能香精里面含有塑化剂，导致酒体塑化剂超标。

目前我国并没有白酒塑化剂指标的专门规定，限制食品塑化剂含量的规定散见于国家一些文件，如原卫生部卫办监督函（2011）511号文件规定，DBP的最大残留量为0.3mg/kg，2012年酒鬼酒被爆塑化剂超标2.6倍，依据的就是这个文件的规定。[①]

四、固态酒里添加了香精香料的，不宜喝

从国家白酒的规定来讲，配制酒是允许加入添加剂的，根据国家食品安全标

---

① 中国食品工业协会：《白酒塑化剂解读》，中国质检出版社、中国标准出版社，2013年4月，第10页。

准使用添加剂使用标准（GB 2760—2014）的规定，允许使用的食用香精香料达到1000 多种，液态法白酒和固液法白酒可以使用的香料是 400 多种，其中醇类 55 种、酯类 170 种、酸类 40 种、醛酮类 120 种，其中包括人所共知的甜蜜素。[①]

固态酒无论什么香型，均不得加入食用酒精和非白酒发酵产生的物质，不能使用食用香料。虽然有规定，但是很多酒厂在实际生产中是有可能在固态酒里加了酒精、加了香精的，如果固态酒里有这些东西，应该说是不符合国家关于固态酒的标准的，虽然喝了不会有什么安全上的后果，但它已经反映不出纯粮固态酒的风貌，至少不能再当固态酒来喝了。

补记：

本书稿杀青之际，国家相关部门对国家标准 GB/T 20821—2007 液态法白酒和GB/T 20822—2007 固液法白酒进行了修订，修订后的标准将于 2022 年 6 月 1 日起生效，新标准取消了液态法白酒和固液法白酒中可以添加香精等食品添加剂的规定，这意味着，无论是液态法白酒和固液法白酒，以后一律不能添加香精等食品添加剂。当然，香精等食品添加剂仍然可以使用，只不过添加了香精等食品添加剂的酒叫"调香白酒"或"配置酒"而已。

本书对于液态酒和固液酒的描述，是基于国标 2007 版以及 2022 年 6 月 1 日新标准生效前的产品而言，这类产品在市场上存在已经很多年，而且可能还会存在一段时间，逐渐过渡到新标准上。

---

① 《酒鬼酒塑化剂超标：七大疑问待解》，中国经济网，2012年11月20日。《酒鬼酒甜蜜素疑云：老酒带入还是人为添加》，新京报，2019年12月21日。

第七节
中国白酒必须过的两个"梗"

目前中国白酒有两个必须过的"梗",一是新工艺酒的梗,二是年份酒的梗。

所谓新工艺酒,是以食用酒精为主体,添加香精、甜味剂的液态酒;再添加一些固态酒的,属于固液酒。液态酒、固液酒的风味口感、品质以及身体感受等各方面和纯粮固态发酵酒相比有较大差别,但成本低,所以酒企有比较强的驱动力生产液态酒、固液酒,并以之冒充固态酒来销售。新工艺酒不是洪水猛兽,也是可以喝的酒,但不是好酒,消费者最初接触也许感觉不出来,喝的次数多了,慢慢会发现它和固态酒的差别,明了底细之后就会放弃选择新工艺酒,所以这个"梗"不过,消费者迟早会发现。即便按照新国标的要求,不再往液态酒和固液酒里添加香精,但食用酒精是必须使用的。新国标对食用酒精的使用也提高了标准,规定只能使用以粮谷为原料的食用酒精,非粮谷(如糖蜜)为原料的酒精不能使用。但这些修订并没有改变新工艺酒就是酒精酒这一根本性质。前面已经讲过了,酒精不是酒,好酒与差酒的差别就在于是酒精酒与酿造酒的差别。

再说年份酒。常言说"酒是陈的香",大多数消费者认为酒的年份越老越好,香气和口感更为幽雅细腻,生产商为了追求更高的利润,在年份上大做文章,年份标得越来越高,刚兴起的时候标5年,再后来10年、15年、20年、30年、50年往上标,甚至标到80年的酒也有,明显跟生产实际是不符合的,这也是长期以来如鲠在喉的一个"梗"。

之所以出现这两个"梗",核心原因是生产商以次充好,以此谋取更高的利润,这是目前中国白酒行业存在的两个最大的弊端。

这两个"梗"不仅给消费者带来困惑,给很多白酒从业者和专业人员也带来困惑。如白酒的零售商,面对消费者的时候经常被问:同一个品牌的酒,为什么有的价格100多元,有的1000多元,相差10倍甚至20倍,到底为什么?对此,零售商们不好回答。品酒师也是困惑的。新工艺酒要添加各种香精香料,香精香料也有档次,也有运用的技巧,需要有香精香料学的专业素养;而纯粮固态发酵的传统白酒,追求天然的复杂香气成分和口感。对职业的品酒师来讲,他的工作是在对天然发酵的呈香呈味物质进行分析比对的前提下,才能辨别出酒的风味品质的高低,如果靠添香精香料达到了某一风味标准,相当于他面对的是假酒了,他也很茫然。如果固态酒里也加了酒精，如加10%的酒精，未必能品尝出来，这对品酒师的工作也构成了扰乱。

为什么必须过这两个"梗"？如果不过的话，就建立不起来基本的商业诚信，如果产品长期没有商业诚信，行业的信誉也会受到很大的影响。

这两个"梗"是一定能够过去的，因为这两个梗并没有不可改变的障碍，主要是生产商以次充好，谋取与实际产品信息不一致的更大利润的问题。现在管理部门已经出台了相关的政策法规，要求酒企必须如实标注产品的真实信息。2015年5月，国家食品药品监管总局发布了《关于白酒生产企业建立质量安全追溯体系的指导意见》，明确规定白酒生产企业必须建立质量安全追溯体系，必须全面建立质量安全信息的记录，包括产品信息、生产过程信息、原辅料进货查验信息、出厂检验信息、设备设施信息以及人员生产信息，等等，这些信息的文字档案和实物信息一起在酒厂里封存，以保证随时可以追溯。以具体的产品信息的追溯要求为例，企业应当记录白酒生产产品的相关信息，包括产品名称、执行标准及标准的内容、配料、生产工艺、标签标识等等，具体到生产中使用了什么原料，勾兑的时候用还是没用香精，用了什么样的香精，都必须明确记录下来。2019年，中国酒业协会推出团体标准T/CBJ 2201—2019白酒产品追溯体系，使白酒产品信息的溯源更加有规可依。要想把新工艺酒的"梗"给过了，说简单也很简单，就是产品的酒标上标明是不是新工艺酒，到底兑了多少酒精，一一标识出来。按照质量安全追溯体系的相关规定，这些信息企业是必须有的，既然有，就必须公布给消费者。如果公布了，新工艺酒的"梗"，包括年份酒的"梗"也就过了。

另一方面，中国消费者的受教育程度越来越高，正在不断走向成熟，网络信息也越来越发达，那种想把信息封闭起来、不如实标注产品相关信息的做法无法长期维持，越来越成熟的消费者和市场监管部门会推动厂商的信息公开，这两个"梗"一定会过去的。

当然，信息公开这个要求在执行层面会面临各种各样的阻力和困难，如怎么去鉴定年份酒的时间？包括酒业协会在内的很多专业机构在做各种各样的工作，比如应用 ^{14}C 同位素检测方法、挥发分检测方法等等，可以用来检测年份。至于判定酒体里的呈香呈味物质是香精成分还是自然发酵产物，也有各种各样的检测方法。检测技术都不是问题，如果认真要求，还会有更多的检测技术和设备出现，关键和重点之处在于法规是不是能够真正得到执行，如果法规强制执行力度大，这方面的问题就容易得到解决。

回顾一下这些年来白酒市场上的消费者和律师打假的新闻，比如泸州老窖的"二曲事件"、茅台酒的"年份酒"事件，不都是消费者的维权行为就把真相揭露了！所以说，用不着复杂的技术追溯手段，只要法规彻底落实下去，消费者有维权意识，这些问题都是可以迎刃而解的。

中国白酒主要工艺流程图	中国黄酒主要工艺流程图
制曲：以大麦、小麦或大米等粮食用水浸泡之后，放入一定温度的曲房内发酵，制成体积不同的曲块，大曲一般诸如土砖大小。	制曲：麦曲用小麦为原料，轧碎、加水、成型，放入一定温度的曲房内发酵成曲块。黄酒的酒曲品种很多，工艺上也有所不同。
蒸料：将酿酒用的粮食，如高粱等进行蒸煮，形成待发酵的粮醅。	蒸料：将酿酒用的粮食（南方为大米、糯米，北方为小米或黍米）进行蒸煮，形成待发酵的粮醅。
发酵：将曲块与蒸煮后的粮醅，以一定的比例混合，放入发酵池中，适当密封，进行发酵，发酵后的原料为酒醅。	发酵：将酒曲（或酒药）与蒸煮后的粮醅以一定的比例混合后放入发酵容器中（传统为陶缸，现在很多企业用不锈钢罐），加入一定比例的水（通常水粮比为2∶1）进行发酵。黄酒发酵属于液态发酵，这是其与白酒不同之处。发酵时间传统为70～90天，新工艺为10～20天。
蒸馏出酒：将发酵好的酒醅取出，放入酒甑中进行蒸馏，冷凝出的"馏出液"就是白酒原酒。 第一轮蒸馏后的酒醅不可以扔掉，而是再拌入新的酒曲或粮醅之后，进行下一轮发酵、蒸馏。经过多轮蒸馏后再也无力出酒的酒醅称为酒糟，可以作为饲料或肥料处理了，术语称为"丢糟"。	压滤澄清：将发酵好的酒醪压榨过滤，将酒液与酒糟分离，分离出的酒液静置澄清。
陈化老熟：将新蒸出的酒浆放入陶制或木制酒海中贮存，促使其老熟。	煎酒：用85～95℃范围内的蒸汽蒸一下酒，主要功能是杀菌，与巴斯德杀菌法作用一样，此外还可使酒液清亮，有促进老熟等效应。
勾兑成酒：将经过老熟的原浆酒进行勾兑调配，装瓶后即成为可以销售的商品酒。	陈存老熟：将煎过的酒液放入陶坛贮存老熟。优质黄酒可陈存10～50年，酒质更臻完美。

注：中国黄酒与白酒最大的工艺差别在于黄酒没有经过蒸馏这一环节。

图 2-1-1 中国酒生产工艺流程图

第二章

中国传统白酒工艺详解

第一节
中国传统白酒基本工艺概述

中国传统白酒工艺是一种古老的技艺，和一切古老的技艺一样，它是手工操作，从初步的文字描述来看，感觉比较简单，简明易懂，即便加上现代科学对其原理的解释，看起来也并不复杂，中国传统白酒工艺的流程，主要有七个环节：

一、制曲

以大麦、小麦或大米等粮食加热水浸泡之后（有部分酒的小曲要经过蒸煮），放入一定温度的曲房内发酵，制成体积不同的曲块，大块如土砖大小的为大曲，小的如小米粒大小的为小曲。

作用：汇集菌种，作为糖化剂和发酵剂使用。

二、蒸料

将酿酒用的粮食，如高粱等进行蒸煮，形成待发酵的粮醅。

作用：使粮食糊化，便于糖化和后期发酵。

三、发酵

将曲块与蒸煮后的粮醅，以一定的比例混合，放入发酵池中，适当密封，进行发酵，发酵后的原料为酒醅。

作用：糖化和酒化同时进行，同时与环境保持物质、能量的交流，是开放式的，所以叫固态双边复式开放发酵。

四、蒸馏出酒

将发酵好的酒醅取出，放入酒甑中进行蒸馏，冷凝出的"蒸馏液体"就是白酒原浆。第一轮蒸馏后的酒醅可再拌入新的粮醅之中，进行下一轮发酵、蒸馏。经过取酒后又拌入新曲或新粮的酒醅称为糟醅，有很多酒厂也称为糟子。经过多轮蒸馏后再也无力出酒的酒醅称为酒糟，可以作为饲料或肥料处理，术语称为"丢糟"。

作用：主要把含乙醇和其他微量成分的物质提取出来，提高其浓度。

五、陈化老熟

将新蒸出的酒浆放入陶制或木制容器（酒海）中贮存，促使其老熟。

作用：改善酒体的风味，除去新酒的糙辣以及其他不愉快的气味和口感。

六、勾兑成酒

将经过老熟的原浆酒进行勾兑调配，形成可以进入下一步过滤、包装的大批量成品酒。

作用：形成统一稳定的产品风味标准和酒体风格。

七、过滤包装

用硅藻土、过滤膜等装置过滤酒液，除去其中的固形物或杂质，使酒体纯净。经过过滤后的酒装入酒瓶封装，进入市场。

作用：使酒体干净卫生，封闭的瓶装酒便于销售。

当然，这是一个大而化之的工艺流程，通过这个工艺流程，大致能够了解酿酒的基本脉络。但实际上它的控制细节非常多，酿酒和一切手工业过程一样，开放度非常高，控制点并不精确。尽管现在很多酒厂已经把酒的工艺环节和工艺控制点细化，有的控制到了 100 多点，甚至 200 多个点，并有具体的参数，但所有的这些细节和参数都会根据实际情况进行调整，比如关于发酵温度的控制，就要视天气情况而定，如果这个月的气温比往年同期略微高一些或者低一些，那么就要调整堆积发酵的时间，这些完全由一线的生产人员根据实际情况做出调整。

具体到不同香型的酒，其工艺流程又有所不同。因此要想理解好酒是怎么酿出来的，光知道大的工艺流程远远不够，还要在每一个具体环节里做详细的说明。后面我们会做详细的介绍。

70 年来的科学发展，对中国白酒的每个工艺环节都进行了现代化的改造，从制曲到蒸馏，以及发酵容器等等，与 1950 年以前相比都发生了很大的变化。严格来说，现代的白酒酿造和古代白酒工艺完全相同的几乎已经没有了。因此，在做工艺介绍时，我们也会讲到这些工艺进行了哪些现代科技的改造，这些改造具体起到了什么样的作用。

第二节
什么地方能酿出好酒来

各地都有好酒

我们曾经采访过全国 200 多家酒厂，北到东北，南到广西桂林，东到江苏连云港，西到新疆、青海。几乎每到一地，酒厂在介绍自己产品风格的时候，都说只有自己这个地方才能酿出好酒来，但这个地方有大有小。大的范围来讲，比如洋河酒厂说他们处在北纬 33 度的黄金酿酒带，四川的泸州老窖、五粮液和贵州的茅台都说他们处在川黔白酒金三角；小的范围来讲，比如安徽亳州的古井贡、陕西的杜康酒就说自己这个地方有独特的井水；也有的酒厂说他们那里特有的江水别的地方没有，比如桂林三花股份有限公司就说漓江水之"漓水花"，也是桂林三花中的一"花"。

每个酒厂出于对自己产品的偏爱所讲出的各种故事都是可以理解的，但是像我们这样各个酒厂都去的人，得出了一个结论，就是任何一个地方都能酿出具有他们本地特色的好酒来。这个"本地特色"还不只是他们自己认为自己的酒是好酒，别的地方的同行和酒友也都会认为他们的酒是好酒。

中华人民共和国成立后，1952 年第一届全国评酒会时，只有 4 种国家名酒，到 1989 年第五届全国评酒会时，全国名酒已有 17 种，覆盖的范围越来越大，不仅如此，第五届全国评酒会还评出了 53 种优质酒，原来一些没有名酒的地方酿造的酒也获了奖。有些获奖酒实际建厂时间、特别是生产工艺形成的时间并不长，比如被评为国家名酒的武陵酒，20 世纪 70 年代初期才学习茅台的工艺研发酱香酒，1979 年第三届全国评酒会上就被评为国家优质酒，1989 年第五届全国评酒会上更是被评为国家名酒。武陵酒所在的湖南常德市和茅台酒所在的贵州茅台镇两个地方的地理条件并不完全一样，两种酒的风格也不一样，但它们都是好酒，在专家级的品鉴中，武陵酒是好酒得到了公认。

在 20 世纪 80 年代中期，有些地方流传着一句俗谚：当好县长，先办酒厂。那时候各地不少乡镇开始兴办酒厂，我们现在在很多地方喝到的一些地方名酒，也是非常好的酒，就是在那个时期兴起的。各地都有酿好酒的前提条件，如果您是一个爱酒爱到痴迷的酒友，不仅想自己去考察酒厂，更想要自己开始酿酒，犯不上去找什么最适合酿酒的地方，您自家门口就可以酿酒，只要有合适建酒厂的一个小环境，当地政府允许就可以，从古到今皆如此。

地理标志保护其实是商标保护

说到什么地方能酿好酒，可能有一个标准经常被大家误解，就是国家地理标志保护产品标准，很多人以为国家地理标志保护产品标准保护的是某一个地区，在那个地区范围之内就能酿出好酒。其实国家地理标志保护产品标准有不同的含义，有一种是原产地保护，但我国酒类的国家地理标志保护产品有 74 个[①]，实际保护的是某一个商标。比如泸州老窖集团就是两个产品的商标受到保护，一个是泸州老窖特曲，一个是国窖 1573。按照地理标志保护产品标准，国窖 1573 保护的是国窖广场这个范围，泸州老窖特曲保护的是小市基地、罗汉基地和国窖广场三个地方。这些标准的实际意义在于说明使用该商标的产品是在这三个地方出产的，消费者也可以理解为只有从这三个地方出产的酒才能叫泸州老窖，而只有在国窖广场老窖池出产的酒才叫国窖 1573。那么，比如泸州老窖公司在小市基地或者罗汉基地生产了一款酒，冠以别的品牌可不可以呢？当然也可以。同样，在小市基地旁边有另一家酒厂生产的酒不叫泸州老窖，但它是和泸州老窖一样的酒，可不可以这么说呢？当然也可以。国家地理标志保护产品，实际上不是指某一个范围如泸州市生产的酒都是好酒，而是具体到泸州老窖或者国窖 1573 是在什么地方生产的，应该有什么标准。国家地理标志保护产品的一个积极作用就是对该产品的感官指标和理化指标都有具体的描述和规定，对于消费者品鉴白酒具有实际的帮助作用。

白酒的原产地能做到的只有三个环节：制曲、发酵、蒸馏

现在有一部分专家引进了核心产区的概念，试图借鉴国外葡萄酒的方法，建立起白酒核心产区的概念。这种做法其实比较困难，因为自古代以来，中国的白酒就

---

① 余乾伟：《传统白酒酿造技术》，中国轻工业出版社，2018年5月第二版，第569页。

已经开始在全国范围内调配资源。比如清代，陕西渭南大荔县朝邑镇便是一个大曲生产的集中地，在此生产的大曲销售到河南、江苏、山东、安徽等地。现在的情况也一样，几乎没有一个酒厂的酿酒原料完全是本地产的，如茅台特别强调酿酒粮食用的是贵州本地的红缨子糯高粱，但它制作大曲的小麦并不是贵州本地产的，而是河南产的。由于酿酒原材料是在全国甚至全球范围内调配资源（有些酿酒高粱是从国外进口的），中国白酒要想建立起严格的原产地保护概念并不太容易。

但是中国白酒的酿造又和具体环境密不可分，因为它是双边固态开放式发酵，所以在实际酿酒过程中，环境对酒体的风格和品质都有影响。现在如果认定一个区域进行原产地保护，也只能从白酒生产工艺的几个主要环节着手。最关键的两个环节，一是制曲，二是发酵。制曲和发酵这两个环节全是在原产地实现的，是建立一个产地概念的现实基础。现在如果能喝到在同一个地方制曲，又在同一个地方发酵的纯粮固态白酒，已经算是能做到的真正的产区白酒了。

自然地理条件对白酒风味品质的影响

一方面，各个地方都有好酒，另一方面，由于中国白酒独特的生产工艺，使它和各地的风土、气候等自然地理条件有着密不可分的关系，因此一直以来有"一方水土一方人，一方人酿一方酒"的说法，历史上经常以地域来命名白酒，此传统对现在的白酒依旧有影响，比如汾酒、茅台酒、泸州老窖都是以地名而成名的酒，汾酒酿造于汾河边的杏花村，茅台酿造于茅台镇，泸州老窖酿造于泸州。古代没有具体的品牌概念，人们按照地域说茅台的酒就好，或者泸州的酒就好，这是当时的一种习惯，这种习惯有其根据，因为这些地方确实能够酿出某种风格标准接近的好酒。

所谓风土不同，就是指自然地理条件的不同，自然地理条件包括很多因素，气温、降水、风速、空气中的含氧量、植被、土壤，等等。以气温、降水量为例，影响的因素很多，首先影响了粮食，比如以稻米为主产区的南方，酿酒的主粮很大一部分是稻米，以特香型酒和米香型酒为代表，包括浓香型酒的多粮香酒，主粮里有一部分大米和糯米；在北方，酿酒的主粮基本就是高粱一种。

气温也影响着制曲的温度，北方用中低温曲，南北方气候过渡带用中高温曲，南方用中高温曲和高温曲。气温还对微生物活动有重要影响，气温偏高的地方，微生物的种类和活跃性比气温偏低的地方要强。

降水对微生物的活动也有影响，降水量大、温度又高的地方霉菌数量就多，活动性也强。

风速对于制曲时汇集菌种有重要的影响。

空气中的含氧量体现在海拔上，我们发现不同海拔地区的酒体风格不一样，比如同样在贵州，海拔 1800 米左右的岩博村酿造的人民小酒为清酱香，它就酿不出海拔在 400 多米的茅台镇河谷的大曲酱香酒。海拔不同，空气中的含氧量就不同，酿酒过程中有好氧菌和厌氧菌参与，氧气含量不同，对好氧菌的活动会有一定的影响，从而影响酒的风味。

微生物空气中有，但主要还是附着于土壤和植被上，周围的植被品种和数量以及土壤，甚至地表水都对微生物的种类和活动有重要的影响。

以上这么多因素叠加起来，影响着酒的香气和口感。我们发现中国白酒的香型分布和中国气候带密切相关，清香型酒主要分布在南温带，兼香型酒分布在北亚热带的秦岭、淮河过渡带，浓香型酒分布在中亚热带，米香型酒分布在南亚热带，酱香型酒分布在北亚热带潮湿温暖的山谷里。大气候区域如此，小环境的垂直气候变化对酿酒的影响更为直接。酿酒要考虑到各个级别的环境问题，气候带是大环境，酒厂周边几十亩到上千亩的地方是中环境，小环境指车间，如酿造车间、制曲车间、曲房，等等，这些环境对微生物的活动有不同的影响。由于这些环境的影响，就会导致在同一平方公里范围之内的两家酒厂，可能因为厂房条件的不同、厂区植被条件的不同，各自酒体的风味就有所差异。正是因为这种自然地理条件的不同，才形成了中国白酒千姿百态的风格特征。

这就涉及一个问题：即风格和品质是什么关系？首先，是在某一个地方形成了大家认可的一个风格，以香型为例，如浓香型和清香型，就是一个主体的风格，在浓香型和清香型这个大的标准条件下，根据香气和口感的丰富度、协调性、柔和度等感官指标，可以判断出不同酒的质量等级，同样一种香型下也有优级酒、一级酒和二级酒之分。酒的等级就是所谓酒的品质，酒的品质尚不能完全靠客观的物理化学指标来评价。食品卫生安全的标准是客观指标，但这个指标决定着酒能不能喝，并不是好酒、差酒的区分，好酒和差酒是靠主观的感官评价评定出来的。

由于好酒和差酒是感官评价评定出来的，就可以在同一个香型下评定酒质，认为哪种酒的质量好，哪种酒的质量不好，进而把某种香型当作品质的一个代名词，这种情况在中国白酒界中一直都存在。比如从清代一直到1949 年以前，人们公认的好酒就是汾酒，汾酒的品质就代表了好酒的品质；在 20 世纪 80 年代到 90 年代之间，浓香型酒席卷全国，一说起好酒，就是浓香型酒，包括五粮液、泸州老窖等等；2015 年以后，茅台酒的价格和股价急剧攀升，引起了一股酱香型酒风潮，人们普遍认为酱香型酒就是好酒，其他香型的酒都不行。这是一种消费者的群体心理，是一种社会心理现象。但酿酒业的专家从技术立场看问题，认为各种香型的酒都有好酒，也都有差酒。好酒有其共同性，比如香气是独特的、丰富的，口感是醇和的、绵柔的，身体感受是舒适的，等等。只要达到这些标准就是一款好酒，跟香型和风格没有什么关系。

　　在实际市场中，无论是生产厂家，还是专家们，经常会屈从于庞大的市场心理需求，当浓香酒风靡全国的时候，北方一些不适合酿浓香型酒的地方也开始声称酿造浓香型酒，有的是自己酿造的，有的是从四川买浓香原酒进行勾兑的。同样，当酱香型酒风靡全国的时候，大江南北包括北方不适合酿酱香型酒的地方也出现了所谓的北派酱香酒。

　　如果把酒体风格也当作酒的质量标准的话，那么确实某一种"品质"的酒只能在某地生产。比如酱香型酒，只能在茅台镇生产，茅台镇生产的酒才符合原始酱香型酒的标准；浓香型酒也只能在四川盆地、特别是四川盆地靠南面的泸州和宜宾一带生产，那里生产的酒才符合最初专家们给出的这种风格的酒的标准。

　　从自然地理条件来讲，北方酿不出南方的浓香型酒，南方也酿不出北方的清香型酒，但由于市场因素的作用，情况会发生错位，南方曾经学着酿过清香型酒，北方也在酿造浓香型酒。但从有文献记载的100多年来白酒风格的摆动过程来看，我们发现酒的地域风格还是比较明显的，即自然地理条件和某种酒的风格之间的关联非常明显。

第三节
酿酒用粮解

西方葡萄酒行业有句话：好酒是种出来的，葡萄品种和品质决定着葡萄酒的好坏。其实中国白酒也一样，传统理念上都认为好粮出好酒，酿酒最基础的原料是粮食，对酒的影响至关重要。

从专业细分来看，酿酒的原料还不只是粮食，大致可以分为粮谷类原料、薯类原料、代用原料和农产品加工的副产品原料。辅料是指在固态发酵白酒中使用的疏松剂（或称填充剂，如糠壳等）。

中国是一个农耕古国，在漫长的酿酒历史中曾经使用过各种粮食作为酿酒的原料，千百年历史积累总结出来的对酿酒用粮特点的认识：在粮食中，高粱产酒香，玉米产酒甜，大米产酒净，糯米产酒柔，小麦（大麦）产酒冲，综合比较下来，高粱成为了酿酒的主要原料，但其他的原料也按照不同的比例和不同工艺在使用。

粮谷类原料

一、高粱

高粱是中国白酒使用量最大的原材料，高粱是粗粮，种植范围广，耐旱耐涝，食用有些硬，不好消化，但用来酿造白酒，被证明是最好的原料。高粱酿酒是中国白酒的一个特色，从原料的角度上讲，高粱把白酒与薯类和小麦酿的伏特加、大麦酿的威士忌、甘蔗酿的朗姆酒区别开来。

高粱也分很多种，大致来说有糯高粱和粳高粱两种，糯高粱多产于南方，又称黏高粱；粳高粱多产于北方，又称饭高粱。粳高粱和糯高粱的使用与各地对酒体风格的追求有关，北方酿酒多用粳高粱，如清香型的汾酒认为粳高粱直链淀粉量高，比较好用；南方酿酒，特别是贵州酱香型的茅台酒偏好用糯高粱为酿酒原料，糯高粱几乎完全是支链淀粉，吸水性强，易糊化，非常适宜根霉的生长，而且耐蒸煮，适合茅台酒多轮次的发酵工艺。

高粱的单宁含量相对来说也比较高，单宁对酒有两面性，好处是能够赋予白酒特别的香味，比如生成丁香酸、丁香醛等，但含量过多时，也会使白酒发涩，因此在实际的生产工艺中，控制高粱中的单宁成分时，各个酒厂有不同的操作方法和不同的追求。

高粱之所以能成为中国白酒的主粮，是在数百年的反复实践中形成的，经过各种粮食的反复比较，确定高粱酿酒香气比较好，它的香气复杂、协调，尤其是陈化老熟后变化更好、更香。有些原料如玉米酿的酒，老熟后香气会变淡，但高粱酿的酒越陈越香。当然，也有经济上的影响因素，清代治理黄河时要用高粱秆，黄河沿岸种了很多高粱，高粱不是适合人们日常食用的主粮，所以余出的高粱就转而用来酿酒。因此也有观点认为，这是在沿黄河一带，包括现在的苏北、淮北和河南部分地区高粱成为酿酒主粮的主要原因。

二、小麦

在酿酒过程中，南方的浓香型酒和酱香型酒用小麦作为制曲的原料。

小麦的挥发性成分比较单纯，主要是 C_1 和 C_9 的饱和醇，C_2 和 C_{15} 的饱和醛与个别不饱和醛以及少量的乙酸乙酯，可能是它的饱和醇和饱和醛比较单纯，导致了它的香气比较冲。我们说小麦冲，主要是两个感觉，一是它的香气比较简单、直接；二是它的口感比较辣，这可能和挥发分里的饱和醛略多些有关。中国的酿酒师觉得小麦冲，但是别的国家的酿酒师不一定这么认为，如法国著名的灰雁牌伏特加就是用小麦做原料，人们对灰雁口感的评价是丝绸般的顺滑，喝着也确实有这种感觉，并没有所谓冲的感觉。

三、大麦

大麦也主要用来制曲，是北方清香型酒制曲的主要原料。大麦的主要成分除了淀粉之外，还有蛋白质、脂肪、纤维素等，还含有比较多的 α-淀粉酶和 β-淀粉酶，这些淀粉酶在它发芽过程中自然地被激发出来成为糖化剂，这是西方用大麦发芽作为糖化剂的重要原因。中国用大麦制曲主要是汇集环境中的菌种，当然也不排除它激发本身的淀粉酶来参与糖化。同时，大麦经过微生物的利用，还可以产生香兰素，赋予白酒特殊的香味。大麦受热时生成的挥发性物质有醇、酸、酚、酮及内酯、呋喃、吡啶、吡嗪类化合物，其中羰基化合物、内酯类化合物及吡嗪类化合物贡献最大。

大麦是苏格兰单一麦芽威士忌唯一的原料，靠麦芽做糖化剂。就一种原料，被苏格兰威士忌使用得风情万种，有的细腻，有的粗糙，通过不同的工艺处理，产生多种风味，它的特殊的香气和高粱酒有所不同。

四、青稞

我国也有用大麦酿的酒，就是青稞酒，主要产自于青藏高原，青海互助天佑德青稞酒股份有限公司生产的青稞酒是其代表酒。

青稞是我国藏区人民对当地裸大麦的称呼，它是大麦的一个变种，可以生长在海拔 3000 米以上的地区，耐寒性强，生长周期短，高产早熟。青稞有很多品种，而且有很多漂亮的名字，比如青海青稞酒的原料就有白浪散、肚里黄、黑老鸦、瓦蓝等。不同品种的青稞酿出的酒风味也不一样。青稞含有 74% ～ 78% 的支链淀粉，有些甚至高达 100%，易糊化，不过在酿酒工艺上，青稞要粉碎，跟茅台的整粒原料酿酒的工艺不一样。经研究发现，青稞中还有一种物质的含量比较高，即 β - 葡聚糖，是其他谷物的四到五倍，能在白酒中产生更多的营养类物质。

五、玉米

玉米又称苞谷，在我国南北都有种植，分黏玉米和普通玉米，颜色有黄、白两色。玉米中含有比较丰富的植酸，在酿酒过程中分解成环己六醇和磷酸，前者使酒有甜味，所以能感受到玉米酿的酒比较甜。玉米中的蛋白质和脂肪高于其他酿酒原料，特别是胚芽中的脂肪量高达30% ～ 40%,在发酵中容易使高级脂肪酸乙酯的含量增加，加之蛋白质高而杂醇油生成量多，导致白酒邪杂味略重，还会降低出酒率，因此用玉米酿造白酒要把玉米的胚芽去掉。纯玉米原料酿的，香气中有明显的脂肪发酵味，或者新酒中有烟草的香气，中国人不大喜欢这种香气，但美国人比较喜欢，美国的波本威士忌，法定要用玉米。

玉米酒醇甜干净，在北方地区的酿酒小作坊里广受欢迎，如果要说不足，就是它不耐久放，放上两三年以后，香气就淡了，口感也会变淡。这可能是在中国白酒酿造中玉米没有高粱使用得广泛的原因之一，但是乡村小作坊里玉米酿的小烧，由于醇甜，直饮的口感比较好，似乎更有市场。大家在乡村小作坊选购玉米酒的时候，一定要注意看其指标，甲醇、杂醇油是不是超标，生产工艺中是否去了胚芽，很多小作坊加工简单，不去胚芽，这种酒需谨慎选用。

六、大米

大米是我国一种古老的酿酒原料，南方黄酒多用大米酿造。大米也分成粳米、糯米和籼米。目前用大米做原料的主要是南方的酒，如桂林三花酒、广东的玉冰烧，都是用粳米做原料，也用粳米制曲。五粮液、剑南春和叙府大曲等一些浓香型白酒，主粮中也配有一定量的粳米，主要是想把蒸饭的香气带到酒中，使酒质更加爽净。

历史上我国占主流的酒是黄酒，白酒取代黄酒成为主流是在 20 世纪 50 年代以后的事情。黄酒的原料，南方主要是用大米，北方是用小米。大米是食用主粮，某个阶段，政府在政策上推广使用杂粮做酒，目的是为了节约食用主粮。用大米酿酒相对来说是件比较奢侈的事情，大米一度被视作优质的酿酒原料。但研究发现，大米酿的酒杂醇油含量比较高，大约是高粱酒的 6 ~ 7 倍。杂醇油能给酒带来独特的风味，但如果含量过高，会引起头疼和身体不舒适的感觉。这可能也是大米做原料的白酒在全国整体市场上不占优势的一个原因。

所谓"大米净"，可能有两个原因，一是大米蒸熟后的饭香气很浓郁、清新，用大米蒸馏出来的成品酒也带着蒸饭的香气，跟醪糟很像，与在泥窖池里发酵出来带着窖泥臭味的高粱酒相比，显得干净得多；二是南方的米香型酒，如广西的桂林三花酒，在陶罐里糖化发酵，不用接触窖泥，而且它用小曲发酵，菌种相对来说也比较少，因而大米为原料酿的白酒，酒体风格总的来讲比较干净。这种干净，除了原料的因素外，与酿酒工艺也密切相关。

糯米能增加白酒口感的绵柔度，我们在江苏洋河酒厂参观时解说员讲到过明代水利专家潘季驯与酒的一则故事。潘季驯在江苏治水，当地用高粱做蒸馏酒，而他的老家湖州用糯米做黄酒。为了适应潘季驯喝惯了黄酒的口感，他的助手们把湖州的糯米当作原料放进了酒粮里，这样蒸馏出来的酒绵柔度大为提高。后来这种方法慢慢在行业内流行开来，如四川的五粮液也会加一些糯米作为原料，以增加酒的绵柔度。

七、荞麦

目前荞麦用作酿酒主粮的比较少，但不是没有，如宁夏红的荞麦酒、毛铺苦荞酒等便是。荞麦是一种粗粮，成分比较复杂，能带来独特的香气。有资料介绍五粮液生产中也曾经使用过荞麦，但因为去壳不尽，酒的苦涩味比较重，后来用小麦取代了荞麦，但是，我品尝过辽宁凌川一家小酒厂用纯荞麦酿出的白酒原酒，并没有感觉到有突出的口味，只是觉得它的香气就像荞麦茶一样，和高粱酒那种甘蔗的清甜香不一样。

八、小米

小米又被称为粟，北方叫作谷子。小米是中国古老的酿酒原料之一，北方的黄酒即是用小米酿造。小米也分为黏小米和普通小米。现在白酒用小米做原料比较少了，有些白酒如四川某酒厂的芝麻香型酒会添加一部分小米做原料，以增加独特的香气。现在北方的黄酒用黏小米（也叫黍子）做原料的代表酒是山东的即墨老酒。

豆类原料

豆类主要有两种，一是豌豆。豌豆因为蛋白质含量比较高，一般不用来做酿酒主粮，北方的清香型酒用它来做制曲配料。汾酒制曲，豌豆要用到40%，主要用来生香，因其含有丰富的香兰素等酚类化合物，能带来吡嗪类香气，比如坚果香和焦甜香。

青海的青稞酒也要用到40%的豌豆，和青稞、小麦一起做制曲原料。据青稞酒厂介绍，豌豆制曲不只是提香，它有黏度，能增加黏性，可改变青稞黏度差、不太好成曲块的缺点。

二是绿豆。绿豆也是因为蛋白质含量高，一般不太用它做酿酒主粮，但也有个别酒厂酿造绿豆大曲，追求它特殊的香气。

薯类原料

一、甘薯

甘薯又名山芋、甜薯、红薯、地瓜（北方）等，按肉色分成红、黄、紫、灰四种。甘薯中含有一部分可溶性糖，可以被酵母利用，但是甘薯含的果胶质比较多，容易使酒中杂醇油和甲醇含量超标，在20世纪60年代曾经出现过饮用甲醇超标的红薯酒中毒的事件；而染有黑斑病的薯干在蒸煮后有霉坏味和有毒的苦味，容易导致发酵不正常，并将番薯酮 $C_{15}H_{22}O_3$ 带入酒中，使酒出现"地瓜干苦味"，其酒糟对家畜都有毒害作用。所以甘薯现在主要用来生产酒精，酒精可以通过多级蒸馏塔的分馏降低杂醇油和甲醇的含量。目前甘薯已经不是适合酿酒的原料。

二、木薯

木薯又名树薯，我国南方广东、广西等地盛产木薯。木薯的淀粉含量比较高，但它含有果胶质和氢氰苷等有害成分，目前主要用作酒精生产原料。

三、马铃薯

马铃薯又名土豆、洋芋，在我国种植量很大，马铃薯的淀粉比较容易糊化，但它发芽之后，有毒的龙葵苷含量为0.12%，呈绿色部分后，龙葵苷含量会成倍增加。苏联曾经为了节约粮食，大量用马铃薯为原料生产伏特加。现在俄罗斯的优质伏特加是用小麦为原料酿造的，差一点的伏特加可能还是用马铃薯为原料进行酿造。

总结一下：薯类目前主要用于酒精生产，酒精中也要特别注意甲醛含量和氰化物的含量，高级食用酒精的甲醇指标控制得很低，氰化物要控制到接近无的程度，虽然饮用起来风味不好，但是至少没有安全问题，未达到食用级的酒精是不安全的。

酿酒选粮

酿酒选粮，不只是跟品种有关，每类品种都有等级，国家关于酿酒的粮食高粱、玉米、大米、小麦等，都有专门的国家标准。各个酒厂采购酒粮时，要有专门的检验部门按照国家标准来检验，通过感官的鉴定和实验室理化指标的鉴定来给粮食定级。

酒厂选粮，不只是要选适合自己工艺的，重要的还是按照国家标准选择优质的粮，优质高粱比次级高粱酿的酒要好，表现在出酒率高和风味更好等几个方面。正因为酒厂用粮有等级，酿出来的酒也就会不同，酒的等级也不一样，这种不一样自然也会带来价格的不同。优质高粱和次级高粱、劣质高粱的收购价不一样，粮食差异只是酒质差异的基础之一，而酒质差异是市场价格的基础，至于成品酒价格的差异度是不是跟粮食价差完全同比例，则不一定。

高粱的质量要求

高粱具体感官鉴别方法如下：

一、色泽鉴别
进行高粱色泽的感官鉴别时，可取样品在黑纸上铺一薄层，并在散射光下进行观察。

优质高粱——具有该品种应有的色泽。

次质高粱——色泽暗淡。

劣质高粱——色泽灰暗或呈棕褐色、黑色，胚部呈灰色、绿色或黑色。

二、外观鉴别
进行高粱外观的感官鉴别时，可取样品在白纸上一薄层，借散射光进行观察，并注意有无杂质，最后用牙咬籽粒，观察质地。

优质高粱——颗粒饱满、完整，均匀一致，质地密，无杂质、虫害和霉变。

次质高粱——颗粒皱缩不饱满，质地疏松，有虫蚀粒、生芽粒、破损粒，有杂质。

劣质高粱——有大量的虫蚀粒、生芽粒、发霉变质粒。

三、气味鉴别

进行高粱气味的感官鉴别时，可取高粱样品于手掌中，用嘴哈热气，然后立即嗅其气味。

优质高粱——具有高粱固有的气味，无任何其他的不良气味。

次质高粱——微有异味。

劣质高粱——有霉味、酒味、腐败变质味及其他异味。

四、滋味鉴别

进行滋味的感官鉴别时，可取少许样品，用嘴咀嚼，品尝其滋味。

优质高粱——具有高粱特有的滋味，味微甜。

次质高粱——乏而无味或微有异味。

劣质高粱——有苦味、湿味、辛辣味、酸味及其他不良滋味。[1]

表 2-3-1 高粱质量的理化指标

等级	容重/（g/L）	不完整粒/%	单宁/%	水分/%	杂质/%	带壳粒/%	色泽气味
1	≥740						
2	≥720	≤3.0	≤0.5	≤14.0	≤1.0	≤5	正常
3	≥700						

辅料

固态酿酒时都要用一定的填充剂，即辅料和填充料，常用的辅料有麸皮、谷糠和高粱糠等，常用的填充料有稻壳、酒糟、高粱壳、玉米芯等。

一、麸皮

麸皮是小麦加工过程中的副产品，其成分因加工设备、小麦品种和产地而异。麸皮主要用作麸曲的原料，给酿酒微生物提供充足的碳源、氮源和磷源等营养物质，还有一定的 α-淀粉酶。由于麸皮比较疏松，有利于糖化剂曲霉、根霉菌的生长繁殖，可以制得质量优良的曲块。

---

①先元华、李雪梅：《白酒分析与检测技术》，中国轻工业出版社，2017年8月，第75页。

二、稻壳

稻壳又名稻皮、谷壳、砻糠，南方多称为糠壳，根据外形可以分为长瓣稻壳和短瓣稻壳，长瓣稻壳皮厚，壳质较硬，短瓣稻壳皮薄，壳质较软。做大曲酒时一般要用到稻壳，在蒸粮的时候起到减少原料相互粘结，避免塌汽，保持粮糟柔熟不腻的作用。

糠壳中有明显的腐烂稻草味的 4- 乙烯基苯酚和 4- 乙烯基愈创木酚以及硫化氢和乙醛，所以使用稻壳为辅料，有时会出现稻草的那种腐烂味，为了解决这个问题，使用稻壳做辅料前一定要清蒸 30 分钟以上，将杂味蒸发掉。

长期以来，糠味是影响中国白酒感官品质的重要异味，目前主要除去异味的技术就是适当延长清蒸辅料的时间，但蒸过的糠壳是否合格，要靠现场生产人员凭自己的感官经验来鉴定。

三、谷糠

谷糠是小米或黍米的外壳，和稻壳有区别，它不是稻壳碾米后的细糠，酿造白酒使用的是粗谷糠，在小米产区用它作为酿造优质白酒的辅料，有的也可和稻壳混用。清蒸后的谷糠会使白酒具有特别的醇香和糟香，一般多作为麸曲白酒的辅料，使麸曲白酒纯净适口，在麸曲白酒中是辅料中的上品。

四、高粱壳

高粱壳也在蒸酒中起到疏松的作用，高粱壳单宁含量虽然较高，但对酒质没有不良的影响，在传统西凤酒和六曲香酒酿造中均使用新鲜的高粱壳做辅料。

五、玉米芯

玉米芯是玉米穗轴的粉碎物，粉碎度越大，吸水量越大，曾有一段时间用它作为酿酒的主料，但它发酵时会产生比较多的糠醛，对酒质不利，所以现在也很少用它作为酿酒主粮。

六、鲜酒糟

有些白酒的工艺里会用一部分鲜酒糟作为制曲的原料之一，如特香型白酒。

辅料的使用和酿酒的生产、质量密切相关，根据酿酒的工艺、季节、淀粉含量、酒醅酸度的不同而异，一般称之为糠粮比，即辅料和主粮的比例。辅料具体用量，浓香大曲酒一般在 22% 左右，酱香大曲酒用量少。一般手工操作的麸曲白酒的用量多达 25% ～ 30%，优质麸曲白酒的用量不超过 20%。具体用量多少，要按照具体酒体和工艺来定。

酿酒用粮

在葡萄酒中，"好酒是种出来的"这个概念已经深入人心，在白酒中，这个概念也正在建立过程中，我们觉得这是一个非常好的方向。中国白酒在传统上酿酒和种植业是分开的，人们认为酿酒是工业，种植业是农业，特别在计划经济时期，由于粮食短缺，酿酒科学发展的一个主要方向是节约粮食。但在市场经济中，按照市场的机制进行资源配置的话，由于酿酒工业的附加值比较高，由其反哺种植业，会带来种植业附加值的增加。如近十年来，随着贵州茅台酒的价格居高不下，量价齐升，导致了本地生产的红缨子糯高粱很抢手，价格也增长了两三倍。

在白酒优势产区，如山西、江苏、陕西和甘肃等地，现在都在提倡自己种高粱，但实际上主要的高粱还得从东北和内蒙古调运，甚至开始进口一部分国外的高粱。行业内一般认为国产的高粱比国外的高粱好，本地的高粱比异地的好[1]，跟工艺更匹配，比如茅台认为东北的高粱只能做碎沙酒，不能做坤沙酒。作为未来酿酒的发展方向，还是尽量原材料产地化为好，更能体现出传统的风味。酿酒用粮价格的提升，有利于提高种植业的附加值，也有利于保护我国耕地和国家粮食安全。

---

[1]中国进口高粱相关资料：2019年中国高粱产量350万吨。2014年中国进口高粱为577.6万吨。2015年中国进口高粱为1070万吨。2020年前10个月，中国累计进口高粱达402万吨，同比增长449.2%。进口高粱无论是美国高粱，还是澳洲高粱，单宁含量偏高，不适宜酿酒。2020年中国白酒产量为740.73千升，按3斤粮1斤酒的说法，需高粱至少1000万吨以上。

——来源于"山荣说酒"公众号

图 2-4-1 赤水河谷地 （摄影／李寻）
赤水河，被称为美酒河，全长 523 公里，流经地域出产了以茅台为首的多种名酒。

第四节
酿酒用水解

水在白酒生产中的用途

水在白酒生产过程中，按用途分为三种：一种是酿酒生产过程用水，一种是加浆降度用水，一种是包装洗涤用水。

生产过程用水包括锅炉用水、冷却水。

白酒蒸馏出的原酒度数比较高，多在 65° 左右，要把它降到 50° 甚至 40° 这种中低度的白酒，就需要加水，在行业中称为加浆降度用水，所谓的"浆"就是水，这种降度的水，也称作勾兑用水。

包装洗涤用水直接接触成品酒，所以最后涮洗酒瓶的水也要求如同勾兑用水。

无论是生产过程用水还是加浆降度用水都要符合国家卫生标准，比如细菌微生物指标及一些有害物质的成分指标，都有国家标准限制（GB 5749—2022《生活饮用水卫生标准》）。

水在传统酿酒中的重要作用

在中国传统酿酒中，水的作用非常重要。所谓"名酒之地，必有佳泉"，古代酿酒工艺中，称水为酒之血。

古代酿酒用水分别来自井水、泉水、河水、湖水，那时没有现代的过滤技术手段，一般来讲井水最好，泉水次之，河水、湖水最次，井水有地层这种天然的过滤机制，水质比较纯净。

地理环境的差异造成各地水的天然成分有所不同，矿物质含量不同，古代缺乏检测矿物质的手段，所以不同地方的水中的成分不同，对于微生物发酵的作用也不同，尤其是直接用于蒸馏的水和用于加浆降度的水，是酒体的一个组成部分，直接影响口感。水的口感不一样，酿出的酒的口感也不一样，所以说好酒必有好水。

中国名酒大多都和井有关，泸州老窖传说和泸州南城龙泉井有关，泸州老窖大曲酒的第一家作坊就建在这里；剑南春采用城西诸葛井的水酿造；郎酒用郎泉的水酿造；洋河大曲选用当地的美人泉的水酿造；汾酒、古井贡酒、西凤酒也都是选用井水酿造。茅台酒是用赤水河上游的河水酿造，赤水河流域人烟稀少，水的纯净度比较高。

现代酿酒用水的来源和要求

现代酿酒用水，主要是两个来源，一个是地表水，需要过滤净化，第二个就是地下水，其中有些井比较深，能达到 1000 多米。

和古代不同的是，现代酿酒用水都要经过比较严格的过滤、消毒处理过程，常用的方法有煮沸法、砂滤法、活性炭过滤法、离子交换树脂过滤法、反渗透法、超微渗透等。

由于有了这些技术控制手段，对于酿酒用水，无论是生产过程用水还是加浆降度用水，都有明确的理化指标。

酿酒生产用水卫生指标应高于生活用水，水的总硬度（$CaCO_3$ 计）$\leqslant 250mg/L$，pH 值在 $6.8 \sim 7.2$ 之间。

加浆降度用水因为直接接触成品酒，要求更高：

（1）总硬度应该 $< 89.23mg/L$，低矿化度，总盐量 $< 100mg/L$。

（2）NH_3 含量 $< 0.1mg/L$。

（3）铁含量 $< 0.1mg/L$。

（4）铝含量 $< 0.1mg/L$。

（5）不应有腐蚀质的分解产物。将 10mg 高锰酸钾溶解在 1L 水中，若在 20 分钟内完全褪色，则这种水不能作为降度用水。

其中水的硬度是指水里的矿物质的金属盐，以钙盐和镁盐为主，还有一些其他矿物微量成分，因为微量无机离子也是酒体组分，会影响酒的风味口感，所以一般蒸馏水不宜作为降度用水。

如果用硬度较大的水来降度，酒中的有机酸会和水中的钙、镁离子缓慢反应，逐渐生成难溶解的盐类，形成白色沉淀，影响酒的感官质量，所以天然水如果硬度高，就需要处理，降低硬度才能使用。

现代酿酒由于技术手段多，对水的理化指标控制比较严格、准确，所以在很大程度上水体质量标准趋于一致，各地的天然水对酒体风格的影响不像古代那么重要。古代是一方水土酿一方酒，当地的水是怎样的，用这种水酿造的酒就会形成和当地水比较接近的风格，成为当地独有的地域特色。现代科技的发展，把各地的酿酒用水，按相同的理化指标控制，水体本身差别变得很小，因此，对酒体风格的差异化起的作用就不如古代的大。

当然，水是酿酒过程中不可或缺的一部分，卫生标准必须达到，只是在形成独特的酒体风格上的作用不是那么明显，而在很多情况下，人们是把酒体风格当成酒的质量的，所以有的时候就会有人觉得酒的质量从传统标准来看不一样了。

现在从古代传承的那些名酒和水源之间的紧密联系，实际上已经不复存在。尽管到各个酒厂去参观，仍然会展示他们当时的水井，古代时候的酿酒用水，但现在实际生产用水可能跟古井已经没有关系了。现在酿酒企业很多是万吨级的产能，浅部的古井水根本不够，只能抽取更深处的地下水。靠近江、湖的酿酒企业虽然会用湖水和江水来酿酒，比如绍兴的黄酒用鉴湖水、桂林三花酒用漓江水，但要经过严格的过滤净化，才可放心使用，经过过滤处理后的江水风味已经不是古代的江水、湖水的风味了，毕竟那个时候人们是可以直饮江水、湖水的。

第五节
制曲环节

曲是什么

"曲"字，繁体字为"麯、麴"，《说文解字》中解释为"酒母也"。现代由简化字"曲"代替。酒母作为酿酒时的酒引子，就是用小麦、大麦或者大米，通过浸泡、粉碎、搅拌，做成的块状物，之后移入曲房这个特定房间中晾干培养，微生物繁殖生长，曲坯逐渐升温，表面长出白色的毛或者块状形霉衣覆盖，就是曲块。体积大的叫大曲，重大概2.5kg左右，北方用大麦和豌豆制作，南方一般用小麦制作；小曲像一元人民币那么大，一般用大米加上中药材制作。

现代科学解释制曲是菌种汇集的过程，是从自然环境中将酿酒所需要的各种微生物汇集到曲块中，再经过微生物的代谢活动产生酿酒所必需的糖化酶和酒化酶，到后期的入窖发酵中起糖化和酒化的作用。所以现代科学一般把酒曲定义为糖化剂和酒化剂，并且伴随一定的生香功能，酒里的一些特有的香气是靠大曲产生的。

制曲，是中国古人酿酒的一个伟大发明，粮食用水浸泡、粉碎、搅拌、踩压成块之后，移入曲房里，各种各样看不见的微生物，慢慢地在曲块里富集起来，然后进入到发酵池中，把粮食转化为醇香的美酒。

中国古代也曾用麦芽酿酒

糖化作用和发酵作用是现代的科学概念，我们知道西方威士忌酿酒也需要糖化作用，但它的糖化剂不是酒曲，而是麦芽。

大麦在发芽的过程中，自身就会产生淀粉酶，把淀粉降解为麦芽生长过程中需要的单糖。这是生命的一个伟大奇妙的现象，是植物自身繁殖延续的进程。结成的果实是高聚集度的淀粉，在发芽的时候，自身产生淀粉酶，将淀粉逐渐地分解为葡萄糖，支持新的生命生长。

威士忌就是利用麦芽自身的糖化过程，然后再加入大量的水进行液态发酵。在现在的发酵工艺过程中，要加入人工制备的酵母做酒化剂。在古代，则是加入啤酒，利用其中的酵母做酒化剂。麦芽只有糖化作用，要转化成酒，还需要有酵母的参与。

图2-5-1 麦芽

中国古代，曾经也用过麦芽酿酒。在《尚书·商书·说命》里面就记载过："若为酒醴，尔惟曲蘖"。曲，是现代说的酒曲；蘖，是发霉发芽的谷物，包括大麦、小麦和水稻。曲做的叫酒，蘖做的叫醴。中国古人在很长时间里是曲蘖并用的。

但是后来人们发现用蘖就是麦芽做的醴，味比较稀薄，所以就失传了。明代宋应星的《天工开物》就只记载了用曲来做酒，麦芽做酒的工艺已经废弃不用了。[①]

当时不论用曲或麦芽酿酒，都是半固态或液态发酵，像现在米香型的白酒和黄酒。

固态发酵是在元代以后慢慢发展起来的，是古人在长期的酿酒、饮酒的过程中，慢慢地把麦芽作为糖化剂、液态发酵的方法淘汰了，创造出来由大曲作为糖化发酵剂、固态发酵的酿酒方式，这是在千百年的历史过程中，经过反复淘汰选择产生出来的。

宋应星在《天工开物》里记载："后世厌醴味薄，遂至失传"。现在比较威士忌的麦芽原酒和中国的大曲白酒，威士忌的稀薄感明显能感受出来，而中国大曲酒，无论什么香型，比威士忌原酒的口感、味道、香气，都要丰富。

酒曲的作用现在也没完全认识清楚

全世界的蒸馏酒里面，用曲做酒是中国白酒的独特工艺，但是曲的实际作用，到目前为止科学还没有完全认识清楚。

现代科学认为制曲是一个多菌种的汇集过程，但是究竟汇集了哪些菌种，通过什么途径进来？大的范围主要是霉菌、细菌、酵母菌等，但是具体到每一种菌种，

①洪光住：《中国酿酒科技发展史》，中国轻工业出版社，2001年1月，第47页。

现在还不完全清楚。我们能够认识的，现在也就几十种微生物，但是曲块里面包含的微生物可能是成千上万种。有资料说大曲中的微生物有 6000 ～ 9000 种，考虑到不同地区的微生物品种有所不同，大曲中的微生物应在万种以上。

从酶的角度来认识，曲主要是起糖化剂和酒化剂的作用，但是酶是怎么出现的，出现了哪些酶？目前还没有完整的答案。由于对这些问题不清楚，成品曲产生不同香气的风味物质是怎么来的？也不能说完全清楚。

成品曲在发酵环节中，起的作用更为复杂，它不仅是作为微生物的汇集器，酿酒的糖化剂，而且作为制曲的主要材料，是水解生成的可发酵糖，还是酿酒的发酵底物，所以成品曲的作用并不只是作为糖化剂和酒化剂。

中国传统白酒中素有生香靠曲之说，酒的香气和口感主要和制曲有关，现代科学研究发现，中国白酒有呈香呈味作用的微量成分多达 1000 多种，这些微量成分跟曲的哪些微生物有关系？现在还没有完全研究清楚。

现代中国酒曲的分类

余乾伟先生在《传统白酒酿造技艺》一书中，根据不同酒的酿造，把现代酿酒酒曲大体分为五大类，其主要种类和用途见下表。

表 2-5-1 中国酒曲的主要种类及用途[①]

类别	品种	用途
大曲	传统大曲	白酒
	强化大曲（半纯种）	
	纯种大曲	
小曲	按接种法，分为传统小曲和纯种小曲	黄酒、白酒
	按用途，分为黄酒小曲、白酒小曲、甜酒药	
	按原料，分为麸皮小曲、米粉曲、液体曲	
红曲	主要分为乌衣红曲和红曲	黄酒
	红曲又分为传统红曲和纯种红曲	
麦曲	传统麦曲（草包曲、砖曲、挂曲、爆曲）	黄酒
	纯种麦曲（通风曲、地面曲、盒子曲）	
麸曲	地面曲、盒子曲、帘子曲、通风曲、液体曲	白酒

①余乾伟：《传统白酒酿造技术》，中国轻工业出版社，2018年5月第二版，第73页。

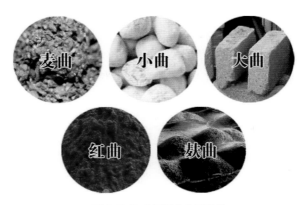

图 2-5-2 中国酒曲主要种类

制曲用的粮食

中国白酒制曲用的粮食和自然地理气候条件是密切相关的，北方普遍用大麦和豌豆制曲，如汾酒，就是大麦 60%，豌豆 40%。南方制曲用小麦，像泸州老窖和茅台酒，都纯粹用小麦来做曲。

在秦岭淮河过渡带上酿酒用的曲，就有过渡带的特点，大麦、小麦、豌豆混合使用，如古井贡酒，小麦 70%、大麦 20%、豌豆 10%；洋河大曲，小麦 50%、大麦 40%、豌豆 10%。[1]

小麦中淀粉和蛋白质的含量高，适合做中高温大曲和高温大曲，酿的酒芬芳浓郁。大麦的酶含量较高，对提高出酒率有明显效果，更适合清香型的白酒风格。豌豆目前的主要作用是增香，还有增加曲块黏度的作用。

在实际生产中制曲更加复杂，有些酒的曲粮和酿酒用粮是一样的，如青海的青稞酒，使用 60%～70% 的青稞和 30%～40% 左右的豌豆制曲，酿酒用粮全是青稞。

南方特香型酒江西四特酒制曲，是将麦子磨成面粉，加一部分麦麸和上次做酒的酒糟一起制作出来的。

与大曲相关的微生物

按照目前主流的科学观点，酿酒是微生物作用于粮食、水果等底料代谢之后的结果，所以谈酿酒之前要先讲制曲。

制曲主要是汇集微生物形成糖化剂和酒化剂的过程，而这一过程是由曲中的微

生物来完成的。微生物是指一切肉眼看不见或者看不清的微小生物的总称。微生物包括很多种，根据形态和内部结构，主要分成病毒、细菌、真菌、原生动物和藻类。

大多数的微生物是肉眼看不见的，当聚集成一大批菌落的时候才可以直观看到，如面包放久了上面生出的霉点，就是微生物的一个菌落，大曲上我们看到的白色斑块，也是菌落。

人类目前发现的微生物大概有 50 万～ 600 万种，种类极其庞大，而且内部结构也各有不同。

理解酿酒的微生物，先要明确两个概念，一个是功能菌，一个是非功能菌。

功能菌就是对酿酒起作用的微生物。通过有意识地收集培养使用这种微生物，从而产生乙醇或者其他物质。微生物品种非常多，现在酿酒中实际上能研究到的主要是功能菌。功能菌之外的其他微生物是不是也起作用？目前研究没有那么深入。

与酿酒有关的功能菌主要是三类：一是霉菌、二是酵母菌、三是细菌。

霉菌和酵母菌属于真核生物，细菌属于原核生物。真核生物和原核生物的重要差别就是细胞核有没有细胞膜，真核生物都有细胞膜，原核生物的细胞核有遗传物质，没有细胞膜。

在目前的酿酒认识中，霉菌主要起糖化作用，酵母菌起酒化作用，细菌一部分起酒化作用，还有一部分起生香作用。

按照生物化学理论，酿酒不是微生物直接作用的产物，是微生物消耗了酿酒原料也就是发酵底物中的糖，代谢出来乙醇及其他物质。微生物的代谢过程中产生的酶，如霉菌代谢产生了淀粉酶（α-淀粉酶，β-淀粉酶），使糖降解；酵母菌代谢产生了各种酒化酶，使降解后的可发酵糖变成了乙醇。

还有一种酵母，它不仅产酒，还产酯，有了一定香气，所以就把它叫做生香酵母。

与酿酒相关的微生物还要注意的两个概念，就是有益菌和有害菌。微生物产生的物质中，有人体能够使用的，如乙醇和乙酸之类；也有一些对人体产生危害的，比如黄曲霉菌和青霉素菌，黄曲霉菌产生的黄曲霉素是致癌物质，对肝功能有破坏，可能引发肝癌。所以在发酵过程中，要特别注意控制黄曲霉菌和青霉素菌，一旦发现就要清除出去。

在有关酿酒文献中还会见到纯种菌和多菌种这两个概念。纯种菌，在科学研究中认为某一种具体的微生物，比如鲁斯毛霉或者汉逊酵母，对糖化、酒化有作用，就人工提取这种菌种进行培养，然后应用于酿造过程中，这种菌种叫纯种菌。大曲是多个菌种天然聚集于培养曲块上的培养基，属于多菌种。

在中国传统制作大曲以及酿酒酒醅发酵的过程中，菌种的来源非常广泛，原料、水、空气、土壤、周边环境，甚至包括酿酒工人本身都能作为载体携带过来。

微生物种类繁多，单个微生物的生命周期不一样，有的比较短只有几十分钟，对生存条件的要求也不一样，比如好氧微生物，在有氧气条件下才能生存，而厌氧微生物在没有氧气的条件下才能生存。白酒酿造是多种微生物发挥作用的过程，并且有很长的时间，各种微生物在不同时期都在发挥各自的作用，对酒的最终形成都有贡献。

微生物体型非常小，对环境特别敏感，对温度、水分、阳光、空气中的含氧量等因素都有要求。通过控制这些宏观因素，来控制各种微生物的生长活动，由此来控制产品最后的风味品质。传统白酒对宏观参数的调控，如温度、水分等，对微生物的影响是非常巨大的。微生物种类繁多，对任何一种宏观因素都有不同的响应，敏感度也不一样，所以对一个宏观因素的调控，会在微生物领域里引起复杂而巨大的变化。

大曲制作过程

前面我们已经讲过中国的酒曲种类有很多，有大曲、小曲、麸曲等等，我们这里先讲一下大曲的制作过程，小曲和麸曲在以后的章节中会有介绍。

大曲根据不同的条件，在工艺上也有不同的控制方法。在这里只是介绍低温大曲、中温大曲、高温大曲等各种大曲的共同特点，至于各种大曲独具特点的自主工艺、控制要点，在相应的香型酒章节中再来介绍。

大曲制作的主要流程（以浓香型大曲为例）包括以下几个环节：

（1）润水。

（2）翻糙堆积。

（3）磨碎。

（4）加水搅拌。

（5）装入曲模。

（6）踩曲。

（7）晾汗。

（8）入室安曲。

（9）保温培养。

（10）翻曲。

（11）打拢（收堆）。

（12）出曲。

（13）入室贮藏[1]。

---

[1]余乾伟：《传统白酒酿造技术》，中国轻工业出版社，2018年5月第二版，第71页—第75页。

制曲的每一个环节，都有具体的控制要点。要点控制不好，产生的不合格大曲就不能用于酿酒，优质曲才能酿出优质酒。下面对一些流程的关键点做比较详细的介绍。

一、润水

大曲制作过程的第一个环节是原料的润水。以小麦为例，在小麦中加 2%～3% 左右的水进行堆积放置，大概放置 2～4 小时，一般不超过 4 小时。水的温度，根据季节不同，各厂的要求不一样，南方夏天用常温水，北方用 60℃ 左右的水。

润麦主要是为了让水分进去，在下一个环节粉碎的时候，能够合乎"烂心不烂皮"的标准。润麦完成的标准，不在于掺水放置的时间，而是看最后的效果是否达到"表面收汗，内心带硬，口咬不粘牙，略有干脆的响声"。如不收汗就说明水温过低；如果口咬没声音，没干脆的响声，说明用水过多或时间过长，即通常所说的发粑了。

二、粉碎

润麦完成之后，就进入到第二环节——粉碎。粉碎小麦，要求是磨成烂心不烂皮的梅花瓣状，就是将小麦皮磨成片状，麦心呈粉状。原料不同，粉碎度是不一样的，大麦和小麦就不一样，这里讲的是小麦。

粉碎度对于大曲的发酵和质量有很大影响，粉碎得过细，曲粉吸水性强，透气性差，曲粉黏着过紧，发酵时水分就不易挥发，顶点的品温难以达到，曲坯生酸多，霉菌和酵母菌透气（氧分）不足，水分大的在环境中不易代谢，导致细菌占据绝对优势，且在顶点品温达不到时水分难以挥发，容易造成窝水曲。另一种情况是"粉细水大坯变形"，就是曲坯变形影响入曲房后的摆放和堆积，致曲坯倒伏，造成水毛（毛霉）大量滋生，这种曲的质量也不会高，一般都是二级曲以下，所以粉碎不能太细。

粉碎太粗，曲料吸水差，黏着力不强，曲坯容易掉边缺角，表面粗糙，表层裂缝较多，穿衣不好，发酵时水分挥发快，热曲时间短，中挺不足，后火无力。这种曲粗糙无衣，曲熟皮厚，香单、色黄，也是二级曲以下。

所以说粉碎度不能过粗，也不能过细，感官标准就是"烂心不烂皮"、梅花瓣状。

传统粉碎工具是石磨，现在的粉碎工具是电力驱动的钢磨。实践表明，石磨可以完全做到烂心不烂皮；钢磨由于压缩的时间短就难以达到要求，麦皮上附着的粉丝比较多，或者心皮同烂。所以在采用钢磨的时候，润麦的水分、温度、时间都要掌握好。总的来讲钢磨粉碎的效率高，节省劳动力，但是效果不如石磨好。[1]

---

[1] 李大和：《白酒酿造培训教程》，中国轻工业出版社，2013年9月，第188页。

三、拌料

拌料包括配料和搅拌两个环节，配料一般都不是单一的原料，比如小麦制曲，有一些酒里，会加3%～5%上一次酒曲的曲粉进行搅拌。如果是用大麦、豌豆和小麦共同制曲，则是三种粮食粉碎之后，按不同的比例配料，再进行搅拌。

搅拌的方式有手工拌料和机械拌料两种。以浓香型酒的纯小麦大曲为例，传统的手工拌料，是两个人面对面站着，以每锅30kg的麦粉加上老曲、水均匀地拌合，一般拌一次要1.5分钟左右，曲料含水量在38%左右。

搅拌完成有一个感官标准，就是"握着聚，铺着散"。这是从古代传承下来的检验方法，所谓"握着聚"就是用手一握，曲便成团；铺着散是用手使劲拍就可以散开。如果不散开就是黏度太大，如果不成团就是黏度不够，这是衡量水分多少的一个简便易行的方法。手工拌料，操作复杂、体力劳动强，优点在于人工能很好地控制水分和曲的比例。

拌料用水的温度也是有讲究的，一般清明节以后用冷水，霜降节气前后用热水，热水温度一般控制在60℃以内。温度太高，会在拌料的时候形成糊化，发酵期成曲比较差，传统用语叫做抗浆。水温太低，特别在冬天会给大曲发酵造成困难，曲坯中的微生物不活跃，繁殖代谢缓慢，曲坯不升温，无法进行正常物质交换。掌握好用水温度也是拌料中重要的技术。

四、成型

第四个环节是成型，就是把拌好的曲料放到一个模具里，做成大曲曲块的形状。

传统的制作过程就是把曲料放到一个模具里人工上去踩。踩曲的形状也不一样，有平板曲和包包曲两类。平板曲上面是平的，像一块土砖；包包曲是把曲的中间踩得拱起来一块，是五粮液以及南方的中高温大曲特有的一种形状。包包曲拱起来的地方的温度和平板曲是不一样的，这是它独特的一种工艺控制要求。

关于制曲技术，西汉的文献就有过初步的记载。距今1400年的北魏贾思勰写的《齐民要术》里记载的制曲过程就更加详细，拌曲需要童子小儿，制曲是壮士足踏之。

以此来看，北魏时期制曲工人主要是强壮的男劳力。男劳力赤足踩曲，在传统的制曲技术里一直使用，实际在20世纪60年代以前，人工制曲就是男性踩曲。近年来有些酒厂选用女工踩曲，主要是年轻女工，并且振振有词地说，女工的体重适合踩曲，力量比男工要轻，这其实是一个营销噱头，无论古代典籍记载还是现代生产实践，人工制曲是强体力劳动，通常都是男性来完成。

现在主流的规模化制曲，基本上是机械化制曲，拌曲和成型由专门的制曲机完成。制曲机好处是速度快，成型好，产量高，降低劳动强度；缺点同样明显，比如提浆不多，拌料时间短，麦粉吃水时间不长，曲料不滋润等，所以它制作的曲块虽然外观漂亮，

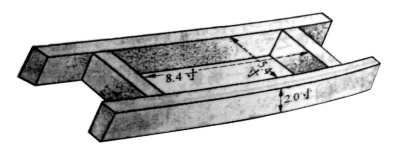

图 2-5-3 曲模

图 2-5-4 形状完好的包包曲
包包曲是根据曲块形状而命名的，呈龟背型。酱香型高温大曲的形状多为包包曲，五粮液的酒曲也是包包曲。

但品质和人工制曲还是有距离的。

人工制曲从润料、拌料到踩曲成型都是人工操作，在操作过程中的状态无法一直保持不变，长时间的体力劳动必然会疲惫，从而产生搅拌是否均匀、踩制的力度是否合适等问题。所以人工制曲成品品控，没有机械制曲稳定。成品曲有一级曲、二级曲之分。

不同酒厂传统制曲大小是不一样的，现在机械制曲的曲块大小也不一样。小的像古井贡的曲块，成品重是 1625g 左右；大的像茅台的曲块，重 4900g，甚至到 7000 多克，其他酒厂的曲块大小基本在 2.5kg 左右。曲块形状大小不一，在做成成品曲之后的曲块就更不一样，大多数的平板曲和包包曲，都能靠是否鼓起来区分。茅台的高温大曲的变形就比较严重，在曲房里堆积陈化之后变形更严重，有的已是球形或椭球形。

各酒厂曲坯体积和重量如下表：[1]

表 2-5-2　各名酒厂曲坯体积与重量

厂别	形状	长×宽×高（cm³）	成品曲重（g）
五粮液	长方体、中间凸起，俗称包包曲	64.8×17.4×5 中间凸 4	2715
古井	长方体，截去四角	15×12.9×5.9	1625
全兴	长方体，中间凸起	10.3×19×16.2	3309
茅台	以长方体为主，形状不整齐		4981
西凤	长方体	28.3×17.2×6	2238
汾酒	长方体	17.2×17.3×5.3	1867
董酒	形状不规则		2575
泸州	长方体	33×20×5	3200～3500
洋河	长方体	30×18×6	2300

五、入室培养

第五个环节是入室。曲坯成型到可以移动，就要搬到曲房去进行下一个环节，这叫入室培养。

曲房和曲库是两个概念。曲房是将制好的生曲块进行升温、发酵、生香、干燥的专门房间。而曲库是把曲房里已经达到成品曲的曲块进行三到六个月陈化老熟的库房。

《齐民要术》里记载：曲房"屋用草屋，勿使用瓦屋，不得秽恶，勿令湿，须西厢，东向开户屋中"。就是说平时制曲，曲房要用草屋不能用瓦屋，不能脏，不能潮湿，要用西厢房，在房子的正中间朝东开房门。制曲最好的时间是七月中旬以前，如果七月中旬以后，就没有那么多要求，瓦房也可以做，而且不需要东向开户的这种草屋。

这套古老的方法，现在还在借鉴使用，很多酒厂尽管是混凝土的建筑，但屋顶还是用草席做棚顶，因为草席可以起到一定的汇集菌种的作用，菌种会从棚顶散落下来，落在曲坯上。

《齐民要术》讲到七月以前用草屋，七月以后就可以用瓦房，说明古人已经认识到季节的不同，对制曲的影响也不同。

现代研究发现，古人的说法是有道理的，在不同季节里，自然界微生物的菌群分布有明显的差异。一般是春秋季的酵母多，夏季的霉菌多，冬季细菌多，所以在春末夏初到中秋前后都是制曲的合适时间，如茅台酒就有端午制曲、重阳下沙的做法，端午以后制曲比较好，霉菌多。制曲工人都知道，伏曲温度容易上升，曲子质量更好，

---

[1]周恒刚、付金泉：《古今酿酒技术》，中国计量出版社，2000年7月，第33页。

就是这个道理。

要对曲房的作业有清晰的了解，还必须懂另外两个术语，一个叫码曲，一个叫翻曲。所谓码曲就是把制好的曲块排放在曲房。排放时有很多讲究，一层一层排列放置起来，根据上下层的角度，有品字型，有人字型。制曲在不同过程中要采取不同的排放方式。翻曲就是码好的曲块在达到一定温度之后，要将曲块的角度方向调整更换，也可能将原来的品字型换成人字型的排法。

入室之后，码曲是在地上铺上稻草，曲块立着放在上面，然后曲块上再放曲块堆起来，一般堆六七层，也有四五层的，根据不同制曲温度的控制，有不同的层数。即使比较高的堆放层数，也只用了曲房一半的空间，高空还是空的。为了提高空间利用率，就提出了架子曲的概念，就是用三角铁焊起的架子，每层铺放稻草，一层一层的把曲放在架子上，提高空间利用率。搭架子的方法从古代就有，只是古代是木制架子。

《齐民要术》中也记载了架子曲的情况。架子曲是根据摆放的位置而产生的一个术语，是传统术语。而这种直接堆放在地上的排列方法叫卧曲法。

实际应用中看，架子曲和传统地面卧曲法相比有不足的地方，就是保温保潮不及卧曲法，架上和架下的品温相差 10℃左右，还不能翻曲，难以保证大曲质量的稳定性和均匀性。目前实际生产中应用比较少。

码曲是非常有技术含量的工作。因为曲块的排放距离有很多讲究，如夏季时，曲块的距离就稍微宽一点，三到五厘米宽，冬季可能就窄一点，为一到三厘米宽。由此来控制曲块的散热范围，保持合适的温度，太挤水分散不出去，制曲质量受到影响。

翻曲在什么时候翻，在什么情况下翻，怎么翻？也要看具体的工艺要求，从而达到品质标准。具体的因素要看曲的环境、状态变化，比如气温的高低不同，翻曲的要求就不同，翻曲的周期和方法都有所不同。

现在操作要求在曲块入曲房之前，曲房要经过必要的消毒，古代是将曲房打扫干净，地上铺一层稻草。曲块在曲房里的变化，大概分为五个阶段，分别是：一上霉，二晾霉，三潮火，四干火，五后火。这五个阶段的说法，一般是清香型低温大曲使用的传统术语，有些中温大曲也用这种术语，有的有自己的术语，但是内容大同小异，都是五个阶段。

曲块码好之后，上面要覆盖一些稻草捂着，也有用草帘子或者席子的，不同的酒厂用的不一样，这是曲进入曲房的第一个阶段，叫穿衣上霉。曲块进入曲房 24 小时左右，就开始长出针头大小白圆点的菌丝，经过蔓延成长到蛛网状，这一过程称为穿衣。再经过一段时间，蛛网状的菌丝萎缩，形成白色的菌落，这称为上霉。所以是先穿衣后上霉。

图2-5-5 青海互助天佑德青稞酒股份有限公司制曲车间的工人正在进行码曲作业 （摄影/李寻）

曲坯品温上升的阶段，讲究前缓、中挺、后缓落。前缓阶段要求品温上升速度不能太快。环境气温在30℃以上，曲房就要浇水开窗，来放缓曲块的品温上升速度。

翻曲是根据培养过程，曲坯的温度和湿度达到要求，就开始翻一次，时间一般是48个小时。如果曲坯不够干，说明时间不够，就需要再过一段时间。工艺术语就是"定温定时看表里"。

曲坯不能随便翻，不能多翻。每翻一次曲都是降温过程（术语叫散火），所以有的酒厂规定翻曲时不能开门窗，就是为了保证翻曲时降温不要太大。曲坯培养讲究"多热少晾不散火"，一旦散火，会影响一些菌种的生长，产品质量会受到影响。

这边要强调一下"火"字。中国制曲是非常奇妙的现象，全是靠曲里面汇集的微生物，自己代谢发热升温，温度最高能够达到70℃以上，这已经是烫手的温度了。曲房里就非常闷热，关着门窗有40℃以上，加上二氧化碳的排放，进去后感觉令人窒息，作业环境比较艰苦。微生物靠自己代谢，将面积很大的曲房和里面的曲块的温度加热到那么高，不得不感叹大自然的奇妙。制曲工艺里所说的"火"，无论"潮火""干火""后火"都是指制曲过程中微生物自身生长代谢活动带来的温度，而不是靠火炉之类的东西燃烧烘烤提供热量。调节曲块温度的主要办法，是开窗通过空气流动来降温，在必要的时候撒一点凉水。开窗的次数、时长，是控制曲房里温度、湿度的主要手段。

进入曲房的第二个阶段就是晾曲。曲表面上好霉之后，就要进行晾干，首先把席子撤掉，散温降潮。这期间曲房的温度增长比较快，品温接近室温，当曲房的湿度趋于饱和的时候，就要开窗放潮，品温控制在30℃～54℃左右。让曲坯微热，适时放潮，切不可只保温不晾，这样曲坯就过早起火，缩短成曲时间；也不能只晾不保温，会使曲坯发软变形，后期升温困难。品温过低，易长黄曲霉和青霉等，出现异味，如果发现长了黄曲霉出现黄斑，这种曲就有毒不能使用。

晾霉是个关键，曲坯培养由保温转为排潮，要注意在一定的品温前提下缓慢排潮，曲坯在晾霉期间，只是表皮比较热，曲心还是凉的，如果晾过头，就不升温了，时间大概三到四天，每天要提高1℃～2℃来控制品温，当曲坯表面发干坚硬，就进入潮火期。

第三个阶段是潮火期。由于曲坯刚开始升温放出的潮气比较大，曲房内湿度大，这时候要多多放潮，火气要逐渐升温，每天两起两落开两次窗，升温尽量缓，最高温度升到42℃～44℃，这是低温曲。当品温升起来保持一段时间之后，尽量把曲心里的温度也带起来。晾的时候要慢慢开窗，时间不宜过长，把潮气排尽就可以关窗，之后再慢慢地升温。如果潮气排不尽，会影响曲坯再次升温，也会使曲房产生异味。在晾曲时，手摸曲坯微热就可以视为达到晾曲的要求，潮火期的曲坯只热在表面，曲心还没热透，所以温度不能太低，以免产生黑圈窝水。

第四个阶段是干火期。潮火期和干火期没有明显的区别，曲坯由外向里熟，从外开始热，和有氧发酵类似，水分由微生物生长产生的热量带出，越往里带出水分越少，曲房的潮气越来越小，以至曲房升温曲发干，这个时候带有麦草香，就进入干火期。

干火期曲心已热，升温快，降温难，品温要控制在 42℃ 左右，不要太高。由于微生物已经从表面蔓延至曲坯内生长繁殖，产生热量，曲坯干硬部分加厚，热量散发困难，品温过高就会烧心，干火期一定要晾透。大火期晾曲的最高温度可以达到45℃ ～ 48℃，时间是七到八天，潮火期是排曲房的潮气，四到六天，期间要注意适时翻曲。

第五个阶段是后火期，品温保持在 36℃ ～ 38℃，每天晾一次，时间不用过长，当品温降到 30℃ 左右，进入养曲阶段。品温要严格按照前缓、中挺、后缓落原则。汾酒的低温大曲一般要求三种：清茬曲、后火曲、红心曲。要点是清茬曲操作的时候要大热大晾；后火曲操作是大热中晾；红心曲要大热小晾，在培养时要严格控制。出房后三种曲分别储藏，使用的时候一般按照 4 ∶ 3 ∶ 3 的比例混合粉碎。

上面五个阶段，是按照传统工艺操作过程的术语来描述的，按照现在科学解释，上霉期是低温培菌期，这个过程的目的主要是让霉菌、酵母菌等开始着床，落到曲块上大量的生长繁殖，其中霉菌为主。潮火期和干火期，属于高温转化期，这个时期的目的是让大量菌代谢转化成香味物质，就是生香。后火期主要还是生香，同时继续排潮，但不同香型的酒，大曲不同，所以各个环节的时间也不同。后火也很重要，一般讲后火不足曲无香，当然并不是在后火期才生香，而是前期生香，后火的期间要保持好，否则煮熟的鸭子也会飞的。

六、入库储存

第六个阶段是入库储存。在曲房里做好的曲，一般要一个月左右的时间成为生曲，这种曲不能直接用来酿酒，要在曲库里再放上一段时间，一般是放三个月以上。经过研究，现在各个酒厂通用的曲是在三个月到六个月左右的陈曲，这种曲制酒，香味好，酒质也醇和。

曲放在曲库的时候，要注意防止病虫害、雨淋。其实在曲库里存放的过程，也是曲里面微生物不断变化的过程。有研究显示，在储存期前和储存期后菌种都有变化，储存六个月的陈曲中的细菌以芽孢菌为主，淀粉和水分、糖化酶、液化酶、蛋白酶随着时间也都有所变化。通过总体经验来看，陈曲对酒质的醇和作用非常明显。

制曲品温

所谓制曲品温，指的是曲块的表层温度。一般曲心的温度比表层的温度高两三度。根据曲块的温度，目前分成三类：低温曲、中温曲、高温曲。

低温曲是以清香型的汾酒为代表，最高品温 40℃～50℃之间。

中温曲，是以浓香型白酒使用的大曲为代表，制曲的品温温度是 50℃～60℃之间。但是目前有个趋势，在实际制曲中无论低温曲和中温曲，有的时候都会把温度调高一点，品温提高一点可以给酒带来陈香味，增加酒的醇厚感和丰满感。

高温曲温度是 60℃以上，最高温度可以到 70℃，以酱香型的大曲为代表，如茅台酒用的大曲，就是高温曲。

不同品温的大曲在酿酒中有不同的特点，低温曲的糖化力、液化力和发酵力都是最高的，微生物菌系也比较丰富，所以在名酒酿造中，清香型汾酒发酵时间最短，这和用低温曲有关。低温曲发酵特点是发酵好，出酒率高，酒里面的乙酸、乳酸和乙酯也高，伴随着低沸点香味物质增多的同时，醇类物质也比较高，这类酒具有清雅纯净的个性特色。

中温曲的糖化力、液化力和发酵力不及低温曲，比较出名的像五粮液的包包曲。由于培养条件、特别是影响微生物生长的环境、水分、温度的变化，中温曲里面微生物的区系和酶活性也发生变化，用这种曲酿酒，产出的香味物质，明显比低温曲要多，此外，因为窖泥微生物的影响特别是己酸菌的作用，己酸及己酸乙酯生成较多，所以产出的酒窖香浓郁，酒体丰满。

高温曲的糖化力、液化力和发酵力度最低，在酿酒过程中，用曲量最大。茅台酿酒，曲粮比例高达 1∶0.9。同中、低温曲一样，发酵过程中也会产生乙酸、乳酸和乙酯，还会产生大量的高级醇、醛类、酚类等香味物质，使产品具有酱香突出、幽雅细腻、回味悠长的独特风格。这类酒的香味物质，应该说是曲药香味物质的带入和酿酒发酵成的香味成分的复合体。

品温最早形成和自然环境有关。北方环境比较偏冷，生成高温曲不太容易，按照正常的情况下，做到低温大曲就算成品曲了。南方环境温度高，要想做出低温大曲也不大容易，这是自然环境下的产物，也让人们发现了不同品温跟白酒香型之间的关系。白酒行业有一句话叫"生香靠曲"，品温基本上就确定了酒香，所以低温大曲酿出的酒基本上就是清香型，中温大曲酿出的酒是浓香型，高温大曲酿出的酒是酱香型。但这也只是大致的对应关系，除了大曲还有其他的因素，我们以后谈到香型时再细谈。

各种大曲在传统制作的条件下，相对来说还是隔离的，坚持各自香型的工艺。如在汾阳杏花村，就不做高温曲，如果曲出现高温的味道，就过头了；而在茅台镇也不会做低温曲，如果出现低温曲，就等于没熟。传统酿酒在 20 世纪 50 年代以前，各地酒用各地的曲，而且曲基本上和酒是匹配的。

中温曲，有的文献里叫做中高温曲，适用范围在江淮一带，苏北、皖北还有长江沿线气候过渡带的酒厂，包括四川、陕西的一些酒厂以中温曲为主。过去如果汾酒使用中温曲，就是不合格。现在的酿酒，有很多酒是中温曲、中高温曲混合；清香酒也有低温曲和中温曲混合酿的。北方也有用高温大曲来酿酒的，从南方制高温曲的地方买曲，在本地来酿酱香酒。

同一种大曲在不同地区、不同的酿造环境中，酿出的酒是不一样的，同样用中温大曲，在四川能做出来非常地道的浓香酒，到了新疆或者甘肃河西走廊，用四川买来的大曲，酿的酒的风味就不一样，因为环境温度、湿度都不一样。"生香靠曲"这句话不能绝对化理解，并不是全靠曲起的作用，曲只是起一部分作用，而且随着条件的不同，效果也不同。

要真正学会品鉴白酒，了解大曲非常重要。因为酒里的主体香气很大一部分来自于曲，记住了大曲的香气，才能知道对应的酒的香气是什么样的。如果不了解大曲的香气，就难以区分传统白酒和加了香精的酒。在实际生活中接触到的很多酒友，他们经常误把酒里的香精味当成曲味，经常说酒的"曲子味"重，后来我经过仔细比较，最终发现他们说的其实是香精味，因为普通的消费者，没有见过大曲，也没有闻到过曲香味。

大曲的质量标准

大曲对中国传统白酒的作用十分重要，素有"曲为酒之骨"之称。大曲是传统工艺的产品，到目前为止还没有客观统一的理化指标，基本上还是根据各酒厂的经验来判断。

低温曲有低温曲的判断标准，高温曲有高温曲的判断标准。同样使用中温曲的酒厂，泸州老窖酒厂大曲的标准分成四个标准：一级、二级、三级和不合格；而五粮液酒厂分成优质曲、合格曲和次曲。

泸州老窖酒厂的标准细化成感官标准和理化标准，总分 100 分。其中感官标准占总分的 60%，理化标准占总分的 40%。大曲分级是靠感官评判，按照风格、外观、断面这几个参数来看。大曲的风格，要曲香扑鼻，味浓纯正，皮薄心熟，色正泡气；外观即大曲外表，色泽灰白色，上霉均匀，无裂口；断面即大曲折断面，有泡气，香味正，色泽正，皮张薄。

具体打分标准：

风格独特完整，40 分；风格欠完整，30 分；风格独特不完整，20 分。

外观：灰白色、带黄无异色，上霉均匀无裂口，20分；灰白色微黄，少许异色，上霉好，少许裂口，10分。

断面：浓香泡气色正，皮张厚小于0.1cm，40分；浓香色正欠泡气，皮张厚小于0.15cm，30分；浓香有异色，味不正，皮张厚小于0.2cm，20分。

不合格标准是生心皮厚，粗而无衣，色杂而味馊霉。其中生心指内心不熟或窝水等不正常状态。[①]

理化标准指标分为：水分、酸度、淀粉、酶活力、发酵力。感官标准不合格就不用做理化检测。比如青霉菌斑大于13%，酸度大于1.0，那就60分以下，就是不合格，曲不能使用。

现在有些研究人员，试图加大大曲的理化指标和生化指标占比的权重。但是生化指标就是酸度特别是液化力、糖化力、酒化力，实际是衡量生成酒精的指标，不是酒质的指标。在实际生产中判断大曲品质，还是以感官判断为准，权重更大。从上面讲到的不同品温的大曲的情况，也看到了生香生味好的曲出酒率反而低，如高温大曲。出酒率高的，生香生味的丰富程度比较差。现在还没有完整的支撑大曲的科学理论，传统的感官判断起的作用更大。

大曲病害的防治

在制曲的过程中，传统工艺上靠经验判断，可以处理很多曲的病害，主要的病害有：不生霉、受风、受火等等，这些病害的名称都是来自传统工艺中的术语，需要以科学理论加以解释。

一、不生霉

曲坯入房后2～3天，仍未见表面生出白斑菌丛，即称为不生霉或不生衣。这是由于温度过低，曲表面水分蒸发过甚所造成的。这时应加盖草垫或麻袋，再喷40℃的热水，至曲块表面润湿为止，然后关好门窗，使其发热上霉。

二、受风

曲坯表面干燥，不长菌，内生红心。这是因为对着门窗的曲受风吹，失去表面水分，中心的曲为红曲霉繁殖所造成的。因此，应经常变换曲块位置来加以调节。同时于门窗的直对处，应挡以席子、草帘等物，以防风吹。此病害在春秋季节最易发生，因此，在该季节应当特别注意。

---

① 李大和：《白酒酿造培训教程》，中国轻工业出版社，2013年9月，第200页。

三、受火

曲块入房后的干火阶段，是菌类繁殖最旺盛时期，曲体温度较高，若温度调节不当，或因管理疏忽，使品温过高，则曲的内部炭化，呈褐色，酶活力降低。此时应特别注意温度，将曲块的距离加宽，逐步降低曲的品温（温度不可大起大落），使曲逐渐成熟。

四、生心

曲中微生物在发育后半期，由于温度降低，以致不能继续生长繁殖，造成生心，俗话说："前火不可过大，后火不可过小"，其原因就在这里。这是因为前期微生物繁殖旺盛，温度极易增高，有利于有害菌的繁殖。后期微生物繁殖力渐弱，水分也渐少，温度极易降低，有益微生物不能充分生长，曲中养分也未被充分利用，故出现局部为生曲的现象。因此，在制曲过程中，应经常检查。如果生心发现得早，可把曲块距离拉近一些，把生心较重的曲块放到上层，周围加盖草垫，并提高室温，促进微生物生长，或许可以挽救。如果发现太迟，内部已经干燥，则无法医治。

五、皮厚及白砂眼

这是晾霉时间过长，曲体表面干燥，里面反起火来才关门窗所造成的。究其原因，是曲体太热，而又未随时放热，曲块内部温度太高而形成暗灰色，并长黄、褐圈等病症。预防的方法是：晾霉时间不能过长，以曲体大部分发硬不粘手为原则，并保持曲块一定的水分和温度，以利微生物繁殖，逐渐由外往里生长，达到内外一致。

六、反火生热

制成的曲不可放在潮湿或日光直射的地方，否则曲块容易反火生热，生长杂菌。因此，成曲应放在干燥通风的地方，并经常检查。[1]

曲虫的问题

只要去过酒厂的曲房和曲库，都会遇见曲虫（有的地方也叫曲蚊），就是各种小昆虫，据说有20多种，比如常见的叫黄斑露尾甲。以前业界主流认识认为曲虫是害虫，因为它取食曲料，消耗淀粉，使大曲重量减轻，质量下降。曲虫多的时候，曲房周围全被淹没，波及全场，影响环境。

曲虫严重的大曲，特别是高温大曲，千疮百孔虫卵密布，糖化率下降。曲虫生

---

[1]李大和：《白酒酿造培训教程》，中国轻工业出版社，2013年9月，第219页。

图 2-5-6　曲块上的曲虫　（摄影／李寻）
放大拍摄储存一段时间的包包曲，可以看见曲块上爬行飞舞的曲虫。

的卵和蛹都在曲里，实际上是不可能清除的，也都参与发酵。曲虫的虫卵和蛹参与发酵产生的香气物质，也是酒体风味的一个组成部分。从这个角度来看，对曲虫的研究还有待进一步深入。

大曲的作用

目前的研究认为，大曲在酿酒中的作用主要有三个：第一个是糖化发酵剂，第二个是生香，第三个是作为酒粮的一部分。

一、糖化发酵剂

大曲是大曲酒酿造中的糖化发酵剂，其中含有多种微生物菌系和各种酿酒酶系。大曲中与酿酒有关的酶系主要有淀粉酶（包括 α-淀粉酶、β-淀粉酶和糖化型淀粉酶）、蛋白酶、纤维素酶和酯化酶等，其中淀粉酶将淀粉分解成可发酵性糖；蛋白酶分解原料中的部分蛋白质，并对淀粉酶有协同作用；纤维素酶可水解原料中的少量纤维素为可发酵性糖，从而提高原料出酒率；酯化酶则催化酸醇结合成酯。大曲中的微生物包括细菌、霉菌、酵母菌和少量的放线菌，但在大曲酒发酵过程中起主要作用的是酵母菌和专性厌氧或兼性厌氧的细菌。

二、生香剂

在大曲制作过程中，微生物的代谢产物和原料的分解产物，直接或间接地构成了酒的风味物质，使白酒具有各种不同的独特风味，因此，大曲也是生香剂。不同的大曲制作工艺所用的原料和所网罗的微生物群系有所不同，成品大曲中风味物质或风味前体物质的种类和含量也就不同，从而影响大曲白酒的香味成分和风格，所以各种名优白酒都有各自的制曲工艺和特点。

三、投粮作用

大曲中的残余淀粉含量较高，大多在 50% 以上。这些淀粉在大曲酒的酿造过程中将被糖化发酵成酒。在大曲酒生产中，清香型酒的大曲用量为原粮的 20% 左右，浓香型酒为 20%～25%，酱香型酒达 100% 以上，因此在计算大曲酒的淀粉出酒率时应把大曲中所含的淀粉列入其中。

图 2-6-1　湖北白云边酒业股份有限公司厂区生产酿造车间中正在进行作业　（摄影／李寻）

第六节
蒸粮环节

蒸粮和蒸酒不是一回事

中国白酒蒸的环节比较多，不是一个简单的蒸馏出酒的过程。大概说来，第一遍先要把粮食蒸熟，蒸熟后拌上曲粉，再放到窖池里发酵，这个过程在白酒的传统工艺中属于"蒸"。

把发酵好了的酒醅（通过发酵已经生成了一部分酒精的粮叫酒醅）从发酵容器中拿出来放到甑里（蒸馏装置叫甑）再蒸出酒的过程，就是人们通常所说的蒸馏，即把已经发酵出来的酒精再提纯，这个过程在中国传统工艺里叫"烧"。

以上讲的蒸酒粮和蒸酒醅，蒸的是酿酒的主要原料，在蒸主要原料的同时，还要蒸辅料，辅料是糠壳，也就是水稻壳，水稻壳要另外蒸，蒸好了之后拌到粮食或者酒醅里面起疏松通气的作用。

中国白酒如果要讲蒸的话，至少是以上三种，当然还有更复杂的，涉及具体工艺的时候我们再讲。本节只讲"蒸"，不讲"烧"，在蒸馏取酒那一节再讲"烧"。但有些香型的白酒的"蒸"和"烧"其实就是一个环节，比如混蒸混烧的浓香型酒便是。因此我们还得再了解更多的术语：比如清蒸清烧、清蒸混烧、混蒸混烧。

清蒸清烧、清蒸混烧、混蒸混烧

中国白酒根据配料和蒸馏的方式不同，分为三种工艺类型：清蒸清烧（清糟清蒸）、清蒸混烧（清糟混烧）、混蒸混烧（混糟混烧）。所谓糟，即酿酒用的粮，在山西发音成"糁"，贵州人发音成"沙"。但糟、糁、沙这些概念，单说这一个词说不清楚，因为有时它们指没有发酵过的新鲜的粮食，有时也指发酵后酒醅里的粮。在不刻意区分是原粮还是发酵了的粮食时笼统都称为糟，在刻意区分的时候，有的地方把没有发酵的原粮叫红糁或者红粮，把发酵了的粮食叫醅子。但讲到清糟清蒸、清糟混蒸、混糟混蒸这几个术语时，糟是指没发酵的原粮。

一、清蒸清烧

清蒸清烧的特点是蒸和烧分开，原料单独蒸一遍，蒸原料的时候不加入以前的酒醅，这个流程叫做"清蒸"。原料蒸好之后，摊晾，拌曲，下陶缸发酵，发酵好之后再蒸馏，在蒸馏取酒的过程中不加入新粮，也不加入以前发酵的酒醅，这个过程叫做"清烧"。汾酒生产中，第一次蒸酒取的酒叫大糟酒。取完酒之后的酒醅还有一定的淀粉，再拌一部分大曲放入陶缸里发酵，发酵好了再蒸。由于第二次蒸馏取酒的过程中也没有加入新的酒粮或者已经发酵好的酒醅，还是清烧，因此整个工艺叫做"清蒸清烧二次清"。二糟酒蒸完之后的酒醅叫酒糟，做丢糟处理，可以作为饲料使用。

二、清蒸混烧

清蒸混烧的概念如下：第一次的酒粮单独蒸，发酵好的酒醅蒸完酒后，在摊晾时，再蒸一道新粮，把新蒸的酒粮和已经出过酒的酒醅，加上曲粉拌好，再回到窖池里发酵，也叫清蒸续糟，但续的糟也是清蒸出来的。续加过新粮的混合酒醅入窖池再发酵，发酵好了再蒸酒，由于已经添加过了新粮，所以叫混糟，也叫清蒸混烧。所谓混，就是新粮和酒醅混在一起蒸馏取酒。这种方法用在川法小曲白酒和某些清香型的大曲酒上，既可以保持清香酒清香纯正的质量特色，同时又有混糟发酵酒酒香浓郁、口味醇厚的特点。

三、混蒸混烧

混蒸混烧是指把发酵好的酒醅和一批新的原粮按比例混合好后一起蒸馏，蒸馏出酒的同时粮食也蒸熟了，出甑后冷却加曲，再入窖池发酵，浓香型大曲酒基本上采取这样的方法。按这种方法，酒醅可以连续使用，因此也叫"万年糟法"，所谓"千年老窖万年糟"的说法就是这么来的。混蒸混烧把原粮粉和酒醅混合，粮粉可以从酒醅中吸取水分和有机酸，给蒸馏糊化提供有利条件，混烧还可以把饭香带入酒中，增加酒的回甜。

续糟是指在蒸馏酒时，已发酵好的酒醅添加了新的酒粮，因此又叫续糟法，混蒸续糟法其实包括两种，一种就是万年糟的红粮续糟法，以泸州老窖的传统生产工艺为代表；另一种就是甑窖之间有一定比例的老五甑工艺，以洋河大曲、古井贡酒的传统生产工艺为代表，具体工艺在谈酒的香型时再做具体介绍。

蒸粮前磨碎还是不磨碎

这两年来，随着茅台酒价格的飙升，茅台和酱香酒的一些工艺特点被神秘化，甚至神圣化，比如很多人一提到酱香酒，首先要区分是坤沙酒还是碎沙酒，好像坤沙酒就是多么高级，多么高不可攀。所谓坤沙，指整粒高粱，"坤"字可能来自"浑圆"的"浑"字，贵州当地的发音发成了"坤"，也有学者说"坤"是个双音词，就是囫囵的意思，指高粱没经过粉碎，为整粒高粱，用这样的高粱酿的酒就好，叫坤沙酒，用经过粉碎的高粱酿的酒就不好，叫碎沙酒。

这种说法当然有一定的事实依据，因为糯高粱比较容易糊化，出酒率比较高，如果把它像粳高粱一样粉碎了蒸馏，两遍就把酒取尽了，就不可能支持它取七个轮次酒，所以高粱要保持一定的完整性。但其实这不是一个绝对好坏的标准，北方清香型的汾酒和南方浓香型的五粮液、泸州老窖，酿酒用的是粳高粱，不粉碎的高粱不好糊化，而且它们两次出酒，不追求一批粮食的反复发酵蒸馏。因此高粱粉碎不粉碎代表不了各种酒质的好坏，只是就茅台酱香酒七个轮次酒而言，坤沙酒是它的一个标准工艺，如果高粱粉碎了，就蒸不了七个轮次了，蒸馏出来的酒就不一样了。

下面介绍酿酒粮食粉碎不粉碎的问题。从粉碎程度来看，酿酒粮食分几种情况：

一是不粉碎，如特香型的酒、米香型的酒，都是整粒大米蒸酒，还有武陵酱酒，酿酒高粱也是整粒的，一点也不粉碎。青海互助有些小酩馏酒作坊酿酒用的青稞原料也是整粒的，不粉碎。

二是粉碎程度比较低，如茅台酒的酿酒用粮不是完全不粉碎，只是粉碎度低。茅台酒分两次蒸粮，第一次蒸粮叫下沙，投粮 50% 的高粱中，80% 为整粒，20% 要粉碎成四瓣；第二次投粮叫糙沙，所投的另外 50% 的高粱中，70% 是整粒，30% 要粉碎。其他各酱香型酒酒厂的坤沙酒酿酒高粱的粉碎程度也宣称和茅台酒一样。

三是粉碎程度比较高，包括清香型酒、浓香型酒、凤香型酒，等等。仔细比较它们的粉碎参数，发现粉碎程度也不一样。如汾酒的高粱，要求每粒粉碎成四到六瓣大小，能通过 1.2 毫米筛孔的细粉不可以超过 25%，粉碎程度不算太高，它还有不超过 3% 的整粒高粱。冬季高粱粉碎要细一点，夏季要粗一点。

浓香型酒中的多粮香酒如五粮液，有高粱、玉米、大米、糯米、小麦等多种粮食，不同粮食的粉碎度不一样。高粱、玉米粉碎度是六到八瓣，大米、糯米和小麦的粉碎度是二到四瓣，呈鱼籽状，不允许整粒混入，五种物料粉碎之后要求能通过 20 目筛的细粉不超过 20%，20 目筛相当于 0.85 毫米，看来浓香型中五粮香型的主粮粉碎度要比清香型酒略微高一点。西凤酒的粉碎度比清香型酒也要高一点，粉碎度要求能通过 1 毫米标准筛孔的有 55% ～ 69%，未通过的为八到九瓣，整粒的在 0.5% 以下。

大曲的粉碎度

酒粮的粉碎度有这么多讲究，大曲的粉碎度也相应地有讲究。汾酒大曲的粉碎度跟发酵次数不同有关，第一次发酵的大曲，粉碎大的像豌豆，小的如绿豆，能通过 1.2 毫米筛孔的细粉不超过 55%；第二次就更细了，大的如绿豆，小的如小米，能通过 1.2 毫米筛孔的细粉为 70% ～ 75%。粗细适宜才有利于低温缓慢发酵，对酒质和出酒率都有好处。浓香型酒五粮液的曲块粉碎度就更细，能通过 20 目筛也就是0.85 毫米左右孔径的细粉要占 70% 左右，它的曲粉粉碎的比酒粮都要细。

最后需要强调一下，无论是酒粮的粉碎，还是酒曲的粉碎，实际上都是根据各地的气候条件和工艺以及生产经验摸索出来的，我们上面提出的那些参数是相关教科书上的，在实际生产中的情况不一定如此，很多酒厂会根据自己的经验，在不同的条件下对参数进行调整。总之要达到发酵比较充分、不容易结块、利用率比较高、出的酒质比较高等目的。因此不能绝对地说粉碎程度高好，还是粉碎程度低好，要根据实际的生产情况来决定。

中国传统白酒沿袭着传统工艺，有很强的开放性，而且各地的工艺术语不同，工艺中某一个环节跟酒体品质的相关度也不一样，所以一个术语如果跟某一个酒质挂钩被强化，就很有可能会被神化，片面化理解就是神化。对这类问题要有科学的认识。

蒸前先浇热水润粮

无论是粉碎还是没粉碎过的粮食在蒸之前，都有一个用热水泡一泡的过程，这个过程叫润粮。整粒的不粉碎的酒粮，如武陵酱酒不粉碎的整粒高粱要用70℃～ 80℃的热水泡 24 个小时；粉碎过的酒粮，比如清香型酒和浓香型酒的酒粮，也要用热水泡一下。由于环境、温度不一样，清香型的酒粮泡的时间长，用的热水温度高，浓香型是用发酵后的酒醅和粮食混合润粮。汾酒的这个工艺叫高温润糁，粉碎后的高粱加入相当于原料质量 50% ～ 62% 的热水，夏季水温 75℃～ 80℃，冬季水温要达到 80℃～ 90℃，拌匀后堆积润料 18 到 20 个小时。堆料的过程中料堆品温上升，冬天可以达到 42℃～ 45℃，夏季可以达到 47℃～ 52℃。料堆上加覆盖物，要求润透，不落浆，无干糁（糁），无异味，无疙瘩，手搓成面；在堆积的过程中，倒糁二三次，彻底把"窝气"放掉（酒粮在润料的过程中已经开始发酵，产生气体），擦烂疙瘩，做到外倒里，里倒外，上倒下，下倒上，使原料吸水膨胀充分，便于糊化。

浓香型大曲酒是用混蒸续糟法酿造的，在蒸粮前要在糟堆里挖出约一甑的母糟，母糟和新加入的粮粉拌匀，消灭大灰包，这时候必须加水润料，新粮粉加进去后不加水的话不好蒸熟，但加水润料的时间也不能长，如果太长，特别遇到夏天过夜了的话，新粮粉就会变馊带酸味，杂味会带到酒里面。浓香型大曲酒一般润料的时间为40～50分钟。由于浓香型大曲酒是续糟混蒸，其润料还有很多其他的技术措施，一是用黄水润粮，即把一部分本窖的黄水浇到母糟上参与润粮。如果发酵期延长，就不用这种方法；二是酒尾水润粮，看母糟干燥程度可以用二道酒酒尾水15～20公斤撒在这个粮糟上，提高母糟的酸度；三是用打烟水，在抬盘出甑时，如果发现粮粉没有润好而糊化不完全时，在出甑前10分钟把80℃以上的热水20～30公斤泼到甑桶的粮糟上，这就是打烟水。然后翻拌一次，盖上甑盖，再蒸段时间。出甑后再摊晾，加打量水的时候要把打烟水的重量扣除掉。

酱香酒也有润粮的过程，下沙时高粱要用90℃以上的热水泼进去，这个水叫发粮水，润粮四到五个小时，边泼水边拌粮，使原料吸水均匀。水分两次泼，每泼一次翻拌三次，防止水的流失，以免原料吸水不足，加水量为粮食的42%～48%。酱香酒某种程度上讲属于混糟混蒸的工艺，在加水的时候，下沙操作（即第一次蒸粮）时还要加去年最后一轮发酵的优质母糟5%～7%拌匀。

先把糠壳蒸好待用

在蒸酿酒主粮之前，先要把糠壳（水稻壳）蒸好，糠壳在酿酒中起疏松剂的作用。糠壳要清蒸，一般蒸30分钟，现在名优酒厂都蒸90～120分钟，只有把糠壳蒸好了，才能去掉杂味，否则会给酒带来不愉快的杂味。

糠壳和酒粮配料时，糠壳的配料比例有不同的技术要求，比如浓香型酒，冬季是生产旺季，可以多配糠壳，可达到28%，夏季凉燥，用糠量为20%～23%。

讲究的"蒸粮"过程

润好后的酒粮可以上甑蒸了，蒸的过程也有诸多讲究，不同香型的酒的操作细节和蒸的时间都不一样，下面举例说明，先讲清香型酒。

清香型酒蒸酒，先要把锅底水煮沸，然后把润好的红糁均匀撒入甑中，待圆汽后再加上60℃的热水（占原料的26%～30%）泼在上面，以促进糊化，这个过程叫加焖头浆。所谓圆汽，是指酒甑上的蒸盖露出汽，形成圆圈。蒸粮初温是98℃～99℃，然后在上面撒7毫米厚的谷糠或者加盖芦席，加大蒸汽，温度逐渐上升，蒸汽压力一般是 0.01 到 0.02 兆帕，蒸 80 分钟即可出甑，增糁前水分由 45.75% 上升到 49.9%。

浓香型白酒的蒸和烧是同一个环节，蒸馏时间大概是 65～85 分钟，在下一个环节讲到蒸馏的时候，再介绍浓香型的蒸馏技术特点。

不同类型的酒第一次蒸粮的叫法也不一样，浓香酒的老五甑法叫立排，凤香酒叫立窖，酱香酒叫下沙。酱香酒第一轮蒸粮下沙时，要蒸一个小时左右，蒸到七成熟，带有三成硬心和白心即可出甑；第二轮蒸粮叫糙沙，实际上是烧的过程，要取一部分酒，蒸出的酒叫生沙酒，一般不做原酒入库，全部泼到甑内冷却或者酒醅中，再加大曲粉拌匀，然后再入窖发酵。

摊晾，打量水，拌曲粉

酒粮出甑后，需要把蒸好的酒粮摊在车间内一个平坦开阔的地方，这个地方叫晾堂。

在摊晾的过程中，要往酒粮上再浇些水，叫打量水。这是因为粮糟经蒸酒蒸粮过程虽然吸收了一定的水分，但尚不能达到入窖最合适的水分，因此要进行打量水操作，以增加其水分。浓香型酒的打量水要加热，水温在 80℃ 以上，用水量是原料的 90%～100%。[1]

清香型汾酒大糙酒粮蒸好出甑后摊成长方形，泼入原料量 30% 左右的冷水（最好为 18℃～20℃ 的井水），使原料粒粒分散，进一步吸水，随后翻拌，通风晾糙，一般冬季降温到比入缸温度高 2℃～3℃ 即可，其他季节散冷到和入缸温度一样即可。

大糙酒醅蒸馏取酒结束，视醅子的干湿，趁热泼入大糙投料量 2%～4% 的温水于醅子中，水温在 35℃～40℃，称为"焖头浆"。随后挖出醅子，扬冷到 30℃～38℃，加投料量 9%～10% 的大曲粉，翻拌搅匀，待品温降到 22℃～28℃（春、秋、冬三季）或 10℃～23℃（夏季）时，入缸进行二糙发酵。[2]

酱香型酒的打量水水温在 35℃ 以上，用水量为投料量的 8%～9%，泼入的水要泼洒均匀，不能冲在一块，如果打量水水量不足，就会发酵不良，如果用水量太大，酒味就会太淡薄。

所谓晾堂，就是把酒粮堆积变凉的地方，古代靠自然冷却，现在主要是靠通风冷却。酱香型酒在摊晾的过程中会用电扇吹，工人赤脚趟平酒粮。酱香型酒赤脚踩曲，有人提出来不卫生，赤脚摊平酒粮估计又有人会说不卫生。实际上酒醅经过蒸馏之后，

---

①余乾伟：《传统白酒酿造技术》，中国轻工业出版社，2018年5月第二版，第36页。
②张安宁、张建华：《白酒生产与勾兑教程》，科学出版社，2010年9月，第69页-第71页。

所有的微生物都会被杀死，不存在不卫生的问题，而且这种传统工艺酿出来的酒酒质更好。我曾经在现场多次观察酿酒工人摊平酒粮的过程，当他们赤脚趟过酒粮将其摊平的时候，像在耕耘一片褐色的土地，让我感觉到仿佛在田地里耕耘。

有些浓香型酒酒厂的晾堂底下就有通风设施，所以酒粮冷却很快，还有的酒厂会用摊晾机，酒粮摊晾的时间就更短了。

摊晾结束后，要把磨好的大曲曲粉加进来，加入大曲的数量不同香型酒不一样。浓香型酒的大曲用量相当于酒粮的 18% ～ 28%。清香型酒的用曲量相当于原粮的 20% 左右。酱香型酒的总用曲量很大，下沙时加曲 15% ～ 20%，糙沙时再加一部分曲，最后一轮蒸酒酒粮与曲的比例将近 1 ∶ 0.9，总的用曲量达到 100% 以上。加曲的温度也有讲究，要高于入窖池温度 2℃～ 3℃。加曲时要把曲粉均匀混入酒醅中，以减少飞扬损失。现在机械化的摊晾机操作的最后一个环节就是加曲粉。

加完曲达到一定温度后，就可以进入到下一个环节：入发酵容器如陶缸或者窖池进行发酵了。

图2-6-2　湄窖酒业公司生产车间的摊晾机，李寻老师在体验摊晾作业（摄影/胡纲）

图 2-7-1 江西四特酒厂的发酵车间 （摄影／李寻）
蒸粮之后，车间上空浮动着厚厚的蒸汽，像云雾一样缭绕，酒醅在酒池中静悄悄地发酵，靠大自然
的力量将蒸好的酒粮变成美酒。

第七节
发酵环节

发酵的定义

在生物化学概念中，广义上的发酵是指一切微生物通过代谢活动致使底物的物质成分和物质结构发生变化的过程。按照广义上的发酵概念，白酒几乎整个生产过程都存在着发酵现象，从开始的制曲到堆积、入池都是发酵。

现在白酒生产中所指的发酵，实际上是一个狭义上的概念，专指堆积和入池环节的发酵现象，即原料经过堆积、拌曲后进入发酵容器（陶缸或窖池）里面进行微生物的作用、由粮食代谢出以酒精为主体的同时包含有蛋白质、酸、酯、醛、酮等多种复杂物质的这个过程。本节内容主要介绍堆积和在容器（也叫入池）发酵的环节。

发酵容器

按照发酵容器的材料，中国白酒发酵容器有以下八种。

一、陶缸

陶缸可能是中国最古老的发酵容器，在江西李渡发现的迄今为止中国最早的元代酿酒遗址显示，元代的蒸馏酒是用陶缸作为发酵容器的。现在，我国的黄酒酿造仍然使用陶缸做发酵容器，蒸馏酒使用陶缸作为发酵容器的有北方的清香型酒，如汾酒，南方的米香型酒和豉香型酒，沿用传统工艺操作的车间也是用陶缸作为发酵容器的。

陶缸作为发酵容器的特点是便于清洁，体积不太大，也便于劳动操作。陶缸有新缸和老缸之说，有些酒厂强调老缸的作用，但也有资料显示，如清香型的汾酒，破缸、旧缸不如新缸的发酵效果好。

二、石窖

即在地下挖一个坑，坑内用岩石、石块砌壁。一般的石窖是四壁为石砌，底部为泥底；但也有用石头铺底的。现在石窖的石材形状一般是切割比较整齐的条石，古代因为工具手段落后，技法粗糙，石窖的内壁有些是不太整齐的石头砌成的。目前我国使用石窖发酵的酒有贵州的茅台酒——茅台镇的酱香酒基本上全用石窖，特香型的四特酒也是石窖，南方地区多雨，采用石窖较为常见。北方地区采用石窖的有一例，即青海的青稞酒，窖池使用花岗岩作为材料。

三、砖窖

即在地下挖一个坑，内壁用砖块砌成。据资料记载，北京二锅头以及河北一些使用老五甑法的酒厂曾经用砖窖来酿酒，现在仍在使用砖窖的是生产兼香型酒的湖北白云边酒厂。

四、泥窖

就是很简单地在地下挖一个坑，四壁做一定的泥面防水处理。大家常说的所谓传统老窖，一般就是指泥窖。窖泥里面存在白酒酿造形成风味物质的丁酸菌、己酸菌等菌种，川派浓香酒是很强调老窖的作用的。凤香型的白酒也用泥窖，陕西酒行业术语称为"土窖"，不太强调老窖泥的作用，每年要把窖泥铲掉，重新抹一层新泥，主要起防渗作用，陕西眉县太白酒厂的申总告诉我："土窖"的窖泥是没有经过发酵的，所以叫"土"；而四川泥窖的窖泥经过发酵作用了，所以称"泥"。南方的老窖虽然不像凤香型白酒那样铲掉旧泥，但也是要对窖泥进行养护的，至于仿学南方浓香型老窖酿酒工艺的其他人工老窖泥，更强调养护，因为它的寿命是比较短的。

五、水泥窖

即在地下挖一个坑，窖壁由水泥砌成。这种窖池不是传统的窖池，是在水泥引入中国之后出现的。现在的白云边酒厂有水泥窖池，四川生产清香型小曲酒的大量酒厂，包括陕西的一些酒厂也在用水泥窖池。

六、钢罐

是一种不锈钢材料的发酵容器。采用半固态发酵的白酒和一些生产白酒的小型作坊，多使用钢罐作为发酵容器。

七、钢箱

是不锈钢做成方形的箱体，功能和钢罐差不多。有的箱体的内壁上挂着人工窖泥板，以模仿老窖的发酵环境。

八、木槽

如果把糖化过程也当作发酵的一部分的话，有些大小曲合用的白酒在生产过程中有一个工艺环节叫糖化作用，用来发生糖化作用的容器糖化槽，有的是不锈钢槽，有的是木槽，故而木槽也算是一种发酵容器。

从传统的发酵容器来看，主要有陶缸、砖窖、石窖、泥窖这四种发酵容器，它们的出现和应用与历史上的生产条件和生产环境密切相关，这些发酵容器的首要作用是封闭起来，从而形成一个容纳饱含水分的粮醅充分发酵的环境，照此来看，陶缸这种发酵容器无疑有着明显的好处；石窖、砖窖也是为了防水，防止自身粮醅里的水分丧失和地下水的侵入；泥窖是利用窖泥的养护处理，形成了一个具有防水作用的防水保护层。

陶缸、石窖和砖窖由于跟泥土是隔离的，所以使用这类容器发酵的酒不强调发酵容器的新与旧，只有使用泥窖发酵的酒才有老窖的概念。现在，老窖的概念深入人心，但实际上老窖也有很多值得讨论的问题，后面会具体谈到。

白酒发酵过程概说

白酒的发酵过程，从大的工艺流程上来讲，可以分成两部分：一是有氧发酵，二是无氧发酵。

有氧发酵，即在发酵容器之外跟空气充分接触的发酵过程，具体来说就是蒸粮之后在地上的摊晾、拌曲的过程。采用混糟混蒸工艺的酒的有氧发酵，是蒸过的酒粮在地上摊晾、加打量水、再拌曲的过程；酱香型酒的有氧发酵就是高温渥堆的过程。这些过程都是在发酵，同时汇集更多的菌种，相当于二次制曲的过程。酒粮在摊晾过程中，有些香型的酒完成这个过程的时间比较短，只有一两个小时左右，这么短的时间也是存在发酵作用的，对于有些微生物来说一个小时的时间已经足够代谢三轮有余，对酒体的风味当然是有影响的。对酒体影响最大的是酱香型白酒的高温堆积发酵过程，出酒主要是靠地面上的有氧发酵，这类酒不经过高温堆积就不出酒或者出酒率很低，在茅台镇酿酒业的术语中，酒的发酵被分为"阳发酵"和"阴发酵"两个环节，"阳发酵"就是指有氧发酵，"阴发酵"指入池封闭发酵。

无氧发酵，即进入窖池之后的发酵，是封闭起来、与空气隔绝的发酵。无氧发酵在各种香型白酒中都是占用时间最长的发酵过程，因而，人们一提酒的发酵，仅是指在发酵容器中的无氧发酵。

从工艺操作过程来看，白酒发酵过程就是把酒粮蒸煮好后摊晾，拌入曲粉后放入发酵容器中生成酒精和其他呈香呈味物质，再取出来放到甑锅上进行蒸馏，可以说蒸馏之前的整个过程都是发酵。不同香型白酒发酵的具体工艺参数千差万别，在有氧和无氧发酵过程中，每个环节都有很多不同的工艺控制点。

例如，在堆积发酵过程中，混糟酒是要加粮的，粮和原来酒醅的比例即粮醅比是一个控制点；所有的酒都是要加曲的，加多少曲粉，曲粉和酒粮的比例即曲粮比，也是一个控制点；还有打量水，加水量是一个控制点；还有一个重要的控制点，就是发酵温度的控制，摊晾到什么温度再往窖池里下窖；还有酸度的控制等等，总之在实际生产中遇到的控制点非常多。所有这些需要控制的关键点，有些是有具体的现代科学技术控制参数指标的，有些是靠经验心口相传下来或者劳动者自己摸索出来的一些小窍门，不一而论。由于各个香型的酒，包括同一香型但由不同地方、不同酒厂酿造的酒的工艺细节上都有不同，以下主要以两个香型为例（清香型、浓香型），逐一介绍它们在发酵工艺上的控制要点。

一、清香型酒的发酵工艺

关于清香型酒的发酵工艺，下面以汾酒作为代表来介绍（其实不同流派的清香型白酒在工艺上也是有所差异的）。

汾酒采取的是清蒸清烧二次清的工艺，大致的流程是，先把酒粮经过粉碎后蒸煮（蒸粮），然后摊晾，继而拌上曲粉，下到陶缸里发酵（大糙），发酵28天之后拿出来蒸馏出酒；蒸完再摊晾，继续拌入曲粉之后进行发酵，发酵时间还是28天（二糙），出来再次蒸馏出酒。大糙取的酒叫大糙酒，二糙取的酒叫二糙酒，这两种酒经过勾调之后形成成品酒。二糙酒醅蒸馏之后直接做丢糟处理，可以卖给饲料工厂充当生产原料。

上述描述可以简化理解为，所谓清蒸，即第一次蒸酒粮的时候没有混入已经发酵过的酒醅；清烧，是在大糙、二糙接酒的时候没有加入新粮，都是已经发酵好的原来的酒醅，清烧的"清"字意为未加新粮，加了新粮就是混糙。"二次清"是酒醅蒸过两次之后就不要了，做丢糟处理。

汾酒发酵前的工艺环节，是润糁和蒸料，前文已介绍这里不赘言。蒸料之后进入发酵环节，先从酒甑里取出酒粮，趁热在地上堆成长方形，工艺上叫晾糙。在长方形的酒粮里，泼入约为原料重量20%～30%的冷水，大致是18℃到20℃的井水，边泼边翻拌，使红糁充分吸水，然后通风晾糙。具体温度参数是，春季降到20℃～22℃、夏季降到20℃～25℃、秋季是23℃～25℃、冬季降到25℃～30℃，此时可以加曲，将已经粉碎好的大曲曲粉搅拌进来，大糙酒加曲的用量差不多为原料重量的9%～11%，加曲搅拌匀后即可下入陶缸进行发酵。

汾酒陶缸的容量有两种规格，分别是255千克和227千克（有的酒厂的缸容量可能与之不同，各个酒厂的情况不尽一致）。陶缸是埋在地下的，缸口和地面平。

已经拌好曲的酒醅入缸时，温度和水分是发酵过程中需要控制的主要两个参数，温度最好低于气温 1℃～2℃，夏天的时候越低越好，一般控制在 10℃～16℃左右。入缸时酒醅的水分应该达到 52%～53%，水分过少，糖化发酵不完全；水分过多，发酵也不正常，随后出来的酒的味道淡而不醇厚。比较而言，汾酒入缸的水分比泥窖入窖的水分低一点，因为泥窖的水分是有渗漏的，陶缸里的水分基本不渗。

酒醅入酒缸后，缸口要用清蒸的小米壳封上，再盖上稻草保温。也有不同的做法，例如缸口盖上石板，上面覆盖一层棉垫子，各个酒厂的情况不大一样。大糙入缸后的发酵时间，原为 21 天，现已延长至 28 天。在这 28 天当中酒醅的变化可以分为三个阶段：

前期发酵，大约 6～7 天。前面说过低温入缸是一个非常重要的控制参数，入缸温度要低于气温 1～2℃，如果入缸温度过高，前期会迅猛升温从而影响糖化过程的正常进行，影响酒的质量，严重情况下甚至会败坏整缸酒；温度也不能过低，过低会延长前期的发酵时间。发酵前期时间段内，品温缓慢上升到 20～30℃，期间由于微生物的作用，糖化反应开始发生，淀粉含量下降，酒缸中还原糖在持续增加，酒化反应也开始进行，酸度也在增加。

中期发酵，一般从入缸后第 7 或第 8 天起，大概需要 10 天。这 10 天的发酵被认为是主发酵阶段，微生物生长旺盛，酒醅中的淀粉迅速被糖化、酒化，酒精含量明显增加，通常可以达到 12°左右，但酸度增加比较缓慢。中期发酵阶段的温度高一点，大约以 30℃左右持续发酵 10 天左右，如果温度过早降下来，可能导致发酵不完全，造成产酒率低，酒的品质也比较差。

后期发酵，指酒醅在酒缸中的最后 11～12 天。此期间由于淀粉已经耗尽，糖化发酵作用转弱，酵母菌已经逐渐趋向于死亡，此时产酸菌活跃，酸度增加比较快。后期阶段发酵反应的实质内容不是生酒（发酵中期酒精度已经达到 12°），而是生成酒中的香味物质，也就是酯化过程。为了有利于酯化反应正常进行，应该控制好品温缓缓下降，既不能下降过快，也不能不下降，不下降会造成酒精挥发带来的损失，而且会使产酸菌过于活跃。

发酵 28 天总的过程是：前缓——前期缓慢升温；中挺——中期升到一定温度之后要持续 10 天左右；后缓落——后面 11～12 天温度应该缓慢地降下来，这是传统发酵工艺控制中的一个基本原则。为了控制温度，除了在缸盖上加保温材料之类做法外，有的酒厂还在陶缸周围土地里打孔通上冷水管，以此保证发酵期间对温度的有效控制。

大糙发酵的 28 天里，入缸后的头 12 天一般隔天检查一次，之后检查次数可以减少。如果在发酵室里闻到一种类似苹果的芳香味，意味着发酵进行良好，乙酸乙酯生成了。随着发酵的正常进行，酒醅在缸里会逐渐下沉，通常会下沉全缸的 1/4

深度；下沉的酒醅越多，产酒率就会越高。

表2-7-1 清香型大糙发酵品温及成分变化①

发酵天数	品温 /℃	水分 /%	淀粉含量 /%	糖分 /%	酸度	酒精含量 /%
入缸	16	52	31	0.727	0.2214	—
1	18	54	30.5	1.905	0.2460	1.0
2	21	55	29.3	2.560	0.3690	1.4
3	24	56	28.6	2.500	0.6150	1.9
4	25.5	58	27.4	2.490	0.860	3.4
5	27.5	60.5	24.3	1.670	0.925	4.1
6	28	64	22.6	1.350	1.480	7.7
7	29	65.6	21.8	1.335	1.530	8.4
8	30	66.4	21.0	1.190	1.600	8.7
9	29	67.6	20.2	1.070	1.680	9.2
10	28	68	20	0.990	1.710	9.9
11	28	68.4	19.4	0.980	1.720	10.7
12	28	68.9	18.4	0.960	1.730	11.2
13	27.5	70	17.3	0.952	1.740	12.0
14	27	70.5	17.0	0.950	1.750	12.2
15	27	71.2	16.8	0.948	1.766	11.9
16	26.5	72	16.3	0.940	1.780	11.8
17	26.5	72	15.9	0.931	1.820	11.8
18	26	72	15.5	0.912	1.880	11.7
19	26	72	15.2	0.897	1.970	11.7
20	25	72	15.0	0.857	2.080	11.6
21	24	72.2	14.8	0.828	2.20	11.4

　　中国大曲酒当中，浓香型酒的发酵时间长达60天，甚至90天，清香型酒的发酵时间算比较短的，大糙、二糙酒的发酵时间各28天左右，酱香型酒的每个轮次跟清香型酒有点像，大约1个月。

　　从酿酒的发酵过程来看，酿酒跟酒精生产是截然不同的。酒精是为了把淀粉转化成乙醇，追求的是乙醇的出产率，为了增加淀粉的糊化速度，在原料处理环节是使用高温热水处理，高温热水能达到145℃～155℃，这一过程相当于白酒的润粮的过程，白酒最多就是80℃～90℃；酒精入罐的时候是高温入罐，发酵时间短，一般32～36个小时，最长也就50个小时，大概2天也就够了。从清香型酒来看，大糙酒发酵完成中期阶段，也就是在第12天的时候，酒精度可以达到12°，基本上达到了酒醅里酒精度的最高极限，但要接着再发酵12天以便获取呈香呈味物质，耗费

---

① 沈怡方：《白酒生产技术全书》，中国轻工业出版社，2007年1月，第337页。

发酵时间的将近一半是为了生香，酒精就没有这一需要，它不以获取呈香呈味物质为目的。从制曲，到发酵，再到后面的蒸馏，从每一个生产工艺环节和细节来看，酿酒和酒精都是不同的，酿酒不仅要获取酒精，还要获取酸、酯、醛、醇等等很多其他微量成分，酒精生产主要目标就是获取酒精。

中国古代生产蒸馏酒，那时候没有酒精度的概念，什么时候算发酵完成？为什么发酵 28 天算好？不是根据酒醅里的酒精含量，而是根据蒸出来之后液体的香气、口感、身体感受等等这些感官因素来判断的。传统上采用的以 28 天为准的发酵时间不仅追求酒精度，而是要追求达到能称之为白酒风味的那种品质，达到这种要求的情况下才算发酵完成。在古代，发酵是否完成的判断依据是感官经验，闻到类似于苹果的香味、用手感受酒缸里的温度、看一下糟醅及其在窖池里面沉淀的程度，诸如此类，根据这些指标来判断发酵是否到位。尽管如今科技进步，可以化验酒醅成分，包括酒精含量、淀粉含量、酸度等等指标都可以进行量化分析，但实际生产中还是基本参照传统总结的发酵时间来进行控制，判断发酵质量也依然靠人的感官体验来完成。

28 天发酵好后，把成熟的酒醅从酒缸里取出就可以进入下一个环节蒸馏（蒸馏环节我们会在后面专节详谈）。

蒸完酒的大糙酒醅，没出甑时要泼洒 25 到 30 公斤左右的 35℃ 的温水以促进糊化（俗称加焖头浆），具体泼多少依据酒醅干湿程度而定。出甑后迅速扬冷，把温度降到 30℃～38℃ 时加入大曲粉，加入量相当于蒸出来大糙量的 10% 左右，翻拌均匀并等到品温降到规定温度（春秋冬三季是 22℃～28℃，夏季是 18℃～23℃）时入缸，入缸时要控制水分，水分应在 60% 左右。二糙发酵还是 28 天左右，过程跟大糙发酵相似。

二糙发酵跟大糙不一样的地方，首先是淀粉的含量明显低于大糙；其次二糙糠含量也高于大糙糠，因为这一阶段会拌入大约 25% 左右的糠壳，二糙入缸之后不仅比较疏松，且会带入大量空气，空气不利于无氧发酵，有可能促使醋酸菌繁殖，所以二糙入缸后须把酒醅压紧，再喷洒少量的尾酒（蒸大糙酒后馏出的酒尾子）。

大糙和二糙其他方面的不同还有：大糙入缸的温度 13℃～17℃，酸度 <0.1，淀粉含量 65%～70%；二糙入缸温度 17℃～22℃，淀粉 40%～45%，酸度 1.0 左右。发酵时间方面，有的清香型酒厂为了增加酒的香气和醇厚感，发酵周期长达 40 天左右。

二糙发酵好之后，出缸的时候还要加一些糠壳与大糙酒醅一起进行蒸馏，蒸出的酒便是二糙酒。二糙酒醅中的酒精度急剧下降，发酵结束的时候一般只有 5% 左右。

以上内容是关于清香型酒工艺的一个比较简洁的描述，需要进一步详细了解的读者可以参阅沈怡方先生主编的《白酒生产技术全书》和余乾伟先生编著的《传统白酒酿造技术》。

发酵管理上要注意养大糙和挤二糙。所谓养大糙，是根据大糙酒醅的纯粮发酵特点，采取措施保持低温入缸，主要是控制住发酵中体那段，不使发酵酸度过高，只有养好大糙才能挤好二糙；所谓挤二糙，是在大糙出缸酒醅酸度已成为既定事实的情况下，在现有入缸酸度和淀粉的基础上，挤出更多的二糙酒。

大糙酒出酒的特点是清香突出，入口醇厚绵软，回甜爽口，回味较长，并且具有一定的粮香味；二糙酒清香，但欠协调，而且常伴有少量的辅料味，入口较重辣厚，略带苦涩感，回味较长。[①]

二、浓香型酒的发酵工艺

浓香型白酒流派甚多，从工艺的角度看，主要有三种工艺方法：一种是以川派的泸州老窖为代表的原窖法工艺；第二种是以川派的五粮液为代表的跑窖法工艺；第三种是以洋河大曲、古井贡酒为代表的苏、鲁、豫、皖等省生产使用的老五甑法工艺。这三种工艺都是适应不同的原料、不同的气候条件和不同的传统逐渐积累形成的。

1. 原窖法工艺

也叫原窖分层堆糟法，采用这种方法生产的浓香大曲酒包括泸州老窖、全兴大曲等。

所谓原窖，指本窖发酵的糟醅再添加新的粮食和辅料经过蒸煮、糊化、泼打量水、摊晾之后依然放在原来窖池里密封发酵。浓香型酒是混蒸混烧，需要续糟，即发酵好的酒糟取出来要再加新的粮食。分层堆糟指窖内发酵完毕的糟醅在出窖时必须按面糟、母糟两层分开出窖，面糟出窖的时候单独堆放，蒸酒之后做丢糟处理；面糟下面的母糟出窖池，按由上到下的次序逐层从窖池内取出，一层压一层堆放，上层的母糟铺在下面，下层的母糟铺在上面。配料蒸馏的时候，每甑母糟的取法，像切豆腐块一样一方一方地挖出，然后拌料蒸酒蒸粮，撒曲之后再回原窖池进行发酵。这意味着窖池里的上层糟和下层糟是混在一起蒸馏的，这是原窖法工艺上的一个关键点，和老五甑法和跑窖法不一样。老五甑法是每一层的糟按照一层一层蒸馏的，因为窖池里不同位置的糟醅所含的酒精度，以及所含的风味物质是不一样的，通俗一点说就是出酒的酒质是不太一样的。传统的原窖法却是不管上层到下层糟都混在一起。由于拌入粮粉和糠壳，每窖最后多出来的母糟不再投粮，蒸酒之后得到的叫红糟，红糟是不再加新粮的那一部分糟。红糟只加曲，加曲之后覆盖在已经入窖原窖母糟上面，成为面糟，面糟蒸完之后就扔了作丢糟处理。原窖法是在老窖生产基

---

① 张嘉涛、崔春玲、童忠东：《白酒生产工艺与技术》，化学工业出版社，2014年4月，第135页。

础上发展起来的，强调的是窖池的等级质量，强调保持本窖母糟的风格，避免不同窖池，特别是新老窖池之间母糟的相互串换，所以也称"千年老窖万年糟"，通过同一窖池的糟上下层混合拌料，让全窖母糟的风格保持一致，酒质也可以保持一致。

2. 跑窖法工艺

之所以叫"跑窖"，是因为生产中先有个空着的窖池，然后把另一个窖已经发酵完了的糟醅取出来，通过加原料辅料、蒸馏、取酒、糊化、泼打量水、摊晾、冷却、下曲粉后装到预备好的空窖池中，不再将发酵糟醅装回原窖全部发酵，蒸馏完毕后原来那个窖池成空窖了，原来准备好的空窖成了新的发酵窖池对酒醅进行密封发酵，以此类推，这种方法叫跑窖法。跑窖法分层蒸馏，所以有利于量质摘酒，分级贮存，可以提高酒质，而且跑窖法不像原窖法那样一层层堆糟醅，劳动强度小，酒精挥发损失小；缺点是不利于培养糟醅，不适合发酵周期比较短的窖池。

3. 老五甑工艺法

酒窖内的酒醅分四层堆放，分别称为大糙、二糙、小糙、回糟。各地叫法略有不同，北京二锅头酒厂把窖池中最上面一层的酒醅称为"回活儿"（相当于"回糟"），回糟蒸馏后就扔掉了，有的酒厂也称之为"扔糟"。一般冬季回糟放在窖底，夏季回糟放在窖顶。酒醅在窖池里分四层堆放，中间以稀疏的竹篦子区分开来。将酒醅从窖池中取出后分别五次放入甑锅内，其中大糙两甑、二糙一甑、小糙一甑、回糟一甑，共五甑。蒸馏后，回糟扔掉。大糙加入一部分新粮后为新的大糙、二糙，二糙再加入一部分新粮后为小糙，小糙为回糟，重新依次分层放入原窖池中进行下一轮发酵、再蒸馏，如此反复。每次只扔掉回糟，余下的仍参与新一轮发酵，是比较节约粮又便于工人操作的传统发酵蒸馏工艺。大糙、二糙、小糙依蒸煮的时间和掺入新粮比例而分。大糙蒸煮糊化时间约 70～80 分钟，掺入新粮约 40%，小糙蒸煮时间为 60～75 分钟，掺入新粮约 20%。老五甑工艺也有人称其为"混蒸混烧、蒸五下四"。

历史上形成原窖法、跑窖法、老五甑法等不同的酿酒工艺方法，原本是出于不同地区的习惯做法以及工艺的方便性考虑而逐渐形成和完善起来的，是从生产实践过程中发展出来的行之有效的工艺方法，并没有好与坏之分，但这些不同的工艺方法在客观上对酒质产生了实实在在的影响，不同方法酿出的酒的风格是不太一样的。下面以泸州大曲为代表，具体介绍一下原窖法的工艺细节情况。

泸州老窖是以原窖法酿造的浓香大曲酒，采用典型的"千年窖池万年糟"的续糙混烧工艺，主要工艺流程是：

从窖池里取出已经发酵好的酒糟，配上 20% 左右的新粮和 18%～20% 的辅料，一般粮糟比为 1：3.5～1：4.5。混了新粮的酒醅蒸好出甑之后加入 85℃以上的热水，工艺上叫打量水，打量水的温度不能低于 80℃，才能使水里面的杂菌钝化，并且促进淀粉的细胞颗粒快速吸收水分，促使淀粉进一步糊化。打量水的量大概相当于原料量的80%～100%，要保证糟醅的含水量在53%～55%之间才能使之正常发酵。

加完打量水之后将酒醅摊晾，使出甑的粮糟降温到入窖的温度。传统的摊晾在晾堂进行，现在可以用电风扇冷却，加快降温的速度。摊晾后的粮糟加曲，一般每100kg粮糟加18kg～22kg新的大曲粉。每甑红糟不再加粮，做面糟用，加曲加得少，约6kg～7.5kg。拌好曲之后，把温度降到可以下窖池的温度，一般冬季比气温高3℃～6℃，夏季与气温相同或者高1℃。然后把糟醅放入酒窖发酵，入窖时粮糟的品温18℃～19℃左右，红糟的品温比粮糟高5℃～8℃。

入窖之后，将粮糟扒平踩紧，让粮糟和地面相平，不高出地面，上面堆砌红糟，当作面糟之用。红糟高出地面0.8米左右，把表面拍光，其上盖20厘米左右的窖皮泥封窖，目的是杜绝空气和杂菌侵入，创造无氧发酵的条件。红糟堆起之后比地面高，高高隆起像一个个鼓包，这是川法浓香型的酒厂里常见的窖池形象，隆起部分一般叫窖帽，有的窖帽上还留一个塑料管子的出口往外排气，作用是排里面发酵产生的二氧化碳，也可以观察温度，等等。这是原窖法工艺的一个特点，老五甑法的窖面和地面是平的，没有红糟堆得那么高。

浓香型酒发酵工艺的酒精含量一般7°～8°左右，酒糟发酵的时间一般60天，有的可以到90天，甚至有为制作调味酒而长发酵至一年或更长时间的例子。浓香型发酵过程中的打量水，季节不同，用量也不一样，一般夏季多一点，冬季少一点。

窖帽上预留的吹口一般放一个竹筒或者塑料管，把窖内产生的二氧化碳吹出去。浓香酒的发酵跟清香型一样：前缓、中挺、后缓落。控制发酵温度方面，一般来讲温度低的酒，会更好一些，优质白酒的发酵温度比普通白酒的发酵温度低4℃～5℃。

浓香型酒的发酵时间，按照现在的工艺来讲大约60～90天，也有更短一点或更长一点的。发酵好不好，不是根据酒精产出量来判断，浓香型酒的酒精含量在发酵前期已经基本形成，发酵后期的一个月时间主要是生成呈香呈味物质以及其他的复杂微量成分。传统工艺做法上判断发酵好不好是开窖鉴定，主要通过感官方法进行技术鉴定：一看二闻三尝。这种鉴定方法，以前是老师傅（班头）根据经验自行判断；现在是由车间主任、班组长召集当班人员对黄水母糟并结合化验数据进行鉴定（实际生产中出于方便起见主要还是靠感官和经验）。

母糟鉴定主要有以下几个指标参数：

（1）母糟疏松泡气，肉头好，有骨力，粒头大，红烧（即呈深猪肝色，这是浓香单粮的特点）。鼻嗅有酒香和酯香，黄浆水透亮，悬丝长，口尝酸味小，涩味大，属于比较正常的母糟。

（2）母糟发酵基本正常，疏松泡气，有骨力，呈猪肝色，的确有酒香。黄浆水透明清亮，悬丝长，呈金黄色，口尝有酸涩味。这种情况下母糟产的酒，香气比较弱，有回味，酒质比前一种情况略差，但出酒率比较高。

（3）母糟显粑，但有骨力，酒香差，黄色黏性大，呈黄中带白，有甜味，酸、涩味少。这种糟不正常，所以要处理，办法是加糠减水，使母糟疏松，逐步恢复正常。

（4）母糟显糙，没有肉头，原因是上排糠大、水多，糊化过度，黄水呈酱油色，母糟变黑。这种情况出酒率高，但酒味淡，缺乏浓厚感。要逐步减少用水量，注意入窖的温度，使母糟逐步恢复正常。

（5）母糟显腻，没有骨力，粒头小。黄水浑浊不清，黏性也大。这是连续几排配料不当，糠少水大，造成母糟显腻，残余淀粉较高。下排配料的时候要考虑加糠或者减水，恢复母糟骨力，使发酵恢复正常。

在浓香型酒工艺中还有一个工艺环节叫滴窖，也叫沥黄水。所谓黄水，是指酒醅发酵时淀粉由糖变酒，同时产生二氧化碳，结晶水游离出来，原料中单宁、色素、可溶性淀粉等溶于水中聚集下来而形成黄水。黄水是发酵的产物，是窖内发酵情况的真实反应。黄水的酸度很高，若不充分滴出，势必引起入窖酸度升高，严重影响发酵产酒，因此需要"滴窖"，就是将酒醅中黄水尽量滴出，降低母糟中的水分和酸度，有利于本排产酒和下排发酵。滴窖的具体做法是，打开窖取出面糟之后在窖里挖一个黄水坑，用以蓄积窖池里的黄水，发酵过程中黄水不断往窖池坑里渗，渗出来就舀出去，这个过程可能要持续 8 ～ 10 个小时。黄水在各种以窖池为容器的白酒发酵中都会产生，但处理方法不同，滴窖的做法只在川派浓香酒的发酵过程中使用，老五甑法的发酵过程中就不打黄水坑，它有排水系统直接排掉。西凤酒、茅台酒、青海青稞酒也都有排黄水的系统，没有滴窖操作。黄水原先是丢掉的，但黄水中含有丰富的醇、醛、酸和酯类物质，以及丰富的有机酸、淀粉、还原糖、酵母自溶物等营养物质，还含有大量经长期驯化的酿造微生物及生香的前体物质，有较高利用价值。如今黄水可以单独蒸馏再利用，蒸出来的酒叫黄水酒，可以做调味酒，也可以回到酒糟里促进发酵。[①]

总而言之，浓香型酒在判断发酵好坏的时候有两个标准，其一看糟，其二就是看黄水。正常的黄水挂排透亮，悬丝长，有点像黄鳝的尾巴，口尝酸味小，涩味大，有酒香、酯香。如果黄水黑青，过甜，呈苦味或者有酸味，都不正常。还是常说那句话：酿酒不是酒精。和清香型酒一样，浓香型酒也不是用酒精产出量多少来判断发酵是不是到位，而是根据感官上的黄水和糟的情况来判断，包括酒的香气和味道以及微量成分的均衡度等等都可以通过这两个方面反映出来。

---

①余乾伟：《传统白酒酿造技术》，中国轻工业出版社，2018年5月第二版，第129页-第171页。

中国传统白酒发酵特点

中国传统白酒发酵的特点概括起来就是一句话：纯粮大曲固态双边（复式）开放式发酵。固态发酵带来的好处很多，在发酵过程中液态、气态、固态物质都有，导致气、固、液三相的接触界面复杂，存在界面效应，在不同界面上微生物生长和代谢产物跟在液体发酵中是不一样的，固态发酵和大曲这两种东西结合的特点使中国白酒的诸味格外丰富而且富于变化，直到现在多种微量成分的产生和微生物的代谢机制还没有完全研究清楚，这是中国白酒独有的特点，也是优点。[①]

所谓双边发酵，就是糖化和酒化合一。糖化、酒化来自酒精产生的原理，即把淀粉先降解成可发酵的葡萄糖，再由微生物把葡萄糖代谢出酒精的过程。中国大曲白酒的糖化和酒化过程是始终同时并行的，在入池发酵的过程中尤其明显。茅台酱香酒的高温堆积过程当然也是糖化和酒化同时发生的，窖池里面糖化、酒化也是同时发生的。茅台酒的每一个轮次酒，淀粉没有完全被降解成可发酵糖，可发酵糖并没完全被利用，所以才有下一个轮次的再发酵，才有多轮次发酵工艺的出现。茅台酒工艺最后阶段丢的酒糟，也不能说糖化彻底完成，不能说酒化彻底完成，也由此有了后来新工艺酒中的串蒸酒、丢糟再利用等等。

在整个酿酒过程中，包括封闭在窖池里的过程中，中国白酒发酵过程是开放的，在制曲和堆积摊晾过程中跟周围环境的微生物有充分的交互作用，即便是封到窖池里，窖泥原有的微生物也跟新进来的酒醅发生相互作用，从始至终是一个开放的体系，所以叫双边复式的开放式发酵。正是这种开放的发酵体系，使中国的传统大曲酒变化万千，有很多人力控制之外的变化，形成了带有不确定性的风格特征和特有的艺术感。

上面介绍的几种中国传统大曲白酒是糖化、酒化合并在一个步骤中完成的。当然中国传统白酒中也有糖化、酒化分开进行的情况，米香型的三花酒就是一例，它的糖化过程是固态的，由小曲进行糖化；发酵的过程是半固态的，在发酵罐中完成。还有完全用小曲做的固态发酵的酒，以及用大曲和小曲结合起来，先用小曲糖化，然后大曲酒化，在大曲发酵过程中糖化、酒化还是同时进行的，馥郁香的酒鬼酒即如此。

[①]李家民：《固态发酵》，四川大学出版社，2017年4月，第28页。

第八节
蒸馏环节

酒精蒸馏和白酒蒸馏的要求不一样

中国白酒是世界蒸馏酒的一种。蒸馏酒起源比较早，最早可以推算到公元8世纪，至少在公元12世纪左右世界各地都出现了蒸馏酒。

当时的蒸馏酒没有科学理论，只是从实际经验中发展出来的传统的技术和装置。19世纪才出现了酒精理论，进而根据酒精理论形成了一套现代的蒸馏科学理论，这套理论也逐渐用来解释包括中国白酒在内的世界蒸馏酒。

现在我们讲述白酒的时候，经常会有意无意地引用酒精蒸馏理论中的一些术语，用酒精的理论来解释白酒蒸馏过程其实是有差距的，把酒精术语不加区分地使用到白酒中也是不准确的，如我们常说的"杂质""精馏"这些酒精理论里的概念。

为了完整地理解白酒的蒸馏理论和蒸馏技术，首先要理解酒精的蒸馏理论。现在有科学理论支持的，也只是酒精的蒸馏理论，其中的一些基本原理，可以部分地应用到白酒中。所以在基础原理解释上要讲两部分：一部分是介绍酒精蒸馏的基本原理；另一部分是介绍白酒蒸馏的基本原理。

一、拉乌尔定律

酒精蒸馏和白酒蒸馏共同的一点，就是利用酒精的沸点和水的沸点不同，把酒精从含酒精的水溶液或者是含酒精的固态酒醅中提取出来。水的沸点在常压下是100℃，酒精（也就是乙醇）的沸点在常压下是78.3℃，酒精的沸点低，更容易挥发，在同一气态环境下，酒精含量就相对多。解释这个关系有个定律叫拉乌尔定律，定律的内容是："在混合溶液中，蒸汽压高（沸点低）的组分，在气相中的含量，总是比在液相中高，相反，蒸汽压低的组分，在液相中的含量，比在气相中的多"。

具体的可以参照下面的曲线图2-8-1[①]。从图上可以明显看到，含酒精的发酵醪液（就是酒液）加热到91℃左右的时候开始沸腾，沸腾之后的蒸汽里面酒精浓度可以达到60%左右。液态发酵溶液里面的酒精含量一般在13%左右，固态酒醅里面的酒精含量一般在5%左右，把5%的酒精含量要提升到60%或者70%，就需要加热变成蒸汽，这是因为如拉乌尔定律所揭示的那样酒精在气相中的含量比液相中的含量高。

这里会引申出一个概念，叫酒精的挥发系数，用K来表示。

$$K=\frac{\Phi_1}{\Phi_2}$$

Φ_1：酒精在气相中的含量（体积分数）

Φ_2：酒精在液相中的含量（体积分数）

当K值高时表示挥发能力强，根据实验检测得到的数据，体积分数在97%之前K值都大于1，在这个范围之内用常规的蒸馏方法就可以提高气相中酒精的含量，但达到了97%之后，常规蒸馏方法就无法继续提升酒精浓度。这样就需要别的办法，如减压蒸馏，当压力降到$0.933×10^4$Pa时，就可以得到100%的乙醇。[②]

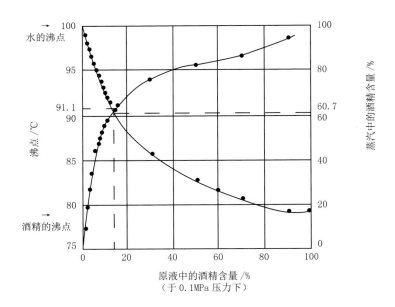

图 2-8-1 酒精水溶液的蒸馏

①沈怡方：《白酒生产技术全书》，中国轻工业出版社，2007年1月，第448页。
②贾树彪、李盛贤、吴国峰：《新编酒精工艺学》，化学工业出版社，2004年7月，第122页。

二、杂质

酒精工业的生产目的就是提取乙醇，发酵酒液里（也叫发酵醪）或者是酒醅里，除了发酵产生的乙醇之外（酒醅中乙醇只有 5% 左右）还有别的物质，从酒精提纯角度来看，那些乙醇之外的物质统一称为杂质，酸、酯、醛、醇这些都包含在里面。在相同压力之下，根据杂质的挥发系数，分成头级杂质、尾级杂质和中间杂质。

头级杂质就是指沸点比酒精低、挥发性比酒精强的物质，这类杂质包括乙醛、醋酸乙酯、甲酸乙酯、乙酯之类。

第二种就是尾级杂质，尾级杂质的沸点比酒精高，挥发性比酒精弱，其中戊酸、戊醇、异戊醇、异丁醇、丙醇、异丙醇等都属于这类杂质。由于这些物质大部分不溶于水，在水里呈油状，所以又被称为杂醇油。

所谓中间杂质是指挥发性能和酒精比较接近，或者随着蒸馏条件的变化，可能属于头级杂质，也可能属于尾级杂质的这类物质，如异丁酸乙酯、戊丁酸乙酯等。

杂质的概念是针对纯粹的乙醇（也就是酒精）而言，不是针对蒸馏酒而言，酒精工业要提纯、除杂，提取出纯粹的乙醇，其他和乙醇不同的物质都视作杂质。有一部分伏特加酒的工艺和酒精工艺相类似，当然不是所有的伏特加酒都追求纯粹酒精的目标。世界蒸馏酒中包括中国的白酒、苏格兰的威士忌、法国的白兰地等，目的都是取酒，不是取纯粹的酒精。所以，对于酒来说不存在杂质概念，除了要必须剔除甲醇等少数有害物质之外，基本上要把"杂质"保留在酒里，这些"杂质"是酒体风味构成的重要的物质。

"酒精不是酒，酒就是乙醇"，在酒精工业里要使用提纯、除杂这些概念和工艺，而在蒸馏酒的生产工艺里使用"提纯""除杂"这些概念是不合适的。甲醇是绝对有害物质需要去除，去除的办法也比较简单，就是取酒时掐头去尾。对于杂醇油现在有两种看法。国外蒸馏酒的杂醇油含量比中国高一点，中国白酒里面不同香型酒的杂醇油比例也不一样。在 1981 年发布实施的 GB 2757—1981《蒸馏酒及配制酒卫生标准》中，杂醇油有限量要求，不能超过含量标准，但是后来把这个指标取消了。目前酿酒行业对于杂醇油的作用有不同看法，有一些争议。杂醇油过多可能会导致头疼、充血等身体不舒适，但是没有杂醇油，酒就缺少一些风味物质，所以白酒和其他的蒸馏酒里或多或少都要保留一些。

三、杂质的挥发系数和精馏系数

有了杂质的概念，就要用具体的指标参数来准确地量化，于是就有了杂质的挥发系数这个概念。杂质的挥发系数和酒精的挥发系数一样，用 $K_{杂}$ 来表示，α 代表杂质在气相中的含量（体积分数），β 代表杂质在液相中的含量（体积分数）。

$$K_{杂} = \frac{\alpha}{\beta}$$

通过杂质的挥发系数再推导出另一个重要的参数，叫杂质的精馏系数，用$K'_{杂}$表示。

$$K'_{杂} = \frac{K_{杂}}{K_{酒精}} = \frac{\alpha}{\beta} \div \frac{\Phi_1}{\Phi_2} = \frac{\alpha \Phi_2}{\beta \Phi_1}$$

杂质的挥发系数和酒精浓度有密切的关系，在酒精浓度低于 55% 的时候，所有杂质的挥发系数$K_{杂} > 1$，有一些杂质在酒精浓度高于 55% 的时候，挥发系数小于 1，除杂是非常复杂的问题。在酒精生产工艺中除杂是花费工夫最大的一部分。

总结一下前面这些原理，对我们理解白酒蒸馏来讲重点有两点。第一，酒精不是酒，酒精蒸馏的目的是提纯、去杂。出于这个目的，发展出了多级蒸馏塔的蒸馏装置。使用的技术是精馏技术，就是把需要剔除的杂质，定量地、精确地通过蒸馏的过程分离提取出来。

第二，蒸馏酒的目的不只是为了提取高浓度的酒精，而是在提取高浓度酒精的同时，除去最有害的甲醇和一些杂醇油（按 GB 2757—1981《蒸馏酒及配制酒卫生标准》中规定，杂醇油含量不能超过 2.0g/L），除此之外尽可能多地保留"杂质"。

中国白酒发展出来的蒸馏器，就是酒甑，其作用不只是提高酒精浓度再冷凝出来，还要把其他的"杂质"也就是呈香呈味物质提取保留下来。这些物质中有些是有益的，有些证明是有害的，有害的物质含量非常小，有一定的呈香呈味效果，所以也会保留下来，如糠醛等。与中国白酒类似的西方烈性蒸馏酒中，威士忌和白兰地也遵循同样的原理。

蒸馏环节在白酒生产中的作用

蒸馏环节在中国白酒生产过程中的作用并不是简单地把酒醅里的酒精浓缩、提取出来，还有其他的作用，主要有以下五个方面：

（1）浓缩、提纯酒精。酒醅里发酵的酒精浓度一般在 5% 左右，把这 5% 左右的酒精从酒醅里通过蒸馏浓缩，可以达到 55% ~ 75%，这是原酒里酒精需要达到的浓度。

（2）在我国白酒工艺里有些酒是混蒸混烧，一边蒸馏取酒，一边要把新加的粮食蒸熟，所以蒸馏过程还起蒸煮、糊化的作用。其中糊化是把粮食里的淀粉转化成糊浆，再进一步通过糖化剂（大曲、小曲）转化成酵母菌可以发酵的葡萄糖。

（3）浓缩和提取酒醅里因为发酵产生的呈香呈味物质，也就是我们常说的白酒里面的风味物质、微量成分。

（4）蒸馏过程中本身会发生一些反应，从而产生新的物质。这些物质有的是好的，如醇和酸的酯化可以呈香，还有美拉德反应，也会带来一些特殊的呈香物质。但有一些不太好的物质，如胱氨酸、半胱氨酸和乙醛、乙酸发生反应会产生硫化氢。蒸馏本身对新形成的风味物质的控制，有重要作用。[1]

（5）我们知道蒸馏接酒要掐头去尾，精细化的操作还要根据不同的馏分来接酒，叫看花摘酒，在蒸馏的时候就把酒质区分开来。区分酒质有两方面原因，一方面是蒸馏过程中酒质就不一样，另一方面蒸馏的糟醅在有的工艺中是分层取糟，如浓香型的五粮液，还有江淮一带的老五甑法。不同层次的糟醅，甚至是靠窖壁近或者靠窖中心的糟醅，蒸馏出来的酒都不一样，糟醅的不同和蒸馏过程中对馏分的控制不同，使蒸馏过程也是对酒基础等级判断和区别的过程。蒸馏中的分级截酒还是勾兑工作的起始基础，有人称蒸馏截酒过程为"第一勾兑员"，从蒸馏开始，酒就分质量等级了。[2]

世界烈性酒蒸馏器简介

这一节我们介绍一下世界蒸馏酒的蒸馏器，也就是蒸馏装置。

一、酒精蒸馏器

现在的蒸馏酒原理多处借用了酒精蒸馏原理，其中最复杂的蒸馏器也是酒精蒸馏器。酒精蒸馏器一般是多级塔，最简单的是三级塔，多的是八级塔，每个蒸馏塔里还设有很多级塔板，主要是控制"馏分"，特别是要有"除杂"的作用，把各种非乙醇的成分提取出去。一般蒸馏塔里的塔板有几十级，多的上百级。

目前常见的酒精蒸馏装置是六级塔，如图2-8-2是法国Artheney酒精厂的六塔差压蒸馏系统。先从醪塔开始看，一般来讲醪塔是其中口径最大的塔，里面放置发酵好、成熟的酒液（也叫酒醪）；醪塔上面有个蒸馏段的装置，醪塔和蒸馏段被当成两个塔；酒液从醪塔出来之后要进行精馏，精馏塔会把里面不同的物质区分开来；之后进入水萃取塔，水萃取塔是杂醇油的脱取塔，也叫除杂塔，通过水萃取方法把酒精萃取出去，把杂醇油留下；最后一个塔是脱甲醇塔。杂醇油比较难处理，有两个塔专门来脱杂醇油。八塔工艺（如图2-8-3）则是多了一级精馏塔和一级水萃取塔。

酒精工业除了酒精之外，其他的杂质都属于副产品，副产品也有经济价值。目

---

[1]沈怡方：《白酒生产技术全书》，中国轻工业出版社，2007年1月，第237页。
[2]沈怡方：《白酒生产技术全书》，中国轻工业出版社，2007年1月，第417页。

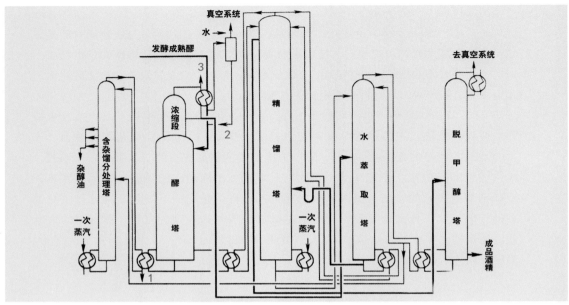

图 2-8-2 法国 Artheney 酒精厂的六塔差压蒸馏系统[1]

1 工业酒精出口；2 自来 CO_2 回收的低浓度酒精；3 排杂出口

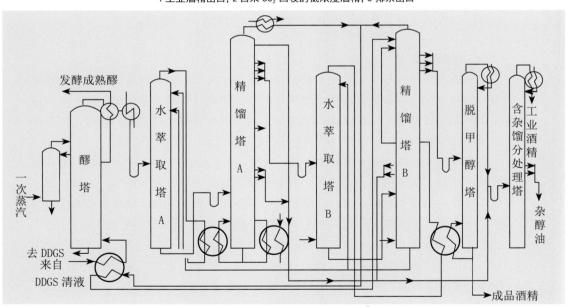

图 2-8-3 八塔差压蒸馏系统[2]

---

[1]贾树彪、李盛贤、吴国峰：《新编酒精工艺学》，化学工业出版社，2004年7月，第164页。

[2]贾树彪、李盛贤、吴国峰：《新编酒精工艺学》，化学工业出版社，2004年7月，第170页。

前除了生产酒精之外，提取的副产品有 200 多种。世界烈性酒类似于酒精的酒就是伏特加酒，也采取塔式蒸馏，中国四川邛崃的崃州蒸馏厂，拥有的伏特加蒸馏装置就是八塔装置。伏特加与酒精工业的不同之处是伏特加的装置相对来说比较小，大型十几万吨产能的酒精厂，蒸馏塔的规模要大得多。

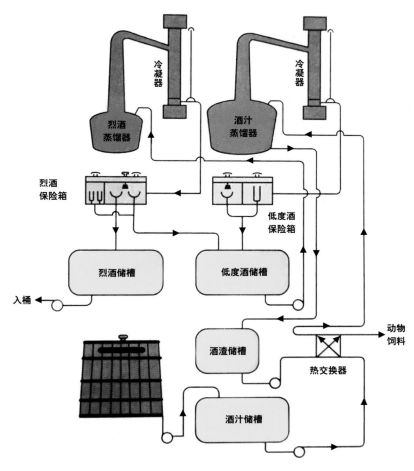

图 2-8-4 威士忌的壶式蒸馏装置[1]

---

[1]邱德夫：《威士忌学》，光明日报出版社，2019年1月，第247页。

图 2-8-5 中国四川嵊州蒸馏厂的威士忌蒸馏器 （摄影／李寻）

二、威士忌壶式蒸馏器

和中国白酒不一样，威士忌是分级蒸馏，威士忌的装置大多数有两级，第一级叫酒汁（也有译为醪汁的）蒸馏壶，相当于酒精蒸馏装置里的醪塔，里面放置的是原始发酵的酒汁，酒醪里的酒精浓度在 12% 左右。这个初级蒸馏不能提高多少的酒精浓度，大概只能把酒精浓度提高到 20% 左右。然后再把蒸出来的溶液放到另一个叫烈酒蒸馏器的二级蒸馏壶里面，进一步蒸馏才可以得到含 80% 以上酒精浓度的水溶液，也就是酒。

和酒精除杂装置不同的是，威士忌要保留那些复杂的成分，就是酒精工业里所谓的"杂质"。从壶式蒸馏装置的形状来看，它具有回流功能，而且无论是洋葱形的蒸馏器还是梨形蒸馏器都有回流功能，要把酒精工业里认为的杂质：酸、酯、醛、醇等保留下来，防止其随着酒精一起挥发掉。

威士忌的蒸馏器主要是铜制的。威士忌酒行业认为铜有催化作用，用铜和不锈钢做的蒸馏器效果不一样。不锈钢蒸馏器产出的酒的香气偏向"肉味"，而铜制蒸馏器产出的酒的香气偏向于果香、青草香。目前为止威士忌的生产厂家主要用的是铜制壶式蒸馏器，也有不同于壶式蒸馏器的柱式蒸馏器。

三、中国白酒蒸馏器

中国白酒的蒸馏器叫酒甑，个头有大有小，常见的上面口径是 2m，下面口径是 1m，高度是 1m 左右。原来上面使用的是天锅冷凝，现在大多数改成了直管冷凝器。

关于酒甑的特点和原理有个演变的过程，后文会专门讲解。这里只强调一点，就是和威士忌蒸馏器相比，中国白酒的酒甑效率非常高，一次蒸馏就可以产出酒精浓度高达 75% 的酒，而且不需要精确地控制回流，也能带出复杂的物质成分，比威士忌还要多。威士忌是液态发酵、液态蒸馏；中国白酒是固态发酵、固态蒸馏。固态发酵和液态发酵相比较起来有明显的相态界面效应，而且在高温蒸汽的作用下，在蒸馏的过程中还会发生反应，会产生发酵过程中没有的呈香呈味物质，这是中国白酒蒸馏器酒甑的优势。酒甑经过了数百年没有太大的改动，就在于它自身具有不可替代的优势。

中国白酒蒸馏器简介

　　中国白酒的蒸馏器也有很多种，根据专家的研究，中国最早的蒸馏器都是液态蒸馏器，出土的东汉蒸馏器就是液态蒸馏器。液态蒸馏器比较简单，底下是装液态发酵好的酒醪的锅，通过直火加热，沸腾后形成蒸汽，再通过上面的冷凝装置冷凝成酒液。和液态蒸馏器相比，固态蒸馏器的技术出现得相对较晚，大概是金代以后出现的，固态蒸馏器的蒸锅中间多了一层像平时用来蒸馒头的箅子。在蒸锅中的箅子上盛放固态的酒醪，锅底装水，通过直火加热，水沸腾蒸发的蒸汽把酒醪中的酒精和呈香呈味物质带离出来，再经过上面的冷凝装置（天锅）冷凝成酒液。西方蒸馏酒一直是液态蒸馏，如威士忌的蒸馏壶还是原来的液态蒸馏方式。西方为什么没有发展出固态蒸馏技术？我个人推测可能和各自的饮食方式有关，中国古代从烤饼发展出了蒸馒头，出现了箅子，而西方一直是烤面包。

**图 2-8-6　山西潞酒厂的陶缸冷凝器
（摄影／朱剑）**

　　蒸馏装置基本上分成两大部分，一部分就是加热蒸发装置，另一部分是冷凝装置。

　　中国古代的蒸馏冷凝器也是历经演变。我见过两种古代传承的冷凝器，一种是 2020 年在山西潞酒厂，车间主任袁主任向我展示了他们收藏的陶制冷凝器，如果不是他特别讲解，我当时真不知道这个装置起冷凝作用。这种陶制冷凝器外表像缸，带有两个孔，一个孔高一个孔低，据说有的地方现在还在使用。另一种是 2021 年年初我到青海互助的酩馏酒坊里参观时看到的，他们用的就是一套传统蒸馏器，其中冷凝器也是一个陶缸，比潞酒厂的小，当地的语言称作"缸哇"，当时正在使用，有新酒馏出，我品尝了，还不错。

**图 2-8-7　青海酩馏酒厂的陶缸冷凝器
（摄影／李寻）**

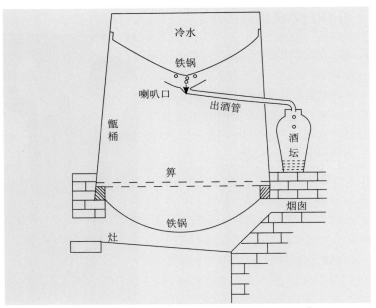

图 2-8-8　流行于长江以北的天锅蒸馏器[1]

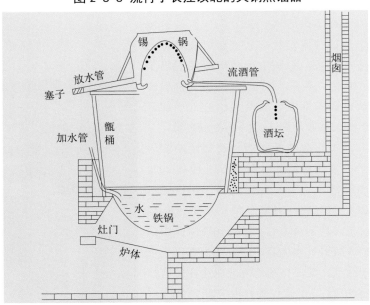

图 2-8-9　西南地区流行使用的蒸馏器[1]

①沈怡方:《白酒生产技术全书》,中国轻工业出版社,2007年1月,第440页。

注:沈先生书中正文描述和图注标示,有所矛盾,本书根据沈先生书中图注内容,并参考其他博物馆展板资料,做出上述描述。

　　1950 年以前，中国大多数的白酒蒸馏器都是没有经过改造的天锅蒸馏器，可能是从清代一直到民国都在使用，主要有两种类型。其中一种是流行于东北、华北一带的天锅蒸馏器（如图 2-8-8），底下是架着铁锅的直火灶，锅上是上窄下宽的甑桶，中间隔着一个箅子，甑桶上面是"锅"式冷凝器和出酒管，甑桶中酒醅里的酒精和呈香呈味物质被水蒸气带出，在上面的锅底冷凝，再汇集到中间，通过出酒管流到酒坛里。另一种是在我国西南地区流行使用的蒸馏器（如图 2-8-9），和东北、华北使用的蒸馏器相同的是直火灶和下面的锅，不同的是甑桶和冷凝器部分，西南地区蒸馏器的甑桶是上宽下窄，最重要的冷凝器的锅是锡锅，呈穹隆状，与东北、华北地区的不同，汽化的酒液经过冷凝后，会沿着锅壁流入锅边的收集槽，再通过流酒管流入酒坛。

　　20 世纪五六十年代蒸馏器进行了改造，改成了现在的分体式蒸馏器（如图 2-8-10），也是现在我们最常见的蒸馏器。现在的蒸馏器取消了直火烧锅的方式，改用集中管道输送蒸汽，甑桶是上宽下窄，改变最大的是冷凝器部分，甑桶上的天锅改成了甑盖，甑盖连接导流管再连接直管式冷凝器，冷凝器的直管装在水桶中，直管下方连接出酒管。蒸馏器在使用的时候，最下面的管道将蒸汽输送进甑桶，酒醅里的酒精和其他物质被蒸汽带出，通过导流管进入冷凝器中，冷凝成酒液从出酒管流到接酒桶中。

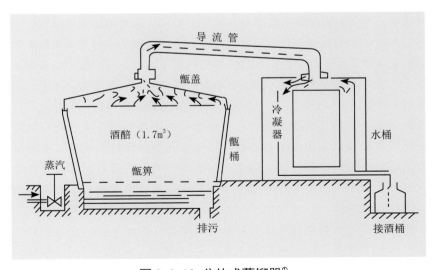

图 2-8-10　分体式蒸馏器①

———————————

① 沈怡方：《白酒生产技术全书》，中国轻工业出版社，2007年1月，第440页。

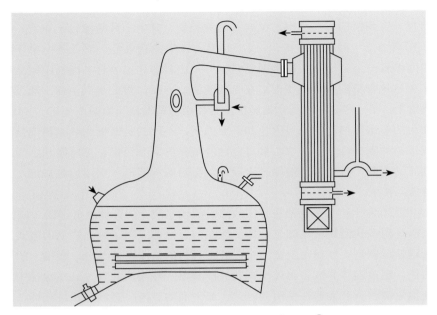

图 2-8-11 威士忌鹅颈式蒸馏器[①]

现在能见到用天锅蒸馏器的酒厂已经很少了，常见的主要是直管式冷凝器的分体式蒸馏器。改造后的分体式蒸馏器在原理上和威士忌的鹅颈式蒸馏器比较像（如图 2-8-11），其加热蒸馏装置部分基本一样，中国白酒蒸馏器因为是固态蒸馏，所以蒸馏装置里多了一个算子。加热的能源都是集中输送蒸汽。威士忌蒸馏壶上面的是鹅颈，之后连接的叫林恩臂，相当于中国白酒蒸馏器的导流管。威士忌蒸馏壶的冷凝器和加热器也是分开的，和白酒现在的直管式冷凝器一样。

2000 年后，有些研究者发现，使用分体式蒸馏器蒸馏出的白酒，风味不如原来的天锅式蒸馏器蒸馏出来的白酒好。为什么会出现这样的情况？原理很容易理解，改造后的中国蒸馏器和威士忌的有个共同的特点，蒸出的酒液要通过导流管来输送到另外的冷凝器中进行冷凝出酒，在这里就会出现一个天锅式蒸馏器不会有的问题：有些高沸点的挥发物质过不去，会留在甑桶上，有的没有充分回流到甑桶，造成蒸馏出的酒的香气成分没有那么丰富。而威士忌的蒸馏壶有个鹅颈，主要的作用在于回流，把一些想留下来的成分留下，而且是留在酒醪里，在下一级蒸馏的时候香味成分就能保留下来。改造后的白酒蒸馏器的回流作用不如蒸馏

---

①贾树彪、李盛贤、关国峰：《新编酒精工艺学》，化学工业出版社，2004年7月，第243页

壶，香味成分会减少。传统的天锅式蒸馏器的酒蒸汽和呈香呈味物质都在甑桶里，蒸汽的行程短而且天锅口径大，酒液和其他物质的收集、回流都很明显，损耗比较少。

中国白酒的甑桶是传统的蒸馏工具，至少在清代到民国期间，是作为主流蒸馏器的，20世纪60年代以后进行了工艺改进，发展出来了分体式的直管冷凝器。为什么要进行这种改进？由于天锅式蒸馏器操作比较复杂，出酒率低，为了提高生产效率从而进行了改造。现在有些酒厂也在尝试使用传统天锅式冷凝器，如生产人民小酒的贵州岩博酒业，是目前比较少见的使用传统天锅冷凝器的白酒生产厂家。

中国白酒生产中有三项很伟大的世界发明：之前讲过的大曲，这里的甑桶，还有它的发酵装置。其中甑桶有下面几个优势：

（1）适合蒸馏固态的介质（酒醅），是和固态发酵匹配的一种蒸馏装置。

（2）浓缩效率高，甑桶的高度在1m左右，天锅可以大面积冷凝，一次蒸馏就可以达到75%的酒精浓度，比威士忌蒸馏壶的效率高，威士忌要经过两到三次蒸馏，才能达到70%～80%的酒精浓度。

（3）微量成分丰富，固态蒸馏有复杂的界面效应，所蒸酒醅中什么都有，蒸馏过程中还会产生各种各样的反应，很多呈香呈味物质是蒸馏过程中产生的。汇集面积大，保留下来的复杂成分多。

（4）蒸酒的同时可以蒸粮，新粮食的香味也会进到酒里，能给酒带来纯发酵没有的香气，同时还节约了能源。

目前看来，针对中国的固态发酵，这是最好的也是最有优势的蒸馏器。尽管看着简单，操作起来比较复杂，但是它的出酒效果是最好的，是有极高智慧含量的传统装置。有人做过实验，将同一个窖池的固态酒醅分成两份，一份用中国的传统甑桶进行蒸馏，另一份加了两倍的水，用多级蒸馏塔蒸馏，结果是两份蒸馏液的酒精度相似，但酸和酯的差别特别大，蒸馏塔蒸出的液体里，酯的含量为甑桶蒸馏的1/2，酸仅为1/3。这个实验表明，用传统酒甑蒸馏出来的酒的成分更加复杂，这主要是多种物质在蒸馏中运动规律不同导致的。正是由于这个原因，中国白酒和白兰地、威士忌相比，酒的主体风味要丰富得多。[1]

中国传统白酒蒸馏操作环节概说

中国白酒蒸馏操作大致可以分为三个环节。

---

[1]张嘉涛、崔春玲、童忠东：《白酒生产工艺和技术》，化学工业出版社，第172页-第173页。

一、装甑前的准备

首先看锅底的准备情况，以前直火蒸馏的时候，锅底有锅底水，每次蒸馏都要清洗锅底、换水。现在蒸馏是用蒸汽加热，仍然有锅底水，所以还需要检查、清洗、换水。锅底水的加入量以水面与盛放酒醅的箅子之间保持 50～60cm 的距离为宜。之后把需要蒸馏的糟醅准备好，堆放在甑桶附近，拌好需要的混料、辅料，有混蒸混烧工艺的，要准备好新的粮食。这些工作准备好了就可以开始下一个环节。

二、装甑

装甑（也叫上甑）是技术含量非常高的工作，后面会专门进行讲解，这里就不做赘述了。甑装好之后，盖上甑盖，连接导气管，和冷凝器连接起来，冷凝器出酒口的地方放好接酒桶，这样就可以进入下一环节。

三、蒸馏接酒

蒸馏接酒的一个重要原则是缓汽出酒，蒸馏过程中，当开始出酒之后，要控制住蒸汽的压力，从而控制出酒口流酒的速度。浓香型白酒一般的出酒速度在 2.5kg/min 左右，清香型白酒大概是 3kg/min 左右。具体的流酒速度，各香型、各种轮次都不太一样，总的来讲都需要缓汽出酒。

有专家曾经做过实验，通过控制蒸汽阀门大汽出酒和缓汽出酒（有时也叫大火蒸馏和缓火蒸馏），得到的效果不一样。实验获得的数据是，同一甑酒醅蒸馏，用两种不同的速度出酒，大汽出酒的速度控制在 8.6kg/min，缓汽出酒在 2.9kg/min。两种出酒速度得到同样体积的酒经过检测，发现酒质不一样。检测得出己酸乙酯的含量，大汽出酒中的己酸乙酯含量是 2.9g/L，缓汽出酒的己酸乙酯含量是 3.5g/L，这一数据说明缓汽出酒的香气成分含量更高。计算乳酸乙酯和己酸乙酯的比例，大汽出酒中乳酸乙酯和己酸乙酯的比例是 1.17∶1，这种酒品尝之后，感觉口感发闷、芳香不足；缓汽出酒中乳酸乙酯和己酸乙酯的比例是 0.66∶1，品尝后口感甘冽爽口。[1]

各酒厂的蒸馏器大小不一，糟醅不一样，所以出酒速度也不完全一样，现在是锅炉供应蒸汽来蒸酒，控制蒸汽阀门的大小来控制出酒速度，各酒厂的实际数据是根据自身的生产情况、实际经验制定的。在茅台镇的一家酒厂参观时，我看到蒸汽阀门前面的压力表始终是个常数，就问他们这个压力表是失灵了吗？酒厂的工程师告诉我："怕有些工人为了快速操作，自己增大蒸汽，所以就设置了固定的蒸汽压力，

---

①沈怡方：《白酒生产技术全书》，中国轻工业出版社，2007年1月，第418页—第419页。

增大了后面蒸汽管道的管径，以此来控制缓汽出酒"。看来不管什么香型的酒，"缓汽出酒、大汽追尾、大汽蒸粮"简称"一小两大"是共同的规律。

另一个原则是出酒温度的控制，不同香型的酒有不同的要求。一般浓香型白酒和清香型白酒都讲究"低温出酒"，出酒温度不超过 30℃。以茅台为代表的酱香酒讲究的是"高温出酒"，出酒温度能够达到 40℃，甚至 45℃，这也是茅台酱香型白酒的一个特点——高温馏酒。

高温馏酒可以带来更多的高沸点芳香物质，从浓香型和清香型白酒的角度来讲，这样会使酒香气更杂，而酱香型白酒追求的就是复杂香气，某种程度上说，追求何种酒体风格决定了选择什么样的出酒温度。

蒸馏时间是从上甑开始算起，上甑一般要 30min 左右，蒸馏出酒的时间一般是 25～30min。不同工艺的蒸馏时间也不同，清香型白酒出酒结束就完了。浓香型白酒的老五甑法后面还要蒸粮、排酸，蒸煮和糊化的时间，大糙、二糙、小糙分别为 70～85min、60～80min、60～75min，其他浓香型白酒，蒸粮时间一般也在 60min 左右。酱香型白酒下沙（蒸生沙）一般要蒸 2～3 小时，糙沙操作时，蒸完酒后即进行蒸粮，蒸粮的时间长达 4～5 小时。总体的蒸馏时间从上甑到最后的蒸粮结束，时间短的要一个半小时左右，长的要 4～5 小时，具体时间要根据不同香型的酒和不同的工艺来定。①

各酒厂在接酒过程中的酒精度数也不一样。人们常听说的接酒时要"掐头去尾"，后面会专门讲解，这里简单介绍一下。一般酒头的酒精度在 70°以上，需要掐掉大概 0.5kg～1.5kg，这是经过多年实践得到的数据。以前的冷凝器材料是锡做的，里面含有铅，酒头里铅的成分太多会污染后面的酒，所以掐掉的酒头数量比较多。现在都改成了不锈钢材质的，就没有了这个问题，所以酒头的数量就会少一些。有的小酒厂会把酒头扔掉，大的酒厂会存起来，做调味酒或者再重新蒸馏等各种处理。

掐掉酒头之后就是酒体。各酒厂接酒的工艺要求不同，浓香型白酒一般是 65°，凤香酒是 63°，清香型白酒也是 65°左右。酱香型白酒各轮次接酒的度数不一样，范围在 52°～57°。

按照各自的工艺规定，接完主体酒之后剩下就是酒尾，有的可能从 60°以下就算作酒尾，有的 55°以下才算是酒尾，一直到 10°的时候就不接了。接酒尾的时候要开大蒸汽快速出酒，酒尾不是作为主体酒使用，主要是回窖重新蒸馏或在入窖之前做消杀和调味酒等。

---

①李大和：《白酒酿造与技术创新》，中国轻工业出版社，2017年8月，第98页—第105页。

白酒蒸馏操作中的"装甑"环节详说

中国白酒蒸馏环节操作过程中的技术环节上甑（也叫装甑），就是把发酵好的酒醅装到蒸馏的甑桶里，这是个技术含量很高的活，操作方法是先在甑桶中的算子上撒一层稻壳，然后打开蒸汽阀门，等蒸汽上来之后，再往甑桶里铺撒发酵好的酒醅，酒醅需要一层一层地撒上去，撒一层酒醅之后就会把蒸汽给压住，过一会蒸汽又会冒起来，就要继续撒酒醅，撒到冒汽大的地方，要做到见汽就撒，还要保证不能压死了长时间不再冒汽。一般甑桶的口径有 2m，铺撒酒醅的力度要掌握好，要撒均匀，不能造成不同区域上来的蒸汽大小差异太大，还要不能跑汽。什么是不跑汽？就是不能其中某一块区域上来的蒸汽太大。也不能铺撒太慢，需要长期的经验积累才能掌握上甑的技术。

上甑的六个技术原则是：轻、松、准、薄、匀、平。

轻：动作要轻巧，不能一下全撒在一个地方。中国传统工作的操作里面，每一个技术要点都是互相关联的，有很多含义，"轻"这个原则也带有"匀""薄"这些含义。

松：是指辅料和醅料要松散，疏松度好，有足够的透气性。原则是不压汽、不跑汽，要做到既透汽又不能连续大透，靠人的经验来观察判断。

准：就是撒料点要准确。对于冒汽的地方要准确铺撒酒醅，不能撒漏、撒偏，也不能撒多。对于直径 2m 的甑桶，人工要做到准确的撒料，力度掌控和技术要求都比较高。

薄：每次撒料要薄不能太厚，也不能太薄、稀稀拉拉盖不住蒸汽，还是要保证不压汽也不跑汽。

匀：每层铺料要均匀，尽管有先有后，但一层料撒下来要分布均匀，不能厚此薄彼。

平：每次铺撒酒醅要平整，从下到上每层都要尽量平整。最后盖甑的时候，甑桶里酒醅的面会铺撒成微微凹陷状，这是因为"甑边效应"导致的。

上甑是个技术活，上甑技术的差异会很明显地出现在接酒上，技术好的酒师上甑后出酒的产量要比技术差的高 10% 左右，酒厂连续运行一年下来 10% 的产量可是不小的，如年产 1000 吨的酒 10% 就要损失 100 吨。上甑技术差不只是酒产量下降，也会造成酒质不好，蒸出的酒的香气、味道也不一样，所以也存在产量够，但是丰产不丰收的情况，蒸出的优质酒比较少。

上甑是固态酒中特有的一项技术，液态酒没有这种操作。

前面提到了"甑边效应"。装甑过程中蒸汽经常是由甑边率先穿出醅料层，然后再向中间扩散。铺撒酒醅是哪里冒汽撒哪里，一层一层地铺撒，铺撒的结果就是甑边比中心厚一些，最后酒醅面会微微呈凹陷状，这被称为"甑边效应"或者"边界效应"。为什么会形成这样的现象？原因是蒸汽上来的时候是先从阻力最小的地方冒出来，甑桶算子撒上酒醅后，甑桶内算子周边就是最薄弱的地方，阻力小，蒸汽容易从边上冒出。

为了解决边界效应采取了很多措施，有一个技术措施就是把承载酒醅的算子的孔洞的范围、大小、密度重新设计，中间孔的密度相对来说最大，然后由中心向边缘递减。在沈怡方先生的书中就有甑算孔密度的计算公式："如下图所示，将甑算划分为 4 个区域，R 为甑算半径，设 AC=CD=DO=R/3。AB=BC/4=R/15 。各区域面积比大体为 I：II：III：IV =1：3：4：1.2。若取甑算钻孔率为总面积的 5%，孔径 d 为 8～10mm，则各区域钻孔密度比为 I：II：III：IV =2：1.5：1：0。"保持这样的甑算孔上汽比较均匀，从而可以削弱甑边效应。[①]

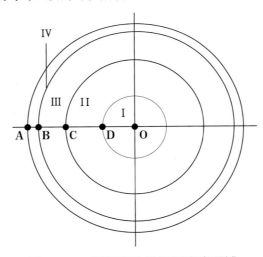

图 2-8-12 甑算汽孔的不同密度区域

这些设计或许有些作用，但没有完全解决甑边效应，所以现在在酒厂里还能看到甑桶酒醅面中间微微的凹陷。还有为了减少甑边效应和酒损，对金属材料的甑体和甑盖采取保温措施，酒甑的外围用不同材料，如木材、石头。甑桶的封口是用水来密封，检测后发现密封水里会残留酒精，这也是蒸馏中的损失。前面讲过蒸馏器由天锅冷凝改成了直管冷凝，多了导流管这一环节。最开始的导流管是水平的，后来发现酒蒸汽容易产生倒流，就进行了改进，降低连接冷凝管一端的高度，使导流管与甑桶连接部位的角度小于 90°，现在的造型有些像威士忌蒸馏器的林恩臂。威士忌蒸馏器的林恩臂角度比较讲究，不同角度会影响酒体风格。目前我国还没太关

---

①沈怡方：《白酒生产技术全书》，中国轻工业出版社，2007年1月，第420页。

注这个角度对酒体风格的影响，只是出于出酒率的考虑，做了这种改进。如果仅从风味上讲，可能传统天锅蒸馏器出酒的风味更好。

从现代科学角度，可以把中国酒甑当做一种添料塔，一边出蒸汽一边视蒸汽的情况往里添料，这个过程实际上是反复加热的过程，撒上一层酒醅刚蒸热，又撒一层把原来的酒醅捂住，温度降下来，又得加热，醅料里的芳香物质挥发，进入上一层酒醅，一层又一层地经过反复加热上升，不断发生冷热循环、气液循环，蒸汽和酒醅里面的微量成分不断地发生反应，从固相里面萃取芳香物质，这个过程也会使精馏系数（酒精蒸馏理论那部分介绍过）不一样的各种微量成分重新混合。一次上甑可能要铺十几层甚至更多，这么多次的气、液、固热交换，物质的重新匹配，导致形成了后面均衡复杂的香气口感。固态酒的香气口感比液态酒好与固态蒸馏的物理、化学效果密不可分。

现在有些酒厂也在改进技术，用上甑机器人来减小劳动强度和对个人技能的依赖，降低人工成本，认为通过智能化的机器人可以实现上甑所要求的功能。我们认为，用这种自动化、智能化的设备来实现见汽压汽的目的是可以的，但它可能带来更多的均匀性，把差异性给取消了。再熟练的技术工人也不能把两甑的东西做得完全一样，一甑酒和另一甑酒的不同就在于不均匀性或者说艺术性，酿酒技师当时心情不一样或者想表达的东西不一样，都会带来一些创造性发挥。机器人制造的是工业化产品，只有人才能创造出来真正有艺术品质的、个性化的好酒。

白酒蒸馏操作中的"掐头去尾"环节详说

很多酒友都听过白酒工艺的一个术语："掐头去尾"。所谓"掐头"就是酒刚蒸馏出来的第一段馏分，一般都是酒精度 75°以上，这部分不做成品酒，要截取掉。"去尾"涉及了工艺规定的截酒度数，如果规定酒体的截取度数是 60°的酒精度，那 60°以下就算酒尾，酒尾也要去掉，不能作为酒体使用。酒头和酒尾另有用处，酒头有的作调味酒，有的加到酒糟或者酒醅里重新发酵。酒尾也有作调味酒参与勾调，大部分是撒到酒醅上回窖，术语叫"回酒"。

掐头去尾不只是中国白酒有，威士忌也有这样的工艺。威士忌的 Head 就是我们所说的酒头，酒体在威士忌里叫 Heart（酒心），酒尾在威士忌里叫 Tail。中国白酒里蒸馏接酒叫"摘"酒或"截"酒，掐头去尾的地方叫摘酒点，威士忌操作中称作 Cut（切点）。

古代中国的蒸馏酒和西方的蒸馏酒是平行发展的技术，目前，我们还没有读到古代中西方蒸馏酒技术交流的记载，但是双方用的术语和采取的操作基本一样。中国传统中，酒头和酒尾不算酒，酒体就直接叫作酒，有些地方叫作"酒身子"，也有叫中段或者中馏分，西方把这部分叫作 Heart（酒心）。

为什么要"掐头"？古代没有科学理论，是怎么形成掐头的工艺？可能是因为酒头喝了之后不舒服，根据经验得到的认识。现在的解释是酒头的酒精度高，里面的乙醛、杂醇油高，喝了上头。

酒头要摘多少，也要看蒸馏器的大小，按照现在常用的蒸馏器，摘 1.5kg 左右，有的要多一点。酒头也不能摘太多，在高沸点物质里面酯类比较多，高度酒比低度酒香，因为高度酒里各类乙酯多。有些不溶于水的高级脂肪酸乙酯，如棕榈酸乙酯、油酸乙酯、亚油酸乙酯这些都属于高沸点成分，集中在出酒的前半段。这些东西如果全部去掉，酒就不香了，这也是为什么高度原酒加水会变浑浊，出现丁达尔现象的原因。

白酒是胶体溶液而不是真溶液。所谓溶液是指一种或几种物质分散到另一种物质里，形成的均一、稳定的混合物，分散质小于 1nm 的称为溶液，水溶液呈透明状，称为真溶液。分散质的粒子直径在 1～100nm 之间的分散系为胶体。分散质粒子直径大于 100nm，为乳浊液，呈浑浊状。

乙醇和水可以无限比例互溶，所以酒精水溶液是真溶液，透明清澈。而白酒中除了乙醇之外，还有高级脂肪酸乙酯等不溶于水的物质，但这些物质可溶于乙醇。当乙醇比例高（酒精度高）时，酒体呈透明状，但如果添加一点纯净水，降低酒中乙醇的比例，那些不溶于水的成分就会析出。水添多一点，酒液就变成乳浊液，看起来比较浑浊，如果水加得比较少，酒液还是透明状，但从透明酒瓶侧面用手电筒光照射过去，酒液中就会出现一道浑浊的乳色光柱，这就是"丁达尔现象"。这是由于光线照射胶体时，粒径在 1～100nm 之间的分散质粒子会造成光线的散射，呈现出乳色光柱，这种现象是英国物理学家约翰·丁达尔于 1869 年发现的，故被称为"丁达尔现象"（或丁达尔效应）。有些专家认为，胶体特性是白酒风味丰富协调的原因之一，也是白酒饮后体感舒适的原因之一。

很多酒友也以加水是否浑浊，是否有丁达尔效应来判断其是否是固态酒。当然，这种方法也不绝对可靠，有些固液酒的生产者通过在酒中多添加酒尾，也可以使固液酒加水变浑浊呈现丁达尔现象。

乙醛沸点低，一般集中在前馏分，糠醛沸点高，一般在中馏分的后半部分开始流出，含量逐步上升，主要在酒尾里，占总馏分的 80%。甲醇的沸点比乙醇低，在酒精蒸馏里甲醇是头级物质，而在白酒蒸馏中酒头的甲醇含量并不太高，尾酒中的甲醇反而要高一点，所以甲醇在白酒蒸馏中算是尾级物质。有专家指出，之所以甲醇这个酒精中的头级物质反而成了白酒中的尾级物质，可能是在醇、酸、酯类都存在的复杂溶液里和氢键的结合程度不同，导致了甲醇更多地存在于白酒的尾级物质中。沈怡方先生书中有一个案例，是内蒙古轻工研究所以前做过的一项研究，发现酒头部分、酒尾部分甲醇都低，中馏部分高。但不是所有实验报告都是这样的结论，有的实验报告是酒尾里甲醇多。由于有这么一次的研究数据，所以有人认为掐头去尾的方法对于白酒去除甲醇没有作用。[①]

掐头去尾对去除杂醇油的作用比较大是达成共识的，没有什么争议。

甲醇主要是果胶在发酵中产生的，含果胶物质比较多的原料，如水果，产生的甲醛含量就高些，白兰地酒里的甲醛含量就高。谷物本身产生的甲醇就很低，威士忌就不太刻意地去控制甲醇指标，威士忌分两级蒸馏，只要是谷物纯麦芽做酒，初馏的时候，酒头里的甲醇含量最高在 20 ～ 40PPM，比我们现在谷物酒类 0.6g/L 的含量标准还要低得多。经过第二次蒸馏之后，威士忌中的甲醇含量在 2 ～ 6PPM。

中国白酒也一样，只要是高粱、大麦，还有去掉胚芽的玉米按照传统工艺酿酒，甲醇含量都很低，完全符合国家卫生标准。国家卫生标准规定谷物酒甲醇含量是 0.6g/L，其他代用品如水果、薯干、糖蜜酿造的酒的甲醇含量在 2.0g/L。酒友中都有一个常识：粮食酒好，其原因之一就是粮食酒只要按照传统工艺规定操作，就不会出现杂醇油、甲醇超标的情况。

白酒蒸馏中"看花摘酒"环节详说

中国传统白酒历史悠久，在古代的时候没有酒精的概念，更没有酒精度的概念。衡量酒的好坏全靠感官感受来判断，这个酒喝着醇厚饱满就觉得好，口感稀薄的酒就差。就像有些古代小说里说的："喝你的酒，口里能淡出个鸟来"，就说明酒不好，是掺了水的。

酒花是酒液冲击容器形成的泡沫或者装在容器里晃悠，产生的泡沫。因为水、乙醇和其他微量成分含量的不同导致液体表面张力发生变化，形成的泡沫不一样，存留的时间也不一样，所以可以从酒花的大小、形状和持续的时间来判断酒精度。

各地区酒厂对酒花的叫法不同，看法也不同。有的比较简单，直接用接酒的容器观察酒花，有的比较复杂，如凤香型酒的接酒容器是一整套，接到酒后再倒入别的容器来看，和现在酒吧里调鸡尾酒的摇壶很像。

各地酒厂对酒花的叫法不同，茅台酒厂代表的酱香型酒，把酒花叫作鱼眼花、堆花、满花、碎米花、圈花，其中满花的酒精度相当于出厂酒的酒精度标准。大多数浓香型酒厂把酒花分为大清花、小清花、云花、二花、油花五种。

之前讲过酒精度是近代科学有了酒精概念之后才产生的，后来又有了酒精度的测量仪器，我试图查询酒精度计是谁发明的，什么时候发明的，结果没查到。现在

①沈怡方：《白酒生产技术全书》，中国轻工业出版社，2007年1月，第432页。

工厂里普遍使用酒精计测量酒精度，由于测量仪器的使用，现在工厂里有些年轻的技术人员已经不会看花摘酒了。我在一些产酒的聚集区看到，当地酒业协会举办的技术培训班其中的一个内容就是教看花摘酒。

中国古代是看酒花判断酒质，在卖酒的零售店也是看酒花买酒，会看酒花的酒客是按照酒花来定价的。传说西方的烈性酒不看酒花，靠点火来确定酒的好坏，能点着火的就是好酒，据说海盗们如果买到点不着的酒，会暴打酒商。看来那时中西方都一样，判断酒质好坏的标准就是掺了多少水，掺水少的就是好酒，掺水多的就是劣酒。

前面讲到浓香型白酒把酒花分成五种，第一种是大清花，大如黄豆、整齐一致、消失速度较快，酒精度在65°～82°左右，范围比较宽。据说经验丰富的酿酒师，看花判断酒精度的误差正负不到0.5°，很遗憾，这么厉害的匠人我没机会见到。能达到这

图 2-8-13　河北衡水老白干酒厂的
工人正在摘酒　（摄影／胡纲）

种水平的匠人，肯定是经过很长时间的积累，而且是对同一种酒在反复蒸馏、掌控的过程中形成的判断力。

第二是小清花，大如绿豆、清亮透明、消失速度略小于大清花。消失速度的快慢要根据自身的经验判断，不同香型白酒的消失速度不一样。小清花对应的酒精度大致是58°～63°，主要集中在58°、59°。小清花是摘酒里重要的摘点，就是西方酒中的Cut（切点），过了小清花，就属于酒尾了。以小清花作为摘酒切点的这种方法，叫过花摘酒。

第三种叫云花，云花大小如米粒，有的时候可以堆叠两到三层，厚1cm，持续的时间比较长，酒精度在46°左右时最为明显。

第四种是二花，也叫小花，比云花还小，但不均匀，大的像大米，小的像小米，存留液面的时间也比较长，和云花相似，酒精度在10°～20°左右。

酒精度继续下降，就出现第五种酒花：油花，大约有1/4小米粒那么大，而且布满液面，远看就像一片油，酒精度在4°～5°。

大部分消费者只看过瓶装酒里的酒花，大家叫摇花看酒，但是没有接酒经验也没有参照系，判断不太准确。只有在酒精度数差距大时，才能看得出来差异。

我们现在喝到的中、低度酒，从53°到42°，绝大多数是通过加水进行稀释，术语叫加浆降度。为什么要加浆降度？有人说是因为酒如果加水就变浑了，这不是主要原因。在沈怡方先生的书里讲述过这个问题："根据白酒蒸馏过程中香味成分的研究发现，蒸馏酒靠自然蒸馏到40°的时候，香气的平衡就会失调"。[1]所以蒸馏出来的40°的酒品质很差，这已经是底线。再高一点50°的酒的加浆降度、自然熟成到50°的酒和接酒时直接摘下来的50°的酒是不一样的。前面讲过上甑的复杂过程，蒸馏中发生的反应比上甑还要复杂，比如自然蒸馏时接到的65°的酒，里面的微量成分充足，形成了协调的比例，加水进去后，它的香气比例基本没有变化。如果自然蒸馏到40°的酒，里面的有些微量成分已经缺失，比例发生了变化，加不加水都改变不了。白酒的中、低度酒都是从原酒加水降度后得到的，就像沈先生说的40°以下的酒不是蒸馏接酒得到的。

图2-8-14　衡水老白干酒厂的自动化生产车间内的上甑机器人　（摄影／胡纲）

[1]沈怡方：《白酒生产技术全书》，中国轻工业出版社，2007年1月，第433页。

第九节
贮存老熟环节

贮存老熟的原理和作用

白酒蒸馏出来之后，不能马上投入到市场销售，而是要在特定的容器里陈放上一段时间，这个过程叫贮存，也叫陈化老熟，也有叫陈酿的。

人们都知道"酒是陈的香，老酒更好喝"。这是因为酒在陈放的过程中，发生了很多物理、化学上的变化，酒体的香气、口感甚至颜色都发生了变化，产生的结果使香气更加幽雅馥郁，口感更加醇和细腻。

白酒的贮存老熟不是简单的库存待销的过程，而是酒体风味形成的过程，和酿酒的发酵、蒸馏一样，贮存老熟是白酒酿造必不可少的一个生产环节。

白酒在贮存的过程中，会发生以下几种变化：

一、挥发

所谓挥发，一般指液体成分在没有达到沸点的情况下成为气体分子逸出液面。这是一种物理变化，不同成分的液体，根据沸点不同，挥发系数不一样。

白酒在贮存过程中，几乎所有成分都会挥发，包括主体成分酒精和水，也包括挥发系数不同的其他物质。

刚蒸出来的新酒里面，含有乙醛、硫化氢、硫醇、硫醚、二甲基硫等挥发物质。这些醛类和硫化氢等等，是低沸点的物质，有的爆香，有的发臭，在放置的过程中，这些低挥发成分就容易先挥发掉。当那些不愉快的气味，如硫化氢挥发掉之后，酒的香气就散发出来，这是老酒比新酒香气好的一个原因。

当然乙醇也在挥发，有些酒厂利用陈化老熟过程中酒精挥发的特点，来进行白酒的自然降度，如茅台酒存放时间高达四年，其轮次酒入库时酒精度为

52°～57°，在陈熟过程中，各轮次酒的酒精度都有一定的下降，最后混合勾调为53°的成品酒出厂。从整个过程来看，茅台成品酒出厂的标准酒精度是53°，主要是靠长达四年的陈化老熟，酒精挥发形成的自然降度。其他香型的一些高端酒，也有使用这种方法来降度的，自然降度的酒比加浆降度的酒要柔和，协调性更好。

酒里的呈香呈味物质有高沸点的，也有低沸点的。低沸点物质挥发后，留下的高沸点物质相对增多，香气也因为高沸点物质比例增多有所变化，老酒和新酒的香气就产生差异，香气更加幽雅细腻。

二、缔合

在陈化老熟过程中，乙醇和水通过氢键，缔合成大的分子，导致乙醇受到水分子的包裹和束缚，减少了对味觉和嗅觉的刺激作用，所以老酒在饮用的时候会让人感到柔和、醇厚。

三、缩合

在陈化老熟期间，醇和醛缩合，乙醛与水生成水合物，和醇生成缩醛，加快老熟，使醛类的刺激感下降，形成柔和的香气。

四、氧化反应和还原反应

在白酒贮存过程中，还会发生氧化反应和还原反应，醇经氧化成了醛再进一步氧化成酸，醇、酸酯化为酯。在老熟的过程中，酯化、酸化都是存在的，香气和口感都有所变化。老酒的香气更加馥郁细腻，和酯化作用有关；口感变得更加柔和、绵甜，和酸的增加有关，总的来讲是酸化的程度大于酯化的程度，也有研究者指出酸化的过程快于酯化。

总的来讲，通过这一系列物理和化学上的变化，陈化老熟使酒的香气变得更加馥郁、复杂、幽雅、丰富，口感更柔和、醇厚、细腻，目前为止，这种变化还没有什么其他的手段（包括后面提到的人工老熟手段）能够达到，陈化老熟是白酒，特别是优质白酒必不可少的一个阶段，这个过程是需要时间来完成的，所以有人说"时间是最伟大的酿酒师"。

贮存老熟的容器

目前中国白酒贮存老熟的容器主要有四种：陶坛、酒海、混凝土（水泥）酒池和不锈钢酒罐，历史上还用过钢罐、铝罐等等，现在都逐渐被淘汰，目前还在使用的生产装置，就是上述四种。

一、陶坛

陶坛是中国最古老的储酒容器，也被现代科学证明，是目前最好的储酒容器，被称为会呼吸的储酒容器，因为陶坛本体的孔隙比较合适，使酒体和外面的空气可以发生交流与反应，适合酒体挥发，更好地进行酸化、酯化以及氧化作用。

陶坛容量一般是 100 斤到 2000 斤，2000 斤的叫吨坛，1000 斤的叫千斤坛，大的酒厂都是以千斤坛和吨坛为主。

新陶坛不能直接使用，需要用清水浸泡几天，去除陶坛本身的一些杂味之后，才能用来装酒。

陶坛的好处是老熟效果比较好，缺点是占地比较多，容易破碎、渗透，挥发率、跑酒率比较高，有资料显示，酒损率最高的可以达到每年 6% 以上。[1]

二、酒海

酒海有各种各样的，主要是两种，一种是木板制成的酒海，如松木板，这种酒海体积比较大，一般容量在 5 吨到 15 吨左右。还有一种就是藤条或荆条编制的，像箩筐形的藤条酒海，容量从几百公斤到十多吨左右的都有。

酒海的内壁要用到一种叫血料的涂料，是用蛋清、猪血、石灰，还有蜂蜜、菜油，混合成的浆状物质。内壁最里面衬入白布，然后再用桑皮纸或者枸树皮纸，用血料一层一层糊起来。西凤酒是用藤条或荆条做的酒海，大的可以达到 5 吨左右的容量。青稞酒厂的酒海容量可以达到 15 吨左右。

现代木板酒海，有圆形的，也有方形的，内壁也是用类似的涂料，里面衬的是纸。

酒海的容量要比陶坛大，陶坛最大做到吨坛，酒海大的可以做到十几吨。在古代，酒海的产生，解决了酒的大容量贮存问题。

酒海的优点是容量大，密封性好，挥发性比陶坛低。缺点首先就是只能储存高度酒，因为内壁涂层的血料，会和高度的酒精反应，形成一个不渗透的蛋白膜，如果酒精度低于 30%vol，就会泄漏。储酒不漏储水漏，这是酒海的特点。第二个不足是血料浸泡时间过长，不仅酒体会变黄，而且会出现血腥等异杂味。

三、混凝土酒池

混凝土（水泥）酒池在 20 世纪六七十年代以后，逐渐出现在规模比较大的酒厂里。水泥防渗透性比较好，为了达到老熟的效果，水泥壁上一般要贴上陶片。容量在 50 吨以上，大的甚至可达 500 吨以上，比酒海和陶缸大得多。

---

[1]沈怡方：《白酒生产技术全书》，中国轻工业出版社，2007年1月，第875页。

四、不锈钢罐

在使用不锈钢罐之前，曾经有用铝罐和钢罐储酒的历史，由于金属离子浸出超标，特别是重金属浸出，对人体健康有影响，所以这些容器都被淘汰了。现在主要用的是食品级不锈钢罐，优点是容量大，500 吨、1000 吨甚至 2000 吨的都有，密封性比较好，金属离子浸出少，目前是大型酒厂首选的贮存容器。

由于贮存容器的不同，酒体会出现不同的特点，所以酒厂在贮存老熟管理过程中，会根据不同的酒体，选择不同的贮存容器和贮存时间。

贮存环境

不同贮酒容器的放置空间不一样。一般陶坛、酒海和混凝土酒池是在室内，不锈钢罐体积比较大，放在露天的比较多，有的小型、中型勾调用罐和短期储存用罐放在室内，也有的放在专门搭建的防晒防雨棚里。

各个酒厂为了提高陈化老熟的效果，形成不同的陈化老熟特点，发展出了各种不同的贮存环境。

有把陶坛放在库房里的；有放在山洞里的，就是所谓的洞藏酒，说是山洞里恒温恒湿的环境，更有利于陈化老熟，在山洞里藏酒著名的就是郎酒，茅台镇的中心酒业公司也是在山洞里贮存，陕西太白酒厂同样在山洞里贮存，还有桂林三花酒业有限公司，将桂林的著名景点象鼻山的山洞作为贮存空间，大量的贮存原酒。也有把陶坛放到露天的，认为昼夜温差大，可以加速老熟，缩短老熟时间，如伊犁老窖。还有把陶坛埋在地下，认为地埋会导致地电场的变化，陶坛的温度也相对平稳，有利于陈化老熟。

各种酒的老熟效果，目前还缺少横向、科学、可量化的比较，但是作为酒体风味形成的一个条件，不同环境对酒体老熟的影响是不同的。

具体是更好或者是不那么好，有不同的看法，酒体和环境的交流条件不一样，肯定会影响酒体风格，最终还是要看消费者的偏好，有的消费者喜欢在温差比较大的露天里放置的酒，有的消费者喜欢贮存在山洞里的酒，不一而论。

贮存老熟的管理

酒在蒸馏的时候，生产班组就会进行定级，各个酒厂的标准不一样，有的等级划分细，有的划分粗，如浓香酒，一般分成特级酒、优级酒、一级酒和二级酒。一般特级酒 10%，优级酒 20%，一级酒 60%，二级酒 10%。还有各种调味酒、双轮底酒、酒头等等。

大型酒厂有多个车间和班组生产，酒送到库房，库房验收入库的时候，还有一个定级并坛的过程。专设的质量检测部门，把各个生产车间和班组的酒，再进行检验分级，同一级别的酒，装入同一贮存容器。

什么酒使用什么贮存容器？各个酒厂情况不一样，陶坛因为占地面积大，酒的损失率比较高，一般大多数装在陶坛里的酒，只是储存一个阶段，老熟一年或者两年，就要转到不锈钢罐里。酒海也是这样，在酒海放的时间太长，可能会浸出不愉快的气味，一般放六个月到一年左右，再转到陶坛老熟或者转到不锈钢罐里老熟。还有就是级别比较低的酒，如二级酒，就没有必要放在陶坛里老熟，直接放到不锈钢罐里贮存。有些酒，如某些特级酒或者调味酒适合一直贮存在陶坛里。

装坛的时候，各个酒厂根据不同的情况，有不同的考虑，有些酒厂认为，陶坛装满的老熟效果不如装到半坛的好，所以有些酒厂的陶坛在老熟的过程中并不装满。

酒库每天都有酒进出，就要及时调整储酒容器，需要细致和复杂的管理工作，进出的酒都要有明确的台账。

酒在入库时的酒精度，各种香型不太一样。浓香型酒一般是65°入库，特级酒是68°入库，也有72°入库的酒，如做调味酒用的酒头；凤香型酒一般是63°入库；清香型酒一般是65°入库。

在储存过程中，由于酒精挥发，酒精度会下降，所以在中长期管理的时候，还要监测酒精度的变化，根据变化决定储存的原酒怎么使用。

以往的工艺，都是以原度酒入库储存，所谓原度酒就是蒸馏时候的酒精度酒，原酒是原度酒的简称。在准备进入生产勾调的时候，才开始降度，降度之后，再储存一到三个月，然后灌装出厂。

现在有的酒厂，改变了工艺，先把酒精度降到接近成品酒的酒精度，如要生产52°的酒，就直接把65°的原酒加浆降度到52°，贮存老熟上一年或者两年，再经过勾调灌装出厂。先降度后贮存可以使成品酒的口感更醇和。

这可能是来自茅台酒工艺的启发。茅台酒现在的生产周期，是从发酵到蒸馏一年，入库储存三年，进行盘勾后再储存一年，再微调装瓶出厂。茅台盘勾之后的储存，就相当于其他香型酒降度，进行初步勾调后的储存。

现在的酒库有复杂的管理系统，里面有各种设备，如管道、酒泵、通风系统、喷雾系统、流量计、液位计，还有温度监控、湿度监控等设备。酒库的管理越来越自动化，日常工作还得持续不断做，并不是把酒放在那里就了事了，整个过程，始终需要监控和管理。

特别强调，酒是易燃易爆品，主要成分是乙醇。乙醇的闪点是12℃，爆炸浓度极限是3.3%～19%，所以酒厂的消防必须严格地按照相关的作业规范操作。一般规定贮存量大于 1 万立方米的白酒厂应该建立消防站；贮存量大于 1000 立方米小于 1 万立方米的白酒厂，应该位于城市消防站接到火警后，五分钟能抵达火灾现场的区域。凡是参观过酒库的朋友就知道，酒库里不能携带火种，打火机和手机全要放在外面，酒库外面都设有静电释放桩，每个人进去之前要摸一下静电释放桩以释放身上的静电。

每条安全管理的规定都来自血淋淋的教训，管理不规范导致酒厂火灾的事件，发生过多次，从 1985 年到 1990 年 6 月这 6 年间，我国的白酒产区就发生过白酒火灾 27 起，死伤 48 人。所以酒库管理的第一条准则就是安全生产，严格执行防火防爆的管理规定。[①]

贮存老熟的时间

白酒的老熟过程，每个月都会有变化，研究者做过实验，按照月度进行感官评语记录，详细情况如下表。[②]

清香型白酒取新产汾酒，贮存于 100kg 传统陶坛中，其感官变化评语表如下：

表 2-9-1 新产汾酒感官变化评语表

贮存期/月	感官评语
0	清香，糟香味突出，辛辣，苦涩，后味短
1	清香带糟气味，微冲鼻，糟辣苦涩，后味短
2	清香带糟气味，入口带甜，微糟辣，后味苦涩
3	清香微有糟气味，入口带甜，微糟辣，后味苦涩
4	清香微有糟气味，味较绵甜，后味带苦涩
5	清香，绵甜较爽净，微有苦涩
6	清香，绵甜较爽净，稍苦涩，有余香
7	清香较纯正，绵甜爽净，后味稍辣，微带苦涩
8	清香较纯正，绵甜爽净，后味稍辣，有苦涩感
9	清香纯正，绵甜爽净，后味长，有余香，具有老酒风味
10	清香纯正，绵甜爽净，后味长，有余香

浓香型白酒选用新酒 92.5kg，贮存于 100kg 传统陶坛中，其感官变化评语如下表：

①梁宗余、刘艳：《白酒贮存与包装》，中国轻工业出版社，2017 年 1 月，第 79 页。
②辜义洪：《白酒勾兑与品评技术》，中国轻工业出版社，2015 年 1 月，第 19 页—第 21 页。

表 2-9-2 浓香型白酒新酒感官变化评语表

贮存期/月	感官评语
0	浓香稍冲，有新酒气味，糙辣微涩，后味短
1	闻香较小，味甜尾净，糙辣微涩，后味短
2	未尝评
3	浓香，入口醇和，糙辣味甜，后味带苦涩
4	浓香，入口甜，有辣味，稍苦涩，后味短
5	浓香，味绵甜，稍有辣味，稍苦涩，后味短
6	浓香，味绵甜，微苦涩，后味短，欠爽，有回味
7	浓香，味绵甜，微苦涩，后味欠爽，有回味
8	浓香，味绵甜，回味较长，稍有刺舌感
9	芳香浓郁，绵甜较醇厚，回味较长，后味较爽净
10	芳香浓郁，绵甜醇厚，喷香爽净，酒体较丰满，有老酒风味

酱香型白酒取第 4 轮次原酒 75kg，贮存于 100kg 传统陶坛中，其感官变化评语如下表：

表 2-9-3 酱香型白酒第 4 轮次原酒感官变化评语表

贮存期/月	感官评语
0	闻有酱香，醇和味甜，有焦味，后味稍苦涩
1	微有酱香，醇和味甜，有糙辣感，后味稍苦涩
2	微有酱香，醇和味甜，带新酒味，后味稍苦涩
3	酱香较明显，绵柔带甜，尚欠协调，后味稍苦涩
4	酱香较明显，绵柔带甜，尚欠协调，后味稍苦涩
5	未尝评
6	酱香明显，绵甜，稍有辣感，后味稍苦涩
7	酱香明显，醇和绵甜，后味微苦涩
8	酱香明显，绵甜较醇厚，后味微苦涩
9	酱香明显，绵甜较醇厚，有回味，微苦涩，稍有老酒风味
10	酱香突出，香气幽雅，绵甜较醇厚，回味较长，后味带苦涩

在老熟过程中，这种变化是一直存在的，各酒厂对酒的储存老熟时间规定不一，酱香型酒的时间最长，加上生产时间一共是五年，实际贮存的时间是四年，这是标准的出厂时间；浓香型酒要求贮存三年，清香型酒现在也要求三年以上出厂，这是优质酒的要求；有些香型的普通酒可能贮存的时间就短一点，三个月到一年左右。

酒贮存的时间越长是不是越好，倒不一定。因为各种香型的白酒有不同的适饮期，一般清香型酒三年，浓香型酒三到五年，酱香型酒是五年就进入适饮期，储存到十年，香气会发生变化，和之前的典型风格相差得会比较远。这种差异，有好的方面，口感更加醇和；也有不利的方面，酸度越来越高，香气越来越低。

大家都知道酒是老的好，也卖得贵。在我的品饮实践中，酒龄 15 年、20 年、30 年的老酒确实更好，饮后回味醇厚，留香持久。总的来讲，老酒是更好，但是贮存需要的时间、占用的成本太高了，真正拿这么长酒龄的原酒作为成品酒，应该说是凤毛麟角。

几乎所有的酒厂都会把贮存到一定年份以上的老酒作为调味酒来使用，在勾调的时候加上少量的老酒，可以明显地改善香气口感。这种调味老酒使用年限有很长的，有 30 年的，甚至有 50 年的。

调味酒的种类很多，讲到勾调的时候，再详细介绍调味酒。陈年老酒只是调味酒中的一种。

酒龄和年份

酒龄和年份，在白酒中经常被混用。酒从蒸馏出来、入库、装瓶成为成品酒到消费者购买这段时间，称为酒龄。年份是指发酵酒蒸馏的那一年。

白酒中经常说的年份酒，实际上是用酒龄来充当年份，比如 10 年、15 年之类的，这个概念不太准确。葡萄酒的年份就是指生产葡萄酒的那一年，根据当年葡萄的品质来确定那个年份酒的品质，不是酒越老越好，而是要看葡萄的情况来判断某年酒的风味品质和价格。

未来中国白酒可能也会走到这条路上，因为每一年酿造白酒的气候和粮食，都是不一样的。粮食跟葡萄一样，品质不一样，酿出的酒风格也不一样，而且中国白酒是开放式发酵，每一年相同的粮食发酵，根据那一年的天气，酒质也是有所不同的。

未来可能在白酒中会出现真正年份酒的概念，酒龄酒就是现在所谓的老酒概念依然会存在。

人工老熟

"老酒香，老酒好喝"，大家都知道，所以市场上对老酒的追捧是持久的，不仅是中国白酒，世界上其他著名的蒸馏酒，如白兰地和威士忌也是一样。

要靠自然老熟达到老酒的香气和口感，占用的成本非常高。不仅要占用储存容器，还要进行长达 3 到 5 年，甚至 10 年、15 年不间断的管理，人工成本、管理成本、设备运行的成本都很高。装一瓶真正 15 年的老酒出来，整个生产成本，将远远超过新酒。所以就出现了很多加快老熟的办法，用各种技术手段在短时间之内，使新酒达到老酒的香气和口感。这些技术，就是所谓人工老熟技术，大致有以下几种：

1. 氧化处理

其目的是促进氧化作用。在室温下，将装在氧气瓶中的工业用氧直接通入酒内。密闭存放 3 到 6 天。品尝结果是经处理的酒较柔和，但香味淡薄。

2. 紫外线处理

紫外线是波长小于 0.4μm 的光波，具有较高的化学能量。在紫外线作用下，可产生少量的初生态氧，促进一些成分的氧化过程。某酒厂曾经用 0.2537μm 紫外线对酒直接照射，初步认为以 16℃ 处理 5min 效果较好。随着处理温度的升高，照射时间的延长，变化越大。处理 20min 后，会出现过分氧化的异味。说明紫外线对酒内微量成分的氧化过程，有一定的促进作用。

3. 超声波处理

在超声波的高频振荡下，强有力地增加了酒中各种反应的概率，还可能具有改变酒中分子结构的作用。某酒厂使用频率为 14.7kHz、功率为 200W 的超声波发生器，在 -20℃～10℃ 的各种温度下分别处理，处理时间为 11 到 42 小时。处理后的酒香甜味都有增加，味醇正，总酯有所提高，认为有一定的效果。但若处理时间过长，则酒味苦；处理时间过短，则效果甚微。

4. 磁化处理

酒中的极性分子在强磁场的作用下，极性键能减弱，而且分子定向排列，使各种分子运动易于进行。同时，酒在强磁场作用下，可产生微量的过氧化氢。过氧化氢在微量的金属离子存在下，可分解出氧原子，促使酒中的氧化作用。某酒厂选择了 3 种磁场强度，对酒样分别处理 1、2、3 天，认为处理后酒的感官质量比原酒略有提高，醇和，杂味减少。

5. 微波处理

微波是指波长为 1m 至 1mm，或频率为 300MHz 至 300GHz 范围内的电磁波。由于微波的波长与无线电波相比更为微小，所以称为微波。微波之所以能促进酒的老熟，是因为它是一种高频振荡，而把这种高频振荡的能量施加于酒上，酒也不得不做出与微波频率一样的分子运动，由于这种高速度的运动改变了酒精水溶液及酒分子的排列，因此能促进酒的物理性能上的老熟，使酒显得绵软。这种冲击波的微波介电加热法，破坏了酒精溶液中的各种缔合分子群，在某瞬间将部分的酒精分子及水分子切成单独分子，然后再促进其结合成安定的缔合分子群。同时，由于分子的高速运动，产生大量的热量，酒温急剧上升，从而使酒的酯化反应加速。总酯含量上升，酒的香味增加。所以，微波处理不但能促进酒的物理变化，而且也能促进酒的化学变化。

6. 激光处理

这是借助激光辐射场的光子的高能量，对物质分子中的某些化学键发生有力的撞击，致使这些化学键出现断裂或部分断裂，某些大分子团或被"撕成"小分子，或成为活化络合物，自行络合成新的分子。利用激光的特性就能在常温下为酒精与水的相互渗透提供活化能，使水分子不断解体成游离氢氧根，同酒精分子亲和，完成渗透过程。有人曾用激光对酒做不同能量、不同时间的处理。结果认为经处理后的酒变得醇和，杂味减少，新酒味也减少，相当于经过一段时间贮存的白酒。

7. ^{60}Co（钴60）γ 射线处理

使用高能量的 γ 射线，使葡萄酒和白兰地人工老熟，早在20世纪50年代国外已有研究，近年来此项技术得到了发展。采用 ^{60}Co（钴60）γ 射线处理酒时，因其能量大，故可用密闭的容器或采用连续流动的方法。处理后的白酒异香大，但酒中主要微量成分无甚变化。

8. 加土陶片（瓦片）催熟

实践表明，用土陶（瓦罐、瓦坛）贮存白酒的催熟效果最佳。其理由为：①土陶有很多微孔，这些微孔不漏酒，但可以穿透空气，可加速酒的氧化作用；这些微孔还可留存微量的经过贮存后的老酒，这些老酒可以促进催化作用，加速新酒的物理和化学变化。②土陶中含有一定量的金属元素，如 Na、Ca、K、Mg、Fe、Cu、Cr、Zn 等，这些元素可以促新酒的物理、化学变化，加快酒的老熟。最新的研究试验表明，酒中含有1mg/L 左右的 K、Cu，有利于提高酒的口感、使酒醇厚，醇甜感增加、去新酒气。根据这些原理，在不是土陶容器的其他大容器内加入土陶片或瓦坛片，可以加速新酒老熟，起到了陶坛贮存的作用。

9. 加热催熟

加热可增快酒的物理、化学变化，促进酒的老熟。试验证明，在40℃左右的温度贮存6个月，相当于20℃～30℃温度内2～3年的水平。所以，现在有些企业不把酒贮存在室内或洞内，而把新酒贮存在室外，酒温随着自然气候的变化而变化，这样贮存1年相当于贮存3年。但这种办法损耗偏大，且要加强管理。[①]

以上各种方法，式样不同，效果各异，一般来讲，随着原酒质量提高，人工催熟的效果就降低，质量差的新酒人工催熟的效果就好一些，质量好的酒效果差一些。到目前为止，人工老熟还是达不到自然老熟的效果，还需要进一步的探索和研究。人工老熟，还有其他一些缺陷，由于采取了一些人工措施，会使酒体成分发生变化，反而会影响酒的质量，如加铁块让酒快速染色，这种方法会导致铁离子快速增多，有铁锈味。还有可能会出现回生现象，催陈熟化效果不能稳定持久，易发生已聚合、

①梁宗余、刘艳：《白酒贮存与包装》，中国轻工业出版社，2017年1月，第26页—第28页。

缔合的成分，又解聚分解，重新恢复新酒的辣、糙等特征，叫回生现象。

迄今为止，人工老熟尚取代不了自然老熟，因为除去自然老熟中形成的物理、化学变化，酒体的变化是人工老熟难以完全模拟的物理因素之外，还有心理上的因素。老酒之所以受到追捧，不只是它的风味更好，还有在贮存老熟的过程中，增加了成本，更富有价值，更具有稀缺性。

如果人工老熟达到自然老熟的效果，半年就可以跟十年的酒一样，所有的新酒都不用贮存十年，老酒就会失去存在价值。所有的价值差别都是创造者主观需求创造出来的，所以从人性基础来看，时间带来的增值和产品的稀缺性，是人工老熟无法取代的。

图 2-9-1 江苏洋河酒厂陶坛储藏环境 （摄影／楚乔）

近几年，随着白酒市场老酒热的升温，也出现了有关检测老酒年龄的各种方法，有一种方法是用 ^{14}C 来检测老酒的年龄。

相关论文引述的资料是 2008 年牛津大学放射性加速器研究所和苏格兰威士忌研究所采用放射性同位素 ^{14}C 鉴别"古董"（几百年历史）威士忌，提出拍卖的一瓶原预计售价 2 万英镑的窖藏 1856 年的麦卡伦威士忌，经 ^{14}C 方法鉴定仅为 1950 年的产品，最后佳士得拍卖被撤销。

国内也有研究人员提出，用 ^{14}C 方法可以测试年份酒（白酒、黄酒、葡萄酒）的储存时间。由于放射性同位素 ^{14}C 测年是一个相对专业的领域，普通的酒友对这种测年方法还比较陌生，所以我们觉得有必要讨论一下。

一、^{14}C 测年的基本原理

^{14}C 是碳的同位素的一种，是放射性同位素。所谓同位素就是原子序数相同、原子质量不同的元素，它们在元素化学周期表中占有同一位置。同位素有的是稳定的，有的是不稳定的，不稳定的同位素又称放射性同位素，放射性同位素它的原子核将自发地发生变化而放射出某一种粒子（如 α、β、γ 等），即所谓核衰变（或核蜕变）。碳元素有 15 种同位素，其中有稳定同位素，如 ^{12}C、^{13}C，也有不稳定的放射性同位素 ^{14}C。

根据目前主流的观点，认为放射性同位素 ^{14}C 是宇宙射线的中子穿过大气层时碰撞到空气中的氮核（^{14}N）发生核反应而产生的，即：$^{14}_{7}N + ^{1}_{0}n \rightarrow ^{14}_{6}C + ^{1}_{1}H$。主流观点认为在土壤和岩石中没有 ^{14}C，只在大气中存在 ^{14}C。大气中的放射性同位素 ^{14}C 与氧化合生成放射性的二氧化碳（$^{14}CO_2$），$^{14}CO_2$ 通过光合作用进入植物体内，植物只有活着的时候才能吸收含有 ^{14}C 的二氧化碳，死后，吸收活动就停止了，^{14}C 不再得到补充，其生物遗骸内的 ^{14}C 就成为一个固定的值（初始值）。[1]

放射性同位素会衰变，衰变的快慢通常用"半衰期"来表示，半衰期即一定数量的放射性同位素原子数目减少到其初始值一半时所需的时间。生物死亡后体内 ^{14}C 放出一个电子重新蜕变 ^{14}N，^{14}C 半衰期为 5730 年，即经过 5730 年后 ^{14}C 的含量就减少为原来的一半，经过 11460 年后减少为原来的四分之一，以此类推，可以根据生物遗骸中 ^{14}C 的含量来求出它死亡的年代。[2]

---

①秦人伟：《碳—14用于年份酒时间的测定》，酿酒科技，2014 (8)。
②黎兴国：《原子时钟——漫谈^{14}C方法在测定年代上的应用》，化石，1973 (2)。

这种方法已经被用于考古学，目前认为是一种比较可靠的方法，^{14}C 方法也有它的局限性，^{14}C 半衰期是 5730±40 年，^{14}C 测年范围比较短，超过八万年以上的测的就不准了，一般用于 100 年到 5 万年之间的生物残骸测年。

二、^{14}C 方法用于测量酒龄是否合适？

1. 酒的碳源不同

^{14}C 测年方法，如果说它是可靠的，它针对的是哪一个具体的生物？该方法是针对着一个具体的生物来测量的，比如是一棵树或者是一株玉米，这个生物在活着的时候吸收的碳源里面含有 ^{14}C 的化合物，死亡后就不吸收了，^{14}C 就存在一个稳定的数量。

酒不一样，酒中的碳源就不一样。酒中的碳源，它是来自多种作物，我们知道的有高粱、玉米、大米、小麦、大麦、豌豆等等。多种碳的来源，原始的生物汇集碳的能力就不一样，所以可能原始 ^{14}C 同位素数量就不一样，混合之后又会产生一个新的 ^{14}C 数量，基准值怎么测定？各种不同碳源混合的混合物和一个相对稳定的具体的生物个体，由于它们原始的 ^{14}C 含量不同，那么，^{14}C 测年方法，能否直接用到混合物的年龄的检测上，这是要有疑问的。

2. 不同碳源中 ^{14}C 含量不同

研究显示，在自然环境中，存在一种所谓的"死碳"现象，碳一般都是第四纪以前的，其中初始存在的 ^{14}C 原子早已衰变耗尽，这种不含 ^{14}C 的"老碳"被称之为"死碳"，也就是不含 ^{14}C 的含碳化合物，比如石灰岩（碳酸钙），碳酸钙不含 ^{14}C，但碳酸钙容易被环境的水（含酸）溶解，它溶解之后水就进入了土壤，在石灰岩地区，生长的作物天然富集的 ^{14}C 数量就少于非石灰岩地区的，所以，根据生物体中天然存在的 ^{14}C 数量测其年龄，其 ^{14}C 表观年龄要偏老。

1977 年，中国社会科学院考古研究所和北京大学 ^{14}C 实验室在典型的石灰岩地区桂林采集了稻米、木头、新鲜贝类、石花等样品，测得的表观年龄就存在不同程度的偏老。按照这次测量的结果，显示环境中所谓"死碳"对 ^{14}C 测量是有重要影响的。那么，对酒来讲，在贵州的石灰岩地区生产的糯高粱和在东北的黑土地生产的粳高粱，我推测，它可能天然的 ^{14}C 富集数量就不一样。石灰岩地区的 ^{14}C 含量是相对少，等同于年龄偏老。这个实验表明，在现在不同地区的生物，由于受到地下水或者岩石的影响，^{14}C 测年会不准确。[1]

---

①王华、张会领、覃嘉铭:《"死碳"对 ^{14}C 年代测定影响的初步研究》，中国岩溶，2004 (23)。

3. 大气环境中 ^{14}C 的总量也并不稳定

相关的学者已经注意到，在近100年之间，由于化石燃料的排放，使大气中不含 ^{14}C 的二氧化碳总量增加，含 ^{14}C 的二氧化碳比例开始降低。这些不含 ^{14}C 的 CO_2 通过交换和循环影响到近百年来生长的植物 ^{14}C 放射性比度，从而使得植物的 CO_2 放射性比度相应降低，造成物质 ^{14}C 表观年龄偏老（Suess效应）。另一方面，大规模进行的大气核爆炸实验也能对大气 ^{14}C 造成影响。核爆炸试验所产生的中子同宇宙射线中子一样与大气氮作用生成 ^{14}C，这些 ^{14}C 参加自然界的碳循环，使各交换储库中 ^{14}C 放射性比度大为增加。目前大气 ^{14}C 放射性比度高出原来平衡值约30%（核爆效应）。无论是Suess效应还是核爆效应都会影响大气环境中的 ^{14}C 的总量，以致近年来生长的生物其 ^{14}C 放射性已不能代表古代样品的原始放射性。有学者就指出来，在近百年之间的生长物，已经不能作为 ^{14}C 现代碳物质，不能作为测年的基础，他们认为 ^{14}C 方法能测定的年代范围是100到5万年左右之间的样品。[①]

对于酒来说，100年酒龄的酒很少，有价值的100年以内的酒都很少了，^{14}C 方法对酒龄的测量意义就不大了。

对近百年来大气中 ^{14}C 的变化，这是有观察数据的，发现 ^{14}C 的变化至少有30%以上的波动。这种波动影响了生物摄入碳里面 ^{14}C 的含量。在整个地质历史期间，大气成分波动也非常大，不仅 ^{14}C 的含量会有剧烈的波动，大气温度也有剧烈的波动，在几次冰期前后，地球大气中的 ^{14}C，远远超过现在的数量。

宇宙射线的辐射强度也是有变化的，不是一个稳定的值，进而宇宙射线的中子撞击氮核（^{14}N）产生的 ^{14}C 数量，也不是一个常量。从天文学的角度来看，大气中的 ^{14}C 数量在比较长的一段时间内也不稳定。所以，综合地质学和天文学的地球大气环境的变化，用 ^{14}C 方法来测量古生物的年龄的影响因素比较多，测量出来的年龄未必就是可靠的年龄。

4. 同位素的分馏效应

同位素因为质量不同，所以有质量差，质量差产生了同位素效应（质量差异越大，引起物理化学性质上的差异也越大），由同位素效应所造成的同位素以不同比例在不同物质（含碳化合物，如 $^{14}CO_2$ 和 $^{14}C_2H_5OH$，^{14}C 在这两个物质中分配的比例不同）和不同相（相态指的是气态、液态和固态，如 CO_2 常见的有气态和固态，^{14}C 在 CO_2 的气态和固态的分配的比例不同）之间的分配称为同位素分馏。同位素分馏可以由物理、化学和生物等各种作用引起，物理作用如扩散、蒸发、凝聚等在某些特定条件下可造成比较大的分馏。化学作用则通过同位素交换反应来实现。生物作用，本质上也是一种物理化学过程，但它的机理和过程目前还不十分清晰，可以简单地

---

①王华、张会领、覃嘉铭：《"死碳"对 ^{14}C 年代测定影响的初步研究》，中国岩溶，2004（23）。

理解为不同的生物吸收碳以及不同同位素的碳的化合物的能力是不一样的，那么残留在其身体中的 ^{14}C 含量就不一样。从物理化学角度看，把同位素的分馏可以分为热力学平衡分馏、动力学非平衡分馏和非质量相关分馏三种，这三种同位素的分馏过于专业了，我们姑且就不做深入的讨论了。[①]

白酒是先发酵后蒸馏，在发酵的过程中，要经过微生物的代谢，微生物代谢会产生同位素的分馏效应；而在蒸馏的过程中，会产生多种物理化学反应，也会产生同位素的分馏效应。这些分馏效应，会产生这样的后果：在发酵过程中，酒醅或者醪液中的 ^{14}C 含量，已经跟原料中 ^{14}C 含量相比发生了变化，而在蒸馏出来之后，酒里面的含碳化合物也有很多种，基本上所有微量成分里都含有碳，上千种微量成分，也包括数量最大的乙醇，碳里面的 ^{14}C 含量跟发酵酒醅和酒醪里面的 ^{14}C 含量又不一样。经过多次的分馏，酒液里的 ^{14}C 同位素含量已经不能反映作为酿酒原料的植物在它存活时期吸收的碳同位素的水平了。不能反映生物体里的 ^{14}C 同位素水平，表明 ^{14}C 测年的基本原理无法应用于像白酒这样经过生物分馏和物理化学分馏过程的最终 ^{14}C 含量跟生物体里 ^{14}C 含量的初始值不同，衰变周期也不同的样品。

5. ^{14}C 半衰期的推算精度

^{14}C 半衰期值不是实测出来的，是根据 ^{14}C 放射性比度的绝对测量而推测出来的，因为人类的观察历史还没有达到 5730 年这么长的时间。1946 年美国学者提出来用 ^{14}C 来测定年龄的方法；1960 年用 ^{14}C 测量古埃及历史年代样品，由于半衰期值的原因，发现年代值正负误差是在 400 到 700 年；1962 年 ^{14}C 国际会议上，不少实验室对 ^{14}C 半衰期值做了更精确的测定，会议决定把最近测定的结果的平均值 5730±40 年，作为最佳的 ^{14}C 半衰期值。[②] ^{14}C 半衰期误差值为 ±40 年，这么大的误差值，对于测量老酒的年份也没有太大的实际意义了。

用时钟的测量精度可以来理解这个问题，无论是机械手表还是电子手表，都有误差值，在 24 小时之内，可能表是准的，如果表用了一年了，那它可能会有误差值，会差几分钟甚至十几分钟。

^{14}C 半衰期的基本时间尺度是 5730 年，±40 年的误差值对于测量几万年的年龄来说可能是精确的。但 ^{14}C 方法用于测量酒龄的意义不是太大。作为商品用的老酒的年龄，很少有超过几百年，前面引的论文的例子号称是 1856 年的威士忌，那已经是比较罕见了，目前还没有看到有人拿出 1856 年的白酒。当然文物考古发现有，汉代的铜器里还有酒液，那是另一个问题，那是文物，它的年龄是考古学上推断的，如

---

① 陈道公、支霞臣、杨海涛：《地球化学》，中国科学技术大学出版社，2009年4月第二版，第339页—第340页。

② 王华、张会领、覃嘉铭：《"死碳"对 ^{14}C 年代测定影响的初步研究》，中国岩溶，2004 (23)。

果没有盗墓者或者其他后人添加，那可能确实是古代的酒液，不是现在的商品酒。现在的商品酒，如白酒，目前还没有见过 1856 年生产的，大多数的酒龄也就是在 100 年以内，100 年到十年左右时间段的酒龄。用 ^{14}C 测量 100 到 8 万年间的这么长时间的一种计时工具来测量一个 100 到 10 年的物质的年龄，准确度是大可质疑的。相当于拿一个墙上的挂钟来计量跑百米运动员的时间，挂钟滴答一下可能半分钟就过去了，而跑百米运动员的时间是用秒计算的，只能用计时精度更高的秒表才能来计量百米运动员的时间。

三、综合结论

综合下来，我们认为，^{14}C 测年法作为测定年份酒酒龄的方法，既不精确也不可靠。如果想要鉴定年份酒的酒龄，那么，必须有像秒表那么精确的计时能力的测量工具，才能可靠地测量酒龄。^{14}C 作为一种测量工具，精度达不到年份酒要求的 100 年到 10 年之内的时间段，测量酒龄显然是不可靠的。

第十节
勾调环节

勾兑的由来、发展以及作用

一、勾兑的定义

所谓勾兑（很多书中也称为勾调），就是把各种不同的基酒混合起来，形成一种新的酒体风格的工艺过程。原来统称为勾兑，现在进一步细化分成两部分，一部分是勾兑，就是大规模的基酒的混合；另一部分是在基础酒做好之后再微调，进行调香调味，这是细化后的一个说法，叫做勾调，文献上更多的是按照早一些的说法叫做勾兑。

二、勾兑的由来

勾兑不是中国传统白酒的工艺环节，在20世纪50年代以前，中国传统白酒是没有勾兑这个工艺环节的。这并不是说酒就不混合，为了管理的方便，不同批次酿出的酒和不同时间的酒，混在同一个坛里，这样的事情是常有的，但是没有把它作为一个标准的工艺流程规定在白酒的生产过程中。

20世纪50年代后期，白酒生产厂家才出现了原酒的分级，分成优级、一级、二级等等不同档次。各个酒厂的分级标准不一样，在生产实践中，不同档次的酒之间，包括不同糟别之间的酒，开始按一定比例进行混合。在四川和贵州一带的方言中，叫做"扯勾"或者"扯兑"。

在20世纪70年代出现了白酒的分析技术，到20世纪70年代末提出了白酒香型的概念，这些是从白酒风味化学的基础上发展出来的。香型概念的出现，给勾兑提供了理论基础。到20世纪80年代末期，在香型的基础上才出现了真正意义上的白酒勾兑技术，就是根据尝评，把不同风味的酒分门别类、定级、定型存放，然后取长补短按照一定的比例进行组合，从此确定了勾兑的工艺流程。

后来随着计算机技术以及化学技术的发展，对白酒微量成分的认识更加细化，勾兑的理论和技术就更加系统、成熟，到现在为止，勾兑已经是所有白酒生产企业里必需的一个工艺环节。[1]

三、勾兑的发展

基于传统固态发酵、蒸馏的白酒为基酒的勾兑技术，开始是限于同香型内的，不同轮次、不同糟别、不同贮存老熟时间酒的勾兑。

进入21世纪以后，白酒界逐渐出现模糊香型界限、香型融合的发展趋势，勾兑趋势也从同一香型内的勾调组合，发展到了跨香型的勾调组合，用不同香型的原酒、调味酒，组合出来一种新的酒体。勾兑技术的这种发展使白酒的香型边界开始模糊化。

四、勾兑技术与新工艺酒

在20世纪90年代后期，随着色谱分析技术和白酒风味化学的发展，出现了新工艺酒，就是用食用酒精加香精香料，勾调出来的液态酒；以及再加上一部分固态酒进行混合勾兑的固液酒。[2]固液酒和液态酒允许添加食用酒精和食品添加剂，来调整白酒的香味和微量成分，达到实现某种酒体风味标准的目的。

香精及其他食品添加剂的进入使得固液酒、液态酒和固态酒之间的边界开始模糊。在实际生产中，固液酒和液态酒有极强的低成本优势，加之普通消费者难以分辨出来具体的产品到底是固液酒还是固态酒，也难以分辨是否添加了非发酵产生的香精和香料，所以，自20世纪90年代以后，新工艺酒逐渐占据市场主流，有专家估计达到市场总产品的95%以上。

但消费者对此并不是完全一无所知，消费者基本上把酒分成两种：一种纯粮食酒，一种勾兑酒。专家们反复强调，所有的酒都要经过勾兑环节，还是扭转不过来消费者的判断观念。消费者的说法，实际上比专家的说法更合乎事实情况。世界上蒸馏酒都一样，都分成酿造酒和酒精调香酒两类，用香精香料进行勾调的勾兑酒，都属于调香酒，而不用香精香料、靠自然发酵产生呈香呈味物质的酒，属于酿造酒。

一般消费者简称的粮食酒或许不太准确，酿造酒的表述更准确一些，就是没有经过非发酵的香精香料勾调的酒；经过香精香料加酒精勾调的酒就是调香酒，也就

---

①李大和：《白酒勾兑技术问答》，中国轻工业出版社，2015年6月第二版，第1页—第3页。
②2022年6月1日以后生效的新的国家标准，已经取消了可以在液态酒和固液酒中添加香精的规定，并且规定只能使用粮谷为原料的食用酒精。

是普通消费者所说的"勾兑酒"。

具体到某一瓶酒，在勾兑中究竟使用了什么技术、添加了什么东西？由哪些基酒或者调味液勾兑？已经成为一种密不可知的信息。当然理论阐释还是比较清晰的，一种就是基于酒勾酒，哪怕是跨香型的酒勾酒，这种叫白酒勾兑技术；另外一种，就是新工艺酒里使用的非发酵的食品添加剂，包括香精和呈味剂。这是两种不同性质的勾兑，在本书中也是按照两种不同性质的勾兑来进行介绍的。

本章介绍的就是基于传统白酒为基酒的白酒勾兑技术。基于用香精、香料和酒精介入的新工艺酒的勾调技术，我们放在后面关于新工艺酒的章节中加以介绍。

需要强调说明的是，基于传统白酒为基酒的勾兑技术中，有一些调味酒也是边界模糊的，比如有一些调味酒，是通过浸泡植物、中草药等获得的香气和味道，行业内基本上当做固态酒来使用，因为浸泡中草药的基酒是固态酒，但它的呈香呈味物质已经不是发酵产生的。如果要深究其科学概念的性质的话，这种模糊性的调味液的存在，使得固态酒里面的勾调技术，也流露出一种非传统的气质。

五、勾兑的实际作用

勾兑能成为现代白酒的必不可少的工艺环节，是因为它不可替代的作用。

1. 保证白酒产品品质、风格的稳定性

中国传统白酒，包括现在按照中国传统白酒生产的固态发酵酒，一甑和一甑之间，一窖和一窖之间，以及一年四季中不同季节，发酵好的酒醅、蒸馏出的酒的风格上都有一些差异。

如果是同一个季节的一甑，就出几百斤酒，在小的范围之内很快消费完，就没有勾调的必要。而工业时代，面对的可能是上千个窖池，上万甑酒，在全国的市场上销售，要保持同一种风味品质，达到口感香气上的一致性、稳定性，只有把它们混合起来，而且还要达到今年混合的和下一年混合的大致相差无几的水平，只有通过勾调的技术手段来实现，否则，每一批生产的原酒风格是不一样的。

这里要再次解释一下白酒品质，简称"酒质"的概念。平时说的酒质，不是卫生标准，而是酒体风味的标准，就是白酒香气、口感以及身体感受的标准。白酒含某些确定的有害成分——甲醇或者氰化物，这些不能超标，指的是卫生标准，达不到卫生标准，属于不合格的酒，不能上市销售。合格的酒都是符合卫生标准的，差别的只是香气、口感等，这些是人们通常所说的酒的品质或者质量，即"酒质"的概念。

因此，酒质不是客观性的，和人的主观偏好有密切关系，品质上的稳定性，也不是客观的物理化学指标，只是某一时期、某一种主流的主观评价，对香气和口感的主观偏好的标准。勾调就是为了满足这种标准而发展起来的技术。

工业时代带来了标准化的概念，使人们对于各地传统风土产品也有了一致化的要求，在这种大的时代背景下，勾兑才获得了强大的市场基础。

2. 提高"优质酒"的产出率，提升产品的附加值

我们上面强调酒的品质，是根据酒体的某种风格偏好主观判断，如各种酒分成优级、一级、二级。在 20 世纪 50 年代以前，白酒是不分级的。分级是人为设置的标准，如绵甜或者醇厚或者香气更加馥郁是优级的话；那比较绵甜或者比较醇厚，就是一级；相对来说勉强绵甜，勉强醇厚，就是二级。

按照分级方法，有些酒厂分得更细，可以分到四级、五级、六级甚至八级。能达到优级酒的，多的有百分之二三十，少的只有百分之几。这百分之二三十达到优级酒标准、获得了市场认可之后，对酒厂就有了约束。酒厂希望一级酒能达到优级酒的风味和口感，在市场上按照优级酒的价格销售；二级酒能够达到一级酒的风味和口感，在市场按照一级酒来销售，用白酒行业的行话说就是提高"优质酒"的产出率。这是勾兑在经济上和商业上最重要的作用，提高产品的附加值，直白一点地说，把低价酒能以比较高的价格卖出去。

由于这种作用，使得勾兑对企业来讲有重大的吸引力，各个企业都把勾兑作为生产必不可少的工艺环节，甚至是有些企业里最重要的工艺环节。

既然能把一级酒通过勾调变成优级酒，二级酒通过勾调变成一级酒，那么对普通酒厂来说，勾兑技术就可以使不是名酒的酒，通过勾兑达到风味品质跟名酒一样的效果。在计划经济时代中国有全国评酒会，授予一些酒厂的产品"国家名酒"和"国家优质酒"称号，也有金奖和银奖之分，但大多数酒厂不是名酒厂，只是普通酒厂。

固态白酒勾调的基础术语

白酒勾调工艺是 20 世纪 80 年代以后才定型的，在实际操作过程中，形成了一些专业术语，这些是在 20 世纪 50 年代以前的传统白酒中没有的，属于白酒操作中新创造的术语，白酒销售过程中也会经常提到，现在已经辐射到了消费者市场。理解这些基础术语，对于理解勾调工艺和白酒成品酒市场上的一些概念都有很大帮助。

大家知道白酒有不同的香型，不同香型的生产工艺不一样，勾调工艺也不一样，在不同的香型甚至同一香型不同的酒厂中，对一些术语的具体定义也有所差别，我们现在介绍的这些技术术语主要是在浓香型和凤香型这两种酒生产中常用的一些术语。其他香型的勾调环节中也有自己的一些专用术语，在介绍到具体香型的时候，再详细介绍。

一、原酒

所谓原酒就是发酵好的酒醅、经过蒸馏得到的新酒。梁宗余先生的书里把它称作"原度酒"的简称，就是刚蒸馏出的酒精度是多少度就是多少度的酒，所以称为原度酒，也有叫原浆酒的。贾智勇先生进一步解释说，这种酒如果没有添加任何其他物质，就叫做原浆酒，如果原浆酒加入同一类别的其他原浆酒，也还可以称为原浆酒；但如果原浆酒加水降度，或者加入非同一类型的酒，那就不是原浆酒了，因为无论是加水还是加了别的香型的酒，都属于勾兑，不能称做原浆酒。[1][2]

原浆酒加入同一类型的原浆酒，是生产中必然有的一种操作，因为不同的班组生产的酒并坛，其实也是一种混合，在勾兑流程中叫做预勾兑，但还是算成原浆酒的概念。

在没有勾兑工艺的古代，原酒就是成品酒，生产出来就可以销售，现在有了勾兑工艺，原酒被当做半成品酒（也有的地方称为原料酒）放在酒库里，作为勾兑的基酒来使用。

有些酒厂，特别有些对传统白酒狂热迷恋的发烧友，还是把原酒当做成品酒来销售，这种市场也存在。有些酒厂，利用消费者对于勾兑酒的不了解，甚至是怀疑心理，打出原浆酒的概念，但是装在瓶里的原浆酒的酒精度是52°，甚至还有38°的，那实在不能称为原浆酒。

不同香型白酒的勾兑工艺也不一样，茅台酒的勾兑工艺比较早，在20世纪60年代就开始有轮次酒的概念进行勾兑，在茅台酒工艺中，每一次蒸馏出的原酒，叫做轮次酒，酱香酒的成品酒没有原浆酒的概念。如果酱香型白酒打着原浆的旗号在销售，就是有些商家利用消费者对基础概念了解不深，制造的消费噱头。

尽管在成品酒上，酱香酒没有原浆酒的说法，在勾兑的生产过程中，有的时候工作人员也会在口语中把轮次酒叫做原酒，他们称呼的对象非常明确，就是蒸馏出来得到的原度酒，这样说在概念上讲也没有错误，和其他香型酒蒸馏出来新酒叫原酒的含义是一致的。

二、基酒

所谓基酒，所有参加混合勾调组合的酒，都叫做基酒。

基酒范围比较大，包括后面会介绍的一些骨架酒（也叫大宗酒）、带酒、搭酒还有各种调味酒，都属于基酒概念。

基酒和基础酒，两个概念不大一样。基础酒的概念来自勾兑环节细化后，把大批量混合后的酒，在没有调味之前的酒叫基础酒。

在有些书中和生产过程中，两个概念有时候也会混用，如梁宗余先生的书中，

[1]梁宗余、刘艳：《白酒贮存与包装》，中国轻工业出版社，2017年1月，第17页。
[2]贾智勇：《中国白酒勾兑宝典》，化学工业出版社，2018年9月，第7页。

就把基酒和基础酒当做一个概念，说基酒就是基础酒的简称。

考虑到实际工艺以及把勾兑和调香细化成两个环节，用两个技术概念来描述可能更准确一点，这样能表现出来勾兑环节的具体不同。

还有一个和基酒同时在使用的概念叫做酒基，是指某个酒的基础（酒质水平），如说酒基好或者不好，可以理解为是指酒的基础，具体到参与勾兑的各种酒的基础，特别是大宗酒的基础。这个术语在勾调中是要经常用到，常指起作用最大的基酒的水平。[1]

三、大宗酒

大宗酒是指整个勾兑里占比例最大的酒，一般占80%左右。这种酒一般没有什么独特的地方，但香醇、尾净，初步具备需要勾兑的那一类酒的基本风格，如浓香型酒或者清香型酒，但又不突出、不明显。[2]贾智勇先生把这种酒叫做骨架酒，认为它在实际勾兑中起骨架支撑性的作用。

我们觉得大宗酒这个概念还是比较贴切的，就是占比例最大的酒。在目前所见到的勾兑专业书上，都没有把"大宗酒"和原酒的分级明确对应起来，大宗酒在入库分级时到底是二级酒、一级酒还是优级酒？不知道。

从实际使用中分析，大宗酒应该是原酒中等级居中或者中下水平，占数量较多的酒。真正原酒中本身比较好的，如优级酒，要么做调味酒，要么做高端酒，舍不得大规模的使用。"大宗酒"这个概念好就好在它把问题的性质显示出来了。

四、带酒

带酒是有明确独特香味的酒，如浓香酒中主要是双轮底酒和老酒，一般占15%，在勾调时使用，主要起带头作用，将其添加到80%的大宗酒里，就会呈现出预先设计中需要达到的那种香气和口感的风格，靠这些酒把整个大宗酒带上一个新的质量水平。

贾智勇先生把这种酒叫丰润酒，所谓丰润酒，就是没有改变酒体的本质，只是让酒体更加优美、更加完善，只起修饰作用。[3]但是我们觉得更多的情况下称带酒更准确，意味着这种酒把大宗酒带上新高度。

五、搭酒

搭酒就是不能回糟再重蒸，又有可取之处，香味比较差比较杂的酒，也叫做笨酒，

---

①辜义洪：《白酒勾兑与品评技术》，中国轻工业出版社，2015年1月，第121页。

②李大和：《白酒酿造培训教程》，中国轻工业出版社，2013年9月，第630页。

③贾智勇：《中国白酒勾兑宝典》，化学工业出版社，2018年9月，第57页。

可以理解为酒质不那么好，可用可不用的酒，使用比例在 5% 以下。搭酒这个术语也比较传神，就是单独卖卖不出去，搭在大宗酒里用带酒带头把酒勾调好后卖出去，可以理解为搭售、搭着走的意思。

大宗酒、带酒、搭酒这三个概念是勾兑最基础的概念，也是能反映出勾兑本质的三个基础概念。大宗酒没有那么好的香气、口感，由带酒带上一个高一级的水平，搭酒本来不太好销售，跟着掺进去就可以卖掉了。

六、新酒

新酒很好理解，就是发酵好刚蒸馏出来的酒。

七、老酒、陈酒

老酒和陈酒的概念差不多，有的时候是可以混在一起用。具体什么是老酒，不同酒厂的规定不一样，绝大多数的酿酒专业书中，一般贮存一年以上就称作是老酒。[1]2007年以后，很多酒厂提高了陈化老熟的标准，一般把贮存三年以上的酒才叫老酒。有国家自然地理标志产品保护标准的品牌，在其标准中，都规定了具体的陈化老熟时间。

早期刚刚出现勾调工艺的时候，主要是老酒和新酒搭配混合，老酒的口感更圆润、醇和，新酒香气更浓而且持久。后来出现了更复杂的勾调技术，调味酒的选择更多，包括作为带酒的双轮底酒的技术也在 20 世纪六七十年代以后的浓香酒中出现，使得勾调更加复杂化，老酒只作为其中的基酒之一起作用。但目前各个酒厂宣传、实际的操作和业界的看法，都认为提升酒质的最好办法还是提高老酒的比例，如果以三年作为老酒的标准，成品酒全是三年的老酒的话肯定就更好了。当然这样酒厂的成本也会更大，所以在大宗销售的成品酒里面，能够用三年以上老酒的比例并不大，老酒还是作为带酒在使用。

把这几个概念搞清楚之后，从逻辑上就可以分析出来，市场上销售的真正含有三年以上老酒的酒里，老酒可能就不会超过 15%。

八、基础酒

把带酒、大宗酒、搭酒都基本组合好后的酒叫做基础酒，在酱香酒里就相当于盘勾完成。基础酒完成之后，就可以进行下一个环节：调香调味。

九、调味酒

调味酒是指在香气、口感指标上都有突出特点的酒，特点越突出，调味酒的作

---

[1]李大和：《白酒酿造培训教程》，中国轻工业出版社，2013年9月，第630页。

用越大。调香调味的作用,就是给酒体风格已经初步形成的基础酒中加入一些调味酒,来强化它的香气和口感,或者某些特征,使基础酒质量向好的方向发展并稳定下来,具体包括以下几种:

1. 双轮底调味酒

双轮底酒酸、酯含量高,浓香和醇香突出,糟香味大,有的还有特殊香味。双轮底酒是调味酒的主要来源。

所谓"双轮底"发酵,就是将已发酵成熟的酒醅起到黄水能浸没到的酒醅位置为止,再从此位置开始在窖的一角(或直接留底糟)留约一甑(或两甑)量的酒醅不起,在另一角打黄水坑,将黄水舀完,滴净,然后将这部分酒醅全部平铺于窖底,在上面隔好篾子(或撒一层熟糠),再将入窖粮糟(大粒)依次盖在上面,装满后封窖发酵。隔醅篾以下的底醅经两轮发酵,称为"双轮底"糟。在发酵期满蒸馏时,将这一部分底醅单独进行蒸馏,产的酒称作"双轮底"酒。

2. 陈酿调味酒

选用生产中正常的窖池(老窖更佳),把发酵期延长到半年或1年,以增加酯化陈酿时间,产生特殊的香味。半年发酵的窖一般采用4月入窖、10月开窖(避过夏天高温季节)蒸馏。1年发酵的窖,3月或11月装窖,到次年3月或11月开窖蒸馏。蒸馏时量质摘酒,质量好的可全部作为调味酒。这种发酵周期长的酒,具有良好的糟香味,窖香浓郁,后味余长,尤其具有陈酿味。故称陈酿调味酒,此酒酸、酯含量特高。

3. 老酒调味酒

从贮存3年以上的老酒中,选择调味酒。有些酒经过3年贮存后,酒质变得特别醇和、浓厚,具有独特风格和特殊的味道,通常带有一种所谓的"中药味",实际上是"陈味"。用这种酒调味可提高基础酒的风格和陈酿味,去除部分"新酒味"。

4. 浓香调味酒

选择好的窖池和适宜的季节,在正常生产粮醅入窖发酵15天左右时,往窖内灌酒,使糟醅酒精度达到7%左右;按每立方米窖容积灌50kg己酸菌培养液(含菌数＞4×108个/mL),再发酵100天,开窖蒸馏,量质摘酒即成。

采用回酒、灌己酸菌培养液、延长发酵期等工艺措施,使所产调味酒酸、酯成倍增长,香气浓而味长,是优质的浓香调味酒。

5. 陈味调味酒

每甑鲜热粮醅摊晾后,撒入20kg高温曲,拌匀后堆积,升温到65℃,再摊晾,按常规工艺下曲入窖发酵,出窖蒸馏,酒液盛于瓦坛内,置发酵池一角,密封,盖上竹筐等保护物。窖池照常规下粮糟发酵,经两轮以上发酵周期后,取出瓦坛,此酒即为陈味调味酒。这种酒曲香突出,酒体浓稠柔厚,香味突出,回味悠长。

6. 曲香调味酒

选择质量好、曲香味大的优质麦曲，按 2% 的比例加入双轮底酒中，装坛密封 1 年以上。在储存中每 3 个月搅拌一次，取上层澄清液做调味酒用。酒脚（残渣）可拌和在双轮底糟上回蒸，蒸馏的酒可继续浸泡麦曲。依次循环，进一步提高曲香调味酒的质量。

这种酒曲香味特别好，但酒带黄色及一些怪味，使用时要特别小心。

7. 酸醇调味酒

酸醇调味酒是收集酸度较大的酒尾和黄水，各占一半，混装于麻坛内，密封贮存 3 个月以上（若提高温度，可缩短贮存周期），蒸馏后在 40℃ 下再贮存 3 个月以上，即可作为酸醇调味酒。此酒酸度大，有涩味。但它恰恰适合于冲辣的基础酒的调味，能起到很好的缓冲作用。这一措施特别适用于液态法白酒的勾调。

8. 酒头调味酒

取双轮底糟或延长发酵期的酒醅蒸馏的酒头，每甑取 0.25kg ～ 0.50kg，混装在瓦坛中，贮存一年以上备用。酒头中主要成分为醛、酯和酚类，甲醇含量也较高。经长期贮存后，酒中的醛类、酚类和一些杂质，一部分挥发，一部分氧化还原。它可以提高基础酒的前香和喷头。

9. 酒尾调味酒

选双轮底糟或延长发酵期的粮糟酒尾。方法有以下几种。

①每甑取酒尾 30kg ～ 40kg，酒精含量为 15% 左右，装入麻坛，贮存 1 年以上。

②每甑取前半截酒尾 25kg，酒精含 20% 左右，加入质量较好的丢糟黄浆水酒，比例可为 1∶1，混合后酒精含量在 50% 左右，密封贮存。

③将酒尾加入底锅内重蒸，酒精含量控制在 40% ～ 50%，贮存 1 年以上。

酒尾中含有较多的较高沸点的香味物质，酸酯含量高，杂醇油、高级脂肪酸和酯的含量也高。由于含量比例很不谐调（乳酸乙酯含量特高），味道很怪，单独品尝，香味和口味都很特殊。

酒尾调味酒可以提高基础酒的后味，使酒体回味悠长和浓厚。在勾调低度白酒和液态白酒时，如果使用得当，会产生良好效果。

酒尾中的油状物主要是亚油酸乙酯、棕榈酸乙酯、油酸乙酯等，呈油状漂浮于水面。

10. 酱香调味酒

采用高温曲并按茅台或郎酒工艺生产，但不需多次发酵和蒸馏，只要在入窖前堆积一段时间，入窖发酵 30 天，即可生产酱香调味酒。这种调味酒在调味时用量不大，但要使用得当，就会收到意想不到的效果。

十、调味品

除发酵蒸馏生产的调味酒外，还有很多在勾兑中使用的可以增加香气和滋味的添加物，因其与调味酒有所不同，被称为"调味品"，简单介绍以下几种：

1. 配方型酸性调味品

酸是白酒中重要的呈味物质。使用单一的酸调味，酒的口味单调，克服这一缺陷的基本方法是使用混合酸。借鉴各类型白酒的气相色谱分析数据，抓住主体酸的量比关系，就可以得到调制新型白酒用的混合型酸性调味品。例如，浓香型新型白酒的混合酸较适宜的体积比范围为乙酸：己酸：乳酸：丁酸 $=(1.8 \sim 2.2)$：$(1.6 \sim 1.8)$：1.0：$(0.6 \sim 0.8)$。浓香型白酒中次重要的羧酸是异戊酸、戊酸、异丁酸和丙酸。前四种酸是主要酸性调味品，用量较大，首先使用；后四种酸在白酒达到味觉转变点后再使用，用量虽少，但效果突出。后四种酸的体积比范围是异戊酸：戊酸：异丁酸：丙酸 $=(1.0 \sim 1.2)$：$(0.8 \sim 1.1)$：$(0.4 \sim 0.6)$：1.0。清香型大曲酒和四川小曲酒，混合酸比较合适的体积比是乙酸：乳酸 $=(0.8 \sim 1.1)$：$(0.4 \sim 0.6)$。上述比例范围不一定适合每一个厂，应根据本厂酸的色谱数据，加以设计和调整。

2. 黄水

传统固态法白酒，在发酵过程中，只要窖池不渗漏，都应该有黄水（黄浆水）。不同香型、不同原料、不同工艺、不同地区的黄水差异很大。

尽管黄水中的酸和其他成分千差万别，但酸含量高是肯定的。因此将黄水作为白酒的酸性"调味品"是一个重要的利用途径。黄水杂质多、异味重、变异性大、不稳定，不能直接使用，使用前必须进行必要的处理。

在此提供一个处理办法供参考：取一定量的新鲜优质黄水，加入95%（体积分数）的食品用酒精，以凝固和絮积其中的有机物、蛋白质、机械杂质等。酒精用量视黄水情况而定，可分次加入，以不再有固体析出物为度。静置过滤（也可离心处理），滤液中加入活性炭（根据不同情况掌握用量），进行脱臭、脱胶、脱色并除去杂味。过滤后便可作为白酒的酸性调味品使用。欲得到更高质量的黄水调味液，可将活性炭处理后的滤液于专用的设备中加热回流 $2 \sim 3$ 小时，蒸馏，分段收集蒸馏液，分别进行色谱检测和感官评定，择优作"调味品"用。这些"调味品"用于新型白酒勾调，可赋予酒"糟香"和"发酵味"。五粮液酒厂还从黄水提取具有发酵风味的乳酸用于白酒调配，效果很好。

3. 食醋

食醋的发酵过程是淀粉类物质首先发酵得到酒精，然后再进行醋酸发酵。食醋的成分很复杂，含有多种酸、醇、酯和酮醛类化合物。食醋在加工淋洗过程中，香味物质被稀释，除醋酸、乳酸、乙醇等含量较高外，其他成分含量都较少。食醋与白酒都是发酵产物，香味物质的组成也有一定的相似之处，所以食醋作为酸性调味品可以用来对白酒进行调味。食醋固形物含量较多，颜色也很深，故不能直接用来调味，调味前必须进行综合处理。

处理方法：将食醋过滤，除去不溶性物质，滤液置于蒸馏装置中蒸馏，可溶性的非挥发性物质如糖、食盐、苹果酸等固体羧酸和氨基酸等则残留在蒸馏器内。可挥发性的香味物质被蒸馏出来，馏出液经色谱分析和尝评后，可直接用来对合格基础酒进行调味，或者将馏出液用适量的白酒稀释后使用。另一种处理办法则是将过滤后的食醋与适量的白酒（或酒精）混合后蒸馏，馏出液作调味用。

4. 酱油

发酵酱油有酱味，含有多种香味成分。酱油的主体香问题与酱香型白酒的主体香问题，一直是引起争议的话题，二者有很多相通或类似之处。酱油盐分多，杂质也多，可参照食醋的处理方法，将酱油处理后用作白酒调味。

5. 中草药提取液

我国的中草药资源丰富，很多有特殊的香和味，将其提取液有针对性地应用于白酒调味，会取得意想不到的效果，但以不能破坏原有白酒的风格为原则。当然，开发新产品则另当别论。[①]

调味品的使用突破了"酒勾酒"的限制，实际上是通过添加酿酒过程之外产生的呈香呈味物质创造新的香气口感，除了这些调味品是采用类似酿酒的发酵工艺生产的之外，其作用已和香精类似。

在实际的白酒生产中，酒厂普遍在使用调味酒，前面讲勾调工艺就是酒勾酒，但在这中间有一个模糊地带，主要在调味的地方显示出来。

调味酒使用量的比例非常低，一般都控制在3%以下，达到3%的都很少，少的只有万分之一甚至十万分之一，各款酒的酒体和各个酒厂有不同的具体使用量，没有具体多少的规定，资料上反映最高的不超过3%，最低的可以达到十万分之一。

万分之一、十万分之一有没有作用？经过在勾调实践中的观察，有些调味酒加入几千分之一或者是万分之一，是有明显感受的。同时也观察到一个现象，就是刚调过的酒和没调过的酒差别比较明显，但把调过味的酒存放三个月或者六个月之后，感受又会和之前的基础酒比较像，所以调味酒能起到的作用和持续时间，是有一个限定范围的。

进一步而言，带酒带起来的酒体的风格，随着成品酒存放的时间增长，香气和口感有可能也会慢慢向原来的大宗酒的风格靠近，所以勾调所起的作用也是相对而言的，成品酒预定货架期的一个主要原因，就是在一定时间期限内，如1年左右，保持风格稳定，超过这个时间，酒体的风格和之前设计的风格会有差异。

①辜义洪：《白酒勾兑与品评技术》，中国轻工业出版社，2015年1月，第157页—第162页。

十一、小样

小样就是为了形成、选择配方，开始做勾兑的少量样品，一般不低于 2L，如果勾兑和品评团队人少的时候可以减少。小样是大样的模板，各种参与勾兑的酒的比例，将来要等比例放大，基础量的比例必须要做到足够，能够呈现出它的特点。

十二、大样

大样就是对小样的放大，是指按照配方放大生产后所勾兑的酒，大样勾兑是小样配方展开的过程，凡是完成了勾兑但还没有出库灌装的酒都称作大样。[1]

一个品种酒的大样，有的书上说的是 5 吨～10 吨，也有的达到了 50 吨～500 吨。具体的数量是根据酒厂的生产规模而定的。

勾兑的主要方法

一、酒体设计

酒体设计是勾兑工艺成熟之后才出现的产物，是在微量分析和风味化学介入的基础之上，产生的整体性的概念。在没有勾兑工艺之前，酿造出什么酒就卖什么酒，不存在酒体设计，没有选择。酒体设计是在酒体的呈香呈味成分有了一定的化学分析、定性和定量手段之后，开始在主观上使白酒可以通过设计实现某种香气口感特征，形成某种风格。

酒体风格是怎么来的？在实际操作中主要是进行市场调研，说白了，就是哪一种酒卖得好，哪种风格口感大家比较偏向喜欢，就按照那个方向去设计酒体。设计出酒体后，根据自己酒厂生产的原酒和基酒的情况，再适当采购调味酒进行勾兑，勾兑工艺的一个重要影响，就是作为一个工艺环节定型之后，随即出现了酒体设计，而酒体设计概念的出现对中国传统白酒具有根本性的冲击。

传统中国白酒与本地风土密不可分，一方水土一方酒，生产出来的酒是不能够调整的。而酒体设计是由市场导向，通过勾调环节可以实现，酒体设计概念的出现使原粮原酿这种概念已经不成立了。最直接的一个显现就是，香型不再受地域限制，当某一个香型成为市场上追捧的产品后，原来不是生产这个香型的区域，也可以学着去生产。达到这个香型最主要的手段就是勾兑，在浓香酒风靡全国的时候，很多北方自然条件下生产不出浓香酒的地方就从四川购买原酒作为大宗酒，至少是当作带酒，带一部分自己本地酿的酒勾兑出成品酒。

---

①贾智勇：《中国白酒勾兑宝典》，化学工业出版社，2018年9月，第7页。

有了风味化学之后，通过小样一点点验证形成配方，大宗酒、带酒、搭酒占多少比例，用哪些调味酒，占多少比例，在整个验证的过程中都需要人工感官的品鉴，边品鉴边调整，最后形成一个稳定的配方，按照小样的配方再去放大形成大样。

大致的过程就是酒体设计、选样，选样之后调配合成小样，再按比例放大成大样，主要功夫下在小样的调整，小样完成后，放大成大样，此后就可依此连续生产。

二、具体勾兑方法

贾智勇先生主编的《中国白酒勾兑宝典》里，提了十种方法：释、敛、衬、掩、抗、加、乘、修、融、正等具体的应用方法。有的时候是稀释；有的要把两种香气或者口感加强，叫加；有的要把某种不愉快的香气压下去，叫掩。都是生产过程中使用的，各个酒厂的勾调师，根据自己的经验也有不同的心得，有兴趣的读者，可以进一步深入了解相关的著作。

不同的白酒勾兑教程里，原理一样，表述不大一样，李大和先生基于浓香酒介绍的勾兑方法，和贾智勇先生的勾兑十法，其实异曲同工，达到的目标都是一样的。

李大和先生指出，在勾兑中应注意研究和运用以下配比关系：

（1）各种糟酒之间的混合比例。各种糟酒有各自的特点，具有不同的特殊香和味，将它们按适当的比例混合，才能使酒质全面，风格完美，否则酒味就会出现不谐调。优质酒勾兑时各种糟酒比例，一般是双轮底酒占 10%，粮糟酒占 65%，红糟酒占 20%，丢糟黄浆水酒占 5%。各厂可根据具体情况，找出各种糟酒配合的适宜比例，不要千篇一律，要通过小样勾兑来最后确定。

（2）老酒和一般酒的比例。一般来说，贮存 1 年以上的酒称为老酒，它具有醇、甜、清爽、陈味好的特点，但香味不浓。而一般酒贮存期较短，香味较浓，带糙辣，因此在勾兑组合基础酒时，一般都要添加一定数量的老酒，使之取长补短。其比例以多少恰当，要通过不断摸索，逐步掌握。在组合基础酒时，可添加 20% 左右的老酒，其余 80% 为新酒（贮存期 3 个月的合格酒），具体比例应通过实践验证来确定。

（3）老窖酒和新窖酒的比例。由于人工老窖的创造和发展，有些新窖（5 年以下）也能产部分优质合格酒，但与百年老窖酒相比仍有差距。在勾兑时，新窖合格酒的比例占 20% ～ 30%。相反，在勾兑一般中档曲酒时，也应注意配以部分相同等级的老窖酒，这样才能保证酒质的全面和稳定。

（4）不同发酵期所产的酒之间的比例。发酵期的长短与酒质有着密切关系。据酒厂经验，发酵期较长（60 ～ 90 天）所产的酒，香浓味醇厚，但香气较差；发酵期短（30 ～ 40 天）所产的酒，闻香较好，挥发性香味物质多。若按适宜的比例混合，可提高酒的香气和喷头，使酒质更加全面。一般可在发酵期长的酒中配以 5% ～ 10%

发酵期短的酒。[1]

勾兑能成为一个固定的工艺过程，是因为效果得到实现，把比较差的酒和好酒勾兑之后，差酒从感官品鉴上变成了高一个级别的酒。

差酒和差酒的组合，有的时候会变成好酒，但好酒和好酒勾兑，有时候可能会变差，特别是不同香型酒之间勾兑容易发生，因为跨香型反而会破坏原来某一香型的典型特征。前面讲过酒质等级实际上来自感官判断，已经熟悉了某一个典型体的时候，突破典型体的东西，就会被认为是变差。

加浆降度

虽然各酒厂原酒入库的标准不一样，但大致上都在 63°～65°，而作为销售的成品酒，一般都是 53°、52°、45°，甚至 39°，在这中间就要添加经过处理的纯净水，把酒精度降下来，达到标准的成品酒酒度，这个过程叫做加浆降度。其中的"浆"，是指经过处理的纯净水。

现在白酒行业提倡酒的低度化，认为低度酒对人体伤害小，所以几乎所有成品酒都要经过加浆降度环节。

酒精度是指整个酒体里酒精的含量，一般有两种计算方法，一种是按照质量计算，另一种是按照体积计算。

酒精的密度是 0.78934，水的密度是 1。按照质量计算，1 份酒精和水的混合液体的体积（其他成分忽略不计），要大于同等质量水的体积，如 50g 酒精和 50g 水的混合液体的体积约为 113.34ml，而 100g 水的体积是 100ml。

按照体积计算，一份 53° 500ml 的酒的质量（其他成分忽略不计）约是 444.18g。

不同酒精度的体积分数和质量分数都是变化的，在白酒生产行业里有一个常用的工具表，就是《酒精体积分数、质量分数、密度对照表》，实际工作中具体的应用就有高度酒降度的加浆计算，可以省去具体的换算工作，直接查表代入白酒定度用水的用量公式中使用。

在勾调的过程中，也有把低度酒再变成高度酒，酒和酒的勾兑，两种酒的酒精度不一样，也有计算公式。

由于环境温度的变化，对酒精的密度会有影响，我国规定，酒精计测量的标准温度是 20℃，但在实际测量的时候，酒精溶液不会刚好是 20℃，所以需要在温度和酒精度之间进行折算，把其他温度下测得的酒精溶液换算成 20℃的酒精溶液。这个

---

[1] 李大和：《白酒酿造培训教程》，中国轻工业出版社，2013年9月，第630页。

也有一个常用的工具表，就是《酒精计温度浓度换算表》。

这两个工具表，一般在讲解勾兑与品评的专业书籍里，都会作为附录存在，网络上也可以查到，本书就不做引述，后面有几个公式和例题可以作为了解。有需要深入了解或是参考使用的朋友，可以购买专业讲解白酒勾兑技术的书籍，以备查询。

一、质量分数和体积分数的相互换算

酒的酒精度最常用的表示方法有体积分数和质量分数。所谓体积分数是指 100 份体积的酒中，有若干份体积的纯酒精。例如，65% 的酒是指 100 份体积的酒中有 65 份体积的酒精和 35 份体积的水。质量分数是指 100g 酒中所含纯酒精的质量（g）。这是由纯酒精的相对密度为 0.78934 所造成的体积分数与质量分数的差异。每一个体积分数都有一个唯一的固定的质量分数与之相对应，两种浓度的换算方法如下。[1]

1. 将质量分数换算成体积分数（即酒精度）

$$\varphi\,(\%) = \frac{\omega \times d_4^{20}}{0.78934}$$

式中　　φ ——体积分数，%；

　　　　ω ——质量分数，%；

　　　　d_4^{20} ——样品的相对密度，是指 20℃时样品的质量与同体积的纯水在 4℃时的质量之比；

　　　　0.78934——纯酒精在 20℃ /4℃时的相对密度。

【例 1】酒精质量分数为 57.1527% 的酒，其相对密度为 0.89764，其体积分数为多少？

解　　$\omega\,(\%) = \dfrac{\omega \times d_4^{20}}{0.78934} = \dfrac{57.1527 \times 0.89764}{0.78934} = 65.0\,(\%)$ 。

2. 体积分数换算成质量分数

$$\omega\,(\%) = \varphi \times \frac{0.78934}{d_4^{20}}$$

---

①韦义洪：《白酒勾兑与品评技术》，中国轻工业出版社，2015年1月，第144页。

【例2】酒精体积分数为60.0%的酒，其相对密度为0.90915，其质量分数为多少？

解　　$\omega（\%）=\varphi \times \dfrac{0.78934}{d_4^{20}}=60.0 \times \dfrac{0.78934}{0.90915}=52.09（\%）$。

二、高度酒和低度酒的相互换算

高度酒和低度酒的相互换算，涉及折算率。折算率，又称互换系数，是根据"酒精容量%、相对密度、质量%对照表"的有关数字推算而来，其公式为：

$$折算率=\dfrac{\varphi_1 \times \dfrac{0.78934}{(d_4^{20})_1}}{\omega_2 \times \dfrac{0.78934}{(d_4^{20})_2}} \times 100\%=\dfrac{\omega_1\%}{\omega_2\%} \times 100\%$$

式中　　ω_1——原酒酒精度，%（质量分数）；

　　　　ω_2——调整后酒精度，%（质量分数）。

1. 将高度酒调整为低度酒

调整后酒的质量（kg）＝ 原酒的质量（kg）$\times \dfrac{\omega_1}{\omega_2} \times 100\%$＝ 原酒质量（kg）$\times$ 折算率

式中　　ω_1——原酒酒精度，%（质量分数）；

　　　　ω_2——调整后酒精度，%（质量分数）。

【例3】酒精度为65.0%（体积分数）的酒153kg，折合成酒精度为50.0%（体积分数）的酒是多少千克？

解　　查《酒精体积分数、质量分数、密度对照表》：

　　　　65.0%（体积分数）＝57.1527%（质量分数）；

　　　　50.0%（体积分数）＝42.4252%（质量分数）；

调整后酒的质量 ＝$153 \times \dfrac{57.1527\%}{42.4252\%} \times 100\%=206.11$（kg）。

2. 将低度酒折算为高度酒

折算高度酒的质量 ＝ 欲折算低度酒的质量 $\times \dfrac{\omega_1\%}{\omega_2\%} \times 100\%$

式中　　$\omega_1\%$——欲折算低度酒的酒精质量分数；

　　　　$\omega_2\%$——折算为高度酒的酒精质量分数。

【例4】把酒精度为39.0%（体积分数）的酒350kg，折算成酒精度为65.0%（体积分数）的酒是多少千克？

解　查《酒精体积分数、质量分数、密度对照表》：

39.0%（体积分数）=32.4139%（质量分数）；

65.0%（体积分数）=57.1527%（质量分数）；

折算高度酒的质量 $= 350 \times \dfrac{32.4139\%}{57.1527\%} \times 100\% = 198.50$ （kg）。

三、不同酒精度的勾兑

有高、低度数不同的两种原酒，要勾兑成一定数量、一定酒精度的酒，原酒各为多少的计算，可依照下列公式计算：

$$m_1 = \frac{m(\omega - \omega_2)}{\omega_1 - \omega_2}$$

$$m_2 = m - m_1$$

式中　ω_1——较高酒精度的原酒质量分数，%；

ω_2——较低酒精度的原酒质量分数，%；

m_1——较高酒精度的原酒质量，kg；

m_2——较低酒精度的原酒质量，kg；

m——勾兑后酒的质量，kg；

ω——勾兑后酒的酒精度，%（质量分数）。

【例5】有酒精度为72.0%和58.0%（体积分数）两种原酒，要勾成100kg60.0%（体积分数）的酒，各需多少千克？

解　查《酒精体积分数、质量分数、密度对照表》：

72.0%（体积分数）=64.5392%（质量分数）；

58.0%（体积分数）=50.1080%（质量分数）；

60.0%（体积分数）=52.0879%（质量分数）；

$$m_1 = \frac{m(\omega - \omega_2)}{\omega_1 - \omega_2} = \frac{100 \times (52.0879\% - 50.1080\%)}{64.5392\% - 50.1080\%} = 13.72 \text{（kg）}$$

$$m_2 = m - m_1 = 100 - 13.72 = 86.28 \text{（kg）}$$

即需72.0%（体积分数）原酒13.72kg，需58.0%（体积分数）原酒86.28kg。

四、白酒加浆降度用水量的计算

不同白酒产品均有不同的标准酒精度，原酒往往酒精度较高，在白酒勾兑时，常需加水降度，使成品酒达到标准酒精度，加水数量的多少要通过计算来确定：

加浆量 = 标准量 − 原酒量

　　　= 原酒量 × 酒精度折算率 − 原酒量

　　　= 原酒量 ×（酒精度折算率 −1）

【例6】酒精度为65.0%（体积分数）的原酒500kg，要求兑成酒精度为50.0%（体积分数）的酒，求加浆数量是多少？

解　查《酒精体积分数、质量分数、密度对照表》：

65.0%（体积分数）=57.1527%（质量分数）；

50.0%（体积分数）=42.4252%（质量分数）；

$$加浆数 = 500 \times \left(\frac{57.1527\%}{42.4252\%} - 1 \right) = 173.57（kg）。$$

【例7】要勾兑1000kg46.0%（体积分数）的成品酒，问需多少千克酒精度为65.0%（体积分数）的原酒？需加多少千克的水？

解　查《酒精体积分数、质量分数、密度对照表》：

65.0%（体积分数）=57.1527%（质量分数）；

46.0%（体积分数）=38.7165%（质量分数）；

$$需酒精度为65.0\%(体积分数)原酒的质量 = 1000 \times \frac{38.7165\%}{57.1527\%} = 677.42（kg）$$

加水量=1000−677.42=322.58（kg）[1]。

控制酒精度达到酒体设计的目标，也是勾兑本身必须实现的工业环节，加浆控制还是不同酒精度的酒之间混合控制，不同酒不太一样，酱香型酒是通过自然降度，需要更精细的控制各个轮次酒的酒精度。其他香型的酒基本上是靠加浆，有在勾兑前加浆降度的，也有勾兑后再进行加浆，调整到目标酒精度的，不一而论。

---

[1]辜义洪：《白酒勾兑与品评技术》，中国轻工业出版社，2015年1月，第144页—第148页。

名优酒厂勾兑实例

名优白酒厂的勾兑因香型和风格差异较大，在此摘引汾酒、茅台酒和五粮液的基本勾兑情况。[1]

一、汾酒厂勾兑实例

汾酒是清香型白酒的代表，采用清蒸二次清的发酵工艺。原酒入库前先由质检部门品评，分为大楂酒、二楂酒、合格酒及优质酒四个类型，其中优质酒又可分为香、绵、甜、回味四种。为了突出其固有的风格，稳定产品质量、达到出厂标准基本一致，必须对不同发酵季节、不同轮次、不同贮存周期的酒进行勾兑。

1. 不同轮次的汾酒勾兑

汾酒大楂酒和二楂酒的比例，以贮存大楂汾酒60%～75%与贮存二楂汾酒25%～40%较为合理，不仅突出了风格，也与生产的比例基本适应。

2. 贮存老汾酒与新汾酒的勾兑

汾酒的勾兑应限于入库同级合格酒，或在单独存放的精华酒中，加入适量的新酒，可以使放香增大。一般老汾酒占70%～75%，新汾酒占25%～30%为宜。

3. 贮存汾酒与老酒头勾兑

汾酒中适量加入单独存放的老酒头1%～3%，可以使酒的香气增加，酒质提高，但不能过量，否则会破坏汾酒的风格。

4. 热、冷季所产酒的比例以不超过2：8为宜

另外，酒头、酒尾、酒身的勾兑比例通常为（2～5）∶（3～5）∶（90～95）。

二、茅台酒厂勾兑实例

茅台酒是酱香型白酒的代表产品，生产工艺独特，历来讲究勾兑。勾兑对酒的质量和信誉起着重要作用。根据茅台酒勾兑技术的发展，可分为两个阶段。

20世纪60年代前后，茅台酒勾兑是由成品酒车间主任负责，因为他们对酒库内的陈酿酒有全面的了解，并对尝评和勾兑有一定实践经验。70年代以后，茅台酒厂设有专职勾兑人员，以感官尝评为主。现在已经发展为采用感官品评和色谱分析检测相结合的检测方式。

为了搞好勾兑工作，应先了解茅台酒不同轮次酒的风味特征、主要成分以及酱香、醇甜、窖底香三种单型酒的香味组成。

茅台酒不同轮次酒的风味特征如表2-10-1所示。

---

① 辜义洪：《白酒勾兑与品评技术》，中国轻工业出版社，2015年1月，第157页—第162页。

茅台酒不同轮次酒的主要成分如表 2-10-2 所示。

三种单型酒的感官特征如表 2-10-3 所示。

表 2-10-1 茅台酒不同轮次酒的风味特征

轮次	名称	每瓶产量/kg	风味特征
1	生沙酒	-	香气大，具有乙酸异戊酯香味
2	糙沙酒	3～5	清香带甜，后味带酸
3	二次酒	30～50	进口香，后味涩
4	三次酒	40～75	香气全面，具有酱香、后味甜香
5	四次酒	40～75	酱香浓厚，后味带涩，微苦
6	五次酒	30～50	烟香，焦煳味，稍带涩味
7	小回酒	20左右	烟香，带有糟味
8	枯糟酒	10左右	香气一般，带霉、糠等杂味

表 2-10-2 茅台酒不同轮次酒的主要成分

轮次	酒度（体积分数）/%	总酸（mg/100mL）	总酯（mg/100mL）	总醛（mg/100mL）	糠醛（mg/100mL）	高级醇（mg/100mL）	甲醇（mg/100mL）
1	37.2	0.2733	0.326	0.0343	0.012	0.244	0.045
2	53.8	0.2899	0.5353	0.0334	0.0016	0.235	0.012
3	56.0	0.1970	0.3684	0.0594	0.0158	0.127	0.005
4	57.6	0.1220	0.3846	0.0659	0.0217	0.226	0.005
5	60.5	0.0931	0.3606	0.0489	0.0239	0.253	0.005
6	58.7	0.0935	0.3079	0.0435	0.0172	0.235	0.005
7	57.0	0.0848	0.331	0.0567	0.0226	0.271	0.005
8	28.0	0.1495	0.3117	0.0581	0.0500	—	—

表 2-10-3 茅台酒三种单型酒的感官特征

名称	感官特征
酱香	微黄透明，酱香突出，入口有浓厚的酱香味，醇甜爽口，余香较长，留杯观察，酒液逐渐浑浊，除有酱香味外，还带有酒醅气味，待干涸后，杯底微黄，微见一层固形物，酱香更较突出，香气纯正
醇甜	无色透明，具有清香带浓香气味，入口绵甜，略有酱香味，后味爽快。留杯观察，酒液逐渐浑浊，除醇甜特点外，酒醅气味明显，待干涸后，杯底有颗粒状固形物，色泽带黄，有酱香味，香气纯正
窖底香	微黄透明，窖香较浓，醇厚回甜，稍有辣味，后味欠爽。留杯观察，酒液逐渐浑浊，浓香纯正，略带醅香，快要干涸时，闻有浓香带酱香。干涸后，杯底微有小颗粒状固形物，色泽稍黄，酱香明显，香气纯正

茅台酒的勾兑方法有多种，一般采用大宗法，即采用不同轮次、不同香型、不同酒度、新酒和老酒等单型酒相互搭配，其工艺流程如下：

标准风格酒→基础酒范围→逐坛尝评→调味酒→尝评鉴定→比例勾兑→质量检查

主要程序和内容如下：

1. 要把握住勾兑用酒所具有的特点

勾兑用酒应无色透明（或微黄透明），闻香幽雅，酱香突出，口感醇厚，回味悠长，稍带爽口舒适的酸味，空杯留香持久。

2. 小样勾兑

取 2～7 不同轮次的酒，200～300 个单型酒样进行勾兑。一个成型的酒样，先以勾兑一个小样的比例开始，至少要反复做 10 次以上试验。试验是用 5ml 的容器，先初审所用的单型酒，以"一闻、二看、三尝评、四鉴定"的步骤进行，取出带杂、异味的酒，另选 2～3 个香气典型、风味纯正的酒样，留着备用，其他部分则按新老、轮次、香型、酒精度等相互结合，但不能平均用量。一个勾兑比例少的酒样需用 30 个单型酒，多则用 70 个。在一般情况下，多以酒质好坏来决定所用酒的用量。然后再凭借所把握的各种酒特点，恰当地使它们混合在一起，让它们的香气和口味能在混合的整体内各显其能。各种微量香味成分得到充分的中和，比例达到平衡、谐调，从而改善原酒的香气平淡、酒体单调，使勾兑样品酒初步接近典型风格。勾兑小样时，必须计划妥善，计量准确，并做好详细的原始记录。

3. 大样勾兑

取贮存 3 年以上的各轮次酒，以大回酒产量最多，质量最好；二次酒和六次酒产量少，质量较差。勾兑时一般是选用醇甜单型酒作基础酒，其他香型酒作调味酒，要求基础酒气味要正，形成酒体，初具风格。香型酒则要求其香气浓郁，勾兑入基础酒后，形成酒体，芳香幽雅。

常规勾兑的轮次酒是两头少，中间多，以醇甜为基础（约占 55%），酱香为主体（约占 35%），陈年老酒为辅助（约占 8%）的原则，其他特殊香的酒用作调味酒（约占 2%）。

勾兑好的基础酒。经尝评后，再调整其香气和口味，务求尽善尽美。

除参考酒库的档案卡片登记的内容外，还必须随时取样尝评。掌握勾兑酒的特征和用量，以取每坛酒之长，补基础酒之短，达到基础酒的质量要求。这是香型白酒勾兑工作的第一步。

4. 调味

调味是针对基础酒中出现的各种口味缺陷或不足，加以补充。采用调味酒就是为了弥补基础酒中出现的各种缺陷。选用调味酒至关重要，若调味酒选不准确，不但达不到调味的目的，反而会影响到基础酒酒质。根据勾兑实践经验，带酸味的酒与带苦味的酒掺和时变成醇陈；带酸味的酒与带涩味的酒变成喷香；带麻味的酒可增加醇厚、提高浓香；后味带苦味的酒可增加基础酒的闻香，但显辛辣，后味稍苦；后味带酸味的酒可增加基础酒的醇和，也可改进涩味；口味醇厚的酒能压涩、压糊；后味短的基础酒可增加适量的一次酒以及含己酸乙酯、丁酸乙酯、己酸、丁酸等有机酸和酯类较高的窖底酒。

此外，还可以用新酒来调香、增香，用不同酒度的酒来调整酒度。茅台酒禁止用浆水降度，这是其重要工艺特点之一。

一般还认为酱香型白酒加入一次酒后，可使酒味变甜、放香变好；加入七次酒后，使酒的烟香好，只要苦味不露头，也可增长后味。其他含有芳香族化合物较多的曲香酒、酱香陈酿酒等，更是很好的调味酒；部分带特殊香味的醇甜酒及中轮次酒，也可以作调味酒使用。除用香型酒调香外，还需要用一次酒或七次酒来调味，使勾兑酒的香气更加突出，口味更加谐调，酒体更加丰满。

三、五粮液酒厂勾兑实例

五粮液酒厂是全国同行中勾兑工作搞得最好的厂家之一。该厂勾兑的特点是：验收等级酒时，非常重视香气，严格检查香气是否"正"和"好"。气味不正、不好的酒一般都不作为合格酒验收。另外，还特别注意"味"的净爽，有怪杂味的酒，只要具有某一特点，如香味好或有风格等，就可以作为合格酒验收入库，而不要求每坛酒都全面达到五粮液的标准才算合格酒。这样可充分发挥勾兑优势，增加产量。

五粮液酒厂还把生产酒分为特等酒、合格酒和不合格酒三级。特等酒一般都是双轮底酒，贮存后作调味酒，或者作特需用酒。合格酒都是五粮液，经贮存 1 年后，从中挑选香气一致，口味符合要求和香型突出的组成基础酒。基础酒要照顾到香、醇、甜、爽和酒体谐调，主体酯香和其他香味的烘托陪衬，酸酯含量符合标准等。调味原则是缺啥补啥，在贮存到期的酒中，逐坛尝评，按照香味特点挑选基础酒，勾兑小样，经尝评和化验合格后，作为合格基础酒，再细心调味。五粮液酒厂的调味工作认真细致，一个基础酒要经过反复多次调味才能完成。调味时，要集体研究，共同决定。该厂调味酒种类多，质量高，技术过硬，对调味酒和基础酒的性质较了解，经验也较丰富，用调味酒的数量较少，一般在 1/1000 以内，有的调味酒仅用 1/100000 左右。该厂对勾兑调味十分重视，做得十分严格，即使口味有微小的不足，也不轻易放过，严格控制产品质量。勾调好的酒经贮存 3～6 个月后包装出厂。五粮液酒厂的特点是重视普遍的贮存和香味检验。

对勾兑技术的讨论

勾兑不是中国白酒的传统工艺，是在现代科学技术和工业化生产的背景下产生的新的工艺流程，现在所有酒厂都有勾兑环节，已经是不能改变的事实。

勾兑环节对传统白酒品质的概念，造成了巨大的冲击，首先是使成品酒的质量标准和原酒的质量标准完全脱节。

现在所有关于白酒生产酿造方面的文献，都会提到原酒的等级区分，国家的固态发酵酒的标准是对原酒而言，都有等级分级标准。

但是勾兑实际上打破了原酒等级的划分标准，出来的成品酒，通过勾兑高于原酒一个等级，目的就是把原酒的二级酒勾成一级酒来卖，一级酒勾成优级酒来卖，勾兑出来的成品酒等级和原酒的等级无法对应。行业内大多数专家都认为，勾兑只是解决了货架期间风味品质相近似的问题，而无法真正改变酒质，成品酒和自然发酵再经蒸馏形成的酒质还是不一样。这也是消费者对勾兑技术有所抵触的客观原因。

白酒界针对这个矛盾，采取了一些措施，就是使原酒等级模糊化，现在很多酒厂在实际操作过程中，对酒的分级要求已经不像过去那么细，而且其标准都不一样了，这些方法实际上就是在模糊原来的酒质划分方法。

由于勾兑技术不能够真正达到天然发酵蒸馏酒一样的酒质，所以很多勾兑的教科书里在讲到调香调味的时候，都会讲到一个原则：能不调就尽量不调，能少用几种调味酒，就不要多用。这种逻辑继续深推，就是能不勾兑尽量不勾兑，但是现实是做不到的，能达到行业专家和市场认可的酒质的基酒太少了，远远不够市场需求。

所以才说，勾是必须勾，调是能不调就不调，从这一理念也可以看出来，勾兑技术实际在科学逻辑上是有矛盾的。

其次，勾兑在某种程度上切断了传统白酒与自然地理条件的紧密关系，在某种程度上破坏了传统白酒的自然风土特征。

上面介绍过，勾兑的前置环节是酒体设计，主要是根据市场导向来做的，说白了就是什么酒好卖，就做什么。所以目前的状态就是，传统浓香型白酒厂家，在白酒勾兑时就会加入一部分的酱香调味酒，传统单粮香的浓香型酒厂在产品勾兑时会加入多粮香的浓香调味酒，还有一些清香型白酒、浓香型白酒在勾兑时加入了芝麻香型的白酒，这在行业内已经不是秘密，但各个企业都不公开承认。[1]

公开的说法都是，香型融合是目前白酒发展的一个趋势。实际上还是市场导向，酱香型好卖就加一些酱香型的酒，这种做法实际上是把不同产地的酒混在一起，产生了某一种市场上普遍追捧的酒体风格。

---

[1]贾智勇：《中国白酒勾兑宝典》，化学工业出版社，2018年9月，第164页。

145

虽说酒的品质是主观感受的一个特征，觉得怎么样就是怎么样，到底是不是能反映出一方水土的风土特征，也许并不重要。但确实是远离了人们理解的那种传统风土特征，而且在某种程度上，使白酒的那种天然性、不可替代性的价值受到了损失。

最严重的还是模糊了固态酒、固液酒和液态酒的边界，在实际生产中，几乎普遍存在以液态酒和固态酒混合生产的固液酒当作固态酒销售的现象。

勾兑已经成为一种事实，工艺也不会取消，消费者也只能接受。但是在未来的发展趋势中，随着市场的成熟和消费者对信息辨析能力的提高，勾兑在传统白酒的使用范围应该越来越明晰。至少目前（2021 年的下半年）开始，中国白酒工业术语国家标准中增加"调香白酒"这一新的概念，以进一步规范白酒市场，使消费者能明确区分添加其他呈香呈味成分的调香白酒。

如果一些靠浸取、萃取取得呈香呈味物质的调味酒也归到这类的话，那么对勾兑的范围约束就更明确、更细致。靠不同香型的酒勾兑出来的主体香，和原产地能反映风俗特征的这种理念是不一致的。

未来发展有可能是两个方向，一个是慢慢地排除勾兑，走原酒路线；或者是某一个香型之内的陈年老酒，在同一香型之间的勾调，产生相应的风格特征。

另一个方向就是彻底靠勾兑，跨香型、香型融合生产的酒，在某种程度上都可以理解为一种调香酒，因为靠不同香型的原酒调出来的香气，不是自然发酵形成的。未来即便在工业标准术语上不这么规定，在科学逻辑概念上也应厘清，更清楚、更透明地反馈给消费者。

第十一节
过滤包装环节

为什么要过滤

白酒应是无色透明、无悬浮物、无浑浊、无沉淀的，但生产过程中多种因素会给白酒带来上述物质，主要有：

（1）在蒸馏及馏酒操作中，不慎将酒醅、稻壳残粒落入接酒容器内；撒曲时曲粉飞扬；打扫场地时酒醅残渣、尘土飞扬也会落入接酒容器中。

（2）车间生产的酒往酒库运输过程中路上的尘土；输酒管道不洁；贮酒容器不净；酒库中的尘渣或酒库卫生差等。

（3）加浆用水随着酒精含量的降低，用量增大。若水质不佳，或有时水中金属盐类含量过高，加入酒中后其盐类逐渐析出，造成浑浊和沉淀。

（4）白酒降度后，高级脂肪酸乙酯会析出，造成浑浊。

由此，白酒（特别是低度白酒）必须通过过滤，才能包装出厂。[①]

主要过滤设备

为了达到酒体无色透明、无悬浮物、无浑浊、无沉淀的目的，就要采取过滤工艺。白酒过滤的方式和设备也很多，主要有活性炭过滤、硅藻土过滤、膜过滤、高分子材料过滤等等，根据要过滤掉的物质选用具体的过滤方法和设备。

针对高级脂肪酸乙酯的过滤手段

一、高级脂肪酸乙酯

高级脂肪酸乙酯是在白酒酿造中自然产生的，其基础物质是粮食中的脂肪酸，

---

① 余乾伟：《传统白酒酿造技术》，中国轻工业出版社，2018年5月第二版，第431页。

经酵母菌作用形成乙酯。高级脂肪酸乙酯主要有三类：棕榈酸乙酯、油酸乙酯、亚油酸乙酯，均为无色油状物，沸点在 185.5℃（1.33KPa）以上。油酸乙酯和亚油酸乙酯为不饱和脂肪酸乙酯，性质不稳定，它们都溶于醇，而不溶于水。这些成分在白酒中的稳定性与其在酒精中的溶解度、酒精浓度及温度有密切关系。

当酒精浓度超过 30% 时，其溶解度急剧增大。当温度上升时，溶解度也提高。当白酒中存在的亚油酸乙酯等高级脂肪酸乙酯在酒精浓度稀释到 40% 以下时，由于其溶解度降低而出现白色絮状胶体沉淀物。[①]

很多消费者都知道高度白酒加水会变浑。比如 53°左右的酱香酒，还有 65°的原酒加水都会变浑，所以有些消费者用这种方法来检验是不是纯粮固态酒。

这个方法不仅在中国白酒中存在，在西方的蒸馏酒威士忌中也一样，它的原酒也含有高级脂肪酸乙酯，加水也会变浑，所以要经过过滤，过滤之后加水就不浑了。但也有一些专门以不经过冷凝过滤作为销售卖点的厂商，他们坚持不过滤，而且说加水变浑就是好酒的一个特征。

在中国白酒中，目前绝大多数的白酒品牌成品酒，都是经过过滤的，把高级脂肪酸乙酯过滤掉了，所以加水都不浑了。只有少数的成品酒，加水还会有变浑的现象，从侧面打个手电筒照过去，有丁达尔现象，是浑浊的，能显示出来白酒的胶体特征。

高级脂肪酸乙酯是白酒浑浊的主要原因，但它在白酒的呈香呈味上是有作用的。这些成分中，有的文献指出其微辣，亚油酸乙酯氧化后有"油臭味"。[②]但它们在酒里面可以带来圆润感，使酒体酒味浓郁，其他香味成分相互协调，如果把它们全部从酒中除去就会显得寡淡，它们的存在还使白酒的胶体特性更稳定。所以关于是否要过滤它们，不论在消费者中还是专业界都是有争议的。

二、活性炭＋硅藻土过滤

以过滤高级脂肪酸乙酯为目的的过滤手段，主要是活性炭过滤和冷冻法过滤。

一般加入 3% 的活性炭进行过滤，先吸附纯溶性的高级脂肪酸乙酯，然后再用滤算把它滤掉。

三、冷冻法过滤

冷冻法过滤目前被誉为国内解决白酒降度浑浊的先进办法，把加浆降度白酒，冷冻到零下 16℃到零下 12℃，并保证数小时（24 小时为宜），使高级脂肪酸乙酯和其他物质絮凝、析出、颗粒增大，在保持低温的情况下，再用滤棉或者其他介质

---

① 沈怡方：《白酒生产技术全书》，中国轻工业出版社，2007年1月，第549页。
② 沈怡方：《白酒生产技术全书》，中国轻工业出版社，2007年1月，第551页。

过滤除去沉淀物。据说冷冻过滤能够保持白酒原有的风格，在业内获得认可。西方威士忌采用这个方法比中国白酒更早。

瓶装酒的包装过程分七个步骤

把大罐里勾调好的白酒分装到小的瓶里面，把小的酒瓶封口装箱，这个过程总的来讲叫瓶装酒的包装。它分七个步骤，第一是洗瓶，洗瓶都用洗瓶机，有多种洗瓶办法洗涤；第二是灌酒；第三是封口；第四是验酒；第五是贴标；第六是装箱；第七是捆箱。现在包装过程中的洗瓶、灌酒、封口部分，绝大多数有规模的酒厂都已经实现自动化，而且能达到很高的质量标准。有些酒厂的包装线更先进一点，贴标、装箱、捆箱都可以做到自动化。

酒瓶材质、瓶盖形式

白酒包装要符合科学、牢固、防漏、经济美观、适销等原则，消费者直接接触的白酒就是瓶装酒，对材质、瓶口有直接的感受。白酒目前的酒瓶主要是两种，一种是玻璃瓶，一种是陶瓷瓶。

玻璃瓶的工艺也有很多，像茅台酒乳白色的瓶子是乳化玻璃，它是玻璃瓶，不是陶瓷瓶，有陶瓷的效果。还有一种玻璃瓶表面喷涂材料，我们看到有的像金属色质感的瓶子，很多是玻璃瓶喷涂材料制造的。

目前普遍用玻璃瓶的比例较大。玻璃瓶化学性质稳定,封口也比较容易做到精密、牢固、防漏性好。虽然少量的低端白酒还用大塑料桶，但已经比较少了。

白酒的瓶盖品种比较多，常见的有冠盖、扭断盖、蘑菇式塞等多种。冠盖是压盖，用马口铁冲压呈冠型的瓶口，这种盖子起开之后，再回盖封口不严密，现在主要是在低端的光瓶酒上使用。

茅台和五粮液酒瓶盖都是塑料的扭断盖，里面还有一个防漏的内塞，这种瓶盖是目前运用比较多的。

酒标上的要求

酒瓶外面要贴商标，商标可采用单标、双标或三标，即正标、副标、颈标。正标上要印有注册商标的图像、标名、酒名，原则上标名应与酒名一致。正副标上均可注明产地、厂名、等级、装量、原料、制法、酒度及出厂日期及代号、产品标准代号、批号、保存条件等等。①

酒瓶外是酒盒。酒盒材质也多样，有的很豪华甚至有金属质地，有的比较简单是卡纸印刷的。

中国白酒的包装种类丰富、千姿百态，而且发展也很快，是很多生产厂家提升自己竞争能力的一个主要手段。老酒收藏者主要是靠包装来判断真伪，对不同时期的包装，搞老酒收藏的发烧友有过详细的研究，很多细节需要非常复杂的说明，从很大程度上讲，老酒收藏者们是对酒体包装的收藏。

我采访过几位老酒收藏者，通过对酒体包装的了解，对白酒的发展历史，特别是对具体的一个品牌产品的发展历史，他们能给出非常清晰完整的叙述。这也是一个专门的知识领域，在此我们就不做深入讨论了。

中国白酒包装由于包装材料的丰富多样，酒瓶开启方式也比较复杂。很多白酒酒盒开启是破坏性的，酒瓶开启也是破坏性的，如果没有专用的开瓶工具，开启比较费劲。我感觉，几乎没有一个人能够非常顺利地把每一种中国白酒瓶打开，我们总会遇见自己没见过的包装，要琢磨一下才能把它打开。

图 2-11-1 湖南酒鬼酒股份有限公司包装车间 （摄影／胡纲）

①梁宗余、刘艳：《白酒贮存与包装》，中国轻工业出版社，2017年1月，第87页。

第十二节
以科学理性的精神
对待中国传统白酒

中国优质白酒的工艺特点

以上我们详细地介绍了中国传统白酒酿造和生产的过程，说明了好酒是怎么酿成的。下面从工艺和酒体风味两个方面来总结一下中国优质白酒的特点。

现在行业专家公认的优质白酒是传统工艺酿造的固态法白酒。传统的固态法白酒也是分等级的，新工艺酒出现后，传统白酒原酒里稍微差一点儿的酒，如二级酒，通过勾调也可以当成优级酒来销售。

需要说明的是，随着科学技术的深化，现在市场上已经很难遇到纯粹的所谓传统白酒，包括一些手工小作坊的白酒也不是传统白酒了，很多小作坊的酒可能比大酒厂的酒还要"现代"。比如，大酒厂还用大曲，有些小作坊不用大曲，而是用糖化酶或者纯种菌作为糖化剂和酒化剂。用大曲做糖化剂、酒化剂的大酒厂，现在生产也都有一定程度的机械化，如行车的使用，摊晾的过程中使用摊晾机，等等。这些都是古代白酒酿造没有使用的现代技术，所以严格地说，现在的白酒或多或少都是在现代科学技术基础上产生的，也只能在这个基础上来总结传统固态法白酒的工艺特点。

一、以谷物等粮食为原料

中国白酒酿酒的主粮主要是高粱、玉米、大米、糯米，还有小麦；制曲用粮北方普遍用大麦、南方用小麦，有些地区还加一部分豌豆。总之，不论制曲还是发酵的原料，主要是粮食，包括小麦、高粱还有大麦，等等。

中国蒸馏白酒酒粮的特点与世界上其他地方的蒸馏酒有所不同。以威士忌为例，欧洲的威士忌主要是用发了芽的大麦酿造，美国的威士忌是用玉米酿造；而伏特加的酒粮，现在优质的伏特加用谷物，差一点的用马铃薯；白兰地以水果做原料，朗姆酒以甘蔗为原料。根据我们对各国蒸馏酒的品饮经验，总的来讲以粮谷类为原料的酒的甲醇含量相对来说低一些，卫生标准更高，饮后舒适性要好一些。

二、以大曲为糖化剂和发酵剂

大曲是中国白酒独特的发明，世界蒸馏酒中只有中国白酒用大曲做糖化剂和酒化剂，详细内容已经在大曲部分做过介绍，这里不再赘述。

1950年代以后发展了麸曲、糖化酶、纯种菌等等糖化剂和酒化剂，纯种菌包括干酵母，而干酵母在严格意义上讲属于新工艺酒的范畴。这些新技术、新工艺确实提高了出酒率，降低了成本，提高了生产效率，但迄今为止，麸曲、糖化酶、干酵母酿的酒，风味品质上远不如大曲酒那么丰富、醇厚、协调，所以中国优质白酒必须使用大曲，这是一个重要的标志。

三、开放式的固态发酵

中国优质白酒是固态发酵，发酵物中的自由水远低于80%，固态发酵具有相态界面效应，使酒体成分复杂化、多元化，这是液态发酵所不具有的优势。而且它是开放式的发酵，在全发酵过程中始终与环境有物质和能量的交换，特别是微生物交换在其中发挥的作用，微生物代谢出来的酶与酒粮中的成分产生生物化学反应，使酒体里面形成了丰富的各种物质成分——酸、酯、醛、醇，等等，这个特点有别于伏特加、白兰地、威士忌、朗姆酒等国外蒸馏酒的液态发酵方式。

四、因地制宜的发酵容器和酿造工艺

中国白酒的发酵容器已在前面介绍过，包括陶缸、泥窖、石窖、砖窖，等等，这是在长期的历史发展过程中适应当地条件发展出的发酵容器；为了适应这些不同的发酵容器又出现了各地酿酒不同的工艺，包括清蒸清烧、混蒸混烧、清蒸混烧，等等，工艺的丰富性是中国白酒与当地的自然环境以及气候条件有密不可分联系的结果。

五、使用甑桶进行固态蒸馏

中国白酒尽管进行了多种技术改革，但迄今为止优质白酒还是用甑桶方式蒸馏。甑桶是一种粗馏的方式，长处是充分利用被蒸馏的固态介质的复杂成分，气、液、固三相界面效应在蒸馏的过程中发挥了重要作用，这是液态蒸馏所不具有的优势。

甑桶在蒸馏工艺环节中，通过长期经验的积累，有了"掐头去尾"的操作规定，威士忌等世界著名蒸馏酒也有类似的工艺，"掐头去尾"操作可以去除有害物质，但酒体里面保留了复杂的和多样性的成分。

六、陶坛、酒海老熟

中国白酒的主要老熟容器是陶坛和酒海，传统上比较大的容器是酒海，但现在酒海的使用范围比陶坛少得多，基本上所有酒厂，包括使用酒海的酒厂，都以陶坛为老熟容器。酒在陶坛里老熟的特点是渗透性比较好，酒体和外界的交流比较丰富，有利于酒体的缩合和氧化反应；酒体也比较干净，基本上是无色的——陶坛尽管也有少量的浸出成分而使酒体颜色发生微黄的变化，但比西方普遍使用的橡木桶对酒体颜色变化的影响小得多，陶坛既可以保留酒体无色透明的特点，又能够有利于陈化老熟并形成独特的风格，因此成为中国白酒老熟的首选容器。

中国优质白酒的酒体特点

一、香气以及滋味复杂、丰富、醇厚

中国白酒的香气口感与工艺有密切的关系。中国优质白酒是多种粮食混合发酵（严格说来中国优质白酒没有一种是单粮酒，即便用高粱酿的酒，也还要用大麦或小麦制曲），而且是固态发酵、固态蒸馏，发酵过程保持开放性，在发酵过程中始终有微生物和周围环境物质的介入，所以香气和滋味都非常复杂，也非常醇厚，在世界六大蒸馏酒当中，其他五种蒸馏酒没有一个比得上中国白酒香气和滋味的丰富性。

二、与自然风土环境融为一体

中国白酒是开放式发酵，包括蒸馏过程也不是完全封闭，也有一定的开放性，由于这种开放性导致同一个地方不同作坊的酒体都有差异，酒跟当地的环境息息相关，这也是为什么人们常说"一方水土一方酒"。世界上其他的蒸馏酒，由于它们控制的液态发酵基本上是封闭式的发酵环境，跟自然界生产环境没有那么紧密的联系。最能反映当地风土特点的蒸馏酒无疑是中国开放式发酵和蒸馏的白酒。

三、酒体风格变化多端，气象万千

中国白酒成分非常复杂，而且这些成分沸点不同，挥发度不同，在老熟过程中发生的物理化学反应也不一样，导致酒体从蒸馏出来之后在不同的时间内始终处于变化的过程中，一个月的酒和三个月酒不一样，三个月的和一年的不一样，一年的

和五年的不一样，正由于变化多端，气象万千，才成为它独有的一种魅力。

四、饮后身体舒适感比较好

专家研究过，中国优质白酒饮后的身体舒适感要比液态酒、固液酒好得多。研究实验推测可能是由于中国优质白酒成分比较复杂因而具有拮抗作用，即更丰富的一些促进舒适感的其他物质抑制了酒精带来的不舒适效应。总的来讲，从原料上看，粮谷类做原料酿的酒比水果酿的酒好，比马铃薯、甘薯酿的酒品质更好。当然，同样以粮谷为原料的酒，舒适性也是有差别的，以威士忌为例，不同档次的威士忌，舒适性并不一样，好的威士忌饮后舒适感好，之所以好既有酿造方面的原因，也有陈化老熟时间长的原因。同样，中国白酒即便纯粹用传统的工艺酿造，也有舒适性强弱的差别，越好的酒，舒适性越好。

五、容易寄托复杂的文化情怀

由于中国白酒微量成分的复杂性、丰富性，与自然风土密切融为一体的特点，以及变化多端、气象万千的酒体风格，使得中国白酒成为可以寄托各种文化情怀的合适载体，可以寄托人们对某一地区风土的情感，可以寄托对某一地区历史文化的感受，具有丰富而强大的文化承载力。

决定中国传统白酒质量的核心因素是人

通过以上对中国白酒生产工艺主要环节的详细解析，我们认识到影响白酒质量水平的因素包括原料、环境、工艺，还有人，这里最重要的因素是人。

为什么这么说呢？

首先，人是选择用什么原料来酿酒的决策者。

其次，工艺是由人制定出来的，也是由人来使用的，再好的工艺，如果执行不好，酒也酿不好。工艺还不能机械地执行，要根据具体的情况和中国白酒具有开放性的特点，适合环境的变化实时做出相应的调整，能做出这么高度智能化反应的也是人。

酒体风格的判断更是要靠人，人决定了哪种酒体好喝、哪种酒体不好喝，哪种醇甜，哪种不够醇甜——当然，对酒体品质和风格判断，实际形成的环节比较复杂，除了白酒的酿造者、销售者之外，消费者也无形中介入了酒体风格的决定过程中。酒厂设计酒体的所谓市场导向，是揣测了消费者对香气口感的偏好的，但消费者对香气、口感偏好的形成机制更为复杂，在此不做讨论。这里想强调的是决定中国白酒质量标准的最关键的因素是人，特别就生产者来说更是如此，即生产者的理念、认识、悟性、思想决定了他们选择什么酒体风格，也决定了采用什么标准和使用什么具体的技术办法来实现产品。

不仅如此，人还是白酒生产中不可或缺的一个客观性的环节，这个客观性不是上面讲的人的主观判断或劳动态度这些方面，而是人出现在整个酿酒环节中，就像窖池、甑锅（甑桶）一样，是一个不可或缺的环节，而且是属于生物学范畴的要素。在白酒的酿造过程中，人是菌种的一种携带者，同时也是微生物菌种的筛选器，哪些菌种好、哪些菌种不好，人体在客观的不自觉的过程中通过人体感受有所筛选；人是各种微生物的驯化器，微生物当中哪些适合人、哪些不适合人，只有在人的环境里微生物会做出选择，如果没有人这个环节，微生物就不会有适应人需要和不需要这种自主的选择机制的存在。我们接触和交流过的大多数酿酒师都是非常重视人这个生产要素的。在中国白酒酿造的传统操作方式中，很多操作环节都是人的要素的具体体现，比如赤脚踩曲、赤脚趟醅，这些做法是传统工艺中传承下来的，而且也是经过实践证明了的，即通过全人工方法酿出的酒的风味要比完全机械化酿造的酒的风味要好。

这里重点讲一下赤脚踩曲。赤脚踩曲是传统白酒酿造的一个做法，现在有些酒厂把它夸张化了，如茅台酒厂强调必须由青年女工踩曲，并作为一个营销节目进行表演，起初是赤脚表演的，后来有人提出异议，说赤脚踩曲不卫生，脚气能传染到酒里，后来改为女工们穿着胶鞋来踩曲。非要叫我做一个判断的话，我觉得赤脚比胶鞋卫生，赤脚无非带来点微生物，通过高温发酵再蒸馏之后微生物全都不存在了，而胶鞋里的东西说不定还有不健康的成分混到酒粮里。我个人认为对待人的因素没必要夸大宣传，像那种非要什么年轻女工踩曲的宣传，我觉得有些夸大了，是一种营销噱头。但是也没必要从此就把赤脚踩曲、趟粮这些环节全隐蔽起来，甚至不做了，把它变成不可告人的东西，矫枉过正也不可取，它是一个传统工艺环节，而且一直在起作用，应该有一定的透明度，没必要隐瞒。

目前有些酒厂在探索白酒无人化、智能化酿造发展的方向，按照这种理念，最理想的状态是未来的白酒酿造车间没有人参与，实现无人化，由智能机器人完成全部操作。我对这种理念是持怀疑态度的，我觉得缺少了人的关键环节因素，前面所说的中国传统白酒的工艺优势和酒体优势就无从获得，因为中国传统白酒的优势就是开放式生产环境以及人在里面的主观活动。如果把白酒生产环境完全变成由机器控制的封闭环境，排除了人这个最活跃、也最有生命力的因素的话，白酒就会变成一种没有生命、没有特点的同质化的工业流水线产品，传统白酒的各种优点也将随之丧失。

要区分事实与神话

中国白酒酿造是古老的技艺，我们上面介绍过的主要工艺流程都是从古代传承下来的，虽然现在很多环节已经采取了机械化、电气化手段，但它的基本特点——工艺特点和酒体特点，都被保留了下来，对传统的这些做法以及它的效果，应该说目前还没有得到科学上的完全认识，有很多尚未知道的东西。由于科学上没有解释清楚，有些东西我们不知道，所以使白酒有了一些被神秘化的基础。

就工艺环节来说，实际上工艺过程本身是开放的，也一直在反复调整——根据环境、原料以及酿酒师对不同时期酒体风格的追求，各个酒厂的工艺都在调整，几乎可以说从 20 世纪 50 年代到现在没有一个酒厂的工艺没被调整过的，无非调整的程度大与小而已，现在还在调整中。调整工艺的目的是什么呢？无非是形成一个在市场上可以接受的酒体，特别是有望热销的大单品。一个大单品一旦形成并被市场追捧，那么与这个单品相关的一些工艺做法甚至参数就可能被神秘化，甚至可能把它转化为神话。可以说，中国传统白酒生产工艺存在着的开放性和不确定性是产品被神话的一个客观基础。

另一方面，市场销售行为本身也是产品神秘化的一个客观基础。销售领域的核心力量是消费者，而消费者无法获得产品的全部信息，因为信息太过庞大，以前面对白酒生产工艺介绍为例，我们已经用尽量简洁的方法介绍了中国传统白酒的生产工艺特点，要把传统工艺知识全部看下来是现在信息碎片化时代大多数消费者很难有耐心完成的。从古至今，消费者只需要一两个简单的信息标志，即直接说明它好与不好就行了。而且消费者会在传播当中自动地把这种标志夸张放大化。白酒的生产者和销售者也会迎合消费者的心理特点，把某些工艺环节或者某些酒体作用夸张放大，制造吸引人眼球的噱头，这些噱头是有用的，它能让产品短期之内迅速扩大影响，扩大销量。但从知识形态上来看，其实是编造出的神话。

随着产品销售时间的增长，产品信息释放越来越全面系统，而消费者求新求异的愿望又使他们去寻找新的兴奋点，原来的神话光环会逐渐退缩，进而成为一个笑话。

在传统白酒销售方面，出现神话是不可避免的现象，神话转成笑话也是不可避免的现象，在这里要强调的是应该以科学的态度来对待传统白酒的那些神话现象。这方面的神话现象已经很多了，比如宣扬茅台酒能治肝癌、能杀死幽门螺旋杆菌，这些已经成为笑话了；还有一些仍在发生作用的笑话，比如老窖泥的作用，把老窖泥的作用过度夸大，特别是有些很极端的培养老窖泥的方法已近乎走火入魔了。

关于酒粮的神话现在也很有市场。茅台镇上的酒厂坚持酒粮必须是仁怀附近的糯高粱，但仁怀附近的糯高粱产量远远不能满足酿酒需要，于是，又宣称起码也要用贵州省的糯高粱；全国其他地方的酒厂宣称坚持要用国产高粱——实际上进口高梁可能已经超过半数。那么，进口高粱和国产高粱之间到底有那么大差异吗？糯高粱和粳高粱之间是不是有那么大差异？从科学上来看可能没有宣称的那么大，由此不难看出围绕酒粮的宣传也是有很多神话的。

近三年以来随着茅台酒价格的猛涨，市场出现了酱香酒热现象，一些神话也随之产生，在消费者中经常能够听到"我现在除了酱香酒其他酒都不喝！"，还有广告语"为什么领导只喝酱香酒？"几乎是把香型当做白酒质量的一个代名词。类似的情况在历史上也多次出现过，五粮液风靡一时的时候，也有些人说非五粮液不喝，汾酒风靡一时的时候，当时的达官显贵也是非汾酒不喝。这些神话全是在市场环节中产生的，有工艺上、生产环境上、原料上的差异基础，但最主要的还是消费者在心理上创造了一些文化幻象。

既然是幻象，总有一天要破灭而回归真实。我们提倡以科学理性的精神来对待中国白酒，从科学的角度看，中国白酒的丰富性和可变性是客观的，而且是世界独一无二的，这是其优点，应该继续传承发扬下去。对于那些获得高市场认同度的酒体特征，比如茅台酒的"12987"工艺，汾酒的"清蒸清烧二次清"，泸州老窖的"千年老窖、万年糟"，这些工艺特点都是优点，应该传承下去，但无须把它们过于夸张和绝对化。

实际上不同的酒的特点是在不同的环境下才有作用的，比如老窖，对汾酒来说就没有这个概念、是不成立的，对于茅台酒也不成立。老窖概念对于浓香酒，哪怕四川的浓香酒也未必完全成立。四川浓香酒的产量是改革开放 40 年间才逐渐发展起来的，有很多窖池是近十年甚至五年建立起来的，建立起来就投入生产，哪有那么多百年老窖？但这些窖龄比较短的窖池里生产的酒的质量也未必差！正因如此，也才有了规模化的基地，甚至用不锈钢箱来作发酵容器。也就是说，在老窖泥作为优质酒标志的浓香酒传统产地，老窖实际上也没有起到传说中那么大的作用。

当然我们并不否认老窖池的作用，比如泸州老窖股份有限公司旗下两个品牌：国窖 1573 和泸州老窖特曲，国窖 1573 按国家地理标志产品标准规定应该使用据说有 450 年历史的老窖，按照泸州老窖特曲的标准，泸州老窖特曲使用泸州老窖老窖池为发酵容器。那么国窖 1573 的各系列产品和泸州老窖的各系列产品之间的差异主要是窖池窖龄造成的吗？泸州老窖股份公司的窖池也是在不同时代修建的，窖龄 100 年的窖池和窖龄 50 年、10 年的窖池，它们酿出的酒，酒体是否有所差异？在成品酒上，能否反映出来这种差异？

总之，只有以科学的、理性的态度来对待中国传统白酒的工艺及其酒体特点，科学地解释它们的原理，才能使白酒优秀的、不可替代的特点和优点发挥出来、展示出来、传承下来，而不会因为它造成了某些幻象，最后因为否定了这些幻象而一并否定传统白酒本质上的优秀品质。

图 3-1-1 伏特加蒸馏塔 （摄影／李寻）

第三章

简说酒精

第一节
酒精的定义和酒精工业发展的概况

　　酒精的化学名称是乙醇，化学式为 C_2H_6O，乙醇和水可以互溶，人们常说的酒精就是指乙醇水溶液。[1]

　　人类酿酒的历史很悠久，从有农业文明以来就开始酿酒了，酒精是酒的一个主要组成部分。但酒精和酒不一样，人类对酒精的认识和生产与酿酒相比是很晚的事。18 世纪末首次报道了无水酒精的生产方法，但酒精生产真正的工业化是在 19 世纪末开始的，到第二次世界大战的时候，发酵法酒精的生产达到了一个高峰。

　　我国酒精工业的历史就更短了。1907 年德国人在哈尔滨建立了第一个酒精厂；1920 年福建酒精厂成立，以薯干为原料；1922 年山东溥益酒精厂投产，以甜菜糖蜜为原料；1935 年上海酒精厂成立，以进口甘蔗糖蜜和薯干为原料。这算是我国的第一批酒精厂。[2]

　　我国的发酵酒精工业发展的第一个高峰期出现在抗日战争时期。抗日战争时期，由于缺少燃料，曾经在西北和西南建立了数十家酒精厂，生产的酒精作为汽车、坦克和飞机的燃料，在战争中广泛使用。战争快结束的时候，随着中印汽油管线的建通，这些酒精厂就逐渐衰落了，其中一部分酒精厂和酒厂合并。

　　20 世纪 50 年代以后，我国开始引进苏联的三段蒸煮酒精技术，酒精工业有了一定的发展。80 年代后期又引进了西方的酒精生产技术，我国的酒精工业有了比较大的提高。

---

[1] 贾树彪、李盛贤、吴国峰：《新编酒精工艺学》，化学工业出版社，2004年7月，第1页。
[2] 章克昌：《酒精与蒸馏酒工艺学》，中国轻工业出版社，1995年1月，第3页。

　　我国酒精工业的第二个发展高峰是在 2000 年以后。2000 年以前，我国尽管有很多酒精企业，但规模都不大，最大的酒精生产企业年产量不过 3 万吨。2000 年到 2010 年的十年间，我国年产量超过 10 万吨的酒精企业已经超过了十家，其中九家企业的年产量超过了 20 万吨。这些酒精企业能够发展起来，主要是燃料酒精的使用起了重大的推动作用。

　　2008 年，我国燃料酒精的使用量已经达到了 150 万吨，成为继美国、巴西之后的世界第三大燃料酒精生产国；食用酒精产量达到了 420 万吨，其中有 50% 用于白酒的调配，另外 50% 分别用于医药、化工、食品和化妆品等领域。截至 2017 年末，中国的燃料酒精（乙醇）生产能力已经达到 288 万吨／年，大型生产企业有吉林燃料乙醇有限公司、河南天冠企业集团有限公司、中粮生化能源（肇东）有限公司等。而根据 2019 年数据，美国以 4700 万吨的年产量稳居燃料乙醇第一生产大国的位置，占全球市场份额的 54%；巴西则以 2570 万吨的年产量退居第二位，全球市场份额跌至 30%。[1]

---

①段钢：《新型酒精工业用酶制剂：技术与应用》，化学工业出版社，2010年3月，第20页。

第二节
酒精的规格和标准

不管产品原料是什么，酒精都要符合国家标准。我国目前关于酒精生产有三个标准：《中华人民共和国国家标准：食用酒精（GB 10343—2008）》和《中华人民共和国国家标准：工业酒精（GB/T 394.1—2008）》《食品安全国家标准：食用酒精（GB 31640—2016）》。

食用酒精的感官和理化要求如下：

表 3-2-1 食用酒精理化要求

项目		特级	优级	普通级
色度 / 号	≤	10	10	10
乙醇 /（% vol）	≥	96	95.5	95
硫酸试验色度 / 号	≤	10	10	60
氧化时间 /min	≥	40	30	20
醛（以乙醛计）/(mg/L)	≤	1	2	30
甲醇 /(mg/L)	≤	2	50	150
正丙醇 /(mg/L)	≤	2	15	100
异丁醇 + 异戊醇 /(mg/L)	≤	1	2	30
酸（以乙酸计）/(mg/L)	≤	7	10	20
酯（以乙酸乙酯计）/(mg/L)	≤	10	18	25
不挥发物 /(mg/L)	≤	10	15	25
重金属（以 Pb 计）/(mg/L)	≤	1	1	1
氰化物[a]（以 HCN 计）/(mg/L)	≤	5	5	5

[a] 系指以木薯为原料的产品要求。以其他原料制成的食用酒精则无此项要求。

表 3-2-2 食用酒精感官要求

项目	特级	优级	普通级
外观	无色透明		
气味	具有乙醇固有香气，香气纯正		无异臭
口味	纯净，微甜		较纯净

工业酒精的感官及理化要求如下：

表 3-2-3 工业酒精感官和理化要求

项目		要求			
		优级	一级	二级	粗酒精
外观		无色透明液体			淡黄色液体
气味		无异臭			—
色度／号	≤	10			—
乙醇（20 ℃）/(%vol)	≥	96	95.5	95	95
硫酸试验色度／号	≤	10	80	—	—
氧化时间 /min	≥	30	15	5	
醛（以乙醛计）/(mg/L)	≤	5	30	—	
异丁醇＋异戊醇 /(mg/L)	≤	10	80	400	
甲醇 /(mg/L)	≤	800	1200	2000	8000
酸（以乙酸计）/(mg/L)	≤	10	20		
酯（以乙酸乙酯计）/(mg/L)	≤	30	40	—	
不挥发物 /(mg/L)	≤	20	25	25	

从上述指标中可以看出：特级食用酒精的甲醇指标要求控制在 2mg/L 以下，普通级的也要求 150mg/L 以下。而最好的工业酒精的甲醇含量高达 800mg/L，毒性很大，不能饮用。

食品安全国家标准对食用酒精各项指标的规定，只是限定了安全底线，能够满足这些指标要求的才能作为饮料和食品使用，而指标好于这个基础上的优级、特级产品当然就更好了。

表 3-2-4 食品安全国家标准中的食用酒精感官要求

项目	要求	检验方法
外观	无色透明	取适量试样置于烧杯中，在自然光下观察色泽和状态，应透明，无正常视力可见的外来异物
气味	具有乙醇固有香气，无异嗅	用具塞量筒取试样 10mL，加水 15mL，盖塞，混匀。倒入 50mL 小烧杯中，闻其气味
滋味	纯净，微甜，无异味	取试样 20mL 于 50mL 容量瓶中，加水 30mL，混匀，然后倒入 100mL 烧杯中，置于 20℃水浴中，待恒温后品其滋味

表 3-2-5 食品安全国家标准中的食用酒精理化指标

项目		特级	检验方法
酒精度 /%vol	≥	95.0	GB 5009.225
醛（以乙醛计）/（mg/L）	≤	30	附录 A
甲醇 /（mg/L）	≤	150	GB 5009.226
氰化物 [a]（以 HCN 计）/（mg/L）	≤	5	GB 5009.36

[a] 仅适用于以木薯为原料的产品

表 3-2-6 食品安全国家标准中的食用酒精污染物限量

项目	限量	检验方法
铅（以 Pb 计）/（mg/kg）	1.0	GB 5009.12

第三节
生产酒精的原、辅料

酒精目前主要有两种生产方法，一种是以石油工业的副产品乙烯为原料的化学合成酒精法，在 20 世纪 60 年代，西方国家合成酒精技术发展，主要是乙烯的气相催化，氢化工艺出现，使合成酒精的生产能力获得极大的发展，致使在 20 世纪 70 年代初，西方发达国家合成酒精产量占酒精产量的 80% 以上，发酵酒精的生产萎缩。

另一种就是发酵酒精生产，以淀粉及其他含糖质纤维素为原料，由微生物代谢产生出来的酶制剂来糖化、酒化生成酒精。[1]

本书只介绍发酵酒精生产的方法，包括其原料和工艺。本节主要介绍的是生产发酵酒精所用的原料和辅料。

在生产工艺上，凡是含有可发酵性糖或可变为发酵性糖的物料，都可以作为酒精生产原料。目前工业生产中常用的酒精发酵主原料包括淀粉质原料、糖质原料和纤维原料三大类。

酒精发酵主原料

一、淀粉质原料

淀粉质原料是生产酒精的主要原料，可分为薯类原料、谷类原料及农副产品类原料。我国发酵酒精 80% 是用淀粉质原料生产的，其中以甘薯干等薯类为原料的约占 45%。玉米等谷物为原料的约占 35%。[2]

---

[1] 章克昌：《酒精与蒸馏酒工艺学》，中国轻工业出版社，1995年1月，第2页。
[2] 金昌海：《食品发酵与酿造》，中国轻工业出版社，2019年5月，第80页。

1. 薯类原料

薯类原料包括甘薯、木薯、马铃薯、山药等。

（1）甘薯：目前国内大多数酒精厂都采用甘薯干为原料。甘薯又称甜薯、红薯、白薯或番薯，各地叫法不一。甘薯在我国分布较广，除西藏和东北的部分地区以外，其他各省均有栽培，其中四川、山东、河南、安徽、河北等省产量较多。甘薯品种很多按照块根表皮的颜色可分为红、白、黄、紫皮等四种，按成熟期来分，有早熟、中熟、晚熟等三种。

甘薯用于发酵生产酒精在工艺上有以下优点：

①在酒精发酵过程中，甘薯原料的出酒率较高。这是因为甘薯结构松脆，淀粉纯度高，易于蒸煮糊化，为以后的糖化发酵创造有利条件。此外甘薯中脂肪含量及蛋白质含量较低，发酵过程中生酸幅度小，降低了其对淀粉酶的破坏作用。

②甘薯酿造酒精时，加工过程简单，淀粉利用率高，是很好的酒精原料。

然而甘薯做原料也有一定的缺点，比如，甘薯中树脂类物质（地瓜油子）可妨碍发酵作用，不过数量极微，作用不大。其次，甘薯的果胶含量较其他原料多一些，故甲醇生成量较大。此外，甘薯产量大却容易腐败，不易保存的特点较其他农产品显著。同时，由于甘薯含有大量糖分和水分，表皮擦伤后杂菌更易侵入。一般作物多是夏季腐败，甘薯在秋末和寒冷的冬季也易变质。

值得一提的是，甘薯病害多，主要有杂菌侵入引起的黑斑病、软腐病、青霉病等。腐败甘薯含有甘薯酮，会影响出酒率；病薯中的毒害物质会影响发酵作用，严重影响出酒率；用黑斑病薯生产的酒精食用苦味很大，严重影响酒精的品质。

（2）马铃薯：又称洋芋、土豆或山药蛋，东北、西北、内蒙地区的产量很大。马铃薯形状大小不一，有圆形、卵形、椭圆形以及不规则形。马铃薯种类繁多，一般采用工业用马铃薯作为酒精原料。

（3）木薯：木薯是多年生植物，灌木状，粗而长，多产自于我国的广东、广西、福建等南方地区。木薯所含淀粉较纯，且淀粉颗粒大，加工方便，生产的酒精质量也高。木薯是高产作物，易栽培，是酒精工业良好的原料。木薯种类多，大体分为苦味木薯和甜味木薯两大类。苦味木薯又称为毒木薯，茎秆为红或淡红色，产量高，生长期约为一年半。含较多的氢氰酸，可蒸煮后除去，不影响成品质量；甜味木薯又称无毒木薯，茎秆为绿或棕色，生长期短，约为一年，产量较低。

2. 谷物原料

谷物原料包括玉米、小麦、高粱、大米等。

（1）玉米：又称玉蜀黍、苞米、珍珠米、苞谷等，籽粒组织清晰。玉米含有丰富的脂肪，主要集中在胚芽中，属于半干性植物油。一般黄色玉米淀粉含量较白色的高，是生产酒精的良好原料，但从节约粮食角度考虑，玉米不应作为一般工业酒精原料，必须考虑替代原料。

（2）高粱：又称红高粱。高粱按色泽，可分为白高粱、红高粱、黄高粱等，按品种又分为糯高粱、粳高粱，糯高粱适合做酒精原料。高粱种皮上所含有的单宁和色素会使发酵酸度上升，进而阻碍酒精的发酵。在酒精生产中，若以黑曲为糖化剂，可减少单宁的不良影响。

3. 野生植物

野生植物原料包括橡籽仁、葛根、土茯苓、蕨根、石蒜、金刚头、香附子、芭蕉芋等。土茯苓、石蒜、蕨根、葛根、菊芋等分布广泛的植物，既可作为酒精原料，也可用于提取其他有用物质，是酒精发酵淀粉质原料良好的替代材料。但一般情况下，野生植物含较多的单宁物质，可促使淀粉糖化和发酵的酶类结合而产生沉淀，还会影响酵母活性，进而降低出酒率。

此外，还有一些农产品加工副产品，如米糠、米糠饼、麸皮、高粱糠、淀粉渣、豆饼、酒糟废糖液等，也可作为酒精工业的原料，可有效利用资源，节约成本。

二、糖质原料

常用的糖质原料有糖蜜、甘蔗、甜菜和美国甜高粱等。糖质原料可发酵成分是糖分，可利用酵母进行直接发酵，其生产酒精工序简单，成本较低，是酒精发酵的理想原料，只是制糖和其他发酵工业也都需要糖质原料，竞争激烈，所以我国糖质原料用于酒精生产极其有限。

（1）甘蔗：甘蔗是一种热带植物，生长环境要求气候湿润、温度较高（约35℃）。全球年产量超过5600万吨。甘蔗酿制酒精的酒精能量产出和投入比能效很高，约为22∶1。压榨或萃取后所得的甘蔗汁经石灰水澄清处理后，含糖约12%～13%，可直接用于酒精发酵；剩余的甘蔗渣可作为锅炉燃料或造纸，也可进一步作为纤维酒精的原料。

（2）甜菜：甜菜与甘蔗一样，都是主要的制糖原料，但比甘蔗更通用，因其适应各种土壤和气候条件。其单位面积产量可超过甘蔗。甜菜所含糖主要为蔗糖，此外还含有少量转化糖、棉籽糖、戊聚糖、淀粉及纤维素和半纤维素等碳水化合物与果胶质。

以甘蔗和甜菜为原料的糖厂的副产物为糖蜜，糖厂因此多设有以糖蜜为原料的酒精车间。

（3）甜高粱：甜高粱为高秆作物，也称"二代甘蔗"。因其上边长粮食，下边长甘蔗，所以又称高粱甘蔗。甜高粱株高约5m，最粗的茎秆直径为4～5cm，茎秆含糖量很高，可与南方甘蔗媲美。甜高粱生长适应能力极强，糖分萃取后，残余纤维可作饲料。亩产甘蔗20t，产籽种450kg。是一种很有发展潜力的糖质原料。

三、纤维类物质

植物体的主要组成部分是纤维，纤维类物质是自然界中的可再生资源，其含量十分丰富。天然纤维原料由纤维素、半纤维素和木质素三大成分组成，它们均较难被降解，长期以来人们都在研究如何利用纤维质原料生产酒精及其他化工产品。近年来，纤维素和半纤维素生产酒精的研究有了突破性进展，纤维素和半纤维素已成为很有潜力的酒精生产原料。可用于酒精生产的纤维质原料包括农作物纤维质下脚料（稻草、麦草、玉米秆、玉米芯、花生壳、稻壳、棉籽壳等），森林和木材加工工业下脚料（树枝、木屑等），工厂纤维素和半纤维素下脚料（甘蔗渣、废甜菜丝、废纸浆等）及城市废纤维垃圾等四类。用纤维质原料发酵酒精目前有较大进展，尤其是利用农作物纤维质下脚料等来生产发酵酒精，具有很大的发展潜力。[1]

酒精发酵辅料

酒精生产发酵的辅助原料是指制造糖化剂和用来补充氮源所需的原料。常用的酒精辅助原料有麸皮和米糠、酶制剂、尿素、纯碱、硫酸等。

一、麸皮米糠

麸皮作为面粉生产的副产物，淀粉含量少，不能用作酒精发酵主要原料，但它具有培养霉菌的良好特性，可作为辅料用于酒精发酵过程中制作麸曲。米糠是淀粉和谷物加工的副产物，含有一定量的淀粉和氮源，可作为酒精发酵辅助原料。

二、酶制剂

酒精生产用酶制剂有耐高温的 α - 淀粉酶、高活性糖化酶和酸性蛋白酶等。

1. 耐高温 α - 淀粉酶

广泛应用于淀粉糖（葡萄糖、饴糖、糊精、果糖、低聚糖）、酒精、啤酒、味精、食品酿造、有机酸、纺织、印染、造纸及其他发酵工业等。能在较高的温度下迅速水解淀粉分子中 α -1，4 葡萄糖苷键，任意切断成长短不一的短链糊精和少量的低聚糖，从而使淀粉的黏度迅速下降。液化作用时间延长，还会产生少量的葡萄糖和麦芽糖。其作用是与液化喷射器协同完成淀粉液化过程。大型酒精企业需选用大包装液体剂型，这种剂型的酶活力高、价格低且使用方便。

2. 高活性糖化酶

作用于将液化后的短链淀粉和糊精彻底水解成葡萄糖。商品剂型分液体和固体

---

①金昌海：《食品发酵与酿造》，中国轻工业出版社，2019年5月，第80页—第83页。

两种，其中液体剂型酶活力高且成本低，是大型企业必选剂型。

3. 酸性蛋白酶

对淀粉质原料的淀粉颗粒有溶解作用。在酒精发酵中添加适量的酸性蛋白酶，可降低醪液黏度，提高酒精产率。酸性蛋白酶目前在国内外酒精企业中应用十分广泛。

三、尿素、Na_2CO_3 和 H_2SO_4

尿素是现代大型酒精生产中常用的一种酵母菌氮源，纯品尿素为白色无臭结晶，含氮量 46.3%，30℃时溶解度为 57.2%。尿素本来是一种高效农用氮源，因其纯度高、质量稳定而成为酒精发酵生产之首选氮源。随着对酒精发酵醪液技术认识的不断深入，为酵母菌提供充足氮源。

Na_2CO_3、NaOH 和漂白粉是发酵罐、粉浆罐、液化罐、糖化罐、换热器、连通管线等清洗除菌的化学清洗剂和消毒剂。对清洗剂和消毒剂的要求是有清洗和杀灭微生物效果，对人体无害、无危险、易溶于水，无腐蚀性、且储存稳定。酒精企业常将几种清洗剂复合使用，当 NaOH ∶ Na_2CO_3 ∶ 漂白粉 ∶ H_2O 为 1 ∶ 7.5 ∶ 10 ∶ 100 时被认为是一个效果较好的配方。Na_2CO_3 另一方面的用途是调整回用清液 pH 值，使其能达到耐高温 α-淀粉酶的最适 pH 值。

硫酸（H_2SO_4）在酒精生产中主要用来调整醪液的 pH。对 H_2SO_4 的要求是，其含量在 92% 以上，砷含量不小于 0.0001%。98% 的浓 H_2SO_4 密度为 1.8365g/cm^3（20℃）。使用 H_2SO_4 时须注意安全，因其能与多数金属及其氧化物发生反应；使用不当，可造成人体皮肤和衣物的损伤。[1]

---

[1] 金昌海：《食品发酵与酿造》，中国轻工业出版社，2019年5月，第80页—第85页。

玉米原料发酵酒精生产工艺流程：

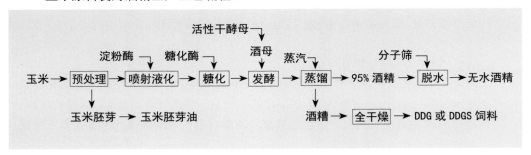

木薯原料发酵酒精生产工艺流程：

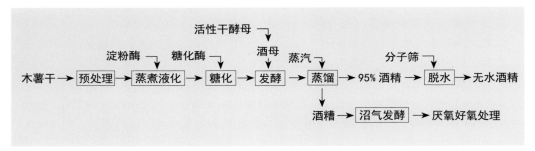

木质纤维素原料发酵酒精的生产工艺流程：

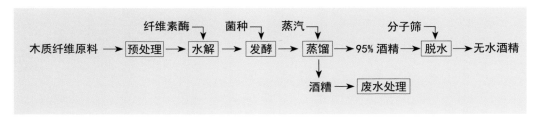

图 3-3-1 发酵酒精工艺总体流程①

①石贵阳：《酒精工艺学》，中国轻工业出版社，2020年10月，第6页—第7页。

第四节
发酵酒精生产的原理及工艺

发酵酒精生产的原理

一、乙醇发酵产生的原理

以淀粉质和糖质为原料的酒精，它的生产原理简单地说就是先进行糖化，把淀粉多糖分子水解成简单的可以发酵的葡萄糖分子，然后通过酵母菌对葡萄糖进行发酵。发酵的过程是先把葡萄糖生成丙酮酸，丙酮酸再脱羧生成乙醛，再由乙醇脱氢酶进行还原形成乙醇，整个步骤归结为 4 个阶段，12 个步骤。

这个反应式表示为：

$$C_6H_{12}O_6+2ADP+2H_3PO_4 \xrightarrow{\text{酒化酶}} 2C_2H_5OH+2CO_2+2ATP+6kJ$$

这个过程从底物葡萄糖开始到中间产物丙酮酸止，这个阶段叫 EMP（Embden—Meyerhof—Parnas pathway）。[1]

酒精生成机理的解释，也被许多中国白酒酿造教科书里引为白酒生成的理论来解释。

但是酒精和白酒的发酵底物、发酵目标、反应过程不一样，基本原理也不一样，所以用酒精理论来解释白酒的生产过程不完全合适。

---

①段钢：《新型酒精工业用酶制剂：技术与应用》，化学工业出版社，2010年3月，第83页。

二、发酵乙醇副产品生成原理

在酒精发酵过程中，除了主要产物酒精和二氧化碳之外，同时也伴随着生成了数百种发酵的副产品，其中有挥发性的物质有上百种。按其化学性质看，主要是醇、醛、酸、酯四大类化学物质。这些化学物质产生的成分，跟白酒发酵过程中产生的成分大体类似，原则上说，白酒发酵中能产生多少种成分，在酒精发酵中也会产生相应多的成分。

这些物质中有些副产品是由糖分转化，有些从其他成分转化而来。从酒精工业的角度来看，发酵生产的目标就是乙醇，其他的二氧化碳、甘油、琥珀酸、杂醇油、甲醇都当作副产品，专门在蒸馏的过程中进行分离。同时，对这些副产品的形成有一定的认识，会用工艺从发酵的时候就控制某种成分的产生。比如想控制甘油的产生，会改变甘油的酸性条件，避免产生过多、影响酒精生产率。

工艺上对待副产品的办法：首先是搞清楚产出原理之后，在发酵和蒸馏的过程中，要么控制其产量，提高酒精产量；要么增加工艺装置，把副产品分离出来。

在发酵过程中，这些其他物质成分的产生和白酒一样有很多产生机理还不是太清楚。如杂醇油，酵母菌在酒精发展过程中，会产生少量碳原子数在两个以上的高级一元醇，它们溶于高度乙醇而不溶于低度乙醇及水，成油状物故称杂醇油。杂醇油是淡黄色的油状液体，有特殊臭味和毒性，它由异戊醇、异丁醇、正丙醇以及葵酸乙酯等十多种物质组成。未经脱水的杂醇油含水量 10% ～ 17%，其余为多种酯类及其他物质。

对杂醇油的生成机理，现在还不完全清楚，它有很多机制，比如是蛋白质降解代谢机制、酮酸代谢机制。除了这两个机制还有丙酮酸和胱氨酸发生转氨基作用等等。[①]

微生物在发酵过程中的作用是非常复杂的。以酵母菌为例，酵母菌现在已经能够分离出来二三十种类酶，但是直接参与生成酒精的只有十多种，其他不生成酒精的酶在这过程中还是存在的，存在的就不可控也不用管。所以酒精里除了提取高纯度酒精之外，能认识到的几十种副产品可以提取利用。不能提取的，就是两种情况：一些极微量的就混杂在成品酒精里了，还有些是留在生产酒精后的酒糟里。

不同原料的酒精，酒精气味也是不一样的。比如糖蜜生产的酒精，它就因为含硫化合物成分种类比较多，所以有异杂味，因此糖蜜做的酒用来调酒，效果就不是很好。这些杂味有的时候设备检测不出来，但是人感官能够品尝到。

白酒是在不清楚其生成原理的情况下保留了这些乙醇外的其他物质，被称为微量成分，这也是白酒的魅力所在。发酵过程中产生有害的甲醇、氰化物已经被分离

---

① 金昌海：《食品发酵与酿造》，中国轻工业出版社，2019年5月，第91页。

处理了，包括杂醇油在白酒里曾经也作为有害物质对待。但是目前有一些有益的，或者还判断不清是有害有益的成分都保留在白酒里。白酒目前检测出的微量成分1000 多种，这 1000 多种主要是在发酵过程中产生的，因为白酒是粗馏，在蒸馏过程中没有指向性地精确分离，从而保留了下来。

酒精是搞明白主产品和副产品的基本原理后，进行有定向性的发酵和蒸馏分离手段产生的产物。而白酒是在基本上不清楚混合成分的原理，它的绝大多数组成部分的生成原理是不像酒精那么清楚，在这种状态下，生产出来的是混合的复杂胶体溶液。

发酵酒精的生产工艺过程

酒精生产工艺大致分成七个部分，研磨、液化、糖化、发酵、蒸馏、分离、干燥。

一、研磨粉碎

研磨粉碎就是把整粒的原料，如粮食原料中的玉米，要把它粉碎，这里的粉碎和酿造白酒差不多，目前一般工厂粉碎的标准是粉碎度在 25% 以下的原料达到 95%以上。

粉碎程度比白酒看来要更大一点，粉碎的目的也是为了更好糖化，粉碎后的材料在输送过程中有机械输送和气流输送两种方式，现在有规模的工厂都用气流来输送。

二、液化（水热处理）

液化就是加水使原料液化，目的也是使淀粉进行溶解，便于下一步的糖化。

液化的方法有很多种，因为在 120℃的时候，淀粉就开始溶解，但是要使植物细胞壁的强度再减弱，需要更高的温度。所以在整理原料水热处理的温度，有的高达 145℃～ 155℃；如果植物细胞已经破碎，那么水热处理的温度在 130℃就够了。

水热处理过程中起的作用，跟白酒生产的前端步骤也是类似的，α - 淀粉酶和水渗透细胞壁进入淀粉颗粒内部，淀粉分子链发生扩张，体积膨胀，淀粉分子间作用力减小，淀粉颗粒分开，这个过程叫作淀粉糊化。糊化的淀粉在 α - 淀粉酶的作用下水解为糊精、低聚糖等等。

液化的过程有常压处理和高温处理两种方式，近些年随着新的水热处理工艺，如喷射液化工艺、无蒸煮工艺不断涌现，水温要求可以下降，有的降到蒸汽温度100℃左右就可以了。

三、糖化

糖化就是已经被液化的醪液加入糖化酶，经过糖化酶把糊精和低聚糖进一步水解成葡萄糖的过程。

所谓的酶是由活细胞产生的、催化特定生物化学反应的一种生物催化剂，所谓酶制剂就是使酶经过提纯、加工后具有催化功能的生物制品。酶目前还是由生物细胞或者微生物提纯制取的。

现代发酵工业科学原理认为发酵就是糖化、酒化最后转化成乙醇的过程，第一个阶段使用的酶，就把淀粉部分或者全部转化为葡萄糖等可发酵糖的功能这个过程称为糖化，糖化剂就是糖化酶。包括 α-淀粉酶、糖化酶、普鲁蓝酶、酸性蛋白酶、纤维素酶/半纤维素酶、果胶酶，还有复合酶等等各种酶制剂。

我国的糖化酶主要产生于曲霉、根霉和毛霉。曲霉还包括黑曲霉、白曲霉、黄曲霉、米曲霉等等。现在菌种著名的有东京根霉（也叫河内根霉）、鲁氏毛霉和爪哇根霉等。[1]

四、发酵，也叫酒化

发酵就是把葡萄糖转化成酒精的过程，这个过程现在有些工厂糖化和酒化同时进行，边酒化，边糖化，在其中起作用的主要是酵母菌无氧发酵，密闭起来在发酵罐里进行。

把糖变成酒的过程中起作用的微生物是酒精酵母，目前主要用的是活性干酵母。活性干酵母是用特殊培养的鲜酵母经压榨、干燥、脱水后还保持强的发酵能力的干酵母制品。把压榨的酵母挤压成细条或小球状，利用低湿度的循环空气经流化床连续干燥，使最终发酵水分达 8%，并保持酵母的发酵能力。经常使用的酵母菌株有南阳酵母（1300 和 1308）、拉斯 2 号酵母、拉斯 12 号酵母、K 字酵母、M 字酵母、日本研发 1 号、卡尔斯伯酵母等等。[2]

干酵母也是通过代谢出来的酶才实现了酒精的转化，它代谢出来的酶有二三十种，其中跟酒精相关的有十多种。跟酒精相关的两类，一类是水解酶，一类是糖-酒转化酶。水解酶就把二糖或者多糖水解成单糖的酶，有蔗糖酶、麦芽糖酶和肝糖酶。而糖-酒转化酶是对参与酒精发酵的各种酶和辅酶的总称。主要包括己糖激酶、氧化还原酶、烯醇化酶、脱羧酶和异构酶、变位酶等等，这些酶都是胞内酶。在这些酶的作用下，糖才逐步被转化为酒精。

---

[1]段钢：《新型酒精工业用酶制剂：技术与应用》，化学工业出版社，2010年3月，第53页—第59页。
[2]金昌海：《食品发酵与酿造》，中国轻工业出版社，2019年5月，第85页。

酒精的发酵时间和白酒相比短多了，约在 36 ～ 50 小时，醪液中的酒精浓度达到 12% ～ 18%。

达到这个浓度之后就可以进入下一个环节蒸馏。

五、蒸馏

蒸馏就是把主产品酒精从发酵成熟醪液中提取，并且进一步提纯的过程。提取叫粗馏，提纯叫精馏，之后得到可以高达 96°的成品酒精。

我们前面讲过酒精在发酵的过程中产生了近百十种其他副产品，这些副产品有明确经济价值的，也会通过蒸馏装置提取出来，所以整个酒精工业的蒸馏装置是有几个具有不同功能的蒸馏塔组成的蒸馏系统，这样才能完成把浓度 12% ～ 18% 的酒精溶液提纯到 96% 的成品酒精的过程。同时把其他需要提取的物质如甲醇、杂醇油等，通过不同的塔或者塔上不同的装置提取出去。

常用的蒸馏塔包括醪塔、粗辅塔、水萃塔、精馏塔、脱甲醇塔、含杂馏分处理塔等，现在多数先进企业都用八塔或者至少是六塔的设备装置。通过蒸馏方式把副产品也提出来，而且达到一定的纯度加以使用（参见本书第 90 页酒精蒸馏塔系统示意图）。

六、分离

分离就是把液体和固体分离开。这主要是对下脚料的处理，蒸馏后的醪液里面的酒精和其他有价值的副产品提出来，废液要达到工业排放的标准。而且里面还有一些固形物酒糟，也要把它分离出来，这些固形物有些还是有用的。

这里还要提一个产物就是它的酵母，有些鲜酵母还是有活性的，把它提取出来可作为面包发酵酵母使用。

七、干燥

分离之后的固形物进入第七个环节。把它干燥再压缩，这样压缩的酒糟可以做饲料，有的还可以作为其他工业的原材料来用。

酒精生产与白酒生产在科学原理和工艺上的不同

通过上面的介绍我们可以看到，酒精生产是以乙醇为主要产品，其他产品作为副产品有指向性的精细分馏过程。它的主产品是成分单一的乙醇。它的副产品也是单一成分，杂醇油就是杂醇油，甲醇就是甲醇，甘油就是甘油，各有各的用处，且都有专门的分馏提取设备。

而白酒不是这样的，它的主体成分虽然说是酒精，但是它的呈香呈味物质是酸、酯、醛、醇等等一些其他物质,它的形成机理并不像酒精这么清晰,但是都保留在酒里。而且白酒的目的就是要把这些微量成分保留在酒里,所以白酒不是一个简单的水溶液,它不是真溶液,它是不同成分组成的一个胶体溶液,要保留很多其他成分。

在酒精发酵过程中,主要就追求酒精,所以发酵时间短,36 个小时到 50 个小时就够了,使酒精达到醪液浓度的 12% 到 18% 的高度。白酒是固态发酵,白酒的糟醅里的酒精含量低的才 5%,高的也就 10%,白酒发酵时间短的清香型白酒也要 28 天,浓香白酒要 60 天,专门制作的调味酒需要更长的发酵时间,有的高达数年。

在白酒的发酵过程中,产生乙醇的时间大约在发酵的前 10 天就完成了,如要是发酵 60 天的话,那有 50 天的时间已经不是产酒精,而是生产白酒中的其他微量成分的过程,这在白酒生产中叫做生香的过程,也就是产生其他的酸、酯、醛、醇等微量成分。白酒生产的大部分时间是在生产其他呈香呈味物质,生产目的不一样导致了白酒和酒精工艺上的不一样。

由于原理和工艺都不同,白酒和酒精最后落实到成品的成本上就大不一样。酒精的原料不像白酒那么讲究,因为不讲究风味,只想着成分,所以就算是用粮食做原料,以燃料酒精为例可以用陈粮。而白酒如果用陈粮,酒就很不好喝,酒质不合格了。所以酒精原料品质比白酒要求要低,但它生产的效率高。

白酒要产生各种未知、复杂的成分,糖化剂和酒化剂是大曲。大曲里面酶、微生物什么都有,是一种复杂的混合物,它的效率要低,生产时间长。根据 2008 年的资料,当时市场上的谷物类的发酵酒精成本价格是 5000 块钱一吨,糖蜜酒精会更便宜点,而货真价实的固态白酒起码也得 5 万块钱一吨,优质白酒原酒的价格更高。

价格相差十倍,酒精的价格优势、成本优势,是酒精作为液态酒和固液酒等新工艺酒基酒使用的重要原因。

第五节
酒精及其副产品的用途

酒精的用途

酒精工业是基础的原料工业，酒精按用途主要分三方面：食用酒精、燃料酒精、医用酒精。

一、食用酒精

在食品工业中，酒精可以配置各种白酒（固液酒，固态酒），主要是果酒、葡萄酒、露酒、药酒，也是生产食用醋酸及食用香精的主要原料。

二、燃料酒精

就是把酒精当作一种燃料，添加在汽油里进行使用。目前我国燃料酒精的生产能力已经达到了近 300 万吨，居世界第三位。但是关于燃料酒精能否扩大发展还是有不同的看法。我国发展燃料酒精主要是处理存粮，以储备粮库已经陈化的旧粮作酿造原料。但如果要是把酿造酒精作为一个主要的能源目的的话，也有专家计算对土地和对其他资源的压力，有些得不偿失。

所以尽管燃料酒精在发展，但是它的规模，也是得到一定控制的。

三、化工医药方面的使用

写作本书时，我们还处在新冠疫情的防控中，全民都知道了酒精的作用。75%

浓度的酒精对微生物蛋白质，有非常强的凝固变性作用，是理想的消毒、防腐、灭菌手段。酒精与碘制成的碘酊，也是外伤、手术常用的消毒剂。

生物化工制药的过程中，酒精也是提取酶制剂、DNA 和 RNA 的有效沉淀剂。

酒精还是优良的防冻、降温介质。乙醇和水的质量比为 105∶100 时，混合液温度降到零下 30℃ 不结冰，以此低温给发酵罐夹层降温效果特别理想，如微型啤酒发酵降温就用这个方法。人们常用的汽车玻璃水，就是加了一部分酒精，根据酒精量的不同，适合在不同温度下使用。

在化学工业上，酒精还是生产乙醛、乙酸、乙醚、聚乙烯、乙二醇、合成橡胶、聚氯乙烯、聚苯乙烯、氯仿、冰醋酸、苯胺、酯类、环氧乙烷、乙基苯、染料、树脂以及农药等的重要原料之一，也是生产油漆和化妆品不可缺少的溶剂。

酒精副产品的作用

酒精发酵过程中产生的副产品，凡是提取的都是有经济价值的，简单介绍如下：

一、二氧化碳（CO_2）

酒精发酵的二氧化碳的理论得率是酒精得率的 95.6%，在连续发酵的情况下，70% 的二氧化碳是可以回收利用的。[1]白酒发酵过程中也有二氧化碳产生，但是没有规模化地去利用。

CO_2 现在用于食品工业，比如造汽水、软饮料、汽酒、香槟酒等等；在工业方面还可以用在焊接铸造工业、金属切割工业和工业动力方面；现在制备高级的膨化烟丝，也需要大量高纯度二氧化碳。

在化工上的二氧化碳还可以用来生产纯碱和轻质的碳酸钙。

二、杂醇油的利用

在酿酒中要控制杂醇油的含量，多了会使神经系统充血带来头疼等不舒服、难受的感觉。但是杂醇油提取出来可以用作测定牛奶中脂肪的试剂，有些酯类还可以用于制造油漆和香精。还可以作为燃料的添加剂和工业溶剂，杂醇油的获得率一般是工业酒精产量的 0.3%～0.5%。

三、醛酯馏分的利用

在酒精生产中，醛酯馏分是作为头级杂质提取的，一般可以作为油漆颜料、变

---

①金昌海：《食品发酵与酿造》，中国轻工业出版社，2019年5月，第109页。

性酒精和其他化工品使用。

有的酒精精馏的过程中，不提取醛酯馏分，把它再回入粗馏塔，或者再回到发酵罐中。这种做法可以减少发酵过程中的一些产物，比如甘油、醛类、酯类的生成，可以提高 1% ~ 2% 的出酒率。

四、酒精酵母的回收使用

每立方米的酒精发酵成熟醪液中含有 12kg ~ 18kg 的鲜酵母，把发酵成熟醪液初步分离出酵母乳液，经过反复水洗，离心分离压榨后可以得到压榨的干酵母。

不是所有的酒精酵母都可以再去发酵面包，面包酵母和酒精酵母虽然同一种，它们有一些特殊的性能，面包酵母相对酒精酵母来说，对麦芽糖和葡萄糖的发酵能力强，但产酒率不高。面包的酵母在面包团中的代谢是以有氧代谢为主的。

糖蜜原料发酵的酵母仍具有较强的麦芽糖、葡萄糖发酵能力，可以供面包厂或者家庭使用。而淀粉酶原料的酒精酵母一般是不能再做面包酵母使用。

用酒精酵母还可以生产别的东西，如核糖核酸和核苷酸，在医药食品、农业部门都有重要的用处。

五、酒糟

酒糟经过分离之后，目前主要是作为饲料使用，但也有报道说酒糟可用于其他行业原材料（如建筑材料）使用。

第四章

新技术、新工艺、新型白酒

第一节
概 述

　　先简单回顾一下本书前面的内容。第一章，介绍了目前关于中国白酒好酒和差酒的标准，好酒就是纯粮固态大曲发酵的白酒，也叫传统白酒；差一点的酒就是新工艺酒，具体来说就是固液酒和液态酒。第二章的标题是中国传统白酒工艺详解，详细介绍了纯粮固态大曲白酒（传统白酒）的生产工艺过程。第三章介绍了酒精的生产原理和工艺过程。前三章的重点是说明"酒精不是酒"这个重要概念，差酒其实就是以酒精为基酒，再添加一部分固态酒或者其他的香精、香料（也叫食品添加剂）生产出来的所谓新工艺酒（2022年6月以后执行的相关新国家标准，规定不能往固液酒和液态酒中添加香精，食用酒精也只能使用谷物为原料的，但是新工艺酒的本质是食用酒精为原料，这一基本属性没变）。因为酒精是新工艺酒的重要原料，所以专门用一章的篇幅介绍酒精的生产原理和工艺。

　　在中国古代，白酒没有一个标准的等级分类制度，大致按照人们的品饮习惯和当时的消费现状来区分酒的等级，基本按地区来区分，如清代比较好的酒就是汾酒，当然各地也都有各地的地方名酒。那时候酒质的优劣，按照现在的科学理解来看，可能主要还是酒精度含量高低的差别，所谓的差酒或者假酒，就是兑水多的酒。这种区分方法在西方也通用，据说大航海时期，水手们评价酒的好与坏，标准就是看能不能点燃，点不燃的酒就算是差酒，实际上也是根据酒精含量的高低来做判断。

　　20世纪50年代以后，中国出现了比较规范的白酒品评制度，有了标准的等级划分，但这个等级划分主要是基于纯粮固态大曲发酵的原酒做出来的，各个香型的国家标准里的等级划分针对的是原酒，也包括降度的固态酒，而且，标准中都规定不能添加白酒发酵之外的呈香呈味物质。

但是，20世纪90年代以后，由于勾兑技术的出现和深入发展，使得按照国家标准里对酒体做的分级判断与成品酒脱钩了，用低一个等级的酒普遍可以勾兑出和高一个等级的酒类似的风格特征，并且按高一个等级的酒来销售，已成为普遍的现象。所以现在（2022年），我们可以看到在酒瓶酒标上标注的同样是一个等级的优级酒，从三四十元一瓶到一千多元一瓶的都有，原酒等级的实质意义已经被空心化了。

现在评价酒体优劣的实际标准，无论是酒界的专家、生产者，还是销售者，包括有相关知识的消费者已经达成共识，好酒就是纯粮固态大曲发酵的酒，差一点的酒就是固液酒和液态酒，根据固态酒在勾兑中的比例再来衡量固液酒的等级，即"固液比"，固态酒比例高的，比如占70%以上，就算是好一点的酒，固态酒比例在40%以下的，就是差一点的酒。

为什么会出现差酒？出现的根据是什么？这是本章要详细加以探讨的问题。需要强调的是，好酒和差酒的这种划分不只是中国如此，实际上其他国家的蒸馏酒也是如此，差酒和好酒的标准，对全球以谷物为原料的烈性酒来讲，基本上是一致的，那就是：好酒就是酿造酒，差酒就是酒精酒。同时还要强调，差酒本质上是现代科学技术的产物，牵扯到科学技术发展对白酒影响，更广泛来说是对传统发酵食品的复杂影响。本章最后要对此问题做深入、辩证的探讨。本章的主旨是要讲明白差酒是怎么产生的，它的理论依据、技术手段和工艺措施是什么，与之相关的各种概念出现于不同时期，但在目前的市场上同时存在，很多白酒消费者一时难以区分清楚，本章将梳理这些概念的由来和它们的实际含义，大致分成以下几个方面来讲述。

新技术、新工艺和新型白酒的关系

所谓新技术，是指针对古代流传下来的传统技术而言，以现代科学理论为基础、在白酒生产中发展出来的新的工程技术手段。这些新技术大体上包括两个方面：一是跟发酵相关的技术，发酵方面的新技术基于现代的微生物学和生物化学发展而来；二是在白酒生产过程中一些设备的现代化，如发酵容器，原来普遍是石窖或泥窖，现在出现了不锈钢的发酵槽；原来的储酒容器基本上是陶罐和酒海，现在广泛使用的是大型不锈钢酒罐。在生产过程中还牵扯到机械和动力方面的一些重要变化，现在绝大多数有规模的酒企，以电为动力的新设备和新技术已被广泛运用，大部分采用机械化甚至自动化的生产，包括起糟用的行车和抓斗，摊晾用的摊晾机，粉碎酒粮和曲粮的粉碎机，灌装酒用的灌装机，等等。在蒸馏方面，已经普遍取消了明火加热的传统直火加热方式，而使用蒸汽锅炉。在2000年以后，规模酒厂全部改用天然气的锅炉，不再使用以前的煤锅炉。这些新的技术手段，刚开始常以新的探索方式出现的，有的新技术使用了之后被更新的技术取代了，只留下了一些名称和术语，有的新技术承继了下来，固化为规范的生产流程，形成了固定的生产工艺。

新的技术、新的工艺现在还在不断的变化过程中，从 20 世纪 50 年代到现在这 70 年左右的时间里，中国白酒行业的技术革新发展速度飞快，出现了多次迭代性的变化，使酒体风格也发生了剧烈的变化，新技术集中体现的最后结果是出现了新型白酒这个概念。新型白酒也叫新工艺酒，说来也比较简单，就是以酒精为基础，勾兑了固态酒和食用香精、添加剂等呈香呈味物质生产的白酒。还有串蒸的酒，也属于新型白酒这个范畴。

麸曲、酒母、糖化酶、干酵母

下面简述在发酵方面新技术、新工艺出现的主要过程。

酿酒是一种古老的技术，但是对于酒精的认识和酿酒原理的认识，是在现代科学出现以后才发展出来的。

1680 年，荷兰的科学家列文虎克研制出了能放大 200～300 倍的显微镜，直接看到了微生物。1861 年，法国的科学家巴斯德发现发酵的真正原因是微生物在里面发生某种作用，此后巴斯德对酿酒、制醋、做奶酪的微生物活动持续做了长达 20 多年的研究，但巴斯德只是发现了微生物活动的作用，没有使用菌种分离、纯种菌的培养技术。

1880 年，德国医生科赫发现通过稀释法可以把微生物菌种分离出来。科赫现在在中国的知名度比较高，新冠疫情使我们知道了德国的科赫研究所，很多人了解到了他发明了纯种菌技术。与科赫同时期的丹麦科学家汉逊，也发明了类似啤酒酵母的纯种菌培养方法，稍晚有人就用这个方法培养出了啤酒酵母，这种酵母就叫汉逊酵母，是目前仍在普遍使用的一种酵母菌。

1897 年，德国科学家布希纳发现酒精发酵过程不是微生物直接起作用，而是微生物通过代谢产生的酶起作用，他把发现的这种有发酵力的物质称为酒化酶，由此他把微生物的生物活动和酶化学结合了起来，现代酶制剂和酶科学的理论基础就此出现。

微生物学和酶科学的出现与发展，使得酿酒从 20 世纪初期开始走上了纯种菌培养和酶制剂参与反应的过程，这也是中国白酒后来出现麸曲、酒母、糖化酶和干酵母的科学基础。

但发酵工业的真正发展是青霉素的发现与利用。1928 年英国的科学家弗莱明发现了青霉素。在二战期间青霉素投入产业化，1941 年以后，用扁瓶做容器，湿麦麸作为主要培养基，实现了青霉素的量产。青霉素的发展带动了其他上百种抗生素的发酵工业的发展。

总结起来，在 20 世纪基于微生物学和生物化学对酿酒的过程解释如下：先是通过酶（植物里本身就有的，比如麦芽）将植物的淀粉水解成可供酵母菌代谢用的、可发酵的单糖，也就是葡萄糖。葡萄糖再被酵母菌代谢，但在此代谢过程中，也不是酵母菌直接起作用，而是酵母菌代谢出来的统称为酒化酶的多种酶把葡萄糖再代谢成酒精，这个过程叫酒化（关于这个过程，本书第三章已有比较详细的介绍）。

这里面有一个潜在的观念而且影响深远，我们这里先提一下，后面还会详细探讨。按照微生物学和生物化学的观念，酒被理解成了酒精的水溶液，酒精在发酵过程中产生的其他物质和酒无关。但酒精和酒其实不是同一种物质，把酒等同于酒精是当时科学认识的一个重要的局限，即把酒简单地理解为是酒精一种物质，而它在发酵过程中产生的上千种其他物质被忽略了，按照这种观念的理解，喝酒就是喝酒精，其他的物质不是它的主要生产目的。和酒精（乙醇）不一样的其他物质作为酒精的副产品被提取出去，由此，滋味丰富的酒变成了品种单纯的酒精水溶液，这是一切现代劣酒产生的思维根源。

为提高酒精的产出率，围绕着糖化和酒化发展出了很多新的技术手段。

第一个技术手段是菌种的培育，既然糖化和酒化这两个过程是生产酒精的最重要的生物环节，首先就要找出来哪一种菌种的糖化效率最高，经过反复的研究探索，培育、发展出来了纯种菌的培育技术，用于糖化的菌种包括霉菌、曲霉菌、黑曲霉等，酒化的菌种就是酵母菌。在生物工程里把这种对生产目标起直接作用的微生物叫作功能微生物。

但微生物不能独立存在，它必须依存某一种营养基才能存在，这个营养基在生物工程学上叫培养基。选出来的菌种放大、生产的时候需要有培养基，在这个过程中出现了两个新的技术手段：一个是麸曲，一个是酒母。

麸曲是以麸皮为原料，蒸熟后接入纯种曲霉菌或其他霉菌人工培养的散曲。麸曲主要起糖化作用，酒化还得靠酵母，培养出来的第一批酵母叫酒母，其培养基为液态。酒母的标准定义是指含有大量能将糖类转化为酒的酵母菌人工培养液，它和酵母概念有别，酵母是个体的微生物酵母菌，酒母是用液体来作为培养基，可以蓄积大量的酵母菌。在这个基础之上出现的麸曲酒工艺，实际上是基于酒精生产理论的一种理解和操作。中国白酒传统的大曲起糖化剂和酒化剂的作用，而麸曲酒是以麸曲作糖化剂，酒母做酒化剂，对传统白酒生产工艺进行了改造。酒粮还是按照固态发酵的操作进行，只是在原本应该添加大曲的环节添麸曲和酒母完成糖化和酒化的过程后再进行蒸馏。

我国的麸曲酒，从 1950 年开始实验，1952 年从二锅头开始进行麸曲酒的生产，

1955 年在山东烟台搞试点，1956 年出版了"烟台酿酒操作法"，1963 年在全国推广。烟台酿酒操作法对白酒的影响非常大，当时麸曲的推广率几乎占了全国白酒生产的 70% ～ 80%。[①]

麸曲和酒母当时都是酒厂自己生产的，但这两个生产工艺环节耗费的时间多，工作也比较复杂，20 世纪 60 年代以后逐渐发展出来了糖化酶，糖化酶出现后，不用直接用霉菌来进行糖化，而是采用 α - 淀粉酶、β - 淀粉酶、葡萄糖苷酶等各种酶制剂来进行糖化。这些酶制剂由专门的生产加工企业生产，用微生物代谢出来的产物——酶直接提炼并保存下来。这些具有活性的酶制剂，统称为糖化酶。我国在 1965 年在全国进行专业的糖化酶生产，到 2008 年前后，糖化酶基本上代替了麸曲，使用麸曲的酒也比较少了。[②]

同样，用培养液来保存酵母菌也有很多不方便的地方，因此逐渐发展出来了把酵母菌种和淀粉等其他原料混合吸水进行干燥处理，制成活性干酵母的工艺。这种干酵母呈固态的粉末状，在使用的时候加水活化，酵母就可以恢复其活性。如此操作使得酒厂再不用通过复杂的工艺去培养酒母，直接采购干酵母就可以完成发酵过程。

从技术上讲，糖化酶和干酵母是麸曲和酒母的升级产品。我国从 20 世纪 80 年代末开始使用活性干酵母，90 年代中期已经发展成新的产业。到 2021 年为止，糖化酶和干酵母的使用已经比较普遍，普遍用于生产普通白酒，即便生产优质白酒的有些酒厂也要在生产过程中添加一部分糖化酶和干酵母。以至于大曲也有了新的一个分类方法：第一种是传统大曲，完全靠网罗野生、复杂的多菌种形成的曲块；第二种是强化大曲，即在大曲里加一些纯种菌；第三种就是纯种菌大曲，也叫纯种大曲。

按上述技术路径生产出来的酒首先是麸曲酒，麸曲酒之后就是糖化酶和干酵母生产出来的酒。生产麸曲酒时是大张旗鼓进行的，酒瓶酒标上印着"麸曲"的字样，而现在采用糖化酶和干酵母生产的酒，很少有酒的酒标上会注明，而且酒厂多不公开承认。在技术发展过程中，20 世纪 60 年代中后期到 80 年代初期，有一些酒厂试验性地进行过液态发酵方式的液态白酒生产，但现在基本上没有了；在 20 世纪 80 年代中期还探索过生料酿酒，后来也没有发展起来。

按上述技术路径和工艺生产出来的酒，酒质比较差，无论是麸曲酒还是糖化酶酒，和传统固态大曲酒相比的话都谈不上是优质酒，传统大曲固态酒是优质酒，麸曲酒和糖化酶酒被称作普通白酒。

---

①沈怡方：《白酒生产技术全书》，中国轻工业出版社，2007年1月，第396页—第397页。
②黄平：《生料酿酒技术》，中国轻工业出版社，2001年10月，第87页—第93页。

新型白酒的科学和技术基础

从广义上讲，麸曲酒和糖化酶酒都属于新工艺酒的一类，但现在这些酒已经比较少了，很少有成品酒在酒标上标明自己是麸曲酒。现在的新型白酒是指直接用酒精、香精和固态酒勾调出来的液态酒和固液酒。液态酒和固液酒主要是基于分析化学和风味化学的科学发展而产生的。所谓分析化学就是用仪器设备分析酒里面的微量成分，从 1963 年起，我国开始用纸层析法分析微量成分，到 20 世纪 90 年代中期随着气相色谱仪的广泛使用，从酒里面分析出来了 100 多种微量成分，出现了对酒体风格的风味化学的解释，认为酒体之所以出现香气、口感的差异，是其所含的微量化学成分的性质和数量比例不同而导致的。按照风味化学的理论来看，酒体之所以呈现出某种香气或口感，无非是某一种化学成分在起作用，如酸类、酯类、醛类和醇类等等。

有的学者根据不同微量成分在酒里面的含量提出来了色谱骨架成分、协调成分和复杂成分三个分类方法。色谱骨架成分决定了酒体的主要风格，比如清香型的酒，主要是乙酸乙酯作为主要呈香物质，浓香型的酒是己酸乙酯作为主要呈香物质，同时还出现了很多相应的其他物质的配比，各种配方都出现了。

风味化学的出现，导致人们在生产上对于酒精的使用更加大胆，既然按照标准的液态发酵和液态蒸馏的方法能高效率生产出来酒精，酒精再变成有传统风味的白酒，无非是添加各种香精、各种呈味物质而已。由于有这个理论基础的支持，就出现了勾兑理论。在第二章讲中国白酒勾兑环节的时候，我们说勾兑技术是一个新技术，是传统工艺所没有的。勾兑分成两步，第一步是酒勾酒，还可以放到传统酒的范畴之内，但如果使用了添加剂，就已经完全是现代独有的新技术了。

酒精的规模成本优势使液态法发酵白酒的尝试戛然而止。酒精生产有成熟的生产工艺，特别是 20 世纪 80 年代以后引进了国外的先进酒精生产技术，国内酒精的品质大幅度提升，随之食用酒精的品质也提高了，在这个基础上就出现了所谓的液态酒，2022 年 6 月生效的新国家标准称为调香白酒，即在食用酒精里加入各种呈香呈味物质。好一点的在酒精里再加点固态酒，这种酒叫固液酒，固液酒的标准是固态酒的比例必须在 30% 以上。这两种白酒是目前白酒市场上的主流酒，但即便是加入了 60% ～ 70% 左右的固态酒，无论是白酒界的专家还是消费者都能够识别出来，这种酒的风味品质不如固态酒。当然，也有专业教材说固态酒里加 30% 的酒精，酒的品质比原来的纯固态酒还要好，[1]这种说法也暗示了白酒市场上的纯固态酒可能已经所剩无几。

根据赖高淮先生在《新型白酒勾调技术生产工艺》一书的介绍，国家规划新型

①辜义洪：《白酒勾兑与品评技术》，中国轻工业出版社，2015年1月，第122页。

白酒即固液酒和液态酒的比例应该达到市场的95%。另外，据张嘉涛先生主编的《白酒生产工艺与技术》（2014年版）一书里介绍，市场上的大曲酒不到1%。市场上固液酒和固态酒存在的比例，最保守的估计也是95%左右。这些数据能写到教科书里，想必都是有一定的依据的。

固液酒和液态酒是标准的差酒。另一种比较差的是串香白酒，用酒精把已经取过酒的固态酒的酒糟复蒸一下，把酒糟里的复杂成分带到酒精里，串蒸之后还要进行勾调。串蒸酒有了一部分固态酒的风味物质，但是它的微量成分的比例和固态酒是无法相比较的。串蒸酒在市场上也占有很大的一个份额，不过到底多大比例，无从知晓。

这里特别要强调的是勾兑技术的作用，勾兑就是把各种不同来源的酒混合在一起，这种混合使酒的来源模糊化了，酒之间的界限也模糊化了，不管你是固态发酵出来的酒，还是酒精勾调出来的酒；不管是用纯大曲做出来的酒，还是糖化酶做出来的酒，当它们混合在一起之后，就很难再区分它们的来源。市场上的成品酒通过勾兑之后，很可能是混杂了各种来源的酒，最简单的一个现象就是麸曲酒可以作为调味酒放在固态酒里来使用。如此一来，这酒到底是大曲酒还是麸曲酒，界限就变得模糊了。所以对于专业的选酒师来说，非常重要的工作是先区分出来酒的工艺来源，到底是纯粮固态的酒，还是麸曲酒；是糖化酶酒，还是固液酒，把这些基本工艺区分出来，才能判断出来酒质的高下。

生产设备的现代化

生产设备的现代化开始于20世纪50年代，飞速进步是在20世纪80年代以后，到现在已经发展到了一个新的阶段，向智能化和无人化方向发展。

生产设备的现代化对酒体也有影响。比如酒粮粉碎，现在用粉碎机粉碎的和过去石磨粉碎酿出来的酒的风味口感是不一样的；现在大窖池里采用行车、抓斗操作发酵的酒和人工手工取出酒醅的酒风味口感也不一样；快速降温摊晾的酒和那种自然冷却摊晾的酒，风味口感也不一样。但是这些方面所引起的差别目前还没有引起广泛的重视，可能未来随着人们对固态酒品质追求的回归，纯手工的这种概念可能会被一些酒厂采用，比如洋河酒厂现在就在生产出来"手工班"这么一种高端酒。

生产设备的现代化对酒的好处是提高了生产效率，降低了劳动强度，使酒的产量可以快速地放大。现在白酒企业与20世纪50年代以前的白酒作坊相比有天壤之别，现在大型白酒企业一年生产1万吨至10万吨酒，以前的作坊一年生产几十吨酒就算是大的作坊。

小结

当我们对差酒产生的过程有了基本了解之后，就明白了它实际上是在现代科学理论基础上产生的一些新技术和新工艺，这种新技术和新工艺和生产酒的企业追求规模化、放大产量、降低成本、提高效益的诉求是吻合的。在计划经济时期，国家有宏观政策的要求，就是降低粮食的消耗量，提高出酒率；在市场经济的情况下，酒企作为独立的市场主体也追求低成本，高效益。所有的新技术，包括发酵方面和生产设备方面的技术，无不具有降低成本、增加效益、放大产量、扩大规模的功能。企业的经济动力和新技术、新科学理论的耦合及共同作用，使得新型白酒发展成为消费市场上的主体酒，而且和公认的传统优质固态大曲酒混杂不分。之所以出现这种情况，在科学上，与将酒精等同于酒的认识误区有关，也和市场信息不透明，消费者和生产者信息不对等有关。我们在本章最后一部分会从纯科学理论的角度，对这些问题做些探讨，也会探讨生产信息如何更加透明，使消费者能在充分了解酒体信息的基础上，明明白白消费。

第二节
与酿酒有关的微生物

微生物的定义、分类和作用

现代主流科学理论认为酒是微生物作用于粮食或者水果的糖，通过生物代谢、化学作用生成酒精的过程。需要特别说明的是，酒精不等于酒，虽然是基本的科学常识，但主流酿酒理论还是把酒精的产生理论等同于酒的产生理论，因而研究的酿酒微生物，其实是和酒精产生有关的微生物，出于这种视角获得的对酿酒微生物的认识，有很大的局限性，但目前的主流认识如此，我们只能在这个有局限性的认识基础上介绍与酿酒有关的微生物。

微生物是指一大类个体微小、结构简单、形态多样，需要借助显微镜才能看见的微小生物类群的总称。通常包括病毒、细菌、真菌、原生动物和其他藻类，大小特征见下表。当然也有例外，有些真菌子实体和蘑菇等一般肉眼可见，有的能长到几米高。

表 4-2-1 微生物形态、大小和细胞类型

微生物	大小	细胞特征
病毒	$0.01 \sim 0.25\,\mu m$	非细胞的
细菌	$0.1 \sim 10\,\mu m$	原核生物
真菌	$2\,\mu m \sim 1m$	真核生物
原生动物	$2 \sim 1000\,\mu m$	真核生物
藻类	$1\,\mu m \sim$ 几 m	真核生物

大多数的细菌、原生动物、某些藻类和真菌是单细胞的微生物，即便是多细胞的微生物，也没有许多的细胞类型，病毒甚至没有细胞结构，只有蛋白质外壳包围着的遗传物质，必须依赖宿主细胞生存。

现代显微研究技术发现微生物的细胞核有两种类型：一种是没有真正的核结构，称为原核，细胞不具有核膜，只有一团裸露的核物质；另一种是由核膜、核仁和染色体组成的真正的核结构，称为真核微生物。动物界、植物界和原生生物界中的大部分藻类、原生动物和真菌是真核微生物，细菌和蓝细菌则是原核微生物。

目前认为和酿酒有关的主要是四种微生物：一是霉菌，二是酵母菌，三是细菌，四是放线菌。霉菌和酵母菌都属于真菌，有核膜。细菌和放线菌属于原核微生物，细胞核没有核膜。

微生物体积非常小，所以度量单位一般是微米或者纳米，以杆菌为例，只有 $0.5\mu m$，80 个杆菌排起来才有一根头发丝的宽度。但是微生物的比表面积又特别大（物体的表面积和体积之比称为比表面积），如果将人的比表面积定为 1，大肠杆菌的比表面积可高达 30 万。

小体积大面积，可以使微生物和环境之间迅速进行物质交换，吸收营养和排泄废物，代谢非常快。如大肠杆菌在合适的生存条件下，每分裂一次的时间是 $12.5 \sim 20.0min$，按照 20min 分裂 1 次算，每小时分裂 3 次，每昼夜可以分裂 72 次，后代数是 4722366500 万亿个（重约 4722 吨），48 小时就可以分裂出 2.2×10^{43} 个（约等于 4000 个地球之重）。由于种种客观条件的限制，这种疯狂的繁殖是不可能实现的，细菌的指数分裂速度只能维持数小时。

微生物的特性支撑了一个既传统又现代的产业，就是发酵工业，生产效率高，发酵周期短，如酿酒酵母的繁殖速度在微生物里不算太高，两个小时分裂一次，但是在钢罐发酵的时候，几乎每 12 小时就可以收获一次，每年可以收获数百次，这是任何其他农作物都达不到的复种指数。

微生物的代谢速率非常高，代谢强度比高等生物大几千倍到几万倍，如发酵乳糖的细菌，一个小时就可以分解其自重 1000 到 10000 倍的乳糖，产朊假丝酵母合成蛋白质能力比大豆强 100 倍，比肉用公牛强 10 万倍。[①]

微生物的这种特性，使发酵形成了庞大的产业，酿酒只是微生物发酵的一个方面，常见的面包、咸菜、火腿，都是在微生物的作用下发酵的产物。

目前人类所知道的微生物大约有 10 万种（也有文献说有 60 万种）。人类至多仅开发利用了已经发现微生物种类的 1%，微生物的研究前景非常广阔。

---

①何国庆：《食品微生物学》，中国农业大学出版社，2016年8月第三版，第2页－第3页。

与中国白酒有关的微生物

尽管酿酒技术在中国存在了数千年，但是关于微生物的研究是从 20 世纪以后开始的，这期间中国科研人员对酿酒微生物的研究，主要集中在酒曲中微生物对淀粉的分解能力和酒精产出能力，即微生物的糖化力和酒化力。从 50 年代开始，发展了纯菌种培养糖化剂和酒化剂的技术，这类技术的第一阶段是麸曲和酒母，第二阶段是一直持续到现在还在使用的糖化酶和活性干酵母。

现在主流理论认为和中国白酒酿酒有关的微生物，主要是霉菌、酵母菌、细菌和放线菌。

一、霉菌

霉菌也称为小型丝状真菌，凡是可以在一定基质上形成绒毛状、网状或者絮状菌丝体的真菌，除极少数之外均称为霉菌，即人们日常生活中见到的长毛的菌。

霉菌根据其孢子的状态，呈现不同的色泽，如大曲里的黄颜色或者红颜色，可能就是红曲霉菌引起的颜色。

霉菌也分很多种，现在常用的一种是黑曲霉，一种是米曲霉，还有一种是根霉。霉菌有糖化作用，代谢出来的糖化酶可以使淀粉降解为葡萄糖。小曲里面用作接种的主要就是霉菌，川法小曲是用根霉，广东的小曲酒主要是用米曲霉。

二、酵母菌

酵母菌主要是酒化的作用，把葡萄糖转化为酒精。

酵母菌目前有两类，一类就是产酒精的酵母，如拉斯 12 酵母、K 字酵母、南阳 5 号酵母、南阳混合酵母、古巴 2 号酵母、德国 20 号酵母等等。

产酒针对不同的原料机制，拉斯 12 酵母、K 字酵母、南阳 5 号酵母、南阳混合酵母适合淀粉质原料，而古巴 2 号酵母、德国 20 号酵母主要适合糖质原料酿酒使用。

还有一种酵母叫生香酵母，它的产酒精能力略弱一点，但是产酯能力比较强，生香酵母有汉逊酵母、球拟酵母、1274 酵母、1312 酵母等等。

三、细菌

在酿酒中常见细菌有己酸菌，是浓香型白酒生产中主要的产香菌；耐高温的芽孢杆菌，在酱香酒大曲里面占主导地位，还有甲烷菌、丁酸菌等等。

目前有研究发现细菌在酿酒中的作用不仅是生香，也有一定的产酒能力。

四、放线菌

现在研究发现窖泥中存在的某些放线菌，具有脱臭及生香的作用。

根据微生物活动的生理情况，对氧气的不同需求，一般可以分为三类，即好氧、厌氧和兼性厌氧微生物。白酒生产中常见的霉菌、醋酸菌属于好氧菌，在生产和发酵时候需要有氧环境；己酸菌、丁酸菌、甲烷菌为厌氧菌，在生产发酵过程中不需要氧气，窖池需要封闭起来；酵母菌是兼性的厌氧菌，在生长的时候需要一定的氧气，发酵产酒的时候，又不需要氧气。

有学者已经发现，己酸菌也有这种特点，把它列为兼性厌气菌。[1]

纯种菌与自然网罗多菌种

上面谈及的和酿酒有关的四种微生物，包括各种具体的微生物种类，不是在中国白酒酿酒中首先发现的，世界其他国家在 19 世纪末期，就开始了分离微生物。

在自然界中微生物是混杂分布在一起的，这种状态一般称作自然菌种或者野生菌种。人类通过观察研究，从里面提取出来某一种菌种进行培养，繁殖保存下来而且当作生产某种产品的工具，有目的性地进行放大生产，称为纯种菌。纯种菌是指一个特定微生物的品种，发展成菌落的时候，所有细胞都来源于一个细胞，有的时候，也把这种能实现某种目的的微生物，叫功能微生物，或叫功能菌。

纯种菌的提取、培育、保存和使用，是现代发酵工业能规模化扩张的重要基础，啤酒、酒精、抗生素都是纯菌种培养技术进行放大，从而在发酵工厂中形成巨大的生产能力。

中国传统酿酒使用的小曲和大曲，是在开放环境下，从自然环境中网罗的野生菌种，可以把酒曲理解为一个多菌种的汇集器，也有学者认为中国酒曲相当于粗酶。

由于制作酒曲的开放性环境，酒曲包含的菌种会有很多种，可能有成千上万种，在自然环境中，不确定在什么时候又网罗到新的菌种，所以我们经常会看到报道某酒厂又从酒曲里发现了新菌种。

自然菌种是多菌种，而且不知道有多少种，在参与生产酒精为主要目标的过程中，产生作用的效率低；好处是代谢出的微量成分多，白酒现在检测有 1000 多种微量成分，与传统固态大曲本身微生物种类繁多密不可分。

纯种菌的指向性强，生产效率高，但不是单一菌种运用，而是多种纯种菌混合使用，有的起糖化作用，有的起酒化作用，有的起生香作用等。常用的就那么几种，最多十几种。自然大曲里面微生物的数量就太多了，代谢机制目前也不是很清楚，而纯种菌代谢机制还是比较清楚的。

纯种菌技术出现之后，中国白酒开始沿着两条路径在发展，一条是直接培养纯

---

[1]沈怡方：《白酒生产技术全书》，中国轻工业出版社，2007年1月，第30页。

种菌，如前面讲过的麸曲、糖化酶、干酵母等等；另一条试图用纯种菌改造中国传统大曲，如给自然发酵的大曲加入一些纯种菌，就是接种特定培养的霉菌或酵母菌，这种大曲被称之为强化大曲，有的大曲甚至就是纯种菌培养出来的。

强化大曲或者纯种菌大曲的特点是偏颇、不协调，糖化力、酒化力都提高了，香气、口感、风味变差。传统大曲是自然接种，这也是国家名酒中全是传统固态大曲酒的重要原因。

有益菌和有害菌

有益菌和有害菌是根据人类现有的认识，在发酵生产过程中对不同微生物的一种划分，有助于提高酿酒糖化力和酒化力的霉菌、酵母菌、细菌都被划分为有益菌。

有些无助于产酒，还会产生不利于酒体作用的就是有害菌，如同样是霉菌的青霉菌，会使酒味发苦；还有一种有害菌是黄曲霉菌。

黄曲霉的某些菌系可产生黄曲霉毒素，能引起家禽、家畜中毒，还会致癌，现在国家已经明令禁止食品生产中使用黄曲霉 3.870 号菌株，可以改用不产生毒素的 3.951 号菌株。[①]

在酿酒生产中，青霉、黄曲霉属于绝对有害的微生物。

培养纯种菌就是要保证这些菌种的生产效能，一定要排除其他杂菌的感染，大型封闭式发酵的首要要求，就是排除杂菌的感染。中国白酒基本上是开放式发酵，包括麸曲都是敞口作业，是在多种菌种混合环境中产酒的，这种开放发酵的情况下，有益菌和有害菌的区别不像封闭式发酵那么严格，有致毒作用的菌种，像黄曲霉要充分预防，这是白酒生产卫生中特别重要的一个指标。

---

①何国庆：《食品微生物学》，中国农业大学出版社，2016年8月第三版，第62页。

第三节
麸曲、酒母、麸曲酒

麸曲

麸曲是以麸皮为原料，蒸熟后接入纯种曲霉菌或其他霉菌、人工培养的散曲。

制作麸曲最早是 1906 年前后在日本开始的，选用人工培养的优良纯种菌来制曲。当时的优良菌种是从稻曲中自然纯化来的米曲霉，含有很强的淀粉酶和蛋白酶。

我国使用纯种菌制作麸曲的技术是 20 世纪 40 年代从日本传入的，开始时用的菌种多是米曲霉、黄曲霉，后来因为这两个菌种的糖化力低、耐酸性差，逐渐被糖化力高、耐酸性强的黑曲霉取代。20 世纪 50 年代以后，我国的科研工作者在黑曲霉菌种的性能提升上做了大量的工作，中科院生物研究所诱变的黑曲霉种 AS3.4309 一克，可以糖化淀粉 40g 以上，是一种接近国际水平的优良糖化菌，目前国内制曲多采取这个菌种。

由黑曲霉演变过来的河内白曲霉，有耐酸性强、酸性蛋白酶含量高的特点，也被广泛运用于麸曲酒的生产中。后来麸曲也有用细菌培养作为菌种的，在 20 世纪 80 年代初，贵州省在麸曲酱香酒的研制中，用芽孢杆菌制作帘子曲，也有不错的效果。

制作麸曲，首先要靠实验室的办法，通过试管培养原菌，进行菌种培养。放大制作的时候总共有三种方法，一个叫曲盘法，一个叫帘子法，一个叫通风池法。曲盘法是用一个厚椴木做的曲盘来放曲料；帘子法是用塑料布做成的帘或者塑料布罩，在钢筋支架上铺上塑料布；通风池法是用水泥建一个通风的曲池，一般的容积是 10m×12m×0.5m。曲成厚度不超过 30cm。曲盘法、帘子法和通风池法，是根据大规模、大批量制作曲容器不同的分类方法。

麸曲制作的具体方法是，先在实验室培养好菌种，再制作培养基，就是所谓的曲料，其中麸皮 80%、鲜酒糟 15%，再加入占麸皮量 90% ～ 100% 的水，拌匀之后，装锅蒸料一小时，再摊晾放冷到 38℃ 左右之后进行接种，最后放到曲盘上开始堆积，进一步培养菌种。

接种量就是菌种的使用量，大概是 0.25% ～ 4%，其他就是麸皮之类的培养基。

麸曲培养、制成的方法，时间比较短，曲盘法从堆积算起，用时 30 ～ 34 个小时；帘子法从堆积起算，用时 35 个小时；通风池法整个培养时间用时 33 ～ 35 个小时。

大曲制曲的时间一般要一个月左右，而且陈化老熟还要放 3 ～ 6 个月，制作麸曲花费的时间也就不到大曲的 1/10。[①]

这里要强调一下，麸曲虽然叫曲，但和传统大曲的功能是不一样的，传统的大曲既是糖化剂，也是酒化剂，放到蒸熟的酒粮里，就可以发酵出酒。麸曲里是糖化菌，只产生糖化酶，实际上就是一个糖化剂，光靠麸曲酿不出酒，还要加能产酒的微生物酵母菌，在当时生产麸曲酒的工艺里，酵母叫作酒母。

酒母

酒母是指含有大量能将糖类转化为酒精的酵母的人工培养液。

在 20 世纪 50 年代后国内白酒业普遍推广，开始用液态的方法来培养，有用大缸做培养容器的，就叫大缸培养法，后来有用不锈钢罐做培养容器的，叫罐式培养法。

选用的酵母品种，当时主要有拉斯 12 酵母、K 字酵母，K 字酵母适合高粱发酵使用；还有南阳 5 号酵母、南阳混合酵母适合于淀粉质原料酿酒使用；古巴 2 号酵母和德国 20 号酵母适合于糖质原料酿酒使用。

酒母的培养要放培养基，原料是玉米面配上 10% 的鲜酒糟或者 5% 的稻壳，有时候还再加 10% ～ 15% 的黑曲做糖化剂，一般是 6 ～ 8 个小时就可以培养好，培养的温度是 25℃ ～ 28℃。

酵母的品种里面除了出酒的酵母还有生香酵母，生香的酵母有汉逊酵母、球拟酵母、1274 酵母、1312 酵母，这些酵母和酒精酵母相比，产酯酵母的产酒精能力要低 30 倍，产酯能力要高出 2 ～ 6 倍。这样的酵母酿出来的酒有酒香气，不只是酒精味。[②]

---

①沈怡方：《白酒生产技术全书》，中国轻工业出版社，2007年1月，第108页—第110页。
②沈怡方：《白酒生产技术全书》，中国轻工业出版社，2007年1月，第105页—第121页。

麸曲酒

1937 年，辽宁抚顺酒厂从日本引进菌种开始生产麸曲白酒，由于战乱，这项技术没有推广开来。在新中国成立后，麸曲酒在全国逐步推广。1950 年，周恒刚先生在哈尔滨市第四酒厂从辽宁引进菌种，使用单一菌种，麸皮匣曲为糖化发酵剂，开始生产白酒，提高了出酒率。1952 年，方心芳先生率领科技人员到前北京酿酒厂，将大曲生产的二锅头酒改为了麸曲酒，后来陆续在河北、山东等地推广。1955 年，前地方工业部在山东烟台设点实验，提出以米曲霉加酵母为主生产白酒，使淀粉出酒率达到 70%，并召开会议，总结经验，从此，麸曲白酒在全国推广开来。烟台试点在总结烟台酿制白酒经验的基础上，对全国白酒生产技术进行系统整理，编写了《烟台酿酒操作法》，1956 年 3 月出版。1963 年轻工部又组织全国九省市的白酒生产技术人员，在烟台对《烟台酿酒操作法》一书进行修订工作，后更名为《烟台白酒酿制操作法》，此操作法经过全国第一届酿酒工作会议推广之后，成为中国酿酒工业的一次重大技术改革。[①]

烟台酿酒试点总结的经验就是麸曲酒母、合理配料、低温入窖、定温蒸烧。

麸曲酒的首次亮相是在 1963 年的第二届全国评酒会上，当时有凌川白酒、哈尔滨老白干酒、合肥白酒、沧州白酒荣获国家优质酒的称号，标志着麸曲白酒开始登上中国饮料酒的大舞台。20 世纪 60 年代初又进行了凌川"茅台"汾酒试点，对传统酿酒工艺的总结和对酿酒微生物的分离鉴定，为我国麸曲优质白酒的发展打下了基础。首先人工培养多种曲霉菌加产酯酵母，制成了清香型的麸曲优质酒，如山西的六曲香酒；其次用人工老窖技术，制成了短期可以发酵，质量可观的麸曲浓香酒；与此同时，利用堆积高温发酵的传统工艺又酿制成功了麸曲酱香型优质白酒。

到 1979 年第三届全国评酒会，已有麸曲清香、麸曲浓香、麸曲酱香三个大类，五个产品获国家优质白酒的称号，占这一届优质白酒的 27.7%。

在 20 世纪 80 年代，江苏、内蒙古等地又用麸曲研制成功了芝麻香型白酒，创立了新香型，芝麻香型是在麸曲的基础上创造的。

1989 年，全国第五届评酒会上评选出来了 53 种国家优质酒，有 16 种是麸曲酒（如下表 4-3-1），包括清香、浓香、酱香和其他香型。评价结果显示，当时国家对麸曲酿酒有很大的政策支持力度。[②]

[①] 轻工业出版社编：《烟台白酒酿制操作法》，轻工业出版社，1964 年 3 月，第 1 页。
[②] 沈怡方：《白酒生产技术全书》，中国轻工业出版社，2007 年 1 月，第 396 页—第 397 页。

表 4-3-1 第五届全国评酒会评出的 16 种麸曲国家优质酒

酒名	生产单位	牌号、香型、酒精含量（vol）
迎春酒	河北廊坊市酿酒厂	迎春牌，麸曲酱香，55%
凌川白酒	辽宁锦州市凌川酒厂	凌川牌，麸曲酱香，55%
老窖酒	大连市白酒厂	辽海牌，麸曲酱香，55%
六曲香酒	山西祁县六曲香酒厂	麓台牌，麸曲清香，62%、53%
凌塔白酒	辽宁朝阳市朝阳酒厂	凌塔牌，麸曲清香，60%、53%
老白干酒	哈尔滨市白酒厂	胜洪牌，麸曲清香，62%、55%
龙泉春酒	吉林辽源市龙泉酒厂	龙泉春牌，麸曲浓香，59%、54%、39%
陈曲酒	内蒙古赤峰市第一制酒厂	向阳牌，麸曲浓香，58%、55%
燕潮酩酒	河北三河燕郊酒厂	燕潮酩牌，麸曲浓香，58%
金州曲酒	大连市金州酒厂	金州牌，麸曲浓香，54%,38%
坊子白酒	山东坊子酒厂	坊子牌，麸曲其他香，59%、54%
北凤酒	黑龙江省宁安县酒厂	芳醇凤牌，麸曲其他香，39%
宁城老窖酒	内蒙古宁城八里罕酒厂	大明塔牌，麸曲浓香，55%
筑春酒	贵州省军区酒厂	筑春牌，麸曲酱香，54%
德惠大曲酒	吉林省德惠酒厂	德惠牌，麸曲浓香，38%
黔春酒	贵州省贵阳酒厂	黔春牌，麸曲酱香，54%

　　麸曲酒的出现，没完全改变传统白酒的工艺，只是在传统工艺的制曲环节改用麸曲和酒母，并在发酵环节使用，原料粉碎、蒸煮工艺大体一致，下面简要摘录几种香型的麸曲的生产工艺。

一、清香型麸曲白酒生产工艺

1. 原料

　　全部使用高粱为原料，稻壳或谷壳为辅料。辅料应清蒸，散冷后使用。高粱粉碎要求：通过 10 ～ 20 目筛者占 40% ～ 50%，通过 20 ～ 40 目筛者占 20% ～ 30%，通过 40 目以上者占 20% ～ 30%。

2. 菌种

　　曲霉菌。一般都用白曲或B曲，也有用多种曲霉单独培养后混合使用的。酵母菌，一般以南阳酵母为主，再加高渗透球拟酵母、汉逊酵母、2300 等 3 ～ 5 种生香酵母参与发酵，以增加酒的主体香气——乙酸乙酯。

3. 发酵设备

　　选用地缸，发酵效果最好，但一般都用水泥窖或水泥窖内加瓷砖，以防止酒醅残留，保证酒质干净。这样的窖一般容积不能太大，以 5 ～ 7m³ 为宜。麸曲清香型酒的发酵期一般在 7 ～ 21 天之间，特殊的调味酒发酵期能达到 30 天以上。

4. 制酒工艺

大多数厂都采用清蒸清烧回醅发酵工艺，个别厂采用"两排清"工艺。采用清蒸清烧工艺，一般每日 6 甑工作量，即蒸 3 甑楂子、1 甑回糟、2 甑新原料。楂子入窖淀粉在 18% 左右，回糟入窖淀粉在 15% 左右；入窖温度尽量降低，以 15℃～20℃为好。可见这套工艺的特点是高淀粉、低温度的发酵。在操作中应注意的工艺环节是：

（1）原料要加高温水（80℃以上）润一定时间后，再上甑蒸熟。

（2）生香酵母采用固体培养法，对酒质的提高有利。

（3）调整好入窖条件，保持低温缓慢发酵为宜。

（4）必须缓慢蒸馏、高度摘酒。入库酒的酒精含量应保持在 60% 以上。贮酒容器最好是陶瓷缸或内涂猪血纸的木箱（酒海）。酒的贮存期为 3 个月至 1 年。

二、浓香型麸曲白酒生产工艺

1. 原料

均采用高粱为原料，稻壳为辅料，稻壳用量 20% 左右为好，而且一定要清蒸散冷后使用。高粱粉碎度比清香型酒要粗一些，通过 20～30 目筛者占主体。

2. 菌种

制曲多数用河内白曲霉；发酵均是南阳酵母加生香酵母。同时也有的厂采用己酸菌液灌窖，或发酵香泥参与酒醅发酵，以达到增加酒中主体香气——己酸乙酯的目的。

3. 发酵设备

均采用泥窖内层加发酵好的"人工老窖香泥"。泥窖容积以 7～10m³ 为宜，发酵期一般为 30～45 天。

4. 制酒工艺

一般都采用混蒸混入操作法。有两种形式：一是以甑为单位计算日工作量，采取"跑窖"的方式；另一种是以窖为日工作量，每日 1 窖，当班开，当班封。两种形式各有优缺点，工厂可按实际情况选择应用。麸曲浓香型酒工艺操作要注意的环节是：

（1）窖子一定要用黄泥筑成，其他材料如砖、石等都不利于窖子的老熟。泥窖要进行经常性保养，防止窖泥"老化"。封窖泥要定期更新，保持一定黏性；窖子要封严，防止"烧皮"现象发生。

（2）窖底有一定黄水，应及时舀去，这对泥窖老熟及酒质的提高均有益处。

（3）提倡工艺中使用高温量水，缓慢蒸馏，高度摘酒，入库酒的酒精含量为62%。陶瓷缸贮存，贮存期 1 年以上，成品需精心勾兑。

三、酱香型麸曲白酒生产工艺

1. 原料

采用颗粒饱满，品种优良的高粱，粉碎成以 4～6 瓣为主体。辅料也用稻壳，清蒸后使用。配料中增加 10% 麸皮或 10% 的小麦，能明显提高酒的质量。

2. 菌种

制曲采用河内白曲霉；发酵用南阳酵母加生香酵母。另外贵州省许多酒厂均采用细菌曲来参与发酵，对提高酒质有利。

3. 发酵设备

南方省份采用"碎石泥巴窖"，北方省份采用水泥窖加泥底，窖子容积为 10～15m³。发酵室要有一定面积的场地，供酒醅堆积用。发酵室最好有保温、保潮设施。

4. 制酒工艺

大多数酒厂，采用清蒸原料，混合堆积，一次性入窖操作法。即原料用高温水润好后，上甑蒸熟，散冷后与蒸完酒的酒醅混合，加曲，加酵母，入室堆积。堆积时间为 24～28h，堆积升温在 10℃ 以上。入窖温度为 30℃～33℃，发酵期为 30 天。工艺上要注意"四高一散"：

（1）润料水温高。一般在 85℃ 以上，润料时间不得低于 15h。

（2）堆积温度高。一般起堆温度不低于 28℃，堆中最高温度可达 50℃ 以上。必要时，中途可捣堆 1 次。

（3）入窖温度高。堆积好的酒醅，稍降温后即可入窖。一般入窖温度不应低于 30℃，否则会影响发酵。

（4）馏酒温度高。酱香型酒同样提倡缓慢蒸馏，同时提倡高温馏酒。一般馏酒温度在 30℃～35℃。入库酒的酒精含量为 54%。

（5）酒醅要保持松散状态。这样才能保证堆积时微生物的网罗，发酵时微生物的繁殖，蒸馏时各种香味成分的提取。

四、芝麻香型麸曲白酒生产工艺

1. 原料

采用高粱加 5% 麸皮，高粱粉碎度以 4～6 瓣为主体。辅料用稻壳，清蒸后使用。

2. 菌种

制曲是河内白曲，酵母是南阳酵母加生香酵母。

3. 发酵

发酵设备为条石窖或水泥窖，窖底加发酵好的香泥。窖的容积为 10m³ 左右，窖的深度以不超过 1.5m 为宜，使酒醅有一部分高出地面为好。每轮发酵期为 30 天。

4. 制酒工艺

采用 1 次投料，4 轮发酵法。原料用高温水润 12h 后，散冷，然后加入上排备用的酒醅 1 倍，混合后进行堆积。堆积起始温度 28℃～30℃，堆积时间 24～48h，堆积终了温度 44℃～50℃。堆积水分每 1 排为 45%，依次为 49%、53%、56%。入窖温度 36℃，窖内升温幅度 10℃～12℃。缓慢蒸馏，馏酒温度 30℃～35℃。入库酒的酒精含量为 58%～62%。陶瓷缸贮存，存期 1 年半以上。工艺中应注意的几个问题：

（1）配料中加部分麸皮，可提高酒中芝麻香气。可能是麸皮中的氮源、木质素等是芝麻香生成的基础物质。对照试验证明，采用麸曲生产芝麻香型白酒，其香气优于大曲法生产的白酒。这充分证明了麸皮在芝麻香型白酒酿造中的重要作用。

（2）强化堆积控制，实现"三高一低"，即高淀粉浓度，高温堆积，高温入窖，低水分。

（3）两次加曲、加酵母，有利于酒的产量和质量的提高。即堆积前加入总量的 30%，其余入窖前加入。

（4）生香酵母采用固态法培养，使细胞数增加，菌体蛋白增加，有助于芝麻香的生成。

（5）窖底加发酵好的香泥，使酒中有一定量的己酸乙酯，对芝麻香有烘托作用。[1]

麸曲酒的评价和工艺变化

关于麸曲酒，酿酒行业内曾经给予了极高的评价。2001 年 10 月出版的由黄平先生主编的《生料酿酒技术》一书中评价说，"20 世纪 50 年代开拓的麸曲白酒是酿酒史上的伟大成就之一，它使白酒由自然发酵转向纯种培养发酵，为固态发酵法白酒变革传统工艺起了承前启后的作用"。[2]

2007 年出版的沈怡方先生主编的《白酒生产技术全书》评价说："《烟台白酒酿制操作法》指导中国白酒工业走过了 40 年光辉历程，它总结的基本原则，对今后中国传统白酒的发展仍有很大的指导意义"。沈先生在书中同时指出，在 20 世纪 90 年代进入到市场经济以后，某些香型麸曲酒的优质白酒销售量日趋下降，市场占有率日趋减少，这些根本原因就是某些香型麸曲酒的质量标准不高，其内在质量的感官指标、理化指标和同类大曲酒都有一定差距。

---

①沈怡方：《白酒生产技术全书》，中国轻工业出版社，2007年1月，第401页—第403页。

②黄平：《生料酿酒技术》，中国轻工业出版社，2001年10月，第102页。

一、感官指标上的差距

同香型的麸曲酒与其同类的大曲酒比，在感官上的差距表现在：

（1）香味淡薄，后味短。

（2）口味燥辣，刺激感重。

（3）酒体欠丰满，口感欠细腻。

（4）部分酒杂味较重。

二、理化指标上的差距

从同属浓香型的麸曲与大曲两个省级优质酒对比分析，可看出：

1. 总酸低

麸曲酒的总酸一般比大曲酒低 10mg/100ml 以上。这是造成酒后味短的原因之一，也是造成酸与酯不平衡，饮用后副作用大的原因。

2. 高级醇含量高

麸曲酒中的高级醇含量占香味成分总量的 17%，而大曲酒只占 11% ～ 12%，两者相差 5%。这是麸曲酒饮后上头，在市场上销售不畅的主要原因。仔细分析，两者在醇的比例上及醇含量的大小顺序上也有差别：

（1）对酒产生醇厚感的醇类，如正丁醇、仲丁醇、正己醇及 2，3- 丁二醇等，麸曲酒中的含量低于大曲酒 8mg/100ml 以上。这是造成酒味淡薄的原因。

（2）在酒中含量高，对酒质有损害的醇类，如正丙醇、异丁醇、异丙醇、正戊醇等，麸曲酒比大曲酒高出 11mg/100ml 之多。

（3）AB 值差异很大。异丁醇与异戊醇的比值称为 AB 值。在名优酒中，AB 值高的酒，质量要好一些。麸曲酒的 AB 值为 1：0.92，大曲酒的 AB 值为 1：（2.6 ～ 2.9），两个比值相差 1 倍以上。这个差异表明了麸曲酒中微量成分量比的不平衡。

3. 醛类含量高

麸曲酒醛含量占香味成分总量的 9.1%，大曲酒占 6.7%，相差 2.4%。其中乙醛含量，麸曲酒比大曲酒高出 20mg/100ml 以上。醛高是造成麸曲酒燥辣的主要原因。

沈先生总结，麸曲酒质量缺陷的主要原因是两方面：第一个先天不足，就是微生物含量不足，麸曲中的微生物总量只有大曲的百分之几，而且以醋酸菌、乳酸菌居多，这是造成麸曲浓香型酒中乳酸乙酯的含量偏高，酒体不甘爽的主要原因；第二是后天失调，主要是发酵速度。麸曲酒的发酵速度比大曲酒快得多，大曲酒发酵到升温要 10 天以上，而麸曲酒只有 4 ～ 6 天，提前了 5 ～ 7 天。这一提前，使发酵升温曲线变成宝塔形，底小顶尖，违背了名优白酒发酵"前缓升、中挺、后缓落"

的温度变化规律。有的企业无视这种发酵工艺的失调现象，又一味增加发酵期，在本来麸曲酒香味成分数量少的缺陷上雪上加霜，长期发酵又给酒带来更多杂味，这种香味成分既少又杂的酒，肯定得不到消费者的欢迎。[①]

为了改善麸曲酒的品质，也做了很多的探索，如大曲和麸曲相结合的工艺，目前对于酒质方面的提高还没有成功的经验。

麸曲酒的优势就是发酵时间短，制曲的时间只是传统大曲的 1/10，酒粮发酵的时间，也就是传统大曲的大概 1/5 或 1/10。

由于周期短，占用资金少，所以成本低，但是品质方面的感官指标和理化指标，无论采取什么改进的措施，都没有办法提高到理想水平。

目前（2021 年）市场上的麸曲酒已经非常少了，也就是一些有需求的地方在生产，如必须用麸曲生产的芝麻香型，还有贵州有些地方生产的麸曲碎沙酒。

麸曲酒在科学上的最大意义就是用人工培养的纯种菌代替了自然网罗的自然菌种，实现了对以酒精为目标生产物的精准发酵控制。但就其使用效率和制作方便性来讲，也有诸多不足，如麸曲要用固体的培养基，在酶制剂产业兴起以后，就用糖化酶来代替麸曲，在沈怡方先生 2007 年出版《白酒生产技术全书》时，已有 70% 的企业用酶制剂来替代麸曲了。

各个酒厂培养酒母，用的液态培养法也比较麻烦，后来就出现了专业化的活性干酵母产业，糖化酶和活性干酵母可以理解为麸曲和酒母的升级产品，也是一个专业化的产品，下面专门加以介绍。

①沈怡方：《白酒生产技术全书》，中国轻工业出版社，2007年1月，第410页—第411页。

第四节
糖化酶、干酵母

糖化酶

酶是由活细胞产生的、催化特定生物化学反应的一种生物催化剂，酶制剂是指酶经过提纯、加工后，具有催化功能的生物制品。[①]

将淀粉水解为单糖的酶属于水解酶。它主要起的作用是把淀粉水解成可供酵母菌代谢用的葡萄糖。酶具有很高的专一性，一种酶往往只能作用于某一种物质，如蔗糖酶只能分解蔗糖，不能分解麦芽糖和其他双糖；α-淀粉酶只能作用于 α-1,4-葡萄糖苷键，却不能作用于 α-1,6-葡萄糖苷键。

现在酿酒里普遍使用的酶包括 α-淀粉酶、β-淀粉酶、葡萄糖淀粉酶、异淀粉酶、转移葡萄糖苷酶、纤维素酶、果胶酶、蛋白酶等等。[②]

我国是从 20 世纪 60 年代中期开始专业化生产糖化酶的，到 70 年代生产技术日趋成熟，80 年代开始应用于白酒生产，90 年代，品种、数量、性能都有很大提高，形成了一个新兴产业。

现在酶制剂的工业制备主要还是靠发酵，用于发酵的菌种有根霉、曲霉等，经过发酵之后，再进行细胞分离、超滤，再用配方稳定化，作为产品在市场销售。

原来酒厂自己要培养根霉、曲霉、毛霉等用来糖化的纯种菌微生物。现在有专

---

①段钢：《新型酒精工业用酶制剂：技术与应用》，化学工业出版社，2010年3月，第1页。
②黄平：《生料酿酒技术》，中国轻工业出版社，2001年10月，第87页－第95页。

业的酶制剂工厂来培养，专业化的生产根霉、曲霉和其他各种微生物代谢出来的某种酶制剂。专业化的分工，更好地提高了生产效率。

干酵母

前面讲过酒母是在液态的环境下培养的，而干酵母在基本上脱水的情况下，还能保存酵母菌的活性。我国的活性干酵母研究和生产始于20世纪70年代，1974年上海酵母厂首先试制出面包活性干酵母。到目前为止，我国生产干酵母的厂家有10多家。80年代以后，从国外全套引进或者与国外合资部分引进的广东东莞糖厂酵母分厂、广东梅山马利酵母有限公司和湖北宜昌酵母基地相继投产，使我国的活性干酵母产业达到了国际水平。

目前规模最大的是湖北宜昌的安琪酵母股份有限公司，是从事酵母及酵母衍生物产品生产、经营、技术服务的专业化公司，国家重点高新技术企业。主要产品包括面包酵母、酿酒酵母、酵母抽提物、营养酵母、生物饲料添加剂等。应用领域有烘焙、发酵面食、酿酒等食品制造业及医药保健、动物养殖业等，酵母生产规模、市场占有率均居于国内同行，乃至亚洲之首，是中国酵母行业的排头兵，"安琪"商标是中国驰名商标。

干酵母是以固体的形式来保存酵母菌种，国际上从19世纪上半期就开始在探索研究各种干燥方法，当时主要有两种方法，吸附法和吸水干燥法。

20世纪60年代以后，添加剂的广泛使用和干燥技术进一步成熟，活性干酵母的产品质量不断提高，水分含量已经降到4%～5%，发酵率还超过了1000ml，保存期可达2年以上。

酵母在使用的时候还需要经过加水活化，才可能使用。从酿酒的角度，根据用途不同，大致区分成酒用活性干酵母和生香活性干酵母两大类。[①]

应用范围

国内的活性干酵母用于酿酒行业，始于20世纪80年代末，最早是用于葡萄酒厂，然后逐渐发展到酒精厂、白酒厂、黄酒厂，到20世纪90年代，已广泛运用于白酒行业，包括大曲酒、麸曲酒和小曲酒。

糖化酶和酿酒活性干酵母的应用，首先提高了出酒率。使淀粉酒精出酒率提高了2%～4%；麸曲白酒和小曲白酒的粮食出酒率提高3%～7%；各大曲类的原料出

---

① 黄平：《生料酿酒技术》，中国轻工业出版社，2001年10月，第96页—第99页。

酒率提高 2% ～ 10%；大罐黄酒的出酒率提高 5% ～ 7%；乌衣红曲黄酒提高 10%。

其次，降低了能耗和水耗，大曲酒的吨酒煤耗电耗下降 10%，小曲、麸曲酒下降在 10% 以上。淘汰了原来酒母的生产工艺，全员劳动生产率可提高 10% 以上，其他白酒提高 5% ～ 20% 不等。

第三，使酿造成本下降，麸曲和酒精的吨酒成本下降 10% ～ 20%，大、小曲白酒的生产单位成本可降低 5% ～ 30%，黄酒在 5% 以上。[①]

糖化酶和干酵母的联合运用，能够提高各种酒的出酒率，运用范围非常广泛，目前不清楚到底有多少酒厂在使用干酵母，有的酒厂是只用干酵母，有的酒厂是作为强化大曲加到发酵过程中；糖化酶有的时候也和大曲同时使用。

用糖化酶和干酵母生产的白酒在风味、口感上和纯大曲酒还是不太一样，当时资料上在推广这些技术的时候，说干酵母酿的酒更加爽净，干酵母参与酿的酒更加稀薄寡淡，糖化酶酿的酒，有些消费者反映容易口渴。

现在糖化酶和干酵母的应用虽然广泛，可是绝大多数酒厂已经不像 21 世纪初期那样大张旗鼓地宣传自己采用这种技术，而是不公开宣讲，甚至不承认使用。

---

① 黄平：《生料酿酒技术》，中国轻工业出版社，2001年10月，第103页—第104页。

第五节

分析化学、风味化学、白酒中的微量成分及白酒添加剂

分析化学和风味化学的概念及其对中国白酒的影响

一、分析化学

白酒作为一种物质，有物理属性和化学属性，而通过物理学手段和化学手段对它进行研究，采取各种设备、仪器、试剂，对白酒的物理属性和化学成分进行检测，被称为白酒分析和检测，相关大学的发酵专业和酿酒专业都开设酿酒分析和检测专业课。

酒体的物理属性是指透明度、密度等。酒体的化学属性指其各种组成成分，如乙醇、乙酸、乙酯等微量成分组成。

物理检测分析和化学检测分析贯穿于酿酒的全过程。包括对酿酒前酒粮的检测、酿酒过程中酒曲的检测、酒醅的检测、原酒的检测和成品酒的检测等等。

对酒体风格影响比较重要的是分析化学。它的主要目的是通过实验和仪器等检测手段，找出存在于某个体系中的化学组分的类型和数量。知道了一个体系是由哪些化学成分组成的，就意味着进一步可以通过人工的手段，在生产过程中的某一环节来控制这种组分的数量和比例。

二、风味化学

所谓风味化学，更宽泛意义上讲是对于食品产生的。风味这个词英文单词是Flavo(u)r，是指由气味、味道和质感组成的一种综合的感觉。能产生风味的化学物质分成两类，一类为产生气味的化合物，一类为产生味道的化合物，通常把前者称为香气化合物，当然，很多情况下一种物质既能产生气味，又能产生味道，将其归

为哪一类，视其主要作用而定。

针对香气和味道以及触觉，人体有不同的感觉器官和细胞进行感知。

风味化学和分析化学是紧密联系在一起的。分析化学要先检测出来有什么成分，这些成分在香气上和味道上有什么样的特征，风味化学才能再来判断它组合起来是什么样的后果，而且怎么样在生产中进一步应用。

化学分析跟化学本身一样历史悠久，但在20世纪50年代以前，主要是靠试剂检测；50年代到60年代之间出现了气相色谱以及后期的气相色谱和质谱联用技术，推动了香气的研究；1990年代以后色谱检测水平急剧提高。

截止到2020年，在食品中已经鉴定出来的风味化合物超过了10000种或12000种，其中大约只有230种是比较重要的，被称为食品关键风味物质。[1]

教科书上的定义说酒的风味化学是一门从化学角度与分子水平上研究饮料酒风味组分的化学本质、分析方法、生成机理及变化途径的科学。它的研究内容包括饮料酒风味物质的化学组成和分离鉴定办法；饮料酒风味化合物的形成机制及变化途径；饮料酒在生产和贮存过程中的风味变化；饮料酒风味增效、强化、稳定、改良的措施和方法。为改善饮料酒品质，开发饮料酒新产品，革新饮料酒发酵、贮存、勾兑工艺和技术，科学调整饮料酒配方与成分，改善饮料酒包装，加强饮料酒质量控制，提高原料加工和综合利用水平奠定理论基础。[2]

通俗点说，所谓分析化学就是分析酒体是由哪些成分组成的。所谓风味化学就是研究这些成分对人的感官，包括嗅觉、味觉和三叉神经感觉有哪些触动，怎么利用各种不同物质成分的特点来改善酒的风味品质。

我国白酒领域在20世纪60年代以前，都是采用化学法来测定总酸、总酯、总杂醇油的，1964年以后开始用层析技术来做色谱分析。

1966年，内蒙古轻工研究所用气相色谱分析了泸州大曲、汾酒、三花酒、四川小曲酒和河北薯干酒的高沸点酯类、己酸乙酯、乳酸乙酯、月桂酸乙酯等。

随着气相色谱仪的推广使用，各个研究所和酒厂对酒体的组成成分，分别用气相色谱仪进行了研究，到20世纪90年代中期，这些研究已经比较广泛，分析出来了数百种酒体里面的微量组成成分，基本上能达到国际上20世纪80年代的先进水平。

20世纪80年代后期到90年代中期，逐渐地明确了中国香型白酒中的主要呈香呈味物质，如清香型白酒的主体物质是乙酸乙酯和乳酸乙酯；浓香型白酒主体呈香物质是己酸乙酯，这种分析结果已经写到了当时国家关于各个香型白酒的标准里面。

进入21世纪以来，更先进的色谱仪和质谱仪被应用于白酒的分析检测之中，使

---

① 范文来、徐岩：《酒类风味化学》，中国轻工业出版社，2020年8月，第2页—第3页。
② 范文来、徐岩：《酒类风味化学》，中国轻工业出版社，2020年8月，第7页。

白酒中的微量成分分析进入一个全新的阶段。最新的数据是 2020 年前后已经检测出来，如清香型白酒，包括青稞酒检测的微量成分高达 1000 多种，在 20 世纪 90 年代中期的时候，检测白酒微量成分只有 100 多种。

2008 年到 2009 年，中国白酒风味化合物嗅觉阈值测定，组织了专题研究工作，最后组织白酒国家评委 130 人，对 79 个风味化合物进行风味描述，确定风味描述词。这次阈值测定是我国历史上规模最大、参加人数最多和测定化合物最多、测定方法最规范的一次阈值测定。[①]

三、对中国白酒的影响

从上面简述的历程可以看到分析化学和风味化学在近 30 年以来有了突飞猛进的发展，对中国白酒的生产形成了重大影响，这种影响被概括为风味导向，主要是沿以下三个路径发展。

1. 分析白酒的微量成分、呈香呈味物质、活性功能成分

这个发展路径对白酒微量成分的分析越来越精细。20 世纪 80 年代的时候分析出来几十种微量成分；20 世纪 90 年代的时候分析出了几百种；2010 年到 2020 年之间分析量已经达到 1400 多种。

白酒是没有变的，之所以分析出来这么多成分，主要是分析化学设备的进步，分析技术提高了才发现更多的微量成分，同时对呈香呈味特性以及生理活性也做了分析。积极的方面就是对有毒物质的分析，甲醇很早就分析出来了，作为卫生指标列出来；氰化物卫生指标也列出来了；杂醇油也分析出来了，但是对杂醇油的作用现在有不同的看法，曾经作为卫生指标列出来，后来又取消了。

之所以如此，与风味化学的进步也有关，在一个阶段会认为某种物质对人体有不良的作用，在另一个阶段可能看法也会发生改变。

这条路径还会持续下去的，随着分析化学技术的进一步提高，还会有更多的微量成分被检测出来，世界是无限可分的，如庄子所说："一尺之棰，日取其半，万世不竭。"

作为谷物为原料的蒸馏酒，基本上谷里有什么和后来的微生物代谢出来什么，酒里就有什么，如果分析精度足够的话，都能分析出来。所以在未来如果看到新的报道称白酒中的微量成分变到了 2000 种，并不是令人吃惊的事情。

2. 为白酒勾兑提供理论基础，将酒体风格视作是不同化学成分的产物

按照风味化学理论的观念，白酒呈现出来的香气、口感这些特征，实际上都是它的化学成分不同、微量成分不同导致的，那调整这些微量成分不就可以解决它的

---

① 余乾伟：《传统白酒酿造技术》，中国轻工业出版社，2018年5月第二版，第348页。

香气了吗？这些微量成分，有些是白酒发酵中带来的，也有些是通过其他途径产生的。乙酸乙酯、己酸乙酯等都可以通过化学合成的手段来生产，白酒中构成的四大酸和四大酯都可以用化工方式生产。

既然化学合成可以形成这些微量成分，再按照白酒中的比例添加到酒精里面，那不就想要什么酒就有什么酒了吗？

在 20 世纪 50 年代到 80 年代初，中国白酒科研界对白酒的认识受苏联酒科学的影响，以伏特加作为"国际白酒"的标准，认为白酒是越干净越好，简单地把白酒视作酒精水溶液，按照这个标准来认知白酒的属性。这种观念为酒精加水生产白酒铺平了道路，在当时的认识中，苏联的伏特加就是最干净最好的酒，就是酒精水溶液、低醇、低酯、低酸。

80 年代初到 90 年代中期，随着色谱分析技术的提升，对白酒的微量成分有了新的认识，当时分析到了 100 多种的时候就提出了色谱骨架成分、协调成分、微量成分的学说。对中国白酒也有了不同于以往以伏特加为圭臬的新认识，认识到决定中国白酒品质的不是乙醇的纯净度，而是微量成分的种类和量比关系。

可以说，是分析化学的技术进步和风味化学理念的引入，改变了自 20 世纪 50 年代以来中国白酒的发展方向，使中国白酒由追求低酸、低酯，纯净的伏特加标准，改为承认中国白酒是因其复杂成分的存在而成为独具一格的优质蒸馏酒。按照原来的观念，这些微量成分应该被除去才是好酒，按照风味化学带来的新观念，这些复杂成分越丰富、越均衡，酒质就越好。中国传统白酒不再是作为一种"落后的古董"被看待，而是当作一种在现代世界里仍然优质的传统产品被看待，这是风味化学引入所带来的进步。

然而，风味化学本质上把微量成分和乙醇一样当作是一种化学成分，酒无非是各种化学成分与水混合在一起的复杂水溶液而已，各种呈香呈味物质既然是某种化学物质，那么，无论其是发酵产生的，还是化工合成产生的，在化学性质上是一样的。如此，便为以化工途径生产的添加剂（酸、酯、醛、醇等呈香呈味组分）与酒精混合生产新工艺酒提供了理论基础。

再简要回顾一下：苏联科学说认为优质食用酒精加水就是好酒。来自西方的风味化学认为，白酒之所以有独特的香气和味道，是因为含有多种微量成分，这些微量成分不必去除，保持白酒的复杂风味是合理的。但是，这些微量成分无非是酸、酯、醛、醇一类的化学物质，可以由发酵途径产生，也可以由化工途径合成产生，将化工合成产生的这些物质与酒精混合起来一样可以生产像传统风格的白酒，化工合成的产品有巨大的成本优势。于是，在实际生产中，按"配方"进行"酒体设计"，再勾兑生产的"新工艺酒"就登上了历史舞台，而且是大行其道。相关文献记载，20 世纪 90 年代以后的白酒企业主要靠新工艺酒实现了产量、利润的双增长，而这一现象最基本的科学理论就是酒精、香精的化学理论。

下表 4-5-1 为白酒中可以使用的部分香料品种和用量范围：

表 4-5-1 白酒用香料品种及用量范围[①]

名称	用量范围 /%	特 征
乙酸	0.01 ~ 0.03	有刺激性酸味
丁酸	0.005 ~ 0.01	有强烈持久的臭味
己酸	0 ~ 0.02	似汗臭味
乳酸	0.005 ~ 0.01	无香气，有浓厚感，多则有涩味
柠檬酸	0.01 ~ 0.02	酸味较长，且爽口，水溶性强
乙酸乙酯	0.01 ~ 0.05	呈香蕉香味，是清香型酒的主体香气
乙酸异戊酯	0 ~ 0.02	呈强烈的香蕉香味
丁酸乙酯	0.01 ~ 0.03	似老窖酒香味，味持久
丁酸异戊酯	0 ~ 0.003	呈苹果香味
异戊丁酸酯	0 ~ 0.002	有类似凤梨的香味
己酸乙酯	0.02 ~ 0.07	具老窖酒香味，是浓香型酒的主体香气
月桂酸乙酯	0 ~ 0.001	有很强的果实香
苯乙酸乙酯	0 ~ 0.0005	有蜂蜜香味
乙缩醛	0 ~ 0.005	有愉快的清香气味
β - 苯乙醇	0.0003 ~ 0.0005	呈强烈的玫瑰香味
甘油	0.01 ~ 0.02	味甜柔和，有浓厚感

3. 在发酵环节解决问题，培养功能菌、纯种菌加入

第三条路径就是在发酵环节中解决中国白酒里面微量成分含量比例的问题。通过勾兑环节直接加己酸乙酯太过粗暴，在发酵环节里面解决可不可以呢？按照这个路径中国白酒业也做了大量的探索。我们前面讲过，现在酿酒的基础是酒精理论。

这方面的工作，比如对己酸乙酯进行了研究，在 20 世纪 80 年代，甚至 60 年代前期就开始认识到己酸菌是产生己酸乙酯的重要功能菌，所以就有意识地培养己酸菌，用己酸菌培养人工窖泥，人工老窖技术随之出现，在实践中也提升了酒里面己酸乙酯的含量；对产生酱香风味物质地衣芽孢杆菌也进行了研究，并有一些生产应用。

但总的来说，这方面所做的研究都是探索性的，目前的浓香酒在生产时甚至刻意控制一下己酸乙酯的含量。2022 年 6 月生效的新国家白酒质量标准中也取消了以"乙酸乙酯""己酸乙酯"等化学成分作为主体呈香呈味物质的描述。

①沈怡方：《白酒生产技术全书》，中国轻工业出版社，2007年1月，第501页。

中国白酒中的微量成分

一、微量成分

对于白酒中的微量成分的认识，始终处于发展变化中，从20世纪90年代到现在，从100来种增加到了上千种。本书仅根据余乾伟先生《传统白酒酿造技术》（2018年版），摘要介绍该书对白酒中微量成分的描述，同时也参考了其他最新文献提供的一些新成分，略加补充，以供读者在现阶段进行参考，相信未来会不断有新的认识出现。

1. 醇类

醇类化合物在白酒组分中（除乙醇和水外，下同）占12%左右的比例。由于醇类化合物的沸点比其他组分的沸点低、易挥发，这样它可以在挥发过程中"拖带"其他组分的分子一起挥发，起到助香作用，在白酒中低碳链的醇含量居多。醇类化合物随着碳链的增加，气味逐渐由麻醉样气味向果实气味和脂肪气味过渡，沸点也逐渐增高，气味也逐渐持久。在白酒中含量较多的是一些小于6个碳的醇，它们一般较易挥发，表现出轻快的麻醉样气味和微弱的脂肪气味或油臭。

醇类的味觉作用在白酒中相当重要，它是构成白酒相当一部分味觉的骨架。它主要表现出柔和的刺激感和微甜、浓厚的感觉，有时也赋予酒体一定的苦味。饮酒的嗜好性大概与醇的刺激性、麻醉感和入口微甜、带苦有一定的联系，醇类或是酯类的前体物质。

茅台酒和四特酒的正丙醇含量较高，而浓香型和酱香型还含有一定的正丁醇。

表 4-5-2 醇类物质在 46%vol 酒精水溶液中的嗅觉阈值及感官描述

单位：μg/L

风味物质	阈值	风味描述
正丙醇	53952.63	水果香，花香，青草香
正丁醇	2733.35	水果香
3-甲基丁醇（异戊醇）	179190.83	水果香，花香，臭
2-庚醇	1433.94	水蜜桃香，杂醇油臭；水果香，花香，蜜香
1-辛烯-3-醇	6.12	青草香，水果香，尘土风味，油脂风味

2. 酯类

酯类化合物是白酒中除乙醇和水以外含量最多的一类组分，它约占总组分含量的60%。白酒中酯类化合物多以乙酯形式存在。在白酒的香气特征中，绝大多数是以突出酯类香气为主。就酯类单体组分来讲，根据形成酯的那种酸的碳原子数的多少，酯类呈现出不同强弱的气味。含1～2个碳的酸形成酯，香气以果香气味为主，易挥发，香气持续时间短；含3～5个碳的酸形成酯，有脂肪臭气味，带有果香气味；含6～12个碳的酸形成的酯，果香气味浓厚，香气有一定的持久性；含13个碳的酸形成的酯，果香气味很弱，呈现出一定的脂肪气味和油味，它们沸点高，凝固点低，很难溶于水，气味持久而难消失。

在酒体中，酯类化合物与其他组分相比较绝对含量较高，而且酯类化合物大都属较易挥发和气味较强的化合物。因此，表现出较强的气味特征。在酒体中，一些含量较高的酯类，由于它们的浓度及气味强度占有绝对的主导作用，使整个酒体的香气呈现出以酯类香气为主的气味特征，并表现出某些酯类原有的感官气味特征。例如，清香型白酒中的乙酸乙酯和浓香型白酒中的己酸乙酯，它们在酒体中占有主导作用，使这两类白酒的香气呈现出乙酸乙酯和己酸乙酯为主的香气特征。而含量中等的一些酯类，由于它们的气味特征有类似其他酯类的气味特征。因此，它们可以对酯类的主体气味进行"修饰""补充"，使整个酯类香气更丰满、浓厚。含量较少或甚微的一类酯，大多是一些长碳链酸形成的酯，它们的沸点较高，果香气味较弱，气味特征不明显，在酒体中很难明显突出它的原有气味特征，但它们的存在可以使体系的饱和蒸汽压降低，延缓其他组分的挥发速度，起到使香气持久和稳定香气的作用。这也就是酯类化合物的呈香作用。

酯类化合物的呈味作用会因为它的呈香作用非常突出和重要而被忽略。实际上，由于酯类化合物在酒体中的绝对浓度与其他组分相比高出许多，而且它的感官阈值较低，其呈味作用也是相当重要的。在白酒中，酯类化合物在特定浓度下一般表现为微甜、带涩，并带有一定的刺激感，有些酯类还表现出一定的苦味。例如，己酸乙酯在浓香型白酒中含量一般为150～200mg/100mL，它呈现出甜味和一定的刺激感，若它含量降低，则甜味也会随之降低。乳酸乙酯则表现为微涩带苦，当酒中乳酸乙酯含量过多，则会使酒体发涩带苦，并由于乳酸乙酯沸点较高，使其他组分挥发速度降低，若含量超过一定范围时，酒体会呈现出香气不突出。再例如，油酸乙酯及月桂酸乙酯，它们在酒体中含量甚微，但它们的感觉阈值也较小，它们属高沸点酯，当在白酒中有一定的含量范围时，它可以改变体系的气味挥发速度，起到持久、稳定香气的作用，并不呈现出它们原有的气味特征；当它们的含量超过一定的限度时，虽然体系的香气持久了，但它们各自原有的气味特征也表现出来了，使酒体带有明显的脂肪气味和油味，损害了酒体的品质。

在我国白酒中，己、乳、乙、丁四大酯约占总酯的90%以上。乳酸乙酯在三花酒中占总酯的73%左右，而乙酸乙酯是清香型的主体成分，己酸乙酯是浓香型的主体成分。

表 4-5-3 酯类物质在 46%vol 酒精水溶液中的嗅觉阈值及感官描述

单位：μg/L

风味物质	阈值	风味描述
乙酸乙酯	32551.6	菠萝香，苹果香，水果香
丙酸乙酯	19019.33	香蕉香，水果香
丁酸乙酯	81.5	苹果香，菠萝香，水果香，花香
戊酸乙酯	26.78	水蜜桃香，水果香，花香，甜香
己酸乙酯	55.33	甜香，水果香，青瓜香，窖香
庚酸乙酯	13153.17	花香，水果香，蜜香，甜香
辛酸乙酯	12.87	梨子香，荔枝香，水果香，甜香，百合花香
壬酸乙酯	3150.61	酯香，蜜香，水果香
癸酸乙酯	1122.3	菠萝香，水果香，花香
乳酸乙酯	128083.8	甜香，水果香，青草香
己酸丙酯	12783.77	水果香，酯香，老窖香，菠萝香，甜香
2- 甲基丙酸乙酯（异丁酸乙酯）	57.47	桂花香，苹果香，水蜜桃香，水果香
3- 甲基丁酸乙酯（异戊酸乙酯）	6.89	苹果香，菠萝香，香蕉香，水果香
乙酸 -3- 甲基丁酯（乙酸异戊酯）	93.93	香蕉香，甜香，苹果香，水果糖香
丁二酸二乙酯	353193.25	水果香，花香，花粉香
乙酸香叶酯	636.07	玫瑰花香，花香

3. 酸类

酸类在白酒组分中除水和乙醇外，占组分总量的 14% ～ 16%，是白酒中重要的呈味物质。白酒中有机酸的种类较多，大多是含碳链的脂肪酸化合物。根据碳链的不同，脂肪酸呈现出不同的电离强度和沸点，同时它们的水溶性也不同。这些不同碳链的脂肪酸在酒体中电离出的 H^+ 的强弱程度也会呈现出差异，也就是说它们在酒体中的呈香呈味作用表现出不同。根据这些有机酸在酒体中的含量及自身的特性，可将它们分为三大部分。

（1）含量较高、较易挥发的有机酸，在白酒中除乳酸外，如乙酸、己酸和丁酸都属较易挥发的有机酸，这 4 种酸在白酒中含量都较高，是较低碳链的有机酸。相比较而言，它们都较易电离出 H^+。

（2）含量中等的有机酸，这些有机酸一般是 3 个碳、5 个碳和 7 个碳的脂肪酸。

（3）含量较少的有机酸，这部分有机酸种类较多，大部分是一类沸点较高、水溶性较差、易凝固的有机酸，碳链一般在 10 个或 10 个以上碳的脂肪酸。如油酸、癸酸、亚油酸、棕榈酸、月桂酸等。

有机酸类化合物在白酒中的呈味作用似乎大于它的呈香作用。它的呈味作用主要表现在有机酸贡献 H^+，使人感觉到酸味觉，并同时有酸刺激性感觉，由于羟基电离出 H^+ 的强弱受到它碳链的负基性质的影响，同时酸味的"副味"也受到碳链负基团的影响。因此，各种有机酸在酒体中呈现出不同的酸刺激和不同的酸味。在白酒中含量较高的一类有机酸，它们一般易电离出 H^+，较易溶于水，表现出较强的酸味及酸刺激感，但它们的酸味也较容易消失（不易持久），这一类有机酸是酒体中酸味的主要供体。另一类含量中等的有机酸，它们有一定的电离 H^+ 能力，虽然提供给体系的 H^+ 不多，但由于它们一般含有一定长度的碳链和各种负基团，使得体系中的酸味呈现出多样性和持久性，协调了小分子酸的刺激感，延缓了酸的持久时间。第三类有机酸是在白酒中含量较少的，以往人们对它的重视程度不够，实际上它们在白酒中的呈香呈味作用是举足轻重的。这一部分有机酸碳链较长，电离出 H^+ 的能力较小，水溶性较差，一般呈现出很弱的酸刺激感和酸味，似乎可以忽略它们的呈味作用。但是，由于这些酸具有较长的味觉持久性和柔和的口感，并且沸点较高、易凝固、黏度较大，易改变酒体的饱和蒸汽压，使体系的沸点发生变化及其他组分的酸电离常数发生变化，从而影响了体系的酸味持久性和柔和感，并改变了气味分子的挥发速度，起到了调和体系口味、稳定体系香气的作用。例如，在相同浓度下，乙酸单独存在时，酸刺激感强而易消失；而有油酸（适量）存在时，乙酸的酸刺激感减小并较持久。再例如，在相同浓度下，乙酸乙酯单独存在时，气味强烈而易消失；而有适量油酸存在时，气味柔和而持久。这都说明了这一类有机酸的呈香呈味作用。

有机酸类化合物的呈香作用在白酒香气表现上不十分明显。就其单一组分而言，它主要呈现出酸刺激气味，脂肪臭和脂肪气味，有机酸与其他组分相比较，沸点较高，因此，在体系中的气味表现不突出。在特殊情况下，例如，酒在酒杯中长时间敞口放置，或倒去酒杯中的酒，放置一段时间闻空杯香，我们能明显感觉到有机酸的气味特征。这也说明了它的呈香作用在于它的内部稳定作用。

白酒中含有一定量的高级脂肪酸及其乙酯，即棕榈酸、油酸、亚油酸及其乙酯，是构成白酒后味的重要物质。它们溶于乙醇不溶于水，因此，当酒中水的比例升高时，酒液会变混浊，生产低度白酒时，要除去多余的上述 3 大高级脂肪酸及其乙酯，以达到酒液清亮透明的目的。

表 4-5-4　酸类物质在 46%vol 酒精水溶液中的嗅觉阈值及感官描述

单位：μg/L

风味物质	阈值	风味描述
丁酸	964.64	汗臭，酸臭，窖泥臭
2-甲基丁酸	5931.55	汗臭，酸臭，窖泥臭
3-甲基丁酸（异戊酸）	1045.47	汗臭，酸臭，脂肪臭
戊酸	389.11	窖泥臭，汗臭，酸臭
己酸	2417.16	汗臭，动物臭，酸臭，甜香，水果香
庚酸	13821.32	酸臭，汗臭，窖泥臭，霉臭
辛酸	2701.23	水果香，花香，油脂臭
壬酸	3559.23	脂肪臭
癸酸	13736.77	山羊臭，酒稍子臭，胶皮臭，油漆臭，动物臭
十二酸	9153.79	油腻，酒稍子味，松树，木材味

4. 羰基化合物

羰基化合物在白酒组分中占 5%～8%。低碳链的羰基化合物沸点极低，极易挥发，它比相同碳数的醇和酚类化合物沸点还低，这是因为羰基化合物不能在分子间形成氢键的缘故。随着碳原子的增加，它的沸点逐渐增高，并在水中的溶解度下降。羰基化合物具有较强的刺激性气味，随着碳链的增加，它的气味逐渐由刺激性气味向青草气味、果实气味、坚果气味及脂肪气味过渡。白酒中含量较高的羰基化合物主要是一些低碳链的醛、酮类化合物。在白酒的香气中，由于这些低碳链醛、酮化合物与其他组分相比较，绝对含量不占优势，同时自身的感官气味表现出较弱的芳香气味，以刺激性气味为主。因此，在整个香气中不十分突出低碳链醛、酮原始的气味特征。但这些化合物沸点极低、易挥发，它可以"提扬"其他香气分子挥发，尤其是在酒液入口挥发时，很易挥发。所以，这些化合物实际起到了"提扬"香气和"提扬"入口"喷香"的作用，如五粮液的"喷香"。

羰基化合物，尤其是低碳链的醛、酮化合物具有较强的刺激性口味。在味觉上，它赋予酒体较强的刺激感，也就是人们常说的"酒劲大"的原因，这也说明酒中的羰基化合物的呈味作用主要是赋予口味以刺激性和辣感。

表 4-5-5　醛类物质在 46%vol 酒精水溶液中的嗅觉阈值及感官描述

单位：μg/L

风味物质	阈值	风味描述
丁醛	2901.87	花香、水果香
3-甲基丁醛（异戊醛）	16.51	花香，水果香
戊醛	725.41	脂肪臭，油哈味，油腻感
己醛	25.48	花香，水果香
庚醛	409.76	青草香，青瓜香
辛醛	39.64	青草香，水果香
壬醛	122.45	肥皂味，青草香，水腥臭

5. 酚元类化合物

酚元类化合物是指含羟基苯环的芳香族化合物，该类化合物都具有较强烈的芳香气味（芳香酸沸点较高，气味弱），而且阈值极低。这类化合物的感官特征一般都具有类似药草气味、辛香气味及烟熏气味。这类化合物在白酒中含量甚微，其总量也不超过组分总量的 2%。所以它们在酒体中的呈味作用不是很明显。但值得一提的是，芳香族的酸，一般具有较高的沸点，它比相应的脂肪酸沸点还高。

由于这类化合物的香气感觉阈值极低，而且具有特殊的感官特征，所以，它很微量的存在也许会对白酒的香气产生影响。这类化合物原有的感官特征气味明显而具特殊性，易与其他类香气混合，或"补充""修饰"其他类香气，形成更具特色的复合香气；或被其他类香气"修饰"，形成类似它原有气味特征的香气。这类化合物在一些特殊香型白酒或某一类白酒香气中的特殊气味特征中的作用还没有彻底研究清楚。例如，在酱香型白酒香气中的所谓"酱香"气味，有人曾提出 4- 乙基愈创木酚是"酱香"气味的主体成分。4- 乙基愈创木酚的感官特征可描述为"辛香气味或类似烟熏的气味"，它被认为是酱油香气的特征组分，它的香气感觉阈值极低（122.74μg/L）。经后来的研究表明，4- 乙基愈创木酚的感官特征与酱香型白酒的"酱香"气味有一定的差距，将它作为酱香的主体成分有不少疑点。但可认为 4- 乙基愈创木酚的感官气味特征在这类白酒香气中发挥了一定的作用。它是否与烤香气味、焦香气味、煳香气味共同混合形成特殊的复合气味特征还不得而知，但毕竟它的气味特征易和上述气味混合，并具有较为类似的气味特征。当然，其他酚元类化合物的呈香作用也不能忽视。

表 4-5-6　白酒风味物质在 46%vol 酒精水溶液中的嗅觉阈值及感官描述

单位：μg/L

芳香族化合物	阈值	风味描述
苯甲醛	4203.1	杏仁味，坚果香
2- 苯 -2- 丁烯醛	471.77	水果香，花香
苯甲醇	40927.16	花香，水果香，甜香，酯香
乙酰苯	255.68	肥皂味，茉莉香
2- 苯乙醇	28922.73	玫瑰花香，月季花香，花香，花粉香
4-(4- 甲氧基苯)-2- 丁酮	5566.28	甘草味，桂皮味，八角味，似调味品
苯甲酸乙酯	1433.65	蜂蜜味，洋槐花香，玫瑰花香
2- 苯乙酸乙酯	406.83	玫瑰花香，桂花香，洋槐花香，蜂蜜香，花香
3- 苯丙酸乙酯	125.21	蜜菠萝香，水果糖香，蜂蜜香，水果香，花香
乙酸 -2- 苯乙酯	908.83	玫瑰花香，花香，橡胶臭，胶皮臭
萘	159.3	樟脑丸味，卫生球味
酚类化合物		
苯酚	18909.34	来苏水臭，似胶水味，墨汁味
4- 甲基苯酚	166.97	窖泥臭，皮革臭，焦皮臭，动物臭
4- 乙基苯酚	617.88	马厩臭，来苏水臭，牛马圈臭
愈创木酚	13.41	水果香，花香，焦酱香，甜香，青草香
4- 甲基愈创木酚	314.56	烟熏风味，酱油香，烟味，熏制食品香
4- 乙基愈创木酚	122.74	香瓜香，水果香，甜香，花香，烟熏味，橡胶臭
4- 乙烯基愈创木酚	209.3	甜香，花香，水果香，香瓜香
丁子香酚	21.24	丁香味，桂皮味，哈密瓜香
异丁子香酚	22.54	香草香，水果糖香，香瓜香，哈密瓜香

4-5-6（续）

芳香族化合物	阈值	风味描述
香兰素	438.52	香兰素香，甜香，奶油香，水果香，花香，蜜香
香兰酸乙酯	3357.95	水果香，花香，焦香
乙酰基香兰素	5587.56	哈密瓜香，香蕉香，水果香，葡萄干香，橡木香，甜香，花香
内酯类化合物		
γ-辛内酯	2816.33	奶油香，椰子奶油香
γ-壬内酯	90.66	奶油香，椰子香，奶油饼干味
γ-癸内酯	10.87	水果香，甜香，花香
γ-十二内酯	60.68	水果香，蜜香，奶油香
含硫化合物		
二甲基二硫	9.13	胶水臭，煮萝卜臭，橡胶臭
三甲基三硫	0.36	醚臭，甘蓝味，老咸菜味，煤气臭，腐烂蔬菜臭，洋蒜臭，咸萝卜味
3-甲硫基-1-丙醇	2110.41	胶水臭，煮萝卜臭，橡胶臭

6. 杂环类化合物

化学上将具有环状结构，且构成环的原子除碳原子外还包含有其他原子的化合物称为杂环化合物，常见的原子有氧、氮和硫3种。含氧杂环化合物一般称作呋喃；含硫的杂环化合物称为噻吩；含氮的化合物根据杂环上碳原子数的不同命名也不同。还有含两个其他原子的杂环化合物。

（1）呋喃类化合物。

呋喃类化合物可以由碳水化合物和抗坏血酸的热分解形成；也可以由糖和氨基酸相互作用形成，它几乎存在于所有的食品香味之中。

呋喃类化合物的感官特征主要伴以似焦糖气味、水果气味、坚果气味、焦烟气味的印象。它的气味特征较明显，香气感觉阈值极低，很容易被人觉察。白酒中含量较高的呋喃化合物是糠醛。除此之外，在研究景芝白干酒的香味组分时，又新发现了一些呋喃类化合物。这些呋喃类化合物含量很少，其总量占总组分的比例也不超过1%，它们的呈味作用主要体现在糠醛的微甜、带苦的味觉特性上。其他呋喃类化合物含量太低，在味觉上构不成很大的呈味作用。

关于呋喃类化合物在白酒中的呈香作用方面的研究得到了相当的重视。国外学者对呋喃在食品风味中作用的研究开展得较多，为我们了解白酒香气中呋喃的作用提供了许多启示。例如，日本从清酒的陈酒香气特征组分的分析中发现，4,5-二甲基-3-羟基-呋喃-2是陈酒香气特征组分；酱油香气的特征组分之一是2-乙基-5-甲基-4-羟基-2H-呋喃-3（HEMF）；3-甲酰呋喃是朗姆酒的香气特征组分之一；γ-

内酯在白兰地及威士忌酒中被认作香味组分等。我们结合白酒生产的原料、工艺过程，可推测出呋喃类化合物必然也会存在于白酒之中。因为白酒生产使用的原料是含淀粉的碳水化合物，加工过程有酸存在、有热处理过程，这些条件都能产生一定量的呋喃类化合物。另外，从对白酒的感官气味嗅辨上，我们也能感觉到一些似呋喃类化合物的焦香气味和甜样焦糖气味的特征。这些气味特征在芝麻香型白酒和酱香型白酒香气中尤为明显。从目前对白酒的组分分析结果看，至少分析到 α－乙酰呋喃、α－戊基呋喃、5-甲基糠醛、糠醛等化合物的存在，也为上述的推测提供了数据证明。因此，呋喃类化合物的呈香作用看来与构成焦香气味或类似这类气味特征的白酒香气有着某种内在联系；同时，贮酒过程中，呋喃类化合物的氧化、还原对构成陈酒香气或酒的成熟度也有着密切的关系。

（2）吡嗪类化合物。

吡嗪类化合物是分布在食品中较广泛的一类特征组分。这类化合物主要是通过氨基酸的斯特克尔降解反应和美拉德反应产生的。

其感官特征一般具有坚果气味、焙烤香气、水果气味和蔬菜气味等特征。从白酒中已经鉴别出的吡嗪类化合物有几十种，但绝对含量很少。它们一般都具有极低的香气阈值，极易被觉察，并香气持久难消。近年来对这类化合物在白酒香气中的呈香作用非常重视。有分析表明，在有较明显焦香、煳香气味的香型白酒中，吡嗪类化合物的种类及绝对含量相对较高。这说明吡嗪类化合物的气味特征影响着白酒的香气类型和风格特征。关于吡嗪类化合物如何与呋喃类化合物、酚类化合物相互作用，如何赋予白酒香气的特殊风格方面的研究还有待深入。

表 4-5-7　吡嗪类、呋喃类化合物在 46%vol 酒精水溶液中的嗅觉阈值及感官描述

单位：μg/L

风味物质	阈值	风味描述
2- 甲基吡嗪	121927.01	烤面包香，烤杏仁香，炒花生香
2，3- 甲基吡嗪	10823.7	烤面包香，炒玉米香，烤馍香，烤花生香
2，5- 甲基吡嗪	3201.9	青草香，炒豆香
2，6- 二甲基吡嗪	790.79	青椒香
2- 乙基吡嗪	21814.58	炒芝麻香，炒花生香，炒面香
2，3，5- 三甲基吡嗪	729.86	青椒香，咖啡香，烤面包香
2，3，5，6- 四甲基吡嗪	80073.16	甜香，水果香，花香，水蜜桃香
糠醛	44029.73	焦煳香，坚果香，馊味
2- 乙酰基呋喃	58504.19	杏仁香，甜香，奶油香
5- 甲基糠醛	466321.08	杏仁香，甜香，坚果香
2- 乙酰基 -5- 甲基呋喃	40870.06	饼干香，烤杏仁香，肥皂味

7. 含硫化合物

含硫化合物是指含有硫原子的碳水化合物，它包含链状和环状的含硫化合物。一般含硫化合物的香气阈值极低，很微量的存在就能察觉它的气味。它们的气味非常典型，一般表现为恶臭和令人不愉快的气味，持久难消。在浓度较稀时，气味表现为较能令人接受，有葱蒜样气味；极稀浓度时，则有咸样的焦煳或蔬菜气味。目前，从白酒中检出的含硫化合物只有几种，除杂环化合物中的噻吩外，还有硫醇和二硫、三硫化合物等，它们在白酒中含量极微。如在景芝白干酒中检出的 3-甲硫基丙醇、3-甲硫基丙酸酯，它们被认作是该类酒的特征组分。3-甲硫基丙醇在浓度很稀时有似咸样煳香或焦香气味，也有似咸样酱（菜）香气特征。3-甲硫基己醇则有类似腐败样泥臭气味特征。根据含硫化合物的一些气味特征，能否猜测它的呈香作用与一些酒中的所谓"窖泥"和"咸酱"气味，或"修饰"焦香、煳香气味有着某种联系？

8. 微量金属元素

微量金属元素在白酒中的来源，一方面与加浆用水带入的金属离子密切相关，另一方面，它还与贮酒容器密切相关。传统贮酒是采用陶质坛子。经研究发现，除加浆用水带入酒中金属元素外，贮存过程中，陶坛亦会溶入酒中一些金属元素。这主要是因为传统的陶坛的坯体组成中也含有许多微量金属元素。有研究发现，金属元素的存在，一方面与负离子一起呈现出咸味特征，另一方面，它能改变酒体口味柔和程度。在适当的金属离子浓度下，它能减小酒体刺激感，使酒体的口味变得浓厚。当浓度超过一定界限，它反而会使酒体口味变得粗糙。这一发现是通过研究金属元素与贮酒关系时得出的。

此外，金属元素在贮酒过程中，能否催化陈酿的氧化、还原反应呢？

五粮液曾对白酒中金属元素的测定及其对酒质的关系进行了研究。白酒中含有一些微量、痕量金属元素，且经常以离子状态存在于酒中，它们分别由酒生产原料、设备、用水、贮酒容器等引入，并对酒质起着不可忽视的作用。从测定结果看，几乎所有的金属元素均随存放时间延长而增加，某些金属元素对白酒中醇的氧化反应有催化作用，某些金属元素还可以加快酒中高沸点酸的氧化分解，并从两个方面证实了五种金属元素对酒有催化能力，一是醇氧化，二是酸氧化。[1]

二、微量成分的作用

对于微量成分的作用，自 20 世纪 60 年代以来，中国白酒科研界经过不懈研究，得到了多种新认识，都有一定的依据，也都有一定的片面性，由于文献过于丰富，观点众多，限于篇幅，本书不做过多介绍。

---

[1]余乾伟：《传统白酒酿造技术》，中国轻工业出版社，2018年5月第二版，第355页—第362页。

其中，20世纪90年代四川大学陈益钊教授把白酒香味成分划分为色谱骨架成分、谐调成分（或协调成分）、复杂成分三部分进行研究，该观点被多数权威教科书引用，简录如下：

1. 色谱骨架成分

色谱骨架成分是指常规色谱分析所得的成分，约20余种，含量高于 $2\sim3mg/100mL$。它们的含量占当时发现的100多种物质总量的95%，是白酒香和味的主要构成要素，是中国白酒的骨架。普通色谱均能分析出，以浓香型白酒为例，包括：四大酯、四大酸、主要醇类及两种醛，还有戊酸乙酯、甲酸乙酯、丙酸、戊酸、正丙醇、正己醇、2，3—丁二酮等；而米香型中 β -苯乙醇含量较高，它是米香型的色谱骨架成分之一。香型不同、风格不同，其色谱骨架成分构成也不同。

2. 白酒的协调成分

色谱骨架成分由四类物质组成：乙酯、杂醇、乙醛（乙缩醛）和羧酸。白酒中的任何成分同时具有两方面的作用，即对香和味的贡献，只不过各自的贡献程度大小不一，香和味的贡献的总和并非各个成分各自香和味的贡献的简单叠加。在生产中必须解决好四方面的问题：香的协调、味的协调、香和味的协调、风格（典型性）。研究发现，浓香型白酒的乙醛、乙缩醛、乙酸、乳酸、己酸、丁酸这6种成分就是协调成分，前2种主要起对香的协调作用，后4种主要起对味的协调作用。注意这6种成分含量均超过 $2\sim3mg/100mL$，属于色谱骨架成分，但它们还起到其他色谱骨架成分无法替代的特殊作用，故具有双重作用。在酒体设计时应将这6种成分作为一个整体对待。

3. 白酒中复杂成分

凡含量小于 $2\sim3mg/100ml$ 的香味成分，统称为复杂成分，它们的总含量仅占白酒1%～2%的各种香味成分总量的5%左右，是真正的"微量成分"（从一定意义讲，这5%的成分决定了酒的档次）。其种类数量多，来源于多种途径（如原料、曲子、发酵和蒸馏条件等），是影响白酒风味的庞大因素。在新型白酒中解决这一问题主要是靠固态发酵酒及其工艺的综合利用、调味酒、食品添加剂等来解决。[1]

---

[1] 余乾伟：《传统白酒酿造技术》，中国轻工业出版社，2018年5月第二版，第354页。

图 4-6-1 部分生产新工艺白酒使用的香精和调味剂 （摄影／胡纲）

第六节
新型白酒

新型白酒的概念和发展简况

新型白酒也叫新工艺酒，就是以优质食用酒精为基础，添加香精等呈香呈味物质调配而成的各种白酒。

我国新型白酒出现在 20 世纪 50 年代末，那时候粮食紧张，酒的供应也紧张，有人搞了"三精一水"的散装兑制白酒，在市场上风靡一时，算是新白酒的诞生。但由于当时分析手段落后，缺乏对其内在质量缺陷的认识，没能很好地解决酒精除杂及成品酒缺酸少酯的问题，造成饮后上头等不良反应，一直延续到现在。导致消费者提到酒精勾兑酒就摇头，有些企业明明用酒精勾兑生产白酒，也千方百计保密，怕消费者发现。

20 世纪 60 年代中期，北京酿酒总厂在学习董酒串香生产的基础上，成功地将酒精串香二锅头发酵香醅，生产出了新型白酒，具有传统白酒的风味，开创了新型白酒的新时期。

在 20 世纪七八十年代，随着分析技术的提高，新型白酒的勾兑技术也不断地提高。在 70 年代有的专家提出了固液勾兑的新技术，就是把一些优质固态酒的副产品，比如酒头、酒尾、香糟、黄水经处理后，与经过处理后的酒精相结合调制出白酒来，白酒拉开了新型白酒大发展的序幕。

到 90 年代，这类酒已经占全国总产量的 50% 以上，在沈怡方先生出版《白酒生产技术全书》的 2007 年前后，当时我国总产量五万吨以上的大型白酒企业都采用了这条技术路线生产新型白酒。

据赖高淮先生 2011 年出版的《新型白酒勾调技术与生产工艺》一书中透露：当时从全国来看，固态酒保持 5% 的生产量为宜，也就是说 95% 是新型白酒，即固液酒和液态酒。[①]

从后来的市场实践看，市场上真正的新型白酒比例可能比赖高淮先生当时透露的数据还要高。

新型白酒的基础原料

一、食用酒精

关于食用酒精的生产工艺我们前面有专章做了介绍。沈怡方先生的《白酒生产技术全书》对食用酒精、普通酒精和糖蜜酒精的理化指标做过比较，当时认为以玉米为原料的优级酒精好于普通酒精，也好于糖蜜为原料的酒精，而且也指出我国的优级酒精跟苏联的优级酒精相比还是有差别的。

2010 年以后，中国的酒精产业有了极大的发展，食用酒精的标准也逐渐有所提高。

2022 年 6 月生效的新国家标准规定，糖蜜为原料的酒精不能再用于白酒，只有谷物、粮食为原料的优级酒精才能用于白酒。

二、各种香精和呈味剂

香精包括酯类、醛类、酸类等。呈味剂有乳酸、醋酸、丁酸、己酸、柠檬酸、酒石酸、苹果酸，等等。

这些呈味剂有的来自天然的调味品，比如白砂糖、蜂蜜，有的是甜味素，包括阿斯巴糖、安塞蜜等等。甜味素在白酒中是禁止添加的，在配制酒可以添加的。

国家标准要求添加食品添加剂的酒，在商品上必须注明，但是在现实市场上，注明添加剂的白酒产品几乎没有。

液态法白酒国家标准（GB/T 20821—2007）和固液法白酒国家标准（GB/20822—2007）在 2021 年进行了修订，2022 年 6 月生效，在修订后的标准中，取消了液态法白酒和固液法白酒中可以添加食品添加剂的规定。

三、固态白酒及其发酵过程中的产物

固液法白酒出现之后，就把固态酒和各种它发酵过程中产物，如黄水的提取物，酒糟的一些提取物，酒头、酒尾等等，都作为新型白酒的添加物使用。

---

① 赖高淮：《新型白酒勾调技术与生产工艺》，中国轻工业出版社，2011年4月，第24页。

新型白酒的类型

新型白酒类型现在分为三种：液态酒、固液酒、串蒸酒。

一、液态酒（国家标准 GB/T 20821—2007）

液态酒的标准定义为：以淀粉糖类物质为原料，采用液态糖化、发酵、蒸馏所得的基酒或食用酒精，可用香醅串香或其他食品添加剂，调味、调香，勾调而成的白酒。

按照这个标准，串蒸酒也算液态酒的一种。

目前，各种香型的液态白酒都有相应的配方，有的香型还有多个配方，所谓配方无非是酸、酯、醛、醇的含量参数，孙平主编的《新编食品添加剂应用手册》（化学工业出版社，2020 年 10 月第一版）提供了 10 个香型、17 种配方，没什么秘密可言。在实际生产中，各酒厂更是有多种勾调方案，不一而论，但按分析化学的逻辑，所有白酒的微量成分含量均可以检测出来，所有名优酒的配方用先进的化学分析仪器一测便知，也没有什么秘密可言。科学进步的一个好处就是使各种"配方"的神话得以破碎。

但是，有了这些配方，按照配方生产出的酒，仍然和固态大曲发酵的优质酒有明显的不同，说明目前科学认识所产生的配方和天然发酵中出现的微量成分，无论在种类和量比上，均有很大差距。简单地说，要生产出好酒，"配方"不顶用。

还需强调一下，尽管介绍液态白酒配方成分的资料很多，但关于这些配方中的物质是怎么生产出来的，却很少提及。其中有些品种可能是煤化工、石油化工的产品，既然配方可以罗列出来，配方中所用的原料的生产方式也必须加以说明，这才是对消费者负责任的态度。

二、固液法白酒（国家标准：GB/T 20822—2007）

固液法白酒国家标准中，在描述固液法白酒时，先描述固态法白酒和液态法白酒的定义，之后再提出固液法白酒的定义。

固态法白酒：以粮谷为原料，采用固态（或半固态）糖化、发酵、蒸馏，经陈酿、勾兑而成，未添加食用酒精及非白酒发酵产生的呈香呈味物质，具有本品固有风格特征的白酒。

液态法白酒：以含淀粉、糖类物质为原料，采用液态糖化、发酵、蒸馏所得的基酒（或食用酒精），可用香醅串香或用食品添加剂调味、调香，勾调而成的白酒。

固液法白酒的定义：

固液法白酒：以固态法白酒（不低于30%）、液态法白酒勾调而成的白酒。

要重复强调 30% 的固态酒，如果少于 30%，就不是固液酒，而是液态酒了。

再引申解读一下，既然液态酒里可以添加香精，那么固液酒自然也可以添加香精。

在实际生产中，一般添加 5%～7% 的固态酒，就能生产出带有其香型风格的白酒；添加 30% 左右的固态酒，就可以生产出中档该香型的白酒；添加到 70% 以上的固态酒，就可以生产达到"优质酒"标准"二名酒"。[1]固液酒的泛滥使得一些酒厂甚至在固态酒中添加 30% 的酒精，以使其更像市场上的"优质酒"。

据说这样可以使完全固态法的白酒口感更完美，可以除掉轻微的杂味、涩味，增加醇甜、柔和的感觉，质量超过了全固态法混合的白酒，更加适合消费者的需要。[2]

补记：

2022 年 6 月固液法白酒和液态法白酒的国家标准均增加了第 1 号修改单。

GB/T 20822—2007《固液法白酒》国家标准第 1 号修改单内容如下：

1. 将封面英文名称更改为"traditional and liquid fermentation baijiu"。

2. 将 3.1～3.3 的术语和定义更改为：

（1）固态法白酒（traditional baijiu）：以粮谷为原料，以大曲、小曲、麸曲等为糖化发酵剂，采用固态发酵法或半固态发酵法工艺所得的基酒，经陈酿、勾调而成的，不直接或间接添加食用酒精及非自身发酵产生的呈色呈香呈味物质，具有本品固有风格特征的白酒。［来源：GB/T 15109—2021，3.5.6］

（2）液态法白酒（liquid fermentation baijiu）：以粮谷为原料，采用液态发酵法工艺所得的基酒，可添加谷物食用酿造酒精，不直接或间接添加非自身发酵产生的呈色呈香呈味物质，精制加工而成的白酒。［来源：GB/T 15109—2021，3.5.7］

（3）固液法白酒（traditional and liquid fermentation baijiu）：以液态法白酒或以谷物食用酿造酒精为基酒，利用固态发酵酒醅或特制香醅串蒸或浸蒸，或直接与固态法白酒按一定比例调配而成，不直接或间接添加非自身发酵产生的呈色呈香呈味物质，具有本品固有风格的白酒。［来源：GB/T 15109—2021，3.5.8］

3. 增加"7.3 预包装产品应标识产品类型为'固液法白酒'。"

GB/T 20821—2007《液态法白酒》国家标准第 1 号修改单内容如下：

1. 将封面英文名称更改为"liquid fermentation baijiu"。

2. 将 3.1 术语和定义更改为：

液态法白酒（liquid fermentation baijiu），以粮谷为原料，采用液态发酵法工艺所

---

[1]沈怡方：《白酒生产技术全书》，中国轻工业出版社，2007年1月，第500页。
[2]辜义洪：《白酒勾兑与品评技术》，中国轻工业出版社，2015年1月，第122页。

得的基酒，可添加谷物食用酿造酒精，不直接或间接添加非自身发酵产生的呈色呈香呈味物质，精制加工而成的白酒。 [来源：GB/T 15109—2021,3.5.7]

3. 增加"7.3 预包装产品应标识产品类型为'液态法白酒'。"

新型白酒的长处与不足

一、新型白酒的好处

（1）当时专家都认为它透明度高，加冰加水不浑浊。因为酒精里面没有造成酒类加水浑浊的高级脂肪酸乙酯，所以可以做到酒度低、且清澈透明，而且还可以和其他饮料混用。

（2）酒体纯净、杂质含量低、卫生安全。酒精中的酸、酯、醛、杂醇油等微量成分，只有固态白酒的 1/10 到 1/100，以酒精为主体的新型白酒不但酸低、酯低，更重要的是醛类、杂醇类低。当时国外的研究成果表明，乙醇的同系物含量多，是造成酒类醉人的根本原因之一，杂醇含量少，对人的副作用小。随着人们生活提高和对健康的重视，相对纯净的酒会受到欢迎。

（3）酒精是很好的无色无味的溶剂，易和其他物品结合生产出各类型、各香型的饮料酒。

（4）长期保存，不变色、不变味。

（5）节约粮食。一吨 95% 的酒精可以生产 38% 酒精分的白酒 2.93 吨，平均吨酒耗粮为 1.074 吨，比同类型普通固态法白酒耗粮降低 22%。

（6）增香调味原材料品种丰富，可生产出多香型、多类型的白酒。

（7）工艺简单，设备简单，投资少，见效快，劳动效率高，很适应市场经济多变的需求。[①]

二、新型白酒的不足

新型白酒毕竟是靠后期勾调和少量固态酒加入，改善它的呈香呈味性质，所以和纯粹的固态酒相比有明显的差异。这种差异在感官指标上能明显区别出来，几乎不需要经过专业培训，只要闻、尝过新型白酒的标准样和固态酒的标准样，任何一个感官正常的普通人，都能够感受出来它们的差别。

从理化指标来讲，新白酒和固态白酒的差别也比较大。

以总酸为例，茅台酒的总酸是 294.5mg/100ml；五粮液是 191.3mg/100ml；汾酒 128.6mg/100ml。而液态法白酒的总酸量是 22 ～ 60mg/100ml。

---

①沈怡方：《白酒生产技术全书》，中国轻工业出版社，2007年1月，第482页。

总酯的差异就更大，名优白酒的总酯量是 200 ～ 600mg/100ml，而液态法白酒的总酯是 30 ～ 40mg/100ml。[1]

以现有勾兑技术来讲，想要把主要指标总酸、总酯之类做到和固态白酒一样，对勾兑产生的新型白酒来讲不是难事，可以通过添加各种酸、酯来达到目的。但即便主要指标达到和固态白酒一样，但酒体的风格和饮用感受还是不一样。

消费者普遍反映新型白酒的香气尖锐、偏执，口感淡薄，酒不耐储存，稍微存放香气就淡了，杂味就出来了，特别是饮后身体感受不好，容易上头、口渴。对这方面的原因专家们也分析了，中国白酒饮用舒适性好的重要原因是微量成分复杂、协调，有拮抗作用，所以才有舒适的饮用感受。

要想酸酯平衡、微量成分多且协调，无论如何再怎么添加，以色谱骨架成分形成的配方就那么几十种添加物，怎么做也达不到固态酒的程度，而现在已经分析出，固态酒中的微量成分达 1000 种以上。

新型白酒确实推进了中国酒企的快速发展，特别在酒企放量增长的过程中起了重要的作用，因为靠固态发酵不会在短期之内形成那么大的产能，当时酒厂主要挣钱的产品，一部分是真正的名酒固态酒，再一部分就是新型白酒，它有成本优势。但也确实使劣质产品充斥了市场，带来了持久的负面影响。

---

[1]张安宁、张建华:《白酒生产与勾兑教程》，科学出版社，2010年9月，第27页。

第七节
白酒生产设备的现代化

自从 20 世纪 50 年代以后，中国白酒行业设备的进步、现代化就没有停止过。设备现代化的几个主要方向：首先是减轻劳动强度，用机械代替人工；第二个是节能环保，用环保的能源代替污染大的能源；第三个是智能化，白酒的生产过程中，自动化监测和控制手段有大幅度的提升。

一、制曲设备

酒粮的粉碎工具，普遍用电动磨代替了过去的手工石磨；在制曲方面，也普遍地用制曲机代替了人工的拌曲、踩曲工作。

二、发酵设备

发酵容器也有所进步，传统的容器陶缸、泥窖进一步规范化，而新的窖池，如水泥窖池或者是水泥和砖混合的窖池也在发展中。

最新的就是出现了不锈钢的发酵槽，有些不锈钢发酵槽里面衬上一层内挂窖泥的泥板，保持一些原始泥窖的风味。有的纯粹就是不锈钢槽，不加窖泥挂板。

三、蒸馏设备

蒸馏设备的改进其实也很大，现在已经普遍用天然气锅炉代替了原来的煤锅炉。冷凝器也发生变化，天锅冷凝器几乎不见了，改用直管式冷凝器。最新的蒸馏设备进步是出现了上甑机器人。

和发酵有关的其他设备，如行车、抓斗、摊晾机，现在已经是有规模酒厂的标准配备。

四、储运设备

现在的酒厂普遍使用不锈钢罐做储存容器，容量从五十吨到数千吨，各种规格都有，储酒能力大为提高，减少了库存占地面积。有些酒厂从原酒到储酒罐的运输完全由不锈钢管道封闭运行，在管道运行中还有相应的辅助设施如泵、阀门等，全是现代化的。

五、过滤包装设备

传统酿酒业没有过滤包装设备，这类设备是 1950 年代以后发展起来的。过滤机的种类非常多，有硅藻土过滤机、高分子过滤机，还有膜过滤机等等。

包装生产线是非常直观的现代化设备，在古代酒作坊没有这种设备，现在酒厂大规模的包装生产线一天有几万件的灌装能力。

六、生产过程监测设备

在生产过程中普遍地采用了一些在线监测设备，比如曲房里的温度、湿度的监测；发酵过程中的温度监测等，信息化程度越来越高。勾调的过程中也采用了计算机辅助计算勾调，可以用计算机直接控制工艺管线和勾调罐进行勾调作业。

生产设备的现代化在白酒中引起争议比较小，但不是没有争议。因为设备现代化的进步，实际上也摧毁了一些传统白酒自己长期宣传的优势，比如老窖，浓香型老窖非常强调老窖泥的作用，但在泸州的某些浓香型酒厂完全是用不锈钢槽作为发酵容器，而且连泥板都没有挂，这样生产出的酒跟原来宣传的老泥窖的品质当然不一样，不应该再称为"老窖"产品了。

中国白酒毕竟是属于微生物学范畴的生物工程，完全封闭起来，从发酵到接酒完全实行无人化，这个过程中减少了人作为微生物种源来源的一个环节。

人是酿酒微生物的一个重要的来源，而且微生物跟人有相互作用，由于人的参与使微生物菌种更加"驯服"，其代谢物也更适合人体的需要。如果没有人体参与的因素，完全是无人化的酿造设备生产出来的酒体，未必能达到传统白酒风味和功能上的要求。

第八节
现代科学与传统技艺并存之道

科技进步和中国白酒的发展现状

回顾中国白酒的发展历史，从 1949 年到 2021 年，中国白酒发展主要取得了两方面的成就：一是企业规模扩大，白酒产量巨幅上升，1949 年全国白酒产量是 10 万吨，1957 年 40 万吨，到高峰值的 2016 年是 1350 万吨，2020 年我们写作本书的时候是 700 多万吨。历年全国白酒产量见图 4-8-1 和表 4-8-1。

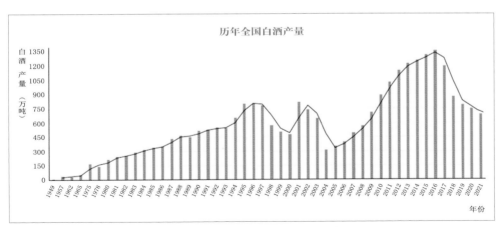

图 4-8-1 历年全国白酒产量柱状图

表 4-8-1 历年全国白酒产量数据

年份	全国白酒产量（万吨）	年份	全国白酒产量（万吨）	年份	全国白酒产量（万吨）
1949	10.8	1990	515	2006	397
1957	41.5	1991	524.5	2007	494
1962	32.1	1992	547.5	2008	569
1965	58.4	1993	543.5	2009	707
1975	172.1	1994	651	2010	891
1978	143.7	1995	798	2011	1025
1980	215.7	1996	801.3	2012	1153
1981	245.7	1997	781.8	2013	1226
1982	253.3	1998	573	2014	1257
1983	290.2	1999	502	2015	1313
1984	317.1	2000	476	2016	1358
1985	337.9	2001	816	2017	1198
1986	350.6	2002	739	2018	871
1987	431	2003	647	2019	786
1988	467	2004	312	2020	746
1989	448	2005	349	2021	715.63

随着白酒总产量的提高，企业的规模也在扩大，现在酱香型酒 2000 吨以上算规模企业，浓香型、清香型白酒年产量 1 万吨以上才算规模企业，目前年产 10 万吨的大酒企有不少。大型企业的生产能力巨大，以汾酒的大单品玻盖汾为例，一年要生产 600 万箱，牛栏山二锅头一个单品年产 1.2 亿瓶。

在白酒规模扩大的过程中，尽管近几年高端酒价格在上升，但总的来讲大多数白酒的价格维持在一个大多数人能消费得起的水平。以牛栏山二锅头和玻盖汾为例，价格区间在 10 元到 40 元，但从 1949 年到 2019 年，国民人均年收入从 69.29 元涨到了约 72870 元，增长了千倍。简单地说，中国酿酒产业为全国的消费者提供了足够数量、也能够消费得起的白酒产品。

虽然新技术、新工艺和新产品层出不穷，但 70 多年来，中国关于好酒的标准一直没有改变，好酒的标准就是纯粮固态大曲发酵的酒，再具体来说就是被评为国家名酒的那些酒。尽管在 20 世纪 90 年代后期和 21 世纪初，酿酒行业的专家们对用新技术、新工艺生产的麸曲酒和新型白酒多有褒奖之词，当时主流的观点把麸曲评价为中国白酒辉煌的一个进步，新型白酒也是一个光辉的发展，但是今天，已再没有人理直气壮地用"辉煌""光辉"这类词来形容麸曲酒和新型白酒了。在现在的白酒评价体系里，麸曲酒不如大曲酒，新工艺酒不如麸曲酒，液态酒精不如串蒸过的酒，这是酒业生产者和消费者的共识。

关于酒体品质的评价，这里要强调一下，酒质说的是风味品质而不是理化性质，从第一届全国评酒会评出的四大名酒，一直到今天，这个标准一直没有改变。就是在计划经济时期，国家政策大力推广麸曲酒的时候，这个标准也没有改变。在第二届评酒会上，麸曲酒开始登上历史舞台，为了鼓励麸曲酒的发展，评了 4 种麸曲酒为优质酒；到 1989 年第五届评酒会上，被评为优质酒的麸曲酒高达 16 种，占了优质酒总量的 30% 以上。但即便如此，始终没有麸曲酒被评为全国名酒，也就是说麸曲酒始终是第二等级的酒，没有进入到第一等级最好的酒的体系里去。在这方面我们应该感谢前辈酿酒专家们对自己直觉判断的坚持，他们保留了对人体真实感受最基本的尊重。

如果简单化来说，70 多年来白酒界科学进步最重要的成果就是两个：一个是麸曲酒，一个是新工艺酒。人们难免会提出这样的质疑：难道我们白酒界 70 多年来的科技进步就是为了生产出来品质更差的酒吗？而且由于这种品质差的酒大规模出现，导致消费者在市场上难以分辨好酒和差酒。消费者根本不知道一款产品到底是固液酒，还是固态酒？也不知道某种具体的固态酒里是否使用了糖化酶和干酵母这些新工艺和新技术。面对这些疑问，白酒生产企业应该给予科学的、正面的、系统的回答。

70 多年来中国白酒的发展最终呈现这么一种格局，有产业发展方面的原因，也有科学认识方面的原因。这里要说明一点：中国白酒的这种发展历程并非特有现象，世界其他国家的蒸馏酒也经历过这样的过程，英国的威士忌、日本的清酒、美国的蒸馏酒、俄国的伏特加都走过用酒精酒来代替酿造酒，最终回归到酿造酒为优质酒、酒精酒为差酒这样一个产品价值判断的过程。

白酒发展状态的经济原因

自从 17 世纪科学革命和 18 世纪产业革命以来，人类就走上了工业化、城市化的道路，人们的生活方式发生了重大变化，开始由分散的村落居住发展到了集中的城市居住，消费能力急剧提升，创造出了消费品数量的需求，为了满足这种要求，人类的生产在科学技术的支持下越来越集约化，也越来越规模化。

在古代，100 万人口的城市算超大型城市，而现在中国的城市，1000 万人口的就有多个。以前给一个几万人的城市供酒，十几个年产几千斤酒的小作坊就够了，现在给多个上百万人口的城市提供用酒，就不是小作坊能解决问题了，所以酒企必然走向集约化、规模化。

20 世纪 50 年代以后，我国白酒的政策导向一是优质，二是低度酒，三是低粮耗，四是卫生，五是营养，六是可混饮。优质就是要提高优质酒的比例，勾兑技术是提高优质酒比例的一种具体办法；低度酒就是降低酒里酒精的含量，从65°左右降到50°、45°直至40°左右；低粮耗就是节约粮食；卫生就是酒里的有害成分越少越好，而优级食用酒精里的有害成分比固态酒里要少得多。在当时的科学认识下，出现了麸曲酒以及新工艺酒等等新的工艺和技术，也正是由于降低粮食消耗，提高生产效率等这些措施促进了白酒企业的规模化，扩大了产能，才能满足消费者需要的数量。

进入市场经济之后，企业作为生产经营的主体一定要考虑成本效益，所以节约粮食、降低成本的方法，企业不仅继续采用，而且会进一步强化，同时企业也要考虑市场的接受程度，客户差异化需求等，在满足数量的基础上进一步提高质量水准。这是企业发展的充要条件。

随着市场经济的发展，人民生活水平提高了，受教育程度也提高了，对酒产品的需求更加细化，越来越多的消费者不仅关心能不能喝到酒，还关心酒的品质、工艺和材料，随着这方面的关注度越来越高，导致了对酒品的重新选择和认识。当越来越多的人不仅能喝得起酒，而且要喝好酒时，他们就会提出来为什么有那么多差酒这样的疑问。如果历史地看待这个问题，应该说如果没有新技术、新工艺的出现，中国白酒产业就不可能有这么大的规模，就满足不了不断增长的市场需求，酒的价格可能会更高，人们能消费得起的酒的范围会急剧缩小。因此，从产业的发展来讲，麸曲酒和新工艺酒的出现有经济发展的合理性和必然性。

工业化的一个特点就是要能够标准化、批量性地大规模复制，只有标准化和批量性大规模复制才能产生规模，培制纯种功能菌来生产某一种定向的产品，是一切古老的发酵食品进行现代化改造的共同做法，啤酒是这样，酸奶是这样，奶酪是这样，中国白酒也是这样。麸曲和糖化酶、干酵母是适应工业化的要求而产生的，不只在白酒行业，在别的行业也采用了，众所周知的工业啤酒和精酿啤酒的区别就在于工业啤酒是干酵母和酶制剂联合运用的产物。工业时代是在科学革命基础上发展起来的，很大一部分科学研究（不是全部的科学研究）是服从于工业化和城市化的生产目标的，中国白酒的科学研究工作也是如此。

科学认识方面的反思

酿酒是古老的存在，人类文明一出现的时候就已存在，它和其他食品制造工艺一样是人类传统生活的一部分，在长期的发展中形成了一整套各具特色的传统工艺和技术。

科学是17世纪以来才有的新产物，人们用一种新的世界观和方法论来看待世界，得到了新的认识，也发明了许多新的技术手段，在此基础上出现了产业革命。具体与酿酒有关的科学理论出现得更晚，19 世纪中期才出现，20 世纪初期基本定型，定型的理论严格说来不是酿酒理论，而是乙醇（酒精）生产理论。我国接触这些科学理论是在 20 世纪初，大规模基于现代酒精理论对白酒生产工艺进行改造是在 20 世纪 50 年代以后，一直到现在，在很多方面取得了不少的成就，专业人士评价这 70 多年是中国白酒发展的辉煌时期，也不能说不是事实。对我们这个古老的民族来说，虽然千百年来一直在酿酒，但是并不知道酿酒的原理，通过现代科学的理论，我们了解了酿酒发生的一部分原理，而且在工程上将其运用于实践，发展出来了跟国际水平基本一致并且同步的纯种菌技术，包括麸曲、糖化酶和干酵母等，这说明我们有强大的学习能力，通过学习新知识能掌握现代的科学理论和具体的技术手段。当然，在这个过程中也存在一些科学认识上的误区，这些误区对酿酒业产生了重大影响，下面分别进行讨论。

一、关于酿酒理论的几个误区及后果

误区一，将白酒等同于酒精，以酒精理论作为白酒的生产理论基础。

我国酿酒领域的第一代科学家，对传统酿酒工艺持有很大的敬意，20 世纪 50 年代到 60 年代，在汾酒、茅台、泸州老窖和西凤四大名酒厂开展试点工作时，第一步工作是写实，所谓写实，就是把传统白酒是怎么酿造的工艺过程和步骤，一五一十地记录下来。传统白酒是靠口传心授、师傅带徒弟这种传统的方法来传承技艺的，没有文字记载，因此第一批科学家先把实际工艺整理成文字，将其条理化，使其流程清晰；然后针对这些流程中间的具体环节，利用现代科学理论加以解释。对那代科学家来说，酿酒还是一个传统技艺，他们用来自西方的现代酿酒理论在某一个环节上跟传统工艺去结合，用现代科学理论去解释传统的工艺为什么会这样。但时过境迁，发展到今天，酿酒的知识前提不一样了，现在的教科书上这么讲述："蒸馏酒广义上讲就是酒精，不过是一种含有复杂香气成分的低度酒精而已。"[1]

正是在这样的认识引导下，在实践中开始用酒精理论套用到酿酒生产，在生产中追求的目标就是出酒率，酒精（即乙醇）的产出率成为最核心的一个指标。之所以会形成这种思路，是因为有些酿酒科学家天然地认为酒就是酒精，酿酒不过是更充分地把谷物或者其他原料的糖分转成酒精而已，因此出酒率就是最重要的指标，生产中的每个环节也都是围绕出酒率来做工作的，如衡量糖化酶，就看它的糖化力和液化力效果如何；衡量酵母要看它的酒化力如何，哪一种酵母菌的酒化力好就用它，酒化力不好的就不用。沿着这种路径走下去，当然酒精工艺就具有最大的优势

---

[1] 张嘉涛、崔春玲、童忠东：《白酒生产工艺与技术》，化学工业出版社，2014年10月，第11页。

了，液态发酵、连续蒸馏的酒精出酒率、粮食的利用率都高于传统工艺的白酒。而且，既然酒就是酒精，那么酒精兑水也没什么不好的，顺理成章就出现了液态酒和固液酒这样的产品。

这种认识是一个严重的理论误区，因为酒不是酒精，酒精只是乙醇，是一个单纯的化合物，有它自己的物理化学性质。而酒是一种包括有多种微量成分的混合物，蒸馏酒不是真溶液，而是各种性质不同的复杂化合物混杂在一起的胶体。酒是混合物的饮料，对这种饮料来说，酒精只能作为其添加剂来理解。

生产酒精的理论不能简单地套用到白酒的生产过程中，白酒不仅要提取出来酒精，而且要提取出来其他各种复杂的微量成分，生产出口感、风味和身体感受符合感官品鉴标准的产品，这是白酒的生产要求，而不是酒精的生产要求。从这个角度来看，现在还没有生产白酒的科学理论，因为人们不知道那么多复杂成分是怎么出现的，也不知道哪一个比例更合适。

前面我们讲过酒精生产理论的糖化和酒化，这些原理跟白酒生产实际不完全一致，比如酒化，按照科学理论来讲就是进行厌氧发酵，有酵母菌就可以了，可是茅台酒就一定要有一个渥堆的过程即堆积发酵，否则的话就没有出酒率，对茅台堆积发酵出酒的机制目前还没有研究清楚。按照酒精理论，产酒主要靠酵母菌，但现在新的认识发现细菌也可能产酒。我相信随着研究的不断深入，在微生物研究方面还会有新的发现。按照酒精生产理论使用糖化酶和酵母，确实普遍提高了出酒率，但只是酒精的产出率得到了提高，其他微量成分相对来说反而下降了，导致了酒体的不协调，风味不好。为什么麸曲酒和新型白酒都成不了真正的名优酒，原因就在于风味不好。

误区二，以在某一种技术水平上认识到的化学微量成分取代了酒体本身的丰富性。

我国在 20 世纪 90 年代利用先进的色谱技术检测出来了各种香型白酒中的微量成分，那时有一种认识上的潜在倾向，认为已经基本搞清楚了白酒香型、香气和口感的奥秘，比如识别出来了清香型酒的主体香是乙酸乙酯，浓香型酒的主体香是己酸乙酯，等等，给出了微量成分的比例。由此做反向的工程实施，把这些微量成分按照当时测定的白酒里的微量成分等比例添加进酒精里去，以为就可以生产出来跟传统白酒一样的酒。但事实证明这种探索是失败的，用这种方法勾兑出来的液态酒，都不需要专家来辨别，只要是嗅觉、味觉正常的普通消费者一闻一喝就能将其与传统白酒区分开来。从理论上看这种方向也不能成立，当时只认识到了酒里的上百种微量成分，现在发现酒里的微量成分已有上千种，新型白酒的物质丰富性远远不及传统白酒的微量成分丰富，做出来的酒自然比传统白酒酒体单薄。麸曲酒和新工艺酒在风味品质上永远达不到传统固态酒的水平，说明靠化学分析法分析出微量成分再做反向的工程设计，这条道路走不通。

误区三：以一时一国的科学结论作为标准。

迄今为止，中国没有发生过内在的科学革命，我国的科学家主要是学习科学，由此形成了一个不好的传统，就是以一时一国的科学结论作为一个先进的标准，努力朝这个方向去追赶。在酿酒科学方面有很多具体的反映，比如按照酒精的糖化、酒化理论来理解白酒的生产；再比如在20世纪50年代到70年代，推崇的科学标准是苏式科学标准，新中国成立初期对中国白酒进行现代科技改造的第一批专家是苏联专家，在茅台、泸州老窖、汾酒、红星二锅头等酒厂里都有苏联专家指导工作，红星二锅头在苏联专家的指导之下，开始了最初的新型白酒研究。这方面的史料现在披露得比较少，可是在文献上可以清晰看出我国当时作为发展标准的酒就是伏特加，伏特加的标准就是追求低酯低酸的纯乙醇，按照这个标准，其他微量成分越少的白酒越好。白酒里的某种复杂成分如乙醛、糠醛等也是有害物质，按照伏特加的标准，这些微量成分都应该去掉。可如果没有这些微量成分，白酒的风味以及饮后的舒适感也就没有了。

20世纪80年代以后，又接受了西方的分析化学、风味化学的理论，对标的酒不再是伏特加，而是威士忌和白兰地。威士忌和白兰地，特别是白兰地的杂醇油，要比粮谷类的酒高得多。为了跟国际接轨，我国调整了白酒的卫生指标，原来的卫生指标里对杂醇油有限定，2012年新修订的食品安全国家标准《蒸馏酒及配制酒》（GB 2757—2012），取消了这项限定。其实是依照法国、英国的产品和科学标准取代了来自苏联的科学标准，伏特加要求一定要处理干净杂醇油，多年的生理研究也证实杂醇油确实让人上头，但由于我们又接受了西方的所谓先进科学，既然西方人能耐受得住上头，我们也能耐受，所以把杂醇油的限定取消了。现在，有酒界的专家提出要对杂醇油进行重新认识。

上述白酒标准的演化过程显示出我们国家的科学紧跟世界潮流在走，但科学只是一国一时代的结论，这些结论不一定正确，随着人们认识的发展，不断会有新的科学认识，旧的看法和标准就会被淘汰。所谓发达国家生产的产品也不一定就好，如杂醇油含量的问题，我个人持保守的态度，觉得还是要控制到适量，太高了不好，不能像白兰地含量那么高。

二、科学本身的局限性

以上三个误区产生的原因：一是由于我们国家没有发生科学革命，我们是在学习的状态中跟随世界的科学在发展，消化不深刻，没有针对白酒这种存在进行探究明理的独立研究。二是科学本身也有它的局限性，现代科学是17世纪以后才诞生的，它是人类认识世界的一种思维方式（只是一种思维方式，不是全部的思维方式）。

科学活动的第一个特点是以唯理论为基础，坚信人类能感知到的都是表象，表象世界的后面一定有一个决定它的本质原因。科学研究的目的，就是找到表象世界后面的本质原因。这种思维也被理解为因果律，即我们看到的一切都是结果，结果背后一定是有原因的，要把决定这个结果的原因找到。这和传统的经验观察，相信看见了什么就是什么的思维方法是不一样的，在哲学上把传统思维方法叫经验论或者经验的直观主义。

科学是用分析论的方法来解决问题，如何把表象后面的本质原因找出来，需要一个部分一个部分深入分解开来，去找到它的具体组成部分，这样才能找到具体原因。

科学建立了一种观念，人们看到的宏观世界都有微观基础，如物质是由分子组成的、分子是由原子组成的；生物是由组织组成的、组织是由细胞组成的、细胞又是由分子组成的；等等。具体到酿酒理论里，首先是找到酒的主体成分是什么？是酒精！酒精是怎么来的？是某种微生物带来的！具体是微生物的什么东西带来的？后来发现是酶！最后的结论是直接提取酶，将酶加入酒粮里，创造合适的温度、水分条件进行糖化和发酵，就会产生酒。按照这种分析的逻辑，还可以进一步分析下去，酒里除了乙醇还有什么？还有其他微量成分。又是什么产生了这些微量成分呢？等等。基于这种认知基础上出现了一些反向的工程实施的做法，而且已经产业化，既然知道了酒是由哪些微量成分构成的，就可以单独提取这些微量成分，再把它们勾兑成了一种混合液体。

但人类的科学认识总是在发展变化中，人们所不知道的总是远远大于所知道的，如微生物，现在人们所知道的微生物有 10 万种（也有人说有 60 万种），但是人类目前能利用的只有不到 1%。在我们现在的认知范围之外，不知道还有多少种微生物。对物质微观结构和机理的分析更加无穷，世界的微观成分可以无限再分，核子里面还有更小的微观粒子，如果核子里更小的微观粒子被研究得更清楚，那它们形成的化合物的标准就不一样了，如果核子物理学进一步突破，分析化学和风味化学也就会有另外的突破，那时候看到的酒里的微量成分可能就不止一千多种，也可能是上万种，它们之间还有无数种组合。

人们都承认科学是不断进步的，不断进步其实就意味着要不断否定旧观念，创造新观念，不断进步的微观分析技术取得了很多工程上的成就，现代产业就是这样发展起来的。但科学只是在 17 世纪以后才出现的人类智慧的一部分，17 世纪以前人类是靠经验和另一种思维方式发展出来的生存技能和生活设施，直到现在，还有很多属于科学没有完全认识清楚的范畴。

三、酿酒和现代科学的关系

考古学发现，酿酒是人类有了农耕文明以来就存在的一种古老的技艺，可以说是人类与生俱来的一种生活方式和生活内容。为什么会出现酿酒？这个问题和"人类为什么会出现、人类为什么会以这种方式生存"的问题一样，人类自己至今还没有弄明白答案。根据地质学研究，地球有45亿年的历史，在这期间有生物的历史是5.7亿年，有微生物的历史要长得多，有30亿年左右，大规模的生命物种灭绝和重新兴起经历过数轮。人类只是地球发展到全新世时出现的一个物种。我们能观察到的每个生命系统，生命能够生存下来，都具有完整的食物链和代谢链，狼要吃兔子，兔子要吃草，每一种物种生下来就有获取食物的能力，如猫科动物的捕猎，蜥蜴的捕猎，等等，而且天然就有它们的猎物。同样，我们人类生存下来的时候，就神奇地具有了一些能力，这些能力是怎么来的人类现在也不知道。人类的幼崽非常脆弱，不像其他哺乳动物的幼崽生下来几乎就能自我保持生命，人类的幼崽生存下来必须经过漫长的哺育过程，才能把他从婴儿抚养成能够自食其力自我存活的成体生物，在他的婴儿期的时候，如果没有上一代的照料，幼崽就存活不下去。人类为什么用这种方式繁衍生命？科学家不知道。人类生存以植物和动物作为食物来源，而且人类知道哪些食物能吃，哪些食物不能吃，采集、狩猎、畜牧包括后来的手工业，这些能力人类怎么获得的，科学家也不清楚。人类的思想发生过几次大的变化，一次大的变化是在公元前四五世纪左右的轴心时代，希腊和东方的中国、印度普遍产生了一次思想革命，那次人类的思想观念发生一次重大的变化，和此前几千年不一样了；第二次大的变化是从科学革命而来，人的世界观发生一次重大的变化，产生了现代的工业和城市。这样的突变为什么会出现，人们并不清楚。人类为什么会思想？为什么会拥有这种能力？还会思想到何处去？人类同样不清楚。

我们现在能观察到的人类的存在是一个完整的生命系统，要维持人类的存在，必须要有必要的宏体生物，比如植物、动物，还要有气候、水和温度等等，当然也要有微生物条件，微生物条件不仅存在于体外，也存在于体内，人类的新陈代谢严重依靠微生物，人体消化道的微生物据统计数有10公斤左右。现在医学研究发现，人体天然就有代谢出酒精的能力，酒精在人体内有氧化功能，正常人体血液中平均的酒精含量就有0.003%。[①]也就是说，人体自然发酵产生了酒精，酒精是人体正常生物代谢活动所必需的产物。

人体微生物的补给怎么来的？它跟体外微生物的关系是什么？这也是现代科学前沿研究的问题，科学界现在还不完全清楚。

我们倾向于把酿酒当作人类古老的一种生活方式来理解，这种生活方式来自与生俱来的生命维持系统，在这个生命维持系统里面，人类靠经验摸索慢慢形成了传统的酿酒技艺，包括发酵酒和蒸馏酒。这种技艺在漫长的生命适应性过程中，不断

①金昌海：《食品发酵与酿造》，中国轻工业出版社，2019年5月，第168页。

地和人类的生活和生命体相协调、相匹配，是人类生命活动不可或缺的一部分。在这方面，各国的酒通过现代科学想要取代古老的传统都没有获得成功，如葡萄酒，其实葡萄酒用的现代添加剂不比白酒少，但是现在也在回归，也有了标榜是天然葡萄酒的产品出现。还有啤酒，现在工业化的啤酒已经有越来越多的人不接受了，随着经济的进步、个性化的发展，出现了精酿啤酒，精酿啤酒标榜使用的是野生酵母，这就回到了网罗自然野生酵母菌种的传统酿酒方式。

酿酒只是人类古老技艺的一种，是无数酿造发酵产品中的一种。和酿酒一样悠久的有酱油、醋、豆瓣酱、腊肉、火腿、咸菜、面包、馒头，等等。这些都是在漫长的人类生存过程中不可或缺的生活手段，在某种程度上可以理解为它是生命系统本身的组成部分。对这个生命系统试图以一种某一个阶段获得的分析式认识来进行反向的人工工程来取代它，在各个领域都完全没有取得成功。没错，科学技术的进步确实解决了城市化和工业化的问题，解决了人口大量聚集起来需要的集中的食品和营养供给的问题，但是对未来的影响上，到底会怎么样，现在还很难评估。比如白酒消费者抵触勾兑酒，所谓勾兑酒就是有添加剂的酒，但事实上其他食品的添加剂比白酒的添加剂要多得多，现在食品添加剂有上万种，我国合法可以使用的有2300多种，酿酒使用的添加剂只是食品添加剂的一部分。从原料上来讲，即便是传统的种植业和畜牧业，实际上都是用工业化的方式来生产，离不开育种，离不开基因工程技术，离不开化肥，离不开农药，只有用现代的人工干预手段才能支撑起庞大的人类的增长和对食品营养的需要。也就是说，现代文明使得我们已经基本上生活在人造物的基础之上，普遍认为这是人类文明进步的一个表现，但后果是什么现在还真是无法预知。它使得我们人类的生命形式和生存环境与传统大为不同，我们不清楚这是事先设定的生物智能演化的阶段，还是无意识的人类行为，对未来我们无法预知。

结语

首先，科学进步和技术进步带来的城市化、工业化是不可抗拒的全球性的事实，在此基础之上产生了麸曲酒、新工艺酒这种尝试性的产品，而且产量在短期内获得放大，占了市场消费品90%以上的份额。科学思维是17世纪以来非常有力的一种思维方式，它创造了现代的产业和现代的生活方式，科学思维里有很多有价值的东西，如逻辑理性精神以及对真理不息的探索精神，等等，这些是人类智慧的高度体现，这方面我们还是要学习。

其次，我们要尊重传统，尊重自然生命系统。传统和自然生命系统紧密结合在一起，科学对它们的认识还非常有限。无论是国际酒界对精酿啤酒、天然葡萄酒的追求，还是我们白酒领域里面始终保持着好酒就是纯粮固态开放式发酵大曲酒的判断标准，这种追求和判断有其更深层的力量，能够抗拒工业化，能够抗拒科学带来的人工改造的力量，之所以如此，在于它是生命内在的一种坚持，是和生命更本质的天然禀赋结合在一起的，它有天然的判断力量。

德国哲学家叔本华说过，人最聪明的器官不是大脑。我对这句话深有感触，人类很多重大决策不是理性做出来的，是其他的因素在起作用，现在发现人体的微生物对人的思维活动有重要影响，如某种菌群的失调会导致抑郁症，人的情绪决策和微生物有密切关系。[①]而酒和其他酿造食品作为微生物代谢的产物，跟人体、外界微生物环境的沟通，对整个人的生命系统具有什么样的影响，人类现在还不清楚，我们只从人体的直观感受舒适性来讲，更能接受那种天然的跟微生物有互动的产品。

传统酿酒也许只是一个表象，但它是世界本身的表象，而任何人工酿造、人工合成的产品，只是人类对世界本身认识的一个阶段性产物。人类不会消失，科学也不会消失，因此未来的世界一定是生命和科学同时并存的世界，具体到酒而言，也一定是形形色色的新型白酒和传统白酒并存的世界。但我们欣喜地看到我国的科学在进步，比如2021年开始重新修订白酒术语的国家标准，就已经将添加香精的酒归为调香白酒，作为白酒概念的就是天然发酵的产物。我们也看到新的标准里取消了乙酸乙酯作为清香型白酒呈香呈味物质的表述、己酸乙酯作为浓香型白酒呈香呈味物质的表述，这说明已经认识到中国白酒的香型其实不是由那么几种简单的化学成分所构成，回到了更接近它自然本身的描述上。

补记：区分科学话语和营销话术

市场营销会寻找一切可以作为促销工具的工艺特点或科学原理，传统白酒的老窖、配料方法、蒸馏操作，均在营销环节被演绎成神秘的营销话术，如茅台酒的坤沙、12987工艺等等。

科学研究形成的专业性的话语系统也被营销环节发展为营销话术，而且是更时髦的营销话术、拗口的名称、复杂的分子式，需要物理学、化学、微生物学基础支持才能理解其原理。

对普通消费者来讲，这些"高、大、上"的膜拜道具，是营销者们喜欢的营销话术。而有些白酒科研工作，本身就是为企业生产和销售服务的，一些科研人员研究目的

[①]（美）贾斯丁·桑伯格、艾丽米·桑伯格：《让身体和微生物成为朋友》，中国纺织出版社，2018年5月，第111页—第130页。

就是为营销提供助攻手段，这更加剧了科学话语转化为营销话术的势态。作为消费者来讲，区分科学话语和营销话术是件困难的事情，廓清科学话语与营销话术的界限，是白酒科研人员的义务，科研人员必须遵守科研最基本的准则：客观、诚实地探索真理。

图 4-8-2 不同时期出版的有关白酒生产的书籍

各时期的科学认识不同，留下了不同的观点，只有把不同时期的白酒书籍通读下来，才能理解白酒中的各种概念、技术和工艺是怎样一步步演化的。

第五章

中国白酒的香型

各种香型白酒的自然地理条件、生产工艺特点及酒体风味品鉴

第一节
中国白酒香型概念的提出及演化发展

中国白酒香型的提出和演化

一、中国白酒香型的提出

中国传统白酒本来是没有香型概念的，香型概念是在 1979 年第三届全国评酒会（大连）举办之前，先行在 1978 年召开的评酒预备会议上（长沙）提出来的。中国第一届、第二届全国评酒会上没有统一、规范、严格的评选标准，评酒是按照口碑以及销售半径来评的，所以在第三届全国评酒会举办前的预备会议上，与会专家认为中国各地传统白酒的香气、口感不尽相同，把香气、口感不一样的酒放在一起品评有些不那么客观，为了让评选更显公平起见，需要制定一个类型化的标准，于是提出按照香型和糖化剂进行分组评比的意见，经过持续一周的反复讨论，与会专家首次提出中国白酒香型的概念，把白酒分成五个香型——清香型、浓香型、酱香型、米香型，以及与上述四个香型都不形成涵盖关系的称之为"其他香型"，同时还拟定了浓香型、酱香型、清香型、米香型以及其他香型的感官评价术语。

在长沙会议上，关于"其他香型"的界定，最初使用的是"兼香型"这个名称，指"兼有各种香型特征"的意思，后经评酒委员会讨论表决，大家觉得"兼香型"一词不够准确，而将其改称为"其他香型"。关于最早提出的这个"兼香型"，现在有专家称之为 "广义的兼香型"，即泛指两种及两种以上香型复合而成，或者两种及两种以上工艺复合而生产的酒，这与后来十二大香型中的"兼香型"概念是有区别的；后者是"狭义的兼香型"，是国家出台浓酱兼香型白酒标准的一个特指，后文讲浓酱兼香型酒的时候再详细介绍。

二、白酒香型发展细化过程之一

香型标准的提出对白酒的评比有一定的积极作用，众多参评产品分成各个组进行评比，这样可以更加精细化。但另一方面，由于香型刚刚提出，对应的产品往香型上归类有时候不是太恰当、准确，从 1979 年一直到 1995 年期间，一些传统白酒从香气、口感以及工艺、原材料而论与它们所划归香型里的标准酒有明显不同，这些酒逐渐发展出自己独立的香型，具体有以下六个香型：

1. 豉香型

豉香型酒原来是划到米香型里的，因为它确实是用大米为原料酿的酒，但它又有一个明显的工艺上的不同，即在陈化老熟期间有一个用肥肉进行坛浸的过程，所以它的香气和米香型白酒差别比较大。在第三届全国评酒会之后，1984 年豉香型被独立出来，1996 年通过了豉香型白酒的国家标准（GB/T 16289—1996），这也是继浓、清、酱、米、其他等五个主要标准之后第一个出现的独立香型。

2. 凤香型

凤香型的代表酒是西凤酒。西凤酒是历史名酒，在第一届、第二届全国评酒会上都被评为国家名酒，产于陕西省宝鸡市凤翔区柳林镇，从自然区位上看与清香型代表酒山西的汾酒以及浓香型代表酒四川的浓香酒的地理位置都不一样，但在第三届全国评酒会提出香型概念之后，西凤酒被放到了清香型组里来评比，由于它的酒体风格和清香型有差别，按照清香型标准，没有被评为国家名酒，只被评为全国优质酒，西凤酒受到重大的挫折，对评比结果很不满意，评酒会结束之后便谋划成为一个独立的香型。1984 年参加第四届全国评酒会的时候，西凤酒加入其他香型标准组里参加评比，被评为国家名酒，重新回归名酒阵营。1989 年第五届全国评酒会上，西凤酒以"凤型酒"独立参评，依然被评为国家名酒。1993 年凤香型白酒标准获得国家相关部门批准，1994 年凤香型标准正式发布。

3. 药香型（董香型）

药香型的代表酒是董酒，后来改称为董香型。董酒工艺比较独特，是大小曲合用，大曲用了 40 多种药材，小曲用了 90 多种药材，酒体有明显的中药香气。1963 年在第二届全国评酒会上董酒被评为八大名酒；1979 年第三届评酒会上还是被评为名酒之一，当时是作为其他香型被评上的；1989 年第五届全国评酒会上以药香型组别身份被评为名酒，此前一年的前期准备工作会议上已经确定了董酒作为药香型独立参加评比的评比办法。董酒的配方曾经一度是作为国家秘密被保护起来的，现在董酒实际上没有国家香型标准，只有在 2008 年 8 月由贵州省技术监督局发布的董香型白酒地方标准。

4. 特香型

特香型的代表产品是江西樟树市的四特酒，酒的原料是大米，制曲和酿酒工艺与浓香酒不一样，香气也不一样，从1986年起，开始对四特酒的香气独特性进行研究，1987年到1988年之间有几批专家、学者到四特酒厂开专题研讨会，明确了酒体风格和浓香型不一样。1989年第五届全国评酒会上，四特酒被作为独立的特香型酒组进行评比。特香型白酒国家标准的审定是2005年进行的，2006年通过，2007年特香型白酒国家标准正式发布。

按照传统的生产工艺以及风味特征来讲，以上四种香型的酒都是独特的，直观上能看出和浓、清、酱、米四种最早提出的香型不一样，有其特质的天然基础。但下面两种酒与传统的风味其实没有关系，而是行业主管部门提倡工艺创新，按照新的理论和工艺人为创造出来的新香型。

5. 芝麻香型

芝麻香型的代表酒有江苏泰州的梅兰春酒和山东景芝的一品景芝芝麻香酒。芝麻香型实际上是在麸曲酒的基础上提出来的一个香型。自从烟台酿酒操作法出现之后，麸曲酒在很多酒厂推广普及，山东和江苏一些酒厂使用麸曲为原料进行生产（有时用一些大曲混合），感觉酒的香气有种芝麻香的风格，通过努力把这种香型渐趋稳定。当时麸曲酒是国家重点的鼓励方向，基于麸曲酒建立的新香型得到了相关方面的大力支持，1989年第五届全国评酒会上芝麻香型作为单列一个组进行评选，1995年又成立了芝麻香型白酒协作组，通过专家组的评审确定了芝麻香型，由当时的轻工部批准了芝麻香型的行业标准（QB/T 2187—1995）。2006年通过国家标准的评议。2007年初，芝麻香型白酒国家标准正式发布。

6. 浓酱兼香型

浓酱兼香型白酒是指狭义上的兼香型，是20世纪70年代以后各地学习浓香型、酱香型传统白酒工艺的基础上，把两种工艺融合起来而发展出来的一个新的香型。兼香型代表酒有两个：一是湖北的白云边酒，采用的工艺是前七轮发酵完全按照酱香型操作，后两轮转为浓香型工艺；另一个是黑龙江的玉泉酒，采用的工艺是分型发酵，然后勾兑组合。两种兼香型白酒当中，湖北白云边酒的历史更悠久一些，1979年第三届评酒会上即以"其他香型"的名义被评为全国优质白酒，1984年、1989年再次上榜，连续三届全国评酒会被评为国家优质白酒。1988年湖北省通过了兼香型白酒的企业标准（QB 12—88）。2001年11月中国轻工业联合会发布了浓酱兼香型的行业标准（QB/T 2524—2001）。2009年浓酱兼香型的国家标准正式发布（GB/T 23547—2009）。玉泉酒还有一个国家地理标志保护产品标准GB/T 21261—2007（2008年发布），在这个地理标准中把它明确地标示为浓酱兼香型白酒。

从1979年第一次在全国评酒会提出香型概念开始，到1988年举办第五届全国评酒会的时候，相继出现上述十种香型，当时叫"四大香、六小香"，其中传统香型是1979年提出来的四种香型——浓香型、清香型、酱香型、米香型，六个小香型是 1979 年至 1988 年间经由企业和行业共同努力评选出来的六个香型——凤香型、药香型、浓酱兼香型、芝麻香型、豉香型、特香型。这六个"小香型"其实是从第一次提出的香型概念中的"其他香型"分化出来的独立香型,从理论上讲"其他香型"的概念一直存在,即凡是和现有香型标准对不上的酒都可以称为"其他香型"。但由于没有酒企甘于被称为"地位不明"的"其他香型",国家也无法制定能表达出其风味特征的"其他香型白酒"标准,所以,目前没有代表"其他香型"的酒品存在,但这个概念还时不时会被行业内的人提起。

另外,1979 年提出香型概念的时候,按照糖化剂和酒化剂的不同(用曲的不同),把同一个香型再做进一步细分,在浓香型大曲白酒里面分出大曲浓香、麸曲浓香;清香型大曲白酒里面又分出大曲清香、小曲清香、麸曲清香;酱香型白酒里也分出大曲酱香和麸曲酱香。其他香型里面有的白酒是混合用曲,具体情况我们讲到各个香型的时候再加以介绍。但在浓香、清香、酱香这三种香型的国家标准里面并没有明确规定使用什么样的曲(糖化剂),专业工具书上一般是按照三种不同的用曲方法来分别介绍的,市场上这三种酒也都有相应的具体产品。第五届全国评酒会上评出的 17 种国家名酒和 53 种国家优质酒都注明了它们分别使用了什么样的酒曲,是大曲浓香还是麸曲浓香,是大曲酱香,还是麸曲酱香,都有明确的说明。

三、白酒香型发展细化过程之二

1989 年第五届全国评酒会以后,国家再没有举办过官方的全国评酒会议,但香型的发展还在进行中,后来又出现了两个被国家评审认可的香型,这两个香型主要是靠工艺特点获得建立的。

1. 老白干香型

河北老白干酒的生产历史比较悠久,历史上使用过各种酿酒原料,但总的工艺和大运河一带的酒比较相似,是老五甑工艺,风味与清香酒有点像,也用陶缸做发酵容器,不过酒体的风味跟清香酒也有差别,与大运河流域的皖北和苏北的酒也不一样,因此 1989 年成立了老白干香型的协作组,2004 年通过了老白干香型的企业标准,2006 年通过了国家评审,2007 年老白干香型国家标准正式发布,成为第 11 种香型。

2. 馥郁香型

馥郁香型的代表酒是酒鬼酒和湘泉酒。湘泉酒研发比较晚,1978 年才研制出来,1992 年酒厂方面提出他们的酒和别的酒香气不一样,是大小曲合用的,工艺也经过了不断发展,自称为"第六香型"。1994 年专家组在研讨湘泉酒是什么香型的时候曾经提出来叫复合香型,或者叫结合型。2005 年通过了专家组的鉴定,提出把它叫作馥郁香型。2008 年酒鬼酒通过了国家地理标志保护产品标准,在这个标准里面把它确定为馥郁香型。2021 的 3 月 9 日,国家市场监督管理总局和国家标准化管理委员会发布公告，馥郁香型国家标准正式获批通过，2022 年 4 月 1 日起正式实施，标准号为 GB/T 10781.11—2021。

2009 年以后，白酒香型在全国的发展基本停滞，目前行业内公认的香型为 12 种，其中 1989 年第五届全国评酒会上确定了 10 种（尽管有些香型当时还没有国家标准，但已被行业确认），后来又新添了老白干香型和馥郁香型，总计 12 种香型。12 种香型当中有两个比较特殊：一是董香型，使用的是地方标准；另外一个是酒鬼酒的馥郁香型，用的是国家地理标志保护产品的标准，直到笔者写作本书的 2021 年，馥郁香型国家标准才正式获得通过。

2009 年以后虽然国家层面确立新的香型标准工作几乎停滞，但地方和企业仍在继续发展自己的香型标准，如辽宁有一个辽香型的地方标准；青海互助天佑德青稞酒酒厂提出了青稞香型，被行业协会确定为行业标准；还有一些酒厂给自己的酒命名香型，如河南仰韶酒厂提出自己的酒为陶香型，陕西西安鄠邑区的龙窝酒叫清兼香型，贵州六盘水的人民小酒把自己命名为清酱香型，2020 年古井集团提出自己的酒为古香型，等等。据有关资料介绍，企业确立自己为某一种香型的有 20 多种，也许更多。

白酒香型的依据

一、1979 年提出香型概念时的依据

据沈怡方先生回忆，1978 年长沙会议提出白酒香型概念时，与会专家提出四个标准，分别是工艺独特、有一定产量、有必要的科学依据以及足够的消费群体；实际上可能更直接顶用的还是当时给出的各个香型的感官描述标准（含 4 个基本香型）：

酱香型：酱香突出，幽雅细腻，酒体醇厚，回味悠长；

浓香型：窖香浓郁，绵甜甘洌，香味谐调，尾净香长；

清香型：清香纯正，诸味谐调，醇甜柔口，余味爽净；

米香型：蜜香清雅，入口绵柔，落口爽净，回味怡畅。[①]

这些特征是以各个酒厂过去的传统描述或当地消费者的习惯评价作为依据，并对用语用词进行了概括、统一了尺度而形成的，是根据传统和直观上的感觉对香气口感做出的概括。清香型简单来说就是香气低一点，淡一些；浓香型则浓一些，而且是"窖香"；酱香型是酱味特点突出；米香型主要是"蜜香"，而且其原料和其他香型酒有很明显的不同。当时尽管已经开始运用理化分析来研究白酒的风味成分，也有了近百种白酒风味成分的发现和认识，但还没有把白酒风味成分作为评价香型的指标。

---

①中国食品工业协会编：《中国历届评酒会资料汇编内部资料》，1999年11月，第23页。

二、理化指标依据

随着分析化学和风味化学在国内快速发展和普及，白酒科研人员开始转为通过对白酒里呈香呈味物质的分析，来确定某一个香型酒的主要呈香呈味物质是什么，然后根据呈香呈味物质来判断某种酒属于什么香型，似乎这样便有了一个更加客观和量化的标准。

20 世纪 80 年代以后，对白酒微量成分的研究越来越多，1984 年第四届评酒会上提出了按照理化指标归类白酒香型的问题，1989 年第五届全国评酒会前夕，1988年召开的准备工作会议上提出来了四种基本香型的理化指标。当时的理化指标比较简单，主要是总酸总酯指标，还不够精细化。后来经过进一步研究，到 2006 年比较集中地推出国家白酒香型标准的时候，对浓香型、清香型等酒体的主体呈香呈味物质有了更深入的认识，出现了大量揭示各种香型酒主体呈香呈味物质的研究成果，如清香型酒中的乙酸乙酯，浓香型酒中的己酸乙酯，以及这些呈香呈味物质之间的量比关系，甚至在这些研究基础上还推出了一些按照微量成分及其配比做出来的白酒配方。

2010 年左右，有一个阶段，行业内对基于分析化学和风味化学的方法来搞清楚白酒的主要呈香呈味物质的前景比较乐观，认为已经搞清楚了清香型白酒和浓香型白酒的主要呈香呈味物质，但酱香型酒却显得比较复杂，对酱香型白酒的呈香呈味物质是什么并没有搞清楚，出现了各种各样的说法，有 4- 乙基愈创木酚学说，吡嗪类化合物及加热香气学说，呋喃类和呋喃类化合物及衍生物学说，酚类、吡嗪类、呋喃类、高沸点酸和酯类共同组成酱香复合气味学说等等。[1]

2011 年以后，截至本书写作时，酒界专家们越来越认识到不仅酱香型白酒的呈香呈味物质没有搞清楚，其实浓香型和清香型白酒的呈香呈味物质也都没搞清楚，主要表现在以下两个方面：

（1）按照当时对浓香型和清香型白酒的认识，用相应的呈香呈味物质成分配比做出的配方而生产出来的新型白酒，与通过固态大曲发酵生产出的酒的香气口感差别比较大，从人的直觉感官就可以明显感受出来所谓某种香型酒的主体呈香呈味物质及其量比关系其实和传统大曲发酵的白酒是不一致的，如果一致的话，两种酒的香气口感应该一样才对，发现它们不一样只能说明人为组合的白酒配方的物质成分和量比关系与传统大曲发酵白酒是不一样的。

（2）随着分析化学仪器水平的不断提高，人们发现的白酒中的微量成分越来越多，原来色谱分析发现有几十种微量成分，现在清香型白酒里都达到 1000 多种，在 1000 多种成分里面找出它的主体呈香呈味物质和在原来发现的那几十种成分里面

---

①辜义洪：《白酒勾兑与品评技术》，中国轻工业出版社，2015年1月，第40页—第42页。

找，结果是大不一样的，而且随着分析仪器精度的提高，还会有更多的微量物质成分被发现。

2021 年，国家在拟推出的白酒工业术语新标准里面提出，要在白酒香型标准里面取消现行浓香型和清香型标准当中关于主要呈香呈味物质是己酸乙酯和乙酸乙酯的描述，我们觉得这是科学认识上的一个重大进步，表明近几十年来所认为的按照分析化学和风味化学的思路可以认识清楚某一个香型酒里面的微量成分，然后以此为标准去判断各种具体的产品是否属于这个香型的思路是走不通的，分析化学和风味化学的想象就此告一段落，白酒评价又回归到感官评价作为标准的模式上来，表明感官评价目前来看比基于分析化学等所谓科学化的评价更有生命力。在未来，分析化学的研究和风味化学的应用、解释还会深化下去，但可能在很长时间内不会再以某一个时间段获得的白酒里面微量成分的数量、种类及量比关系作为某种香型的依据。

三、经济指标依据

白酒香型从提出那天起就跟经济是密切相关的，1979 年提出来建立白酒香型依据标准时有四个条件，"工艺独特"和"必要的科学依据"与科技有关；"有一定的产量"和"有足够的消费群体"是经济方面的条件。2003 年至 2005 年期间，关于香型的各项指标条件进一步具体化，确立白酒香型应符合五项基本要求：①有独特的工艺和独特的风格；②有一定的生产能力；③有较大的生产和销售覆盖面，较长的生产历史，年销售量在五万吨以上；④有较好的经济效益，资金利税率 50% 以上；⑤有较完整的研究检测报告，具有本香型产品的特征、香味成分及其主体香味成分量比关系。从中可以看到，经济指标被量化了，要求年销售量五万吨、资金利税率 50% 以上。[①]也是在此期间，国家对白酒行业申报新香型建立了规范的程序，企业建立香型需要向主管部门提出申请，省级列入科研并提出研究报告，组织白酒行业专家论证同意，再报经国家主管部门组织有关部门（包括标准化部门）论证确认。在上述新要求提出来之后得以建立的白酒香型只有老白干香型和馥郁香型两种，其他十个香型此前已经通过全国评酒会形式获得了国家的确认。

白酒香型引起的争议和当前趋势

一、香型在市场上的响应

白酒香型概念提出来之后一直争议不断。白酒香型的标准究竟是什么？描述和把握起来都缺乏精确性和客观性。1979 年举办第三届全国评酒会，按照四大香型为

①李大和：《白酒勾兑技术问答》，中国轻工业出版社，2015年6月第二版，第11页。

标准进行评比，西凤酒被放到了清香型里面，酒厂觉得放错了香型，认为不合适。1984 年和 1989 年两次全国评酒会，很多酒企在报香型的时候无所适从，尽管 1988 年已有十个香型的标准，但相对来说还是不够明确，很多酒套不准，在实际报送产品的时候，酒厂不知道自己是什么香型而报错的情况时有发生。因为争议比较多，制定一个科学的、客观的、确定性比较强的香型标准成为白酒行业的热点议题，而后出现了我们在上文提到的分析化学和风味化学各种指标的应用，但这个思路我们在上文已经讲过，最后的事实表明它实际上也走不通。

提出白酒香型概念的初衷在于同一类型的酒放在一起比才更有可比性，才更客观，这是当时制定香型概念时的初始动机，这个动机是良好的（那时还在计划经济体制时期）。香型概念提出之后，国家实施改革开放，由计划经济时代进入市场经济时代。作为市场主体，企业的作用得以凸显，白酒香型概念对酒企产生了此前提出香型概念时没有想到的两个作用：

其一，香型成为一个酒厂水平的象征，即一个酒厂在市场上是否称得上成功，是以它能不能生产出国家或者行业确认、公认的有独特风味特点的某种香型的酒作为标志的。很多酒厂积极地把自己的酒作为一个独立的香型单列出来，因为这些酒厂只要按照自己的传统工艺做，就各有其不同于其他酒的工艺特点，从而就和那些已经有国家标准的酒有所不同，而有了这些不同，则有利于突显自己产品的独特性和水平，有酒企的负责人甚至说，衡量一个酒厂的水平就看它能否制造出自己独有的香型。

其二，在市场上和消费者当中引起了误读。消费者在消费心理上有一个共同特点是要求信息简单化，消费者不需要太多信息，也没有能力处理太多信息，很多时候只需要一个简单的标识来告诉大家哪个酒好、哪个酒不好就行了。尽管酒的好与不好之分是有技术标准的，可以分为优级酒、一级酒、二级酒，有些酒厂分级更多，但这些标准具体依据什么来判断，消费者无从把握。香型概念信息简单且普及度比较高，导致很多消费者甚至只认香型，看市场上某一个香型卖得好，比如五粮液畅销的时候大家就认为浓香型酒好；2015 年以来酱香型白酒一飞冲天，普通消费者就认为酱香型酒好，以至于现在酒友一聊喝什么酒，言必称喝酱香型酒，好像不喝酱香型酒就不懂酒、就没有面子一样，香型无形中在消费者当中成了代表品质的象征。

行业内的专家们一直在努力说明香型跟酒品质不是一个概念，但这些解释相对来说是乏力的，因为很多酒厂的人士作为白酒行业的专家，经常也认为自己酒厂有一个独立的香型是水平的象征，似乎这种香型上的独特性足以代表酒质水平的全部内容，这更加强化了消费者以香型代表酒质的认知心理。

二、白酒生产企业对香型的认识与解读

由于香型概念具有以上两种后果，它在白酒生产企业中就产生以下两种认识：

1. 香型多元化的趋势

我们在上文罗列过企业给自己制定香型标准的例子，其实香型作为企业标准出现，每个企业都有这个愿望，只要有规模的企业都会有给自己单列香型的想法，大家都这么想、这么做的话，在某种程度上讲是对香型概念的瓦解，如果每个酒厂都有独立的香型，市场上没有跟你一样香型的白酒，那也就没什么可比性，那就是一酒一香了——其实中国传统白酒有这个基础，确实不同地方的酒，甚至同一个地方不同酒厂的酒，它们的风味都不一样。

2. 香型融合的趋势

关于香型融合，白酒界专家发表了很多文章阐述香型融合趋势的合理性。香型融合的趋势实际上是对消费者把香型作为一种白酒品质认知标志的顺势响应，简单地说，卖得好的酒就是好香型，卖得好的香型就值得追捧，所以在浓香型卖得好的时候很多酒厂纷纷生产浓香型酒，北方一些酒厂没有老窖，生产不出来川派浓香那样的香气特征，为此用了很多办法，包括采用人工老窖窖泥这些技术，还有的干脆从四川购买原酒进行勾兑。目前酱香型酒卖得好，近五六年以来一些酒厂在浓香型酒里、清香型酒里勾调时加入一定比例的酱香型酒，比例从 5% ～ 8% 不等，有的可能还要更多，这也是现在很多酒厂在生产环节当中秘而不宣的一个事实，[1]根本的动因就是因为现在酱香型白酒好卖，加上一点酱香型，沾一点"酱"就有利于拉动销售，白酒酒厂能说出口的理由和依据就是香型融合发展是一个趋势。

勾兑技术对白酒香型的冲击

20 世纪 90 年代发展起来的勾兑技术对白酒香型带来的冲击是非常巨大的。首先是跨香型酒之间进行勾兑，既然什么香型都可以勾兑，那就不存在香型了，想要什么香型就可以勾兑什么香型。二是用食品添加剂，即各种呈香呈味物质，包括香精、甜味素进行勾兑，按照风味化学的理论，想要什么香型就能勾兑出什么香型，如此一来香型就没有价值了，它既代表不了一个酒厂的水平，也代表不了酒质的水平，什么也代表不了，只代表它使用了某种香精。

勾兑技术对香型的冲击尽管很大，近乎把香型冲垮，但香型还是顽强地存在下来，原因有两个方面：

（1）所谓香型融合或者跨香型勾兑，说到底还是要有某一个香型作为基础，例如浓香型里加一些酱酒，宣传成"浓中带酱"，但它作为原来生产浓香型酒的企业并不会完全放弃自己原来在消费者心中的定位，还是要强调它浓香型酒的形象，无

---

①贾智勇：《中国白酒勾兑宝典》，化学工业出版社，2018年9月，第164页。

非说自己酒里有了一点酱味，在这种以自己浓香型为基础的情况下，它怎么勾调也勾调不出来酱香型的风格，除非像一些酒厂那样，本来生产不出川派浓香型酒，只能从四川买酒来勾调，怎么勾都像四川酒，而它自己酒的风格就没有了。想要坚持自己风格的话，还是要回到生产传统白酒的路子上，传统白酒呈现出来的风味特征是一个酒厂的产品最有价值的特点，基于这个特点，香型得以继续存在下来。

（2）前面提到过，用香精按照配方勾兑出的酒和固态大曲发酵酿造酒的香气口感差别非常大，有经验的消费者可以明显感受到喝的已经不是大曲酒而是香精勾兑酒，随着认知水平的提升，越来越多消费者可以区分出酿造酒和香精勾兑。2021年国家新修订的白酒质量标准已经把添加食品添加剂（香精和呈香呈味物质）的酒划归为调香白酒一类，而不能再适用于中国白酒的标准（包括固液酒和液态酒）。简单地说，加了香精的酒就不是白酒范畴的酒了，出台新标准也是对市场上消费者认知水平不断提高的响应。

白酒香型出现这些市场效应，远出乎当时提出香型概念的专家们的意料，香型起草人辛海庭先生在晚年说，白酒香型当时提出来只是出于不同香味的酒没法放在一起评，香气大的盖着香气小的酒，为了香气的评品方便才按照香味大小大体分了一个类，但后来人为把香型固化了，这是一个遗憾。白酒泰斗周恒刚老先生在晚年也说过白酒"在味不在香"，香型概念只强调香，不强调味，中国白酒就没希望了。其实两位白酒专家共同的特点就是尊重白酒天然的风味特征，而不偏执于某一项指标。这种愿望随着新标准的推出会逐步得到实现。

第二节
我们对中国白酒香型的认识

香型的概念具有历史与现实的合理性

香型的概念，是基于朴素直观的观察而产生的，当时提出香型的时候，如辛海庭先生回忆的那样，不同白酒的香气高低不同，放在一起品评不够合理，把香气类似、接近的放在一起评比，要更公平一些。

香型概念反映了白酒在客观上存在着风味特征的不同，不同产地的白酒在香气和味道上是不一样的。

香型不是科学概念，不能用现代科学逻辑加以强行解释。在人类的语言和知识体系里，很多描述性的专业术语，都不是通过科学分析产生，而是基于直接的观察，甚至有些不知道是基于什么而产生的基本术语，如"酒"这个概念不是因为有了科学的分析才出现了的，还有"曲""水果""蔬菜"等所有这些我们生活中最常用的名词都不是靠科学分析而产生的。

这些名词（术语、概念）都是人类对于存在的观察，在生活中自然形成，通过语言和文字表达出来，以语义分析闻名世界的哲学家维特科斯坦讲过，"给一个东西命名是一种力量的体现"。我们理解是人类和物质世界本质一体的这种原因才能产生出这种力量，才能理解、感受那个存在，并且直观地描述出来，因此产生了最基础的名词（术语、概念）。

由于香型不是一个科学的概念，任何按照科学化的要求，来界定它的种种努力都是徒劳的，我们前面花了很大一部分篇幅，介绍对香型科学化解释所遭受的挫折，以及事实上对存在的回归。

香型是传统工艺下对传统产品的描述用语，做不到用现代科学分析式的语言思维来解析或者给予量化的定义。如果要准确地给出一个标准，如浓香型的标准究竟是什么？特香型、酱香型又是什么标准？香是什么香？在科学上客观定量地描述和指标都无法给出一个答案。近40年的分析化学和风味化学的研究，迄今为止，任何一种白酒香型的微量成分、主体呈香物质都不能很清晰地确定。

科学是17世纪以后出现的人类把握世界的一种方式，其优势在于对客观世界的准确性描述和分析性解释，并且给出量化指标，其价值不言而喻。但是科学也有自身的局限性，虽然现在用科学规范香型这种概念还难以做到，但努力去想把它搞清楚的探索，是有积极意义的，而且将持续下去。

香型是对传统白酒风格的描述，是对酒的香气、口感特征的反映，这些特征本身没有价值高低，当人把自己的主观偏好和某一种风格特征联系起来的时候，才会做出其价值评判，有人偏好清香型，有人偏好酱香型，而且这种偏好会受到其他社会经济因素的影响。

国外做过多种此类心理学实验，同样一种酒，在给品鉴者进行盲评的时候，告诉他酒价格不同并且相差较大，大多数品鉴者都会得出贵的就是好的结论，而且会找出好的理由，这就是外在因素对我们主观感受的影响。

一些人喜欢某一个香型，认为这种好，或者在某一个阶段喜欢另一个香型，在市场上都是正常的，而且会有波动产生。但是只要香型多样化，有更多的选择，就会有更多的喜好，更多的品鉴内容。

白酒香型这个概念从1979年到现在，已经存在了40多年，而且被绝大多数的消费者所知道，尽管不是每个消费者对香型的具体含义都有深入的了解，但是香型这个概念已经在白酒从业人员和消费群体里面使用了多年，已经具备了可以长期存在下去的生命力，所以，我们主张白酒香型这个概念，能够更合适、更深入地使用。

形成白酒香型（风味）差异的原因有哪些

香型和风味这两个概念，在白酒行业，有时指的是一个东西，香型就等于风味，所以问题也可以这样提出来：导致白酒有不同风味差异的原因是哪些？

我们认为主要有以下三方面的原因，第一是原料不同；第二是自然地理条件不一同；第三是具体的生产工艺不同。

一、原料

中国白酒，主要是以粮食为原料酿造的，根据各地物产的不同，各地使用的酒粮在传统上就不一样，北方制曲用粮是大麦和豌豆，再加上主粮高粱。南方制曲是用小麦，酿酒主粮是高粱，也有用高粱、玉米、糯米、大米、小麦混合起来酿造的。还有些地方用小米作为原料，也有用荞麦做原料，还有用燕麦作为原料。

不同原料产生的酒的香气味道不一样，这是白酒风味差异非常重要的物质基础。

二、酿造白酒的自然地理条件

中国白酒是采用开放式的固态发酵方法，整个的生产过程和环境保持有充分开放和交流，我们把影响这些环境的因素统一称之为：自然地理条件因素，大致罗列了以下九个方面的因素，这些方面的因素有的时候是互相交叉的。

1. 纬度

纬度直接就影响着光照，日照强度直接影响的就是气温，而气温是白酒发酵的一个重要条件，对微生物活动有重要影响，所以不同纬度上酿的酒的风格不一样。

2. 海拔

在同一个纬度上，不同海拔地区的温度不一样，海拔每上升100m温度平均下降0.6℃，2000m相对就下降12℃，对酿酒微生物的活动，是一个非常巨大的影响因素。

海拔影响的另外一个因素是空气中的含氧量。酿酒的微生物中有些微生物对空气含氧量非常敏感，大致有三种，就是我们前面讲过的好气性、厌气性和兼性。含氧量的多少对很多微生物是否能够存活，或者是否有足够的活动能力，有至关重要的影响。而海拔在某种程度上，和空气中的含氧量有密切的关系。

有资料显示，海拔每上升100m空气中含氧量就下降0.16%，上升2000m含氧量就下降3.2%。氧气含量的下降，对依赖氧气的微生物的活动是至关重要的，所以能明显地感受到海拔不同的地区，酒的香气口感的差异。

3. 地貌

地貌就是指平原地区还是山地，和地表生物的繁育、空气流动都有密切的关系，也和微生物菌种的寄生环境有密切的关系，开阔的地方风速流动快，微生物就不太好寄生，而在相对狭窄封闭的地方，某些菌群就有比较好的繁育条件。

4. 植被

植被跟微生物有密切的关系。

5. 土壤

土壤的成分跟特定微生物有很密切的关系，现在关于白酒的生产研究发现，微生物的菌群很大一部分是来自于周边土壤。

6. 降雨

降雨决定着空气中的湿度，空气含水量不仅和微生物的活动有关系，和酒体里面微量成分的分布也有关系。

7. 风速

风速就是空气流动速度，对微生物菌群的分布、活动、转移有重要的影响。白酒是开放式发酵，很多菌种是从空气中网罗，有研究资料显示，分别用卧曲和架子曲的方式制出的大曲酿酒，酒体风味会有不同的变化。

8. 日照

日照和作物的生长以及微生物的活动有密切的关系，日照强的地方紫外线强，微生物的生存环境恶劣，种类少。还有就是对气温的影响比较直接、明显，现在很多白酒是在露天的不锈钢罐里储存，日照强而昼夜温差变化大的地方，酒体的温度变化也较大，有的研究者认为能够加快老熟，像北方地区包括新疆、青海、甘肃，这些地方昼夜温差大，对于白酒老熟有好的影响。也有另一种观点就认为不见太阳、恒温恒湿的储存条件更好，如南方有些山洞洞藏的白酒，北方也有在地窖里储存酒的老熟方式。

姑且不管是哪一个更好，但是有差别是一个事实。

9. 菌种、菌群

众所周知，白酒是微生物活动的结果。但实际上目前对于白酒微生物的研究还非常薄弱，对白酒微生物的研究，主要局限于重要的功能微生物，如生产糖化酶的霉菌、产酒的酵母菌与少量的与生香有关的生香酵母和细菌等，现在能够研究、并且能够在工程上人工培养成菌群，作为生产使用的也就几十种，纯种菌在白酒上的使用效果并不是很好，生产不出来名优白酒。

白酒从制曲到堆积、摊晾，再到进入容器发酵，过程中始终和环境有所交互，会网罗各种微生物，这些微生物按照纯种菌的观点划分就是野生菌种。这些野生菌种到底有多少，目前不知道。基本上可以这样判断：在那个环境里能网罗到有多少种，就有多少种，可能是上千种，也可能是更多。

这些野生菌种到底有什么作用？这些菌种跟环境有什么关系？研究文献非常少，尽管都知道"一方水土一方酒"的概念，也都知道环境的微生物菌群跟白酒有密切的关系，但是具体到某一个环境下，究竟有哪些特有的品种，这些品种又有什么功能？这方面的研究尚比较薄弱。

在同一个环境里，菌种、菌群也是变化的，如一年四季的菌种就不一样。今年是否风调雨顺，是否有剧烈的天气变化，菌群、菌种也会不一样，这些因素都对白酒的风味有重要的影响，这些是目前需要深入研究的领域。

三、生产工艺

生产工艺对白酒的香型（风味）的影响非常大，在现代的生产技术条件下，如果不去刻意控制，生产工艺对酒体风味和风格的影响甚至超过了原料和酿造环境。

为什么这么说？前面介绍了新工艺酒和勾兑工艺的出现，各种香型都可以跨香型勾兑，香型的界限被模糊意味着任何一种酒体风味都可以通过勾兑工艺实现，原料和环境的因素因此变得无足轻重。但我们在这里讨论的是把勾兑和食品添加剂排除掉，按照传统的工艺来做，哪些环节对酒体的风味有不同的影响？

传统酿造方式中，几乎每一个工艺环节上的差异，都对酒体的风格有所影响，所以不同香型酒的工艺不一样，从下面的六个环节来简单介绍。

1. 制曲

现在优质白酒就是大曲酒，大曲酒的制曲温度和香型有比较密切的相关性，低温大曲一般用于清香型白酒的生产；中温大曲用于浓香型白酒的生产；高温大曲用于酱香型白酒的生产；馥郁香型和董香型是大小曲混用；小曲主要用来生产专门的小曲酒，小曲酒也有不同的香气和口感特征。还有前面讲过的麸曲酒，麸曲酒实际上是一种人工纯种菌，如果把它也作为一种工艺，那它出来的香气和大曲酒、小曲酒都不一样。

2. 酒粮的粉碎和蒸煮过程

不同香型的酒，酒粮的粉碎程度不一样，蒸煮的时间、润料的水温都不一样，有的粉碎度低，有的粉碎度高，有的甚至不粉碎，对后面蒸馏出来的原酒的香气、口感都有影响。

3. 配料方式

我们前面介绍过清蒸清烧、清蒸混烧、混蒸混烧的酒香气都不一样，清蒸清烧多用于生产清香型白酒，混蒸混烧多用于生产浓香型白酒，把粮食混合到发酵好的酒醅里去蒸馏，会带有新的粮香。

4. 发酵

各种香型白酒发酵的容器、时间、轮次都不一样，清香型白酒是陶缸为容器，浓香型白酒是泥窖，酱香型白酒是石窖。清香型白酒现在还没有轮次的工艺，未来可能也会加入；酱香型白酒是轮次发酵出来的酒再进行勾调。不同轮次发酵、蒸馏出的酒的香气、口感大不一样，酱香型七个轮次的酒，每轮次的风格是不一样的。

5. 蒸馏

各种香型酒接酒入库的度数不一样，掐酒尾的度数也不一样，在蒸馏过程中，提纯汇集的呈香呈味物质也是不一样的。

6. 陈化老熟

不同香型、不同的容器就会有不同的香气和口感的差异。有的用陶坛老熟，有的用血料酒海老熟，有的直接用不锈钢罐老熟，也有在温度剧烈变化情况下，用室外不锈钢罐老熟的，还有的在相对恒温恒湿的室内或者山洞内的陶缸里老熟。同样一种香型，不同的老熟时间，酒体风格也有很大不同。

以上三个大的方面的因素，导致白酒出现了香气口感（笼统称之为风味）的差别，这也是使用香型概念的基础，所以，在以后诸节谈及各种香型的代表品鉴酒时，我们都会从这三方面的因素进行介绍。

在上述三方面的因素中，原料和工艺已被白酒行业讨论得比较充分，自然地理环境的研究相对薄弱，所以，我们要对此加以强调，我们认为如果采取传统酿造工艺，不进行跨香型勾调的话，自然地理条件对白酒风味的影响甚至要大于原料与工艺。同时，品鉴白酒不只是品鉴酒体的色、香、味、格，更重要的是酒体背后所蕴含的文化。自然地理条件能最直观地体现出酿酒地域文化，"一方水土一方酒"的概念就是基于自然条件而产生的，只要身临其境，就能感受到某种香型的酒与风土的对应关系，这是白酒文化品鉴走向深入的重要环节。我们倡导到各香型白酒代表酒的原产地去品酒，这样才能有触及灵魂的感受。自然地理条件的具体体现是中国气候区域划分，下文将详细介绍。

中国气候区划与白酒香型的对应关系

人们常说"一个地方的酒和一个地方的酒不一样"，但那个地方具体是多大？是一个省的酒和另一个省的酒不一样，还是一个县的酒和另一个县的酒不一样呢？

细究起来，"地方"这个空间概念的伸缩性极大，在古代，洋河镇上有几十家酒坊，杏花村也有几十家酒坊，家家酒不一样。可能隔了几十米，酒和酒就有差别了，但差别的程度相对来说小一点。如果是洋河镇的酒和茅台镇的酒，杏花村的酒和柳林镇的酒，差别就会更大、更明显。

中国白酒是开放式的固态发酵，小环境对酒体的影响也是非常明显的，可能几十米的间隔，菌群就会有所变化，酒可能就会不一样，当然还有人工的工艺等诸多其他因素影响。

从酒的直观感官的特征来看，可以说中国白酒是一酒一香，而且同一个酒坊，不同时期生产的酒的香气口感也不一样。

香型的概念是个类型化的概念，就是把有细微差别的每一种酒体，用一个含糊笼统的大致标准，归为几种大的类型里。这样才能把众多的酒，简明地归类划分，能够比较方便、简单地对白酒香气口感类型进行区分。

这种根据直观感官经验，大而化之的归纳方法，把数量众多的白酒先分为几个大的类型，然后再将其他的一些特征，进一步细化，一步一步地建立起来可以被更多人使用、识别的标准，对白酒香型也有了更多的感官描述。

除了基于感官的风味描述之外，我们总在寻找与之相关联的、更具客观性的因素。前面讲过，用分析化学和风味化学来分析酒体里面的主体呈香呈味物质，就是现代科学理念来寻找的一种客观的分类学标准的方式。只是这种方式不太成功。

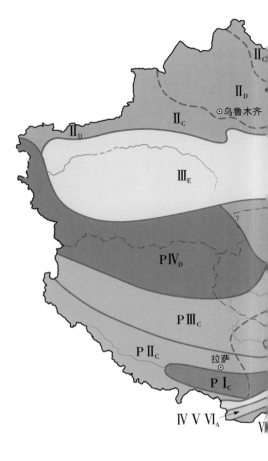

I 寒温带
  I_A寒温带湿润大区

II 中温带
  II_A中温带湿润大区
  II_B中温带亚湿润大区
  II_C中温带亚干旱大区
  II_D中温带干旱大区
  II_E中温带极干旱大区

III 暖温带
  III_A暖温带湿润大区
  III_B暖温带亚湿润大区
  III_D暖温带干旱大区
  III_E暖温带极干旱大区

IV 北亚热带
  IV_A北亚热带湿润大区

V 中亚热带
  V_A中亚热带湿润大区

VI 南亚热带
  VI_A南亚热带湿润大区
  VI_B南亚热带亚湿润大区

VII 边缘热带
  VII_A边缘热带湿润大区
  VII_B边缘热带亚湿润大区

VIII 中热带
  VIII_A中热带湿润大区

IX 赤道热带
  IX_A赤道热带湿润大区

PI 高原温带
  PI_B高原温带亚湿润大区
  PI_C高原温带亚干旱大区

PII 高原亚温带
  PII_A高原亚温带湿润大区
  PII_B高原亚温带亚湿润大区
  PII_C高原亚温带干旱大区

PIII 高原亚寒带
  $PIII_A$高原亚寒带湿润大区
  $PIII_B$高原亚寒带亚湿润大区
  $PIII_C$高原亚寒带亚干旱大区

PIV 高原寒带
  PIV_D高原寒带干旱大区

———— 气候带界线
----- 气候大区界线

——未定—— 国　界
------- 省级界
- - - - 特别行政区界
⊙ 省级行政中心
—— 运河

图 5-2-1 中国气候区划与白酒基本香型对应图[*]

中国气候带的多年 5 天滑动平均气温稳定通过 ≥ 10℃天数指标以及其他气象要素值

气候带	≥10℃天数（天）	≥10℃积温（℃）	1月平均气温（℃）	7月平均气温（℃）
I 寒温带	＜ 100	＜ 1600	＜ -30	＜ 18
II 中温带	100 至 171	1600 至 3200-3400	-30 至 -12—-6	18 至 24-26
III 暖温带	171 至 218	3200-3400 至 4500-4800	-12—-6 至 0	24 至 28
IV 北亚热带	218 至 239	4500-4800 至 5100-5500；云南高原 3500-4000	0 至 4；云南高原 3 至 5-6	28 至 30；云南高原 18 至 20
V 中亚热带	239 至 285	5100-5300 至 6400-6500；云南高原 4000-5000	4 至 10；云南高原 5-6 至 9-10	28 至 30；云南高原 20 至 22
VI 南亚热带	285 至 365	6400-6500 至 8000；云南高原 5000-7500	10 至 15；云南高原 9-10 至 13-15	28 至 29；云南高原 22 至 24
VII 边缘热带	365	8000 至 9000；云南高原 7500-8000	15 至 20；云南高原 ＞ 13-15	28 至 29；云南高原 ＞ 24
VIII 中热带	365	9000 至 10000	20 至 26	≥ 28
IX 赤道热带	365	＞ 10000	＞ 26	＞ 28
PI 高原温带	＞ 140			≥ 14
PII 高原亚温带	50 至 140			12 至 14
PIII 高原亚寒带	0 至 50			6 至 12
PIV 高原寒带	＜ 0			＜ 6

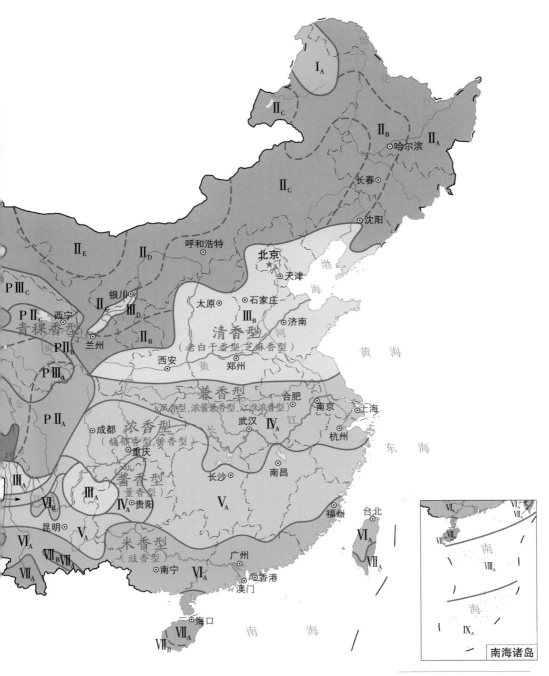

中国气候区划图

*《中国气候区划（中央气象局1994年）》及其文字、指标说明，均引自刘明光主编《中国自然地理图集》，中国地图出版社，1998年8月第二版，第49页。本书摘引后由西安地图出版社重新绘制。

中国气候大区的年干燥度系数指标

气候大区	年干燥度系数	自然景观
A 湿 润	≤1.0	森 林
B 亚湿润	1.0—1.6	森林草原
C 亚干旱	1.6—3.5	草 原
D 干 旱	3.5—16.0	半荒漠
E 极干旱	≥16.0	荒 漠

中国气候区的7月平均气温指标

气候区	7月平均气温（℃）
Ta	≤18
Tb	18—20
Tc	20—22
Td	22—24
Te	24—26
Tf	26—28
Tg	≥28

既然酒的香型和自然地理环境、工艺、原料密不可分，从这三类因素中寻找一些和酒的风味特征有关联的宏观指标，起码比感官描述要客观些，在上述三方面原因中，我们想重点强调一下中国的气候区划与白酒的香型之间的密切关系。

我们的研究发现用不同气候区划的自然地理条件来作为具体的表征体系，进而来探讨和白酒香型风味之间的对应关系，是可以成立的。

一、中国气候区划简介

我们把白酒香型的代表酒投到国家气象局发布的中国气候区划图上，中国白酒香型的分布与自然地理条件的关系会一目了然地呈现出来。

中国气候区划分成 13 个气候带，主要的标志是大于 10℃ 的天数、大于 10℃ 的积温、一月的平均气温和七月的平均气温，图上的附表中已经注明了具体的数据差别。这 13 个大气候带根据降水量还有具体的划分，比如中温带就分成了五个亚区，分别是中温带湿润大区、中温带亚湿润大区、中温带亚干旱大区、中温带干旱大区和中温带极干旱大区；暖温带分成四个亚区，可以参照图注，都有详细说明。

各个气候大区，根据降水量、年干燥系数不同，分为 ABCDE 五级，分别在图示上用符号表示出来。气候带基本上可以显示出，温度、降水、干燥系数和海拔这些因素。

植被情况根据干燥系数不同，自然景观分为森林、森林草原、荒漠、半荒漠等。

二、已有香型和气候区划的对应关系

1. 暖温带

暖温带的湿润大区里面，包括北京、山西杏花村、河北衡水，分布的白酒香型有清香型、老白干型和芝麻香型。

清香型的代表酒汾酒、北京二锅头，还有河南的宝丰酒，都分布在这个气候带里。这个区域包括山东和河南，古代酿的酒也是清香型的偏多，如著名的山东清烧。

老白干香型白酒本身跟清香型白酒比较接近，因为工艺上的一些差异，后来独立成一个香型。芝麻香型前面介绍过，是因为麸曲工艺的使用而创造出来的新香型，如果不用麸曲，酿的酒也是清香型。

2. 北亚热带

北亚热带的很大一部分和秦岭淮河过渡带是重复的，如果把过渡带划得再宽一点，到长江以北，基本上都是重复的。

在自然地理上，秦岭淮河过渡带是中国南北方的分界线，也是亚热带和暖温带气候带的分界线，地图上是一条线，那是地图上缩小的概念，到实际地理环境中，秦岭淮河是一个宽达 90km ～ 110km 左右的气候过渡带。

气候方面，秦岭淮河一线是 800mm 等雨线的界限，其北面年降水量少于 800mm，雨季集中而短促，主要是在七、八月份；南面降水量大于 800mm，雨季要长得多。北面一月平均气温 0℃以下，冬季一般结冰，寒冷干燥；南面一月平均气温在 0℃以上，冬季基本不结冰，温和少雨。

农业方面，秦岭淮河以北旱地为主，农作物主要是小麦、谷子，一年一熟或者两年三熟。以南以水田为主，农作物主要是水稻，一年两熟到三熟。

过渡带的农业作物也不一样，我们曾经亲自去做过跨纬度的考察，淮河以北全是小麦，过了淮河大概有个几十公里，就出现了大面积的稻田；在淮河以南有大米、糯米作为一部分酒粮使用，而淮河以北主要还是高粱做酒粮。

在这个区域里，有两个香型，一个是凤香型白酒，代表酒是陕西的西凤酒；一个兼香型白酒，代表酒是湖北的白云边酒和安徽的口子窖酒。另外还有被划为浓香流派、但和四川的浓香型有明显不同的淮北古井贡、苏北的洋河大曲、汤沟大曲、高沟（现在的今世缘酒业）的白酒，这些酒品的香气口感其实和川派浓香酒差别较大，按其风味特征，也该划为过渡带的某种香型或某种独立的香型。

过渡带上的物产，兼具有南北两方面的特征，而且有混杂交错的地方，地兼南北，香也兼南北，酒的香气口感既有一部分北方酒的特征，也有一部分南方酒的特征，典型的代表就是凤香型白酒。

现在称之浓酱兼香型的白云边酒，并不完全是气候带的反映，它是 1970 年代以后学习浓香酒和酱香酒，通过工艺的复合运用形成的一种独特香型的酒。

在 1979 年讨论香型的时候，曾经提出来一个广义的"兼香"的概念，就是有两种以上的香型融合的酒，当时把它叫做兼香，如果用到秦岭淮河过渡带及北亚热带的地方是恰如其分，这一带的酒香型，都称作广义的兼香型可能更准确一些。

3. 中亚热带

中亚热带主要是四川盆地和长江中下游平原。在这个区域，浓香型白酒是基本的香型，同时特香型白酒、馥郁香型白酒也分布在这个区域。特香型白酒曾经因为和浓香型有相似被划分在浓香型酒里，后因为原料是大米，和川派浓香不一样被划分出来。

直到现在，在很多成品酒里，消费者都不大容易把特香型白酒和浓香型白酒区分开。我们曾经专门去采访过四特酒厂，品尝过四特酒的原酒，风格跟川派浓香酒差别比较大，由此认识到特香型白酒能独立为一个香型确实有它的根据。

4. 贵州（北亚热带）

贵州现在产的酒，著名的有以茅台为代表的酱香型白酒，还有以董酒为代表的董香型白酒，也生产浓香型白酒，和川派浓香比较像但又不一样。

从中国气候区划图上发现，贵州尽管在纬度上已经处于中亚热带以南，但是在气候区划上，却把它划为北亚热带。这主要是因为贵州在云贵高原上，尽管纬度更南，但气温却偏低，比北面的成都平原、长江中下游平原的温度还要低。

云贵高原也有一部分划到暖温带里面。这是气候垂直分布引起的变化，也正是因为这样的变化，贵州的浓香型白酒跟四川浓香型白酒不一样。酱香型白酒和董香型白酒即便采用相同的工艺，但小的局部气候环境也会使酒体呈现不同的风味。

5. 南亚热带

南亚热带主要是广西、广东一带，气温高，是传统的大米产区。这里的酒是以大米为原料，半固态发酵，分布有两个香型，米香型和豉香型，米香型白酒的代表酒是广西桂林三花酒，豉香型白酒的代表酒是广东佛山的玉冰烧和九江双蒸酒。

三、其他有特点香型白酒和气候区划的对应关系

我们所知道的一些产销量都比较大的地方名酒，也有其独特的风味特征，从香气、口感方面不同于现在已有的各种香型白酒。

1. 中温带

中温带分布范围很广，基本上从辽宁南部、河北北部、吉林到黑龙江。这一地区历史上就有生产白酒的传统，这一区域除了一些大型酒厂生产浓香型白酒、浓酱兼香型白酒外，很多地方还有小酒坊生产，如东北小烧、荞麦烧等，这些酒的香气偏清香型，但和华北地区的清香型又不大一样。

之前看到过一些报道资料，辽宁曾经推出过辽香型白酒，但辽香型究竟什么样子，我没品尝过，不清楚其风味特征。从传统和气候来讲，地方白酒都会有自己的特点，我觉得地方白酒的发展，需要强化自身特点,这样才能获得全国消费者更广泛的认同。

现在这一区域有规模的大酒厂，生产的要么是浓香型酒，要么就是兼香型酒，还有麸曲酒，这都是受后来浓香型白酒大发展，以及推广学习茅台经验、推广麸曲酒等各种因素的影响，使这些酿酒企业放弃了地方天然特色生产出的成品酒。模仿原产于四川（中亚热带）、贵州（北亚热带）的名酒，虽然在一个时期内赢得了部分市场，但从长远来看，他们的"仿品"在全国市场上永远比不过人家原产地的"正品"，而且，由于放弃了自身特色，在市场上建立不起独具地方风味的影响和认同，使得这一区域（东北大部分地区、河北北部、内蒙古东部）的白酒虽然有比较大的产量，但始终没有出现国家级的名酒，好粮、好水、好地方，却没有好酒。所以，我们期待在这个辽阔的气候带上，未来能诞生几个有地方特色的白酒香型及优质的代表产品。

2. 中温带干旱大区

中温带干旱区和亚干旱区，覆盖了内蒙古北部及中部、甘肃北部、宁夏和新疆的大部分地区，在农业气候区划上，把这一带叫西北干旱农业气候大区。

内蒙古西部、宁夏、甘肃的河西走廊地区和新疆都有白酒生产，目前主要是浓香型白酒，有些是从四川拉来的原酒勾调的。但这一区域酿酒历史悠久，本地酿酒无论是采取中温曲还是低温曲，出产的酒的香气、口感，与用四川的原酒勾调出来的浓香酒比，差别还是比较大。

这么辽阔的区域，也有悠久的酿酒历史，未来也应该有自己的独立白酒香型才行，哪怕叫西北干旱香型都可以。现在当地酒的天然风味被掩盖了，原来天然的香气、口感没有通过一个有共识、有影响的香型得以表达。

3. 高原温带

中国气候区划图上划为高原温带的区域，在中国农业气候区划上，属于青藏高原农业气候大区，13小区。该区域包括了青海省的东部河湟谷地、甘肃的南部和四川西部，目前有独特的白酒香型：青稞香型，代表酒是青海互助天佑德青稞酒股份有限公司生产的青稞系列酒。

青稞酒曾经被划到清香型酒里，但它是以青稞（学名是裸大麦）作为原料，和以高粱为原料的汾酒、二锅头、宝丰酒等都不一样，而且酿造环境不一样，海拔有2600多米，是中国海拔最高的酒厂。青稞香型能够反映出来这一气候带的酒的香气、口感。

局部小气候环境对白酒香型（风味）的影响

上面讲的是大气候区划和香型的对应关系，而实际上小的局部气候环境，对香型的影响更为直接。

小的气候环境，主要体现在地貌、海拔上的变化。特别是海拔的变化，引起了垂直的气候变化，海拔每升高100m，气温会下降0.6℃，在高海拔地区，气温会低于同纬度的低海拔地区。如上面讲的云贵高原尽管纬度上比四川盆地低，但平均温度低，在气候带上被划分到了暖温带和北亚热带。

由于贵州地区的气候垂直变化剧烈，云贵高原是山地密布，号称"地无三尺平，天无三日晴"，素有"一山有四季，十里不同天"之说，所以气候复杂多样，导致当地的酒虽然同出于贵州省，但是香气、口感千差万别。茅台镇赤水河谷里生产的茅台酒，地理标志产品保护标准要求海拔在300～600m之间。20世纪70年代，茅台酒曾经做过移植实验，在遵义建设酒厂，调用茅台的原技术人员，完全按照茅台酒工艺，甚至使用赤水河的水进行酿造，但酿出的酒就是不一样。这个酒厂就是现在的珍酒厂。我们曾经考察过这两个酒厂，发现了一个重要的区别就是海拔不一样。实地感受非常明显，在茅台镇感觉潮湿、温暖；到了珍酒厂，海拔在900多米，地方平坦、风大、阳光照射强烈，感觉明显干燥。茅台酒喝了有一种水灵灵的感觉，而珍酒就有种干燥感。

再往贵州的西部，海拔1000多米的金沙县，目前生产一种比较有影响的酱香型白酒，叫金沙摘要，和珍酒的风味也不一样，和茅台酒差别更远。

2015年以后，贵州省六盘水市盘州市淤泥乡岩博村的人民小酒，走进了全国酒友的视线，人民小酒酒厂在乌蒙山区，海拔1800多米，采取"四曲同酿，糖化、酒化分两步进行，陶坛发酵"等独特工艺，酿出的酒既有清香型的特点，又有酱香型的特点，他们自己称为"清酱香型"。

平原的酒和山区的酒也不一样，同样是湖南，在平原地区生产的白沙液和湘西山区生产的酒鬼酒就不一样，尽管工艺、原料有相似的地方，但是酒的香气、口感仍然不一样。

白酒香型在未来的作用

一、香型可以作为中国白酒产区划分的依据之一

中国白酒香型的概念，可以大致地反映出来白酒与自然地理条件的关系，我们在品鉴中国白酒的时候，能感受出来"一方水土一方酒"，一个重要原因就是因为其酿造环境的不同。

因此我们认为中国白酒的香型概念应该保留下去，而且能够基于香型逐渐建立起中国白酒的产区概念，香型作为特定白酒产区的标志物而存在。

世界上目前的酒种里，产区概念是葡萄酒所提出并且发展完善的，酒的品质和葡萄的种植区域紧密地结合在一起，强调"好酒是种出来的"，强调葡萄品种、当地的土地，甚至当年的气候都会影响到酒质。从营销的角度看，葡萄酒的产区概念有助于实现产品的差异化，不同地区、不同年份的酒有不同的价值，给生产商提供了更多的定价空间，也给消费者提供了更多的选择空间。

威士忌酒也有产区，如苏格兰原来有6个法定产区，现在是5个。威士忌酒产区的形成，主要是根据过去酒政管理，在收酒税的影响下逐渐形成的，很大程度上是一个经济地理的概念。但同时，威士忌酒的发酵过程有一半的环节也是开放的，有发酵地野生菌种的参与，不同产区的局部小气候环境对酒体风格是有影响的，也是自然地理环境的产物。在全球威士忌酒的消费者眼中，威士忌酒产区如同葡萄酒产区一样，也和酒体风格甚至酒质挂钩。

相比之下，中国白酒产区更接近葡萄酒产区的概念。在古代，中国白酒基本上是依靠本地的农业作物来酿造，北方使用小麦、高粱，南方有了大米，才出现了大米、高粱、小麦等混合使用的五粮工艺，这是当地物产所决定的。古代运输条件没有现在发达，大宗物质跨产区的运输成本太大，只能就地取粮。所以在古代，好白酒也

是"种"出来的。

现在由于交通的发达和资源的全球配置，酿酒用粮不仅是全国配置，而是全球配置了，中国很大一部分酿酒的高粱来自进口。

当然也有另外一个趋势，就是随着茅台酒在 2015 年之后的高速发展，各个酒厂也逐渐开始强调酒粮的原产地化，如茅台酒非常强调贵州产的红缨子糯高粱，四川在逐渐地强化本地糯高粱的概念，山西的汾酒在强化自己的"一把抓"高粱，陕西西凤酒所在地宝鸡凤翔，也有大量的农户由种小麦改种高粱。青海青稞酒一直保留着非常深的传统特点，跟本地出产的青稞密不可分。

中国白酒有原料本地化的传统，随着优质白酒产量提升，会吸引本地的种植业以酿酒原料为方向的发展，可以期待未来，中国酒厂酿酒用粮会逐渐恢复到使用本地粮食。

中国白酒的整个生产过程，严重依赖当地气候条件，无论是制曲还是酒粮的浸润、摊晾、发酵以及陈化老熟都是开放式作业，和当地的气候、水分、空气中的含氧量以及周围环境中的微生物菌种、菌群的条件密不可分。

原地的粮食、原地的水、原地的微生物、原地的气候等是构成中国白酒产区标准的物质基础。

我所说的产区概念和我们现在已经有的白酒（包括黄酒）的国家地理标志保护产品标准不太一样。

现行的国家地理标志保护产品标准，实际上不是保护产区，而是保护某一个商标，是商标保护标准，如泸州老窖、茅台酒还有古井贡之类，现在大概有 30 多个酒类的国家地理保护标志。

保护标准内所划的保护区域，主要是针对这一生产品牌的酒厂的所属范围。与之一墙之隔的别的酒厂，生产的是不是这种香型的酒呢？香型肯定是一样的，但品牌不一样，所以不受国家地理标志产品标准保护，没有体现出自然地理条件对某一区域范围内所有酒厂酒体的影响。

自然地理意义上的产区概念的含义是：在一个特定的自然地理区域范围内的作物、酿造环境、微生物品种、工艺与产品的风味有紧密联系，在这个范围里生产出来的白酒都可以称之为该产区的酒，或者叫产区里的某个香型的酒。

中国白酒的目标应该是鼓励多元化发展，不仅仅是保护几个大的品牌。

二、强化白酒香型的天然属性

香型概念的价值，在于能够基于传统固态开放式发酵工艺的基础上，反映出当地风土特征。未来白酒香型如想要健康发展的话，传统白酒生产中应该限制使用跨香型勾兑工艺，因为它破坏了酒体自然产生的香气、口感。当然不是禁止使用，而是需要在酒标上标明，用了哪些香型来勾调，跨香型勾兑生产的白酒也归为调香白酒一类。

使用人工纯种菌和糖化酶生产某种香型酒，这些工艺已经破坏了自然地理条件的天然属性，作为一种科研探索，固然应该鼓励，但作为一种产品，需要在酒标上注明，以使消费者知道该酒品具体是用什么工艺生产的。

白酒里面添加食品添加剂、香精还有甜蜜素之类的呈味剂，这种新型白酒在新国标中属调香酒。

简单地说，跨香型勾兑，纯种菌的麸曲、糖化酶、人工酵母，以及使用食品添加剂、香精、糖精等人为工艺参与勾兑出来的酒，都应该归到调香白酒之类，并且在酒标中表明。不能作为自然多菌种大曲固态发酵酒对待，这些酒体呈现的风味，与自然环境中野生多菌种发酵呈现的风味不同。

三、香型的多样化

尽管白酒已经有了 12 个香型，但从上面描述的情况知道，中国白酒其实是一酒一香。我国幅员辽阔，自然地理条件、气候条件多样，同一个省区内有不同的自然气候条件，也就会有不同的风味特征的酒，应该逐渐建立起更多的白酒香型来体现。

如甘肃省的河西走廊、甘南草原、陇南河谷的气候条件差别很大，河西走廊的汉武御酒、滨河粮液和陇南白龙江河谷的金徽酒，天然生产条件不一样，酒体风味也不相同，如果都笼统称作甘肃酒，反映不出来各自的自然地理特征。山西省的雁北、晋中、晋东南以及晋南的气候就不一样，同样是用清香型的工艺，晋东南和晋南生产出的清香酒，和晋中的酒就不一样，和雁北的酒也有差异，在山西的清香型中也可以分立出不同的流派。

未来的香型会越来越多，各个酒企都应该建立自己的风味标准，根据自己的理解各自命名，至于能不能被市场广泛接受，取决于酒的风格和品质、酒企的市场营销技术以及消费者的偏好。

本章对白酒香型的介绍

本章后面诸节共介绍了十四种白酒香型，其中除了十二种行业公认的香型外，还增加了青稞香型和小曲清香型两个香型。青稞香型白酒是以青稞为原料，海拔2600 多米的高原环境下发酵，采用独特的岩木合一发酵容器和清蒸清烧四次清的工艺，目前是唯一代表高原温带气候环境以及青藏高原农耕文化的白酒，同时，也有中国酒业协会发布的青稞香型白酒标准（T/CBJ 2106—2020），值得作为一种独立的有代表性的白酒新香型加以介绍。

　　小曲清香型白酒其实产销量并不低，全国市场上知名的产品有湖北的劲牌酒、重庆的江小白、江津白酒等，而在西南地区的四川、云南等地的小酒厂数量众多，据 2018 年出版资料上的数据，小曲清香白酒年产量约占白酒总产量的三分之一[①]，如果按 2017 年全国白酒总产量 1198 万千升为基数，其三分之一大约是 400 万千升为小曲清香型白酒。2011 年，发布了小曲固态法国家标准（GB/T 26761—2011），按此方法生产的小曲白酒基本上都被认为是小曲清香型白酒。长期以来，小曲酒的宣传资料比较少，但其风味独特、产销量大，值得作为一种独立香型向广大酒友介绍。

　　在每种香型的介绍中，我们首先解释关于这种香型的国家标准，尽管提出香型概念时还没有这些标准，是在香型概念提出后逐渐完善起来的，属于"先生下孩子再起名"，按这些标准去框别的酒，有时套不准确，但出于国家标准在普通消费者心中的重要地位，我们还是先把标准的内容和发展过程讲清楚，对其积极意义和局限性都会予以客观的评价。其后，会逐一介绍各种香型白酒生产的自然地理条件和历史文化背景、特色工艺、微量成分特点、代表产品。

---

①赵金松：《小曲清香白酒生产技术》，中国轻工业出版社，2018年11月，第9页。

图 5-3-1 山西晋中汾阳杏花村汾酒厂附近的高粱地（摄影／李寻）

第三节
清香型白酒

国家标准如是说

目前清香型白酒的国家标准是 GB/T 10781.2—2006，这是 2006 年发布的标准，但最早发布是在 1989 年。

1. 香型定义

清香型白酒是以粮谷为原料，经传统固态法发酵、蒸馏、陈酿、勾兑而成的，未添加食用酒精及非白酒发酵产生的呈香呈味物质，具有以乙酸乙酯为主体复合香的白酒。

2. 产品分类

按产品的酒精度分为：

高度酒：酒精度 41%vol ～ 68%vol；低度酒：酒精度 25%vol ～ 40%vol。

3. 感官要求

表 5-3-1 清香型高度酒感官要求

项目	优级	一级
色泽和外观	无色或微黄、清亮透明，无悬浮物、无沉淀 [a]	
香气	清香纯正，具有乙酸乙酯为主体的优雅、谐调的复合香气	清香较纯正，具有乙酸乙酯为主体的复合香气
口味	酒体柔和谐调、绵甜爽净、余味悠长	酒体较柔和谐调、绵甜爽净、有余味
风格	具有本品典型的风格	具有本品明显的风格

[a] 当酒的温度低于10℃时，允许出现白色絮状沉淀物质或失光，10℃以上时应逐渐恢复正常。

表 5-3-2 清香型低度酒感官要求

项目	优级	一级
色泽和外观	无色或微黄、清亮透明，无悬浮物、无沉淀[a]	
香气	清香纯正，具有乙酸乙酯为主体的清雅、谐调的复合香气	清香较纯正，具有乙酸乙酯为主体的香气
口味	酒体柔和谐调、绵甜爽净、余味较长	酒体较柔和谐调、绵甜爽净、有余味
风格	具有本品典型的风格	具有本品明显的风格

[a] 当酒的温度低于10℃时，允许出现白色絮状沉淀物质或失光，10℃以上时应逐渐恢复正常。

4. 理化要求

表 5-3-3 清香型高度酒理化要求

项目		优级	一级
酒精度 /%vol		41～68	
总酸（以乙酸计）/ (g/L)	≥	0.40	0.30
总酯（以乙酸乙酯计）/ (g/L)	≥	1.00	0.60
乙酸乙酯 / (g/L)		0.60～2.60	0.30～2.60
固形物 / (g/L)	≤	0.40[a]	

[a] 酒精度41%vol～49%vol的酒，固形物可小于或等于0.50g/L。

表 5-3-4 清香型低度酒理化要求

项目		优级	一级
酒精度 /%vol		25～40	
总酸（以乙酸计）/ (g/L)	≥	0.25	0.20
总酯（以乙酸乙酯计）/ (g/L)	≥	0.70	0.40
乙酸乙酯 / (g/L)		0.40～2.20	0.20～2.20
固形物 / (g/L)	≤	0.70	

5. 对国家标准的理解

首先，国家标准最有实用价值也最有意义的是这一条：未添加食用酒精及非白酒发酵产生的呈香呈味物质。就是说清香型白酒不能添加食用酒精，添加了食用酒精就不能再引用该国家标准，添加了食用酒精而酒标上还印着该国家标准的酒，可以理解为生产者作假，瓶内的酒体和商标上标示的不一致。

其次，该国家标准没有对原料做出规定，对糖化剂是大曲、小曲还是麸曲也没有做出规定。原因在于1979年定香型的时候，没有考虑到香型的成因，此定义是根据直接的感官来描述的。1989年出台国家标准时，有了初步的对微量成分的认识，但对香型形成的复杂原因，包括工艺上、环境上、原料上都没有做详细考虑。现在很多文献上说清香型白酒是用低温大曲生产的，这可能是2006年以后的认识，而且，低温大曲也不是形成清香型白酒的唯一条件。

由于没有考虑香型和它形成原因之间的对应关系，所以在实际品评过程中又有进一步的细化，清香型白酒按照糖化剂的不同，分成大曲清香白酒、麸曲清香白酒和小曲清香白酒。这几种白酒的工艺说明在相关的白酒工具书上都能查询到，而且有相应的产品，比如麸曲酒的代表酒是二锅头酒和六曲香酒，都算是清香型酒的一种，简称"麸清"。如果考虑到糖化剂、原料和酒的香气、口感之间的关系的话，那么该标准的包容力还不够。

第三，该标准的理化指标比较简单，只有总酸、总酯和乙酸乙酯的指标，当时认为乙酸乙酯是主要呈香呈味物质，这个指标应该说很容易就能做到，通过添加酸、酯和乙酸乙酯等添加物也可以实现该指标。因此，要想靠理化指标来判断酒里有没有添加非白酒发酵产生的呈香呈味物质很难做到，因为酸和酯融入酒里后，普通消费者分不清它们是自身产生的还是后来添加的，只能靠有经验的品酒师通过感官品鉴来区分。而香气口感这些感官能识别出有差别的酒，理化指标都在标准范围内，也就是说无法通过仪器设备来简单地检测出酒中的乙酸乙酯、总酸、总酯是发酵过程中生成的还是勾兑过程中添加的。当然，基于最新的分析仪器，检测更多的指标，和固态酒相对应的成分与比例关系进行对比分析，也可以推测出，其主体呈香呈味物质是自身发酵产生的还是外来添加的，但那些分析高度依赖专业技术人员的经验，而且是以结果推测成因的推测性结论，生产厂家如果不承认，还得进行更多的取证，普通消费者一般无法使用技术检测手段判断这类问题。

第四，根据当时的认识，认为清香型酒是具有乙酸乙酯为主体复合香的白酒。但在 2021 年发布的国家新标准中，取消了这一描述，反映出随着分析化学技术的进步，发现白酒中的微量成分越来越多，究竟什么是清香型白酒的主要呈香呈味物质，有待于重新研究。

第五，关于清香型白酒感官要求的描述非常简洁，而且有很高的专业性，所谓专业性就是只有长期从事白酒生产的专业人士才能有判断什么是"清香纯正"的能力，普通消费者搞不清楚清香纯正或不纯正，因为普通消费者很难品尝到"清香纯正"的酒样；同时，被专家们评为清香型白酒的代表酒，风格也是各异，汾酒和二锅头酒都是清香型白酒，是二锅头纯正？还是汾酒纯正？没有标准样可以重复性地进行检验。实际上这些感官标准描述只能给有丰富培训经验的专家来使用，而且专家还要客观公正才能做到。对于普通消费者来说，用该标准去衡量某款酒是否是纯正的清香型白酒非常困难。

再比如"具有乙酸乙酯为主体的复合香气"这样的描述，对普通消费者来说也是难题，一般来说，只有在专业从事化工品销售的环节才有可能接触到被行业内称为单体香的乙酸乙酯，很少有消费者见过乙酸乙酯，既然没有见过乙酸乙酯，消费者怎么去判断一款酒有没有乙酸乙酯这种香气呢！

综上所述，清香型白酒的国家标准是专业人员在行业内进行品评时的基本依据，但该依据的可操作性和可普及性不强，消费者没办法用该标准来进行白酒品鉴。

第六，该标准的前言中说明在该标准的 1989 年版中，质量等级为"优级、一级、二级"，2006 年版去掉了"二级"，改为"优级、一级"两个等级。但在酒厂的实际生产中，很多企业仍然按三级制来划分产品质量等级，有些企业还采用了四级、五级的质量细分等级，企业的质量分级比国家标准要严格细致。

主要代表酒及产地

清香型白酒的主要代表酒有山西汾阳的汾酒、山西长治的潞酒、北京的二锅头酒、河南的宝丰酒、湖北武汉的黄鹤楼酒，它们有的是品牌名，有的是酒厂名；另外还曾把台湾地区的金门高粱酒、青海省的青稞酒、四川省的小曲清香酒划到过清香型白酒的范畴之内。

在这些酒里，汾酒是标准的大曲清香酒，其工艺最有代表性，下面介绍酒体风格和工艺的时候，我们将以汾酒作为重点代表酒。同时还会介绍另一款山西产的酒：潞酒。潞酒的工艺和汾酒差不多，但产地不一样，因此香气口感就有了差异。我们能够感受到同样是清香酒，由于产地和工艺上的一些差异，它们的风味也有所不同，我们暂时将潞酒命名为清香型白酒中的一个流派。

河南的宝丰酒我曾多次品鉴过，本书会做介绍。武汉的黄鹤楼酒曾经生产过清香型酒，但又生产过浓香型酒，从自然地理分布区域来看，黄鹤楼生产出的清香型白酒和山西的清香型白酒也不大一样，现在黄鹤楼酒业有限公司被安徽古井集团并购，其最新的产品我们虽然品尝过，但还没有去酒厂对其生产工艺进行实地考察，因此本书暂时不对其进行介绍。

二锅头酒只能作为一个品种来介绍，工艺信息不十分明确。文献上记载，二锅头在 1952 年开始用麸曲生产酒，我在红星二锅头酒厂博物馆参观时，博物馆内陈列的资料显示二锅头有各种各样糖化剂的酒，也有各种原料的酒，各种工艺都有，而在酒瓶酒盒的包装上，并没有注明该款酒使用的是什么工艺。

台湾地区的金门高粱酒，迄今为止我对它的实际工艺并不了解，目前也没有查询到其生产工艺细节的相关文献。从酒体风格来看，金门高粱酒和汾酒有相似性，但也有比较明显的差异，有行业人士把它称之为金门香型，至少表现出它和汾酒的清香型是不太一样的，因缺少第一手资料，本书暂不介绍它。

青海青稞酒的原料是青稞，青稞学名裸大麦，是大麦的一种，青稞酒所用的大曲也由青稞和豌豆制成，被称为"曲粮合一"，酿造环境在海拔 2600 多米的地方，和汾酒的酿造环境大为不同，香气、口感和汾酒的差异也比较大，而且它已经有了青稞香型的行业标准，所以我们用独立一节专门介绍青稞香型白酒。

小曲酒已经有固态小曲酒的标准，小曲清香和大曲清香虽然都叫"清香"，但除了香气清淡有点像之外，其他方面都相差甚远，因此我们单独设一节介绍小曲清香白酒。

微量成分特征

清香型白酒是最早提出的五大基本香型之一，对它的微量成分的研究时间也比较长。

2010年以前，人们认为清香型白酒所含的微量成分的种类和总量都低于酱香型白酒和浓香型白酒，那是基于当时色谱仪的精度做出的分析判断，但2010年以后，有多处文献报道清香型白酒的微量成分含量也达到了上千种，和浓香型白酒、酱香白酒的总数量不相上下。

2010年以前，当时的认识是清香型白酒的乙酸乙酯含量明显高于其他几种香型酒，绝对含量范围在1800～3100mg/L左右，因此把乙酸乙酯当作是清香型白酒的主体香成分，占总酯含量的55%以上，相关数据已写入清香型的国家标准。己醇、丁醇及其乙酯类在清香型白酒中的含量很少，正己醇、正丁醇含量几乎检测不出来，己酸乙酯和丁酸乙酯的含量也很低，己酸乙酯的含量范围小于25mg/L，丁酸乙酯的含量小于10mg/L，这些成分的含量如果高于此范围，酒就会出现异香，失去清香型白酒一清到底的风格，在品评的时候就会被评价为等外品。[1]

清香型白酒中的乙缩醛含量范围在240～680mg/L，乙缩醛是由乙醛缩合而成，新酒中乙缩醛比较低。酒老熟时间长，乙缩醛就高，乙缩醛会使酒的闻香、口味得到改善，具有干爽的口感特征，它和正丙醇共同构成了清香型白酒爽口、略带苦味的味觉特征。

在酯类里，清香型白酒还含有比较高的乳酸乙酯，乙酸乙酯和乳酸乙酯的绝对含量和两者的比例关系，对清香型白酒质量和风格有很大影响，一般乙酸乙酯和乳酸乙酯的含量比例是1：0.6（0.6～0.8），如果乳酸乙酯的含量超过了此比例浓度，就会影响清香型白酒的风格特征。乳酸乙酯具有香不露头、浑厚淡雅的特征，它还具有不挥发性，和其他多种成分有亲和作用。乳酸乙酯含量太高，香气就会不够高，如果含量要太少，酒就不够醇甜和醇厚，所以它们保持在上述比例关系比较合适。

丁二酸二乙酯也是清香型白酒中比较重要的成分，虽然在酒中含量很少，但它

---

① 辜义洪：《白酒勾兑与品评技术》，中国轻工业出版社，2015年1月，第33页—第37页。

和苯乙醇组分相互作用，可以赋予清香型白酒香气特殊的风格。

清香型白酒中的醇类成分所占比例高于浓香型白酒中醇类的比例，异丁醇、正丙醇的含量相对比较高，使酒入口微甜，刺激性比较强，还带一定的爽口苦味。[①]

清香型白酒中的有机酸以乙酸和乳酸含量最高，占总酸的90%以上，其他就是庚酸和丙酸。在各种香型的白酒中，清香型白酒的乙酸含量是最高的。

以上资料，来源于脚注中所标注的2010年、2015年出版的相关文献，2020年以后的新资料对清香型白酒的微量成分有新的认识，但还没有形成较稳定的观点。

工艺和风格

一、汾酒

1. 产地的自然地理条件及历史文化背景

汾酒产于山西省吕梁市汾阳市杏花村镇，杏花村在行政地理上属于吕梁市，但在自然地理上属于晋中地区的汾河平原，按照自然地理的气候来看，杏花村不

图5-3-2 山西杏花村汾酒集团有限责任公司（摄影／李寻）

---

①张安宁、张建华：《白酒生产与勾兑教程》，科学出版社，2010年9月，第143页。

是吕梁山的气候，而是晋中一带的气候，杏花村位于北纬 37°19′36″、东经 111°50′32″，海拔是 750m 左右。当地的地貌属于平原地区，四季分明，夏天比较干燥炎热，冬天寒冷，风沙比较大，夏天去能看到周围有大面积的高粱地，本节开篇山西高粱地的配图，就是在距离汾酒厂不到 10 公里左右的地方拍摄的。当地除了汾酒集团之外，中小型酒厂也众多，建有杏花村白酒产业聚集区，代表性的酒厂有金杏花酒厂、汾阳市酒厂等。

杏花村是一个非常有诗意的名字，让人想起唐代杜牧的诗句："清明时节雨纷纷，路上行人欲断魂。借问酒家何处有，牧童遥指杏花村"。20 多年前我第一次去杏花村，是在冬天，感觉满天风沙，不见杏花，也没看见杏树。汾酒厂的博物馆做得很好，参观时讲解员告诉我酒厂里种了 500 亩的杏花，春天开的时候可以来观赏，但是我一直没有机会去欣赏他们的杏花。现在酒厂普遍注重环境建设，2020 年我们在汾阳市酒厂参观时，酒厂的万吨酒窖是修在崖坡下的窑洞，窑洞上面种着玉米，以后还要种高粱，也会种杏花，总的趋势是各个酒厂都在恢复传统的、农业的环境地貌。

2. 工艺特点

汾酒是中国最古老的蒸馏酒之一，从清代到 20 世纪 50 年代汾酒曾经是最有名的白酒，其工艺是清香型大曲传统白酒的代表工艺。

（1）制曲。

汾酒的大曲以大麦、豌豆和井水为原料制作而成，大麦占 60%，豌豆占 40%。一般伏季制曲，每年八九月制的曲最好。制曲的品温控制在 40～50℃，属于低温大曲。制出的大曲有三种：清茬曲、后火曲和红心曲，差别主要在于曲块局部的温度不一样，菌种不一样，导致曲块部位的颜色不同，同样的红心曲也分为单耳、双耳和金黄一条线。清茬曲外观光滑，断面青白且稍带黄色，气味清香者为正品；红心曲断面周边清白，中心红色者为正品；后火曲断面内外呈浅青黄色，带酱香或者豌豆香者为正品。

这三种大曲所含的微生物不完全一样，以酵母菌为例，清茬曲的酵母菌少，每克干曲里才 670 个，红心曲每克是 588 个，后火曲是每克 115 个。霉菌种类也不一样，因此红心曲的酒化能力要强一些。[1]实际生产中三种曲按一定比例混合使用，具体什么比例看生产的实际情况来确定和调整。

大曲制好之后，也要陈放老熟一段时间，一般三个月左右，陈化好的成品曲有豌豆的香气、大麦的香气、发酵烘焙的干香，还有比较明显的中药的药香，尽管没有添加什么中草药，这些香气都会带到酒里。酒界的行话说"生香靠曲"，但我个人感觉，酒的曲香在酒的后味才会体现出来，前味一般闻不到曲香，新酒也闻不到，

---

[1] 余乾伟：《传统白酒酿造技术》，中国轻工业出版社，2018 年 5 月第二版，第210页。

图 5-3-3 红心曲（摄影／胡纲）

图 5-3-4 清茬曲（摄影／胡纲）

图 5-3-5 后火曲（摄影／胡纲）

3 年以上的酒能明显感受到曲香。

（2）酿酒用粮及其预处理。

汾酒的酿酒用粮是高粱，以晋中特产的"一把抓"粳高粱为佳。现在山西的各家酒厂基本上都在强调他们用的是山西本地的高粱，但实际上可能也有一部分外地进来的高粱在使用。高粱去除杂物之后要用辊式粉碎机粉碎成 4、6、8 瓣，能通过 1.2mm 筛孔的细粉不超过 25%～30%，整体高粱不能超过 0.3%，冬季粉碎细些，夏季粉碎粗些。大曲的粉碎程度要比粮粗，大如豌豆，小如绿豆，能通过 1.2mm 筛孔的细粉占 70%～75%。大曲的粉碎度和发酵升温有关，粗细适宜有利于低温缓慢发酵，对酒质和出酒率都有好处。

酒粮粉碎之后的流程是润粮，山西把高粱叫红糁，在蒸煮前要用热水浸润，使高粱吸收水分之后有利于糊化。润粮水温度夏季为 75～80℃，冬季为 80～90℃，加水量为原料的 55%～62%，堆积的时间是 18～20 个小时。冬季堆温能够升到 45℃，夏季能升到 47～52℃，中间还要翻堆两三次，如果发现糁皮过干，可补加原料 2%～3% 的水。高温润糁有利于水分吸收，而且在堆积过程中，也有某些微生物进行繁殖，实际上也是一个网罗微生物菌种的过程，因此掌握好润糁的操作，能够增加成品酒的醇甜感。由于汾酒采用清蒸清烧工艺，所以它的润料时间比较长，而浓香型白酒是混蒸混烧工艺，以酸性的酒醅拌料，淀粉颗粒在酸性条件下较易糊化，又为多次发酵，所以润料时间短，只要 1～2 小时。

（3）清蒸清烧二次清工艺。

汾酒的工艺可以简单概括为"清蒸清烧二次清"。清蒸是指蒸润好的粮食，一般一甑能蒸 1100kg 的酒粮。在上甑的过程中，先在甑里撒一层预先蒸过的薄谷糠，再装上一层酒粮（糁），然后打开蒸汽阀门，蒸汽穿出糁面后再持续用簸箕把糁撒入甑内，要求撒得薄、匀，使冒汽也均匀，大概 40 分钟装完料，蒸汽上匀料面、俗称为圆汽后，再将 1.4% ～ 2.9% 的水泼在料层表面，此水叫焖头浆，也叫焖头量。泼水量根据糁的粗细进行调整。

酒粮蒸好之后拿出来摊晾，加 30% ～ 40% 左右的凉水，然后再拌入大曲粉，用曲量为投粮量的 9% ～ 10%，调拌均匀之后放到陶缸里发酵，陶缸上盖石板。发酵周期以前是 21 天，现在基本上都延长到 28 天，甚至时间更长。

发酵好的酒粮称为大楂，蒸馏所取的酒就是大楂酒，取完酒之后的酒粮拿出来继续摊晾，再拌入 9% ～ 10% 的大曲，入陶缸进行二次发酵，称之为二楂，发酵时间是 21 ～ 28 天，发酵好后蒸馏取酒，取的酒叫二楂酒。[①]

发酵的过程要遵循"前缓、中挺、后缓落"的规律，所谓"前缓"，是指在春秋季，入窖 6 ～ 7 天时品温可以达到顶点，冬季可以延长到 9 ～ 10 天，夏季尽量控制在 5 ～ 6 天，顶点温度是 28 ～ 30℃，春秋季也最好不要超过 32℃；所谓"中挺"是指酒醅发酵温度达到最顶点之后要能挺住，保持三天左右不继续升温，也不迅速降温，这是主发酵期和后发酵期的交接期；所谓"后缓落"是指酒精发酵基本结束，升温也基本结束了，进入以生香产味为主的后发酵期，这时发酵温度才回落，逐日下降以每日不超过 0.5℃ 为宜，到出缸时酒醅温度仍为 23 ～ 24℃。酒醅的温度是发酵过程中一个重点的管理环节。在冬季寒冷的季节，酒粮入缸后缸盖上还要铺 25 ～ 27 厘米厚的麦秸保温，有些酒厂放棉垫子来保温。

从大楂酒的发酵过程中成分变化来看，第 14 天时酒精含量就达到了最高度 12.2%vol，第 15 天以后，再往后酒精含量反而会下降，第 21 天时会下降到 11.4%vol。实际在"中挺"的时候，酒精含量已是最高，时间也就是整个发酵期的一半，剩下的时间主要是生香和产味。在此再强调一下，酒和酒精的生产是不一样的，要是生产酒精的话，15 天的时间也就够了，后面多出的那些时间，主要是发酵生成呈香呈味物质。[②]

二楂酒的酒精含量没有大楂酒高，二楂酒入缸的时候还要洒一些上次蒸酒的尾酒，到出缸时它的酒精成分含量是 5.2% ～ 5.8%。

大楂酒的产量比二楂酒高，按照每班投量 1100kg 计算，大楂酒产量在 240 ～ 400kg，而二楂酒是 100 ～ 270kg 不等。大体的比例是大楂酒是 60%，二楂酒是 40%，各楂酒之间波动还比较大，一般来说大楂酒如果产量高，二楂酒就要少一些，所以在工艺上有"养大楂、挤二楂"之说。[③]大楂酒和二楂酒加起来是完整的一个周期，大体上需要两个月的时间。除去夏季停产两个月的时间，汾酒一年生产五轮酒。

---

①沈怡方：《白酒生产技术全书》，中国轻工业出版社，2007年1月，第334页－第335页。
②沈怡方：《白酒生产技术全书》，中国轻工业出版社，2007年1月，第336页－第337页。
③余乾伟：《传统白酒酿造技术》，中国轻工业出版社，2018年5月第二版，第216页。

不同季节的酒风格不大一样，出酒率最高的季节是每年的一二月份，能达到 40%，到了第三季度，就下降到 39%。在酒质上冬季的酒要优于夏季的酒。

大楂酒和二楂酒的香气和口感也不一样。大楂酒的特点是清香突出，入口醇厚绵软，回甜爽口，回味较长，而且有一定的粮香味。二楂酒清香欠谐调，常伴有少量的辅料味，入口较冲辣，后味稍带苦涩感，回味比较长。从微量成分看，二楂酒的乙酸乙酯高于大楂酒，二楂酒的乙醛也高于大楂酒。因此在生产成品酒时，二楂酒和大楂酒要进行勾调才能成为成品酒。[①]

二楂蒸完酒之后，在传统工艺上酒糟一般就用作饲料了，但是有了麸曲技术以后，有些酒厂用二楂蒸完的料，加上一些麸曲和酒母再发酵、蒸馏，这样出来的酒属于普通白酒，蒸完的酒糟做丢糟处理。普通酒和优质白酒之间之所以有差别，这可能是一个重要的关键点。

（4）发酵容器。

汾酒用的发酵容器是陶缸，有大小两种型号，大缸的容积是 255L，小缸是127.5L。1100kg 的原料要用大缸 8 次，或者小缸 16 次。入缸前要把发酵缸和石板先用清水清洗干净，然后再用 4% 的花椒水清洗一次，入缸时在缸底撒 0.2kg 的曲粉，然后把配好料的红糁或者二楂均匀地投入发酵缸内发酵。发酵缸埋在地下，易于控制温度，现在汾阳市酒厂在地缸周边埋水管，通过水管来进一步控制温度。这种地缸发酵和南方米香型酒的地缸发酵不一样，南方的地缸放在地面，温度受空气影响比较大，埋在地里受空气的影响较小，更便于控制温度。地缸之间的距离是10 ～ 24 厘米。

在历史上生产汾酒的企业曾经试用过砖砌水泥涂面的发酵池和白色陶瓷板砌成的长方形发酵池来进行过清香型大曲酒的生产，结果产品质量都不如陶缸好。陶缸是清香型白酒生产最重要的发酵容器，陶缸使用多年有可能破损，而且容易受污染，陈缸破缸要换成新缸发酵才能保证酒的优质品率上升，陈缸的渗透性比较大，往往有老咸菜味或者污泥的臭味。[②]不使用陈年老缸和破缸才能保证质量，这是清香型白酒的一个特点，和讲究陈年老窖的浓香型酒不一样。

（5）蒸馏出酒环节。

在蒸馏出酒环节，上甑要贯彻轻、松、薄、匀、缓这几个方针，蒸馏时讲究要缓气蒸酒，大气追尾，中温馏酒。一般装一甑大楂酒的时间是 40 分钟左右，馏酒时间 35 分钟左右，总共就 75 分钟；装一甑二楂酒时间 35 分钟，馏酒时间 25 分钟左右。中温馏酒，温度在 22 ～ 30℃。每甑出酒酒头 1 公斤，交库另存，大楂酒的交库酒

---

①余乾伟：《传统白酒酿造技术》，中国轻工业出版社，2018年5月第二版，第216页。
②沈怡方：《白酒生产技术全书》，中国轻工业出版社，2007年1月，第332页—第345页。

度是 67° 以上，二糙酒的交库酒度是 65° 以上。25° 以下开始接酒尾，大约 5kg，酒尾回糙发酵。

（6）陈化老熟。

汾酒是清香型的酒，以前有资料显示要在陶缸里陈化老熟 1 年以上才出厂，现在陈化老熟的时间延长到了 3 年。也有研究人员指出，清香酒的陈化老熟时间不宜太长，一般 3 年就很好了，主要原因是在 3 年左右时，酒的花果香气最为浓郁也最为清晰，再往后花果香气就开始下降，酸味、焦香味，甚至酱香味就出来了，这样的酒倒不是不好，而是跟清香型酒在行业内评定香型之时认为的典型性不太一样了，如果从喜欢喝老酒或者鉴赏老酒的角度上讲，会觉得储存的时间越长酒越好，变化非常丰富。

（7）勾调。

汾酒原酒入库酒度是 65° ～ 67°，不能直接作为成品酒，汾酒成品酒现在主要的酒是 45° 和 53°，因此原酒要加一些水来加浆降度。而且大糙酒和二糙酒要根据某种酒体风味的要求，按不同比例进行勾调。汾酒一年有五个生产轮次，每个季节、每个生产轮次出来的大糙酒和二糙酒也都不太一样，以前汾酒不太讲究季节和大糙、二糙，现在随着茅台轮次酒概念被热炒后之后，清香型的酒其实也开始强调轮次的概念，还提出了头锅酒的概念（具体含义不详），勾调组合的酒体也可以有很多种，未来可能还会进一步细化。

图 5-3-6 山西运城盐池 （摄影／李寻）
清香型白酒的发源地在山西，山西经济背后最重要的推动力便是盐业。

表 5-3-5 汾酒代表产品

酒名	酒精度	容量	价格	图片
三十年青花汾酒	53°	500ml	798 元	
二十年青花汾酒	53°	500ml	518 元	
十年老白汾	53°	475ml	158 元	
竹叶青	45°	475ml	72 元	
黄盖玻汾	53°	475ml	67 元	

二、潞酒

1. 产地自然地理条件及历史文化背景

潞酒和汾酒一样因地名而得名，其产地是现在的山西省长治市。长治市在先秦时被称为上党，北周宣政元年（公元578年）于上党郡置潞州，唐代称潞州，其后历经改名，明清时期称潞安府，治所在上党县。长治位于晋东南的上党盆地，在太行山南部的一个高台之上，平均海拔930m，虽然周围群山环绕，但由于地势比较高，对外出口比较多，北上过东阳关入河北，南下经天井关进河南，东过小南天到山东，西行出翼城到陕西，交通非常便利，历史上贸易发达，尤其是纺织业颇为兴盛，明代，此地为北方最大的纺织中心，潞桑、潞绸闻名天下。贸易的发达带来酒业的繁荣，据传中唐时期，潞州各县酿酒业就很发达，有近五十座酿酒作坊。宋代潞酒行销晋冀鲁豫各地，曾有"潞酒一过小南天，香飘万里醉半山"的赞词。同时潞酒还源源不断运往京都汴梁（今开封）。明末清初，潞酒甚至远销到四川涪州，至今涪陵还出产一种酒，名叫百花潞酒。故民谚云："上党潞酒，天下少有"。山西历来为酿酒名省，人们将潞酒与山西另一名酒汾酒并称，又有"南潞北汾"之说。

从气候条件来看，长治是山西最舒适的一个地方，它纬度比较靠南，比晋中低将近两个纬度，海拔要低，又因为比较靠东，经度也多将近一两个经度，离太平洋

图 5-3-7 山西长治市潞酒厂老厂区厂门 （摄影／李寻）

的暖湿气流更近一些，所以降雨丰沛，年平均降水量是 550～650mm，是全山西省降水量最多的区域，相比而言生产汾酒的晋中地区年平均降水量是 380～490mm，要干燥得多。两地不同的气候环境，人能直接感受得到，长治夏天湿润、清凉，冬季温暖；晋中地区冬季寒冷干燥，夏天炎热，也干燥。七、八月份时，去到长治和汾阳，能感受到非常明显的两地气候差异。

长治地区是个平地，战国时期秦赵的长平之战发生于此地，秦国取得胜利之后，在此建立了上党郡，上党这个地名就此流传下来了。取名上党，和自然地理条件也有着密切关系。先秦时期，人们认为此地是高地，与天为党，像现在人们称青藏高原为天下屋脊一样，与天为党就是和天一样高，因此命名此地为上党郡。

现在长治地区的酒厂有近 20 家，最有影响的就是长治市潞酒有限公司。潞酒有限公司的历史也很悠久，1936 年，当时上党地区的 25 座潞酒烧坊是今天潞酒厂的前身，这 25 座酿酒烧坊均以"三专署"首字命名，所列二十五字为"新、林、冯、太、沁、张、和、森、原、利、阳、涌、南、梅、泰、春、茅、柳、柏、胜、晋、茂、华、园、义"。

1945 年，长治市建立，这是中国共产党在晋冀鲁豫解放区建立的第一座城市，合并原来的酿酒小作坊，建立了第一座酒厂，1949 年正式命名为长治酒厂；1984 年更名为长治潞酒厂；1999 年更名为长治市潞酒有限公司，同年开始改制；2011 年，王敬宇先生全盘接手酒厂，进一步改制，目前该酒厂已成为一家现代股份制民营企业。

该地区还有其他一些酒厂，有影响的一家酒厂叫麟山酒业公司，位于长治市屯留区河神庙乡。酒厂注册的品牌是"羿神"，所以当地人又把它叫做羿神酒厂。

由于气候条件不同，长治地区生产的酒，尽管工艺和汾酒大体一致，但是风味差别比较明显，以长治潞酒公司的潞酒为例，它和汾酒的香气不一样，汾酒是明显的苹果香和发面香，而潞酒的前味是青蒿香，后味是药草香，口感比汾酒更加绵柔丰富。

下面顺便介绍一下山西省的气候带划分和山西省有代表性的白酒的分布。上一节说过，从全国范围来看，中国白酒分成不同香型，和整个中国大的气候区划有非常紧密的相关性。具体到每一个省，省内各个地区的气候条件也是不一样的，不同区域酿的酒的风格也不一样。山西酿酒业发达，是北方的白酒大省，2018 年有报道说汾阳的清香型白酒的产量占全国的 1/5，高达 20 万千升。

山西省南北长 682 公里，东西宽 385 公里，面积 15.67 万平方公里。纬向上有三个自然分带，从北向南依次为：

（1）温带、暖温带干草原带，包括大同、朔州和晋西北地区，应县的山西梨花春酿酒集团有限公司（以下简称梨花春酒厂）属于这个气候带。

（2）暖温带针叶林、落叶阔叶林带，包括除晋北以外的忻州市，除和顺、左权、榆社以外的晋中市，以及除兴县以外的吕梁市，太原和阳泉，还有大同市的广灵、灵丘和临汾市的永和、大宁、隰县，这个气候带是目前山西白酒的主力产区，最有名的汾酒和六曲香酒都产自这里。

（3）暖温带落叶阔叶林带，包括晋中市的和顺、左权、榆社，长治市和晋城市，除永和、大宁、隰县以外的临汾市，一般归为晋东南和晋南，潞酒就产自这个自然带。这三个纬向自然带又有经向的分区，简单地说就是靠东部一点、靠海近一点就更湿润一点，比如长治盆地的降水就多一些。[①]

在各种气候要素中，我们主要关注气温和降水量这两个参数，这两个参数对酿酒有重要影响，传统酿酒是纯粮固态双边开放式发酵，边糖化、边酒化，靠自然接种制曲，温度和湿度对微生物的种类、数量、活动强度有重要影响，进而会对酒的风味产生重大影响。2020年8月7日至15日，我们团队到山西访酒，从南向北行走，到晋北时就感觉到干燥、凉爽，最高气温只有23℃，我都有点感冒，回到运城，下雨天气温也有29℃，没有那么干燥。人体的感受都这么明显，酿酒微生物更敏感，从南到北，微生物的种类、数量各有不同，酿出来的酒风味肯定也是不同的。

2. 潞酒的工艺特点

潞酒的总体工艺环节，包括制曲、用料等等和汾酒差不多，但在实际考察中，我们发现有三个地方不大一样。

图 5—3—8 潞酒厂的酒海（摄影／李寻）

①吴攀升、王国梁、尹卫霞：《山西地理》，北京师范大学出版社，2017年7月，第81页—第83页。

（1）潞酒的大曲尽管也是低温大曲，但陈香气更重一些，也许由于气候湿润，发酵程度更高，香气比晋中地区的大曲略重。据酒厂方面介绍，他们大曲的用料是大麦和豌豆，大麦 60%，豌豆 40%。以前汾酒厂大曲中大麦是 70%，豌豆 30%，但是现在资料显示也是大麦 60%，豌豆 40%。各个酒厂在不同时期的实际生产过程中调整过豌豆和大麦的比例，目前可能都趋同了。但即便大曲用料比例一样了，我们还是能明显感受到潞酒的曲香和晋中地区酒的曲香略有不同。

（2）工艺上，潞酒厂和麟山酒厂都采用涸缸工艺。所谓涸缸，即在伏季把发酵用的地缸周围埋的土全挖起来，再把清水灌进缸里浸泡一段时间，然后把缸清洗干净，先用清水清洗，再用花椒水清洗，供下一年发酵使用。在晋中地区的酒厂如汾阳市酒厂得到的信息是他们现在已经不用涸缸工艺，而是用地埋的水管辅助控制地缸的环境温度。

（3）工艺上明显的一个不同还在于储酒容器的不同，在陈化老熟的过程中，汾酒厂和晋中地区其他酒厂所用的储酒容器是陶坛，长治潞酒厂的储酒容器有松木酒海，用血料作为内部涂层，每个酒海可以盛酒 5 吨左右，潞酒的香气和陈化老熟的储存容器有密切的关系。

表 5-3-6 潞酒代表产品

酒名	酒精度	容量	价格	图片
潞酒窖藏三十年	45°	500ml	498 元	
唐·潞州 20 年	45°	500ml	488 元	
明潞安府	45°	475ml	128 元	

三、二锅头

1. 产地自然地理条件及历史文化背景

二锅头这个酒名，起源于中国传统白酒蒸馏环节中的一个术语：二锅头。

中国传统白酒的蒸馏器叫甑桶，底下一个灶，灶上面放一个锅，锅上有箅子，在箅子上面放酒粮，最上面有一个类似锅盖，但叫天锅的装置，里面装的是冷却水，酒醅蒸出来的蒸汽在天锅底下冷凝成含酒精的混合液，流出来就是酒。在一次完整的蒸馏过程中，至少两到三次更换冷却水，第一锅冷却水接出来的酒的酒精度在70°以上，叫酒头；这时冷却水被蒸汽蒸热了，冷凝效率下降，要换第二锅冷却水，第二锅冷却水蒸出的酒为主体酒，也叫酒身子，酒精度大概在67°到60°之间，最适合饮用，这段酒就叫"二锅头"，这个"锅"指的是"天锅"，"头"指的是第二次换冷却水的时间；第三锅冷却水以后蒸出来的酒就是酒尾或者酒稍子，酒精度在45°以下，酒液变得浑浊。酒头不仅酒精度高，而且含有甲醇和杂醇油等有害物质比较多，一般不用，以前有的小酒坊直接扔掉了，现在都把酒头也存起来，用作

图 5-3-9 北京红星股份有限公司厂区大门（摄影／李寻）

调香调味酒。酒尾酒精度低，混浊，口感苦涩，也不宜饮用，一般是倒回窖池里再发酵。

二锅头其实是根据冷却水的温度在蒸馏酒时摘取不同馏分的工艺术语，在更精细化的操作里，如山西的汾酒、四川的泸州老窖对馏分区分得更细，采取的是看花分段摘酒，根据酒的泡沫大小、消散速度来判断酒度，有的可以分成八九段，不同酒段的乙醇和微量成分含量都不同，酒的香气口感也不同，按照不同酒段来定酒质。由此看来，二锅头是比较简化的操作方法，用冷却水来判断酒质摘酒的方法比较简单、实用。

1955 年以后，北京的二锅头酒厂的工艺也改了，取消了天锅，改成不锈钢的冷凝管来做冷凝器，二锅头这个概念的物质基础没有了，如今二锅头这个名称已经对应不上现在任何一种酒的工艺。二锅头名称有一定的地域性，不是所有的地方都用这种方法来接酒，也不是所有地方都用这个术语，主要是北京、河北一带的烧酒作坊在清代和民国期间用这种方法和术语。当时没有酒坊以二锅头命名，北京、河北一带把白酒叫做烧酒，北京周边按照方位分为东路烧酒、南路烧酒、北路烧酒，河北是易县烧、沧州烧等等。推测只是在卖酒的时候，酒坊的人给客人强调自己的酒是好酒时，才使用二锅头等工艺术语。

把二锅头这个工艺名称定成酒名，是 1949 年以后的事情，1949 年 1 月，北京和平解放，4 月中央人民政府公布对酒实行专卖，禁止私人酿酒，当时北平市总共有白酒烧坊 44 家，其中市内 28 家，近郊 16 家，日产白酒 3 万市斤，中华人民共和国成立后全部停业，收归国营的北京酒业专卖公司所有。

1949 年，华北酒业专卖公司收编了北京的 12 家烧酒作坊，成立北京酿酒实验厂，按传统工艺生产白酒，并且于当年 10 月 1 号之前生产出第一批国际献礼酒，称为"二锅头酒"，当时使用的商标是红星商标，此商标是日本友人樱井安藏于 1948 年在晋察冀边区设计的。这批国庆献礼酒的产量是 20.5 吨，从此才有了二锅头酒这个名称。此后二锅头酒厂历经变革，先是北京各个区县的酒厂合并成立北京酿酒总厂，各个分厂酿的酒都称之二锅头。在往后的改革中，北京酿酒总厂发展为今天的北京红星股份有限公司，生产的红星牌二锅头酒；顺义县（现顺义区）的酒厂发展成为北京顺鑫农业股份有限公司牛栏山酒厂，生产牛栏山牌二锅头。

进入市场经济之后，各个酒厂喜欢追溯自己古老的历史，红星酒厂把自己的历史追溯到清代乾隆十九年（1680 年）山西人赵存仁、赵存义、赵存礼三兄弟创办的"源升号"酒坊，认为是他们兄弟三人首创了二锅头工艺，但也有别的文献考证来自河北石家庄的某家酒坊。

中国传统白酒在不同地区对同一工艺环节的称呼不一样，二锅头这个名称实际上相当于白酒行业中北京、河北一带的方言，暗示当时这类酒的产地是在北京、河北一带。据史料记载，这一带酿酒的酒商基本上是山西人，但尽管是山西人开的酒坊，所用工艺却并不一定全是山西汾酒的工艺。

现在看来，这一带的酒属于大运河酒系的一部分，北京通州是大运河北端的码头，在历史上是生产烧酒著名的一个聚集区，这一带酒工艺上的特点，和一直到苏北的运河沿岸的酒的工艺特点差不多一样，都是混蒸混烧的老五甑工艺。但当时尽管二锅头酒是混蒸混烧的老五甑工艺，可从1949年发布的新中国第一份白酒专卖公告里，对其风格的描述是气味清香，也就是后来的清香型，此说法并非没有根据，很早人们在习惯上把这一带酒的风格归为清香。[①]

二锅头的清香和汾酒的清香不一样，从产地上看，以红星二锅头所在的产地北京市为例，位置在华北平原，大的气候带上和汾酒所在地汾阳是一个气候带，都属于暖温带，但纬度不一样，北京位于北纬39.9°，平原地区的年平均气温11～13℃，汾阳市位于北纬37.27°左右，平均气温是23.8℃。北京纬度比汾阳高了2.7℃，年平均气温低了10℃左右。但北京的海拔比汾阳市低，汾阳市海拔是750m左右，北京海拔43m，又离海岸线更近，降水比山西汾阳要略微丰沛一些。

由于气温和降水都不一样，所以按照传统工艺生产出来的北京的二锅头酒的香气和山西汾酒不大一样。

现在二锅头有了更多的产地，以红星二锅头为例，有三个生产基地，一是北京，二是天津，三是山西晋中，另外有传言说红星或牛栏山二锅头在四川还有生产基地。

2. 二锅头酒的生产工艺

1950年以后，苏联专家曾经进入过二锅头酒厂，对二锅头后来的发展方向有重要的影响，而且中国第一次品酒会就在红星酒厂的实验室做的评比，红星酒厂对中国白酒的影响非常深远。1952年，著名白酒专家方心芳带领团队在北京红星酒厂搞麸曲发酵实验，1955年推广烟台试点经验之后，北京二锅头完全改成以麸曲和酒母为糖化剂和发酵剂，把小窖、五甑改成大窖、多甑的酿造方法。也就是说，1955年之后，我们喝的二锅头酒已全是麸曲酒，像我这样出生于1960年代的人，是没有喝过1955年前真正用二锅头工艺生产的"气味清香"的大曲二锅头酒的。

二锅头酒现在的品种很多，也有各种工艺，有用大曲生产的大曲清香酒，用麸曲生产的麸曲清香酒，还有大曲、麸曲合用的大麸曲清香酒，另外还有六曲清香酒。目前我们在市场上喝到的各种二锅头酒可能是不同工艺生产出来的，也有可能是各种酒互相勾调出来的。因此，二锅头酒的成品酒和工艺之间的信息尚不清楚，无从详细介绍。

[①]李寻、楚乔：《酒的中国地理——寻访佳酿生成的时空奥秘》，西北大学出版社，2019年6月，第20页—第21页。

表 5-3-7 二锅头酒代表产品

酒名	酒精度	容量	价格	图片
红星二锅头 蓝花二十年	52°	500ml	360 元	
红星二锅头 蓝盒 18	53°	500ml	179 元	
红星二锅头蓝瓶 绵柔 8	53°	750ml	48 元	
红星二锅头 小二白扁瓶	56°	100ml	19 元	
牛栏山 百年陈酿	52°	400ml	129 元	
牛栏山 光瓶陈酿	42°	500ml	14.6 元	

四、宝丰酒

1. 产地自然地理条件和历史文化背景

宝丰酒的酒名也是来源于地名，产自河南省平顶山市宝丰县。宝丰县生产酒的历史比较悠久，秦代就有酿酒的记录，宋代此地酿酒业发达，有史料记载"万家立灶，千村飘香"，这种酿酒的传统一直延续到现代，现在宝丰酒是宝丰酒厂的一个品牌。

宝丰酒厂于 1948 年成立，生产的宝丰清香型大曲酒曾经连续获奖，1979 年第三届全国评酒会上被评为国家名酒，1984 年第四届全国评酒会上荣获国家金质奖章，1989 年第五届全国评酒会又获国家金质奖，是全国 17 大名酒之一，有资料记载，周恩来总理陪同外宾访问河南时，曾点名要喝河南的宝丰酒。

宝丰酒厂原来是国营酒厂，2006 年改制为民营酒厂，目前的资料介绍其产能为 2 万吨，储酒能力是 3 万吨。

宝丰酒厂获奖的酒一直是清香型大曲酒，但一度它也曾经生产过浓香型白酒，现在又恢复到以清香型酒为主体产品。宝丰酒厂在县城里面，处于平原地区，平均海拔在 120 米左右，处于北纬 33°86′，东经 113°5′，和生产汾酒的汾阳杏花村相比，相差了将近三个纬度（杏花村处于北纬 37°19′），地理位置上更靠南，海拔低了 600 多米，年平均气温比杏花村高。按照自然气候带划分的话，宝丰酒厂实际上已经是在秦岭淮河过渡带一带的酒厂。

2. 工艺特点

宝丰酒的主体工艺和汾酒差不多，也是清蒸清烧二次清，用陶瓷地缸发酵，以高粱为主粮，和汾酒不同的是它的制曲原料是大麦、小麦和豌豆，混合制曲而成的低温大曲，多了小麦这种原料。[1]河南是小麦主产区，这也是就地取粮形成的一个传统。

在现代宝丰酒工艺也有改进之处，据沈怡方所著的《白酒生产技术全书》记载，在 1990 年宝丰酒厂应用活性干酵母（TH/AADY）、糖化酶和大曲结合酿造清香酒，在实验上取得了突破。主体工艺按清蒸清烧二次清的工艺酿酒，只是在投料时，把活性干酵母在 40℃、1% 的糖化液中再活化 80 分钟，然后和糖化酶一起加到酒醅中，混匀再入缸发酵，发酵时间为 24 天。通过对比实验，生产中大曲用量减少 25%，节约了粮食，出酒率可以提高 10.22%，酒质基本上还能保持原来的风味质量。这个实验记载说明 1990 年以后，宝丰酒生产里应用了添加活性干酵母和糖化酶的新技术。[2]

---

① 刘景源：《酒典集萃》，中国商业出版社，1996年9月，第120页。
② 沈怡方：《白酒生产技术全书》，中国轻工业出版社，2007年1月，第346页。

图5-3-10 河南宝丰酒业有限公司,该酒厂里供奉的酒神是仪狄（摄影／李寻）

表 5-3-8 宝丰酒代表产品

酒名	酒精度	容量	价格	图片
宝丰国色清香 G1989	54°	600ml	680 元	
宝丰酒国色 清香陈坛 35	50°	500ml	543 元	
宝丰国色 清香 5 年	50°	500ml	118 元	
宝丰酒老会堂	39°	700ml	95 元	
宝丰酒莲花尊	52°	500ml	60 元	
宝丰大曲	50°	500ml	58 元	

图 5-4-1 河北衡水老白干酿酒集团（摄影／胡纲）

第四节
老白干香型白酒

国家标准如是说

老白干香型白酒的国家标准号为 GB/T 20825—2007。

1. 香型定义

以粮谷为原料，以传统固态法发酵、蒸馏、陈酿、勾兑而成的，未添加食用酒精及非白酒发酵产生的呈香呈味物质，具有以乳酸乙酯、乙酸乙酯为主体复合香的白酒。

2. 产品分类

按产品的酒精度分为：

高度酒：酒精度 41%vol ～ 68%vol；

低度酒：酒精度 18%vol ～ 40%vol。

3. 感官要求

表 5-4-1 高度酒感官要求

项目	优级	一级
色泽和外观	无色或微黄，清亮透明，无悬浮物，无沉淀 ª	
香气	醇香清雅，具有乳酸乙酯和乙酸乙酯为主体的自然谐调的复合香气	醇香清雅，具有乳酸乙酯和乙酸乙酯为主体的复合香气
口味	酒体谐调、醇和甘洌、回味较长	酒体谐调、醇和甘洌、回味悠长
风格	具有本品典型的风格	具有本品明显的风格

ª当酒的温度低于10℃时，允许出现白色絮状沉淀物质或失光；10℃以上时应逐渐恢复正常。

表 5-4-2 低度酒感官要求

项目	优级	一级
色泽和外观	无色或微黄，清亮透明，无悬浮物，无沉淀[a]	
香气	醇香清雅，具有乳酸乙酯和乙酸乙酯为主体的自然谐调的复合香气	醇香清雅，具有乳酸乙酯和乙酸乙酯为主体的复合香气
口味	酒体谐调、醇和甘润、回味较长	酒体谐调、醇和甘润、有回味
风格	具有本品典型的风格	具有本品明显的风格

[a] 当酒的温度低于10℃时，允许出现白色絮状沉淀物质或失光；10℃以上时应逐渐恢复正常。

4. 理化要求

表 5-4-3 高度酒理化要求

项目		优级	一级
酒精度 / (%vol)		41 ~ 68	
总酸（以乙酸计）/ (g/L)	≥	0.40	0.30
总酯（以乙酸乙酯计）/ (g/L)	≥	1.20	1.00
乳酸乙酯 / 乙酸乙酯	≥	0.8	
乳酸乙酯 / (g/L)	≥	0.5	0.4
己酸乙酯 / (g/L)	≤	0.03	
固形物 / (g/L)	≤	0.5	

表 5-4-4 低度酒理化要求

项目		优级	一级
酒精度 / (%vol)		18 ~ 40	
总酸（以乙酸计）/ (g/L)	≥	0.30	0.25
总酯（以乙酸乙酯计）/ (g/L)	≥	1.00	0.80
乳酸乙酯 / 乙酸乙酯	≥	0.8	
乳酸乙酯 / (g/L)	≥	0.4	0.3
己酸乙酯 / (g/L)	≤	0.03	
固形物 / (g/L)	≤	0.7	

5. 对国家标准的理解

（1）香型研究及确立为标准的过程。

老白干来自传统上北方对于白酒的一种称呼，这种名称清代就有了。老白干名称中的"老"就指酒龄的时间长，"白"指颜色清澈白净，"干"指酒精度高，燃烧不留水分，酒体有劲的意思。山东、河北、河南、安徽很多地方都习惯把白酒叫老白干，东北地区产的酒也有叫老白干的。

但是老白干作为一个香型出现却是比较晚的事。1989 年 9 月 20 日在中国白酒协会倡导下，全国主要生产老白干型白酒的厂家在天津成立老白干酒协作组，1994 年 5 月 30 日在衡水召开老白干香型协作会议，对挖掘、整理、振兴、恢复老白干香型酒的历史定位制定了攻关课题。经过十多年研究，2004 年老白干香型的部颁标准 QB 2656—2004 发布实施，2007 年国家质量监督检验检疫总局批准公布了老白干香型酒的国家标准 GB/T 20825—2007。

老白干香型国家标准是在 1989 年第五届全国评酒会上确定了全国的十个香型之后，在国家级层面上又确定的第一个新的香型，也是第十一个香型。在此之后，国家又只确定了一个香型，即以酒鬼酒为代表的馥郁香型。

（2）衡水老白干酒

现在生产老白干酒的代表产品是河北衡水老白干酿酒（集团）有限公司生产的老白干酒。衡水老白干酿酒集团现在规模很大，旗下不仅拥有老白干品牌，还拥有湖南常德的武陵酒、山东的孔府家酒、河北的板城烧锅酒、安徽的文王贡酒等多个品牌，浓香型、老白干香型、酱香型的酒都有，被称之为"一树三香"。

在衡水市也有多家其他的中小型酒厂，生产各种品牌的老白干香型的白酒。

在第五届全国评酒会上，哈尔滨市白酒厂的一个酒就叫老白干酒，还获过麸曲清香优质酒的称号。

但现在其他酒厂以老白干香型著称的酒，在全国市场上难以见到。全国市场最知名的就是河北省衡水老白干酒，所以我们关于老白干酒的自然地理条件和生产工艺特征，就以衡水老白干酒厂为代表进行详细介绍。

产地自然地理条件和历史文化背景

一、河北衡水的自然地理条件

衡水老白干酒厂位于河北省衡水市，东经 115°28′～ 115°41′，北纬 37°32′～ 37°41′之间；海拔 18 ～ 20m，年平均气温 13.2℃，年平均降水量是 642mm。

从大的气候带划分来说衡水老白干酒厂位于暖温带，纬度和生产清香型汾酒的山西杏花村镇基本接近，但是衡水更靠东，离海边更近，而且海拔要比生产汾酒的汾阳市低得多，汾阳市海拔是 750 米左右，衡水市海拔是 12 ～ 30 米左右。衡水和山西的汾阳中间隔着一座高大的太行山脉，所以降水量差异比较大。

衡水地势低洼、水系发达，流经的河流有滏阳河、滏阳新河、潴龙河、滹沱河、索泸河、清凉江等等。这个地方属于河北的冲积平原，土地肥沃，物产丰富，生产小麦、玉米、高粱等作物。

这里有一个大的湖泊叫衡水湖，现在湖域的面积有 120 平方公里。深水面积达到 19 平方公里，具有"北方江南"之称。水源主要来自运河、黄河和长江，被誉为"容长江、黄河于一湖"。

我们到衡水湖的时候从网上查资料，说这里的水是"容长江、黄河于一湖"，当时觉得有点夸张。但在 2021 年，河南遭遇了特大的洪涝灾害，郑州新乡卫辉被大规模淹没。这时深入了解了当地区域水文情况，才感觉衡水湖可能真有来自长江水系的水。因为在整个东部地区，长江流域、黄河流域这些水系，在暴雨季洪水泛滥的时候就互相交汇，这种情况在历史上发生过多次。

郑州虽然离黄河很近，但其主要水系属于淮河水系，水流本来要通过淮河进入长江，如果降水太大、宣泄不及，大水就会往北灌，就相当于淮河的水灌到黄河，黄河再向北面的海河流，途经衡水形成淤积，在低洼形成湖泊。

资料记载，公元前602年黄河决口改道，冲刷形成一片洼地，所以也叫"千顷洼"。就是衡水湖的前身，后来多次经过注水，形成今天的衡水湖。

2020年我们到衡水老白干酒厂参观采访，专程游览了衡水湖。那是初秋，湖面浩荡，一进到湖区，数以百计的野生大雁一群群飞起，真是雁阵惊寒，"长空雁叫霜晨月"的意境扑面而来。

由于水系发达，衡水地下水储量丰富，水质清纯、甘甜，硬度极低，永久硬度在0.78mmol/L以下，为酿酒用软水，是酿造酒的最佳用水。[1]

二、大运河区域

由于水系发达，衡水是自元朝以来京杭大运河的必经河段，这也使得酿酒风格有了非常鲜明的大运河酒系的风格，大运河北起北京通州，南到杭州，沿途的北京、河北、山东、苏北、淮北，还有河南的一部分区域，普遍采用老五甑工艺。衡水老白干也是采用了老五甑工艺，只不过它的老五甑工艺更有特点，跟苏北的老五甑工艺有所不同。

主要生产工艺和酒体风格

老白干酒的工艺可以简单地称为混蒸、混烧、老五甑续糟法工艺，这使它区别于山西汾酒的清香型白酒工艺，但它的一部分工艺又跟清香型白酒有点相似，比如它的发酵容器，有一部分就是跟清香酒一样的地缸，下面我们详细介绍。

一、制曲和原料

老白干香型大曲制曲原料为纯小麦，品温在50～58℃，主力曲属于中温曲，要生产调味酒的时候会达到它的极限，会达到55℃或58℃之高，是中温曲中偏高温的曲。

这种大曲和清香型白酒的大曲不一样。清香型白酒大曲原料是大麦和豌豆，品温在50℃以下，属于低温曲。

---

[1] 李大和：《白酒酿造与技术创新》，中国轻工业出版社，2017年8月，第188页。

老白干酒用的酒粮是高粱，目前主要是东北的高粱。辅料是稻壳，高粱要粉碎至 4、6、8 瓣，不能有整粒的粮出现。细度要求：通过 1.2mm 筛孔的细粉占 25%～35%，冬季稍细，夏季稍粗。辅料清蒸，稻壳清蒸 45 分钟以上，以除去异杂味。

二、独特的老五甑工艺

衡水老白干使用的是"老五甑工艺"，但其发酵使用的容器和苏北使用的泥窖又不一样，要理解"老五甑工艺"，得先从标准的"老五甑工艺"讲起。

"老五甑"是中国传统白酒的一种发酵蒸馏工艺，曾经普遍使用于大运河沿岸的京、冀、鲁、豫、苏、皖酒坊，如今主要在江淮浓香型白酒生产中使用（当然也与传统工艺有一定的不同）。其具体流程是：将在窖池中发酵好的酒醅取出后，再混入一部分新粉碎的酒粮，一同上甑锅蒸酒（就是所谓的混蒸混烧）。蒸后的酒醅除最上层的一部分回糟扔掉之外，其他部分再重新放回原窖内发酵，如此反复轮回。酒窖内的酒醅分四层堆放，分别称为大糙、二糙、小糙、回糟。各地叫法略有不同，北京二锅头酒厂把窖池中最上面一层的酒醅称为"回活"（相当于"回糟"），有的酒厂也称之为"扔糟"。一般冬季回糟放在窖底，夏季回糟放在窖顶。酒醅在窖池里分四层堆放，中间以稀疏的竹篦子区分开来。将酒醅从窖池中取出后分别五次放入甑锅内，其中大糙两甑、二糙一甑、小糙一甑、回糟一甑，共五甑。蒸馏后，回糟扔掉。大糙加入一部分新粮后为新的大糙、二糙，二糙再加入一部分新粮后为小糙。（添加新粮就叫"续糙"），小糙为回糟，重新依次分层放入原窖池中进行

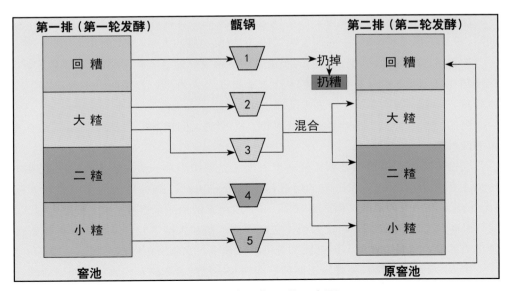

图 5-4-2 老五甑工艺示意图

下一轮发酵、再蒸馏，如此反复。每次只扔掉回糟，余下的仍参与新一轮发酵，是比较节约粮食又便于工人操作的传统发酵蒸馏工艺。大糙、二糙、小糙依蒸煮的时间和掺入新粮比例而分。大糙蒸煮糊化时间约 70 ～ 80 分钟，掺入新粮约 40%，小糙蒸煮时间为 60 ～ 75 分钟，掺入新粮约 20%。老五甑工艺也有人称其为"混蒸混烧、蒸五下四"。

老白干酒的工艺也叫老五甑工艺，但它和前面介绍的经典型的老五甑工艺有所不同，和经典老五甑工艺相同的地方是续糙、混蒸、混烧、分层取酒蒸馏、蒸五甑活。不同的地方是发酵容器不一样，老白干酒是用地缸和小窖池联合发酵。

地缸是用来发酵老白干酒里的大糙酒，主要发酵酒粮，而小窖池是用来发酵"回活"的，所谓"回活"也叫"回糟"，指的就是再发酵一次，最后准备做丢糟处理的那一道酒糟。

每一个生产班组配 35 ～ 40 个地缸，根据回活酒的发酵期不同，再配 7 ～ 10 个水泥发酵池。

发酵池的容积，地缸是以 180 ～ 240L 常见，回活的水泥池是 2m³，也有的厂家用瓷砖贴面的水泥池，容积大一点，8m³ 左右。

总之，它的发酵容器是与甑桶匹配的，每一次能保证装满所有的地缸和发酵池，出池之后再配醅，把五甑活蒸完。

混蒸混烧，我们在前面工艺上已经讲过了，这里再简单重复说一下，酒醅发酵好了出来之后，先摊晾、加水，再配上一部分新粮，一同蒸煮取酒，取完酒之后再拌曲，再回到发酵容器里发酵，这就叫续糙混蒸混烧。

用窖池（包括砖窖和泥窖）的传统老五甑方法是这样的，在发酵池里酒醅分为四层，最底下那层叫小糙，中间那层叫二糙，倒数第三层叫大糙，最上面那一层叫回糟。

在每次蒸酒的时候，把最底层的小糙弄到下轮发酵的最上面一层，把它当做回糟，回糟蒸完之后就扔掉了。所以我们从上文章的工艺图看到，行话叫"蒸五下四"，就是蒸五甑酒，再给窖池里下进去是四层糟。

出的酒是四种酒，叫小糙酒、二糙酒、大糙酒、回糟酒，这是传统老五甑工艺出的四种酒。

老白干香型白酒的工艺要比经典老五甑工艺略微简单一点，因为老白干是用缸作为主体发酵容器的，在出缸的时候，把它分层出缸。缸头最上面那一层，大概 10 ～ 15cm 取出来的酒醅，和缸底 10 ～ 15cm 取出来的酒醅混合在一起，配醅为回活。

缸腰部分的酒醅统一叫做大糙（它就不分二糙和大糙了）。缸腰部分再配新料蒸出来的酒，就是大糙酒，因缸腰部分酒醅比较多，大糙酒可以蒸三甑。

第二种酒叫回活酒，就是缸上面那层面糟和底糟配合起来蒸出来的酒叫回活酒。

第三种酒就是把回活酒蒸完的酒醅，放到专门回活的水泥池里去再发酵，发酵出来之后，再配料蒸馏出来的酒叫烧酒，也可以叫做丢糟酒，这个酒蒸完之后，酒糟就扔掉了，所以它实际上是蒸五甑出三种酒。

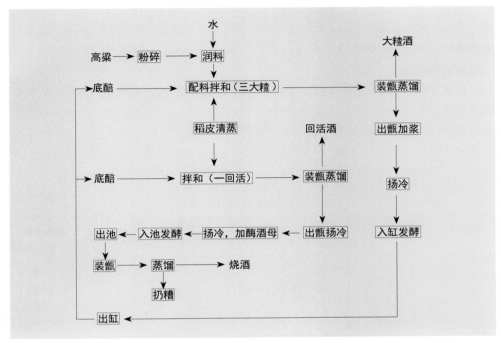

图 5-4-3 老白干老五甑生产工艺流程图[①]

三、发酵过程控制要点

蒸过酒、取过酒、也配好曲的酒粮，再入缸的时候，温度要控制在 15 ～ 22℃左右。

发酵温度也要遵循前缓、中挺、后缓落的原则，前火如果过猛，就会使酵母提前衰老，停止发酵，导致升酸高，产酒少，酒味烈的后果。

入缸后，要在上面铺上一层塑料布，然后盖上麻袋、席子保温。冬天保温有的时候还要再盖上棉被。

老白干酒的发酵时间，在确立香型的时候规定发酵时间是 12 ～ 14 天，在很多关于老白干酒生产工艺的书上都是这么介绍的，但在 2017 年出版的李大和先生编著的《白酒酿造与技术创新》一书中介绍，它们的发酵时间是一个月。2020 年 11 月我们到老白干酒厂参观，酒厂解说员介绍说，现在发酵时间也是一个月，看来他们的发酵时间比以前延长了。

---

①李大和：《白酒酿造与技术创新》，中国轻工业出版社，2017年8月，第185页。

四、蒸馏接酒过程控制要点

1. 上甑

老白干酒的上甑蒸馏过程和汾酒、浓香酒都差不多，都要讲究轻、松、匀、薄、准、平。在酒厂参观的时候，看到他们的十号车间，正在进行现代化的探索和改造，试验用机器人上甑，减少人工劳动的强度。

2. 蒸馏

蒸馏过程要掌握"缓汽蒸馏，大汽追尾""慢流酒、快流梢"的原则。馏酒温度不超过32℃，流酒的速度是5kg/min，酒梢馏尽之后再大汽排酸，放大蒸汽，吊起过汽筒，快速排酸，大汽排酸10～15分钟。

众所周知，在市场上老白干酒是以67%vol的高度酒著称，但实际上出来的也是分成不同馏分的，大致是按照不同的"段"分五个馏分。

表5-4-5 酒度与馏分的关系[1]

馏分序号	起止时间 / min	起止酒度 /%vol	酒液 数量 /kg	酒液 温度 /℃	酒液 酒度 /%vol	酒液外观
1	0—2	75.8	2.0	17.5	70.6	透明
2	2—11	75.8—63.8	15.5	18.0	70.3	透明
3	11—22	63.8—48.1	15.3	18.5	55.9	透明
4	22—32	48.1—26.6	15.0	20.0	37.2	浑浊有油
5	32—43	26.6—0.3	14.3	22.5	18.1	浑浊有油

可以看出来一甑酒中不同馏分的酒精度是不同的。从上表来看，70%vol以上的酒是15.5kg，55%vol以上的15.3kg，通过这两种酒的勾调，调到成品酒的67%vol。梢子酒有一部分参与勾调，有一部分是回窖再来使用。

3. 各类香味物质与馏分的关系

老白干酒蒸馏过程中，香味物质和酒精被一同蒸馏出来。蒸馏出的各类香味物质，在不同的馏分里含量不同。

①甲醇、乙醛：沸点低，相对于酒精的挥发系数 K′>1，富集于酒头。

②甲酸乙酯、乙酸乙酯：相对于酒精的挥发系数 K′>1，富集于酒头。

③杂醇油（以异戊醇为主）：相对于酒精的挥发系数 K′>1，富集于酒头。

④总酯：以乙酸乙酯和乳酸乙酯为主，酒流的前流中含量较高。

⑤总酸：前酒流含量多，中段酒含量较少，酒尾中含量较高。

⑥总醛：在前酒流中含量不断下降，后期略有下降。含量相对变化不大。[2]

---

①②李大和：《白酒酿造与技术创新》，中国轻工业出版社，2017年8月，第191页。

五、调味酒的生产

老白干酒厂也生产专门的调味酒，有一种调味酒是用高温曲和强化曲，这种高温曲的品温在 55℃ ~ 58℃，而且用曲比例比平常要大，发酵时间更长。

六、储存和勾调

老白干酒的国家标准是分成优级和一级，也有资料介绍他们分成三个等级，有优级、一级，还有二级酒。

储存是分级、分型储存的。优级酒、一级酒要用陶坛来储存，二级酒就直接在不锈钢罐里储存。优级酒、一级酒在陶坛储存一年以上之后，再分级并入大罐储存。

前面讲过，老白干酒生产实际上是蒸五甑出三种酒，这三种酒的风味差别比较大，再根据不同的流段馏分，接酒接五种馏分，酒精度不一样，储存的容器时间也不一样，就形成了品种丰富的基酒。

储存的基酒也有十几年、二十几年酒龄的陈年老酒，在勾调的时候，会把不同类型、不同容器，以及不同的糟别、不同年份的酒，根据酒体设计的需要进行勾调。

2007 年前后，在确立老白干香型标准的时候，相关资料介绍老白干酒的一个特点就是发酵时期短，12 ~ 14 天，而储存周期也短，储存 3 ~ 6 个月就可以出厂，50% 左右的出酒率，出酒率也高。但是从现在工艺的发展看来，发酵的时间延长了一倍，储存的时间也大幅度提高了，这可能也是适应市场上对优质白酒需求进行的一些工艺调整。工艺调整之后，酒的品质也可能比当时确定香型的时候有所提高。

七、酒体风格

老白干香型白酒产地大的气候区域跟汾酒有点类似。但实际上局部气候条件不一样，海拔相差很大，降水量、水资源环境不一样，而且工艺、原料也不一样，老白干酒是用小麦做的曲，是中温曲；汾酒是大麦、豌豆制成的低温曲。发酵蒸馏的工艺混糟、混蒸、混烧，跟汾酒也不一样。

酒体的香气特点跟汾酒也不一样，没有汾酒那么高的苹果香气，有的品酒专家说它有一种枣花的香气。

一般的直观感受就是香气比较低，原因可能和酒的乳酸乙酯比乙酸乙酯高有关，乳酸乙酯的挥发性差，所以香气不高。

它采用中温曲，所以略微有一点像浓香型酒的香气，但又不那么强，比苏北、皖北的酒浓香气都要淡。

老白干酒口感清爽、甘洌，可能是暖温带的北方环境起的作用比较大。研究者也发现，老白干酒大曲里面酒精酵母种类比较少，但数量多；产酯酵母种类多，数量少。这是出酒率高、香气复杂的原因。

老白干酒基酒的特点是清、烈、醇、厚、挺。

"清"，是因为用地缸发酵和水泥窖池发酵，整个发酵环境和浓香酒的泥窖是不一样的，很干净，所以酒的香气也比较清香，环境是北方的暖温带的环境，有点像清香酒。

"烈"，是因为主体成品酒是 67%vol 的高度酒，凛冽、有力。

"醇"和"厚"是由于乳酸乙酯部分比较大，酒体醇厚。

"挺"，也是跟酒度比较高有关，这也是高粱酒的一个特点。

微量成分特征

确定老白干香型的时候，正是中国白酒行业运用微量成分分析来解释香型的鼎盛时期，所以可以看到国家标准里对老白干香型的标准规定里面就定义：具有乳酸乙酯、乙酸乙酯为主体的复合香的白酒。

老白干香型的主要酯类就是乙酸乙酯、乳酸乙酯，还有少量的己酸乙酯和丁酸乙酯，以及棕榈酸乙酯等高级脂肪酸乙酯。其中，乳酸乙酯高于乙酸乙酯，乙酸乙酯和乳酸乙酯的比例是 1：（1.5～2），这是和清香型酒不同的地方，清香型酒乳酸乙酯没有这么高。[1]

我们在衡水老白干酒厂参观的时候，看到酒厂有一个非常简明的宣传说：老白干酒醉得慢、醒得快、不上头，最重要一个原因是杂醇油低。据厂方的资料介绍，老白干酒的杂醇油是酱香型酒的 41%、浓香型酒的 35%，而且它的甲醇含量也非常低，只有国家标准的 10%，所以酒的体感舒适。

老白干酒里的醇类物质对风味也有影响，贡献大的是异戊醇和 β-苯乙醇，对老白干香型的香气有一定的作用，我们在品鉴老白干酒的时候，能感受到 β-苯乙醇的那种类似玫瑰花的香气。

老白干香型中还有乙酸-2-苯乙酯，其香气强度是 3.83，也对老白干酒的整体香气有所贡献。

在 2010 年中国白酒 169 计划里，对老白干香型的风味物质的剖析有了一些新的认识，确定老白干香型中关键风味化合物 12 种。并且首次发现老白干香型的特征风味成分——TDMTDL。

2015 年，天津科技大学和老白干集团联合研究，用"顶空固相微萃取——气质联用法分析衡水老白干酒风味物质"检测出来了萜烯类的物质：大马士酮、里哪醇。这两种物质不仅在香气上有所影响，也具有抗炎、抗病毒、抗氧化活性等功能。[2]

---

[1] 余乾伟：《传统白酒酿造技术》，中国轻工业出版社，2018年5月第二版，第311页。
[2] 余乾伟：《传统白酒酿造技术》，中国轻工业出版社，2018年5月第二版，第312页—第313页。

关于白酒风味成分、微量成分和风味之间的关系，对于酒的研究还会继续深入，发现了新的成分，就会有新的解释。

表 5-4-6 衡水老白干代表产品

酒名	酒精度	容量	价格	图片
衡水老白干 1915	67°	500ml	3288 元	
衡水老白干古法二十	67°	500ml	689 元	
衡水老白干古法十五	52°	500ml	419 元	
衡水老白干红五星	67°	500ml	459 元	
衡水老白干大青花	40°	500ml	139 元	

图 5-5-1 山东景芝酒厂入口（摄影／李寻）

第五节
芝麻香型白酒

国家标准如是说

芝麻香型白酒的国家标准号是 GB/T 20824—2007，2006 年通过评审，2007 年发布。

1. 香型定义

芝麻香型白酒是以高粱、小麦（麸皮）等为原料，经传统固态法发酵、蒸馏、陈酿、勾兑而成的，未添加食用酒精及非白酒发酵产生的呈香呈味物质，具有芝麻香型风格的白酒。

2. 感官要求

表 5-5-1　高度酒感官要求

项目	优级	一级
色泽和外观	无色或微黄，清亮透明，无悬浮物，无沉淀[a]	
香气	芝麻香幽雅纯正	芝麻香纯正
口味	醇和细腻，香味谐调，余味悠长	较醇和，余味较长
风格	具有本品典型的风格	具有本品明显的风格

[a] 当酒的温度低于10℃时，允许出现白色絮状沉淀物质或失光。10℃以上时应逐渐恢复正常。

表 5-5-2　低度酒感官要求

项目	优级	一级
色泽和外观	无色或微黄，清亮透明，无悬浮物，无沉淀[a]	
香气	芝麻香较幽雅纯正	有芝麻香
口味	醇和谐调，余味悠长	较醇和，余味较长
风格	具有本品典型的风格	具有本品明显的风格

[a] 当酒的温度低于10℃时，允许出现白色絮状沉淀物质或失光。10℃以上时应逐渐恢复正常。

3. 理化要求

表 5-5-3 高度酒理化要求

项目		优级	一级
酒精度 /（%vol）		41～68	
总酸（以乙酸计）/（g/L）	≥	0.50	0.30
总酯（以乙酸乙酯计）/（g/L）	≥	2.20	1.50
乙酸乙酯 /（g/L）	≥	0.6	0.4
己酸乙酯 /（g/L）		0.10～1.20	
3-甲硫基丙醇 /（mg/L）	≥	0.50	
固形物 /（g/L）	≤	0.7	

表 5-5-4 低度酒理化要求

项目		优级	一级
酒精度 /（%vol）		18～40	
总酸（以乙酸计）/（g/L）	≥	0.40	0.20
总酯（以乙酸乙酯计）/（g/L）	≥	1.80	1.20
乙酸乙酯 /（g/L）	≥	0.5	0.3
己酸乙酯 /（g/L）		0.10～1.00	
3-甲硫基丙醇 /（mg/L）	≥	0.40	
固形物 /（g/L）	≤	0.9	

4. 对国家标准的理解

顾名思义，芝麻香型白酒的香气有一点像炒芝麻的香气。这种香气特征，不是中国传统大曲产生的，而是麸曲出现以后产生的。

1955 年，以麸曲为主要糖化剂的烟台酿酒操作法开始推广。1957 年，著名酿酒专家于树民在山东景芝酒厂的景芝白干酒中发现有点像芝麻的香味。1965 年，著名酿酒专家熊子书也对景芝白干的芝麻香进行了探索。

1985 年，在山东景芝酒厂召开的芝麻香型白酒科研成果评鉴会上，专家们认为景芝酒有别于清香、浓香、酱香三大香型，值得进一步推进发展。在 1989 年第五届全国评酒会上，芝麻香型就单独列出进行评比，但是，景芝酒在第五届全国评酒会上并没有被评为优质酒。

1991 年 10 月在武汉召开了轻工部食品发酵工业研究所和景芝酒厂、白云边酒厂联合进行的"其他香型白酒香味组分剖析"科研项目鉴定会，会上专家组认为芝麻香型可以独立成为一种香型，并且对芝麻香的化学本质从香味成分的量比和工艺的关系以及含氮化合物与芝麻香的关系进行了初步探索。

1995 年成立了芝麻香型白酒技术协作组，着手进行芝麻香型白酒行业标准的起草工作，1995 年 12 月 5 日通过了评审标准（QB/T 2187—1995）。

2006 年 12 月，商务部酒类流通管理办公室和原中国酿酒工业协会联合举行仪式，正式授予山东的景芝神酿酒为中国芝麻香型白酒代表。2006 年通过了国家标准评审，这个标准就是 2007 年公布的芝麻香型白酒标准 GB/T 20824—2007。

2021 年 8 月 20 日，国家市场监督管理总局国家标准化管理委员会发布了《白酒质量要求　第 9 部分：芝麻香型白酒》（GB/T 10781.9—2021），以代替 GB/T 20824—2007，于 2022 年 3 月 1 日实施。新标准中对芝麻香型白酒的定义进行了修改，定义为：以粮谷为主要原料，或配以麸皮，以大曲、麸曲等为糖化发酵剂，经堆积、固态发酵、固态蒸馏、陈酿、勾调而成的，不直接或间接添加食用酒精及非自身发酵产生的呈色呈香呈味物质，具有芝麻香型风格的白酒。理化要求也有一些变化，新标准中加了乳酸乙酯这一指标，高度酒的乳酸乙酯含量要大于等于 0.6g/L，低度酒的乳酸乙酯含量要大于等于 0.3g/L；低度酒的己酸乙酯含量也有变化，从原来的 0.10～1.00 变为 0.1～0.8；新标准中，生产日期小于等于 1 年的产品，理化指标中，仍考察总酸、总酯、乙酸乙酯的含量，且指标没有发生变化，但生产日期大于 1 年的产品，则考察酸酯总量和乙酸乙酯＋乙酸这两个指标的含量，高度酒优级和一级的酸酯总量的指标分别大于等于 38.0 和 25.0（mmol/L），低度酒优级和一级的酸酯总量的指标分别大于等于 28.0 和 20.0（mmol/L），高度酒优级和一级的乙酸乙酯＋乙酸的指标分别大于等于 1.2 和 1.0（g/L），低度酒优级和一级的乙酸乙酯＋乙酸的指标分别大于等于 1.0 和 0.8（g/L）；此外，新标准中去掉了 3-甲硫基丙醇这一指标。

表 5-5-5　高度酒理化要求（GB/T 10781.9—2021）

项目		优级	一级
酒精度 [a]/%vol		40[b]～68	
己酸乙酯 /（g/L）		0.1～1.2	
乳酸乙酯 /（g/L）		≥0.6	
固形物 /（g/L）		≤0.7	
总酸 /（g/L）	产品自生产日期一年内（包括一年）执行的指标	≥0.5	≥0.3
总酯 /（g/L）		≥2.2	≥1.5
乙酸乙酯 /（g/L）		≥0.6	≥0.4
酸酯总量 /（mmol/L）	产品自生产日期大于一年执行的指标	≥38.0	≥25.0
乙酸乙酯＋乙酸 /（g/L）		≥1.2	≥1.0

[a] 酒精度实测值与标签标示值允许差为±1.0%vol。

[b] 不含40%vol。

表 5-5-6 低度酒理化要求（GB/T 10781.9—2021）

项目		优级	一级
酒精度 [a]/%vol		25～40	
己酸乙酯 /（g/L）		0.1～0.8	
乳酸乙酯 /（g/L）		≥0.3	
固形物 /（g/L）		≤0.9	
总酸 /（g/L）	产品自生产日期一年内（包括一年）执行的指标	≥0.4	≥0.2
总酯 /（g/L）		≥1.8	≥1.2
乙酸乙酯 /（g/L）		≥0.5	≥0.3
酸酯总量 /（mmol/L）	产品自生产日期大于一年执行的指标	≥28.0	≥20.0
乙酸乙酯＋乙酸 /（g/L）		≥1.0	≥0.8

[a] 酒精度实测值与标签标示值允许差为±1.0%vol。

产地自然地理条件和历史文化背景

一、芝麻香型来自麸曲实验，是新科学理念下的产物

芝麻香型不是中国传统白酒的风格，它来自麸曲酿酒实验，本来是想突破自然地理条件约束的。前面讲过，麸曲是 1950 年代以后，中国在探索人工培养的纯种菌酿酒的过程中发展起来的。麸曲酿出的酒和传统大曲酒的风味不一样，专家们在比较麸曲酒和传统大曲酒之间的风味时，捕捉到了它有点像芝麻香的特征。麸曲酒的特点是出酒率高，但酒体比较单薄、不谐调。为了达到酒体谐调的目的，各地做了很多实验，将麸曲和大曲结合起来，获得了一部分大曲酒香气复杂、口感饱满的特点。

麸曲酒用人工培养的菌种作为糖化剂和酒化剂，当时认为通过对麸曲酒的推广，可以使白酒对地理环境这种自然条件的依赖度降低。麸曲的功能菌种来自人工培养的纯种菌，如果这个香型的酒获得了市场的认可，就可以使这种酒率先突破地域的局限，向全国推广。

作为麸曲酒实验的结果之一，芝麻香型白酒在全国各地都有推广，目前主要的芝麻香型白酒是山东景芝酒厂生产的景芝神酿酒，这是芝麻香型的代表酒。和景芝酒厂比较近的江苏泰州的梅兰春酒也是一个代表。除此之外，山东的一些其他酒厂，还有河南、四川、东北的一些酒厂也在生产芝麻香型的白酒。但各地生产的酒的工艺和酒体风味都不一样，我个人品鉴过的河南、四川的芝麻香型白酒和山东景芝酒厂的景芝神酿相比，差别还是比较大的。由此可见，作为一种突破自然地理条件对酒体风格约束的试验，目前看来芝麻香型白酒是不成功的，如果它是成功的，那就应该像酒精一样不受地理条件的约束，只要工艺、设备、原料一样，各地都可以生产出风味相同的芝麻香型白酒，但事实是，各地生产出的芝麻香型白酒不仅香气、口感不同，为追求类似的"芝麻香"，还采用了不同的原料和工艺。目前看来，典型的芝麻香型白酒还是集中在山东、苏北一带自然地理、气候条件比较接近的区域。

在进行麸曲酒实验的那个时代（2000 年以前），中国白酒发展的主流思想是想突破自然地理条件的约束，按某种现代科学基础上的技术，包括人工纯种菌的培养和勾调技术等，形成几个有代表性的酒体风格特征，然后按照统一的工艺标准在全国推广，形成规模经济的优势。这是当时的规模化大工业思维支配下的产物。

2000 年以后，白酒界接受了西方葡萄酒发展的最新经验，提出了地方特色产区这一概念。在此基础上，我国也逐渐推出了关于酒类产品的国家地理标志产品保护标准。到目前为止，关于酒类的国家地理标志保护产品标准已经推出了几十项。2008 年，景芝神酿酒也成为国家地理保护标志产品，标准号是 GB/T 22735—2008。这个标准和香型标准不一样，是对景芝神酿酒这个商标的保护，但是这个标准里对产品工艺的说明比香型标准更详细一些。景芝神酿酒的定义是以优质高粱、小麦、麸皮和水为主要原料，并在地理标志产品保护范围内利用传统工艺和现代生物技术相结合生产的芝麻香型白酒。景芝神酿酒用曲是麸曲和大曲混合，大曲是以优质小麦为原料，经粉碎、加水拌料、成型入房，利用保护地域范围内特定的自然菌群培养成的中、高温曲。国家地理标志保护产品标准中，景芝神酿酒的理化指标中当时认为是芝麻香型的主体呈香物质的 3- 甲硫基丙醇的标准比国家芝麻香型白酒标准要略高一点，高度酒的 3- 甲硫基丙醇含量要达到 0.60mg/L，香型标准里的指标为 0.50mg/L。

景芝神酿酒国家地理标志保护产品标准的设立，在某种程度上也说明想突破自然地理条件的约束、把一个香型靠工艺推广到全国是行不通的，所以才有了地理标志保护产品，也就是只有在特定自然地理条件下才能酿出特定风味的酒，标准里的各项具体要求，如"当地自然菌群"就是特定地理条件的一个组成部分，才使这种酒有保护的价值。地理标志保护产品标准的推出，在某种程度上讲，也预示着中国白酒发展进入了另一个阶段，就是放弃用人为的技术手段将白酒的风味统一到某一种风格上，然后实行低成本、规模化的扩大生产的发展思路，改为适应当地的自然地理条件，更多地采用传统工艺，发展独具特色的白酒的新阶段，这是对传统白酒风格的回归。

从科学逻辑上讲，尽管使用了 70% 以上的麸曲（人工纯种菌），但是由于采用的还是开放式的双边发酵这一传统工艺，导致自然地理条件对酒体风格的影响远大于人工纯种菌培养技术的影响。

二、自然地理条件的影响

既然有了地理标志保护产品标准，我们就按照其中的范围，把山东省潍坊市安丘市景芝镇作为生产芝麻香型白酒的一个代表地理条件来介绍和分析。

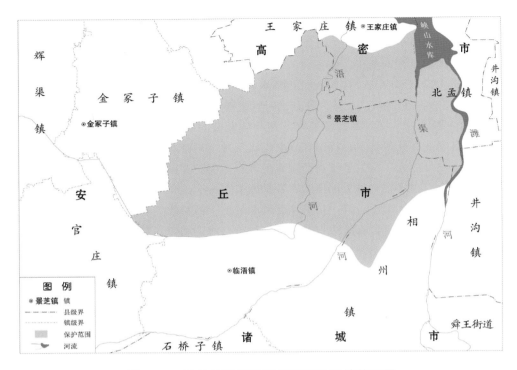

图 5-5-2 景芝神酿酒地理标志产品保护范围图

生产景芝神酿酒的山东景芝酒业集团公司（景芝酒厂），位于山东省潍坊市安丘市景芝镇，地理位置是东经 119°23′～119°27′、北纬 36°18′～36°21′之间，平均海拔 42m，年平均降水量 711mm，年平均气温 21℃。在气候带上属于暖温带，和老白干酒、二锅头酒、汾酒属于同一个气候带。景芝镇的纬度比生产汾酒的山西杏花村和生产衡水老白干的河北衡水市都要略低一点，年平均气温比它们略高。景芝镇的海拔比杏花村低得多，比衡水市略高一点，比它们湿润。

传统上，景芝镇附近生产的白酒和山西的汾酒不大一样，可能和老白干酒略有点接近。在推广麸曲酒之前，处于暖温带气候区的山东生产的白酒总体上被认为是类似后来称为清香型的白酒，有山东清烧之说。景芝酒厂是 1948 年成立的，在此之前，这里的酿酒历史就非常悠久，清代时就大规模酿造蒸馏酒，当时叫景芝高烧，高烧指的是酒精度比较高、类似于衡水老白干那种高度酒。1948 年成立景芝酒厂后，酿的酒就称为景芝白干，景芝白干这款酒现在还有，但是跟当年的酒已经不一样了。

从资料上看，这一带酿酒的发酵容器有的是陶缸，有的是圆形的砖窖。砖窖与传统二锅头的砖窖有点类似，而地埋陶缸又与汾酒相似。山东东部离景芝镇不太远的地方，是大运河沿岸，也是传统白酒聚集带，景芝镇的酒和运河一带的酒在工艺上有比较相近的特征，就是老五甑法。根据这些情况推测，在有麸曲酒之前，传统上山东地区的酒基本上是清香型白酒，主要使用汾酒的清烧工艺，同时也融合了一部分运河酒系里的老五甑混糟分层、蒸馏取酒的工艺。

从自然条件看，景芝镇原来酿的酒应该归于清香型白酒，如果不是采用了麸曲，也不是后来将香型分得那么细的话，景芝镇的酒和老白干酒一样都会被归入清香型白酒。但是景芝镇的酒和汾酒不大一样，因为两者的地理条件相差比较大，可能跟老白干和传统二锅头更接近一点，和苏北、皖北的酒也有点接近。

麸曲酒的工艺是在山东流派的清香型白酒的基础上发展起来的，不管采用哪种具体工艺，北方暖温带地区的各种酒总是有清香型白酒的底子。现在全国其他地方生产的芝麻香型白酒，其实各有地方特色，如四川生产的芝麻香型白酒，如果不特别提醒，就会觉得像浓香型白酒，为了增加芝麻香型的香气特征，四川的芝麻香型白酒原料里加了小米，而山东景芝酒的配料表里并没有见到小米。在四川品尝芝麻香型白酒，在酒厂看到加小米的时候，就觉得那个酒的香气像山东的即墨老酒。山东的即墨老酒是黄酒，是用小米做原料。回过头来再品鉴景芝神酿酒，觉得它的香气也跟即墨老酒的香气有相同的地方。

主要生产工艺和酒体风格

相关酿酒专家将芝麻香型白酒的工艺特点总结为：大麸结合、多微共酵、清蒸续糟、泥底砖窖、三高一长（高氮配料、高温堆积、高温发酵、长期贮存）、精心勾调。[①]

一、用曲

芝麻香型白酒最大的特点就是用曲和大曲酒不同，是麸曲和大曲相结合的酒。麸曲在推广过程中逐渐改为糖化酶，所以用麸曲的酒越来越少。用麸曲作为一个香型的代表酒，就是景芝酒厂的芝麻香型白酒，此外，六曲香酒也是麸曲酒，但六曲香酒没有国家香型标准。

芝麻香型白酒用曲量大，麸曲和大曲结合使用，总用曲量约占酒粮的一半左右，远超过清香型白酒和浓香型白酒（清香型白酒和浓香型白酒用曲大约占20%左右），但比酱香型白酒要少，酱香型白酒用曲和酒粮的比值将近100%。在酒曲里，麸曲占70%以上，不同酒厂大曲占比不同，比如梅兰春酒，大曲占10%，麸曲占90%，[②]景

---

①余乾伟：《传统白酒酿造技术》，中国轻工业出版社，2018年5月第二版，第295页。

②沈怡方：《白酒生产技术全书》，中国轻工业出版社，2007年1月，第415页。

芝酒厂麸曲占 70%，大曲占 30% 左右。

麸曲里有三类菌种，一类是糖化菌种，是人工培养的河内白曲霉菌，培养基是麸皮、酒糟；第二类是酒化菌种，是从茅台酒醅及大曲中分离优选的酵母、细菌 20 多株，包括汉逊酵母 5 株、假丝酵母 4 株、球拟酵母 3 株、酒精酵母 4 株、耐高温芽孢杆菌 6 株；第三类是芽孢杆菌，属细菌类，包括枯草芽孢杆菌、嗜热芽孢杆菌、蜡状芽孢杆菌、地衣芽孢杆菌等，有生香、生酒的作用。[①] 以麸皮、玉米面和鲜酒糟为培养基，固态法培养。

大曲用粮各个地方不太一样，景芝酒厂用的是纯小麦制曲，别的酒厂有用大麦、小麦和豌豆制曲，这和苏北、淮北这一秦岭淮河过渡带上的江淮绵柔派浓香型白酒的制曲原料接近。大曲包括两种曲，一种是中温曲，50 ～ 60℃ 之间，不超过 60℃，另一种是高温曲，60℃ 以上，有资料上说是 62℃ 左右。两种大曲用量多寡不一，大多数情况下高温曲多一点，占 60% ～ 70% 左右，高温曲生香能力强，但出酒率低，所以要加一部分中温曲，增加出酒率，中温曲占 30% ～ 40% 左右。

二、酿酒用粮

资料上介绍，景芝酒厂酿酒配料是高粱占 80%、小麦占 10%、麸皮占 10%。[②] 在河南和四川的酒厂里，有加小米的，有加大米的，不一而论，比例也不一样，如四川有的麸曲酒用粮的比例和五粮液一样。芝麻香型白酒原料的特点是加入了 10% 的麸皮，但麸曲的培养基也是麸皮，这些麸皮也参与了酒体发酵，因此综合下来，麸皮占酿酒原料总量大约 1/3 左右。麸皮和小麦，都是高含氮的原料，所以芝麻香型白酒工艺特点中就有 "高氮配料" 这一特点。

从麸皮约占总用粮的 1/3 可以笼统地说芝麻香型白酒节约了 1/3 的粮食，但它的出酒率不太高，只有 30%，比浓香型白酒和老白干香型白酒低，老白干香型白酒的出酒率大约是 50%。

三、清蒸续糟

前面介绍过，所谓清蒸就是酿酒的粮食不是和已经发酵好的酒醅混着蒸，而是要单独蒸好。将蒸好的酒粮续到已经发酵过一遍、蒸完酒的酒醅里，叫清蒸续糟，然后再入到发酵容器里发酵。

四、泥底砖窖

景芝酒的发酵容器是用红砖砌的窖池，在窖底要铺上 15cm 左右的人工培养的老窖泥，产己酸菌、甲烷菌等窖泥微生物的能力比较强。有些酒厂甚至在砖窖的壁上

---

①②沈怡方：《白酒生产技术全书》，中国轻工业出版社，2007年1月，第398页—第415页。

再挂上一些人工老窖泥，以增加己酸乙酯的生成量。但是景芝酒厂只是在窖底铺了15cm左右的人工窖泥，不在窖壁挂泥。生产梅兰春酒的江苏泰州酒厂用的是水泥窖池，也是泥底的。

五、高温堆积发酵

高温堆积这个工艺环节是从茅台酒等酱香酒学来的，因为芝麻香型白酒大曲里用了一部分高温曲，在制曲的过程中，酵母难以生存，酒化能力弱。酱香型白酒的工艺中就有高温堆积的过程，就是把发酵好的酒醅从窖池里取出来堆在地表，在堆积的过程中，相当于二次制曲，网罗环境中的酵母，在堆积的过程中发酵产酒。

芝麻香型白酒堆积的要求是要堆成方正平坦的坝状，堆高 50 ～ 70cm，视气温高低覆盖草帘，气温低时要盖 48 小时，防止表层失水结块。在堆积的过程中，每天还要用 20%vol ～ 30%vol 的酒尾 10 ～ 15kg 喷酒表面，保持表面的水分，并且视堆温变化，24 小时倒堆一遍。收堆的条件是：温度 25 ～ 28℃，水分 52% ～ 53%，淀粉 20% ～ 25%，酸度 1.5 ～ 2.2。堆积品温要求不穿皮，表面零点菌落，闻到带甜的酒香味为宜。如果温度过高，发酵过老，糟醅烧霉成块，会带来不良气味。

芝麻香型白酒的堆积和酱香型白酒的堆积最高升温都要到 45 ～ 50℃，但有一个区别，就是升温时间不同，芝麻香型白酒十几个小时就到最高温度了，而酱香型白酒要两到三天才能达到最高温度，原因是芝麻香型白酒里有人工培养的生香酵母和河内白曲霉，微生物密集，所以生温速度快。

芝麻香型白酒的一般入池条件为：水分 53% ～ 55%，温度 28 ～ 30℃，但是适合发酵的温度最高能达到 40 ～ 45℃。发酵时间，国家地理标志保护产品标准里面说景芝酒厂是 40 天，但有的专业书上说是 60 ～ 75 天为宜。看来，发酵时间各个酒厂是根据生产环境和产品要求在这个范围内进行灵活选择。

六、蒸馏

芝麻香型白酒的蒸馏环节有点像老五甑，要将窖池里的酒醅分层蒸馏，分段取酒。酒醅分三层蒸馏，底层受人工老窖泥的影响，己酸乙酯含量高，酒质偏浓香；中层酒的乙酸乙酯比较高，酒质偏清香；上层酒的焦香、酱香味略重，酒质偏酱香。酒是按前、中、后分段摘酒，由于芝麻香型白酒的重要呈香物质 3- 甲硫基丙醇高含量存在于酒的后馏分中，所以摘酒时要适当注意酒度。

七、贮存勾调

芝麻香型白酒的新酒和别的香型的白酒一样，不仅糙辣，而且口感欠柔和、醇厚，酒体欠丰满，还带有苦涩味，而且芝麻香不明显，要经过老熟才能得到改善。

芝麻香型白酒的老熟时间比较长，景芝神酿酒的国家地理标志产品保护标准（GB/T 22735—2008）要求 3 年以上，优质酒要 5 年以上。要放在陶坛里老熟。

芝麻香型白酒的变化比较快，也比较明显。在储存过程中，开始阶段变化很快，先是新酒的焦香，焦香很快会消失，之后香气不是很舒服，口感爆辣，再往后才有一定的芝麻香出来，但仍很冲、很爆，之后会感到香气越来越柔和，口感也会变得醇和，香气会更幽雅细腻，因为变化大，所以稳定性不太强，装瓶后相对其他香型白酒而言变化仍较快，表现在乳酸乙酯的水解能出现酸涩和不谐调的感觉。[①]

八、酒体特点

芝麻香型白酒有点清香型白酒的底子，所以能闻到乙酸乙酯的那种水果香气，不像浓香型白酒己酸乙酯味那么浓。当然，酒厂不一样，口感就不一样，南方生产的芝麻香型白酒己酸乙酯就要高一些。芝麻香型白酒的一个突出特点是它有焦香，还有轻微的酱香，焦香和酱香混合，加一点清香，就是通常所说的芝麻香。在口味上有一个明显的特点，就是后味发苦。

九、工艺总结

从发展过程和基本定型的工艺来看，芝麻香型白酒其实是中国传统白酒的清香型、浓香型、酱香型三种香型酒的工艺的结合，同时又结合了人工培养的纯种菌麸曲。国家地理标志产品保护标准里对它的定义是利用传统工艺和现代生物技术相结合生产的，这个描述的含义就在于此。这种酿酒技术，古代是没有的。在山东、苏北，传统上是清蒸续糟和老五甑法相结合的工艺和风格。浓香型白酒 20 世纪 70 年代才在山东出现，第一个浓香型白酒是景阳春。后来接受的人工培养窖泥，是来自于浓香型白酒的工艺，高温曲、高温堆积是来自于酱香型白酒的工艺。将传统三大香型白酒的独特技术融合在一起，同时又有 70% 以上的人工培养的纯种菌的麸曲加入，人工对酒体风格在发酵过程中的干预已经非常大了。但是，生产出来的酒，还是要受地理条件的约束，景芝镇生产的芝麻香型白酒和四川邛崃生产的芝麻香型白酒、东北黑龙江生产的芝麻香型白酒是不一样的。说明只要用开放式的双边发酵工艺，自然地理环境对酒体的影响就是无法摆脱的。

最后，再说明一下，尽管芝麻香型作为国家标准建立了，景芝神酿酒作为国家地理标志产品保护标准也建立了，但是景芝酒在历次全国评酒会上并没有被评为优质酒。当时研发这个酒时，还有一个想法就是要突破传统大曲酒是优质酒这个观念，试图把麸曲和大曲结合的酒也做出跟大曲酒一样的品质，现在看来，这个目标也没有实现。

①余乾伟：《传统白酒酿造技术》，中国轻工业出版社，2018年5月第二版，第301页。

微量成分特征

关于芝麻香型白酒已经做过很多研究，能成为一个香型，当然要有一定的风味化学基础，但是到目前为止，关于芝麻香型白酒的香气成分还是众说不一，在现有的研究设备和水平上，还没有确切的结论。现在认识到的各种风味成分，还有待进一步的分析和讨论，我们现在能介绍的只是现有认识水平上的一些认识。在国家标准里，标示 3- 甲硫基丙醇是该香型白酒的特征成分，但是这个特征成分很难完全说明芝麻香型白酒的香味成分，相关专家指出还有必要进行深入探讨。芝麻香型白酒的香气成分，现在有专家认为是吡嗪类含量比较高，还有呋喃类的物质。芝麻香型白酒的糠醛比浓香型白酒要高，低于浓酱兼香的白云边酒；己酸乙酯没有浓香型白酒高；乙酸乙酯也不是太高。

表 5-5-7 景芝酒厂代表产品

酒名	酒精度	容量	价格	图片
一品景芝 20 年	53°	500ml	898 元	
景芝青花坛原浆酒	62°	1500ml	288 元	
景芝 礼尚	52°	500ml	129 元	
景芝白乾老字号	52°	500ml	32 元	

图 5-6-1 陕西西凤酒厂大门，拍摄于 2011 年（摄影／胡纲）

第六节
凤香型白酒

国家标准如是说

凤香型白酒国家标准的标准号是 GB/T 14867—2007。实际上，关于凤香型白酒的国家标准第一次是 1994 年发布的，2007 年做了些修订。

1. 香型定义

以粮谷为原料，经传统固态法发酵、蒸馏、酒海陈酿、勾兑而成的，未添加食用酒精及非白酒发酵产生的呈香呈味物质，具有乙酸乙酯和己酸乙酯为主的复合香气的白酒。

酒海是凤香型白酒特用的储存容器，国家标准也对其做了规定，指出酒海是用藤条编制成容器，以鸡蛋清等物质配成黏合剂，用白棉布、麻纸裱糊，再以菜油、蜂蜡涂抹内壁，干燥后用于贮酒的容器。

凤香型白酒以酒精度分为高度酒和低度酒，41%vol ～ 68%vol 的是高度酒，18%vol ～ 40%vol 的是低度酒。

2. 感官要求

表 5-6-1 高度酒感官要求

项目	优级	一级
色泽和外观	无色或微黄，清亮透明，无悬浮物，无沉淀[a]	
香气	醇香秀雅，具有乙酸乙酯和己酸乙酯为主的复合香气	醇香纯正，具有乙酸乙酯和己酸乙酯为主的复合香气
口味	醇厚丰满，甘润挺爽，诸味谐调，尾净悠长	醇厚甘润，谐调爽净，余味较长
风格	具有本品典型的风格	具有本品明显的风格

[a]当酒的温度低于10℃时，允许出现白色絮状沉淀物质或失光。10℃以上时应逐渐恢复正常。

表 5-6-2 低度酒感官要求

项目	优级	一级
色泽和外观	无色或微黄，清亮透明，无悬浮物，无沉淀[a]	
香气	醇香秀雅，具有乙酸乙酯和己酸乙酯为主的复合香气	醇香纯正，具有乙酸乙酯和己酸乙酯为主的复合香气
口味	酒体醇厚谐调，绵甜爽净，尾净较长	醇和甘润，谐调，味爽净
风格	具有本品典型的风格	具有本品明显的风格

[a]当酒的温度低于10℃时，允许出现白色絮状沉淀物质或失光。10℃以上时应逐渐恢复正常。

3. 理化要求

表 5-6-3 高度酒理化要求

项目		优级	一级
酒精度 / (%vol)		41～68	
总酸（以乙酸计）/ (g/L)	≥	0.35	0.25
总酯（以乙酸乙酯计）/ (g/L)	≥	1.60	1.40
乙酸乙酯 / (g/L)	≥	0.6	0.4
己酸乙酯 / (g/L)		0.25～1.20	0.20～1.0
固形物 / (g/L)	≤	1.0	

表 5-6-4 低度酒理化要求

项目		优级	一级
酒精度 / (%vol)		18～40	
总酸（以乙酸计）/ (g/L)	≥	0.20	0.15
总酯（以乙酸乙酯计）/ (g/L)	≥	1.00	0.60
乙酸乙酯 / (g/L)	≥	0.4	0.3
己酸乙酯 / (g/L)		0.20～1.0	0.15～0.80
固形物 / (g/L)	≤	0.9	

4. 凤香型的建立及国家标准的形成过程

在行业公认的12个白酒香型名称里，凤香型是第一个以酒厂作为香型名称的。其他香型全是以酒体香气的某种特征来命名的，比如浓香、清香、酱香、米香、豉香、特香、老白干香等等。现在的董香型白酒以前叫药香型，因为酒体有中药的香气，在最早确立香型的时候被划为药香型，后来才改为董香型，以酒厂名作为香型名。凤香型的命名来源于西凤酒厂，西凤酒厂的命名源自西凤酒。

西凤酒的历史悠久。1952年第一届全国评酒会上就和茅台、泸州老窖、汾酒并列为白酒类的四大名酒。1963年第二届全国评酒会上，西凤酒再次被评为全国名酒。1979年第三届全国评酒会上，第一次提出了根据香型标准对白酒进行分类评比的方法，西凤酒被划到清香型里，但是和清香型的代表酒汾酒相比，它的香气又有一些浓香型的风格，从清香型角度来看，它的清香不够纯正，所以在这次评酒会上，西凤酒只被评为优质酒，相当于"银质奖"（"金质奖"是"国家名酒"），也就意味着它从白酒的一线品牌中被踢了出来。西凤酒厂是不满意这种评比结果的。在1984年第四届评酒会上，西凤酒改列入了"其他香型"，按照"其他香型"评比，又被重新评为中国13大名酒之一，1989年第五届全国评酒会上，西凤酒继续获得了全国名酒的称号。

1979年西凤酒被划为清香型白酒在全国评酒会上遭遇挫折后，西凤酒厂就开始谋划要建立自己独立的香型。从1986年起，酒厂开始进行自己独立香型的研究，1987年和1988年，连续两次召开全国性的凤香型酒体特征研讨会，基本上确定了凤香型的酒体风格。

1993年，国家批准了凤香型的国家标准，1994年正式发布，我们目前看到的凤香型国标GB/T 14867—2007是2007年修订之后的。修订主要是增加了术语和定义，以及酒精度的上、下限，将高度酒的上限从1994年版的55°调整到了68°，将低度酒的下限从1994年版的35°调整到18°。在质量划分上将1994年版本的优级、一级、合格三级划分调整为了优级、一级两级划分，相对应的理化指标也有变动。

目前生产凤香型白酒的除了西凤酒厂之外，还有位于凤翔区的柳林酒厂、陈村酒厂等中小型酒厂，位于陕西眉县的太白酒厂，也生产凤香型白酒。

产地自然地理条件和历史文化背景

一、自然地理条件

2004年，国家通过了关于西凤酒的地理标志产品的国家标准GB/T 19508—2004，2007年经过修订重新发布了GB/T 19508—2007。这一标准的保护范围基本上是陕西省宝鸡市凤翔区柳林镇，北纬34°32′14″到北纬34°33′43″，东经107°16′36″到东经107°19′58″。

该区域位于陕西省宝鸡市凤翔区北山前洪积扇的扇裙部位，海拔830m，黄土覆盖厚度百余米，土质属黄绵土类中的壤土，适宜做发酵池和农作物生长，属暖温带半干旱气候，年平均气温11.5℃，年平均降水量600mm，四季光照充足，昼夜温差较大。

该区域和生产汾酒的山西汾阳市杏花村同处于一个大气候区划，但具体小环境的气候条件相差得还比较大。柳林镇的纬度比杏花村低将近3个纬度，直线距离相差近700km，年平均气温、降水量都比杏花村要高一些，该区域实际上受秦岭—淮河气候过渡带的影响更大。

　　秦岭—淮河一线是中国最重要的南北气候过渡带之一。在地图上看是一条线，还原到地理环境的时候是宽达 90 ~ 110km 的过渡带，在不同气候条件下还会出现左右偏移，所以其实际气候变化范围可能还要再宽一些，达二三百公里。从气候方面看，秦岭—淮河是 800mm 等降水量线的界限，其北年降水量小于 800mm，雨季集中而短促，主要在 7、8 月份；其南年降水量大于 800mm，雨季要长得多。其北，1 月平均气温在 0℃以下，冬季一般结冰，寒冷干燥；其南，1 月平均气温在 0℃以上，冬季基本上不结冰，温和少雨。从农业方面看，秦岭淮河以南以水田为主，作物主要是水稻，一年两熟至三熟；其北以旱地为主，作物主要是小麦、谷子，一年一熟或两年三熟。

　　生产西凤酒的凤翔区柳林镇尽管在渭河以北，但也受到秦岭—淮河过渡带气候的影响。在过渡带上分布的酒，从渭河流域一直到淮河，单从酒体风格来看都有相同的特征：既跟过渡带以北的清香型的酒不一样，又跟过渡带以南的浓香型的酒也不一样。在划分香型的时候，曾经有专家提出把这种酒定为兼香型，后来觉得不妥，最后命名为其他香型。但我们觉得兼香型这个术语可能更准确一点，因为它表达出了这一带地兼南北、也香兼南北的自然地理特征。以陕西境内的酒为例，生产凤香型白酒的西凤酒厂在渭河以北的凤翔区柳林镇，同样生产凤香型白酒的太白酒厂在渭河以南的眉县金渠镇，再往东的西安市鄠邑区有龙窝酒厂生产龙窝酒，酒体风格又跟凤香型白酒不一样，酒厂自己命名为清兼香型。

　　从降雨特征来看，气候过渡带秦岭以南年平均降雨量是 800mm，秦岭以北是

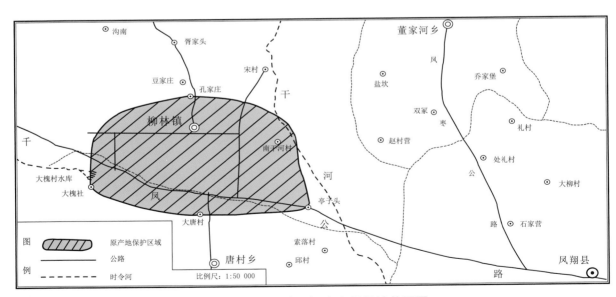

图 5-6-2 西凤酒地理标志产品保护范围图

注：西凤酒地理标志产品保护范围：东经 107°16′36″ ~ 东经 107°19′58″，北纬 34°32′14″ ~ 北纬 34°33′43″。

600mm，但是因为离秦岭不远，柳林镇、金渠镇、鄠邑龙窝村的年降雨量有的时候超过 600mm，和秦岭以南的降雨量接近，但毕竟是在秦岭以北，温差比秦岭以南要大，所以这个地方生产不出像汾酒那么纯正的清香型白酒，也生产不出秦岭以南、四川盆地的那种浓香型白酒。

由于气温、湿度、菌群的种类、活跃性等等都不一样，酒体风格自然就会有差异。所以在某种程度上讲，整个秦岭—淮河过渡带生产的酒，包括江苏的"三沟一河"、安徽的"古井贡"和"口子窖"，无论是工艺还是酒体特点都比较接近，这类香型也可以理解为秦岭—淮河过渡带香型。

二、历史文化传统

西凤酒所在的凤翔岐山一带是中华民族古老文明的发源地之一，周文明就发源于这一带，出土的西周青铜器里有很多酒器存在。西凤酒有文字资料的历史最远可上溯至明代万历年间，据《凤翔县志·酒业》记载，明万历年间（1573—1620），凤翔城关、彪角、柳林、陈村有酒坊 48 家，清宣统二年（1910），西凤酒曾参加南洋劝业会，荣获银质奖，1928 年获中华国际展览会金奖。中华人民共和国成立前夕，有烧酒作坊 80 余家，年产酒 4500 吨[①]。从地理位置上看，西凤酒的产地凤翔区柳林镇位于入川的陈仓道北口附近，陕西的另一地方名酒太白酒的产地位于宝鸡市眉县金渠镇，离入川的褒斜道北口更近，据记载，清代时，金渠、齐镇一带有大小酿酒作坊 30 余家。[②] 从规模上看，凤翔柳林镇、眉县金渠镇的酿酒业在清代已形成规模，明显地受到入川古道的影响，是明清盐道经济的一部分。

从酒业创办人员来看，清代陕西酒业与盐业关系密切，有说西凤酒过去为山西人所经营，至明代万历以后山西客商陆续返籍，转由当地人经营，酒业专家朱梅先生据此推测西凤酒可能是自山西汾酒传来的。我们认为，从工艺上看，西凤酒有其独立的起源，但其投资者和经营者可能是山西的商人。1932 年，山西商人郝晓春与姚秉均在西安南大街粉巷 185 号创立万寿酒店，经营瓶装太白酒，并向当时的陕西省建设厅申请"太白酒"商标注册，可见山西商人在陕西的影响一直持续到民国。[③]

这里牵扯出一个至今尚有待深入研究的问题：山西和陕西商人的关系问题。全国各地多有山陕会馆，说明当时山陕商人是合伙做生意的，但现在的商帮研究史中，对晋商多有研究，对陕商的研究相对薄弱，对于陕商经营什么、规模多大、在全国范围内的分布等研究较少，以致长期以来，陕商被笼罩在晋商的光芒之下。但全国

---

① 李刚、李丹：《陕西酿酒工业的历史变迁》，西北大学学报（自然科学版），2010（5）。
② 张吉焕：《太白酒文化探源》，酿酒科技，2003（1）。
③ 王文清：《汾酒源流：麯水清香》，山西经济出版社，2017年1月，第139页。

各地山陕会馆的"山陕"合称，说明当时陕商的势力并不小，至少可以和晋商并称。众所周知，晋商以经营盐业起家，到陕西来的晋商很可能也是盐商，从到四川、贵州经营酒业的陕西商人来看，陕商也是经营盐业的。据王文清先生的《汾酒源流·麴水清香》记载：清初隶籍陕西镶黄旗的年羹尧为川陕两省总督时，安置陕西来的门生故旧，这些人在酿酒、典当、盐井方面投资的很多，当时四川流行"皇帝开当铺，老陕坐柜台；盐井陕帮开，曲酒陕西来"的民谣。有资料说，四川盐井的投资者中"秦人占十之七八，川人占十之二三"，四川盐城自贡至今尚留有陕西商人的西秦会馆（不是和山西人合办的"山陕会馆"）。有专家研究发现，不只是盐都自贡有陕西商人的会馆，在川、滇、黔盐道上的四川叙永、贵州毕节、云南昭通和会泽等地，均有陕西商人办的会馆"陕西庙"的存在，可见陕西商人影响力之大。[1]当时四川酿酒用的母糟和曲药是从陕西运过去的。有明确的资料记载，泸州老窖酒厂的前身舒聚源酒坊是在陕西略阳做官的舒姓武官从陕西带去酒师、酒曲创办的；剑南春的前身绵竹大曲作坊为清康熙年间陕西三原人开办的大曲酒作坊；全兴大曲为从陕西凤翔府过来的王姓商人创办。另有记载称，清康乾年间（1662—1795），清政府准许"川盐入滇"，陕西商人遂趁机进入川盐运销，把持着从涪州到贵阳的川盐运销业务，而当时的贵州省仁怀县茅台村是川盐运输的水陆码头，川盐经赤水河运转到茅台村，再由茅台村起旱用骡马驮运到贵州各地，所以许多陕西商人聚集于此而成镇，最初叫"商镇"和"盐镇"，有诗描绘当时的情形是"盐走赤水河，秦商聚茅台"。其中陕西商人高绍棠、田荆荣与自贡富商李三畏合办的贩盐商号"协兴隆"总号就设在仁怀县，其子号70余家，分设于从怀仁到贵阳的沿途州县。陕西商人在茅台镇还修筑了华丽的"陕西会馆"，作为商帮办公之地。当时贵州有种地产的"牂牁曲"酒（牂牁，古郡名，西汉置，在今贵州省境内），辛辣难以下咽，"协兴隆"商号的财东高绍棠就回到故乡陕西凤翔柳林镇昌振酒坊，高薪聘请一田姓陕西酒师，携带西凤酒的酿方和工艺技术到了茅台镇，酿造出"茅台烧锅"。当时茅台镇酿制茅台酒的烧坊不下数十处，基本上都是陕西商人投资办的。[2]1939年7月，中国国民经济研究所出版了一套"西南丛书"，其中第二册《贵州经济》记载："在满清咸丰以前，有山西盐商，来到茅台这个地方，仿照汾酒制法，用小麦为曲药，以高粱为原料，酿造一种烧酒，后经陕西盐商宋某、毛某先后改良制法，以茅台为名，特称曰茅台酒。"1947年，贵州省建设厅厅长何缉五编著出版的《十年来贵州经济建设》一书载："黔中业盐者，多为秦晋商人……当时盐商由山西雇来酿酒技工，仿

---

①黄健：《试析川盐运道上西秦会馆（陕西庙）的分布及规模》，盐业史研究，2014 (3)。
②李刚、李丹：《陕西酿酒工业的历史变迁》，西北大学学报（自然科学版），2010 (5)。

汾酒酿造方法，设厂酿酒，用以自奉，并不外售。至咸丰年间，因秦晋商人歇业还乡，即将所设盐号及茅台酒厂，售予本省先贤华桎坞先生继续经营，仍沿用成义酒坊名称。"[1]关于陕西商人在茅台镇的活动，茅台方面是承认的，在其近几年花巨资打造的茅台小镇上，就有"秦商聚茅台，蜀盐走贵州"这样的牌坊。

综合各种史料记载和古迹遗存，陕西盐商曾在川黔一带投资建立酒坊是确定无疑的，同时，也有一部分山西盐商投资建立酒坊，至于山、陕商人各自酒坊的数量，尚未见具体的考证资料，但从"西秦会馆""陕西会馆"的遗存来看，陕西商人要多一些。山陕盐商逐渐退出川、黔盐运业是在清咸丰年间之后，可能和道光年间及以后陶澍、丁宝桢的盐务改革有关，陶澍将"纲盐制"改为"票盐制"，给原来形成垄断之势的盐商以重大打击，打压了一些大盐商，扶持起一批新的小盐商，当时受打击最严重的是两淮的徽商，在中东部地区的陕西盐商也受到打击。光绪三年（1877），丁宝桢任四川总督，也搞了盐政改革，川盐入黔由原来的商运商销变为官运商销，川黔的山陕盐商受到打击，逐渐退出了当地市场，所办酒坊也卖给当地人经营。

山西学者王文清据以上史料认为，山西汾酒技术在陕西发展出了独具特色的陕西白酒，陕西白酒传到四川，又产生了今天的浓香型白酒，茅台酒也是陕西商人在原山西商人引过去的汾酒基础上改进而来的。对此，笔者有不同的看法，陕、川、黔白酒业的财东中有晋商不假，山陕盐商沿古盐道进入川黔后，沿途开办酒坊也是事实，但如果就此推断，在工艺上，陕西西凤酒来自汾酒，茅台、泸州老窖、五粮液来自汾酒或西凤酒，则缺少科学依据，因为这四种酒的工艺与风格相差较大，相互之间没有明显的承继关系，更多的是适合当地气候、采用当地物产、有不同的工艺控制参数的当地酒。史料也表明，陕、川、黔一带原来都有酿酒传统，山陕商人的进入，主要是带来了资金，至于技术方面，带来少量的晋陕酒师也是有可能的，但这些酒师肯定没有原封不动地复制汾酒工艺或西凤酒的工艺，而是入乡随俗，适应当地条件，酿制出了富有当地特色的酒。

主要生产工艺和酒体风格

凤香型酒的生产工艺以西凤酒作为代表来介绍。西凤酒的工艺分别于1956年、1980年、1988年、1997年进行过四次大的改进，进入21世纪后又进行了工艺和产品结构调整。本节涉及的西凤酒工艺源自2015—2021年间各种公开的文献，柳林镇上各个酒厂的实际生产还是有具体细节上的不同。

---

[1]王文清：《汾酒源流：麴水清香》，山西经济出版社，2017年1月，第146页-第147页。

一、制曲

传统西凤酒制曲的原料是大麦和豌豆，配比是大麦 60%、豌豆 40%，和汾酒的清香型大曲原料是一样的。现在西凤酒制曲的配料增加了小麦，各原料配比也做了调整，大麦 60%、小麦 25%、豌豆 15%。西凤酒大曲是中温曲或者中高温曲，顶点温度大多数控制在 58～60℃，而且要维持 3 天以上。制好的曲一般分为槐瓤曲、红心曲、青茬曲和五花曲，主要判断依据是曲坯断面上的颜色不一样。槐瓤曲呈金黄色，红心曲曲心呈红色，青茬曲断面呈菌丝白色、茬口青白，五花曲曲心内有桃红色、金黄色、浅棕色、菌丝的白色、麦子的青色。曲心出现不同的颜色，主要是微生物不大一样，比如红曲霉旺盛就会呈红色，且分布比较广。曲制好之后还要在曲库里陈化三个月以上才能使用，使用时根据具体情况将不同种类的曲块按一定比例混合使用。[①]

二、酿酒用粮及辅料

西凤酒目前用粮是以高粱为主粮，以前有一部分使用的是东北高粱，现在按照国家地理标志产品的标准要求，应该用凤翔附近产的陕西本地高粱。粮食粉碎度以前是 6～8 瓣，现在是 4～6 瓣，略微粗一些。传统的辅料是高粱壳，现在大多数都改成水稻壳，用来调节酒醅疏松度和酸度、温度、淀粉浓度等等，清蒸一个小时以上才能使用。

三、发酵容器

西凤酒的发酵容器是泥窖池。和汾酒用的陶缸不一样，泥窖池做不出来清香型那么干净、纯正的香气。西凤酒的泥窖池和南方浓香型白酒的窖池也不一样，浓香型白酒讲究的是"千年老窖万年糟"，老窖泥才好。西凤酒的窖池每年要更新一次窖池内面的泥层，而且在发酵操作过程中不打黄水，全渗到窖泥里。推测西凤酒不用老窖泥的一个原因是当时的工匠们对酒体风味的偏好导致的，老窖泥用了一年不打黄水，泥臭味是比较重的。不打黄水的好处是有了生长己酸菌的条件，但是如果己酸菌太高，还有丁酸的话，酒就会有泥臭味，为了让酒味干净，所以形成了这种每年更新一次窖壁窖底泥层的传统工艺。通过控制窖泥，把己酸乙酯控制在浓香不露头的程度上。2022 年 4 月，我们走访了同样使用凤香型工艺的陕西眉县太白酒厂，该酒厂的申总告诉我，他们的窖池叫"土窖"，四川的窖池叫"泥窖"，区别在于"土"是没有发酵过的，而泥窖的"窖泥"是经历过发酵的。

---

①李大和：《白酒酿造培训教程》，中国轻工业出版社，2013年9月，第242页—第243页。

四、主要工艺过程

西凤酒的工艺过程很有特点，也比较复杂，有自己独特的术语。大的工艺过程分为六个环节：立窖、破窖、顶窖、圆窖、插窖、挑窖。一年是一个大的生产周期，采用续糟配料混烧的酿酒工艺，每年从九月份开始投粮立窖生产，到次年的七月份挑窖扔糟停产，七月下旬到九月上旬停产期间维修窖池、更换窖泥。

这个流程讲起来是比较复杂的，沈怡方先生在《白酒生产技术全书》里列了一个表，把这个过程简要地描述出来，比较清晰，见图5-6-3[1]。我们在介绍每一个环节的具体操作方法的时候，读者可以参照该图对比不同环节的操作情况。

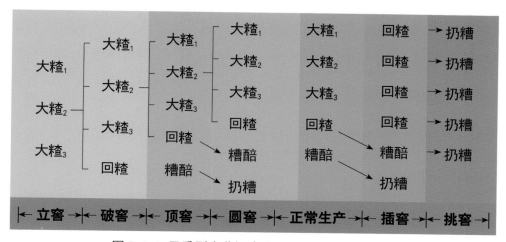

图 5-6-3 凤香型大曲酒窖内发酵酒醅的增减情况

1. 立窖

立窖就是在每年的生产周期中第一次开始生产投料，也叫第1排生产，有些地方的酒厂也叫做立排。一般是每年的九月份开始立窖。每个生产班组投料1000kg，再拌入清蒸好的高粱壳150kg，然后加入 50 ～ 60℃ 的清水 1000 ～ 1100kg，拌匀之后堆积润料24小时，使水分充分浸透粮粉，用手搓即可成面，无异味。这些料可以分三甑来蒸，每甑蒸 60 ～ 90 分钟，质量要达到熟而不粘。出甑之后分别加梯度开水泼量，第一甑泼开水 170 ～ 235kg，第二甑泼开水 205 ～ 275kg，第三甑 230 ～ 315kg，然后在摊晾台扬晾，扬晾之后拌上大曲粉，第一甑拌 68.5kg，第二甑拌 65kg，第三甑拌 61.5kg。入窖前窖底撒大曲粉 4.5kg，入窖后用泥封窖，泥厚在 1cm以上。入窖24小时窖内发酵放出的二氧化碳可能冲破窖皮泥，48小时窖皮泥鼓起，

---

[1]沈怡方：《白酒生产技术全书》，中国轻工业出版社，2007年1月，第349页。

有时还会形成吹口，此时注意清窖的管理。入窖 14 天左右出窖。[1]

立窖就是蒸粮的过程，不出酒，跟清香型酒的大糙蒸粮是一样的，和酱香型茅台酒的第一个生产环节"下沙"也类似。这种生产方法和四川的浓香酒还有江淮的老五甑法都不一样，他们是连续生产的，每一轮蒸酒都加上新粮，粮食和酒醅混合在一起，每次蒸都能出酒。西凤酒每年一个生产周期，从头开始，第一次只蒸粮不出酒。

2. 破窖

破窖是第二个生产环节，也称第二排生产，是第一次出酒的过程。立窖时入窖的酒粮发酵 14 天以后出窖，出窖的酒醅由于发酵体积缩小，需要拌入新的高粱粉 900kg 和适量的稻壳，拌匀后分成四甑开始蒸酒，其中三甑是粮糙，还有一甑是回糙。出酒后回糙和粮糙是分开的。回糙少加或不加水，加曲 42.5kg，加曲的温度比较高，26 ～ 30℃左右。另外三甑粮糙蒸完之后要加水，每一甑的量都不一样，比如第二甑加水 90 ～ 180kg、大曲粉 42.5kg，第三甑加水 108 ～ 200kg、大曲粉 45kg，第四甑加水 126 ～ 240kg、大曲粉 40kg。

四甑全要摘酒，摘的酒为破窖酒。摘完酒之后所有酒醅再蒸一个小时，把新加的粮粉蒸透，摊晾后拌好曲下到窖池里进行第二轮发酵。粮糙放在下面，回糙放在最上面，也叫插糠，三层粮糙和回糙之间用竹篦隔开。封窖后发酵 14 天以后进入下一个阶段。

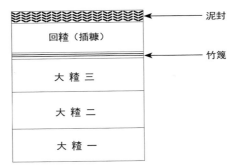

图 5-6-4 西凤酒"破窖"环节窖池填充图[2]

3. 顶窖

顶窖也叫第三排生产，把破窖环节已经下到窖池里发酵好的酒醅再挖出来，回糙单独蒸馏，三甑粮糙再分成四份，其中 1/4 只加辅料作为新的回糙，剩下的 3/4 加入新粮和辅料，继续分成四甑进行混蒸混烧。也就是把破窖时入窖池的四甑糙变

①余乾伟：《传统白酒酿造技术》，中国轻工业出版社，2018年5月第二版，第247页。
②李大和：《白酒酿造培训教程》，中国轻工业出版社，2013年9月，第306页。

成了五甑的过程，上一轮的回糟这轮蒸完之后再加 20kg 左右的曲，作为下一轮发酵的糟醅也下进去。

顶窖阶段蒸馏出的酒叫顶窖酒，是作为重要的调味酒来使用的。蒸完酒之后混了新粮的粮糟再蒸一个小时，把粮蒸透后继续使用。

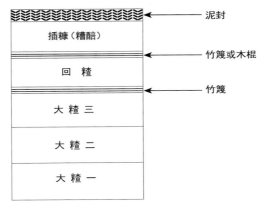

图 5-6-5 西凤酒"顶窖"环节窖池填充图

4. 圆窖

圆窖是第四排生产，也叫圆排。圆就是圆满的意思，表示进入了正常发酵阶段。在整个圆窖阶段要生产若干排，到结束生产时才进入下一个阶段。圆窖生产是西凤酒生产的一个基本形态。

把在顶窖过程中下窖的插糠挖出来，取酒之后丢掉。第二层回糟蒸酒之后不再加新粮，摊晾之后加曲，作为下一轮的插糠。剩下三甑的粮糟还是分成四份，其中1/4 单独蒸酒，蒸酒之后只加曲，作为下排发酵的回糟。另外 3/4 再加入 900kg 新的高粱粉，做成三甑新的大糟，取酒之后摊晾拌曲，再下窖发酵。圆窖阶段要蒸六甑酒。一甑是插糠酒，一甑是回糟酒，一甑是新的准备做回糟的酒，还有三甑是粮糟酒。

从圆窖阶段就进入了正常的生产阶段。如果按照 14 天一个生产周期的话，5 个月可以生产 10 排。现在西凤酒的发酵时间有的延长到一个月，如果按一个月的发酵周期，5 个月可以生产 5 排。实际生产多少排要根据天气和对酒体的要求来决定。

圆窖环节生产的酒都叫圆窖酒。

5. 插窖

插窖是全年的倒数第二排生产。一般是在每年的五月份，夏季炎热天气到来之前，这个时候酒醅容易酸败，出酒率明显下降，行话称为"掉排"，应该准备停产了。插窖时把圆窖生产时的酒醅全部按照回糟处理，分六甑蒸酒，全变成糟醅，不再加新粮，除了丢糟的糟醅之外，其他五甑下窖，总共再加入 125kg 大曲粉和

150～225kg 水。

插窖阶段蒸出来的酒叫插窖酒。

6. 挑窖

挑窖是全年的最后一排生产。把发酵好的糟醅全部取出来入甑蒸馏，蒸馏的时候只加辅料，蒸馏后的糟醅全部作为丢糟处理，到此整个一年的大生产周期就结束了。

西凤酒在各个环节蒸馏出来的酒的酒体特征也不一样，详细情况见表 5-6-5[1]。

表 5-6-5 凤香型白酒各特殊工艺期内所产新酒感官特点

工艺期	感官评语
破窖	闻之有明显的新酒臭和典型的杂醇油味，口味欠谐调
顶窖	有明显的新酒味，醇厚丰满，但稍欠谐调
圆窖	凤型风格很典型，甘润挺爽，诸味谐调
插窖	酒体较净，有凤型风格，回味较长
挑窖	绵顺、柔和、尾净、回味悠长

五、蒸馏接酒的工艺

西凤酒蒸馏出酒的温度是中低温馏酒，馏酒温度在 20～25℃，也有的资料说是 27～32℃。摘酒的酒度一般是 65°，和其他酒一样要掐头去尾。西凤酒的传统摘酒和看酒花的工具比较复杂，包括花壶、花苞、疙瘩、丫丫，具体摘酒流程如下：

（1）首先摘酒头：由于酒头酒度较高、低沸点物质含量高，所以要单独摘取，一般酒头 3～5L。[2]

（2）控制好馏酒温度，用丫丫舀取刚流出的酒，观察泡沫，酒度高时，酒花比较大，随着酒度的降低，泡沫越来越小，泡沫的直径逐步缩小，当泡沫重新回到大泡沫时，说明水花出来了，再接取两笼酒稍，以便于再次分离提取酒精。

（3）掐头去尾：意思是摘酒时先选取酒度较高的酒头另外储存，酒尾酸度高、乳酸乙酯含量也高，要及时截取，不得无限度放入正常摘取的酒中。

（4）摘酒看度法：

摘取 65%vol 酒看度法：用疙瘩在酒笼中取混合均匀的原度酒三壶，再取一壶自来水，都倒入花壶中，充分摇晃混合，左手拿花壶，右手高举花壶 40～50cm，使花壶中的酒呈抛物线状流入花苞中，观察泡沫大小。

摘取 60%vol 酒看度法：用疙瘩在酒笼中取混合均匀的原度酒四壶，再取一壶自

---

①贾智勇：《中国白酒品评宝典》，化学工艺出版社，2018年9月，第131页。
②李大和：《白酒酿造培训教程》，中国轻工业出版社，2013年9月，第310页。

来水，都倒入混酒器，充分摇晃混合，左手拿花苞，右手高举花壶40～50cm，使花壶中的酒呈抛物线状流入花苞中，观察泡沫大小。

如果酒花（泡沫）很大，快速消失，说明酒精度不够标准，需要加入前馏分；若酒花较大，消失慢，说明酒度高，可以多加后馏分。

摘酒看度法是利用酒的表面张力比水的表面张力大的原理，经过长期观察总结出的简便判断酒度的方法。手艺好的酿酒技师，对酒精度的掌握可以控制到半度以内。

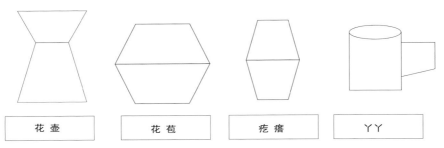

图5-6-6 西凤酒摘酒容器示意图

六、储存勾调

西凤酒的储酒容器是藤条编制的酒海，容积比较大，酒海的制备如下：

1. 藤条的选择

在陕西秦岭山区，盛产一种叫度儿条的藤条，枝干较细，弹性好，韧性也好，是编织大酒海的绝佳材料。

2. 备料

藤条：选择木质细而软、光滑、无虫蛀、 韧性好的新鲜度儿条，直径10mm左右，粗细一致，长一米以上。

麻纸：要求薄厚一致，颜色一致、清亮、无重页、无杂质的纸张。

血料：新鲜的猪血，备用。

3. 浸泡

将较粗的藤条和细条分开存放，粗条用刀划开，分成2～3个，然后10～20kg一捆，浸入水中，浸泡24h以上。将竹子破成与藤条相当的竹篾，刮去毛刺，打捆，浸入水中24h以上。

4. 编制

打底：首先将备好的竹篾截成3m左右，五个一排，顺20排左右，横30排左右，交错编织成边长为5～6cm的方块状，排的时候注意酒海底部大小，为4～5m²，酒海底部编好后，要进行严格测量，保证底面积大小，当底部密实、均匀、大小合适时，就可以编织侧面了。

编织柱体：用 8 ～ 10 根藤条插住底面，并编织为一体，使编织体的方向与底面垂直，当过渡层达到 10cm 以上时，基本使竹篾与藤条交接完毕，在四个角分别用竹竿架住，至 18 ～ 20cm 时开始交叉，每三根藤条为一组编织，当高度达 25 ～ 30cm 以上时，再打交叉，如此反复共交叉 6 ～ 7 次。

每编织 5 ～ 8cm，用木棍轻打四周，使编织条密实、规范。当编织到 2m 左右时，开始收口，留口沿 10cm 左右，口径 60 ～ 75cm，最后使酒海高度达到 2 ～ 2.2m，容积可以达到 5.5 ～ 6.0t。

5. 整形

编织完成后，用洒水壶在酒海上方洒水，使整个酒海湿润。编织师傅进入酒海内部，用竹刀将高低不平、长短不一的藤条和竹条头截掉。

用麻绳将酒海四周上下左右绑起来，再用木棍将酒海整形成规范的形状，再次截掉内外高低不平、长短不一的藤条头，准备裱糊。

6. 裱糊

制胶：将已经有些凝固的猪血放在一个大盆内，用干净的稻草使劲搓揉，使猪血成液体状，仔细过滤，加入 0.5% ～ 0.9% 的石灰粉末（冬天较多，夏天较少），再加入特制秘方材料，充分搅拌，每隔一刻钟左右搅拌一次，使其成胶水状。若胶质过硬，在搅拌时适当加入 10% ～ 30% 的水，再搅拌直至成胶。

填充：用新鲜豆腐填充酒海内部的缝隙，使内壁基本平整。

制裱糊纸：在一块木板上，将麻纸两张叠加放置，在上面刷上血胶，然后再叠加上一张裱糊，三张粘在一起，然后再在表面涂上血胶，开始在填充好豆腐的内壁粘上麻纸，用松软的柔性板（如软塑料或透明橡胶）压实麻纸，使每张麻纸完全贴实，麻纸接着要错开搭压，整个裱糊完成后，待干燥，然后再裱糊第二大层。第一大层完成后要用刷子使劲刷内壁，即使有的纸有一些破损也不要紧。裱糊到 10 层以上时，用纯白棉布裱糊一层，以后裱糊的麻纸先要用钉刷使劲刷 20 ～ 30 余下，再用毛刷刷 30 多下，使每一层密实、贴紧，干燥后敲打不能有吱吱声，否则要返工。到第 20 层、30 层、40 层时分别用白棉布裱糊，裱糊时，将白棉布剪成和麻纸同样大小、错开裱糊。裱糊到 45 层左右时，用两张麻纸夹一层白棉布裱糊，当裱糊到 50 层以上时，在血胶中要加入鸡蛋清，每 1kg 血料要加蛋清 0.2kg 以上。总共裱糊约 50 层以上，其中麻纸 120 ～ 130 张，白棉布 20 层。

内壁处理：待裱糊层完全干燥后，内表面涂满鸡蛋清，然后再涂上血胶，共三次。完全干燥后，将菜籽油和蜂蜡按照 8∶3 的比例，先将菜籽油加热，然后放入蜂蜡，融化后，用净的白棉布在内壁涂三次，风干后基本就可以使用了。

图 5-6-7 陕西西凤酒厂特有的荆条酒海（摄影／李寻）

7. 酒海安置

一般在哪个库房放酒海，就在哪个库房就近加工，由于酒海比较软，不宜经常挪动，通常是按照酒海底部大小，搭好底座，在四周和中间用砖块围成正方形，垫高 20～30cm，在上面放置厚 3～5cm 的木板，然后在木板上垫一层 2～3cm 厚的稻草糠或米糠，将酒海小心地放在上面。

8. 固定

酒海壁受力有限，所以要在四周用原木做一个固定支架将酒海围起来，至少要有三层横板连接。现在也有用薄铁板裁成条状，沿周长方向围起，再将铁条与支架连接起来，支架一般用原木较好。

9. 首次注酒

首次注酒比较危险，一般分三次注酒，第一次，在其中装 1/3 的白酒，第二次 1/3，第三次 1/3，分三次的目的是为了不使酒海变形扩张，从而导致受力不均。注满酒以后，用六张麻纸，三张一裱糊，分两层糊住酒海口，封紧。最后在麻纸封口上盖上小棉被和防油布或草盖。

草盖：是用稻草或麦草编织而成的圆形的草垫，厚 5～10cm，直径 30～70cm。[1]

酒海有大有小，常见的 5～8 吨，小的几百公斤。酒海能储酒的原理是酒精和

①李大和：《白酒酿造培训教程》，中国轻工业出版社，2013年9月，第314页—第315页。

涂料之间有一定的化学反应，形成一种盐类半渗透蛋白膜，只能装高度酒，如果酒精度低于30%vol，酒就漏了，加水也会漏，是传统工艺中很奇妙的一种容器。

实验数据显示，酒海储存的酒随着储存期的延长，总酸、总醛都有比较明显的下降，而陶缸储酒却基本不变。总酸下降可能跟酒海涂料里面含石灰粉有关。从感官品尝结果来看，在常温下储酒，时间短的时候，陶缸酒酒质要优于酒海，但储存17个月则反之。在酒海里储存有利于酒的老熟，而且会使酒的颜色变得微黄，形成特有的一种风味，有点像苦杏仁的香气，俗称海子味。微量成分的研究发现，凤香型白酒香气成分里的乙酸羟胺、丙酸羟胺等化合物，有可能是在酒海涂料中浸取形成的。

酒海储存还有两个好处，一个是损耗率比较低，一个是占用库房面积较少。酒海储酒的年均损耗率大概是2%～3%。根据有关酒厂的报道，陶坛的损耗率是3%～9%。而且一吨酒占用库房的面积，酒海要比陶坛少。[1]

由于在酒海中储藏时间长了会出现杂味，所以西凤酒现在做了调整，先在酒海储存一段时间，之后再转到陶坛中储存。按照国家标准上描述的工艺，西凤酒要储存三年以上才能作为成品酒出厂。

综上，西凤酒总共蒸六次，出五轮酒，其中圆排酒（也叫圆窖酒）持续生产5～7个月，至少要出5排的酒，生产过程跨越了冬春两个季节，不同季节的酒酒体风格也不大一样。

圆窖酒是有典型凤香特征的原酒，基本上作为勾调时的骨架酒或者大宗酒使用，而破窖、顶窖、插窖、挑窖环节生产的酒，做调味酒使用。近十年来，西凤酒厂还积极创新，生产了各种调味酒，比如引入浓香型的双轮底发酵工艺做的调味酒，把原来单一高粱改为高粱、大米、糯米、小麦等多种原料混合生产的调味酒。由于基酒和调味酒的种类众多，给后期勾调提供了更加丰富的基础酒。

七、酒体风格

西凤酒的主体风味特征是"醇香秀雅、甘润挺爽、诸味谐调、尾净悠长"。一些品酒专家对于凤香型白酒的评价更具体一些，如龚文昌先生评价西凤酒"醇高酸低、酯香适中，口感浓挺而不暴，收口爽利而不涩。闻香芬芳而不酽，口味浓厚，硬而不暴"[2]。注意这里评价，"硬而不暴"说明它的口感与浓香型的川酒相比是偏硬的。另外一位专家评价西凤酒"清而不淡，浓而不艳，酸、甜、苦、辣、香，五味俱全"[3]。

①沈怡方：《白酒生产技术全书》，中国轻工业出版社，2007年1月，第353页-第355页。
②③徐少华：《西凤酒论》，酿酒，1993年（3）（4）（5）。

西凤酒特别重要的风味特点就是有"海子味"。西凤酒陈化老熟的储酒装置是"酒海"，酒体在陈化老熟的过程中会沾染上"酒海"的味道，这一风味术语称之为"海子味"，有点像苦杏仁的香气，也有的文献上说有点像蜂蜜的香气。

清而不淡，浓而不艳，酸、甜、苦、辣、香五味齐全，硬而不暴、挺爽甘润，有"海子味"，这些具体的风味特征把凤香型与清香型白酒和浓香型白酒明显地区分开来。

八、对西凤酒工艺的评论

关于西凤酒的生产工艺，相信读者们在阅读上文有关叙述的时候是比较费劲的，因为工艺环节多，且术语为其独有。从操作上来看，西凤酒比清香型、浓香型以及"老五甑法"的酒都要复杂。立窖、破窖、顶窖这三个阶段是其他酒里没有的，进入圆窖阶段和"老五甑法"、浓香型工艺有点像，到了挑窖阶段又像清香型的酒，插窖阶段有点像酱香型白酒的糙沙环节。论复杂程度，跟酱香型酒差不多，比浓酱兼香型的酒工艺环节稍微少一点。

按照茅台酱香型白酒"轮次酒"的概念，西凤酒其实也是多轮次酒，在五个大的工艺环节出的酒不一样，在圆窖环节里，生产有若干排，不同排的酒也不一样。如果按照茅台轮次酒的概念，西凤酒的轮次酒可能更多一些。轮次酒多，可参与勾调的基础酒就多，除了形成典型的凤香型白酒之外，还可以形成更多的风格。随着产品的进一步细化，以及市场的差异化，西凤酒未来还会发展出更多的新产品。

微量成分特征

西凤酒的微量成分以及主体的呈香呈味物质一直在不断深化的研究中。沈怡方先生2007年出版的《白酒生产技术全书》根据当时的色谱仪分析，确定它有100种微量成分。初步提出了西凤酒香气成分的特征，为当时成立凤香型酒提供了科学依据。我们把当时的资料摘要如下：

在1979年全国第三届评酒会上，对西凤酒提出了究竟是什么香型的问题。会后由陕西省轻工业科学研究所和西凤酒厂共同对西凤酒的香气成分作了剖析，进行了大量的科学研究工作。经过近10年的努力，应用气相色谱、高压液相色谱仪，共分离出了近300种化合物，应用质谱、红外光谱、核磁共振仪等先进分析仪器鉴定，确认了100种微量成分，初步清楚了西凤酒香气成分的特征，为自立凤香型提供了科学的依据。

研究结果表明：

（1）西凤酒的总酯含量较低，一般为1.60～2.80g/L，为汾酒的65%左右，泸州特曲的40%左右。其中已检出28种酯类。

（2）乙酸乙酯的含量为 0.8 ～ 1.6g/L。接近浓香型酒，但只有清香型酒的 50% 左右。

（3）己酸乙酯含量为 0.1 ～ 0.5g/L。若己酸乙酯低于 0.1g/L，则口感显得偏清香；但超过 0.5g/L 时，浓香味又会出头。这是西凤酒区别于清香型酒和浓香型酒的重要指标之一。

（4）丁酸乙酯含量为 0.032 ～ 0.085g/L。高于清香型酒的 0.01g/L 以下含量，低于浓香型酒的 0.1g/L 以上的含量。

（5）乳酸乙酯含量为 0.80 ～ 1.0g/L。酸和酯有相对应的关系。高级醇含量比清香及浓香型酒都高，而总酯含量又较低，因此其醇酯比值就较大。在西凤酒中还检出了 6 种酚类、4 种吡嗪化合物。首次发现了丙酸羟胺和乙酸羟胺的特征性成分。在已经定量的 82 种微量香气成分中，有 44 种含量介于清香型和浓香型酒之间，占53.7%。某些主要香气成分对照，见表 5-6-6、表 5-6-7。[①]

表 5-6-6 西凤酒某些主要香气成分对比

单位：g/L

项目\酒别	乙酸乙酯	己酸乙酯	丁酸乙酯	乳酸乙酯	正丁醇	异戊醇	异丁醇	正丙醇	己酸	丁酸
西凤酒	1.18	0.26	0.07	0.90	0.21	0.52	0.21	0.22	0.09	0.10
汾酒	3.06	0.07	0.01	1.33	0.01	0.39	0.14	0.12	0.002	0.009
泸州特曲酒	1.70	2.20	0.26	1.54	0.06	0.28	0.10	0.14	0.35	0.14

表 5-6-7 不同香型酒的醇酯比值表

单位：g/L

项目\酒别	西凤酒	汾酒	泸州特曲酒
总酯	2.30	4.00	5.68
总醇	1.27	0.73	0.76
总酯／总醇	1：0.55	1：0.18	1：0.13

西凤酒的主要香气成分组成是与其生产工艺密切相关的。对西凤酒微量香气成分的研究，使人们加深了对其生产工艺的科学认识。发酵期短使其产品酯含量较低，乳酸乙酯也较少。发酵容器采用土窖但又有别于浓香型酒的"百年"泥窖。每年更换一次窖内壁及底的泥土，控制了栖息在泥土中的梭状芽孢杆菌、己酸菌的作用，使产品中含有一定量的己酸乙酯，而具有己酸乙酯含量比清香型酒多得多，比浓香型酒少得多的特色。采用传统酒海容器贮存，酒经长期存放，必然与其内壁涂料产

①沈怡方：《白酒生产技术全书》，中国轻工业出版社，2007年1月，第351页。

生化学作用而出现了乙酸羟胺、丙酸羟胺等特征性成分。它们易溶于水，沸点较高，导致产品中固形物含量也较高。

当时的色谱分析总共分析了300多种化合物，如果用现在的色谱分析技术的话，西凤酒里面恐怕有上千种化合物，又会有新的认识，关于这些微量成分的认识也会有新的发展。

表 5-6-8 西凤酒代表产品

酒名	酒精度	容量	价格	图片
红西凤	52°	500ml	1499 元	
西凤 15 年陈酿	45°	500ml	308 元	
华山论剑 50 年	52°	500ml	898 元	
西凤纪念酒	55°	500ml	240 元	
西凤酒绿瓶光瓶酒	55°	500ml	68 元	

图 5-7-1 湖北松滋市郊农田风光 （摄影／李寻）
可以看到农田一侧种着小麦，另一侧种着稻米，显示出这里地兼南北，农作物也南北兼有的地理过渡带特征。

第七节
浓酱兼香型白酒

国家标准如是说

浓酱兼香型白酒国家标准号是 GB/T 23547—2009。

1. 香型定义

浓酱兼香型白酒是以粮谷为原料，经传统固态法发酵、蒸馏、陈酿、勾兑而成的，未添加食用香精及非白酒发酵产生的呈香呈味物质，具有浓香兼酱香独特风格的白酒。

2. 产品分类

按酒精度分为

高度酒 41%vol ～ 68%vol 和低度酒 18%vol ～ 40%vol。

3. 感官要求

表 5-7-1　高度酒感官要求

项目	优级	一级
色泽和外观	无色或微黄、清亮透明，无悬浮物、无沉淀[a]	
香气	浓酱谐调，幽雅馥郁	浓酱较谐调，纯正舒适
口味	细腻丰满，回味爽净	醇厚柔和，回味较爽
风格	具有本品典型的风格	具有本品明显的风格

[a] 当酒的温度低于10℃时，允许出现白色絮状沉淀物质或失光；10℃以上时应逐渐恢复正常。

表 5-7-2　低度酒感官要求

项目	优级	一级
色泽和外观	无色或微黄、清亮透明，无悬浮物、无沉淀[a]	
香气	浓酱谐调，幽雅舒适	浓酱较谐调，纯正舒适
口味	醇和丰满，回味爽净	醇甜柔和，回味较爽
风格	具有本品典型的风格	具有本品明显的风格

[a] 当酒的温度低于10℃时，允许出现白色絮状沉淀物质或失光；10℃以上时应逐渐恢复正常。

4. 理化要求

表 5-7-3 高度酒理化要求

项目		优级	一级
酒精度 /（%vol）		41 ～ 68	
总酸（以乙酸计）/（g/L）	≥	0.50	0.30
总酯（以乙酸乙酯计）/（g/L）	≥	2.00	1.00
正丙醇 /（g/L）		0.25 ～ 1.20	
己酸乙酯 /（g/L）		0.60 ～ 2.00	0.60 ～ 1.80
固形物 /（g/L）	≤	0.8	

表 5-7-4 低度酒理化要求

项目		优级	一级
酒精度 /（%vol）		18 ～ 40	
总酸（以乙酸计）/（g/L）	≥	0.30	0.20
总酯（以乙酸乙酯计）/（g/L）	≥	1.40	0.60
正丙醇 /（g/L）		0.20 ～ 1.00	
己酸乙酯 /（g/L）		0.50 ～ 1.60	0.50 ～ 1.30
固形物 /（g/L）	≤	0.8	

5. 对浓酱兼香型国家标准的理解

首先需要强调的是，这个标准名称是浓酱兼香型白酒，定义里明确说兼具浓香型和酱香型两种酒风格的白酒，这和 1979 年全国评酒会上讨论香型时提出的兼香型是不一样的，当时的兼香型是一个广义概念，是指和浓香型、清香型、酱香型、米香型白酒都不一样的白酒，但浓酱兼香型国家标准是很明确的，即浓香和酱香两个香型的兼香，其他如清香和酱香的"清酱兼香"、浓香和清香的"浓清兼香"等就不属于这个范围，所以它是一个狭义的概念，专指浓酱兼香型的酒。

其次，这种香型的酒不是基于自然地理条件和传统酿造工艺基础经自然酿造发酵蒸馏形成的风味口感而生产的香型，而是全国范围内学习茅台为代表的酱香型和泸州老窖、五粮液等为代表的浓香型酒的先进经验基础之上，通过人工工艺而形成的酒体风格，属于新中国成立以来自创香型的一种，和广义上自然形成的兼香型是不一样的。

浓酱兼香型风格最早从 1950 年代以后开始在东北地区、湖北、湖南以及西南地区进行过探索，1986 年辽宁省相关部门推出过兼香型白酒的企业标准，1988 年湖北省经一轻局批准、由湖北省标准局发布过兼香型白酒的标准。这些标准关于兼香型香气和口感的描述和后来通过的国家标准基本上是一样的，都强调香气是酱香和浓香谐调，芳香幽雅舒适，口味是浓酱谐调，细腻丰满，回甜爽净。

现行的浓酱兼香型白酒国家标准 GB/T 23547—2009 是 2009 年发布的，替代的是 2001 年就发布过的部颁标准 QB/T 2524—2001。2021 年，《白酒质量要求 第 8

部分：浓酱兼香型白酒》发布，标准号为：QB/T 10781.8—2021。目前，作为兼香型代表酒的有湖北的白云边酒、安徽的口子窖酒、黑龙江的玉泉酒、四川的浓酱兼香新郎酒等等，湖北宜昌的西陵特曲也是作为兼香型获得过第五届全国评酒会优质酒的称号。本书主要介绍湖北的白云边酒（被酒评家评论为"酱中带浓"，也叫"酱头浓尾"）以及黑龙江阿城的玉泉酒（被酒评家评论为"浓中带酱"，也叫"浓头酱尾"）。

产地自然地理条件和历史文化背景

浓酱兼香型酒是试图用工艺手段突破自然地理条件约束的一种尝试。20世纪50年代时一批白酒专家（不是全部，但至少是主流的、能影响决策的）充满自信，坚信通过现代科学技术——纯种菌的培育、酿酒工艺的改造，可以突破自然地理条件的约束，在任何地方都可以生产出已经获得市场认可的某种香气和口感的酒。专家们认为既然酱香酒和浓香酒获得了市场上的认可，在各地推广浓香酒、酱香酒应当被大力提倡，在推广中尝试把浓香酒、酱香酒的长处结合起来也是没什么不可以的。在这种乐观主义推动下，当时不仅生产出了浓酱兼香型的酒，还生产出了别的酒，前面介绍过的芝麻香型白酒即是其一。

然而几十年的实践证明：尽管工艺上做了非常大的努力，但是生产出来的浓酱兼香型的白酒仍然不可避免地受到了当地自然地理条件的影响。下面用浓酱兼香型白酒的代表酒白云边酒和玉泉酒做一个对比：

白云边酒厂位于湖北省松滋市新江口镇，地处北纬30°11′、东经110°47′，海拔45m左右；生产玉泉酒的玉泉酒业有限责任公司，位于黑龙江省哈尔滨市阿城区玉泉镇，地处北纬45°15′、东经126°左右，海拔127m左右。两地的纬度相差15度，按照公路驾驶里程计算相距2500多公里。温度相差也很大，玉泉酒所在区域在气候带上属于中温带的亚湿润大区，而白云边酒所在的区域属于北亚热带的湿润大区，两地平均气温相差10～20℃。这两个地方历史上都有酿酒传统，酿酒的风格并不一样。总的来讲，这两个地区传统酿造的白酒风格都偏清香型，既没有浓香，也没有酱香。浓香、酱香是后来工艺带来的，品鉴他们现在典型的成品代表酒，还能感受到它们其实都有清香酒的影子。

浓酱兼香型白酒国家标准的起草单位里有湖北白云边酒厂，也有哈尔滨玉泉酒厂。2008年玉泉酒获得国家质量检验检疫总局和国家标准委员会联合发布的玉泉酒国家地理标志产品标准GB/T 21261—2007，这是黑龙江省白酒企业所获得的第一个国家标志产品标准，也是中国白酒企业获得的第九个地理标志产品标准。这个标准对浓酱兼香型白酒的定义是：以浓香型白酒香气为主体，兼有酱香型白酒香气和口感，浓酱谐调典型风格的白酒。

1. 玉泉酒感官要求

表 5-7-5 中、高度酒（酒精度≥ 40.0%vol）感官要求

项目	优级	一级	二级
色泽	无色或微黄、清亮透明、无悬浮物、无沉淀		
香气	浓酱谐调、幽雅馥郁	浓酱谐调、优雅舒适	浓酱谐调、纯正舒适
口味	绵甜爽净、细腻丰满，香味谐调、余味悠长	绵甜爽净、醇和丰满，香味谐调，余味长	醇和柔顺、回味爽净
风格	具有本品突出风格	具有本品明显风格	具有本品固有风格

注：当酒的温度<10℃时，允许出现白色絮状物质或失光，10℃以上一定时间内逐渐恢复正常，该过程属正常现象。

表 5-7-6 低度酒（酒精度< 40.0%vol）感官要求

项目	优级	一级	二级
色泽	无色或微黄、清亮透明、无悬浮物、无沉淀		
香气	浓酱谐调、幽雅舒适	浓酱谐调、纯正舒适	浓酱谐调、纯正舒适
口味	绵甜爽净、醇和丰满，香味谐调、余味长	醇和、绵甜、爽净，香味谐调	醇和柔顺、回味爽净
风格	具有本品突出风格	具有本品明显风格	具有本品固有风格

注：当酒的温度<10℃时，允许出现白色絮状物质或失光，10℃以上一定时间内逐渐恢复正常，该过程属正常现象。

2. 玉泉酒理化要求

表 5-7-7 中、高度酒（酒精度≥ 40.0%vol）理化指标

项目		优级	一级	二级
总酸（以乙酸计）/（g/L）	≥	0.50	0.40	0.35
总酯（以乙酸乙酯计）/（g/L）	≥	1.80	1.50	1.20
己酸乙酯 /（g/L）	≥	0.60	0.50	
固形物 /（g/L）	≤	0.80		

注：酒精度允许误差±1.0%vol。

表 5-7-8 低度酒（酒精度< 40.0%vol）理化指标

项目		优级	一级	二级
总酸（以乙酸计）/（g/L）	≥	0.40	0.35	0.30
总酯（以乙酸乙酯计）/（g/L）	≥	1.20	1.00	0.80
己酸乙酯 /（g/L）	≥	0.60	0.50	
固形物 /（g/L）	≤	1.00		

注：酒精度允许误差±1.0%vol。

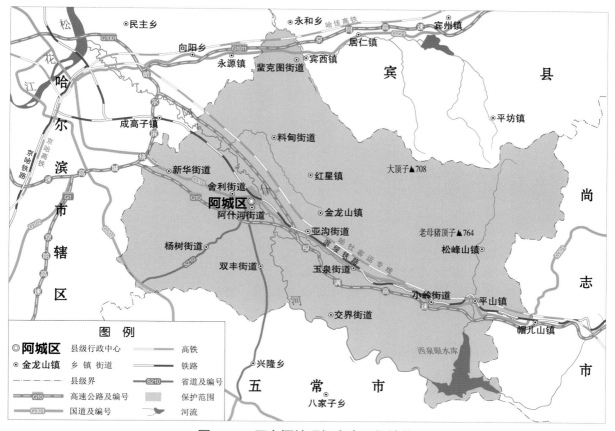

图 5-7-2 玉泉酒地理标志产品保护范围

注：GB/T 21261—2007 附录 A 图中原注为，玉泉酒地理标志产品保护范围为哈尔滨市阿城区现辖行政区域内
15 个乡镇：玉泉镇、平山镇、小岭镇、亚沟镇、双丰镇、大岭乡、杨树乡、料甸满族乡、蜚克图镇、松峰山镇、
交界镇、红星乡、新华镇、舍利乡、阿什河镇。东经 126°42′～127°39′，北纬 45°12′～46°00′。
玉泉酒地理标志产品保护范围图发布于 2007 年，2022 年辖区内一些地名已发生变化，如料甸满族乡变为料
甸街道等。本图根据 GB/T 21261—2007 附录 A 玉泉酒地理标志产品保护范围原图，结合目前最新的行政区划，
由西安地图出版社重新绘制。

  国家地理标志产品标准的推出在逻辑上是对通过人工手段干预从而改变酒体风格
思路的否定，并不是否定对别的香型工艺的探索，而是承认一个事实：即用相同的改
变白酒风格的手段——包括生产工艺和纯种菌的培养技术等等，在不同的地区采用开
放方式发酵出的酒之间的风格仍然是不一样的，达不到用同样的酱香或者浓香工艺在
原产地酿酒形成的风格效果。换言之，即便采取了各种人工的工艺手段，但在不同地
区生产出来的酒还是不可避免地受到自然地理条件的约束，也只有自然地理条件的约
束才能成为国家地理标志保护的依据，否则要这个地理标志有什么意义？

  我国幅员辽阔，气候类型众多，且不说像哈尔滨和湖北松滋这种相差 15 个纬度

的跨区域差异，气候条件不一样，生产出的酒体风格不一样；即便在一个很小的范围之内，如赤水河流域上游和下游生产出的酒也不一样，四川的郎酒和茅台镇的茅台酒都是酱香型白酒，但风味不一样。[①]由于不一样，四川郎酒同时有浓酱兼香型白酒的生产，同样的道理，贵州的鸭溪窖酒也生产浓酱兼香型酒。

主要生产工艺和酒体风格

白云边酒和玉泉酒的工艺差别比较大，白云边酒是九轮操作八次接酒，其中前七轮完全按酱香型操作，后两轮转为浓香型的生产工艺；玉泉酒采取的是浓香和酱香分型发酵然后勾兑组合的"二步法"工艺。

一、白云边酒

1. 所在地的自然地理环境及酒厂发展概况

白云边酒业公司位于湖北松滋市新江口镇，地处北纬30°11′，东经110°47′，海拔45m左右，基本上是平原地带。酒厂所处的位置叫新江口镇，是1870年长江决堤后冲积出来的一块陆地，历史上长江边上多次发生水域变化，据说唐代时候这个地方位于洞庭湖的湖口，是洞庭湖的一部分。从中国气候区划图上看，新江口镇所处位置属于北亚热带的湿润大区，和生产清香型的黄鹤楼酒、浓香型的洋河大曲以及兼香型的安徽口子窖酒处于同一个大的气候区内。

前面说过，北亚热带大区和稍微北面一点的秦岭淮河南北气候过渡带有一定的重合，如果考虑到过渡带的影响，白云边酒所在地和秦岭以北的凤香型酒具有某些类似的气候特征，再往南就进入到中亚热带的区域。2020年11月我们实地考察白云边酒厂，真实地感受到了这里作为气候过渡带的特征——离酒厂不到五公里的田野里能看到稻田和麦田挨着，中间只隔着一条田垄，靠东一点是水稻田，靠西边那片地是麦田。在这个区域里，水稻和小麦是穿插着种植的。再往南走几十公里，基本上很少见到小麦的种植区域，全是稻田。这种现象跟在江苏、安徽看到的景象有点相似，过了淮河几十公里就是大面积的稻田，而淮河以北基本上是种小麦的麦田。参观白云边酒厂时讲解员给我们专门做了介绍说，白云边酒制曲用的小麦是本地产的小麦。

农作物的分布特点也显示出来气候过渡带的一个特征，即它兼有南北两边的气候特点。由此观之，同样在这个大的区域之内的白酒如果被命名为广义上的兼香型，

---

①唐平、卢君、毕荣宇、山其木格等：《赤水河流域不同地区酱香型白酒风味化合物分析》，食品科学，2021年 (vol42.NO.06)。

更为合理。在这个区域里，陕西的西凤酒是凤香型白酒，跟清香和浓香都不一样；皖北和苏北的白酒，虽然叫浓香型，其实香气特征跟四川的浓香型大不一样；安徽生产的口子窖，也算兼香型的一种。

如果把清香型和浓香型作为两大基础香型，一个对应的是北方的暖温带，另一个对应的是中亚热带，那么，北亚热带气候大区再稍微偏北一点的区域，加上秦岭淮河过渡带，基本上是兼香型酒的分布区，这个区域里生产出的酒，就其天然发酵、蒸馏形成的风格来讲，和北方的清香型和南方的浓香型都不一样，既有清香型的一些特点，也有浓香型的一些特点：比如西凤酒，是凤香型；被划为浓香型的江淮流派的洋河大曲、古井贡，其实跟川派的浓香大曲的香气差异比较大，同样这个区域里的武汉生产的黄鹤楼酒为清香；口子窖酒的浓香型的特征也不完整，已经明确被划为兼香型。

白云边酒厂所在的新江口镇是 1870 年才成为陆地的，它的酿酒历史最远也就能追溯到晚清及至民国。民国时期，松滋河畔有胡永春酒坊、泰顺和酒坊等从事传统工艺酿酒生产活动。1952 年在胡永春酒坊基础上成立松滋县人民酒厂，后将泰顺和酒坊和人民酒厂合成为新江口总厂，直属于县企业公司管辖，当时生产的主要产品叫松江大曲。1974 年湖南长沙举行中南五省品酒会，国家轻工部工程师、著名白酒专家辛海庭先生建议把松江大曲改名为"白云边"，缘起于唐代大诗人李白的诗

图 5-7-3 湖北松滋白云边酒业股份有限公司东厂区门前的小南湖和白云边大酒店（摄影／李寻）

句——"南湖秋水夜无烟，耐可乘流直上天，且就洞庭赊月色，将船买酒白云边。"酒厂接受了新名称，"白云边"酒名可能目前是中国各种白酒里最有诗意的一个名称。1981年，以松滋县人民酒厂和新江口总厂为基础合并成立湖北省松滋县白云边酒厂，后更名为湖北省白云边酒厂，1994年改制为湖北白云边股份酒业公司。1991年白云边酒被轻工部确定为全国浓酱兼香型白酒的典型代表；2001年11月以白云边公司企业标准为蓝本的浓酱兼香型行业标准由中国轻工业协会发布，2002年5月起正式实施；2009年以白云边酒厂为第一起草单位的浓酱兼香型白酒国家标准（GB/T 23547—2009）正式实施。

白云边酒虽然建厂较晚，但获得行业肯定是比较早的，1979年第三届全国评酒会上获得国家优质酒称号，而后1984年、1989年连续两届全国评酒会（第四届、第五届）被评为国家优质酒（银奖），一方面反映出它的酒质出众，获得了行业专家的广泛认同；另一方面也反映出国家提倡工艺改进、推动向浓香酱香两大名酒学习移植政策的支持力度。

2. 白云边酒的酿造工艺特点

（1）制曲：白云边酒使用两种大曲，一种是高温大曲，一种是中温大曲，使用的原料都是当地的小麦。曲房可以制作高温大曲，也可以制作中温大曲，区别在于品温不一样，为了控制品温，粉碎、拌料、含水量以及保温条件等在具体操作上都有所不同。高温曲的品温可以达到65℃，中温曲的品温是55℃左右。现在制曲环节大多实现机械化操作，制曲前润粮粉碎，高温曲要拌一些母曲进去，中温曲没有这个步骤，曲块压制成平板状，和酱香型的包包曲有所不同。

两种曲的曲块大小不一样，高温曲的曲块比较大，大约5.8kg一块，中温曲的曲块小一些，每块大约2.3kg。同样一间容积大小的曲房，容纳的曲块重量不一样，制作中温曲时在曲房摆放的方式和高温曲不一样，距离要宽一点，可以堆4t；而同样一个曲房制作高温大曲的话可以堆放8t曲。曲房内制作高温曲时曲块上要盖一层稻草保温。中温曲的颜色基本上是糙米黄色；高温曲颜色有所不同，黄色的占60%，白色的占30%，黑色的占10%，有比较浓郁的酱香味。

（2）窖池：资料上显示白云边的窖池是比较独特的，为砖窖加泥窖，砖砌到窖壁的2/3处，下面1/3的窖壁和窖底是泥的。泥窖的泥还要加以养护，才能有利于产生己酸菌。在白云边酒厂的新厂区参观时，我们发现窖池改为水泥，窖壁直达窖底，窖底是泥底，可见其发酵容器在不断改进和完善中。

（3）酿酒工艺：以高粱为原料，多次投料，六轮堆积，清蒸清烧和混蒸续糟结合，总共九轮操作，七次取酒，砖泥混合窖发酵。

白云边酒一个完整的生产周期是一年，每年9月开始投料生产，次年6月结束，每一轮发酵期大概是一个月左右。

第一次投料在9月份开始，投料量占全年总投料的40%左右。酿酒的原料是高粱，有一定的粉碎度，大约20%粉碎成2～4瓣，其余80%是整粒高粱。粉碎好的粮运到操作场地之后，用占投料量45%的95℃以上热水将高粱均匀润湿，是为润粮过程，堆成方堆，放置8～9个小时。粮食充分吸水后，加上10%上一年度留下来的最末一轮的酒醅，拌匀后上甑蒸粮，蒸粮时间100分钟左右，要求蒸匀蒸熟，以无生心为度，也不要蒸得过透。把蒸好的粮食出甑，适当地补充量水，在晾堂上扬冷至30℃或者平室温，然后加高温曲，拌和均匀后运到堆积场地，堆成圆锥形堆，堆积2～3天，要求堆体四周同步升温，等到堆温升到55～60℃时，开堆入窖发酵一个月。这一轮次加的曲大约10%左右。入窖的时候喷上2%～3%上年度最末轮的酒尾，以调节酸度和增加香味成分。

第二次投料（第二轮操作），投料量占全年总投料量的40%。投料是高粱，也要粉碎，但有30%被粉碎成3～4瓣，70%是整粒，用占投料量48%的95℃以上热水将高粱均匀润湿，收成方堆放置9个小时。这次新投的粮也是清蒸，然后开窖把上一轮已经发酵好的酒醅取出来，和新蒸好的粮拌和均匀上甑再混蒸混烧，这一轮操作里取得的酒是不用的，要在下一轮发酵的时候用。蒸好的酒粮，出甑摊晾，然后下曲，用曲量为12%，跟上一轮一样堆积和入窖发酵。把这一轮操作中蒸出的酒再回沙，这和酱香酒的工艺是一样的。

第三轮操作是把上轮发酵一个月的酒醅取出来蒸酒，取得第一个轮次酒。蒸酒的时候，按照酒醅在窖中的位置分成上中下三层，分层取酒，分层分级入库，但根据酒醅情况，上甑时还要加清蒸后的辅料。蒸馏取酒之后再摊晾，下新一轮的高温曲，用14%左右曲量，堆拌均匀，堆积发酵三天左右，堆温达到50℃，然后再开堆入窖，再进行下一个发酵。

第四、五、六轮次的操作重复第三轮操作，分别取得二、三、四轮次酒。这几轮操作结束后，时间就到了冬天，热量损失快。

堆积要注意保温，视升温情况，合理掌握堆积时间；如酒醅的黏性增加，要适当增加稻壳的用量，避免酒醅成团。

第七轮的操作转入浓香型白酒的工艺方法。这一轮的投料占全年总投料量的10%，把高粱粉碎润粮，然后把酒窖里发酵好的第六轮的酒醅取出来，和新润好的粮混合后上甑混蒸混烧，取出的酒是第五轮次酒。出甑摊晾好了之后再下中温曲，中温曲大约加入11%左右，入窖发酵。

第八轮操作是把第七轮发酵好的酒醅取出来，添加一部分新高粱粉混蒸混烧，取得的酒是第六个轮次酒。本轮的投料占全年总投量的10%。蒸粮之后，摊晾再下8%左右的中温曲，入窖发酵。

第九轮操作不加新料，把发酵好的酒醅取出来蒸酒，蒸馏取酒之后直接丢糟处理，保留一部分放在窖中继续发酵，留做下一年度生产用的母糟。

　　这样一个完整生产周期大约是 10 个月，每年 9 月投料、次年 6 月结束，每轮发酵的时间为 1 个月。一个完整生产周期总共九轮操作，前面六轮操作和酱香酒是几乎一样的。后三轮操作基本上是浓香酒的操作，其中第七轮操作的时候有一部分酱香酒操作的酒醅混进来。酒粮和用曲量差不多是对半，一个窖池的容量大约 12t 左右，能够装粮 6t、装曲 6t。[①]

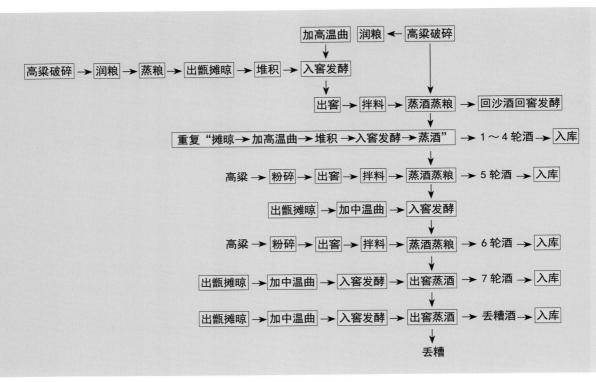

图 5-7-4　白云边酒生产工艺流程

　　（4）贮存、分级、勾调：白云边不同轮次的酒在摘酒时候的酒度是不一样的，每轮酒都要分级，分为优级、一级、二级和不合格四个级别，合格的产品按级别，分轮分层入到酒库的陶坛进行储存，陶坛有 500kg 和 1000kg 两种。原酒的入库酒度在 55 ～ 58°之间，最低储存时间要三年。三年之后，酒度低的可以降到 53°，也有维持 58°左右的原度酒。

①余乾伟：《传统白酒酿造技术》，中国轻工业出版社，2018年5月第二版，第261页。

入库是分三个级别入库，分别是优级、一级、二级。

勾调的时候，因为有七个轮次酒，会按照酒体设计不同来确定勾调方案。装瓶之后，要再放两三个月才能出厂。

（5）酒体风格特点：国家标准称其为"浓酱谐调，幽雅馥郁，口味细腻丰满，回味爽净"。除此之外，还有其他资料给出的评价是——具有浓酱谐调，芳香幽雅舒适，口味柔和细腻，醇厚丰满，韵味悠长的独特风格，其闻之清香，进口浓香，回味酱香，三香俱全，酒液清澈，浓酱谐调，绵厚甜爽，圆润怡畅，回味绵长。我们觉得这个评价里的"闻之清香，进口浓香，回味酱香，三香俱全"跟国家标准不大一样，但也是实际存在的情况，尤其"闻之清香"是比较明显的，白云边酿酒过程中用了高温曲和中温曲，混合了酱香型和浓香型工艺操作，出来的酒体还有点清香感觉，这可能是自然地理条件带来的一个特征。

二、玉泉酒

1. 所在地的自然地理条件及酒厂发展概况

生产玉泉酒的黑龙江省玉泉酒厂，位于黑龙江哈尔滨市的阿城区玉泉镇，尽管处在北纬 45°，是中国白酒里面纬度最高的地区，但在更北一些地方还有黑龙江其他传统白酒在生产。阿城出土过金代的蒸馏器，说明这个区域古代就有酿酒业存在，该地出土的蒸馏器作为蒸馏酒起源于金代的一个考古学证据而被广泛引用。白酒研究学者要云先生曾经考证过元代把蒸馏酒称之为"阿刺吉"酒，认为阿刺吉酒应该起源于金代哈尔滨一带，其地名在满语中叫阿勒锦（Airki），结合考古文献和语言学的研究成果，如果这些证据继续被证实成立的话，阿城一带是可以作为中国蒸馏酒的起源地的，至少也是中国蒸馏酒的起源地之一。[①]清代这里已有不少白酒作坊，民国时期也还在生产。

玉泉镇的得名是因为这里有一口泉水，当地人称玉泉。古代酿酒把当地的水作为一个不可替代的资源看待，这也是自然地理环境对酒体决定的一个重要因素。现在的玉泉酒厂于 1956 年建厂，产品玉泉酒在 1984 年第四届全国评酒会上被评为国家优质白酒，1989 年第五届全国评酒会上再次被评为国家优质白酒。

按照传统大曲白酒的生产方法，东北地区酿造的酒的天然风味是清香型，属于清香型白酒。但需要说明的是，东北酒厂有一个特点是对外学习力度非常大，1958年一批专家专门到东北地区推广酱香型酒茅台酒的实验，泸州老窖、五粮液的工艺也被东北酒厂学过。与此同时，白酒行业兴起的新工艺、新技术对东北酿酒业的影响也是非常大的，东北是产粮大区，当时新工艺、新技术的主要目的是节约用粮，

---

①要云：《中国蒸馏产生年代之我见》，休闲读品，2021（1）。

在产粮大区节约用粮的价值更大，所以麸曲技术、纯种菌技术以及糖化酶技术在东北的应用非常普遍，以至于几乎所有东北酒厂或多或少采取了新工艺、新技术。不过，即便采取了某些新工艺和技术，如麸曲和强化大曲，很多当地小型酒厂酿造的高粱白酒还是偏清香型风格的。作为兼香型酒代表之一的玉泉酒，因为瓶子是方形的，当地人简称"玉泉方瓶"，有时候直接叫"方瓶"，它的清香型特征倒是不明显，主要呈现浓香和酱香的部分特征。

2. 玉泉酒的主要生产工艺

玉泉酒的工艺特点是两步法生产，即浓香型基础酒和酱香型基础酒分型发酵、分型陈酿，然后用浓香酒和酱香酒调配而成。浓香工艺采用人工老窖，以高粱为原料，小麦原料中温曲，混蒸混烧，发酵45天。酿酒生产过程中还采用己酸液增香、双轮底工艺、高度摘酒、增己降乳等技术，使酒质能达到优质酒以上水平。其中酱香酒的工艺是根据北方气候规律选择最佳投料季节，采用六轮发酵的酱香大曲工艺；发酵时采用高温大曲，使用量达到100%；投料时要适当增加部分麸皮的用量，以强化高温大曲的质量。[①]玉泉酒的工艺可以简单概括为：先把浓香酒和酱香酒分别做出来，然后再混合勾调出浓酱兼香型的酒。

玉泉酒产区在中国气候带的中温带，而且偏北部，生产周期跟处在暖温带以南其他白酒操作周期不一样，每年4月立糟、10月丢糟，冬季是不生产的，其他地区的中国白酒一般在秋季9月立糟、次年6月丢糟，夏季不生产。由此也说明，就算移植了其他气候带的酿酒工艺，还是要根据本地气候的条件来确定实际生产时间。

3. 酒体风格特点

在玉泉酒的国家地理标志产品标准里，对感官风味特点的描述是"香气浓酱谐调，幽雅馥郁，口感绵甜爽净，细腻丰满，香味谐调，余味悠长"。这个术语描述和浓酱兼香型国家香型标准里的描述差不多，这种标准描述体现不出来两种酒的特征。其他一些资料把两种酒的区别描述为，玉泉酒是"浓头酱尾，浓中有酱"，白云边酒是"酱头浓尾，酱中有浓"，可以简单地理解为玉泉酒浓香气重一些、酱香气弱，白云边酒酱香气要浓一些、浓香气弱。

我本人感觉玉泉酒浓香气高，酱香气弱，另外它的浓香型也和川派浓香不太一样，比川派浓香型要清淡一些。从玉泉酒的生产工艺来讲，它是由浓香型和酱香型两个基础酒勾调出来的，在勾调过程多加酱香酒就可以偏酱香味，之所以形成浓香型为主导的现有风格，我推测主要因为玉泉酒在发展的时候正是五粮液风头正健、远远压过酱香酒之际，出于对市场口味的追随而在调酒的风格上偏向了浓香型为主的风格。

---

① 李大和：《白酒酿造与技术创新》，中国轻工业出版社，2017年8月，第175页—第177页。
（玉泉酒国家地理标志保护产品标准GB/T 21261—2007中描述为：浓香型酒发酵60天，双轮底发酵120天以上；酱香型酒采用六轮发酵，每轮发酵30天。）

微量成分特征

浓酱兼香型酒基本上可以理解为是一种人工香型，因为它的工艺是把酱香工艺和浓香工艺结合起来的结果，区别无非在于白云边酒是混合发酵，玉泉酒是分型发酵。它们的微量成分跟浓香型和酱香型都不一样，就是把玉泉酒独立生产的浓香型酒和酱香型酒分别同四川浓香型酒和贵州酱香型酒相比，相互间的微量成分也不一样。我们从能够影响酒体风味的酸、酯、醛、醇这四类物质来做一个简单比较：

1. 酸类差异

表 5-7-9 酸类组分分析结果

单位：mg/L

酒样	乙酸	丙酸	异丁酸	丁酸	异戊酸	戊酸	己酸	庚酸
38° 玉泉 10 年陈酿	410.49	0.00	4.94	70.10	3.38	12.28	215.97	8.61
42° 白云边 15 年陈酿	411.96	71.86	13.25	83.75	10.52	23.91	271.65	5.08

玉泉酒： 乙酸＞己酸＞丁酸＞戊酸＞庚酸；

白云边酒：乙酸＞己酸＞丁酸＞丙酸＞戊酸；

乙酸能给酒带来愉快的香气和酸味并使酒有爽快带甜的口感，己酸有强烈的脂肪臭，有刺激感，有大曲味，爽口。

由于白云边酒的己酸含量比玉泉酒的要高，这可以作为区分白云边酒和玉泉酒的一个要点。

2. 酯类差异

表 5-7-10 酯类组分分析结果

单位：mg/L

酒样	甲酸乙酯	乙酸乙酯	丁酸乙酯	乙酸异戊酯	戊酸乙酯	己酸乙酯	庚酸乙酯	辛酸乙酯	乳酸乙酯
38° 玉泉 10 年陈酿	0.00	453.67	161.17	0.00	17.78	565.45	4.35	3.27	568.55
42° 白云边 15 年陈酿	4.53	1026.48	164.58	2.74	53.41	1483.51	15.56	10.89	700.64

从上表酯类组分分析结果列出的玉泉 10 年陈酿（38°）和白云边 15 年陈酿（42°）酯类数据对比来看，白云边酒的几个酯类指标都比玉泉酒高，乙酸乙酯、戊酸乙酯、己酸乙酯含量均为玉泉酒的 3 倍或将近 3 倍。

酯类影响酒的香气，乙酸乙酯使酒偏清香型的风味，己酸乙酯使酒呈现出浓香型的风味，戊酸乙酯使酒有陈香的风味，根据上述数据看，玉泉酒的酯类不到白云边酒一半，有的甚至没有，例如乙酸异戊酯的差别就比较大，玉泉酒没有，而白云边酒是存在的。这两种酒尽管采取了相近似的工艺，使用同样品温的大曲，但微量成分有这么大的差异，可能还是自然地理环境因素在起作用，玉泉酒所在的地域纬度高，微生物的活动性比白云边酒所在的北亚热带要弱得多。当然，上表所列的两种酒的酒精度不一样，也是影响微量成分含量差异的一个因素，但这也只是有限的差异。

3. 醇类差异

表 5-7-11　醇类组分分析结果

单位：mg/L

酒样	甲醇	仲丁醇	正丙醇	异丁醇	2-戊醇	正丁醇	活性戊醇	异戊醇	正戊醇	正己醇
38°玉泉10年陈酿	0.00	13.34	176.82	34.15	0.00	26.55	26.89	98.14	10.37	11.70
42°白云边15年陈酿	90.04	31.12	426.78	78.57	8.76	72.72	46.42	181.05	15.45	23.74

醇类组分分析结果数据对比显示，白云边酒的杂醇油、高级醇要比玉泉酒高得多，正丙醇是玉泉酒的2倍多；活性戊醇、正丁醇也都比玉泉酒高，异戊醇是玉泉酒的一倍；醇类在形成酒的风味过程中既呈香又呈味，而且可以拖带其他香味成分一起挥发，例如多元醇在酒中呈甜味，而且具有黏稠性，增加酒的绵甜感和醇厚感，白云边酒的口感明显比玉泉酒要醇厚黏稠，和高级醇含量比较高有关。

4. 醛类差异

表 5-7-12　醛类组分分析结果

单位：mg/L

酒样	乙醛	乙缩醛	异丁醛	异戊醛
38°玉泉10年陈酿	58.59	31.92	0	0
42°白云边15年陈酿	215.38	170.22	5.3	3.73

醛类也是酒的风味的重要成分，可以替代其他香气分子的挥发，沸点比较低，也能增加酒的芳香，例如乙缩醛具有清香味，可以增加酒的柔和感；异戊醛和异丁醛呈坚果香。

醛类成分色谱分析结果显示，白云边酒的乙醛是玉泉酒4倍，乙缩醛是玉泉酒5倍多、将近6倍，也有异戊醛和异丁醛存在，而玉泉酒没有。乙醛和乙缩醛量比关系到酒体的风格，乙缩醛的含量大意味着酒的老熟时间长，我们看到白云边酒的乙醛和乙缩醛之间相对差距比较小，而玉泉酒的乙醛和乙缩醛的比例稍微要大一点。[1]当然这也可能和上述列表中两个酒标注的年份不一致有关，白云边酒是15年陈酿，玉泉酒是10年陈酿，可能白云边样酒里的老酒要多一些。

---

[1] 余乾伟：《传统白酒酿造技术》，中国轻工业出版社，2018年5月第二版，第268页—第273页。

表 5-7-13 玉泉酒代表产品

酒名	酒精度	容量	价格	图片
玉泉方瓶 世纪经典	52°	500ml	128 元	

表 5-7-14 白云边酒代表产品

酒名	酒精度	容量	价格	图片
白云边 三十年陈酿	53°	500ml	1988 元	
白云边 1952	53°	660ml	1399 元	
白云边 1979 纪念酒	45°	500ml	728 元	
白云边七零年代	53°	500ml	323 元	
白云边五星陈酿	53°	500ml	139 元	

图 5-8-1 四川都江堰（摄影／李寻）

第八节
浓香型白酒

国家标准如是说

一、2006 年版浓香型白酒的国家标准

1. 标准号

浓香型白酒的国家标准号是 GB/T 10781.1—2006。

2. 定义

以粮谷为原料，经传统固态法发酵、蒸馏、陈酿、勾兑而成的，未添加食用酒精及非白酒发酵产生的呈香呈味物质，具有以己酸乙酯为主体复合香的白酒。产品按酒精度分为高度酒和低度酒，高度酒酒精度是 41%vol ～ 68%vol，低度酒酒精度是 25%vol ～ 40%vol。

3. 感官要求

高度酒、低度酒的感官要求应分别符合下表的规定。

表 5-8-1 高度酒感官要求

项 目	优级	一级
色泽和外观	无色或微黄，清亮透明，无悬浮物，无沉淀[a]	
香气	具有浓郁的己酸乙酯为主体的复合香气	具有较浓郁的己酸乙酯为主体的复合香气
口味	酒体醇和谐调，绵甜爽净，余味悠长	酒体较醇和谐调、绵甜爽净，余味较长
风格	具有本品典型的风格	具有本品明显的风格

[a] 当酒的温度低于10℃时，允许出现白色絮状沉淀物质或失光。10℃以上时应逐渐恢复正常。

表 5-8-2 低度酒感官要求

项目	优级	一级
色泽和外观	无色或微黄，清亮透明，无悬浮物，无沉淀[a]	
香气	具有较浓郁的己酸乙酯为主体的复合香气	具有己酸乙酯为主体的复合香气
口味	酒体醇和谐调，绵甜爽净，余味较长	酒体较醇和谐调，绵甜爽净
风格	具有本品典型的风格	具有本品明显的风格

[a] 当酒的温度低于10℃时，允许出现白色絮状沉淀物质或失光。10℃以上时应逐渐恢复正常。

4. 理化要求

高度酒、低度酒的理化要求应分别符合下表的规定。

表 5-8-3 高度酒理化要求

项目		优级	一级
酒精度 /(%vol)		41～68	
总酸（以乙酸计）/(g/L)	≥	0.40	0.30
总酯（以乙酸乙酯计）/(g/L)	≥	2.00	1.50
己酸乙酯 /(g/L)		1.20～2.80	0.60～2.50
固形物 /(g/L)	≤	0.40[a]	

[a] 酒精度41%vol～49%vol的酒，固形物可小于或等于0.50g/L。

表 5-8-4 低度酒理化要求

项目		优级	一级
酒精度 /(%vol)		25～40	
总酸（以乙酸计）/(g/L)	≥	0.30	0.25
总酯（以乙酸乙酯计）/(g/L)	≥	1.50	1.00
己酸乙酯 /(g/L)		0.70～2.20	0.40～2.20
固形物 /(g/L)	≤	0.70	

二、GB/T 10781.1—2006《浓香型白酒》国家标准第 1 号修改单

本修改单业经国家标准化管理委员会于 2008 年 1 月 17 日以国标委农涵 [2008]8 号文批准，自公布之日起实施。

GB/T 10781.1—2006《浓香型白酒》国家标准修改内容是，将理化标准中高度酒理化要求修改为：

表 5-8-5 高度酒理化要求

项目	优级		一级
酒精度 /(%vol)	41 ～ 60	61 ～ 68	41 ～ 68
总酸（以乙酸计）/(g/L) ≥	0.40		0.30
总酯（以乙酸乙酯计）/(g/L) ≥	2.00		1.50
己酸乙酯 /(g/L)	1.20 ～ 2.80	1.20 ～ 3.50	0.60 ～ 2.50
固形物 /(g/L) ≤	0.40[a]		

[a] 酒精度41%vol～49%vol的酒，固形物可小于或等于0.50g/L。

三、2021 年版浓香型白酒国家标准

在 2021 年 3 月 9 日国家市场监督管理总局和国家标准化管理委员会发布了《白酒质量要求 第 1 部分：浓香型白酒》（标准号为 GB/T 10781.1—2021），代替原来的 GB/T 10781.1—2006。

标准的主要内容如下：

1. 定义

以粮谷为原料，采用浓香大曲为糖化发酵剂，经泥窖固态发酵，固态蒸馏，陈酿、勾调而成的，不直接或间接添加食用酒精及非自身发酵产生的呈色呈香呈味物质的白酒。

2. 感官要求

高度酒、低度酒的感官要求应分别符合下表的规定。

表 5-8-6 高度酒感官要求

项目	优级	一级
色泽和外观	无色或微黄，清亮透明，无悬浮物，无沉淀[a]	
香气	具有以浓郁窖香为主的、舒适的复合香气	具有以较浓郁窖香为主的、舒适的复合香气
口味口感	绵甜醇厚，谐调爽净，余味悠长	较绵甜醇厚，谐调爽净，余味悠长
风格	具有本品典型的风格	具有本品明显的风格

[a] 当酒的温度低于10℃时，允许出现白色絮状沉淀物质或失光。10℃以上时应逐渐恢复正常。

表 5-8-7 低度酒感官要求

项目	优级	一级
色泽和外观	无色或微黄，清亮透明，无悬浮物，无沉淀[a]	
香气	具有较浓郁的窖香为主的复合香气	具有以窖香为主的复合香气
口味口感	绵甜醇和，谐调爽净，余味较长	较绵甜醇和，谐调爽净
风格	具有本品典型的风格	具有本品明显的风格

[a] 当酒的温度低于10℃时，允许出现白色絮状沉淀物质或失光。10℃以上时应逐渐恢复正常。

3. 理化要求

高度酒、低度酒的理化要求应分别符合下表的规定。

表 5-8-8 高度酒理化要求

项目			优级	一级
酒精度 /(%vol)			40ᵃ ～ 68	
固形物 /(g/L)		≤	0.40ᵇ	
总酸（g/L）	产品自生产日期≤一年执行的指标	≥	0.40	0.30
总酯（g/L〉		≥	2.00	1.50
己酸乙酯 /(g/L)		≥	1.20	0.60
酸酯总量 /(mmol/L)	产品自生产日期＞一年执行的指标	≥	35.0	30.0
己酸 + 己酸乙酯 /(g/L)		≥	1.50	1.00

ᵃ 不含40%vol。

ᵇ 酒精度在40%vol～49%vol的酒，固形物可小于或等于0.50g/L。

表 5-8-9 低度酒理化要求

项目			优级	一级
酒精度 /(%vol)			25 ～ 40	
固形物 /(g/L)		≤	0.70	
总酸（g/L）	产品自生产日期≤一年执行的指标	≥	0.30	0.25
总酯（g/L）		≥	1.50	1.00
己酸乙酯 /(g/L)		≥	0.70	0.40
酸酯总量 /(mmol/L)	产品自生产日期＞一年执行的指标	≥	25.0	20.0
己酸 + 己酸乙酯 /(g/L)		≥	0.80	0.50

四、新旧国标的不同之处

2021 版国标和 2006 版国标最大的不同就是在定义上，取消了原来浓香型白酒具有以己酸乙酯为主体复合香的规定。

感官要求也有相应调整，把原来老标准中具有浓郁的以己酸乙酯为主体的复合香气，改成具有以浓郁窖香为主的舒适的复合香气。口感描述没有大的变化。

新版国标中取消己酸乙酯这种单体香作为主体香的说法，是一个重大突破，是中国白酒行业经过近 70 年艰辛探索，得出的新认识并落实到国家标准里。尽管窖香对普通消费者来讲有点难以理解，但酿酒专业的人，都明白是一个什么样的香气。窖香本身是非常复杂的成分组成的复合香气，不是单单己酸乙酯为主体那么简单。

理化指标中，己酸乙酯还是作为一项检测指标，多了酸酯总量和己酸＋己酸乙酯两个指标。而且己酸乙酯只设定下线，相比原来的标准取消了上限的设定。酸酯总量和己酸＋己酸乙酯两个指标，更加注重酸酯平衡，不像过去只单纯强调己酸乙酯指标。

和旧国标相比，新国标增加了"采用浓香大曲为糖化发酵剂，经泥窖固态发酵"这一条，而旧国标没有这条规定，意味着糖化酶、人工酵母不能做为糖化发酵剂使用。强调使用传统浓香型白酒的发酵容器，按此规定，现在在各浓香型酒厂广泛使用的水泥窖池、不锈钢箱发酵出的酒就是不合乎国家标准的浓香型白酒了，这个标准如果真执行下去，各酒厂的发酵容器将面临整改的问题。

五、对浓香型白酒国家标准的理解

浓香型白酒是 1979 年提出的白酒五大基础香型之一，标准形成很早，在 1989 年第一批国标中 GB/T 10781.1 就已经发布，后来经过历次修订，2006 年发布了 GB/T 10781.1—2006，2008 年有一个小的修订。2021 版《国家白酒质量要求 第 1 部分：浓香型》在 2022 年 4 月生效，新标准取消了浓香型白酒香气中"具有浓郁己酸乙酯为主体的复合香气"这条规定。

浓香型白酒是目前中国白酒市场占有率最高的，曾经达到 80% 以上，现在也应该在 70% 以上。北到东北的哈尔滨，南到海南岛，西到新疆，东到江苏都有各自的浓香型白酒。

有众多酒厂的白酒品牌执行浓香型白酒国家标准，酒标上都印的是 GB/T 10781.1—2006，但这些酒的酒体风格，实际上有很大的差别，这个标准是被引用范围最广、也是具体描述最模糊的一个标准。符合这个标准的白酒成千上万，风格又是千差万别。标准的实用性无论是从感官指标还是理化指标，都和实际产品差距很大。

地域环境和手工操作的影响会形成风味千差万别的产品，浓香型白酒风味特征和标准描述之间的差异，典型地反映出试图用一种工业化标准，来统一具有千差万别的自然风味的传统饮品，难免有力不从心之感。

从这个角度来看，关于酒的风味是不是能够用这种工业化标准文件来规范，也是真正值得讨论的问题。

对于很多消费者来讲，标准是一个规范化的概念，意味着消费者可以按简单明了和安全可靠的标准来购买监管部门按照标准监管、厂家按照标准生产的产品。

但对白酒来说，除了强制性的卫生标准之外，风味标准实际上很难落到实处，因为风味千差万别，很难用一个同样的标准，把万千风味统一起来。假使强行用工业手段统一这些风味的话，生产的产品也就不具有各自的特色，市场可能也就不存在了。

浓香型白酒具体的风格（现在行业内把它称之为浓香型的流派）众多，在本书中，我们把标准作为技术文件如上简介，在介绍具体风格的时候，要和其所处的具体自然地理条件以及工艺手段相结合，就浓香型内各种流派有代表性的产品作为主要线索进行介绍。

自然地理条件与浓香型白酒的流派

浓香型白酒分布范围甚广，厂家多、产品多，白酒行业针对不同的地区和不同风格的浓香型白酒，又提出了同一香型内存在多种流派的概念。流派概念没有什么特别严谨的定义，是行业内对酒的酒体风格有明显的差异时，为了区分而约定俗成地提出的概念。

目前专业的研究文献提出的浓香型白酒的流派有六个：

第一个流派是以泸州老窖（包括国窖1573）为代表的浓香型单粮香流派，主要的标志是以高粱一种粮食为酿酒原料。

第二个流派是以宜宾五粮液为代表的浓香型多粮香流派，也叫五粮香型，主要标志是酿酒用粮是高粱、玉米、大米、糯米、小麦五种粮食。

第三个流派是以剑南春为代表的浓香型多粮香复合香型，虽然用粮和五粮液的酿酒用粮一样有五种粮食，但是各种粮食的比例和各工艺环节细节与五粮液有所不同。

以上三种酒有的时候又被笼统地称之为川派浓香。

第四个流派是黔派浓香，是以贵州湄窖等为代表的贵州酿造的浓香型白酒。

第五个流派是以洋河大曲为代表的苏北浓香型白酒，也被称之为浓香型中的江淮淡雅香流派。这种酒的工艺特点是制曲用大麦、小麦和豌豆混合制作，老五甑工艺，和四川浓香型白酒的工艺略有不同。

第六个流派是安徽古井贡为代表的皖北白酒流派，也有人称之为浓香型白酒中的皖派或者徽派。古井贡酒在2021年提出来要建立自己的香型叫古香型，这可能是企业的一个发展目标，目前还没有见到相关的行业标准。

按照这种流派划分还可以继续扩展，河南的宋河粮液也是浓香型白酒，但和地域接近的洋河大曲以及古井贡的香气、口感都有所不同，还有几乎处在同一个纬度的陕西的城固酒、甘肃陇南的金徽酒等，都是浓香型白酒，但是风格又和河南、四川有所不同。

笔者认为，可以以自然地理条件作为区分白酒香型内诸流派的基础，根据中国气候区划在三个大气候区划里生产出的浓香酒，同一个气候区划之内的香气口感比较接近，和其他气候区相比，风格特征差异比较明显。在同一气候区划之内再按照代表酒厂，分别分析其具体的地理条件、工艺和酒体风格。

浓香型白酒工艺上有共同的特点，一是用泥窖作为发酵容器；二是以中温大曲作为主要的糖化剂和酒化剂；三是混蒸混烧工艺。在不同地区也有小的差异，如有的地方的酒是中温大曲和高温大曲同时用；制曲用粮不同，有的是纯小麦大曲，有的是大麦、小麦、豌豆混用制曲；酿酒用粮也不一样，所以才出现了单粮香和多粮香。流派的区分还有一些工艺细节，如入窖的温度，打量水的数量等，这些我们都会在具体代表产品的工艺里面加以介绍。

按照上述理念，浓香型白酒划分为三个大的区域，第一个是四川省。四川处于气候区划的中亚热带大区，四川盆地里的浓香酒有总体的共性。由于四川境内也有小环境上的差异，会对酒的风格产生影响，在介绍具体酒品种的时候，还需要详细介绍具体的地理条件以及工艺上的细微不同。

第二个区域是贵州省。贵州尽管地理位置在中亚热带的南面，但气候区划里却把它划分到了北亚热带，主要是因为贵州处于云贵高原，垂直地理条件的变化使平均气温比它北面的中亚热带还要低。在云贵高原上，不同地方的局部小气候也不一样，垂直变化非常剧烈，垂直带上一两千米的变化，有的时候相当于水平纬度上一两千公里的差异，由于贵州省内各地区气候不一样，生产出酒的风格也有差异。

第三个区域是江苏、安徽、河南、陕西南部和甘肃的南部。这些地区处于中国气候区划的北亚热带，而且和秦岭淮河过渡带重合，这一区域的酒，无论是工艺，还是原料的使用上，都有很多的相似性。和四川、贵州的浓香型白酒有明显的不同。主要代表酒有江苏的洋河大曲、今世缘；安徽的古井贡、迎驾贡；河南的宋河粮液、杜康酒；陕西汉中的城固特曲；甘肃陇南的金徽酒。

在气候区划里面处于暖温带和中温带的山东、东北三省、内蒙古、新疆，都有生产浓香型白酒，由于这些地方传统上的原酒风格都偏清香型，所以在本书中就没有将这些地区的酒归入浓香型的流派里。

浓香型白酒流派中四川的浓香型影响最广，全国各地包括江苏、安徽、河南、陕西、甘肃，这些原来传统风格上有点像浓香型酒的地方，有很多酒厂是从四川采购原酒和本地酒勾兑，勾兑比例不得而知。这种从四川购买原酒勾兑后生产的白酒，已经不能算作一个流派，这只是川派浓香换了一个外地包装而已。

东北三省、内蒙古、新疆也有从四川拉原酒进行勾兑的现象，也是本书没有把在这些区域生产的浓香型白酒作为浓香型的一个流派来介绍的原因。

由于浓香型白酒的数量众多，市场占有率高，而且在新工艺酒的勾兑方面，己酸乙酯的特征很容易做到，所以新工艺酒中浓香型酒的比例也是最高的。

新工艺酒包括液态法白酒和固液法白酒，使用的标准应该是 GB/T 20821—2007 和 GB/T 20822—2007，而不能使用 GB/T 10781.1—2006。但也有相当一部分企业和酒品标注了 GB/T 10781.1—2006，实际采用的是液态法和固液法，导致目前市场上销售的浓香型成品酒龙蛇混杂，普通消费者无法根据酒标上印的标准来判断酒体的实际工艺和香型风格。（2022 年 6 月生效的 GB/T 20822—2007《固液法白酒》国家标准第 1 号修改单和 GB/T 20821—2007《液态法白酒》国家标准第 1 号修改单具体内容详见本书第 226 页。）

本书介绍的浓香型白酒都是基于信息可靠、也确实生产出来了传统纯粮固态大曲发酵浓香型白酒的酒厂，即便是这些酒厂除了生产纯粮固态大曲发酵的传统白酒之外，也会生产一部分固液酒和液态酒来满足不同的市场需求。

四川的浓香型白酒

一、四川省气候地理分布

四川省位于我国西南，东西长约 1075 公里，南北宽约 900 公里，省域面积 48.5 万平方公里，按国土面积位居全国第五。幅员辽阔，跨我国大陆地势的第一和第二级阶梯，地貌、气候、水文和生物等自然地理条件复杂多样。就地貌而言，全省既有高原和山地，也有平原和丘陵，西部的高原和山地，占省域面积的 81.8%，根据地貌还可以划为川西北高原和川西南山地。

川西北高原属于青藏高原的延伸部分，地势高而辽阔，平均海拔 3500 到 4500 米，是全省地势最高的地区。川西南山地属于横断山脉的中部，高低悬殊，东部有丘陵盆地，海拔 1100 米左右，其中四川盆地形态完整，是我国的第四大盆地，面积约 16.5 万平方公里，盆地四周群山环绕，东有巫山山脉，南有大凉山、大娄山，西有龙门山、大雪山、峨眉山、邛崃山、大相岭等，北有大巴山、米仓山，海拔大多在 1500 到 2000 米，盆地的底部海拔 300 到 700 米，曾覆盖着中生代侏罗纪和白垩纪的紫红色砂页岩，故有"红色盆地"之称。[①]

从气候地理的角度，四川省被分为七个气候区域，一个是川西高原；一个是攀西地区；另外五个全部属于盆地，分别为盆地西北部、盆地东北部、盆地中部、盆地西南部、盆地南部。这种气候区划是根据气温、降水和风速等综合因素来划分的，和白酒相关的浓香型白酒企业，主要是分布在四川盆地里，而盆地里就划分了五个不同的气候区域，在不同区域里生产的浓香型白酒，工艺都非常相似，但是酒体风格仍不一样。

泸州和宜宾，是川派浓香的代表酒单粮香泸州老窖和多粮香五粮液的所在地，属于盆地南部。盆地中部有沱牌舍得酒和水井坊酒，沱牌舍得所在地射洪县，在盆地的中部偏北的地方；水井坊所在地在成都市内，就是原来的全兴酒厂。以生产原酒著名的邛崃、生产剑南春的绵竹都分布在盆地西北部气候区域内。

气候区域不同，基本气象要素就不一样，这里介绍与酿酒相关的两个气象要素，一个是年平均气温，另一个是年平均降水。

从年平均气温图上可以看到，泸州和宜宾都在年平均气温 18℃ 以上的区域里，而其他的浓香型白酒，水井坊、邛崃的酒、剑南春、沱牌舍得所在地都分布在

---

①张宏：《四川地理》，北京师范大学出版社，2016年11月，第5页。

16 ～ 18℃之间。年平均气温相差 2℃，现场实际感受是比较明显的，每个月的差异就更大了。

从四川年平均降水分布图上可以看到，宜宾和泸州在 1000mm 降水量区域内。成都、绵阳包括邛崃一带在 800 ～ 1000mm 左右的降水区域内，与之相差 200mm。

二、四川著名酒企与气候区域的对应关系

具体到各个酒厂的小气候环境，差异就更大，此外还有地貌、水系等影响。处于盆地南部气候区的泸州和宜宾气候比较接近；盆地西部的邛崃尽管和成都离得比较近，但离山区更近一点，实际上感受也有点差异；北部的绵竹就会明显感觉到比成都干燥一些，这些差异都是现场考察时，身体能直接感受到的。

四川盆地内各区域的气候差别是形成同样香型下一个名酒代表一个流派的原因之一。

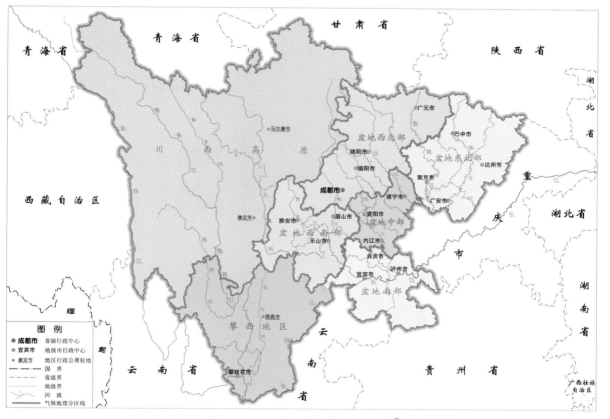

图 5-8-2 四川省气候地理分布图①

---

①四川省气象局：《四川省气候综合图集》，气象出版社，2016年9月，序图3。

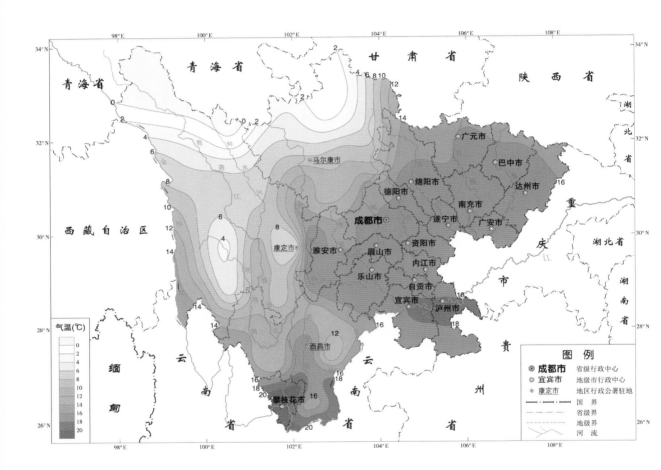

全省年平均气温14.9℃，盆地大部16℃～18℃，盆周山区14℃～16℃，攀西地区大部12℃～20℃，川西高原大部0℃～12℃。受地形西高东低的影响，年平均气温自东南向西北降低；全省气温高值区在攀枝花市和盆南长江河谷地区，攀枝花最高达20.9℃；低值区在川西高原北部及理塘附近，石渠最低为-0.9℃。

图 5-8-3 四川省年平均气温图[①]

① 四川省气象局：《四川省气候综合图集》，气象出版社，2016年9月，第1页。

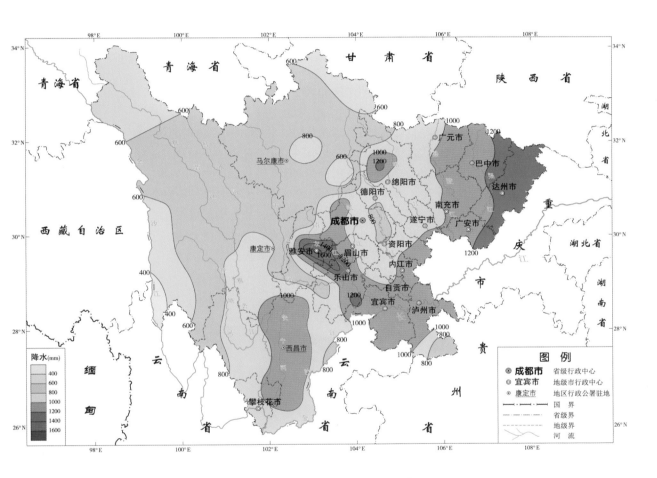

图 5-8-4 四川省年平均降水图[1]

---

①四川省气象局:《四川省气候综合图集》,气象出版社,2016年9月,第42页。

三、四川浓香型名酒厂的地理分布、生产工艺特点和酒体特点

四川盆地生产各种香型的白酒，清香型、浓香型、酱香型、兼香型、芝麻香型都有。

四川是中国白酒大省，产量居全国第一，特别是浓香型白酒，几乎各地生产的浓香型白酒，或多或少要从四川进一些原酒作为基础酒。

由于酒厂众多，无法一一介绍，只能按照具有国家地理标志产品保护标准的五个酒厂加以具体介绍。

1. 泸州老窖（国窖 1573）

（1）自然地理条件和历史文化背景。

泸州老窖起源于地名，就是泸州产的老窖酒。历史悠久，从元代时候就有大曲酒了。

抗日战争时期，泸州酒业得到了迅速发展。1950 年初，泸州的各个酿酒作坊联合组成了泸州曲酒联合工业酿造社。1953 年四川专卖公司泸州酿酒厂成立。1961 年，地方国营的泸州曲酒厂和泸州市的公私合营曲酒厂合并为泸州市曲酒厂；1990 年正式更名为泸州老窖酒厂；1994 年，酒厂改制改名为泸州老窖股份有限公司。1996 年，泸州老窖酒厂一批具有 400 年以上窖龄的酿酒窖池，成为国家重点文物保护单位。

生产的产品就是泸州老窖，叫泸州老窖特曲、头曲，酒质差一点的叫二曲。2001 年，推出了高端系列酒国窖 1573。

图 5-8-5　四川泸州老窖博物馆（摄影／胡纲）
此为 1573 国宝窖池，是国窖 1573 酒的生产区。

泸州老窖在第一次全国评酒会上就获得国家名酒称号，并且连续荣获五次。

泸州老窖所在的地方在四川盆地南部，处于北纬27°39′～29°20′，东经105°08′～106°28′的范围之内。

泸州老窖公司，现在有两个地理标志产品保护标准，一个是泸州老窖特曲酒（GB/T 22045—2008），第二个是国窖1573白酒（GB/T 22041—2008）。这两个标准是商业品牌的保护标准，第一个标准保护范围大，第二个国窖1573的保护范围只是集中在老窖池群内。

现在保护的范围有三个地方，一个国窖广场，一个小市基地，还有一个罗汉基地。从这两个标准来看，三个基地生产的酒都属于泸州老窖一派的浓香型白酒。

根据GB/T 22041—2008的描述，国窖1573是自从公元1573年以来，在国窖广场用泸州五渡溪的黄泥筑建，连续使用至今，具有400多年历史的老窖池群里酿造的酒，才能叫国窖1573。

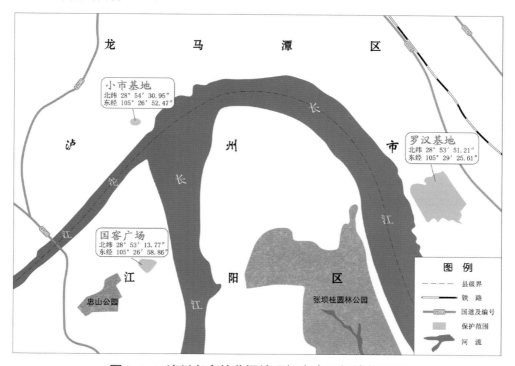

图 5-8-6 泸州老窖特曲酒地理标志产品保护范围图

（2）工艺特点。

在地理标志保护产品标准里描述了关于酿酒原料方面，酒曲采用川南软质小麦为原料，专门为生产泸州老窖酒而生产的优级中温大曲。

关于酒定义里面，具体描述是以高粱或高粱配比其他粮食为酿造原料，以优质小麦或小麦、大麦、豌豆等混合配料制作中温大曲，采用续糟配料、泥窖固态发酵、混蒸混烧，经陈酿、勾调而成的蒸馏酒，也叫泸型酒。

传统上，泸州老窖是川派单粮香酒的代表，特点是小麦做曲，高粱作为单一主粮酿酒。采用原窖法酿造，所谓原窖法就是指本窖的发酵糟醅，经过加原辅料后，再经过蒸煮、打量水、摊晾下曲之后，仍然放回原来老窖池内封闭发酵。20世纪80年代末，泸州老窖酒厂对工艺做了改进，综合原窖法、跑窖法、老五甑法工艺，又创造了原窖分层酿酒工艺，即分层投粮、分层发酵、分层堆糟、分层蒸馏、分段摘酒、分次并坛这些工艺，使产量和质量得到提高，主要产品种类更加细化。

发酵周期一般是60天，现在有的也像五粮液一样，延长到70到90天，储存是陶坛常年贮存，再进行勾调。

前面提到的标准里的定义："以高粱或高粱配比其他粮食为酿造原料，以优质小麦或者小麦、大麦、豌豆等混合配料制的中温大曲"，这两条显示泸州老窖的酒，包括国窖1573，未必全都是像过去使用单一的高粱，有可能也加配了其他粮食。酒曲也不一定全是小麦大曲，有可能是和江淮一带一样，有大麦和豌豆作为配料进行制作的中温大曲。

具体哪个产品使用什么样的工艺，要看具体的产品，以酒厂披露的实际信息为准，而一般消费者很难区分这么细致的信息。

（3）酒体特征。

风味特征的描述都是比较专业化的，只有行业内的人才能够建立起来联系，共同的特点就是窖香幽雅或者窖香浓郁舒适，国窖1573要有陈香幽雅的特征。泸州老窖特曲酒和国窖1573的保护标准中的感官要求和理化指标如下。

①泸州老窖特曲酒的指标要求：

表5-8-10 泸州老窖特曲酒感官要求

项目	指标要求				
	25%vol～34%vol	35%vol～40%vol	41%vol～60%vol	61%vol～67%vol	≥68%vol
色泽	无色（或微黄）透明、无悬浮物、无沉淀				
香气	窖香舒适，具有己酸乙酯为主体的复合香气	窖香舒适，具有己酸乙酯为主体的复合香气	窖香、糟香幽雅，具有浓郁的己酸乙酯为主体的复合香气	窖香、糟香谐调、陈香突出，具有浓郁的己酸乙酯为主体的复合香气	窖香、糟香、陈香谐调幽雅，具有浓郁的己酸乙酯为主体的复合香气
口味	醇甜谐调、余味爽净	绵甜谐调、余味爽净	醇厚浓郁、饮后尤香、清洌甘爽、回味悠长	醇厚浓郁、饮后尤香、清洌甘爽、回味悠长、酒体丰满	醇厚浓郁、饮后尤香、清洌甘爽、回味悠长、酒体丰满
风格	本品风格典型				

注：当酒温低于10℃以下时，允许出现白色絮状沉淀物质或失光，10℃以上时应逐渐恢复正常。

表 5-8-11 泸州老窖特曲酒理化指标

项目	指标要求				
酒精度 /%vol	25～34	35～40	41～60	61～67	≥68
总酸（以乙酸计）/(g/L)	≥0.30	≥0.40	≥0.50	≥0.70	≥0.90
总酯（以乙酸乙酯计）/(g/L)	≥1.00	≥1.20	≥2.00	≥2.40	≥2.60
己酸乙酯 /(g/L)	0.50～2.00	0.60～2.20	1.20～3.00	2.20～4.00	≥2.80
固形物 /(g/L)	≤0.80		≤0.60		≤0.80

注：标签标示值与实测酒精度偏差不得超过±1.0%vol。

②国窖 1573 的指标要求：

表 5-8-12 国窖 1573 酒感官要求

项目	指标要求				
	25%vol～34%vol	35%vol～40%vol	41%vol～60%vol	61%vol～67%vol	≥68%vol
色泽	无色（或微黄）透明、无悬浮物、无沉淀				
香气	窖香幽雅、陈香舒适，具有己酸乙酯为主体的复合香气	窖香浓郁、陈香幽雅，具有己酸乙酯为主体的复合香气	窖香、陈香、糟香谐调幽雅，具有浓郁的己酸乙酯为主体的复合香气	窖香、糟香谐调幽雅、陈香突出，具有浓郁的己酸乙酯为主体的复合香气	窖香、糟香谐调幽雅、陈香舒适，具有浓郁的己酸乙酯为主体的复合香气
口味	绵甜柔和、诸味谐调、尾味爽净	绵甜柔和、香味谐调、余味爽净	醇厚绵甜、丰满谐调圆润、尾净香长	醇厚浓郁、圆润谐调爽净、回味悠长	醇厚浓郁、圆润谐调、回味悠长
风格	本品风格典型				

注：当酒温低于10℃以下时，允许出现白色絮状沉淀物质或失光，10℃以上时应逐渐恢复正常。

表 5-8-13 国窖 1573 酒理化指标

项目	指标要求				
酒精度 /%vol	25～34	35～40	41～60	61～67	≥68
总酸（以乙酸计）/(g/L)	≥0.30	≥0.40	≥0.50	≥0.70	≥1.00
总酯（以乙酸乙酯计）/(g/L)	≥1.00	≥1.20	≥2.00	≥2.40	≥2.80
己酸乙酯 /(g/L)	0.50～2.00	0.60～2.20	1.20～3.20	2.20～4.50	≥3.00
固形物 /(g/L)	≤0.90		≤0.60		≤0.80

注：标签标示值与实测酒精度偏差不得超过±1.0%vol。

图 5-8-7　四川泸州老窖股份有限公司一景　（摄影／胡纲）

窖香是个什么香？是酒窖里的糟醅发酵到恰到好处的时候，散发出的香气，有点像菠萝的那种香味，和清香型的那种青苹果香不大一样。如果没有在酒厂里工作过，没有闻过窖香，有的时候分不清是窖香还是窖泥味。

对普通消费者来说，还得寻找更多的能够直接联系起来的对应物，才能感受到窖香的实际特征。

近两年来，泸州老窖的主要产品的单粮香特点已经不是那么明显了，有点接近多粮香的风格。也有信息透露，泸州老窖的代表产品国窖1573也采用了类似五粮液的多粮工艺，上文说过这也是泸州老窖标准允许的。它标准的定义里面，并没有完全把自己局限在单粮香范围之内。

在全国评酒会获得国家名酒的历史，泸州老窖要比五粮液长，第一届没有五粮液酒。但是从20世纪80年代直到现在的市场上，五粮液的销量要大于泸州老窖，泸州老窖借鉴多粮香的工艺，也许是适应市场导向而做的一些改变。

有些行业专家认为，宜宾的酒质比泸州的略好一点，而泸州的大曲比别的地方的大曲都好，全国各地方的浓香型白酒，很多都是从泸州采购大曲。

我们曾经去泸州考察过数次，现在国窖广场周边基本上被城市楼宇包围，范围很有限，当然老窖池还在。泸州老窖强调的就是老窖池，对老窖泥的研究最为深入，国窖广场区域是他们最高端的一个生产区域。

除了三个保护区域的生产基地之外，在黄舣镇和泸县都有白酒生产基地，而且生产规模不小。这一带是丘陵地区，各个酒厂的局部小气候环境也不大一样，酒体风格是否有所差异还有待于深入的研究。

表 5-8-14 泸州老窖股份有限公司代表产品

酒名	酒精度	容量	价格	图片
国窖 1573	52°	500ml	1219 元	
泸州老窖特曲纪念版	52°	500ml	508 元	
茗酿	40.8°	500ml	618 元	
泸州老窖窖龄酒（窖龄 60 年）	52°	500ml	507 元	
泸州老窖六年窖头曲	52°	500ml	238 元	
泸州老窖头曲	52°	500ml	98 元	

2. 五粮液

（1）自然地理条件和历史文化背景。

五粮液酒产于四川宜宾市。宜宾，古称僰道，自古以来就是多民族杂居的地方。酿酒的历史，追溯起来有3000多年。处于泸州的东边，宜宾往西，现在为峨边彝族自治县、马边彝族自治县，都是汉代犍为郡所在的地方。再往南，就到了云南的水富、盐津。

追溯宜宾的酿酒历史，相关的文献都记述了宜宾地区各族人民在不同历史时期酿造出了各具特色的、有据可考的美酒。先秦时期僚人酿制的叫清酒，秦汉时期僰人酿造的叫蒟酱酒，三国时期鬃鬃苗人用野生小红果酿制的果酒，南北朝时期彝人用小麦、青稞、大米等粮食混合酿造的咂酒。

唐宋时期，宜宾叫戎州，诗人杜甫曾经赞叹过当地的一种酒叫重碧；宋代的大诗人、书法家黄庭坚，曾经被贬戎州，也写诗赞颂过当地的两种名酒，一种叫荔枝绿，一种叫姚子雪曲。

图 5-8-8 四川宜宾五粮液集团有限公司 （摄影／胡纲）

宜宾的白酒，从明代就有酿造，明末时期，因为战乱，宜宾的酿酒业受到了很大的破坏。清朝前期，实行移民填川，使酿酒业有了快速的发展，特别是陕西的商人到宜宾，带来了全国领先的踩曲、酿酒技术，使宜宾酿酒业得到了复苏。

现在的五粮液，追溯的最早的起源是在 20 世纪 30 年代期间，由邓子均创办的利川永酒坊，并经前清举人杨惠泉命名而创立的酒。

邓子均最早是用九种粮食酿酒，经过多次实验之后，才确定了用大米、糯米、高粱、玉米、荞麦五种粮食酿造，当时叫杂粮酒，后来在一次宴会上，被前清举人杨惠泉命名为五粮液。

1951 年在宜宾以"利川永"和"长发升"两家老糟房为主，联合另外七家糟房成立了"宜宾市大曲联营社"，1953 年更名为"四川省专卖公司国营宜宾酿酒厂"。

1959 年国营宜宾酒厂正式更名为"宜宾五粮液酒厂"，现在叫宜宾五粮液股份有限公司。

现在宜宾五粮液股份有限公司占地 12 平方公里以上，是全球规模最大的白酒生产企业。[①]

1963 年，在第二届全国评酒会上，五粮液被评为国家名酒。此后，在 1979 年第三届全国评酒会、1984 年第四届全国评酒会和 1989 年第五届全国评酒会，五粮液都被评为全国名酒。以前五粮液都是 60°，到 1989 年才有 60°、52°、39° 三个品种被评为国家名酒。

五粮液酒，现在有国家地理标志产品保护标准，标准号是 GB/T 22211—2008。

根据五粮液国家地理标志产品保护标准，分为地理环境和气候环境两个方面来描述。地理环境，位于万里长江源头金沙江与岷江交汇处的岷江北岸，海拔 293～320m 之间，东经 104° 35′～104° 37′，北纬 28° 18′～28° 45′。山丘、坝子、河流交错，地形地貌独特。

气候环境属于中亚热带湿润季风气候区，同时还具有南亚热带湿润气候属性。总的特点是雨热同季，温暖湿润，全年平均气温 18℃左右，地温与气温分布一致，雨量适中，日照时间少，无霜期长，年温差小，昼夜温差小，相对湿度变化不大，多无风，偶尔有微风，无大风，有利于多种酿酒有益微生物的生长和繁殖，形成了酿造五粮液独有的生态环境。

顺便说一下，国家地理标志产品保护标准，主要起草单位都是生产这种品牌酒的企业，各个标准的内容不完全一样，从标准的内容来看，能反映出来各个起草单位对影响白酒风味或者对需要保护的自然地理要素的理解不大一样，在所有白酒的国家地理标志产品保护标准里面，五粮液的标准（GB/T 22211—2008），关于环境

①李幼明：《五粮液酒文化》，中国轻工业出版社，2015年9月，第9页－第10页。

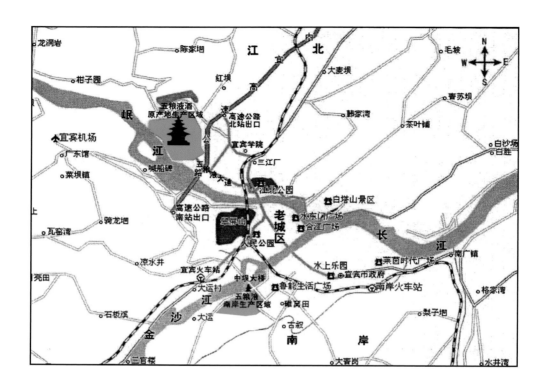

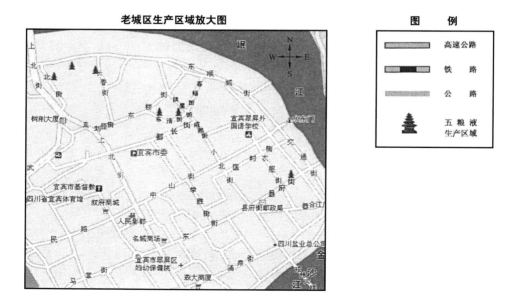

图 5-8-9 五粮液酒地理标志产品保护范围图

描述是最全面的。除了经纬度坐标是所有的地理标志产品保护标准都要有之外，很多细节是不一样的，比如有些标准没有讲到海拔，有些标准没有讲地貌，有些标准没有讲风速等情况。

五粮液的地理标志保护标准，气候要素、地理要素和地貌要素都有具体的描述，说明酒厂注意到了这些影响主体风味的自然条件。当然，其标准里还缺一个数据，是年平均降水量，我查了其他的资料，大概是在 1100mm 左右。

标准还特别强调了当地属于中亚热带湿润季风气候区，同时还具有南亚热带湿润气候属性。这条很重要，后面我们会讲到环境气候和制曲温度的密切相关性。

之前介绍气候条件的时候也讲过，虽然有气候区划，但实际上每年的气候是变化的，特别是宜宾已经靠近中亚热带区南部，有的时候就呈现出来南亚热带气候特征，而且每年的气候不完全一样，降雨、气温都会有所变化。

泸州老窖所在的区域是北纬27°39′，五粮液所在区域是北纬28°18′～28°45′，从纬度上看，两个地方差不多，直观感受上，我们觉得冬季宜宾比泸州气温略低一点。有一年冬天，我们在同一天先到了宜宾，又到泸州，感觉宜宾有点冷，到泸州就觉得温暖了一些。

（2）工艺特点。

五粮液酒，是川派浓香里面多粮香流派的代表酒，从工艺上讲，主要和泸州老窖相比，有几个明显的特点。

①制曲不一样。

五粮液的大曲是包包曲，长方体，中间凸起，长宽高是 26.8×17.5×5cm，中间要凸起来 4cm，重量是 2715g。泸州老窖的大曲长宽高是 33×20×5cm，重量 3200～3500g，五粮液的大曲比泸州老窖的略小一点。[①]

泸州老窖是用小麦还要加一点高粱制成中高温曲，五粮液全部用小麦制曲。

五粮液大曲是包包曲，中间鼓起部位，大概有 4cm 高，比较厚而且疏松，在培菌的过程中，品温相对比较高，是中温曲块中的高温区，这一部分由于湿度、温度同平面位置差异，使酒除具有浓香型大曲的个性外，还有一些酱香味，也有陈香味，这样使五粮液酒不仅有多粮香，而且还有陈味，酒体更加丰满。

②酿酒用五种粮食。

五粮液酒是选用高粱、大米、糯米、小麦、玉米五种粮食为原料酿造的，对外公布的比例中高粱占 36%、大米 22%、糯米 18%、小麦 16%、玉米 8%。但是在实际生产中，具体参数有可能会进行调整。和泸州老窖使用高粱一种原料的单粮香相比，五粮液酒被称为多粮香。

---

① 余乾伟：《传统白酒酿造技术》，中国轻工业出版社，2018年5月第二版，第79页－第80页。

③酿造方面的特点。

五粮液酒酿造方面的特点,可以概括为跑窖循环、续糟发酵、分层起糟、分层入窖、量质摘酒、按质并坛。①

这里重点讲下跑窖法,五粮液的跑窖法和泸州老窖的原窖法不同,所谓跑窖法是指在发酵和蒸馏作业的时候,要两到三口窖池同时开始,才能完成发酵糟的正常循环。

操作时把一号窖和二号窖的酒醅同时取出来,把一号窖的粮醅蒸好、摊晾拌好曲之后,下到二号窖里,进行下一轮的发酵。

五粮液的常规酒在窖池中发酵周期是 70 天以上,双轮底的发酵酒是在 140 天以上。

双轮底发酵技术是五粮液酒厂在 20 世纪 60 年代首先试验成功的,操作讲起来比较复杂,简单地说,双轮底就是靠近窖底部分的糟醅,在第一次取醅蒸馏时不取出来,保留在那,等第二次下粮的时候,直接把蒸好的粮醅再盖在上面,再次发酵,底部的糟醅就会发酵两次。

具体的操作方法有很多,有连排连续发酵,有隔排发酵。这项技术在全国推广之后,又发展出了三轮底、隔排双轮底和连续双轮底等技术。

这项技术应用的主要原理是靠近窖底的糟醅含水量比较大,黄水沉降在下面,含有的香味物质的浓度很高,成分复杂,连续两轮发酵,延长一倍的发酵时间,香味物质就更加丰富,酿造的酒的香气更加馥郁,口感也更丰富。因此双轮底的酒,一般是做调味酒使用。②

五粮液的地理标志产品保护标准,也强调了发酵窖池,酒厂有 600 年连续使用的古窖池和由此演化而来的窖池群。

酒的贮存老熟,按照该标准的要求,从原料投入到产品出厂不低于 5 年,调味酒的酒龄不少于 15 年。

（3）酒体特征。

五粮液的地理标志保护产品里面对感官特征的描述以及理化指标见下表:

表 5-8-15 五粮液酒感官要求

项目	感官要求
外观	无色（或微黄）、清澈透明、无悬浮物、无沉淀
香气	具有浓郁、自然的己酸乙酯为主体的复合香气
口味	香气悠久、味醇厚、入口甘美、入喉净爽、各味谐调、恰到好处,尤以酒味全面而著称
风格	具有本品突出的风格

注:当酒温度低于10℃时,允许出现白色絮状沉淀物质或失光。10℃以上时应逐渐恢复正常。

---

①李大和:《白酒酿造与技术创新》,中国轻工业出版社,2017年8月,第87页。
②余乾伟:《传统白酒酿造技术》,中国轻工业出版社,2018年5月第二版,第472页。

表 5-8-16 五粮液酒理化要求

项目	要求					
酒精度 /（%vol）	61.0～73.0	60.0	41.0～59.0	35.0～40.0	25.0～34.0	年份酒
总酸（以乙酸计）/（g/L）　≥	0.60	0.60	0.40	0.30	0.20	同相应酒精度五粮液酒
总酯（以乙酸乙酯计）/（g/L）　≥	2.80	2.80	2.00	1.50	1.20	
己酸乙酯 /（g/L）	2.00～4.50	1.80～2.80	1.20～2.80	0.70～2.20	0.50～2.00	
固形物 /（g/L）　≤	0.7					1.00

注:酒精度允许差为±1.0%vol。

　　就我自己的感觉，五粮液酒的香气和泸州老窖相比，泸州老窖窖香要浓一点，有菠萝那一类热带水果的香气；五粮液的粮香要明显一点，香气丰富，多种香气比较谐调。

　　口感上，泸州老窖要润滑一点，五粮液略微有点碱味。

图 5-8-10 五粮液酒厂里的挑酒工人 （摄影 / 李寻）

表 5-8-17 宜宾五粮液股份有限公司代表产品

酒名	酒精度	容量	价格	图片
五粮液第八代	52°	500ml	1299 元	
五粮液 1618	52°	500ml	1199 元	
五粮春	50°	500ml	268 元	
五粮特曲	52°	500ml	238 元	
五粮醇金淡雅	50°	500ml	178 元	
五粮液系列酒绵柔尖庄（新盒装）	50°	500ml	98 元	

3. 水井坊酒

（1）自然地理条件及历史文化背景。

1786年，陕西凤翔府的王氏兄弟在成都锦江边的水井街，开了"福升全"烧酒坊。

1824年，王氏兄弟用明代古井"薛涛井"井水酿造了"薛涛酒"。与此同时，"福升全"烧酒坊扩建，建立了全兴老字号作坊，在传统工艺上对"薛涛酒"进行了改造加工，创造出统称"全兴酒"的新酒，这就是全兴大曲的前身。

1950年，当时的川西专卖局赎买了"全兴老字号"酒坊，生产的酒就叫全兴大曲。

1951年政府用赎买的方式接收了水井街"福升全"和"全兴成"等，成立了地方国营成都酒厂。

1989年，国营成都酒厂更名为四川成都全兴酒厂，并且获得"中华老字号"称号。

1963年的第二届全国评酒会上，成都酒厂的全兴大曲（59°）被评为全国名酒。

1984年的第四届全国评酒会上，全兴大曲再次被评为国家名酒。

1989年的第五届全国评酒会上，全兴大曲第三次被评为国家名酒（60°、52°、38°）。

图 5-8-11 水井坊博物馆（摄影／朱剑）

1998 年全兴酒厂在酿酒车间进行修整改造时，发现了地下的古老酿酒作坊，根据专家考证，是明代的一个酿酒作坊遗址，并于 2001 年被列为国家重点文物保护单位。此酿酒作坊是前店后厂式，既有酿酒作坊，也有前面的酒肆，据考证，距现在已经有 600 多年的历史。在此遗址上建有水井坊博物馆，并且里面的窖池现在还在生产。

2001 年全兴酒厂借着发现古窖古酿造作坊遗址的机会，推出了自己的高档白酒新品——水井坊，一经上市，反响很好，所以全兴也顺势把在上交所上市的"全兴股份"改名为"水井坊"。

随着水井坊的壮大，从 2004 年起，全兴的运营团队就放弃了双品牌运作，开始有意识地强化水井坊，弱化全兴。2006 年，全球最大的洋酒公司帝亚吉欧，以 5.17 亿元的价格买走了成都盈盛投资持有的全兴集团 43% 的股份，成为其收购全兴集团的开始。根据我国 2007 年修订《外商投资产业指导目录》规定，中国名优酒只允许中方控股，不允许外资控股，而全兴集团当时除持有"水井坊"39.7% 的股权外，还是中国名酒"全兴大曲"的拥有者。因此，全兴集团将"水井坊"和"全兴大曲"进行商标拆分，帝亚吉欧绕道控股水井坊。

2011 年，上海市糖业烟酒有限公司取得了四川全兴酒业有限公司 67% 的股权，全兴和水井坊由此分裂，水井坊成为一个独立公司，变身外资企业，全兴大曲属于另一个公司，现在叫四川全兴酒业有限公司。

水井坊酒是国家地理标志保护产品，目前的国家标准号是 GB/T 18624—2007，标准的前言说明 2002 年就发布该地理标志保护产品标准，2007 是新版本。

当时全兴酒厂已经有四个产区，分别是原有的水井街区，以及另外三个土桥区、大塘区和郫县区。这四个产区都被纳入地理标志保护范围，在标准中明确了各自的经纬度。

原厂家分家之后，现在不清楚他们之间是不是还有实际生产或者产品上的往来，标准上保护区域比较大，这四个地方生产的酒都可以叫水井坊酒。

现在的水井街区是古时候的老作坊所在地，位于成都平原成都市区，北纬 30°38′，东经 104°6′，也是目前我们所见过的唯一在中国省会城市中心区现在仍在酿酒的酒厂。

资料介绍，水井坊在古代是沿着府河和南河的码头建立，这种前店后厂式的作坊都要靠近水路交通要道，接近当地经济中心，是很多古代酒坊建造的模式。

从自然地理条件看，成都市水井街区比位于四川盆地南部的泸州和宜宾要高两个纬度，年平均气温要低 2℃左右，降雨量也低，要稍微干燥一些，这些因素对它的酒体风格都会有所影响。

按照地理标志产品保护标准来讲，酿酒用水、粮都有要求，水来自岷江；高粱来自川东大巴山一带特定的高粱生产基地；小麦主要采用川西的软质小麦；玉米采自成都平原周边地区；糯米主要采用成都平原境内的；大米用晚籼大米，也主要产于成都平原境内。

如果真能完全按照酒粮的标准来采购和生产，那它确实属于一个原产地产品。

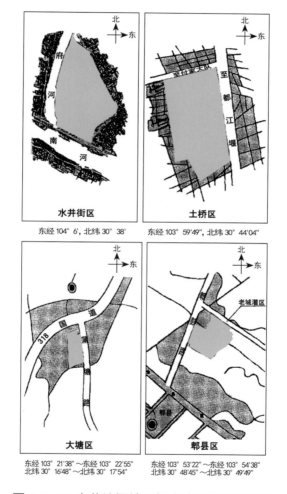

图 5-8-12 水井坊酒地理标志产品保护范围图

（2）工艺特点。

酒厂的发展历经曲折，其酿造工艺也随之发生了多次变化。从现在的资料上看，传统的全兴大曲采用的是单粮香、原窖法工艺，类似于泸州老窖，酒体以窖香浓郁著称。

水井坊现在采用多粮香工艺，用高粱、大米、糯米、玉米、小麦和水为原料，在特定的区域（水井坊酒厂周边）生产，基本上就是五粮液工艺。

但是制曲有自己的特点，用的是两种大曲，原料是小麦加高粱和陈曲。一种是春天农历二月桃花盛开季节制得的中温大曲，俗称桃花曲；另一种是在盛夏季节制得的高温大曲，叫伏曲。

酿酒的时候，是高温大曲和中温大曲按比例混合使用，发酵时间比较长，母糟发酵90天，双轮底糟发酵要180天以上。

按不同的发酵时间产出，分层缓火蒸馏，分段量质摘酒，分成三个典型体入陶坛储存，三个典型体分别是窖香、醇甜和陈香。基酒酒龄不少于4年，调味酒龄不少于10年，然后经过尝评、勾调之后才成为成品。标准上要求从原料投入到产品出厂不少于5年。

（3）酒体风格。

水井坊酒的地理标志保护产品里面对感官特征的描述以及理化指标见下表：

表 5-8-18 水井坊酒感官要求

项目	50%vol 以上	40%vol～49%vol	39%vol 以下
色泽	无色（或微黄）透明、无悬浮物、无沉淀杂质		
香气	窖香幽雅、陈香飘逸	窖香幽雅、陈香怡人	窖香幽雅、陈香舒适
口味	甘冽醇厚、圆润爽口、香味谐调、尾净悠长	醇和柔软、甘冽爽口、尾净绵长	醇和绵软、甜净爽口、回味怡畅
风格	具有本品独特的风格		

注：当酒的温度低于8℃时，允许出现白色絮状物质或失光，8℃以上一定时间内逐渐恢复正常，该过程属正常现象。

表 5-8-19 水井坊酒理化指标

项目		指标要求		
酒精度 /(%vol)		50%vol 以上	40%vol～49%vol	39%vol 以下
总酸（以乙酸计）/(g/L)	≥	0.60	0.40	0.30
总酯（以乙酸乙酯计）(g/L)	≥	2.00	2.00	1.50
己酸乙酯 /(g/L)		1.20～2.80	1.20～2.50	0.70～2.20
固形物 /(g/L)	≤	0.60	0.60	0.80

注：酒精度允许误差为±1%vol。

我自己喝的实际感受，没感受到陈香，香气是多粮香酒的香气，复杂丰富，比较谐调。最突出的特点是比较醇甜、甘冽醇厚，与五粮液相比，略显稀薄。

表 5-8-20 四川全兴酒业有限公司代表产品

酒名	酒精度	容量	价格	图片
全兴熊猫赏鉴	52°	700ml	2699 元	
全兴大曲青花（15）	52°	500ml	389 元	
全兴大曲经典方瓶	52°	500ml	199 元	

表 5-8-21 四川水井坊股份有限公司代表产品

酒名	酒精度	容量	价格	图片
水井坊·菁翠	52°	500ml	2240 元	
水井坊典藏大师版	52°	500ml	1495 元	
水井坊井台	52°	500ml	839 元	

4. 剑南春

（1）自然地理条件和历史文化背景。

剑南春酒，出产于四川绵竹市春溢街 289 号的四川剑南春集团有限责任公司，酒厂历史悠久，最早可以追溯到康熙初年的绵竹大曲。

1951 年，当地 30 多家作坊收归国有，成立了四川绵竹地方国营酒厂。1984 年正式更名为四川省绵竹剑南春酒厂。1994 年改制为四川剑南春股份有限公司。1996 年组建成了四川剑南春集团有限责任公司。

2004 年，剑南春的天益号酒坊遗址，入选了当年的中国十大考古新发现。

现在的天益老号，是一个使用老窖池、还保留着传统手工酿酒操作工艺的酿酒作坊，对外开放，接受参观。

剑南春酒也是国家地理标志保护产品，标准号是 GB/T 19961—2005。

在 1979 年第三届全国评酒会上，剑南春酒（60°、52° 和 50°）被评为全国名酒，

图 5-8-13 四川绵竹剑南春集团公司大门 （摄影／李寻）

1984 年和 1989 年，又连续被评为全国名酒。

剑南春酒的国家地理标志产品保护标准规定，保护范围是北纬 31°18′02″～31°19′32″，东经 104°10′23″。年平均降水量是 1040.8mm，年平均温度是 15.7℃，海拔在 580m 左右。

相比四川盆地南部的五粮液和泸州老窖，剑南春酒的生产地纬度高了将近 3 个纬度，直线距离差不多 500km。年平均气温下降了大概 2℃多，具体到每一个月，特别是生产季的每个月，差异就更大。

剑南春酒的国家地理标志产品保护标准规定，水源来自龙门山脉的水系。酿酒用粮是五粮酿造，高粱来自四川丘陵地带的优质糯高粱，部分来自特定的高粱生产基地；玉米产于川西平原四周山区，要求细腻甘甜，富有黏性；大米采用晚籼大米，产于川西平原，要求清香爽口；糯米主要产于川西平原；小麦主要采用川西平原的优质小麦；大麦应具有大麦固有的香气，无病斑粒、无霉味和其他异味。

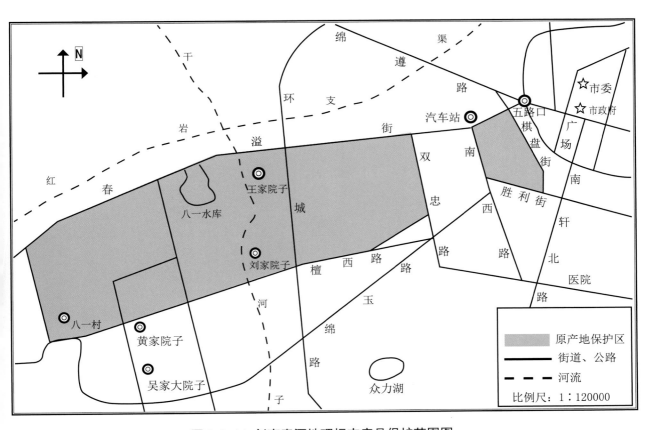

图 5-8-14 剑南春酒地理标志产品保护范围图

（2）工艺特点。

从酿酒工艺上来看，剑南春酒使用两种大曲，一种高温曲，一种中温曲，和五粮液不一样。大曲是由小麦和大麦混合制成。使用的时候，中温曲和高温曲按照比例使用，母糟发酵期 70 天，双轮底发酵 140 天以上，发酵时间和五粮液一样。

原酒分成四种典型体，分别是窖香、浓甜、醇厚和陈香。基础酒酒龄要求不少于 2 年，调味酒酒龄不能少于 10 年，从原料投入到产品出厂不少于 3 年。

酿酒粮食的品种和五粮液一样，但是比例不一样。具体用粮比例如下表：[①]

表 5-8-22 五粮液和剑南春用粮比例

用粮种类　　　　酒品类	五粮液	剑南春
高粱	36%	40%
大米	22%	20%
糯米	18%	20%
小麦	16%	15%
玉米	8%	5%

这是目前公开资料得到的数据，企业实际生产的时候，不知道是不是这个配方，毕竟生产的酒有时候是不一样的。

（3）酒体风格。

剑南春酒被称为川派多粮香里的又一个流派，叫复合香流派。在其地理标志产品保护标准里的感官要求和理化指标如下表：

表 5-8-23 剑南春酒感官要求

项目	要求	
	酒精度 40.0%（体积分数）以上	酒精度 39.0%（体积分数）以下
色泽	无色（或微黄）透明、无悬浮物、无沉淀杂质 [a]	
香气	芳香浓郁、纯正典雅	
口味	醇厚绵柔、甘洌爽净、余味悠长、香味谐调、酒体丰满圆润	醇厚绵软、甘洌爽净、余香悠长、香味谐调、酒体丰满圆润
风格	具有浓郁的浓香型白酒的独特风格	

[a] 当酒的温度低于10℃时，允许出现白色絮状沉淀物质或失光，10℃以上时应恢复正常。

---

① 余乾伟：《传统白酒酿造技术》，中国轻工业出版社，2018年5月第二版，第131页。

表 5-8-24 剑南春酒理化指标

项目		要求	
		酒精度 40.0%（体积分数）以上	酒精度 39.0%（体积分数）以下
总酸（以乙酸计）/(g/L) ≥		0.40	0.30
总酯（以乙酸乙酯计）/(g/L) ≥		2.00	1.50
己酸乙酯 /(g/L)		1.20～3.00	0.60～2.60
固形物 /(g/L) ≤		0.50	0.70

注：酒精度允许误差±1.0%(体积分数)。

比较浓香酒的感官描述，感觉大同小异。谈谈我自己的感受，剑南春酒的香气和五粮液、泸州老窖以及水井坊，都不太一样，明显的感觉是剑南春酒粮食香更重一些，而且有一点脂粉的香气。口感上感觉没有五粮液那么丰富或者是没有那么华丽，滋味没有那么复杂，更偏向于朴实的感觉。

图 5—8—15 四川绵竹剑南春酒史博物馆（摄影／李寻）

表 5-8-25 剑南春集团有限责任公司代表产品

酒名	酒精度	容量	价格	图片
东方红 1949	46°	500ml	1399 元	
珍藏级剑南春	52°	500ml	658 元	
剑南春	52°	500ml	438 元	
金剑南 K9	52°	500ml	328 元	
珍品绵竹大曲	52°	475ml	125 元	
剑南醇	52°	500ml	88 元	

5. 沱牌白酒和舍得白酒

（1）自然地理条件和历史文化背景。

沱牌白酒和舍得白酒，由同一个酒厂生产，现在叫舍得酒业股份有限公司，位于四川省射洪市沱牌镇，原来叫柳树镇。

该酒厂的历史可以追溯到清代。1951 年，在原来的曲酒作坊上进行公有制改造，建立了射洪县实验曲酒厂，沿袭传统工艺研制沱牌曲酒，后来厂名改为沱牌曲酒厂，1995 年成立沱牌有限公司。

2010 年，柳树镇改名为沱牌镇。

2018 年，四川沱牌舍得酒业股份有限公司更名为舍得酒业股份有限公司。

原来的产品是沱牌曲酒，在 1989 年的第五届全国评酒会上，沱牌曲酒（54°、38°）获得了国家名酒称号。

沱牌白酒和舍得白酒两个商标都是国家地理标志保护产品，有两个地理标志产品保护标准，舍得白酒保护标准是 GB/T 21820—2008，沱牌白酒保护标准是 GB/T 21822—2008。

保护范围都是一个地方，就是酒厂所在地，北纬 30°43′，东经 105°24′，海拔 310～389m。该区域位于四川中部的丘陵地区的北缘，年平均降雨量 928mm，相比南部的泸州和宜宾低得较多，年平均气温 17.3℃。

图 5-8-16 四川射洪舍得酒业股份有限公司大门（摄影／李寻）

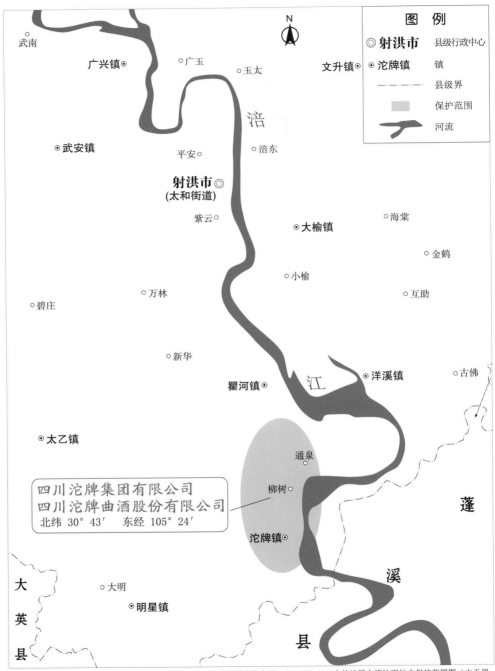

图例

◎ **射洪市** 县级行政中心
◎ **沱牌镇** 镇
‐‐‐‐‐‐‐ 县级界
▨ 保护范围
◤ 河流

武南
广兴镇◎ ○广玉 玉太 **文升镇**◎

涪

◎**武安镇** 平安 ○涪东

N

射洪市◎
(太和街道)

紫云○ ○海棠

◎**大榆镇** ○金鹤

○小榆 ○互助

○碧庄 ○万林

江

○新华 ○古佛

瞿河镇◎ **洋溪镇**◎

蓬

◎**太乙镇**

通泉○

四川沱牌集团有限公司
四川沱牌曲酒股份有限公司
北纬 30°43′ 东经 105°24′

柳树○

溪

沱牌镇◎

大
英
县 ○大明

明星镇◎

县

注：本图由西安地图出版社重新绘制，参考资料：地理标志产品沱牌白酒GB/T21822-2008中的沱牌白酒地理标志保护范围图（由于原图中乡镇界线表示不清晰，故不表示）

图 5-8-17 沱牌白酒地理标志产品保护范围图

酿酒原料在保护标准里是这样规定的，水取自于当地青龙山和龙池山交汇处的地下沱泉水；高粱产于四川的糯高粱以及东北地区的优质高粱；大米主要产于四川、海南、江西和东北地区；糯米产于四川、海南及江南地区；小麦主要产于四川、河南、山东的红色软质小麦；玉米主要产于四川、甘肃及东北地区；大麦主要产于甘肃及东北地区。

这个标准可能更符合生产实际，除了四川本地粮食，有很多酒粮是外地采购。从其他资料上看，四川的高粱远远不够本省酿酒使用，大约有70%都是要从外面采购。

（2）工艺特点。

沱牌白酒和舍得白酒都是多粮香白酒，和五粮液的工艺差不多，主要差别在大曲上，要用三种大曲，1、2、3、4月制得的中温曲叫桃花曲；5、9、10、11、12月制得的中高温曲叫月桂曲；6、7、8月制得的高温曲叫陈香曲，然后把这三种大曲，按照一定比例混合制成复合大曲。大曲以优质小麦和大麦为原料。

采用和五粮液一样的跑窖循环法，发酵的周期是90天以上，双轮底发酵是180天以上。

舍得白酒跟沱牌白酒的区别是，舍得白酒的发酵时间要长，发酵周期要100天以上，双轮底发酵要200天以上。基酒酒龄不一样，沱牌白酒是3年以上的基酒，调味酒要10年以上；舍得白酒的基酒是5年以上，调味酒要15年以上。以上是标准中介绍的。其他资料说，在实际生产过程中，在分级里面摘取的最优质的酒，就做舍得白酒，等级稍微偏下一点的酒，就做沱牌白酒。

到这里我们已经介绍了四川的五个著名的浓香型白酒酒厂，从中可以看出有些规律性的特点，南部的宜宾和泸州气温高、湿度大，基本上是用小麦制作大曲；成都在四川盆地中心，开始用小麦和大麦混合制曲；剑南春和沱牌舍得酒所在地就更北了，也都用小麦和大麦混合制曲，而且大曲是两种或者三种曲同时并用。

这种工艺的形成，是我们现在看到的情况，在古代是不是这样不清楚，我们推测和传统工艺有一定的关系，因为越往北，离大麦的产地越近，而且接近北方的古井贡、洋河这些用大麦、小麦混合制曲的地方。这种现象说明可能是随着气候条件的变化，在古代是就近选择原料；还有一个原因就是要适应气温，比川南气温低、湿度低的情况下，混合大麦、小麦的低温曲、中温曲同时并用，糖化和酒化的效果更好。

这种工艺的变化，是适应自然地理条件变化而自然演化出来的特色。

（3）酒体风格。

沱牌白酒和舍得白酒的保护标准中的感官要求和理化指标如下。

①沱牌白酒的指标要求：

表 5-8-26 沱牌白酒高度酒感官要求

项目	特级	优级	一级
色泽	无色或微黄，无悬浮物，无沉淀杂质 [a]		
香气	香气幽雅，粮香陈香馨逸	香气幽雅，粮香陈香雅逸	香气幽雅，粮香隐逸
滋味	醇厚绵柔、细腻圆润、甘美净爽、余味悠长	醇厚绵柔、细腻圆润、清洌甘爽．余味净长	醇和清润、绵甜甘冽、后味爽净
风格	具有本品突出的幽雅风格	具有本品显著的幽雅风格	具有本品明显的幽雅风格

[a] 当酒的温度低于10℃时，允许出现失光或白色絮状沉淀物质。10℃以上时应逐渐恢复正常。

表 5-8-27 沱牌白酒低度酒感官要求

项目	特级	优级	一级
色泽	无色或微黄，无悬浮物，无沉淀杂质 [a]		
香气	香气幽雅，粮香陈香馨逸	香气幽雅，粮香陈香雅逸	香气幽雅，粮香隐逸
滋味	绵柔圆厚、细腻温润、甘美净爽、余味悠长	绵软柔顺、细腻温润、清洌甘爽、余味净长	醇和清润、绵甜柔顺、后味爽净
风格	具有本品突出的幽雅风格	具有本品显著的幽雅风格	具有本品明显的幽雅风格

[a] 当酒的温度低于10℃时，允许出现失光或白色絮状沉淀物质。10℃以上时应逐渐恢复正常。

表 5-8-28 沱牌白酒高度酒理化指标

项目		特级	优级	一级
总酸（以乙酸计）/(g/L)	≥	0.50	0.40	0.30
总酯（以乙酸乙酯计）/(g/L)	≥	1.20	0.80	0.60
己酸乙酯/(g/L)	≥	0.90	0.60	0.40
固形物/(g/L)	≤	0.80		

注：酒精度允许误差为±1.0%vol(20℃)。

表 5-8-29 沱牌白酒低度酒理化指标

项目		特级	优级	一级
总酸（以乙酸计）/(g/L)	≥	0.50	0.40	0.30
总酯（以乙酸乙酯计）/(g/L)	≥	0.80	0.60	0.50
己酸乙酯/(g/L)	≥	0.50	0.40	0.20
固形物/(g/L)	≤	1.00		

注：酒精度允许误差为±1.0%vol(20℃)。

②舍得白酒的指标要求：

表 5-8-30 舍得白酒高度酒感官要求

项目	特级	优级
色泽	无色或微黄，无悬浮物，无沉淀杂质[a]	
香气	香气幽雅，粮香陈香馨逸	香气幽雅，粮香陈香雅逸
滋味	醇厚绵柔、细腻圆润、甘洌净爽、回味悠长	醇厚绵柔、细腻圆润、清洌净爽、回甜怡畅
风格	具有本品突出的幽雅风格	具有本品显著的幽雅风格

[a] 当酒的温度低于10℃时，允许出现失光或白色絮状沉淀物质。10℃以上时应逐渐恢复正常。

表 5-8-31 舍得白酒低度酒感官要求

项目	特级	优级
色泽	无色或微黄，无悬浮物，无沉淀杂质[a]	
香气	香气幽雅，粮香陈香馨逸	香气幽雅，粮香陈香雅逸
滋味	绵柔圆厚、细腻温润、甘洌净爽、回味悠长	绵软柔顺、细腻温润、清洌净爽．回甜怡畅
风格	具有本品突出的幽雅风格	具有本品显著的幽雅风格

[a] 当酒的温度低于10℃时，允许出现失光或白色絮状沉淀物质。10℃以上时应逐渐恢复正常。

表 5-8-32 舍得白酒高度酒理化指标

项目		特级	优级
总酸（以乙酸计）/(g/L)	≥	0.50	0.40
总酯（以乙酸乙酯计）/(g/L)	≥	1.20	1.00
己酸乙酯 /(g/L)	≥	1.00	0.80
固形物 /(g/L)	≤	0.80	

注：酒精度允许误差为±1.0%vol(20℃)。

表 5-8-33 舍得白酒低度酒理化指标

项目		特级	优级
总酸（以乙酸计）/(g/L)	≥	0.40	0.30
总酯（以乙酸乙酯计）/(g/L)	≥	0.90	0.70
己酸乙酯 /(g/L)	≥	0.60	0.50
固形物 /(g/L)	≤	1.00	

注：酒精度允许误差为±1.0%vol(20℃)。

表 5-8-34 沱牌舍得酒业代表产品

酒名	酒精度	容量	价格	图片
沱牌曲酒	52°	480ml	499 元	
沱牌天曲	52°	500ml	268 元	
吞之乎	52°	500ml	2080 元	
智慧舍得	52°	500ml	768 元	
品味舍得	52°	500ml	568 元	

黔派浓香酒

贵州是一个产酒大省，以生产酱香酒闻名，但也产浓香酒。2019 年我们到贵州去访酒，有机会参观了位于遵义市湄潭县的湄窖酒厂。

在湄窖酒厂，喝到了他们的代表性浓香酒——湄窖黑金酒，感觉和川派浓香酒不一样。它的标准酒精度是 55°，感觉酒体比较温柔淳朴，香气幽雅细腻，和川派相比，回味悠长醇和，香气没有那么高，还有一点点茶叶的烘焙香。

酒厂陈长文董事长告诉我，这叫黔派浓香。回到家里之后，我查阅相关资料，从贵州大学吴天祥教授的著作《品鉴贵州白酒》里面看到了"黔派浓香"的术语，还有周开迅先生主编的《百年酒道》中也出现了这个术语，才知道浓香流派里还有个黔派浓香。

后来专门找时间再去采访了这个酒厂，详细地了解了它的工艺特点，感觉黔派浓香是可以成立的。首先自然地理条件上，所在的区域在云贵高原，贵州的湄潭县是北纬 27°，东经 107°，海拔 700m，年平均温度是 15℃，年平均降雨量是 1141mm。

所处纬度略低于生产川派浓香的泸州和宜宾，更靠南一些，气温本来应该比较高，但由于所处位置在云贵高原上，海拔高，所以年平均温度反而比宜宾和泸州低 3℃，比较接近川北的温度，降雨量是 1100 多毫米，比川北潮湿。

在中国气候区划图上，湄潭县被划为北亚热带的气候区（靠北的四川盆地反而在中亚热带气候区），和更北面的长江流域在一个气候区，这主要是由于高原气候上的垂直变化所决定的。

图 5-8-18 贵州湄窖酒业公司大门（摄影／李寻）

我们的直观感受是,湄潭的冬天似乎比四川盆地要温暖一点,夏天明显凉爽一些,潮湿度很像泸州和宜宾。

湄窖酒厂也历经沧桑、多次演变,浓香工艺有过变化,曾经酿过多粮香酒,现在主要是单粮香,用的是和泸州老窖一样的中温大曲。

2005年到2010年期间,他们酿的多粮香的酒,新酒要用老酒勾调,所以在新酒里既有以单粮香的酒,也有多粮香的酒,总体来讲,现在的产品如果要加老酒的话,还是属于多粮香,所以它的香气比较丰富。工艺操作上打量水加得比川派浓香要少一点。

湄窖酒厂的技术专家告诉我,黔派浓香酒体追求的是香气不那么香艳,要绵柔有厚度。和川派浓香相比,粮香更重一点,香气更朴实丰富。当地是优质茶叶产区,我个人觉得它的酒香也带着茶香,可能是整个环境对香气的偏好,融入了酿酒的工作过程中,口感就是酒厂所说的更有厚度。

图5-8-19 贵州湄潭县的茶海(摄影／李寻)

湄窖酒业有限公司除生产浓香型白酒外，还生产酱香型白酒。

表 5-8-35 湄窖酒业公司代表产品

酒名	酒精度	容量	价格	图片
湄窖黑金版 浓香型	55°	500ml	499 元	
湄窖铁匠酒 酱香型	53°	500ml	1080 元	
蓝色宝石坛 酱香型	53°	500ml	1299 元	
红色宝石坛 酱香型	53°	500ml	1099 元	

图 5-8-20 河南宋河酒业股份有限公司（摄影／楚乔）

图 5-8-21 陕西汉中城固酒业 （摄影／李寻）

苏、皖、豫、鄂、陕、甘
的浓香型白酒

江苏、安徽、河南、湖北、陕西南部和甘肃南部都有生产浓香型白酒。江苏有名的是三沟一河（洋河大曲、高沟大曲、双沟大曲和汤沟大曲），双沟大曲被洋河收购，高沟大曲改为今世缘酒业股份有限公司，汤沟大曲改为江苏汤沟两相和酒业有限公司；安徽著名的有古井贡、迎驾贡、皖酒等一系列白酒；河南著名的有宋河粮液、仰韶酒等，宋河粮液被评为国家名酒；湖北的稻花香、陕西城固的城固特曲、甘肃陇南的金徽酒，都是比较著名的浓香型白酒。限于篇幅我们无法一一介绍，这里只介绍两种，江苏的洋河大曲和安徽的古井贡酒。

图 5-8-22 甘肃陇南金徽酒股份有限公司 （摄影／楚乔）

图 5-8-23 江苏洋河酒厂发酵车间 （摄影／楚乔）

1．洋河大曲

（1）自然地理条件和历史文化背景。

生产洋河大曲的企业是江苏洋河酒厂股份有限公司，位于江苏省的宿迁市洋河新区，是离大运河和洪泽湖很近的运河区域的一个小镇，酒厂规模很大，目测它的面积和五粮液酒厂差不多。

在1979年全国评酒会上，洋河大曲被评为全国名酒（大曲浓香，55°、62°、64°）。1984年第四届全国评酒会上，洋河大曲（大曲浓香，洋河牌，55°）获金质奖章。1989年，第五届全国评酒会上，洋河大曲（大曲浓香，洋河牌，55°、48°、38°）获金质奖章。金质奖即为国家名酒。

洋河大曲也是国家地理标志保护产品，它的国家地理标志产品保护标准的标

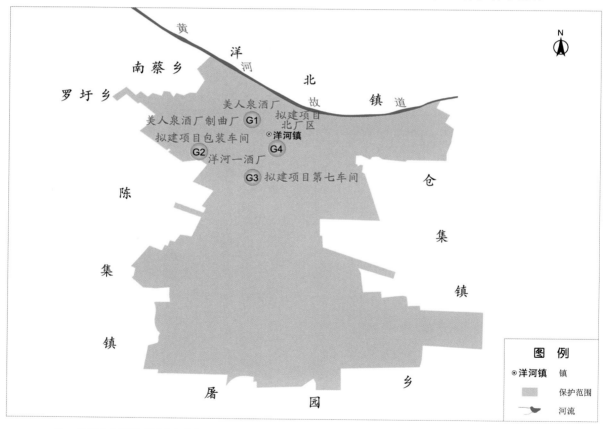

注：洋河大曲酒地理标志产品保护范围：东经118°40′～119°20′，北纬33°8′～34°10′。
　　因原图GB/T 22046—2008附录A图A.1过于模糊，此图由西安地图出版社根据原图重新绘制。

图5-8-24 洋河大曲地理标志产品保护范围图

准号是 GB/T 22046—2008。具体的保护区域是北纬 33°8′～34°10′，东经 118°40′～119°20′，海拔在 15～20m 之间，年平均气温 14.3℃，年平均降水量 850mm 左右。纬度上，比四川盆地最北面的剑南春酒厂还高两度。

在中国气候区划上，该区域被划在北亚热带区域，和处于中亚热带的四川盆地不同，气温比四川盆地低，年平均降水量也低。

在同一个季节，特别是冬天，这两个地方感觉是不一样的，在四川宜宾穿一个薄外套加毛衣就够了；宿迁属于平原地区，风大时要穿一件厚的羽绒服，在水系上属于淮河水系。

（2）工艺特点。

洋河大曲和整个大运河流域的酒有一个共同特点——用老五甑法，和四川的原窖法和跑窖法都不一样，关于老五甑法，前面我们介绍过了，这里不再重复。

酒粮上和五粮液酒用粮接近，也是高粱、大米、糯米、玉米、小麦。制曲明显和四川南部的两个酒厂不一样，制曲用粮是以大麦、小麦、豌豆为原料，川派浓香型白酒制曲里几乎没有豌豆。这也是来自于就地取粮的传统，同时也是适应当地低气温、低湿度、低降水的环境而形成的制曲用粮方法。

大曲也是两种，一种是春、秋季制得的中高温曲，叫春秋曲；另一种是在盛夏制得的高温曲，叫伏曲。两种曲混合发酵，一般的基酒发酵 60 天以上，调味酒发酵 180 天以上，按老五甑法的分层蒸馏，按质取酒，再并入陶坛储存。基酒酒龄要求不低于 3 年，调味酒酒龄不少于 5 年。

（3）酒体风格。

洋河大曲国家地理标志产品保护标准的指标要求如下表：

表 5-8-36 洋河大曲酒感官要求

项目	指标要求	
酒精度 /%vol	25.0～40.0	41.0～60.0
色泽	无色或微黄、清亮透明、无悬浮物、无沉淀	
香气	窖香秀雅、醇香怡人	窖香幽雅、醇香怡人
口味	绵甜柔顺、醇和圆润、诸味谐调、尾味净爽	绵甜柔和、醇厚圆润、尾味净爽、回味悠长
风格	具有低而不淡、柔而不寡、绵长尾净、丰满协调的独特的绵柔型风格	具有浓而不烈、柔而不寡、绵长尾净、丰满协调的独特的绵柔型风格

注：当温度低于 10℃时，允许出现白色絮状沉淀物质或失光，10℃以上时应逐渐恢复正常。

表 5-8-37 洋河大曲酒理化指标

项目		指标	
酒精度 /%vol		25.0～40.0	41.0～60.0
总酸（以乙酸计）/（g/L）	≥	0.25	0.40
总酯（以乙酸乙酯计）/（g/L）	≥	0.80	1.50
己酸乙酯 /（g/L）		0.25～2.00	0.80～2.60
固形物 /（g/L）	≤	0.70	

注：酒精度允许误差为±1.0%vol。

我们自己品饮的感觉，洋河大曲的香气和川派浓香比，更加接近清香，"窖香秀雅"形容的就是窖香没有那么浓郁，口感的爽劲特点更明显一些，没有川派浓香那么饱满。

表 5-8-38 江苏洋河酒厂股份有限公司代表产品

酒名	酒精度	容量	价格	图片
梦之蓝酒厂封坛酒手工班	52°	500ml	1788 元	
梦之蓝 M6	52°	500ml	759 元	
天之蓝	52°	480ml	389 元	
海之蓝	52°	480ml	169 元	

2. 古井贡酒

（1）自然地理条件和历史文化背景。

古井贡酒所在地是安徽省亳州市的古井镇，原来叫减店镇。明代的时候，当地就酒坊林立。

1958 年，在公兴糟坊基础上办起了减店酒厂。1959 年改成省营酒厂，改名为亳州古井酒厂。1960 年，古井酒厂申请注册了古井牌古井贡酒商标。1967 年在"文革"期间，古井贡酒的"贡"字，被戴上四旧的帽子，商标被毁，因此古井贡酒又更名为古井酒。1973 年，古井贡酒名称恢复使用。1986 年，亳州古井酒厂改名为安徽亳州古井酒厂。1996 年，改制为安徽古井贡酒股份有限公司。

古井贡酒也是国家地理标志保护产品，保护标准号是 GB/T 19327—2007。

保护标准中的保护区域位于北纬 33°21′，东经 115°32′，海拔 32～42m。年平均气温是 15.6℃，年平均降雨量 1065mm 左右。

上述资料是来自于古井贡酒的国家地理标志产品保护标准上的描述，纬度和生产洋河大曲的苏州洋河镇比较接近，相对更靠西一点，我们曾去这两个酒厂参观过，感觉古井镇的年平均降水量可能没有洋河镇高，古井镇处于平原地区，而洋河镇靠洪泽湖更近一些。

直观的感觉是，古井镇冬天要比洋河镇冷，也更干燥一些。

图 5-8-25 安徽亳州古井镇古井贡酒厂区的古井酒文化博物馆 （摄影／李寻）

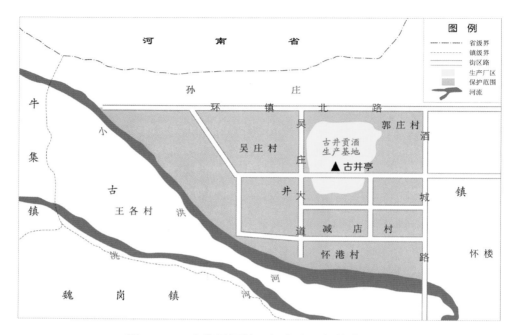

图 5-8-26 古井贡酒地理标志产品保护范围图

（2）工艺特点。

古井贡酒的工艺特点，首先是用小麦制曲，和洋河酒用大麦、小麦、豌豆共同制曲有所不同。制成三种大曲，称为"两花一伏"大曲，春天制得的中温曲，叫桃花曲；夏天制得的高温曲，叫伏曲；秋天制得的中高温曲，叫菊花曲。使用的时候，将储存期不少于六个月的三种大曲进行配比，在不同的轮次发酵中使用。

酿酒用粮有点像五粮液，也是五种粮食：高粱、大米、糯米、玉米，还有小麦。

使用的发酵容器是泥窖，从标准描述来看，发酵法和洋河大曲的老五甑法以及四川浓香型的跑窖法、原窖法都不太一样。

每年三个轮次，前两个轮次为两个月，第三轮次是八个月，而且是清蒸原料，再清蒸辅料，清蒸池底醅，工艺和川派浓香的混蒸混糟不太一样。在该标准中，指出"哑铃状芽孢杆菌"为古井贡酒的主要功能菌，特定的功能菌是其他白酒地理标志产品保护标准里没有提及的。关于酿酒功能微生物与环境的关系，是一个尚需进行深入研究的领域。

蒸馏的时候是按照不同的发酵周期，分层蒸馏，量质摘酒，分成窖香、醇香、醇甜三种典型酒体，分别入陶坛贮存，要求基酒酒龄不少于 5 年，调味酒酒龄不少于 10 年。从原料投入到产品出厂不少于 5 年。

（3）酒体特点。

古井贡酒的保护标准的指标要求如下表：

表 5-8-39 古井贡酒感官要求

项目	酒精度 ≥ 50%vo1（优级）	酒精度 49%vol～40%vol （优级）	酒精度 39%vol～31%vol （优级）	酒精度 ≤ 30%vol（优级）
色泽	无色（或微黄）透明、无悬浮物、无沉淀 a			
香气	窖香幽雅、醇香怡人	窖香幽雅、醇香清怡	窖香幽雅、醇香自然	窖香幽雅、醇香舒适
口味	醇甜绵柔、甘润爽口、香寓味中、余味悠长	醇甜柔顺、净润爽口、香寓味中、余味绵长	醇甜柔和、清润爽口、香寓味中、余味怡畅	醇甜爽口、后味怡畅
风格	具有幽香淡雅的浓香型独特风格			

a 当酒的温度低于10℃时，允许出现白色絮状物质或失光，10℃以上一定时间内应逐渐恢复正常。

表 5-8-40 古井贡酒理化指标

项目		要求（优级）			
酒精度 /(%vol)		≥ 50	49～40	39～31	≤ 30
总酸（以乙酸计）/(g/L)	≥	0.50	0.40	0.35	0.20
总酯（以乙酸乙酯计）/(g/L)	≥	1.85	1.45	1.00	0.30
己酸乙酯 /(g/L)	≥	0.80	0.50	0.30	0.10
固形物 /(g/L)	≤	1.00			

注：酒精度允许误差为±1%vol。

标准中的感官描述"窖香幽雅，醇香怡人"和洋河大曲比较接近，洋河大曲是"窖香秀雅，醇香怡人"。一般酒友比较难以区分，用酒友们可以直接感受的语言来描述，古井贡酒有点像兰花香。

我个人觉得古井贡酒有点豆腐乳的香气，和洋河大曲的清新香气不太一样，更加醇厚一些。关于酒体的口感，我品尝的古井贡酒，品种不一样，口感也不一样。感觉其中最好的也是非常绵柔，但大多数产品，感觉要比洋河酒硬朗，不太好下口，这和所品尝的成品酒的品种、等级有关。

表 5-8-41 安徽古井贡酒股份有限公司代表产品

酒名	酒精度	容量	价格	图片
古井贡酒 年份原浆古 26	52°	500ml	1280 元	
古井贡酒 年份原浆幸福版	50°	500ml	188 元	
古井贡酒 V6	50°	500ml	119 元	

浓香型白酒的微量成分特征

浓香型白酒，是中国白酒中产量最大、覆盖面最广的一个香型，分布在不同产区，有不同的浓香流派，香气口感的特征都相差比较远。如古井贡酒和泸州老窖的差别，基本上可以算是等同于两个香型。由于存在这么大的差别，要想用一个微量成分标准来把它统一表示出来，其实是做不到的。当然原来的香型标准里认为主要的呈香呈味物质就是己酸乙酯，以此来规范描述川派浓香，特别是四川盆地南部的五粮液和泸州老窖还说得过去，其他的浓香派别的特征就不一定那么准确了。

浓香型白酒微量成分的总量，以酒精含量 60% 为计，大约为 9g/L，其中总酯最高，大约 5.5g/L，占微量成分总的 60% 左右，而且种类也多，是众多微量芳香成分中含量最高、数量最多、影响最大的一类芳香成分，其中己酸乙酯占绝对优势，占总酯含量的 40% 左右。总酸含量是 1.5g/L，约占 16%；总醇 1.0g/L，约占 11%；总醛 1.2g/L，约占 13%。

2015 年出版的辜义洪先生主编的《白酒勾兑与品评技术》一书中，描述道："微量成分含量高，酒质就好，每下降 1g/L，酒就下降一个等级，质量差的酒微量成分总量也低"。①

当时的研究成果是有价值的，其中四大酯类：乙酸乙酯、己酸乙酯、乳酸乙酯、丁酸乙酯的排列的关系，对影响酒体风格因素的研究有重要影响。

当时认为乳酸乙酯和乙酸乙酯不能超过己酸乙酯，前两种酯质含量之和等于或略大于己酸乙酯的酒，就是好酒。在浓香酒的微量成分中，除了乙醇、甲醇之外的其他醇和酯的比例在 1 ：5 左右。书中还强调，要控制高碳链的醇和多元醇的含量，不能太高、要适当，多了会使酒体带有苦味。

酸类含量在 1400mg/L 左右，约等于总酯含量的 1/4，主要是乙酸、己酸、乳酸、丁酸四种。含酸量也要合适，总酸含量低，酒体口味就淡薄；总酸含量太高，也会使酒体口感变得刺激，粗糙，不柔和，不圆润。总酯的含量也不能太高，太高酒体香气会显得头重脚轻。酸类含量按照比例排列，乙酸高于己酸，己酸高于乳酸，乳酸高于丁酸，丁酸高于甲酸，高于戊酸再高于棕榈酸。

浓香型白酒在勾调的时候，强调酸酯平衡，特别是酯不能太高，太高了，酒的舒适感会下降。

质量好的酒，总酸含量也高，每下降 0.3 ～ 0.4g/L，酒就降低一个等级，总酸含量低，酒质就差。

浓香型白酒中，也含有醛类，含量最多的是乙醛和乙缩醛，占了总醛的 98%，糠醛少，这是和酱香型白酒不同的一个特点。乙醛和乙缩醛有比较大的蒸汽分压，所以喷香和乙醛的携带作用有很大的关系。

质量好的酒总醛的含量在 1.2g/L 左右，超过 1.6g，酒的质量就比较差了。

---

①辜义洪：《白酒勾兑与品评技术》，中国轻工业出版社，2015年1月，第18页－第31页。

图 5-9-1 江西稻田风光 （摄影／朱剑）

第九节
特香型白酒

国家标准如是说

特香型白酒的国家标准号是 GB/T 20823—2017。

1. 定义

特香型白酒是以大米为主要原料，以面粉、麦麸和酒糟培制的大曲为糖化发酵剂，经红褚条石窖池固态发酵，固态蒸馏、陈酿、勾调而成的，不直接或间接添加食用酒精及非自身发酵产生的呈色呈香呈味物质的白酒。

2. 产品分类

按产品的酒精度分为：

高度酒：45%vol ≤酒精度≤ 68%vol；

低度酒：25%vol ≤酒精度< 45%vol。

3. 感官要求

表 5-9-1 高度酒感官要求

项目	优级	一级
色泽和外观	无色或微黄，清亮透明，无悬浮物，无沉淀 [a]	
香气	幽雅舒适，诸香谐调，具有浓、清、酱三香，但均不露头的复合香气	诸香尚谐调，具有浓、清、酱三香，但均不露头的复合香气
口味口感	柔绵醇和，醇甜，香味谐调，余味悠长	味较醇和，醇香，香味谐调，有余味
风格	具有本品典型的风格	具有本品明显的风格

[a] 当酒的温度低于10℃时，允许出现白色絮状沉淀物质或失光。10℃以上时应逐渐恢复正常。

表 5-9-2 低度酒感官要求

项目	优级	一级
色泽和外观	无色或微黄，清亮透明，无悬浮物，无沉淀[a]	
香气	幽雅舒适，诸香谐调，具有浓、清、酱三香，但均不露头的复合香气	诸香尚谐调，具有浓、清、酱三香，但均不露头的复合香气
口味口感	柔绵醇和，醇甜，香味谐调，余味悠长	味较醇和，醇香，香味谐调，有余味
风格	具有本品典型的风格	具有本品明显的风格

[a]当酒的温度低于10℃时，允许出现白色絮状沉淀物质或失光。10℃以上时应逐渐恢复正常。

4. 理化要求

表 5-9-3 高度酒理化要求

项目		优级	一级
酒精度 /%vol		45 ～ 68	
酸酯总量 / (mmol/L)	≥	32.0	24.0
丙酸乙酯 / (mg/L)	≥	20.0	15.0
固形物 / (g/L)	≤	0.70	—

表 5-9-4 低度酒理化要求

项目		优级	一级
酒精度 /%vol		25 ～ 45[a]	
酸酯总量 / (mmol/L)	≥	24.0	15.0
丙酸乙酯 / (mg/L)	≥	15.0	10.0
固形物 / (g/L)	≤	0.90	—

[a]不包括45%vol。

5. 标准修订

2007 年发布了特香型白酒标准 GB/T 20823—2007，2008 年发布了修改单，将高度酒的丙酸乙酯 / (mg/L) 优级"≥ 40"修改为"≥ 20"，一级"≥ 30"修改为"≥ 15"；低度酒的丙酸乙酯 / (mg/L) 优级"≥ 30"修改为"≥ 15"，一级"≥ 20"修改为"≥ 10"。2017 年又对特香型白酒的标准进行了一次修改，取消了原定义中的"按传统工艺生产的一级酒允许添加适量的蔗糖"。据酒厂的技术专家介绍，在生产中已经不再往酒里添加蔗糖了。

6. 香型名称的由来

特香型的标准起源于江西的四特酒。江西自元代以来就产酒，目前考古发现的最早的白酒酿造作坊就位于江西省南昌市进贤县李渡镇，明清时期，江西的传统酿酒活动依然非常活跃。从自然地理条件看，江西是稻米产区，所以酿酒用粮基本就是大米，少量的酒厂用一部分高粱。

四特酒厂是 1952 年成立的，当时叫樟树酒厂，它的前身可以追溯到清朝光绪年间的"娄源隆"酿酒作坊，1983 年更名为江西樟树四特酒厂，2005 年改制为四特酒有限责任公司。1963 年、1980 年、1983 年，四特酒连续被评为江西省名酒。1979 年，中国白酒行业提出香型概念的时候，因为和清香型、浓香型白酒都不一样，四特酒被归入其他香型。著名酿酒专家沈怡方先生称它是"四不像"，既不像清香型，也不像浓香型；既不像酱香型，也不像以大米为原料的米香型，跟四种主要香型都不像，只能把其归为其他香型。

1986 年前后，四特酒厂开始对本厂酒的风格做调研，并组织专家研讨。1988 年4 月的研讨会上，正式提出了特香型的概念。在讨论过程中有不同叫法，有专家提议叫"赣香型"，有的提议叫"清雅型"。后来著名酿酒专家周恒刚先生起了重要的作用，他说"四不像"就是一个特点，干脆就命名为"特香型"。周恒刚先生还为四特酒赋诗一首："整粒大米为原料，大曲面麸加酒糟，红褚条石垒酒窖，三型俱备犹不靠。"这首诗基本上把四特酒的工艺特点、原料特点和香型的风格描述出来了。

1997 年，发布了特香型白酒的部颁标准 QB/T 2305—1997。2007 年，国家标准发布。

图 5-9-2　江西四特酒有限责任公司祚延园大门　（摄影／李寻）

产地自然地理条件和历史文化背景

一、自然地理条件

四特酒厂位于江西省宜春市樟树市，东经 115°06′33″～115°42′23″，北纬27°49′07″～28°09′15″，海拔30m 左右，年平均气温17.7℃，年平均降水量1707mm。在中国气候区划图上，它和成都平原、长江中下游平原的长沙、福建的一部分同属中亚热带气候。具体的气象参数上，该区域跟生产浓香型白酒的四川盆地是有所差异的。如浓香型白酒的代表酒五粮液所在地宜宾，经纬度为东经104°35′～104°37′，北纬28°18′～28°45′。两个地方的纬度差不多，年平均气温也差不多，宜宾的年平均气温是17.9℃。但是经度差了11°左右，公路里程相差1400多公里，从樟树往西行1400多公里才到宜宾。这个距离使得宜宾离海岸线更远，直接的后果就是宜宾的年降水量比樟树少了600mm 左右，宜宾的年降水量是1169.6mm。两地的地貌也不同，樟树市位于鄱阳湖平原，在赣江边上，平均海拔只有30m，一片平坦；宜宾位于长江边上，但是是丘陵地带，海拔293～320m，地势有起伏，局部的小地貌不一样。海拔的不同、地貌的不同，导致两个地方酿酒的小环境不同，降水也有所不同，这些因素对酿酒微生物的活动都有重要影响。

从自然产物来看，宜宾附近有山地，所以它的粮食作物丰富，除了产大米之外，还产小麦、高粱、玉米。而樟树附近一马平川，全是大片的水稻田，这也是大米成为江西白酒主要酿酒原料的原因之一。

二、历史文化背景

江西的酿酒历史非常悠久，考古发掘发现了大量酒器，如昌邑王刘贺墓发掘中就出土了很多酒器，其中有一种青铜器疑似为蒸馏器。中国目前发现的大规模且可靠的白酒酿酒遗址，在离樟树市直线距离不到100公里的南昌市进贤县李渡镇。李渡镇的酿酒历史可以追溯到唐宋时期，清代已有大曲蒸馏酒了。

李渡元代烧酒作坊遗址是国内目前考古发现考据最详实、最确凿的古代白酒作坊遗址，考古学上断代为距今800年左右，该遗址和历史文献可以互证，表明至少元代中国就有了蒸馏酒技术，且是比较有规模地在生产蒸馏白酒。

关于中国蒸馏酒，也就是白酒的起源，历来有不同的学术看法，有人称汉代就出现了蒸馏酒，也有说唐代出现的，还有宋代说以及金代说，但是比较确切而且详实的明代文献表明元代才出现了蒸馏酒。李渡烧酒作坊的出现提供了一个系统性的考古证据，证明了元代确实出现了蒸馏酒而且是有规模地在生产，形成了考古学和文献资料的相互佐证，该遗址的发现对中国白酒起源的研究意义非常重大。

李渡镇能够发现元代的酿酒遗址，这与它从隋代以来就是一个繁荣的渡口、集市中心、贸易中心的地位密不可分。

据万伟成先生主编的《李渡烧酒作坊遗址与中国白酒起源》一书的记载，李渡镇是千年古镇，曾经是南昌和抚州之间的一个重要商埠，与景德镇、鹰潭、樟树齐名，并称"江西四大名镇"，当时有"走遍天下路，不如李家渡"的美誉。在元末明初的时候，李渡镇是一个远近闻名的航运大码头，码头的货船曾经排开数公里，景象繁忙。到了清代，李渡的后街新建街道以欧式风格为主，当地主要经营的就是李渡烧酒、李渡毛笔、李渡陶器、李渡夏布等产品。在清末到抗战时期，李渡的商贸达到最高峰，李渡数家钱庄的银票可在上海、汉口等地通用，货币流通量达到每天20多万银洋。

据文献记载，明代李渡的烧酒作坊有28家，明代嘉靖年间年产酒二三十万斤，相当于今天的1300吨到2100吨；清初的时候有酒店24家，作坊7家，年产量提高到30万千克。

1948年，还剩9家作坊，包括万茂、万玉、万祥、万荣、福生、福裕泰、福星等，1956年这9家作坊经社会主义改造转成公私合营民生酒厂，1959年完全收归国有成为地方国营李渡酒厂，当时有职工250人，年产李渡高粱酒100吨。

图 5-9-3 江西李渡酒业新厂大门 （摄影／李寻）

图 5-9-4 李渡元代烧酒作坊遗址内的元代酒窖 （摄影／李寻）

图 5-9-5 李渡元代烧酒作坊遗址内的明代和元代酒窖 （摄影／李寻）

1960 年江西省白酒评比，李渡高粱名列第一，1962 年被评为江西名酒；1985 年，李渡酒厂扩建，有职工 4000 多人，年产 2150 吨，历史上年产量最高为 8000 吨；进入 20 世纪 90 年代后，企业经营不善，进行改组，2002 年被香港恒源投资拓展有限公司收购，改制为江西李渡酒业有限公司；2009 年 9 月李渡酒业再度易手，华泽集团入驻，华泽集团在 2016 年更名金东集团，董事长吴向东，旗下拥有金六福酒、珍酒、华致酒行等著名企业。目前，李渡酒业的实控人仍为金东集团。

2020 年 11 月，我们参观了李渡烧酒作坊遗址。据导游小张介绍，李渡酒厂现在总占地面积 160 亩，元代遗址区 40 亩，占地比较大，总区域应该有 16000 多平方米，为了保护遗址，目前发掘的只有 350 平方米。遗址虽为国家级文物，目前仍由李渡酒厂使用，遗址窖池还在生产酒，李渡酒厂的年产量 7000 吨左右，经营状况良好。

遗址现场实物加上导游小张专业的讲解，古代窖池从元代、明代到清代的演变脉络清晰地呈现出来。

元代的窖池是圆形的，有砖砌的护口，里面其实是一个陶缸，说明元代的发酵容器为陶缸，还不是窖池。据解释，这个陶缸和北方的地缸发酵还不太一样，北方的汾酒用地缸发酵是为了保持一个比较稳定的温度，而李渡遗址这里主要是把缸口垫起来，防止水淹到缸里。

到了明代，窖池拓展成为腰型的，实际上是把原先相邻的两个陶缸孔连起来，陶缸取消了，变成一个腰型砖窖，发酵容器由陶缸变成了窖池。到了清代，窖池变大，成为砖砌泥底的方型窖池。

李渡烧酒作坊遗址的文化地层多达 11 层，其中有南宋的文化地层，出土文物中有南宋的酒具。根据专家们的研究，李渡的酿酒工艺分为三个阶段：

第一个阶段是土烧时期。也就是土烧黄酒向小曲蒸馏酒过渡阶段，宋代的时候李渡就有酿酒作坊，专家们认为当时是以稻米为原料的黄酒。

第二个阶段是小曲蒸馏酒。元代开始有了稻谷为原料的液体发酵、液体蒸馏的蒸馏酒，大概每一坛可以蒸 40°到 45°的白酒 60 斤。从元代开始了小曲蒸馏酒，这是一次飞跃。明代基本上全是小曲蒸馏酒。

第三个阶段是大曲酒。清代中期出现了大曲酒，当时万裕酒坊的老板邓茂才掌握了完整的大曲生产工艺。清朝末年，李渡最大的作坊万茂酒坊汇集和改进白酒酿造工艺，形成了酒味纯善、风味独特的李渡高粱酒，当时很有名气，李渡的烧酒和毛笔、夏布、陶器、蟹壳饼并称为李渡的五大土产，畅销省内外。

对于李渡白酒的演化过程，即什么时候出现大曲酒，有不同的说法。在万伟成先生主编的《李渡烧酒作坊遗址与中国白酒起源》专题研究文集中就出现了前后矛盾的说法，他在书中第 168 页段落中写道：大曲清香酒产生于明末清初或清代中期；而在 189 页段落中又说江西是在 20 世纪 20 年代才引入大曲生产工艺。[1]两个说法显然是矛盾的，这个矛盾我们不知道该怎么理解或者该怎么解释，一般读者想必也无从取舍，这两种说法同时载于一书，有待于未来再进一步深入研究。

关于何时出现固态酒的问题，我们一直是有困惑的，因为李渡当地的主粮是稻米，古代的小曲酒应该也是以大米为主的发酵酒，后来发展出液体发酵、液体蒸馏的蒸馏酒，这是从发酵酒自然过渡而来的。什么时候出现固态酒的酿造？我们推测有可能跟窖池有关，从砖窖池的形态来看，生产的有可能已经是固态酒了，因为砖窖池的渗透性比较强，不太容纳液态的酒醪，也不能直接从砖窖捞出来喝。

李渡镇位于鄱阳湖平原区域内的稻米产区，酿酒以稻米为原料比较正常，但从什么时候引进的高粱，这是我们一直想搞清楚的问题。从文献记载看，至少在清朝末年的时候就出现了所谓"李渡高粱酒"的提法，换句话说李渡酒粮里加高粱最早可以追溯到清末，李渡成为国营酒厂之后沿用了传统的酒名称谓，1960 年被评为名酒的时候报请参选的正式名称也叫"李渡高粱酒"。

尽管叫李渡高粱酒，其实高粱的比例是比较小的，据酒厂公开的资料介绍，李渡酒现在生产用的酒粮 90% 是大米——整粒的大米，高粱只占 10%。我们现场看到了李渡高粱酒的大曲，是用面粉、麦麸和酒糟制成，跟四特酒的大曲相近，不同的是四特酒的酒粮完全是大米，即整粒大米为原料，而李渡高粱酒加了 10% 的高粱。

李渡高粱酒现在用的窖池还是沿用古法的方形窖池，为砖窖，砖砌的壁，窖底是泥。这种窖池环境对酒体风格有怎样的影响和效果？我们品鉴了这种老窖池新酿出来的酒，香气爆香，跟五粮香型的浓香酒比较接近，有浓郁的爆米花香，后来又品尝了酒库里 30 年的老酒，居然也奇妙地保留了这么一种比较高亢透亮的香气，让

---

[1]万伟成：《李渡烧酒作坊遗址与中国白酒起源》，世界图书出版公司，2014年7月，第168页、第189页。

**图 5-9-6 李渡遗址出土的清代青花小酒杯
（摄影／李寻）**

人不禁感叹：仅有 10% 的高粱就达到了这种效果！酿酒界素来有"高粱香、玉米甜、大米净、糯米柔、小麦冲"的说法，可见 10% 的高粱对李渡高粱酒的增香起了一个重要的作用，这也使得它的酒体香气跟四特酒有所不同。现在李渡酒厂有人形容自己的酒叫浓特兼香型酒，或者叫五特酒，以示跟四特酒的不同。

李渡遗址出土的酒器跨代比较大，有南宋的陶制酒器、元代的陶瓷酒器，以及清代到民国的陶制酒器，从总的趋势能看出来，元代以前喝酒是用一种形制比较大的饮酒器，当时的酒应该是黄酒一类的酿造酒；元代以后开始出现了形制比较小的酒器，说明随着酒精度的提高，喝酒改用小的容器；到了明代这种小酒器就更多了，尤其两个清代青花的工字形小酒杯，非常罕见，很小，像纽扣大小，专家们对这两

图 5-9-7 江西樟树市赣江风光　（摄影／李寻）

个小酒杯的认识有不同意见,有人认为它是祭祀用的一个器具,不是用来喝酒的杯子,也有专家倾向于它是勾兑酒用的一个小工具,具体是什么还没有定论。总之李渡遗址出土的各个时代的酒具呈现出来从大到小的演变过程,这也可以辅证李渡酒由发酵酒到蒸馏酒的演化过程。

李渡酒厂现在年产量大约 7000 多吨。

通过对李渡镇酿酒业发展的研究,我们发现了一个规律,就是江西的酿酒业是依托一个主要的经济基础——航运经济为节点发展起来的。樟树市是赣江上的一个重要航运节点,李渡镇是抚河上的航运节点,离李渡镇很近的就是文港镇,文港镇直到现在仍是中国最大的毛笔制作基地,实际产销量远超过浙江湖州。

和全国的酒一样,酿酒技术是依靠当地的自然地理条件逐渐形成特点的,而能形成产业聚集,必须有经济支持。航运是古代江西的一个重要经济基础,所以沿航运的主要节点,形成了有规模的酿酒产业聚集。

目前在江西生产特香型白酒的除了四特酒之外,还有抚州的临川贡酒。李渡高粱酒其实也是特香型白酒的一个流派,因为它的总体工艺跟特香型白酒是一样的,只是原料里加了 10% 的高粱。江西古代就出产糯高粱,东晋时代的陶渊明做彭泽县令时,曾经想把分给他的 500 亩公田全种成糯高粱来酿酒,后来因夫人反对,种了一半糯高粱。从现在的实际产品来看,包括李渡镇,主要还是以大米为酿酒原料。

主要生产工艺和酒体风格

一、主要生产工艺

特香型白酒生产工艺的独特性和技术优势,可用数字密码"12353"来表达和描述。"1"——一种酿造原料,即整粒大米为原料;"2"——两种材料建造的特有发酵窖池;"3"——独特的大曲配方,面粉、麦麸和酒糟;"5"——五轮次发酵,根据一年气候细分为五轮,全年共投粮取酒五次,四轮 54 天发酵期,一轮 101 天发酵期(54 天加 47 天夏季坐窖);"3"——三层分糟、量质摘酒,即将每一个发酵窖池的酒醅分上、中、下三层(面糟、粮糟、底糟),在出窖时分别蒸馏、按质分段摘酒,各层糟的酒分类入库管理贮存。下面对这些工艺环节做详细的说明。

1—— 一种酿造原料,即整粒大米为原料

白酒行业俗曰"粮是酒之肉,水是酒之血"。生产实践证明,白酒出酒率与酿造原料淀粉含量呈正相关。优质的白酒原料要求:"淀粉含量较高,含蛋白质适量,脂肪含量极少"。从表 5-9-5《白酒主要原料成分含量比较》的数据看,大米在主要常用原料中,淀粉含量处于最高水平,同时蛋白质含量适中,脂肪含量很低。另外,从中国白酒固态发酵过程操作工序控制稳定性角度来看,大米应该也是比较理想的

原料选择。为什么我国目前大多数其他香型的大曲酒以高粱为主要原料呢？其一是高粱从各成分含量看，也是较为理想的大曲酒原料；其二在物质匮乏的时代，白酒生产被列为国家限制发展行业，粮食（特别是大米和小麦这类细粮）主要是作为人们生存的必需品，故只有在盛产大米、没有饥饿风险的地方，才有条件用来酿酒，而江西从古至今都盛产稻米，故特香型白酒也就有此物产优势而就地选择该原料并沿用至今。

当然，除了该表中列出的主要成分外，还有其他重要成分对酒质也有重要的影响，如红薯的果胶质较多，容易使酒中甲醇含量超标，木薯中的果胶质和氢氰苷等成分能造成甲醇和氰化物超标。所以，薯类不是酿酒的好材料，已逐渐退出酿酒行业，只在酒精工业中使用。

表 5-9-5 白酒主要原料成分含量比较

单位：%

名称	水分	淀粉	粗脂肪	粗纤维	粗蛋白	灰分
大米	12-13	72-74	0.1-0.3	1.5-1.8	7-9	0.4-1.2
高粱	11-13	56-64	1.6-4.3	1.6-2.8	7-12	1.4-1.8
小麦	9-14	60-74	1.7-4.0	1.2-2.7	8-12	0.4-2.6
大麦	11-12	61-62	1.9-2.8	6.0-7.0	11-12	3.4-4.2
玉米	11-17	62-70	2.7-5.3	1.5-3.5	10-12	1.5-2.6
薯干	10-11	68-70	0.6-3.2	--	2.3-6	--

大米的粮香是白酒风味中的自然美味

国家标准《白酒感官品评术语》（GB/T 33405—2016）中白酒风味轮中的香气由三部分组成：原料香、发酵香和陈酿香。酿酒原料是白酒品质的重要条件，粮食中的香气成分进入酒中，会直接在产品中得以体现。特香型白酒使用的是整粒大米，不粉碎、不浸泡，直接与发酵成熟的酒糟混蒸，使得稻米香味可以完全地体现，其营养价值也得以完整保留，酿出来的酒味自然纯正、醇香，并散发出特香型白酒明显特征的清雅稻米粮香。

2——两种材料建造的特有发酵窖池

特香型白酒的窖池材料由两种物料构成：窖泥和红褚条石。窖池的底部铺满窖泥，四周用红褚条石垒砌而成，糟醅入窖后，上层再用窖泥密封。

特香型窖泥的功效

大曲白酒酿造，窖池是基础。在特定的窖池环境中，白酒发酵是窖池中庞大的微生物系统通过气体、液体和糟醅产物的三相界面相互作用和能量代谢，最终实现窖池内糟醅与微生物的能量转化。窖泥作为功能微生物的载体，吸附着数量众多的微生物，在多种微生物的共同作用下，才产生了多种香味成分。窖泥质量的好坏，直接影响到产酒的质量，而窖泥的质量通常取决于泥中菌类的种类及数量，以及营养成分比例是否合理。现在特香型白酒生产采用的窖泥是四特酒公司在吸取浓香型白酒窖泥优点的基础上，根据自己生产实践总结出的老化窖泥和成熟窖泥形成机理，而研发出的专用于特香型白酒发酵的特香型窖泥（专利号：ZL201410701859.5）。其主要原料是耕织土、丢糟、酒尾和大曲粉，生产和培养成本低，有益微生物的种类和数量优，既保持了天然特香型发酵酒的特性，又保证了产酸和产酯的功效，确保了特香型白酒的窖香浓郁和绵甜风格特征。

红褚条石作为窖池壁的独特优势

窖池是白酒固态发酵的容器，为微生物的生长繁殖提供栖息环境，也为糟醅发酵过程中形成特色香味物质提供基础。传统全泥窖在糟醅出窖时，上层和底层窖泥较容易与其分离干净，而四壁的窖泥则很容易出现脱落混入料中，尤其是机械方式出料，窖泥混入糟醅中的风险极高。当混有窖泥的糟醅蒸馏取酒时，窖泥的不良异味会进入基酒中，在随后的贮存和成品酒生产时很难去除掉，会严重影响基酒品质及产品口感质量。另外窖泥成分复杂，属于软性物料，给窖池的日常维护和现代高标准的卫生清洁操作带来难以克服的挑战。而红褚条石的使用，则较理想地解决了全泥窖池的材质问题。

红褚条石在国家标准《特香型白酒》（GB/T 20823—2017）被定义为："由丹霞地貌中的红色砂砾岩制成的条状石材"。丹霞地貌是一种以陡崖坡为特征的红层地貌，美丽的江西龙虎山就是典型的丹霞地貌，红褚条石即由此开采而来，经测试分析，此类石材质地疏松、孔隙较多，吸水性强，这种亦泥亦石，非泥非石做成的窖壁，为有益微生物的繁衍创造了天然的独特环境，同时又克服了窖泥掉入糟醅内的缺点，以及日常窖泥壁维护保养清洁的诸多不利限制。因此，在2017年新修订的《特香型白酒》国家标准中，明确了特香型白酒工艺为"红褚条石窖池固态发酵"，从而科学的肯定了"红褚条石垒酒窖"这一特香型白酒独有的生产技术特征。

3——独特大曲配方和工艺：面粉＋麦麸＋酒糟

四特酒制曲配料是有特色的，制曲原料种类、配料比例都与国内其他白酒厂大不相同。特香型大曲原料用小麦面粉40%左右、麦麸50%和新鲜酒糟6%～8%。这种配料方式延续了白酒制曲的传统配方，以小麦为基质，同时适量添加酒糟，在中国白酒大曲中独树一帜，具有明显的特色。制曲温度为52～55℃，顶温达58～60℃，属中高温曲，带着酱香味。[①]

5——五轮次发酵

根据全年季节气候特性和发酵天数对产、质量的变化影响规律，结合长期生产

---

① 李海阳：《江西四特酒有限公司简况》，休闲读品，2020（4）。

实践和现代分析检测，综合考虑确定每轮次基本发酵周期为54天，全年随季节变换，共细分为5个轮次进行发酵生产，并进行工艺参数设定管控。

把全年分为5个轮次发酵进行精细化管理，有利于针对不同轮次对每一个窖池实施规范化、标准化管控，同时为下一步蒸馏取酒工序做好分类、分质准备。

不同轮次基酒成分（以总酸、总酯为代表指标）存在差异，各轮次酒的特点具体是：

（1）第一轮为酒醅度夏后调整阶段，基酒酸酯含量略高，作为特殊基础酒使用；

（2）第二、三、四轮酒醅环境逐步恢复，基酒中酸酯含量稳定提升，可作为主要基础酒使用；

（3）第五轮酒醅经历度夏，101天的发酵期，基酒中酸酯含量处于高水平，风味浓郁，可选作调味酒使用。

3——三层分糟、量质摘酒

特香型白酒生产工艺是在"混烧老五甑法工艺"的基础上，根据自身原料特点（整粒大米，不需润粮）、窖池规格、甑桶容量等生产数据的特性，经长年生产实践，不断优化形成利于生产规范化、标准化操作的简化工艺，即将整粒大米为原料，按一定比例直接与发酵成熟的糟醅在同一甑桶内同时蒸馏和蒸煮糊化后，扬冷加曲、入窖发酵，其中三甑料重新配拌料入窖发酵，另一甑只加少量粗糠取酒后作为丢糟弃用，反复循环此种操作，概括为"三进四出，续糟混蒸"，如图5-9-8所示。

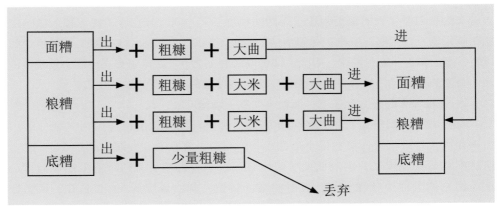

图 5-9-8 糟醅"三进四出"流向示意图[1]

---

[1]李海阳：《江西四特酒有限公司简况》，休闲读品，2020（4）。

在以上工艺操作过程中，窖池内糟醅的物料流向顺序是：面糟放在窖底做底糟，底糟作为丢糟弃用，不再入窖，中间糟一小部分做面糟，其余做粮糟，如此不断循环。

此外，在分层蒸馏的同时，每甑仍执行"掐头去尾取中间"的分段量质摘酒操作，即面糟、粮糟及底糟三层分类酒中又都有各自的酒头、酒尾和中间段酒。

二、酒体风格

在 2020 年 11 月到江西四特酒厂参观之前，我喝的四特酒都是四特东方韵系列酒。四特东方韵系列酒的风格，与浓香酒差异比较小，非常仔细地去体会，它有一点点面粉的香味，还要经过提示之后才能感受到。这种感觉使我一直觉得四特东方韵酒是浓香型白酒，和川派浓香酒差别不太大，对于四特酒的特香型是怎么来的，特香型能否成立都怀有疑问。但是到酒厂参观之后，分别品尝了他们新生产的原酒、已经储存了 3 年、10 年和 20 年的原酒之后，我切实感受到了它与众不同的特点。

在国家标准里对四特酒的香气的描述是：幽雅细腻，诸香谐调，具有浓、清、酱三香，但均不露头的复合香气。中国品酒术语在香气描述的语言上给自己设置了很多自我束缚的东西，在有了浓香、清香、酱香三大基本香型之后，就总要试图用这三种香型作为基础描述语言。其实特香型跟浓、清、酱都不一样，不是兼具浓、清、酱三种香型的某些特点，而是不同于三种香型的一种独特香型，应该有独属于这种香型风味特征的描述语言，没必要总是套用那三种基础香型的描述语言。

有的书上说特香型白酒有点像油菜籽味，我在酒厂和酒体中心主任林培先生交流时，他说他还没有感受到油菜籽的香气，林培主任倒是有一个描述，说有点像水煮蘑菇的香气，他这个描述很像特香型白酒的香气，就是水煮蘑菇带来的那种清香，但是这种香气只有在 15 年、20 年的四特年份酒产品里才能感受到，原酒里也能感受到。幽雅细腻，诸香谐调，是优质白酒的共同特点。我个人体会特香型白酒有几点是比较明显的，一个是水煮蘑菇的香气，还有一个是有点面粉的香气，特别是新酒，特香型白酒的大曲里是有面粉的，这种香气特征是别的香型白酒没有的。口感绵柔、醇和、醇甜，香味谐调，余味悠长，我的直接感受是醇厚、绵柔的感觉非常明显。醇厚感和绵柔感，是它和米香型白酒的一个区别。

微量成分特征

江西的陈全庚、袁菊如等从 1986 年起先后承担了"四特酒香型研究""四特酒香味成分研究""四特酒主要香味成分研究"等纵横向研究项目，在特香型白酒香味成分特征研究方面做了一些探索，详见以下三个表格。发现正丙醇等含量高是特香型白酒香味成分方面的一大特点。

需要说明，表中虽然四特酒中甲醇的含量最高，为 8.7mg/100ml，换算成 g/L 为 0.087g/L，远低于国家食品安全标准中甲醇的指标 0.6g/L 的要求，完全可以放心饮用。

表 5-9-6 江西特香型白酒醇类分析结果

单位：mg/100mL

酒名	甲醇	正丙醇	仲丁醇	异丁醇	正丁醇	异戊醇	正己醇	各醇之和（E）	正丙醇：E
四特酒	8.7	252.6	27.4	16.7	4.3	58.7	3.9	372.3	0.68
李渡高粱酒	4.8	69.7	9.0	13.1	7.3	15.8		119.7	0.58
浮云酒	4.9	153.5	10.1	18.7	10.6	72.7	4.1	274.6	0.56
江西特曲	6.1	97.1		11.6	19.3	7.8		146.1	0.66
临川大曲	10.3	97.1		11.6	19.3	7.6		146.1	0.66

表 5-9-7 四特酒与各类香型名优白酒醇类分析结果

单位：mg/100mL

酒名	甲醇	正丙醇	仲丁醇	异丁醇	正丁醇	异戊醇	正己醇	各醇之和（E）	正丙醇：E
汾酒	4.5	17.9	4.0	12.2		49.7		88.8	0.20
泸州老窖	4.9	17.0	8.7	14.3	18.9	48.5	7.8	120.1	0.14
茅台酒	4.2	37.4	63.2	15.1	6.5	48.5	10.0	175.9	0.21
桂林三花酒		20.6	1.3	50.2		89.9		162.0	0.14
董酒	4.8	90.0	64.3	33.6	13.4	98.3	15.5	319.9	0.28
西凤酒	0.2	52.0	8.4	16.0	56.0	47.3	1.8	181.7	0.29
四特酒	8.7	252.6	27.4	16.7	4.3	58.7	3.9	372.3	0.68

表 5-9-8 各类香型国家名优酒中正丙醇香味强度比较

香型	清香型	浓香型	酱香型	米香型	凤香型	药香型	特香型
代表酒名	汾酒	泸州老窖	茅台酒	桂林三花酒	西凤酒	董酒	四特酒
香味强度	0.2	0.2	0.5	0.3	0.7	1.3	2.4

从三个表中的数据可以看出：

（1）江西省境内所产的一些主要"特型"酒所含醇类香味成分中，正丙醇的含量占很大比例，远高于其他醇类。

（2）在各类香型国家名优白酒中，四特酒的正丙醇含量最高，是其他国家名优白酒的 4～5 倍；就正丙醇含量与各醇含量之和的比值来看，四特酒也远高于其他国家名优白酒。众所周知，白酒的风味不但与所含香味成分的绝对含量有关，更取决于所含香味成分的香味强度（香味强度＝某物质含量／该物质阈值）。

以胡国栋为首的课题组通过多年的研究发现，四特酒的微量香味组分具有独特的量比关系，其主要特点为：

①富含奇数碳脂肪酸酯（包括丙酸乙酯、戊酸乙酯、庚酸乙酯与壬酸乙酯），其量为各类白酒之冠。

②含有大量的正丙醇，它的含量与丙酸乙酯及丙酸之间具有极好的相关性。

③高级脂肪酸乙酯的含量超过其他白酒近一倍，相应的脂肪酸含量也比较高。[①]

表 5-9-9　四特酒有限责任公司代表产品

酒名	酒精度	容量	价格	图片
四特酒 20 年陈酿（限量版高端礼盒装）	52°	500ml	3200 元	
四特酒 15 年陈酿（高端礼盒装）	52°	500ml+50ml	1180 元	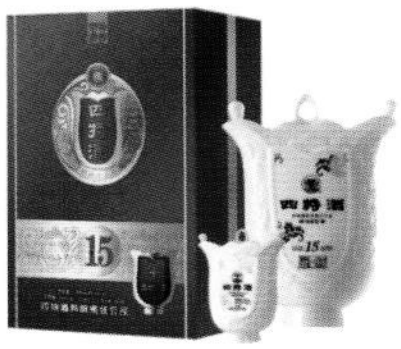
四特东方韵·国韵	52°	500ml	728 元	
四特东方韵·雅韵	52°	500ml	498 元	

①余乾伟：《传统白酒酿造技术》，中国轻工业出版社，2018年5月第二版，第274页—第275页。

表 5-9-10 江西李渡酒业代表产品

酒名	酒精度	容量	价格	图片
李渡 高粱酒 1955	52°	500ml	1080 元	
李渡 古窖·明坊	52°	500ml	598 元	
李渡 1308 封坛酒	50°	500ml	598 元	
李渡酒·20	52°	500ml	330 元	

第十节
馥郁香型白酒

国家标准如是说

一、酒鬼酒国家地理标志产品保护标准

1. 标准号

馥郁香型白酒是湖南酒鬼酒股份有限公司推动建立起的一个白酒香型，建立该白酒香型的时候，国家没有批准和发布专门的白酒香型标准，而馥郁白酒香型又被白酒行业普遍认可，在 2008 年发布的酒鬼酒国家地理标志产品保护标准里确定了酒鬼酒是馥郁香型，标准号为 GB/T 22736—2008。后来国家标准化管理委员会又于 2018 年 2 月 6 日批准了 GB/T 22736—2008《地理标志产品 酒鬼酒》国家标准第 1 号修改单，修改了酒鬼酒的理化指标，自 2018 年 9 月 1 日起实施。

2. 定义

该标准对馥郁香型白酒的定义是：香味具有前浓、中清、后酱独特风格的白酒。

对酒鬼酒做的定义是：在本标准第四章保护范围内，选用三年酒龄的优质基础酒和五年酒龄以上的洞藏调味酒，经精心勾调而成的馥郁香型白酒。

3. 感官要求

表 5-10-1 GB/T 22736—2008 酒鬼酒感官要求

项目	优级	一级
色泽和外观	无色或微黄，清亮透明，无悬浮物，无沉淀 [a]	
香气	馥郁香幽雅	馥郁香优雅
口味	酒体醇厚丰满、绵甜圆润、余味净爽悠长	酒体醇和谐调、绵甜圆润，后味净爽
风格	具有本品独特的风格	

[a] 当酒的温度低于10℃时，允许出现白色絮状沉淀物质或失光；10℃以上时应逐渐恢复正常。

4. 理化要求

表 5-10-2 GB/T 22736—2008 酒鬼酒理化要求

项目		优级	一级	优级	一级
酒精度（20℃）/%vol		≥ 40.0		< 40.0	
总酸（以乙酸计）/（g/L）	≥	0.40	0.30	0.30	0.25
总酯（以乙酸乙酯计）/（g/L）	≥	2.00	1.50	1.50	1.00
乙酸乙酯 /（g/L）	≥	0.60	0.30	0.40	0.20
己酸乙酯 /（g/L）	≥	0.80	0.50	0.60	0.40
正丙醇 /（g/L）	≥	0.10		0.08	
固形物 /（g/L）	≤	0.60		0.80	

注：酒精度允许误差为±1.0%vol。

表 5-10-3 2018 年国家标准第 1 号修改单中的酒鬼酒理化要求

项目		优级	一级	优级	一级
酒精度（20℃）/%vol		≥ 40.0		< 40.0	
总酸＋总酯 /（g/L）	≥	3.00	2.80	2.60	2.40
正丙醇 /（g/L）	≥	0.10		0.08	
固形物 /（g/L）	≤	0.60		0.80	

注：酒精度允许误差为 ±1.0%vol。

二、馥郁香型标准

2021 年 3 月，国家市场监督管理总局和国家标准化管理委员会发布了《白酒质量要求 第 11 部分：馥郁香型白酒》，标准号为：GB/T 10781.11—2021，2022 年 4 月开始实施，这个标准的发布意味着馥郁香型白酒有了正式的"香型国家标准"。

1. 定义

该标准关于馥郁香型白酒定义和原来的地理标志保护标准 GB/T 22736—2008 的定义相比有所变化，表述如下：以粮谷为原料，采用小曲和大曲为糖化发酵剂，经泥窖固态发酵、清蒸混入、陈酿、勾调而成的，不直接或间接添加食用酒精及非自身发酵的呈色呈香呈味物质，具有前浓中清后酱独特风格的白酒。

2. 感官要求

表 5-10-4 GB/T 10781.11—2021 馥郁香型白酒感官要求

项目	优级	一级
色泽和外观	无色或微黄，清亮透明，无悬浮物，无沉淀[a]	
香气	陈香、窖香、曲香、蜜香、焙烤香、芳草香等多香馥郁幽雅，诸香谐调舒适	窖香、曲香、蜜香、糟香、焙烤香等复合香气突出
口味口感	绵甜细腻、醇厚丰满、酒体净爽、回味悠长	醇甜、柔和、谐调爽净
风格	具有本品典型风格	具有本品明显风格

[a] 当酒的温度低于10℃时，允许出现白色絮状沉淀物质或失光。10℃以上时应逐渐恢复正常。

3. 理化要求

表 5-10-5 GB/T 10781.11—2021 馥郁香型白酒感官要求

项目		优级	一级
酒精度 /%vol		25.0 ～ 68.0	
总酸＋总酯[a]/（g/L）	≥	2.60	2.20
总酸[a]/（g/L）	≥	0.60	0.30
己酸乙酯/乙酸乙酯		0.70 ～ 1.60	
固形物/（g/L）	≤	0.60	0.80

[a] 以45.0%vol酒精度折算。

三、馥郁香型及标准的由来

建立馥郁香型的酒鬼酒股份有限公司是成立较晚的一个酒厂，1956 年才在湘西成立，叫吉首酒厂，也是湘西第一家有规模的酒厂。

1985 年，更名为湘西吉首酿酒总厂。

1992 年，更名为湘西湘泉酒总厂。

1997 年，由湘泉集团独家发起创立酒鬼酒股份有限公司。

2015 年，中粮集团全面接管酒鬼酒公司。

酒厂成立初期，生产的是以湘西香糯米和糯高粱为原料，大小曲联合发酵的酒。1976 年初，酒厂成立了名酒研制攻关小组，此后派人到全国各地的名优酒厂学习，经过调研，最后决定在原料成分上借鉴五粮液，在发酵工艺上借鉴董酒，同时尽量保留湘西传统酿造配方来生产自己的酒，1978 年大小曲结合发酵，成功酿出了湘泉酒。

1989 年，酒鬼酒正式面世，当时资料介绍说该酒兼具泸型之芳香，茅型之细腻，清香之纯净，米香之优雅。2004 年，推出酒鬼内参酒，为酒厂的高端酒。

湘泉到酒鬼的发展变化，和中国美术大师黄永玉先生密不可分。黄永玉是湖南湘西人，1983年他设计了湘泉酒的酒瓶，1987年他设计了酒鬼酒著名的麻袋酒瓶，2004年他又为酒鬼内参酒设计了传统的油纸包酒瓶。

1989年，当时任厂长的王锡炳运用名酒、文化和名人三位一体的办法，扩大了湘泉品牌的影响力，推出了酒鬼酒，成功获得了社会的广泛认可。1979年第三届全国评酒会提出香型标准的时候，湘泉酒刚刚试制成功，也才批量生产，并没有评上奖。当时湘泉酒、酒鬼酒在香型上标注的是兼香型和其他香型。

20世纪90年代初，酒鬼酒已经在业内获得了承认，王锡炳觉得要想长期发展，必须要建立自己的香型，因此推动了关于建立香型的工作，酒厂先成立了酒业研究所，并申报省级科研项目，请多位白酒专家到厂里指导工作，并于1994年在湘西吉首召开了湘泉酒香型研讨会。会上与会专家肯定了湘泉酒和酒鬼酒独特的生产技术和工艺特点，会议就酒鬼酒、湘泉酒香型的具体名称进行了讨论，有将其称之为湘泉香型的，也有将其作为浓、清、酱、米、兼香五大基础香型之外的第六香型，初步设想为复合型或结合型。

在讨论香型的过程中，酿酒工艺也在不断地调整变化，1994年把传统小曲改成了纯种的根霉曲；2004年，把传统的酿酒原料高粱和糯米改成高粱、糯米、大米、小麦、玉米五种粮食。2005年，湖南省科技厅主持召开酒鬼酒的馥郁香型研究成果鉴定会，经沈怡方、高月明、曾祖训等15名国内著名白酒专家组成鉴定委员会鉴定，认为酒鬼酒馥郁香型成立。当时强调了酒鬼酒的工艺特点是大小曲结合，多粮颗粒原料，窖泥提质增香，粮醅清蒸清烧，洞穴储存陈酿等都属于国内首创，同时认为感官上、质量上微妙地糅合了酱香、浓香、清香的风味，无色透明，芳香秀雅，绵柔甘洌，醇厚细腻，后味怡畅，香味馥郁，酒体爽劲，认为馥郁香型可以成为我国白酒行业的一个创新香型；2007年又进一步将其总结为一口三香，即前浓、中清、

图5-10-1 湖南酒鬼酒股份有限公司生产区的大门 （摄影／李寻）
湖南酒鬼酒股份有限公司在山谷里面，四面环山的大环境有点像茅台酒厂周边的环境。从实际感受来看，气温比湖南平原地区要凉爽一些，空气清新。

后酱；2008 年，国家质量监督检验检疫总局正式批准把酒鬼酒列为国家地理标志保护产品，国标为 GB/T 22736—2008。2021 年 3 月发布了馥郁香型的国家标准为 GB/T 10781.11—2021，2022 年 4 月 1 日正式实施。馥郁是香气浓郁的意思，是指这种香气不是一般的单体香气，也不是简单的香气叠加，而是由多种单体香构成的完美谐调的复合香气。

从目前国家标准化的完善情况来看，似乎有把目前 12 个香型全部统一到一个总的白酒质量标准号序列里的趋势，如芝麻香型白酒也有了国家标准，浓香型白酒发布了新标准等等。

具体到馥郁香型白酒，新颁布的国家标准和原来的地理标志保护产品标准相比，在香气描述上更加具体化了，原来的标准只描述说馥郁香幽雅或优雅，比较抽象。新的国家标准描述如下：陈香、窖香、曲香、蜜香、焙烤香、芳草香等多香馥郁幽雅，诸香谐调舒适。

以上变化反映出一个趋势：近十年来中国白酒对风味感官的描述越来越具体化，越来越实用，用通用语言来描述，而不像过去用专业化的术语来描述，不只是专业人士能听懂，普通消费者也能够感知得到。当然，现在这些描述还是基于专业基础上提出来的，比如陈香、窖香和曲香这样的术语，普通消费者没闻过这些香气，自然建立不起来联系；焙烤香和芳草香这样的描述也还不够准确具体，不同物质焙烤出来香气不一样，芳草也有多种香味，等等。因此在描述上可具体化的空间还非常大。12 种香型的酒，哪一种酒没有陈香、没有曲香呢？实际上都有。但每种酒的陈香和曲香是不一样的，只有把它们具体的特点用通用的语言描述出来，人们才能感知到各个香型白酒之间的差异。

目前的国家香型标准，包括正在修订中的 2022 年生效的国家白酒质量要求标准给出的感官品评术语还不足以全面、准确地反映出各种香型酒的香气特征，还需要行业内的专家和学者以及消费者们共同去寻找能够表达出各种香型酒香气特征的准确描述。

产地自然地理条件和历史文化背景

酒鬼酒股份有限公司位于湖南吉首市峒河街道振武营村。北纬 28°21′24″～28°21′45″，东经 109°45′35″～109°46′19″，海拔 200～210m。由于已经进入了武陵山区，实际地貌是一个山间谷地，有一条名叫浪头河的小河通过山谷，山谷山口为喇叭山口。

在中国气候区划上，此地和生产浓香型白酒的四川盆地以及生产特香型白酒的江西樟树都处在一个大区里面，即中亚热带。由于地处山区，因此又有山区立体气

图 5-10-2 湖南酒鬼酒股份有限公司酿酒车间的工人在工作现场表演酿酒歌舞 （摄影／李寻）

候的特点。我们实际考察的时候是从常德进入吉首，常德离吉首有 250km 左右，根据气象资料来看两地的年平均气温差不多，都在 15 ～ 22℃，但是同样的季节从常德进入吉首，能明显感觉到空气变凉了，总的来说此地夏季不炎热，冬天也不太冷。相对于生产特香型酒的江西樟树市和生产武陵酱酒的湖南常德市，我们直观感觉酒鬼酒的生产环境气温是比较低的。此地年平均降雨量是 1295 ～ 1450mm，比生产特香酒的江西樟树市要低，但比生产浓香酒的四川泸州和宜宾要略高一些。

湘西地区在湖南省是经济相对落后的一个地区，和处于洞庭湖平原地区的发达地市相比比较落后，但也充满神秘色彩。据资料介绍，湘西传统的酿酒是米酒或包谷烧，酿酒原料体现了当地的一些自然地理的特征，比如物产有糯米、玉米、糯高粱等，小曲应用比较广泛，而且是以传统的大米粉做原料的药曲为主。

馥郁香型是人工创造出的一个香型，既然是人工创造，出发点就是集众美于一体，想把泸州老窖的浓香、茅台的酱香、汾酒的清香，还有南方的米香这四大基础香型的优点全部结合起来。但实际上每一种白酒香型，特别是基础香型，它们之所以能成为基础香型，就是因为有不可替代的特点，要想把四种酒的特点全融在一起，生产出一种兼具四种酒优点的酒实际上是做不到的，酒鬼酒和四种基础香型的酒都不一样，当时曾将其称之为第六香型就表明了它是不一样的。

馥郁香型的独特特点也表明通过工艺手段学习其他香型酒的特点创造出来的酒，还是要受到地方自然地理条件和酿酒传统的约束，酒鬼酒现在的状态以及国家地理标志产品标准和国家标准表明了它是在工艺创新的学习过程中、又根植于本地的自然地理条件而形成的独具风格的白酒香型。

工艺特点和酒体风格

一、制曲

馥郁香型白酒用曲的工艺特点是大小曲合用，要用两种曲。

第一种是小曲。1992 年之前用湘西传统的小曲，也叫药曲，以大米粉为原料，添加了 20 多种中药材，再用种曲接种的办法培养成直径 5 厘米左右的球形曲。后来在发展中发现使用药曲生产效率低，满足不了扩大产量、批量生产的需求，同时酒里的那种药香味在多数消费者中也不受欢迎，从 1992 年起决定以纯种根霉曲代替传统药曲做糖化剂，纯种根霉曲的糖化率很高，培养基是麸皮。目前，馥郁香型白酒小曲用的仍是这种根霉麸皮小曲。

第二种曲是大曲，以小麦为原料，属于中高温大曲，但偏高温，资料上介绍品温在 57 ～ 60℃之间。2020 年 11 月我们到酒鬼酒酒厂参观考察时，专门咨询了酒鬼酒的酒曲温度是多少度，酒厂技术员告诉我们高温能达到 62℃，已属于高温曲。

二、生产工艺

1. 酿酒用粮及粉碎润料

2004 年以来，酒鬼酒用五种粮食作为酿酒用粮，分别是高粱、糯米、大米、小麦和玉米。其中高粱占 40%，其他比例排序为大米、糯米、小麦和玉米，除了玉米要求粉碎度能通过 2.0mm 塞孔的占 3/4 之外，其他原料都是整粒使用。从某种程度上讲，按照酱香酒的标准也可以说是"坤沙酒"了。

润粮方面，各种粮食浸泡的时间不一样，高粱要用水完全浸泡 18 ～ 24 个小时，水温要求在 70 ～ 80℃；糯米、大米和小麦要求浸泡 2 ～ 3 个小时，再沥干表面水分；玉米要用 40 ～ 60℃的温水浸泡 4 ～ 6 个小时，要求润料充分均匀，不滴水。

2. 蒸粮

酒鬼酒蒸粮特点是清蒸清烧，蒸粮专门蒸，取酒的时候再专门蒸酒醅取酒。蒸粮过程中有其独特的工艺，把沥干水的高粱清蒸 20 分钟后第一次打喷，即边散块料边喷水。然后再蒸 40 分钟，第二次打喷，先后加进去润过粮的小麦、糯米、大米和玉米铺在高粱上再次打喷。蒸粮要求 90% 以上蒸开花，原料干爽，熟而不粘，内无生心。

3. 摊晾加曲

蒸完粮进入摊晾加曲的环节，先是加小曲进行糖化，将蒸好的原料出甑平铺在晾床上翻拌，吹晾到 28 ～ 32℃，然后均匀撒上 5% ～ 6% 的根霉曲，再翻拌均匀摊晾到规定的温度。不同室温条件下，从 0 ～ 28℃以上都有具体要求和温度。

4. 糖化

摊晾加曲后的酒粮装入糖化箱内进行糖化，糖化要求做到清香、味甜、不留汁、无霉变和异杂味。糖化的过程也是开放式的，相当于二次制曲，也就是说酒醅里不仅有小曲里的纯种培育的根霉菌，还有在糖化过程中网罗的环境中大量的微生物，根霉菌的一个特点是它可以和其他微生物同时并存，共栖性比较好。经过检测，在糖化过程中聚集的微生物主要是细菌和酵母菌，酵母菌平均增加了 190 倍，细菌平均增加了 200 倍，这些酵母菌和细菌是当地环境里的野生菌种。糖化的时间大概是 24 ～ 36 个小时。

5. 发酵

酒鬼酒发酵的特点是将上一轮发酵好的酒粮取出来放在晾床上进行摊晾，降到接近入窖温度时和已经糖化好的料醅拌在一起，再拌上 20% ～ 22% 的大曲粉，搅拌均匀后低温入泥窖发酵。发酵的时间原来是 50 天左右，现在普遍延长到 60 天了。

6. 储存

酒鬼酒的基酒分成特优级、优级酒和普优酒。成品酒分为优级和一级。特优级酒用来勾调酒鬼酒，放在陶坛和山洞里储存。山洞是溶洞，藏于地下，多阴河伏流，洞内的温度一般在 15 ～ 20℃，湿度 90% 以上，受地表的温湿变化影响不大，有恒温恒湿的天然优势，有利于酒的老熟和改善口感。①

按照标准，酒鬼酒须选用 3 年的基酒和 5 年以上的洞藏调味酒进行勾调。酒厂除了生产正常的基酒之外，还要采用浓香的双轮底发酵工艺生产调味酒，可能还会使用其他的各种调味酒。

三、酒体风格

酒鬼酒风格独特，最新国家标准描述它的香气是陈香、窖香、曲香、蜜香、焙烤香、芳草香等多香馥郁幽雅，诸香谐调舒适。口感上绵甜细腻、醇厚丰满、酒体爽净、回味悠长。特点是前浓、中清、后酱。"前浓、中清、后酱"是品酒经验丰富的行业专家们做出的描述，但一般消费者未必能够感受得到，因此我根据自己的品鉴谈一些直观的感受。

所谓"前浓"是指开瓶闻香有浓香型特征，有点像五粮液，但又不大一样。我直观的感受是有点像炒玉米颗粒的香气，还有点水果香，也有小曲酒的臭味。小曲酒因丁酸乙酯比较高，直接的感受是有一点点臭味，但酒鬼酒将臭味控制得很好，臭不露头，若有若无。所谓的"中清"中的"清"，我觉得它和北方的大曲清香酒相比较远，而是有南方小曲清香酒的感觉。所谓"后酱"，并非焦香，有点像樟脑

---

①余乾伟：《传统白酒酿造技术》，中国轻工业出版社，2018年5月第二版，第302页—第309页。

的味道，不是太浓，也不太露头，若有若无。

入口后香气爆高，回味还有点小曲酒的微臭。总的来说香气是各种酒里最高的，而且比较复杂，大小曲酒的香气都有。醇厚度和丰满感属于中等，净爽悠长做到了，也比较圆润。

<h2 style="text-align:center">微量成分特征</h2>

馥郁香型的酒风格独特，微量成分也有特征，根据余乾伟先生在《传统白酒酿造技术》一书中提供的资料，它有以下五个方面的特点。

（1）己酸乙酯和乙酸乙酯含量突出，二者呈平行的量比关系。酒鬼酒中总酯含量较高，己酸乙酯和乙酸乙酯相对较突出，含量达 100 ～ 170mg/100mL 以上，二者含量相当接近，基本呈平行的量比关系（一般是乙酸乙酯还略高于己酸乙酯），其比例为己酸乙酯：乙酸乙酯 =1.00 ： 1.14，乳酸乙酯含量一般在 53 ～ 72mg/100mL，丁酸乙酯为 16 ～ 29mg/100mL，四大酯的比例关系为己酸乙酯：乙酸乙酯：乳酸乙酯：丁酸乙酯 =1.00 ： 1.14 ： 0.57 ： 0.19。

酒鬼酒中丁酸乙酯含量较高，一般浓香型酒己酸乙酯：丁酸乙酯为 10 ： 1，而酒鬼酒则为（5 ～ 8）： 1。

己酸乙酯是浓香型白酒的主体香气成分，浓香型白酒四大酯的含量为己酸乙酯＞乳酸乙酯＞乙酸乙酯＞丁酸乙酯，而酒鬼酒是乙酸乙酯＞己酸乙酯＞乳酸乙酯＞丁酸乙酯，两者截然不同。

酒鬼酒中己酸乙酯和乙酸乙酯在酯类物质中的突出地位和特殊的平行量比关系，在中国现有的各大香型白酒中是少有的；四大乙酯的含量及量比与浓、清、川法小曲酒有很大差别，说明酒鬼酒用小曲工艺而非清香型小曲酒，用大曲工艺而又不同于浓香型大曲酒，形成了自己的独特风格。

（2）有机酸含量高，总量达到 200mg/100mL 以上，除低于酱香型白酒外，远高于浓香、清香和川法小曲酒。其中己酸和乙酸占总酸量的 70%，乳酸占 19%，丁酸占 7%。几大酸类物质的比例关系虽与浓香型大致相同，都是乙酸＞己酸＞乳酸＞丁酸，但乙酸和己酸的绝对含量是浓香型酒的 2 倍以上，而清香型、川法小曲酒中，有机酸种类单一，与酒鬼酒丰富的有机酸相比有明显的差别。

（3）高级醇含量适中，总量一般在 110 ～ 140mg/100mL，高于浓香、清香型白酒，低于小曲清香型白酒。含量最高的是异戊醇，在 40mg/100mL 左右，其次是正丙醇，达 25 ～ 50mg/100mL，低于酱香、药香和特香型白酒，但超过工艺上相对接近的浓、清和川法小曲酒；正丁醇和异丁醇分别为 13.7mg/100mL 和 17.9mg/100mL。4 种醇的比例为异戊醇：正丙醇：异丁醇：正丁醇为 1.00 ： 0.79 ： 0.47 ： 0.36。

刘建新等认为，高级醇是白酒中不可或缺的风味物质，其中异戊醇有一种独特的香气，和其他成分之间可能存在相乘效果，起到衬托白酒香气的作用。正丙醇有着良好的呈香感，虽然醇类的香味阈值较高，在与大量酯类共存的情况下，它难以左右白酒香气，但正丙醇良好的呈香感，其清雅的香气与酯香复合，很好地衬托出酒鬼酒馥郁幽雅的风格特征。正己醇是一种甜味物质，酒鬼酒口感绵甜与其较高的正己醇含量有关。

（4）乙缩醛含量较高，酒鬼酒中羰基类化合物含量较高，总量达 76.8mg/100ml。其中乙醛和乙缩醛占总醛的 88%，乙醛：乙缩醛 =1.00：1.21，与浓香型白酒相近，高于清香型和川法小曲酒。白酒中含有较高的醛类物质，被视为是名优白酒的重要特征。

（5）存在四甲基吡嗪等含氮化合物。20 世纪 90 年代中期，中国食品发酵工业研究院在分析酒鬼酒过程中，发现在乳酸乙酯与辛酸乙酯之间有明显的四甲基吡嗪谱峰特征。该厂在以后的系统性分析过程中，该峰也长期存在。吡嗪类含氮化合物的存在对酒鬼酒的风格有着怎样的影响，是否与酒鬼酒中的酱（陈）香有关，尚待进一步研究。[1]

表 5-10-6 酒鬼酒股份有限公司代表产品

酒名	酒精度	容量	价格	图片
酒鬼内参	52°	500ml	1499 元	
紫坛酒鬼酒（20）	52°	500ml	618 元	
红坛酒鬼酒（20）	52°	500ml	568 元	

[1]余乾伟：《传统白酒酿造技术》，中国轻工业出版社，2018年5月第二版，第309页—第310页。

第十一节
酱香型白酒

国家标准如是说

一、酱香型白酒国家标准号

酱香型白酒国家标准号：GB/T 26760—2011。

作为酱香型白酒的代表酒茅台酒，有其地理标志产品保护，国家标准号是 GB/T 18356—2007。

这两个标准有些内容不同，标准 GB/T 18356—2007 更加细致一些，我们将分别介绍。

1. 酱香型白酒标准（GB/T 26760—2011）香型定义

酱香型白酒是以高粱、小麦、水等为原料，经传统固态法发酵、蒸馏、贮存、勾兑而成的，未添加食用酒精及非白酒发酵产生的呈香呈味呈色物质，具有酱香风格的白酒。

2. 产品分类

按产品酒精度分为高度酒和低度酒。

高度酒：酒精度 45%vol ～ 58%vol；低度酒：酒精度 32%vol ～ 44%vol。

和别的白酒香型标准不同，酱香型白酒标准中产品分级是分成两类，第一类是以大曲为糖化发酵剂生产的酱香型白酒可分为优级、一级、二级；第二类是不以大曲或不完全以大曲为糖化发酵剂生产的酱香型白酒可分为一级、二级。

3. 感官要求

表 5-11-1 酱香型白酒高度酒感官要求

项目	优级	一级	二级
色泽和外观	无色或微黄，清亮透明，无悬浮物，无沉淀[a]		
香气	酱香突出，香气幽雅，空杯留香持久	酱香较突出，香气舒适，空杯留香较长	酱香明显，有空杯香
口味	酒体醇厚，丰满，诸味谐调，回味悠长	酒体醇和，谐调，回味长	酒体较醇和谐调，回味较长
风格	具有本品典型风格	具有本品明显风格	具有本品风格

[a] 当酒的温度低于10°C时，允许出现白色絮状沉淀物质或失光；10°C以上时应逐渐恢复正常。

437

表 5-11-2 酱香型白酒低度酒感官要求

项目	优级	一级	二级
色泽和外观	无色或微黄，清亮透明，无悬浮物，无沉淀[a]		
香气	酱香较突出，香气较优雅，空杯留香久	酱香较纯正，空杯留香好	酱香较明显，有空杯香
口味	酒体醇和，谐调，味长	酒体柔和谐调，味较长	酒体较柔和谐调，回味尚长
风格	具有本品典型风格	具有本品明显风格	具有本品风格

[a]当酒的温度低于10℃时，允许出现白色絮状沉淀物质或失光；10℃以上时应逐渐恢复正常。

4. 理化指标

表 5-11-3 酱香型白酒高度酒理化指标

项目		优级	一级	二级
酒精度（20℃）/%vol		45～58[a]		
总酸（以乙酸计）/（g/L）	≥	1.40	1.40	1.20
总酯（以乙酸乙酯计）/（g/L）	≥	2.20	2.00	1.80
己酸乙酯/（g/L）	≤	0.30	0.40	0.40
固形物/（g/L）	≤	0.70		

[a]酒精度实测值与标签标示值允许差为±1.0%vol。

表 5-11-4 酱香型白酒低度酒理化指标

项目		优级	一级	二级
酒精度（20℃）/%vol		32～44[a]		
总酸（以乙酸计）/（g/L）	≥	0.80	0.80	0.80
总酯（以乙酸乙酯计）/（g/L）	≥	1.50	1.20	1.00
己酸乙酯/（g/L）	≤	0.30	0.40	0.40
固形物/（g/L）	≤	0.70		

[a]酒精度实测值与标签标示值允许差为±1.0%vol。

5. 对国家标准的理解

酱香型白酒是在1979年第三次全国评酒会上第一次提出香型概念时就提出来作为五大基本香型之一的。之所以叫酱香型白酒，顾名思义，它的香气中有类似酱油香气的感觉。

但酱香型白酒形成国家标准时间比较晚，香型标准是2011年才发布的，据说明是按照GB/T 1.1—2009给出规则起草的。

关于酱香型白酒的标准GB/T 26760—2011，我们特别注意其中的产品分级这两条，一个是以大曲为糖化发酵剂生产的酱香型白酒可分为优级、一级、二级；第二是不以大曲或不完全以大曲为糖化发酵剂生产的酱香型白酒可分为一级、二级，这类酒实际上指的就是麸曲或者麸曲和大曲混合发酵的酱香型白酒。

但在产品等级划分上，并没有以粮食粉碎度为标准，没有所谓"坤沙"（整粒高粱）"碎沙"（粉碎后的高粱）之分，在酿酒用粮方面，也没有具体规定是糯高粱还是粳高粱。而"坤沙""碎沙""糯高粱"这些在市场上标榜酒质的术语，在该标准的分级中并没有出现。当然，不是因为这些因素不影响酒质，而是标准的范围太宽泛，不能完全显示造成酒质不同的各种要素。

香型香气的描述为："酱香突出，香气幽雅，空杯留香持久"。"空杯留香持久"和"空杯留香较长""有空杯香"是优级酒、一级酒、二级酒的重要区别标志，这个特征很明显；但"酱香突出"这句话有点同语反复，相当于说酱香型白酒特征就是酱香，"酱"是什么"酱"？没有具体描述。

酒体醇厚，丰满，诸味谐调，回味悠长，这些描述要从具体的细节上仔细体会和区分，才能理解酒质的差别是什么。总的来说 GB/T 26760—2011 酱香型的标准适用范围宽泛，酒质分级各项要素描述不全且在实际的生产和消费中，符合这个标准的产品风格差别很大，质量差别也很大，实用性并不是很强。

相比之下，茅台酒国家地理标志保护产品 GB/T 18356—2007，除了酿造环境有具体要求，对工艺的要求也很具体。

二、茅台酒国家地理标志产品保护标准

1. 标准号：GB/T 18356—2007

此标准实际上比酱香型白酒的标准推出要早得多，在 2001 年就提出过这个标准。2007 年的版本是对 2001 年版本的修订和完善。

2. 贵州茅台酒定义及工艺描述

贵州茅台酒以优质高粱、小麦、水为原料，并在贵州仁怀市茅台镇的特定地域范围内按贵州茅台酒传统工艺生产的酒。在糖化酒化剂方面，特别规定了"贵州茅台酒大曲以优质小麦为原料，按传统工艺生产，贮存期不少于六个月"。这表明，只有用传统小麦大曲酿制的酒才能是茅台酒，暗示麸曲、糖化酶、干酵母等糖化剂、酒化剂不能用于茅台酒的酿造。

关于传统工艺也做了具体的规定，下沙、造沙、轮次、三高三长、勾兑、典型体等工艺特点，我们后面介绍工艺的时候再详细介绍。

3. 酿酒用粮

高粱也有具体的规定，酿酒原料高粱主要产于贵州省仁怀市境内，少数产于与仁怀市相邻的地区，技术标准符合国标 GB/T 8231 的要求，高粱品种应为糯高粱。小麦要符合 GB 1351 的规定。水要取自赤水河的水，符合 GB 5749 的规定。

4. 酿造环境

酿造环境划定的地域范围为茅台镇，该区域位于黔北地区，东经105°，北纬27°，紧靠赤水河东侧，地处赤水河中游，海拔为420m～600m，四面环山，是一个较为封闭的河谷，区域气候夏长冬短，常年气温较高，空气湿度大，少见霜雪，年平均气温约18℃，最低气温约3℃，最高气温约40℃，年平均相对湿度在78%左右，年平均风速1.2m/s左右，形成酿造贵州茅台酒独特的生态环境。

5. 茅台酒感官要求

表 5-11-5 茅台酒感官要求

项目	53%vol 陈年贵州茅台酒	53%vol 贵州茅台酒	43%vol 贵州茅台酒	38%vol 贵州茅台酒	33%vol 贵州茅台酒
色泽	微黄透明、无悬浮物、无沉淀	无色（或微黄）透明、无悬浮物、无沉淀	清澈透明、无悬浮物、无沉淀	清澈透明、无悬浮物、无沉淀	清澈透明、无悬浮物、无沉淀
香气	酱香突出、老熟香明显、幽雅细腻、空杯留香持久	酱香突出、幽雅细腻、空杯留香持久	酱香显著、幽雅细腻、空杯留香持久	酱香明显、香气幽雅、空杯留香持久	酱香明显、香气较幽雅、空杯留香持久
口味	老熟味显著、幽雅细腻、醇厚、丰满、回味悠长持久	醇厚丰满、回味悠长	丰满醇和、回味悠长	绵柔、醇和、回甜、味长	醇和、回甜、味长
风格	酱香突出、幽雅细腻、醇厚、丰满、老熟香味舒适显著、回味悠长、空杯留香持久	酱香突出、幽雅细腻、醇厚丰满、回味悠长，空杯留香持久	具有贵州茅台酒独特风格	具有贵州茅台酒独特风格	具有贵州茅台酒独特风格

6. 茅台酒理化指标

表 5-11-6 茅台酒理化指标

项目	53%vol 陈年贵州茅台酒	53%vol 贵州茅台酒	43%vol 贵州茅台酒	38%vol 贵州茅台酒	33%vol 贵州茅台酒
酒精度（20℃）/（%vol）	53.0	53.0	43.0	38.0	33.0
总酸（以乙酸计）/（g/L）	2.00～3.00	1.50～3.00	1.00～2.50	0.80～2.50	0.80～2.50
总酯（乙酸乙酯计）/（g/L） ≥	2.50	2.50	2.00	1.50	1.50
固形物 /（g/L） ≤	1.00	0.70	0.70	0.70	0.70

注:酒精度允许误差为±1%vol。

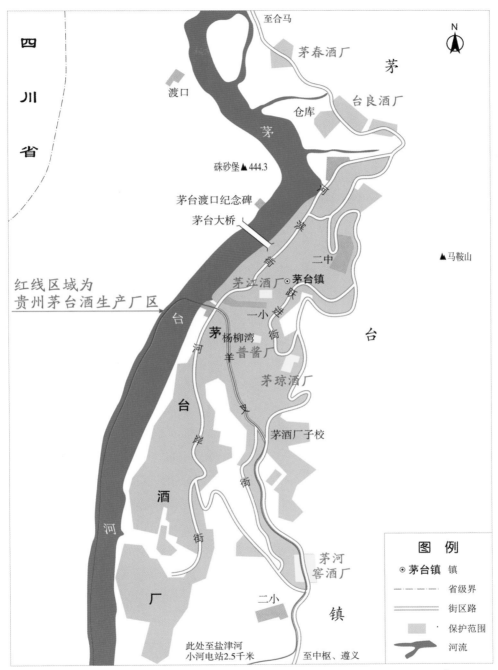

图 5-11-1 国标 2007 年版贵州茅台酒地理标志保护范围图 (7.5km²)

注：茅台镇地理位置为东经 105°、北纬 27°。
图上的"茅台河"即为赤水河（原图标示为茅台河）。

图 5-11-2 2013 年贵州茅台酒地理标志保护范围图（15km²）

注：茅台酒（贵州茅台酒）地理标志保护范围为贵州省仁怀市茅台镇内，地处赤水河峡谷地带，南起太平村
以堰塘沟为界，北止于杨柳湾以羊叉街路为界，东靠茅遵公路、红砖厂、小河电站、智动山和马福溪主峰，
西 至赤水河以赤水河为界，约 15.03 平方公里。
本图来源于 2015 年 5 月实施的 GB/T 18356-2007《地理标志产品 贵州茅台酒》国家标准第 2 号修改单。

7. 对国家标准的理解

GB/T 18356—2007 是茅台酒的商标保护标准，不是酱香型白酒的标准，但是几乎所有的酱香酒都是以茅台酒作为最高规范，都以茅台酒作为努力的方向，所以这个标准也有了一定的普遍意义。特别是在工艺上，不仅茅台镇上的其他酱香酒厂都声称执行了和飞天茅台酒一样的"12987"工艺，就连其他地区生产酱香型白酒的酒厂，也声称采用了茅台的"12987"工艺。

该标准里保护的要素还是比较全面的，首先原料特指贵州仁怀市境内的糯高粱，现在已经扩大到全省的糯高粱了，水是赤水河的水。重要的是把年平均的相对湿度和风速也作为条件列入标准之中，表明茅台酒厂的科技人员意识到空气湿度和风速对酿酒的影响。特别要强调的是保护区海拔要素的重要性，该标准提出的保护范围是海拔 420m ～ 600m，对这一点，笔者深有感受，我们曾经品尝过茅台镇多家酒厂的酒，海拔超过 600m 的酒厂，其酒体顿觉"清爽干净"，没有了酒友们俗称的"镇酒味"（那是一种有点"馊抹布味"，但又觉得水灵润泽的感觉）。在实际生产中，无论是茅台酒厂还是其他酒厂，都努力把"馊抹布味"控制到最低水平，那些茅台镇的优秀酱酒（包括飞天茅台）能以果香气和酱香气、焦香气盖住这种"馊抹布味"，但不能根本去除，如果全部去除，茅台酒将失去现在这种经典的风味口感。

该标准是 2007 年发布的，当年贵州茅台酒的产量是 16865 吨，但到了 2018 年，产量达到了 46100 吨，增加了近 3 万吨。

产量的上升也意味着它在原来保护区范围之内生产能力不够了，所以在距茅台镇 19 公里左右的二合镇，茅台酒厂又建起了三车间，占地面积应该在 1000 亩以上，通过兴建新产区才能实现产量的增加。

在茅台镇上本来就有很多中小酒厂，现在在二合镇又兴建了仁怀酱酒工业集中园区，目前相关方面的讨论流露出的信息，是准备未来要重新划定茅台酒的核心产区，可能未来该标准的修订版保护范围会把二合镇也规划进来。在行政上，二合原来是个镇，现在似乎变为了茅台镇下辖的行政村了。

贵州茅台酒无论在理论和实践上都是最强调具体产地范围的中国白酒，正是他们建立起了一个概念："离开茅台镇，酿不出来茅台酒"。

茅台酒之所以能够坚持原产地的地理和特定地理范围的概念，和他们历史上一次重要的移植失败密切相关，我们下面详细介绍一下那次移植失败所获得的经验。

茅台酒移植的历史经验

20 世纪 70 年代，国家为了扩大茅台酒产能，对茅台酒进行了异地酿造实验，选址在离茅台镇不到 100 公里的遵义市北郊十字铺。

图5-11-3 贵州珍酒酿酒有限公司科学试验车间、酿酒1号厂房 (摄影/李寻)

新厂是1975年9月建成并投入使用的，厂房现在还叫1号厂房，当时建筑面积1043平方米，有窖池20个，沙石甑2个，年产酒为80吨（当时茅台酒年产能为200吨左右）。为了保证窖池跟茅台酒生产一样的酒，建窖池所用的窖石、窖泥和沙石甑的石料均来自于当时的茅台酒厂，而且连酿酒用的水也是全部从赤水河拉过来的。

1975年到1985年，车间进行了连续十年的异地生产实验。这个酒厂1984年更名为"贵州省遵义酿造研究试验基地"，1986年正式改名为贵州珍酒厂。2009年，华泽集团收购贵州珍酒厂成立了"贵州珍酒酿酒有限公司"。目前主要产品有珍酒·珍三十、珍酒·珍十五等酱香型系列酒。

为了实现易地移植，茅台酒厂调集了他们各方面最主要的业务骨干，酿酒工艺严格按照茅台酒的工艺执行，用粮也是茅台酒的用粮，然而酿出来的酒，和茅台酒的风格总是有差距。

茅台易地移植的失败经验，相关的研究文献并不多。从少量公开的资料分析，当时在选址时，考虑的主要因素可能首先是经济因素，因为十字铺比茅台镇要宽阔，以后也好扩展，而且离遵义市近，离大城市近后勤保障会做得好一些。对于当时交通不便的茅台镇来讲，遵义就是"大城市"了，所以，酒厂职工都希望以后能在遵义市工作。

从影响酒体风格的因素来看，当时的看法主要集中在原材料方面，如沙石料、窖泥、酒粮和酿酒用水。对湿度、海拔高度、空气的流速以及环境的微生物种群，现在看来当时是没有充分考虑的。

我曾经专门去珍酒厂做过考察，从茅台镇驱车直接到遵义，一下车，两边气候差异感觉特别强烈。茅台镇是潮湿、温暖的地方，而到了遵义十字铺珍酒厂就感觉天高气朗，比较干爽。我特意看了一下海拔表，珍酒的所在地海拔是900多米，茅台镇的酒厂一般都在400米左右。两者地形也不一样，珍酒厂所在地非常开阔，基本上在平地，明显地感觉到风大，推测平均风速要高于赤水河谷中茅台镇的风速。

品鉴茅台酒和珍酒的时候，感觉酒体差别也很明显，珍酒单纯就酒质来讲也是一款好酒。当年国务院副总理方毅为珍酒题词"酒中珍品"，并非虚言。它的酒体酱香明显，诸味谐调，酒体饱满，前味、后味都非常幽雅。但如果和茅台酒对标的话，它则缺少那种水灵灵的润泽感，而是呈现出干爽的特征，是一种阳光灿烂的感觉。这是自然地理条件决定的。

也可能是这次移植失败的教训，使茅台酒厂在后来酒体风格上更多地考虑到气温、降水、海拔、风速，还有湿度、温度、土壤、微生物种群等因素，而不再是酿酒用粮、窖泥、酿酒用水、具体的生产工艺等因素。

这些方面新的认识融入到了地理标志产品保护的标准 GB/T 18356—2007 里面。所以在这个标准里我们看到的不只是它的原料，而是特别强调它的地理范围，而且强调了海拔、气温、平均湿度和风速。

风速指标很多其他白酒地理标志保护产品标准并没有列出来，表明那些厂家还没有意识到该因素的重要性。

茅台酒的地理标志保护产品标准是很有针对性的，值得去深入研究，也反映了他们对酿酒环境、对酒体风格影响的认识的深刻程度。

目前酱香酒产区及代表酒风格

根据现在对影响酒体的自然地理条件及其他因素的认识，我们把酱香酒的产区分为五类：第一类产区：茅台镇产区；第二类产区：赤水河谷产区；第三类产区：南方低海拔产区；第四类产区：贵州省高海拔产区；第五类产区：秦岭、淮河以北的北方产区。下面分别述之。

一、第一类产区：茅台镇产区

茅台镇到二合镇之间的赤水河谷范围之内，参照茅台酒地理保护标准，海拔在420m ～ 600m 之间。

这个产区内，目前除了茅台酒厂，还有众多生产酱香酒的中小酒厂，规模大的有国台酒业、钓鱼台酒业、怀庄酒业、中心酒业、京华酒业、鹏彦酒业、夜郎古酒业等等，这些公司现在逐渐品牌化，在加强市场推广。2018 年以后，越来越多的资本涌入了茅台镇，茅台镇及其周边的鲁班镇和坛厂镇都在建立酒厂，生产规模迅速扩大。

我们前面引用的 GB/T 18356—2007 "贵州茅台酒地理标志保护范围图"中的核心保护范围是 7.5 平方公里，后来，为了扩大产能茅台酒厂在距离茅台镇 19 公里的二合镇建立了 301 生产车间，而且，该镇同时还建立了仁怀名酒产业园，有

图5-11-4 贵州茅台酒厂，摄于2018年3月（摄影／李寻）

多家中小企业入驻，如国台酒业、夜郎古酒业等。2015 年 12 月，贵州省人民政府批准，同意仁怀市部分乡镇行政区划调整，二合镇被撤销，划入新成立的茅台镇管辖。[①]"二合"由此也算茅台镇的一部分，茅台酒的核心保护区的范围也扩大为 15 平方公里，扩大了一倍。[②]近两年，又有消息说保护范围将扩大到 23 平方公里。

为了进一步提高适宜酿酒区域的利用效率，茅台镇各酒厂的非酿造环节如包装和物流，大部分都设在坛厂（仁怀市坛厂街道办事处辖区），镇上土地主要用来酿造。

随着核心保护区的面积增大，相应的标准修改完善工作也会配套展开，新标准出现后，具体酿造环境的参数可能会有所调整。

尽管核心保护区的范围翻倍地扩大，但还是局限在以茅台镇为核心的赤水河谷（包括一些小的支流河谷现在也都有酒厂），只要茅台酒各实际厂区的酒体风格能保持一致，其他中小酒厂也会以其为标准，酿出风格相近的酱香型白酒，该产区仍是全国酱香型白酒的第一产区。

二、第二类产区：赤水河谷产区

在赤水河接近下游的地方，有习酒、郎酒和四川仙潭酒业产的潭酒等酱香酒。

生产习酒的贵州习水镇，毗邻赤水河，位于北纬 28°09′，东经 106°11′，产区海拔 400m 左右，在大娄山的西北。赤水河对面就是生产郎酒的四川二郎镇，二

---

①百度百科：贵州省人民政府黔府函〔2015〕294号批准。
②质检总局：《关于批准调整茅台酒（贵州茅台酒）地理标志产品保护名称和保护范围的公告》，2013年第44号公告。

图5-11-5 隔水相望的两个美酒小镇（摄影／李寻）

站在四川古蔺县二郎镇山上向下鸟瞰，脚下的储酒罐为郎酒厂的储酒罐，远处山崖台地上有高烟囱的厂房是贵州省习水县习水镇的习酒厂，崖下是奔流着的赤水河。二郎镇和习酒镇均是古盐道上的重要集散地。

郎镇位于北纬 28°14′，东经 106°18′，海拔 540m 左右。

习水镇习酒厂原来生产浓香酒，现在主要生产酱香酒。郎酒厂浓香酒、兼香酒和酱香酒都生产。这两个地方尽管离茅台镇比较近，同在赤水河谷，地貌相同，但生产出的酒风格就不太一样，习酒跟茅台酒不一样，郎酒跟习酒也不太一样。

我们考察过这两个地方，感觉同一个季节这两个地方比茅台镇的气温要略低，而且略显干燥。

郎酒厂的老车间在山上，新车间是沿着河谷修建的。习酒现在是茅台集团下属

表 5-11-7 郎酒代表产品

酒名	酒精度	容量	价格	图片
青花郎	53°	500ml	1499 元	
红花郎 15	53°	500ml	739 元	

表 5-11-8 习酒代表产品

酒名	酒精度	容量	价格	图片
习酒窖藏 1988 雅致版	53°	500ml	868 元	
习酒经典	53°	500ml	388 元	

的企业,在技术上应该是采用了同一种工艺体系。但是酒体风格上与茅台酒有所不同,除了工艺之外,可能还有其他值得进一步深入研究的因素。

这些酒厂努力做到向茅台酒的标准看齐,但是风味上总是有距离,这种风格差异,我们姑且不把它当作品质上的差异。因为如果以茅台为标准的话,其他酒厂都做不到和它一样,倒过来亦然,茅台酒厂老产区也未必能做得出来习酒、郎酒那样的酒。如果以某一个酒厂代表产品的酒体风格为标准,任何同香型的酒厂都难以做到完全一样,就是同一个酒厂,自己每年的产品、风格上也难以做到完全一致,这是传统白酒的特点。

三、第三类产区:南方低海拔产区

在南方低海拔的地区,大致区域相当于中国气候区划里面的中亚热带,包括四川盆地、洞庭湖附近的平原地区。这些地方降水量丰富,平均湿度跟茅台镇比较接近,在平原地区,直观感觉风速比茅台镇要大。

这些地方现在也有生产酱香型白酒的酒企,代表酒有湖南常德的武陵酱酒和四川一些酒厂生产的酱香型白酒,特别值得一提的就是湖南的武陵酱酒,酒厂位于湖南省常德市德山中路,北纬29° 08′,东经110° 41′,海拔38m。

湖南武陵酒厂1952年建成,1972年才开始学习传统酱香型白酒酿造,现在是河北衡水老白干酒业控股湖南武陵酒有限公司,这个酒厂可以说是在异地生产酱香酒比较成功的一个酒厂。

据说当年毛主席提到湖南接待用酒的时候,问湖南能不能研发出来和茅台品质一样的酱香酒,湖南省委传达了毛主席的指示,当时的武陵酒厂是研发单位之一,酒厂的技术负责人鲍沛生和当时担任茅台酒厂生产科副科长的季克良是无锡轻工学院(现江南大学)同班同学,鲍沛生的夫人和季克良的夫人也是同班同学,他们就到茅台酒厂取经,也请茅台酒厂技术专家来酒厂进行指导,武陵酒厂很快就系统掌握了茅台酒的生产技术,于1972年研发出了酱香酒。

在1979年全国第三届评酒会上,武陵酒获得了全国优质酒称号,1984年第四届评酒会上,武陵酱酒再次获得国家优质奖(银奖)的称号。1989年第五届全国评酒会时,初步定了一个规则,原来获得过银质奖的酒保持不动,酱香型白酒不再增加新的国家名酒,结果在实际品评打分时,武陵酱酒的分数高于茅台,武陵酱酒由此获得了国家金质奖,成为17大国家名酒之一。连续三次在全国评酒会上获奖,说明武陵酱酒在那十年期间,品质不断在进步。

武陵酒厂的宣传片展示了武陵酱酒三胜茅台的故事。

一胜是1981年在庐山举行的全国白酒质量现场会酱香白酒综合评分中,武陵酱酒以高于茅台0.54分的成绩荣获第一名。

二胜是 1989 年全国第五届评酒会上，武陵酱酒以总分第一力压茅台，由此获得国家金质奖，跻身全国 17 大名酒之列。

三胜是 2015 年 9 月，在公证机构的公证下，湖南武陵酒有限公司在北京做了一次中国白酒史上最大规模的万人盲测，酒品就是武陵酒和茅台酒，10071 个普通用户参与，在浙江、广东、北京、湖南各地和武陵酒官微同时进行，最终武陵酒以61% 的得票占比胜出，超六成的人都认为武陵酒"酒体优于茅台"。

2020 年 11 月，我曾经专门到武陵酒厂进行参观考察，参观了酒厂的各个生产环节。当时酒厂正在蒸酒，看到了它的酒醅，随后品尝了酒厂各个时期的酒。

酒厂里给我们进行了标准的品评环节，以茅台酒作为对比样品，和武陵酒的几款酒进行盲品。实际的品鉴结果，让我们感觉到所谓武陵酒三胜茅台的故事也并非妄言。品鉴下来，武陵酱香酒和茅台酒的酒体有所区别，区别在于武陵酱酒酒体更为清新干净，但没有茅台酒醇厚、丰富。

我们前面讲过，茅台镇的"镇酒"普遍有一种所谓"镇酒味"，就是类似"馊抹布"的味。而茅台酒之所以比其他镇酒要好，是因为它和"镇酒"相比几乎没有"馊抹布味"，而且还有一种比较明显的花果香气。但是拿武陵酱酒的高端酒武陵上酱酒跟茅台酒相比的话，武陵酱酒里花果香气比飞天茅台要更为明显，飞天茅台倒是能感受到一点"镇酒"的馊抹布味。

也许正是花果香气明显和更加清新干净的特征，是它在上述的三次综合评比中能够力压茅台的一个重要原因。

从专业技术水准和工艺水准来看，两种高端酒品质是不相上下的，差异的是酒体风格，酒体风格的偏好使不同时期的消费者会有不同看法。

武陵酱酒就算三胜茅台而成功，但并不能证明：离了茅台镇就能酿出茅台酒。一样还是酿不出茅台酒，武陵酱酒和茅台酒是不一样的，但风味品质在酱香型白酒里是可以被评为和茅台酒同等级的优质酒。

它们地理环境不一样，武陵酒厂位于北纬 29°，纬度比茅台酒厂要高两个纬度，气温也比茅台酒厂要略低一点，而且它是在洞庭湖附近的平原地区，尽管降雨量充沛，但是感觉风速比茅台酒厂明显要大。

这种地理条件上的差异，可能是造成酒体风格差异的一个重要因素。风速比较大，可能霉菌的分布数量以及落入酒醅和酒曲中的数量就要比茅台镇河谷地区的少，所以茅台镇环境里的霉菌异常活跃、异常丰富，才导致那里酿造的酱香型白酒或多或少都有点"镇酒味"，要呈现出花果香气就不太容易，需要更精细的工艺控制。当然要在常德做出"镇酒味"，恐怕也不容易。

武陵酱酒酒体以及营销方面的成功，说明酱香型白酒的可酿造区域范围扩大了，在这么大的区域范围之内都可以发展类似于这种风格的酱香型白酒。

四、第四类产区：贵州省内的高海拔产区

有些人习惯了从行政地理的角度去看问题，认为既然茅台酒产于贵州，那么贵州其他地方也能够产出跟茅台镇一样好的酱香型白酒。但事实不是这样的，贵州是云贵高原上垂直地理变化非常剧烈的一个地区，关于贵州的自然地理条件，下面要专门介绍，这里就不再赘言。只是讲在贵州的高海拔地区，生产的酱香型白酒和茅台镇的酱香型白酒是大不一样的。

前面讲过了珍酒就在距离茅台镇不到 100 公里的贵州遵义北郊的十字铺酿造，这是茅台酒厂倾心移植的酒厂，通过多年的努力，发现它们的酒体风格总是不一样。珍酒和茅台酒酒体差异，我们认为主要原因在于海拔和风速、降水量等因素。

同样在贵州高海拔地区生产的酱香型白酒，全国知名的还有位于毕节市金沙县的金沙酒厂生产的金沙摘要酱香酒，该厂地处赤水河和乌江之间，位于北纬 27°07′～27°46′，东经 105°47′～106°44′，海拔在 1400m 左右。

金沙摘要酱香酒的生产工艺据说跟茅台酒是完全一样的。但它的香气明显不同，香气独特，有着复杂的柠檬、胡椒香气，还有油脂的香气，口感也比较爽劲，总的来讲酒体清新干净，不像茅台酒那么润泽醇厚。

金沙摘要酱香酒在近五年的酱酒市场也算异军突起，受到了市场的好评，作为酱香酒的一个风格或者流派还是比较成功的。

图5-11-6　贵州金沙县金沙酒厂风光（摄影/李寻）
金沙酒厂所在地金沙县天高气爽。

表 5-11-9 金沙酒和珍酒代表产品

酒名	酒精度	容量	价格	图片
金沙摘要 珍品版	53°	500ml	1399 元	
珍酒珍十五	53°	500ml	646 元	
珍酒珍三十	53°	500ml	1780 元	

五、第五类产区：秦岭、淮河以北的北方产区

目前这些地方都有酱酒生产，如山东青州的云门酱酒、河北廊坊的麸曲酱香酒，还有黑龙江的特酿龙滨酒、新疆的金疆茅酱香酒等，行业中用个笼统的概念，把这一类的酱香酒称之为北方酱香型白酒流派。

但是这些酒具体的生产工艺差别很大，有大曲酒，也有麸曲酒，所以不一而论。由于采用了麸曲工艺和勾调工艺，我们对它的酒体与自然地理条件的关系目前了解有限。

总体来讲，北方酱香型白酒和南方酱香型白酒相比风格差异还是比较大，尤其是和茅台镇产区为代表的典型酱香型白酒的差别比较大。

北派酱香型白酒作为酱香型白酒的一个流派而存在，其风味各有特点，但尚未形成在全国市场的影响力。只是在局部范围内销，其前景有待进一步观察。

酱香型白酒主要工艺、酒体风格和质量等级

一、茅台酒及茅台镇酱香型白酒的生产工艺

1. 茅台酒的工艺特点概括

GB/T 18356—2007 贵州茅台酒的地理标志产品保护标准，对茅台酒的工艺做了简明的规定描述。酿酒用粮的"沙"就是贵州茅台酒投料时对高粱的俗称，生产投料分下沙和糙沙两个阶段。

传统工艺有以下特点：季节性生长，三高三长，两次投料，九次蒸煮，八次摊晾加曲、堆积发酵，入沙石窖发酵，七次取酒，制酒生产周期为一年；轮次酒分三种典型体入陶坛长期储存不少于三年，精心勾兑，包装出厂，从投料到产品出厂不少于五年。"三高"指高温制曲、高温堆积发酵、高温馏酒。"三长"指大曲贮存不少于三个月，原料经多轮发酵，生产周期一年，基酒贮存不少于三年。三个典型体是指茅台基酒按照感官特征分为酱香、窖底香和醇甜三种香型典型体。

茅台酒厂现在对外宣传强调的是12987工艺，其实也跟标准描述的内容差不多，只是更加简单化一点。"1"就是整个生产周期为一年；端午踏曲，重阳投料分两次，第一次叫下沙，第二次叫糙沙，这就是"2"；"9"是指酿造期间九次蒸煮；"8"是指八次发酵；"7"是指七次取酒，这就是12987的具体含义。

酿酒专家余乾伟先生在他的专著中把茅台大曲酒的生产总结为"四高两长，一大一多"。所谓"四高"是指高温制曲、高温堆积、高温发酵、高温馏酒。和GB/T 18356—2007 相比，多了"一高"是高温发酵（指窖池中的发酵）。"两长"是指生产周期长，完整的一个周期要一年；贮存时间长，长达五年，成品酒才能出厂，这是其他白酒里没有的。"一大"就是指用曲量大，是所有香型白酒中用曲量最大的，用曲量与投粮原料比达到 1 :（0.85 ～ 0.95），甚至更多。"多"就是多轮次取酒。[①]

这些概括从不同的角度，描述出了茅台酒生产的工艺特点，而且便于记忆，下面会逐环节介绍酱香型白酒代表酒茅台酒的工艺细节。

2. 制曲

茅台大曲用的原料主要是产自于河南和安徽的优质小麦，一般从端午开始制曲，入伏以后制的曲质量比较好。小麦要经过粉碎，制曲粉碎的程度不一样，粗粉占65%，细粉35%。在粉碎后，取醅前，还要加一些过去的曲母粉，占总量的 4.5% ～ 8%。

曲块是长方体，中间鼓起来，也称为包包曲。茅台酒曲块是中国所有白酒曲块中最大的，重约五公斤。曲在曲房里培养 40 天左右出房，之后干曲坯还要再放上

---

①余乾伟：《传统白酒酿造技术》，中国轻工业出版社，2018年5月第二版，第179页。

8～10天，再运到库房储存三个月为成品曲，按标准，从制曲到投入使用总共要经过五六个月的时间。

制曲的品温是在65℃左右，属于高温大曲，曲中的芽孢杆菌最多。

茅台大曲传统制作是由人工踩踏的，现在有专业的制曲工厂用专门的制曲机来制曲。我们在茅台镇各个酒厂里参观发现，曲房内的曲块和其他香型酒厂大曲最重要的不同是曲块变形非常严重。酒曲都是椭圆形、圆形、长圆形、枕头状拧在一起的，少数规范的大酒厂曲块能看出来原来是长方形曲块和隆起的鼓包，几乎很难找到一个标准的刚从曲模踩出来那种形状的曲块。酒厂专家介绍高温曲由于曲温比较高，塑形性变强，所以在后期存放的时候就不太成块了。

曲块颜色各种都有，有偏黄的，有偏黑的，偏黑的多一些。成品曲的香气，酱香明显，优质酱酒里也都能感受到成品曲的酱香气味。

茅台酒高温大曲还有一个特点，就是曲虫特别多。曲虫也叫曲蚊，有20多种，具体的昆虫类别就不详细介绍了。在主流关于酿酒科学的认识里面，曲虫是属于病虫害，因为要吃曲里的粮，减少了淀粉含量，但是在茅台镇的曲房里，曲蚊量特别大，远大于浓香型，比起清香型就更多了。

我在进几个酒厂的曲房之前，曲房的师傅先要给我打个"预防针"，说你进去不要紧张，也不要害怕。我一进去，扑面而来的曲虫冲飞过来像一堵墙一样砸在脸上。

据我观察，大曲上面的曲虫钻出的孔洞，面孔率能够达到30%以上，曲虫孔洞里有曲虫的蛹。但是酿酒师傅说，不用怕曲虫，没曲虫的酒不香，曲虫多的酒还更香。

回来再反复品饮茅台酒，隐隐约约感觉到里面有一种动物蛋白的香气，我推测这种香气和此地大曲里的曲虫及蛹的含量高有关，含有蛹的大曲参与发酵，里面丰富的动物蛋白也作为酿酒原料在发挥作用。这只是我实际考察的个人感受，与行业内的专家还没有对这个问题进行深入的交流和研究。

3. 茅台酒的用粮

茅台酒的用粮按标准是要用贵州仁怀及其附近的红缨子糯高粱，但目前贵州全省能生产的糯高粱不够茅台镇用的，茅台酒厂的糯高粱应该是能够有所保证的，其他酒厂就不一定，有些酒厂就从外地进粮，好一点能从南方的四川、湖南进糯高粱；要是一般的就会从东北三省、内蒙古甚至国外进口高粱。

4. 蒸粮、发酵、蒸馏、取酒工艺

这是茅台酒12987的整体工艺，我们把它放在一块来介绍，主要的环节包括润粮、下沙、糙沙和第3到第8个轮次的操作。

（1）下沙操作。

取占投料总量的50%高粱。其中80%为整粒，20%经粉碎，加90℃以上的热水

称为发粮水，润粮 4～5h（泼水时边泼边拌，使原料吸水均匀。也可将水分成两次泼入，每泼一次，翻拌三次。注意防止水的流失，以免原料吸水不足），加水量为粮食的 42%～48%。继而加入去年最后 1 轮发酵出窖而未蒸酒的优质母糟 5%～7% 拌匀（经测定，其淀粉浓度 11%～14%，糖分 0.7%～2.6%，酸度 3～3.5，酒度 4.8%～7%vol），装甑蒸粮 1h 至 7 成熟，带有 3 成硬心或白心即可出甑。在晾场上再加入 10%～12% 的 90℃量水（对粮），拌匀后摊开散冷至 30～35℃。洒入尾酒及加入 10%～12% 的大曲粉（对粮，加曲粉时应低撒扬匀），拌匀收堆（要堆圆、匀，冬季较高，夏季堆矮），此时温度在 30℃ 左右，堆积 4～5d。待堆积温度达 45～50℃，用手插入堆内，当取出酒醅中有香甜味和酒香味时，即可入窖发酵。下窖前先用尾酒喷洒窖壁四周及底部，并在窖底撒些大曲粉。酒醅入窖时同时浇洒尾酒，其总用量约 3%，入窖温度为 35℃ 左右，水分 42%～43%，酸度 0.9，淀粉含量 32%～33%，酒精含量 1.6%～1.7%。用泥封窖发酵 30d。

（2）糙沙操作。

酱香型白酒生产的第 2 次投料称为糙沙。取总投料量的其余 50% 高粱，其中 70% 高粱整粒，30% 经粉碎，润料同下沙操作。然后加入等量的下沙出窖发酵酒醅混合装甑蒸酒蒸料。首次蒸得的生沙酒，一般不作原酒入库，全部泼入出甑冷却后的酒醅中，再加入大曲粉拌匀收拢成堆，堆积、入窖发酵同下沙，封窖发酵 1 个月。出窖蒸酒，量质接酒即得第 1 次原酒，入库贮存，此为糙沙酒。此酒甜味好，但味冲，生涩味和酸味重。

（3）第 3 轮至第 8 轮操作。

蒸完糙沙酒的出甑酒醅不再添加新料，经摊晾、加尾酒和大曲粉，拌匀堆积，再入窖发酵 1 个月，出窖蒸馏所得的酒即第 2 次原酒，称为回沙酒，以后每轮次的操作方法同上，分别蒸得第 3、4、5 次原酒，统称为大回酒。此酒香浓、味醇、酒体较丰满。第 6 次原酒称为小回酒，此酒醇和、糊香好、味长。第 7 次原酒称为追糟酒，醇和、有糊香、但微苦，糟味较大。第 8 次发酵蒸得的酒为丢糟酒，稍带枯糟的焦苦味，有糊香，一般作为酒尾，经稀释后回窖发酵（即实际只接了七次酒）。这即完成一个酿造周期"2 次投料、8 次发酵、7 次流酒"。[①]

对上述工艺要做几点进一步的解释：

（1）要强调前面第一次下沙的时候是只蒸粮，因为那时候没发酵，是没有酒的。第二次糙沙的时候，虽然是发酵有了一部分酒，取了酒但不用，把酒又回到窖里参与下次发酵，所以是九次蒸馏，七次取酒，第 3 轮次至第 8 轮次是取酒的。

---

① 余乾伟：《传统白酒酿造技术》，中国轻工业出版社，2018 年 5 月第二版，第183页—第185页。

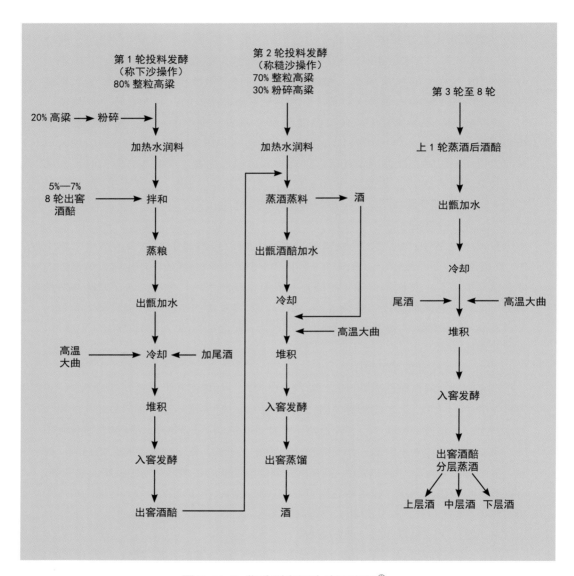

图 5-11-7 酱香型白酒生产工艺图[1]

①余乾伟：《传统白酒酿造技术》，中国轻工业出版社，2018年5月第二版，第184页。

（2）在发酵过程中，包括两个发酵环节，一个是堆积发酵，一个是入池发酵，这两个环节都是高温发酵，"两高"之中高温堆积和高温发酵就是指这两个环节。茅台镇上的酿酒师们也把它们俗称为"阳发酵"和"阴发酵"两个环节，"阳发酵"就是堆积发酵，"阴发酵"就是入池发酵。从粮醅与空气的关系来看，堆积发酵是有氧发酵过程，而入池发酵是无氧发酵的过程。

茅台酒因为是高温大曲，在65℃左右的高温下，酵母菌已经不能存活了，大曲的酒化能力比较弱，如果完全在窖池里进行发酵，有过实验证明基本上不产酒。

堆积发酵是重要的产酒过程，研究认为，堆积发酵的主要功能首先是网罗富集微生物（酵母菌等），以利于酒精的生成；第二个就是糖化发酵，把淀粉酶解为可发酵糖，把蛋白质酶解为氨基酸；第三个功能是生香。也有说堆积发酵同时糖化、酒化，同时还是二次制曲的过程，就是网罗微生物的过程。酒精在堆积发酵过程中生成量是最高的，这个环节也是主要产酒的过程。

堆积发酵是有氧发酵，这是茅台酒也是酱香型白酒的特殊工艺，堆积两到三天，甚至有的长达四到五天。入窖池发酵也是高温发酵，窖内的温度在42℃到45℃左右，而其他香型的酒如浓香型酒就30多摄氏度，所以相对来说酱香型白酒比其他香型酒的发酵温度高。

（3）在后面接轮次酒的操作过程中，是多轮次接酒，每个轮次酒的风格不一样，而且数量也不一样。

酱香型白酒的1—7轮次酒的风味是不一样的，香味物质的含量上也有差异。把1～2轮次酒称为小回酒，意思是它的产量少、酒质不好。在感官上香气偏"清香"，口感上酸涩味重，在香气成分上1、2轮次酒乙酸、乙酸乙酯、正丙醇含量高。在勾兑时只能用一部分，不能多用，多了会影响风格、质量。但是没有1、2轮次酒酒体又不丰满。7轮次酒也是小回酒，酒质也比大回酒要差，但它的糟香（有的叫糊香）会使酒产生独特的香气和空杯留香，也要用大部分。3、4、5、6轮次酒是大回酒，即出酒量大、质量又好的酒。这几轮次的酒不仅口感好，香味成分也比较谐调，它是酱香型白酒的主体，在勾兑中全部都用。酱香型白酒从本年度的农历九月九日重阳节（公历11月初）开始投粮（下沙、糙沙）到次年7轮次酒丢糟结束。即从公历的约10月、11月投粮，1月产一次酒开始到次年11月左右结束，历经春、夏、秋、冬四季。不同季节产的酒，香味特征不同，口感不同。夏天产酒香，但味较糙；冬天产酒甜、醇，但香较差。季节不同，微生物种类不同，代谢产物不同，香味不同。糖化发酵轮次积累的香味物质不同，随着产酒轮次的后移，糖化发酵的轮次越多，添加的高温曲也越来越多，酒中的香味成分也在不断发生变化，造成不同轮次酒在风味上的差异。比如1、2次酒有高粱的粮食香，7次酒带有糟香、糊香，其他轮次酒就比较少这类香味。随着轮次的增多，酱香也越来越突出，酒质也越好，代表酱香特征值之一的糠醛含量也越来越高。[1]

表 5-11-10 茅台酒厂不同轮次酒的风味特征 *

蒸馏次序	轮次酒编号	名称	每瓶产量 /kg	酒精度	风味特征
1		生沙酒	—		香气大，具有乙酸异戊酯香味
2	1	糙沙酒	3—5	≥ 57% vol	清香带甜，后味带酸
3	2	二次酒	30—50	≥ 54% vol	进口香，后味涩
4	3	三次酒	40—75	≥ 53.5% vol	香味全面，具有酱香，后味甜香
5	4	四次酒	40—75	≥ 52.5% vol	酱香浓厚，后味带涩，微苦
6	5	五次酒	30—50	≥ 52.5% vol	烟香，焦烟味，稍带涩味
7	6	六次酒（小回酒）	20 左右	≥ 52% vol	烟香，带有糟香
8	7	七次酒（枯糟酒）	10 左右	≥ 52% vol	香气一般，带霉、糠等杂味

*表5-11-10《茅台酒厂不同轮次酒的风味特征》基础信息来自辜义洪主编的《白酒勾兑与品评技术》，酒精度一栏的数据来自互联网。

（4）茅台镇历史上用过各种各样的窖池，主要有泥窖、石窖，现在基本上全是条石窖（过去还有碎石窖）。这种石窖中的小窖池容量大概 14m³，大窖池容量 28m³ 左右。以当地的砂岩（也有用石灰岩）砌成的窖壁，窖底有的是用黄泥铺的，有的是用条石砌成的底，下面有导流槽，排放黄水。一口大窖池一年出酒 3000 ~ 4000 斤。

表 5-11-11 不同层次发酵糟蒸馏酒的口感

酒样名称	酒质口感评语
上层糟的酒	酱香突出，微带曲香，稍杂，风格好
中层糟的酒	具有浓厚香气，略带酱香，入口绵甜
下层糟的酒	窖香浓郁，并带有明显的酱香

酒窖中发酵糟因所处部位不同，所产酒的质量和风味常有差异，可分酱香、醇甜和窖底香 3 种单型酒（也叫典型体）。酱香单型酒是决定香型的关键。酱香典型体主要在窖池上部的窖顶发酵糟产生；醇甜典型体主要产生于中部的发酵糟；窖底典型体主要产生于窖底靠近窖泥部分的发酵糟。但实际上，所有的酒糟都在一个窖池内，各部分酒糟产生的酒多少都有香气相同的地方，中层酒糟产的醇甜酒，多少

[1]酱香型白酒中的糠醛含量比其他香型的白酒要高出很多，但并不意味着糠醛就是酱香型白酒的主体呈香呈味物质，只是在实际操作中易于使用指标之一。

也会有些酱香味，但仍然当作醇甜典型体来看。

蒸酒时可根据窖内不同层次的发酵糟，分别进行上甑蒸酒，按质摘酒，分开装坛。经感官鉴定后，按香型入库，于传统陶坛中贮存。[①]

（5）蒸馏取酒时，要想把视为茅台酒特征主要组成成分的糠醛、含氮化合物等提取出来就要高温馏酒，茅台酒的馏酒出酒温度在 30℃ 到 37℃ 之间（也有资料说高达 45℃），而其他香型白酒的馏酒温度是在 25℃ 到 30℃ 左右。所以，相比较其他的香型白酒，茅台酒馏酒温度高，所以叫高温馏酒。

茅台酒接酒的酒精度控制在 52%vol ～ 57%vol 左右。经过三到四年的储存，会下降两三度，再勾调并稳定地控制在目前认为最佳的酒精度 53%vol 左右。其基酒（各轮次原酒）酒精度要比清香白酒和浓香白酒低，浓香型白酒和清香型白酒入库的酒精度是 65%vol 左右。

5. 储存和勾调

整体操作下来，茅台一年要接七个轮次酒，七个轮次酒每轮又分成三个典型体（酱香、醇甜、窖底香），分别在陶坛内储存，按照工艺要求储存三年以上再进行不同轮次酒之间的组合，这叫盘勾。盘勾之后再放到陶坛里，有的是直接盘勾好后放到大的不锈钢罐里储存一年。总共是四年，出厂的时候再做一些微调，加一些调味酒。从开始生产一直到装瓶出厂是以五年为一个周期，"两长"之一的"长"就指储存周期长。

茅台酒的这些复杂工艺不是一开始就形成的，是逐渐积累形成的。如三个典型体是 1965 年由资深技术专家李兴发提出来的。长周期储存是在 1963 年全国第二届评酒会之后，才开始把延长储存周期作为一个规定的工艺环节进行，现在达到了至少四年。

由于轮次酒本身风格不一样，又有不同典型体，所以勾兑空间很大。根据酒体设计的需要，勾兑起来就会形成不同风格，不同酒质的酒，这也是市场上酱香型白酒品种细分比较多的一个原因。

20 世纪 60 年代前后，茅台酒勾兑是由成品酒车间主任负责，因为他们对酒库内的陈酿酒有全面的了解，并对尝评和勾兑有一定实践经验。70 年代以后，茅台酒厂设有专职勾兑人员，以感官尝评为主。现在已经发展为采用感官品评和色谱分析检测相结合的检测方式。

为了搞好勾兑工作，应先了解茅台酒不同轮次酒的风味特征、主要成分以及酱香、醇甜、窖底香三种单型酒的香味组成。茅台酒不同轮次酒的风味特征如表 5-11-12 所示。

[①]李大和：《白酒酿造与技术创新》，中国轻工业出版社，2017年8月，第106页—第107页。

表 5-11-12 茅台酒不同轮次酒的主要成分

轮次	酒度（体积分数）/%	总酸/（mg/100mL）	总酯/（mg/100mL）	总醛/（mg/100mL）	糠醛/（mg/100mL）	高级醇/（mg/100mL）	甲醇/（mg/100mL）
1	37.2	0.2733	0.3260	0.0343	0.0120	0.244	0.045
2	53.8	0.2899	0.5353	0.0334	0.0016	0.235	0.012
3	56.0	0.1970	0.3684	0.0594	0.0158	0.127	0.005
4	57.6	0.1220	0.3846	0.0659	0.0217	0.226	0.005
5	60.5	0.0931	0.3606	0.0489	0.0239	0.253	0.005
6	58.7	0.0935	0.3079	0.0435	0.0172	0.235	0.005
7	57.0	0.0848	0.3310	0.0567	0.0226	0.271	0.005
8	28.0	0.0150	0.3117	0.0581	0.0500	—	—

表 5-11-13 三种单型酒的感官特征

名称	感官特征
酱香	微黄透明，酱香突出，入口有浓厚的酱香味，醇甜爽口，余香较长。留杯观察，酒液逐渐浑浊，除有酱香味外，还带一酒醅气味，待干涸后，杯底微黄，微见一层固形物，酱香更较突出，香气纯正。
醇甜	无色透明，具有清香带浓香气味，入口绵甜，略有酱香味，后味爽快。留杯观察，酒液逐渐浑浊，除醇甜特点外，酒醅气味明显，待干涸后，杯底有颗粒状固形物，色泽带黄，有酱香味，香气纯正。
窖底香	微黄透明，窖香较浓，醇厚回甜，稍有辣味，后味欠爽。留杯观察，酒液逐渐浑浊，浓香纯正，略带醅香，快要干涸时，闻有浓香带酱香，干涸后，杯底微有小颗粒状固形物，色泽稍黄，酱香明显，香气纯正。

　　茅台酒的勾兑方法有多种，一般采用大宗法，即采用不同轮次、不同香型、不同酒度、新酒和老酒等单型酒相互搭配。其工艺流程如下：

　　标准风格酒→基础酒范围→逐坛尝评→调味酒→尝评鉴定→比例勾兑→质量检查

主要程序和内容如下：

　　（1）要把握住勾兑用酒所具有的特点。

　　勾兑用酒应无色透明（或微黄透明），闻香幽雅，酱香突出，口感醇厚，回味悠长，稍带爽口舒适的酸味，空杯留香持久。

　　（2）小样勾兑。

　　取 2～7 不同轮次的酒，200～300 个单型酒样进行勾兑。一个成型的酒样，先以勾兑一个小样的比例开始，至少要反复做 10 次以上试验。试验是用 5mL 的容器，先初审所用的单型酒，以"一闻、二看、三尝评、四鉴定"的步骤进行。取出带杂、异味的酒，另选 2～3 个香气典型、风味纯正的酒样，留着备用，其他部分则按新老、轮次、香型、酒精度等相互结合，但不能平均用量。一个勾兑比例少的酒样需用 30

个单型酒，多则用 70 个。在一般情况下，多以酒质好坏来决定所用酒的用量。然后再凭借所把握的各种酒特点，恰当地使它们混合在一起，让它们的香气和口味能在混合的整体内各显其能。各种微量香味成分得到充分的中和，比例达到平衡、谐调，从而改善了原酒的香气平淡、酒体单调，使勾兑样品酒初步接近典型风格。勾兑小样时，必须计划妥善，计量准确，并做好详细的原始记录。

（3）大样勾兑。

取贮存 3 年以上的各轮次酒，以大回酒产量最多，质量最好；二次酒和六次酒产量少，质量较差。勾兑时一般是选用醇甜单型酒做基础酒，其他香型酒做调味酒，要求基础酒气味要正，形成酒体，初具风格。香型酒则要求其香气浓郁，勾兑入基础酒后，形成酒体，芳香幽雅。

常规勾兑的轮次酒是两头少，中间多，以醇甜为基础（约占 55%），酱香为主体（约占 35%），陈年老酒为辅助（约占 8%）的原则，其他特殊香的酒用作调味酒（约占 2%）。

勾兑好的基础酒，经尝评后，再调整其香气和口味，务求尽善尽美。

除参考酒库的档案卡片登记的内容外，还必须随时取样尝评。掌握勾兑酒的特征和用量，以取每坛酒之长，补基础酒之短，达到基础酒的质量要求。这是香型白酒勾兑工作的第一步。

（4）调味。

调味是针对基础酒中出现的各种口味缺陷或不足，加以补充。采用调味酒就是为了弥补基础酒中出现的各种缺陷。选用调味酒至关重要，若调味酒选不准确，不但达不到调味的目的，反而会影响到基础酒酒质。根据勾兑实践经验，带酸味的酒与带苦味的酒掺和时变成醇陈；带酸味的酒与带涩味的酒变成喷香；带麻味的酒可增加醇厚、提高浓香；后味带苦味的酒可增加基础酒的闻香，但显辛辣，后味稍苦；后味带酸味的酒可增加基础酒的醇和，也可改进涩味；口味醇厚的酒能压涩、压糊；后味短的基础酒可增加适量的一次酒以及含己酸乙酯、丁酸乙酯、己酸、丁酸等有机酸和酯类较高的窖底酒。

此外，还可以用新酒来调香、增香，用不同酒度的酒来调整酒度。茅台酒禁止用浆水降度，这是其重要工艺特点之一。

一般还认为酱香型白酒加入一次酒后，可使酒味变甜，放香变好；加入七次酒后，使酒的煳香好，只要苦味不露头，也可增长后味。其他含有芳香族化合物较多的曲香酒、酱香陈酿酒等，更是很好的调味酒；部分带特殊香味的醇甜酒及中轮次酒，也可以做调味酒使用。除用香型酒调香外，还需要用一次酒或七次酒来调味，使勾兑酒的香气更加突出，口味更加谐调，酒体更加丰满。[1]

---

[1]辜义洪：《白酒勾兑与品评技术》，中国轻工业出版社，2015年1月，第158页－第161页。

6. 茅台镇有关酱香酒的一些术语

上述所介绍的"12987""四高两长""一大一多"等，都是国家标准和权威的专业教科书上描述的茅台酒以及茅台镇酱香型白酒的生产方法。但是，并非所有茅台镇上的酱香酒都是用标准的"12987"工艺生产的，很多酒厂除了按标准酱香大曲酒工艺生产外，还用其他方式生产酱香酒。茅台镇酿酒业内流行使用的多种国家标准和教科书上没有的常用术语，如"坤沙、碎沙、翻沙"等，随着近两年"酱酒热"的出现，这些术语也从茅台镇外溢到全国，只要接触到酱香酒的人，多少都会遇到这些术语。但很多消费者对这些术语的内容并不清楚，在此，本书根据作者实地采访获得的信息，将这些术语的主要含义简介如下。

（1）坤沙酒：所谓"坤沙"指整粒的高粱，"坤"字如果写作"浑"或"囫囵"意思就清楚了。但仁怀当地人把这个字发音为"坤"，"12987"工艺的酿酒高粱要求粉碎度低，80%以上是整粒的，这样耐蒸煮、适合八轮发酵。"坤沙酒"就是指严格按照大曲酱香酒（特别是茅台酒）工艺酿造的酱香型白酒。

（2）碎沙酒：碎沙酒是酿酒用高粱完全粉碎后作为原料酿出的酒。这类酒基本上用东北或内蒙古的粳高粱为原料，一般以麸曲为糖化剂，所以有时也称麸曲酒。也有以大曲为糖化剂的大曲碎沙酱香酒。高粱粉碎后，蒸煮两三次淀粉耗尽就不出酒了。所以，碎沙无法生产出七个轮次的酒。

从酒体风格上讲，碎沙酒不如坤沙酒结构丰富、饱满圆润，显得单薄，但是略甜，有时会有种油哈味。

（3）大麸酒：顾名思义，就是把大曲坤沙酒和麸曲碎沙酒混合以后形成的酒。这种酒体有大曲坤沙的风格，往往以大曲坤沙的名义销售。

（4）翻沙酒：就是把经过七次蒸煮后的大曲坤沙酒糟再加些酒粮和大曲进行第九次发酵，发酵好后的酒醅经过第八次蒸馏后摘取的酒，过去也有把这种酒叫"八次酒"的。本来，经过七次取酒后的酒糟是要当作废料扔掉的（术语叫"丢糟"或"扔糟"），但因为酒糟中还有浓郁的酱香酒味，所以，又进行了这一轮操作。所谓"翻沙"有"旧货翻新"的意思。

（5）串沙酒：就是把准备扔掉的酒糟（也有可能是翻沙酒糟）用酒精再蒸馏一遍，形成带有一定酱香酒风味的酒。正常蒸馏是以水为介质，将酒醅中的酒精和其他微量成分提取出来；而串蒸酒是以酒精为介质，加热成气态之后穿过酒糟，冷凝下来的酒精就不再是纯酒精味，而是有了一部分酒的味。

（6）回沙：回沙其实是浓香酒中用的工艺，就是取出一部分发酵好的糟醅不蒸馏，另一部分同次取出的酒糟经过蒸馏取酒后、摊晾好后，与这些没蒸馏的糟醅（也叫母糟）搅拌在一起，回到窖池中再发酵。这种做法可以增强下一排酒醅的产酒、产香能力。现在一些营销环境中，有人把回沙酒当作酱香酒的工艺在宣传，不正确。

（7）回酒：回酒是把上一轮蒸馏的酒如下沙酒再倒回酒醅中重新参与发酵的工艺。不只是酱香型白酒，其他香型的白酒也多有把上一轮酒尾倒入糟醅中入池再发酵的回酒环节，以提高酒液的利用率。

7. 茅台镇上酱香酒的质量等级

从理论讲，茅台镇上的酱香型白酒中坤沙酒最好、碎沙酒次之、翻沙酒再次之、串蒸酒最差。一般在营销环节中的介绍都是如此。但实际情况比较复杂。茅台镇上大多数酒厂都能生产标准的大曲坤沙酒，有规模、有能力且顾及信誉的企业的高端代表产品都有大曲坤沙酒产品，当然，也是价格最贵的酒。

但细分起来，大曲坤沙酒中也有个三六九等。按酱香型白酒国家标准（GB/T 26760—2011）规定，酱香型白酒就要分成优级、一级、二级三个等级；按贵州茅台酒国家地理标志产品保护标准（GB/T 18356—2007），它的分级标准是五级，分别是陈年贵州茅台酒 53%vol、贵州茅台酒 53%vol，其余分别是 43%vol、38%vol、33%vol。陈年贵州茅台酒酒龄不低于 15 年（注意，是酒龄不低于 15 年，应该是全部酒液的酒龄不低于 15 年，而不是加入了一部分 15 年酒龄的酒，更不是相当于 15 年口感而不是 15 年的酒）。茅台酒生产周期为一年，基酒贮存不少于三年，这是该标准要求的，勾调后，满四年就算合乎标准，但现在茅台酒厂的宣传资料说，勾调后要再贮存一年后才能出厂，意味着总共贮存了四年，加上一年的生产时间，故有五年才有成品酒出厂的说法。

这里再顺便解释一下概念：原酒。原酒就是指蒸馏出来的原始的酒，也叫原度酒。其他香型的白酒以往没有轮次酒勾兑的工艺，所以，有时把原酒直接出售，也叫原浆（当然，市面上打着原酒和原浆的勾兑成品酒另当别论）。酱香型白酒每轮次蒸馏出来的酒其实也是原酒，但这些原酒要经过七个轮次的酒盘勾混合后才能成为成品酒，所以，茅台酒及酱香型白酒的成品酒中没有"原浆""原酒"之类的产品，酒标上印着"酱香原酒"的酒均是名实不符之酒。

在实际生产中，每轮原酒也都要经过质量品评，一般分成三个等级，分坛储存，也就是说，每一轮次的原酒就有等级之分，不同等级原酒混合出的成品酒也有等级之分。

简而言之，就是严格按"12987"酱香白酒生产工艺生产出的坤沙酒，又经过了标准的 3 年或 4 年的陈化老熟，都是 53%vol 的酱香型白酒，也至少可以分成三个质量标准，酒质不同，价格自然不同。

上面所说的，是严格按照"12987"工艺生产的酱香型坤沙大曲酒，有等级之分。

在实际生产中，变数就更多。同样是坤沙酒，但成品酒并不一定是七个轮次勾兑的，也许只用了五个或四个轮次酒，这种酒有，由于结构不完整，酒质不如七个轮次勾兑的。就算七个轮次酒都用了，但勾兑比例不同，品质风格也就不同。还有，虽然是坤沙酒但基酒贮存不到三年，只有两年甚至一年，就勾调成了成品酒，这种酒也有，酒质也不如贮存了三年或四年的酒。

再下来，还有更出格的方法，在大曲坤沙酒中添加一部分麸曲酒，就是所谓的麸大酒，这种酒也有；在大曲酒中添加串沙酒、翻沙酒的也有。倒过来说也一样，在串沙酒中加一点坤沙酒也可以提升香气口感，这样的酒也有。最差的串蒸酒里加香精，甚至都不串了，直接用酒精加香精生产的酱香型新工艺酒也有。仁怀酒业协会曾出台文件，严厉打击"串沙酒"，而且有过扣押不合规产品，处罚相关涉事企业的事实。笔者在茅台镇参观时，曾拍过专卖各种香精香料的店面照片。

上述情况导致茅台镇上酱香型白酒实际上存在有多种品质等级，也呈现出多种价格，不是坤沙、碎沙那么简单。随着"酱酒热"的持续，越来越多的品牌定制商介入，有些挂着茅台镇产地的酒真实的产地可能未必是茅台镇。贴牌商从茅台镇购买一部分基酒，回到自己所在地，再用酒精、香精进行勾兑，这种情况也存在。至于存在的范围有多大，尚没有可靠的调查和数据披露。

这也不是茅台镇特有的现象，国内其他香型的酒在聚集区都存在类似的问题。其后果是市场上实际流通的酒质千差万别，准确地识别酒质仅靠感官鉴定和仪器检测，难以完全做到。

表 5-11-14 茅台酒代表产品

酒名	酒精度	容量	价格	图片
飞天茅台	53°	500ml	1499 元	
茅台 15 年	53°	500ml	7088 元	
汉酱	51°	500ml	498 元	
茅台王子酒	53°	500ml	288 元	

表 5-11-15 茅台镇酒代表产品

酒名	酒精度	容量	价格	图片
国台国标酒	53°	500ml	579 元	
国台十五年	53°	500ml	799 元	
钓鱼台国宾酒	53°	500ml	699 元	
京华聚礼一号窖 30	53°	500ml	1288 元	
衡昌烧坊 1929 纪念款	53°	500ml	2699 元	
夜郎古典藏	53°	1000ml	3999 元	

二、武陵酱酒的工艺特点

地处湖南常德的武陵酱酒是学习茅台酒的工艺发展起来的，大体的工艺环节和茅台酒差不多，也是"12987"工艺。但在一些细节上有所不同，我们曾经专门深入到酒厂车间一线采访，车间资深的酿酒专家给我们做了详细的讲解，主要有以下几个方面。

1. 武陵酒的下沙时间要比茅台酒早一个月

茅台酒是农历端午制曲、重阳下沙（农历的重阳节一般在公历的10月或11月初），而武陵酱酒在公历9月9号就开始下沙，比茅台要提前一个月。为什么会这样呢？武陵酒厂的专家解释说茅台酒厂是用赤水河的水酿酒，赤水河在重阳节之前泥沙比较多，河水红色、浑浊，不适合酿酒，只有到重阳节以后河水清澈透明才能酿酒。而武陵酒酿酒用的水是沅江水和洞庭湖水，水质一直是清澈透明，不必等到重阳节才开始酿酒，所以下沙比茅台早一个月的时间。

2. 制曲

武陵酱酒制曲温度比茅台要高，武陵酱酒也是用小麦制曲，茅台的制曲品温在65℃左右，而武陵酱酒的制曲品温最高可以达到70℃，这样会使酒的焦香气更好一些。

3. 酿酒用粮的处理不一样

茅台的酿酒用粮下沙处理是要有20%的高粱粉碎四到六瓣，然后用95℃以上的高温水来润粮；武陵酱酒的酿酒用粮是来自于四川川南的糯高粱，高粱是整粒高粱，

图5-11-8 湖南常德武陵酒有限公司大门 （摄影/李寻）

完全不粉碎，润粮工艺改为浸泡，用 70℃到 80℃的水浸泡 24 小时左右，酒厂车间能看到茅台镇酒厂没有的一个工艺设施：专门的泡粮池。这个工艺环节的作用是：第一通过浸泡可以把酒粮里残存的农药化肥清洗得更干净，让酒更卫生；第二是酒粮不粉碎，高粱皮的单宁浸出来，可以让酒体更香、更顺滑。

4. 用曲、用粮量与茅台酒不同

武陵酱酒用粮量高于茅台，用曲量少于茅台，它比茅台要少用 5%～25% 的大曲。

这些工艺细节是形成武陵酒酱香风格独特性的重要原因，也是在长期实践中，在引进茅台工艺、适应当地的气候条件进行改进发展出来的。武陵酱酒的工艺也表明了要想生产出有独特风味的好的酱香型白酒，坚持茅台的工艺是一方面，同时从本地的自然地理条件出发，做出适当的工艺改进、调整，也是非常必要的。

表 5-11-16 武陵酒代表作品

酒名	酒精度	容量	价格	图片
五星上酱	53°	500ml	6680 元	
武陵王（区外版）	53°	500ml	2880 元	
武陵元帅	53°	500ml	9980 元	
武陵上酱	53°	500ml	2680 元	

三、北方酱香型白酒的生产工艺

山东青州云门酒业根据北方的气候和地域特点，探索了一套北方酱香型白酒的生产工艺，李大和先生编著的《白酒酿造与技术创新》书里，简要地介绍了其工艺。云门酱酒在北方有一定影响，特别在山东地方市场经常可以买到，其工艺具体情况摘要如下。

1. 生产用原、辅料

（1）原料。

配料：高粱 90%，小麦 10%。

粉碎度：下沙时粉碎的高粱、小麦占 10%，整粒占 90%；糙沙时粉碎的高粱、小麦占 20%，整粒占 80%。要求均匀、无细面。

母糟：采用未蒸第 6 次酒的酒醅作母糟，用量为投料量的 10%。

稻壳：清蒸 50min 后摊冷备用。

图5-11-9 山东青州云门酒业（集团）有限公司大门　（摄影/李寻）

（2）糖化发酵剂。

高温大曲，要求金黄色或褐色，断面呈黑褐色，酱香浓郁，无青霉污染，水分不高于 14%，贮存半年以上。也可使用部分白曲、细菌曲等。

2. 工艺操作

（1）投料季节：重阳节后投料，此时车间温度 19 ～ 23℃。

（2）润料：将原料分成 6 堆，用 90℃ 以上热水润粮。第一次用水占原料总量 28%，拌匀后堆积 2h；第二次加水占原料总量 20%，堆积 9h 后蒸料。

（3）蒸料：上甑汽压为 0.01 ～ 0.03MPa，圆汽后保持 0.02 ～ 0.04MPa。下沙蒸料时间为 2h，糙沙为 1.5 ～ 2h。要求熟而不黏，微有生心。

（4）晾糟、配料：熟料加适量水后，用打茬机打一遍以达均匀，再与 6 次发酵糟混合摊晾至适温撒曲。

（5）堆积：上堆温度为 28 ～ 30℃，堆积时间 44 ～ 46h，顶温达 48 ～ 52℃。每天洒水一次，保温保湿。

（6）入池：入池前检查堆温，堆心温度均超过 35℃，堆表层酒醅甜香和酱香，入池温度控制在 34 ～ 38℃。入池水分：下沙 38% ～ 42%，糙沙 40% ～ 43%，1 次酒后 44% ～ 46%，2 次酒后 47% ～ 49%，3 次酒后 50% ～ 52%，第 4 次酒后 53% ～ 55%，6 次酒后不高于 57%。入池后粮糟自然沉降 24h，泥封发酵 30 天，发酵 3 ～ 5 天窖内糟醅温度可达 39 ～ 40℃。做好窖池管理。

（7）出池蒸酒：分层蒸馏，原酒分酱香、醇甜、窖底香几种类型入库。蒸馏操作要轻撒匀铺，探汽上甑。上甑汽压 0.01 ～ 0.02MPa，馏酒温度 40 ～ 45℃，馏酒速度不高于 2.5kg/min，接酒头 1kg ～ 2kg。

（8）调味酒制作：

①窖底酒：从下沙垫入窖底糟后，每轮次入池前造窖底，第 3、第 6 次酒各蒸一次窖底酒。

②酱香调味酒：第 4 轮底部未蒸酒醅，加 15% 曲粉堆积至 50 ～ 54℃，入窖发酵 35d，蒸酒单独入库。

③第 6 轮次蒸酒后加高粱粉 1.8t，生产碎沙酒。[①]

---

①李大和：《白酒酿造与技术创新》，中国轻工业出版社，2017年8月，第318页—第319页。

表 5-11-17 北方酱香型白酒代表产品

酒名	酒精度	容量	价格	图片
云门酱酒 青州印象	53°	500ml	299 元	
云门酱酒 五星红酱	53°	500ml	709 元	
特酿龙滨酒	53°	500ml	136 元	
迎春酒特档	54°	500ml	368 元	
肖尔布拉克 金疆茅 2010	53°	500ml	446 元	

贵州自然地理条件及其美酒的分布

中国白酒如果论产量的话，排第一的是四川省；如果论盈利能力的话，贵州省排第一，这是因为它有酱香型白酒的龙头企业茅台酒厂。

从气候角度看，贵州是独特的，纬度虽然比中亚热带要低，但在中国气候区划上，它被划到北亚热带的气候区划类型里面。而在整个贵州省的范围内，由于垂直气候变化剧烈，各种气候类型都有，有中亚热带的，甚至有的深溪河谷都接近南亚热带的气候特征。

在此，把贵州的自然地理条件和美酒的分布做一个简单的介绍。

一、贵州自然地理和气候条件的多样性

贵州，被人们称为多彩贵州，它所属区域自然地理条件复杂而丰富，地表植被的种类也十分多样，在省内不同区域呈现不同的颜色，同时，这里少数民族众多，地域文化丰富，正因为如此，贵州被称为多彩贵州，所有"多彩"的基础条件是贵州自然地理和气候条件的多样性。

贵州北与四川、重庆相连，西与云南接壤，东与湖南交界，南与广西比邻，全省东西长约 595 公里，南北宽约 509 公里，总面积 17.62 万平方公里。从地势上看，它自西向东呈高、中、低三个阶梯分布。西部的毕节、六盘水海拔较高，海拔在 1600 米至 2800 米，是贵州的第一级台阶；中部的安顺、贵阳一带是第二级台阶，海拔在 1000 米至 1800 米；以中部为核心，北部、东部、南部处于贵州高原向四川盆地及广西、湖南的丘陵地带的过渡区域，是贵州的第三级台阶，海拔在 100 米至 800 米。贵州地势最高的地方是西部地区的赫章和钟山交界处的韭菜坪，这里海拔 2901 米，韭菜坪也是目前国内面积最大的野韭菜花景观地；贵州的最低点是东部地区的黎平县地坪乡水口河出口，这里的海拔是 148 米。

从大地构造上看，贵州呈现为明显的三大单元：

（1）东部是江南台隆（江南古陆）和梵净山古陆，这是长期隆升遭受剥蚀的蚀源区，形成了贵州东部的剥蚀、侵蚀的山地丘陵地貌区域；

（2）西北角的赤水、习水是四川地台的组成部分，发育了侏罗纪、白垩纪红色砂岩、泥岩等陆相地层，形成了贵州的"丹霞地貌"，以侵蚀中低山地貌和台地地貌为显著特征；

（3）两大构造单元之间的黔中地区属扬子地台的扬子台褶皱带，从震旦系到三叠系均有分布的碳酸盐岩石在此处的分布面积达到了全省的 73%，出露面积 61% 左右，从而使此处形成了与前两个单元截然不同的地貌类型——喀斯特地貌，使贵州成为

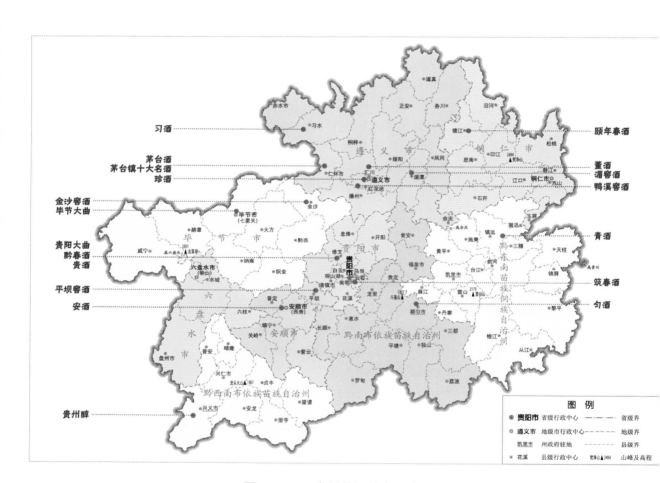

图 5-11-10 贵州美酒分布概略图

我国乃至世界的"喀斯特王国"。[1]

　　大地构造是地质学概念,这种地质概念在我们访酒的过程中也感受到,如茅台镇的条石石窖多由侏罗纪的砂岩作为材料制作,因为那里是四川地台的一部分,侏罗纪和白垩纪的红色砂岩发育,从而就地取材建造条石石窖。

　　贵州是云贵高原的一部分,但真正穿行于其间,入目而见的却不是高原而是山地。贵州省内以高原山地为主,山脉众多,绵延纵横,山高谷深。北部是大娄山,自西向东北斜贯全境,生产茅台酒的赤水河流域,从大娄山中穿过;中部是苗岭,横贯东西;东北有武陵山,由湖南蜿蜒入黔;西部是高耸的乌蒙山,我们曾去过六盘水盘州区淤泥乡岩博村,参观生产人民小酒的岩博酒业,它就处在乌蒙山中。

　　整个贵州的降水丰富,区域内河流密度非常大,流域面积在十平方公里以上的河流有984条,主要分为两个水系,以中部的大山苗岭作为分水岭,苗岭以北属于长江流域,流域面积11.57万平方公里,占贵州总面积的65%;苗岭以南属于珠江流域,流域面积是6.04万平方公里,占贵州总面积的34%。长江流域有四个分水系,分别为牛栏江横江水系、乌江水系、赤水河綦江水系和沅江水系四大水系;珠江流域有南盘江水系、北盘江水系、红水河水系和都柳江水系四大水系。[2]

　　如此丰沛的地表水资源,给贵州的酿酒提供了充沛的水源,据我们目前了解到,贵州酿酒用水主要还是来自河水,如赤水河流域的习酒厂和茅台酒厂,以及湄江附近的湄窖酒业,都是用河水酿酒的。

　　贵州总体上属于亚热带的湿润季风气候区,气温温暖,但受地势高低起伏的影响,气温和热量调节的区域差异十分明显,降水的时空也分布不均匀,区域差别比较大,季节变化明显。

　　根据贵州的自然地域分异,贵州自然地理从东到西可以分为三个自然综合地域单元,东部是亚热带低山丘陵区;中部是亚热带喀斯特高原低中山区;西部是暖温带的中高山区。从南到北则又可以分为南部的亚热带干热河谷区、亚热带喀斯特中低山区,中部的亚热带喀斯特高原丘陵区,北部的亚热带喀斯特中低山区和西北亚热带干热河谷丹霞地貌区。从由南到北的方向来看,由低热河谷到高寒山区,出现了南亚热带到温带的景观变化。[3]

　　贵州的垂直气候变化非常大,俗称贵州是"地无三尺平,天无三日晴",也素有"一山有四季,十里不同天"的说法。所谓垂直变化,以梵净山为例,仅在数千米的垂直距离内,梵净山跨越了中亚热带、北亚热带、暖温带、中温带四个气候带,从气

---

①殷红梅、安裕伦、王静爱:《贵州地理》,北京师范大学出版社,2018年1月,第93页。
②殷红梅、安裕伦、王静爱:《贵州地理》,北京师范大学出版社,2018年1月,第26页。
③殷红梅、安裕伦、王静爱:《贵州地理》,北京师范大学出版社,2018年1月,第97页。

温上看，相当于水平距离上几千千米的变化。随着海拔的升高，梵净山的温度逐渐降低，至山顶一带，年均温度只有 5 ~ 6℃，往往是山下郁郁葱葱，山上白雪皑皑。

我们在贵州考察过程中，对气候变化的感受是非常明显的，西北部地区天高气爽的高原和北部地区深切下去的潮湿而温暖的河谷，差异非常大。综合感觉贵州地区的地表特别破碎，起伏又大，所以，每一个地方的小气候都不一样，而这种小气候条件对酿酒的微生物有重要影响。根据目前的研究认识，酿酒微生物种群对环境非常敏感，气温、降水、湿度、风速、水源、土壤、植被等等，都会导致微生物种类的变化和活动性强弱的不同。贵州这种自然地理条件的复杂性和丰富性，奠定了贵州酒风味的多样性和复杂性的基础。

二、贵州酒业的分布

从目前的情况看，贵州的各个地区、各种地理条件下都有酒业分布，但以北部的遵义地区酒业分布密集度为最高，白酒产量也最大，据 2011 年的统计，遵义地区的酒业产量占贵州全省的 90% 以上，主要也是因为茅台作为龙头企业的拉动作用。

贵州其他地区也都有酒业，尽管风味不同，但品质都非常出色。北部地区就不用说了，有赤水河谷里知名的习酒、茅台酒等，在遵义附近还有董酒、珍酒、鸭溪窖酒等，在西部高原，有金沙酒、毕节大曲，在更西部的乌蒙山里，还有岩博酒业的人民小酒，处于中部的贵阳地区，产有贵阳大曲、黔春酒、贵酒、筑春酒等等，东部的安顺地区产有安酒，贵州西南部与云南、广西接近的兴义地区产贵州醇，在东部的镇远地区产有青酒，青酒曾经在央视广告中的宣传力度很大，"喝杯青酒，交个朋友"这句广告词当时广为流传。再往南部的都匀产匀酒，匀酒是大小曲发酵酿造而成的，有自己的地方标准，称为匀香型白酒地方标准。

贵州古盐道与美酒的分布

在拙作《酒的中国地理——寻访佳酿生成的时空奥秘》中，我们提到了古盐道和中国白酒产业布局的内在关系，因为当时能够搜集到的资料并不丰富和具体，所以仅从宏观上对这个问题进行了描述。在那本书出版近一年后，我们再次到贵州访酒，在当地著名作家韩可风先生的引领下，到贵州习水县土城镇，参观那里的赤水河盐运文化陈列馆，在这家陈列馆中，方才获得了很多具体资料。

这些珍贵的资料此前我们从来没有见过，在这家盐运文化馆第一次见到，在此分享给广大读者，使大家对四川、贵州的白酒与古盐运的关系有更清晰的认识。

贵州盐运的兴起，应该从清朝乾隆年间说起。乾隆十年（1745 年），贵州总督张广泗奏请川盐入黔，他组织治理赤水河，经过一年多的治理，盐船上溯至茅台，伸延里程 300 余里，大大改善了这条盐路的运输条件，众多商贾与贫苦农民涌入赤水河中下游参与运盐，一些新兴场镇在赤水河两岸出现。同年，四川巡抚黄廷贵将川盐入黔的四条水路划定为永、綦、仁、涪四大口岸。

光绪三年（1877 年），四川总督丁宝桢奏派四川道员唐炯督办盐政，改革贵州盐务，将贵州省大部分地区划定为川盐销区，改商运商销为官运商销，实施《新法》，改变了"斗米斤盐"的状况，让西南及湖广几省的平民吃上低价食盐，每年还为国库增加税银约 180万两，对改善当时贵州盐运业产生了极为重要的影响。

《新法》主要内容：

实行以盐运盐的办法。其差额即作为运费及途耗。清末迄民国，均沿袭此法。

（1）改制："官督、商运、商销"。盐税就盐场征收。

图5-11-11 赤水河盐运文化陈列馆中展示的繁忙的运盐码头历史照片

图5-11-12 赤水河盐运文化陈列馆中展示的二郎滩"德谦裕"盐号老照片

（2）设机构：在泸州设盐运总局，合江设黔边仁岸分局，仁怀厅设盐运分局。

（3）规定月销额：仁岸月销 22 载，指定由合江进口经赤水至茅台。

（4）以盐运盐，激励盐运：采取递减办法，在合江每包为 180 斤，运到赤水为 160 斤，元厚、土城为 140 斤，茅台为 132 斤，贵阳为 96 斤。

（5）设置运销网点：仁岸在赤水设总站，自流井设分店，办理购盐手续，在邓井关设转运站，泸州设提号，合江设分店，猿猴设转运站，土城设趸售站，二郎滩、马桑坪设转运站、茅台村、鸭溪、新场、滥泥沟均设趸售站，贵阳、安顺等地设分店兼营趸售，高洞设趸售站以办理销售、转运事项。

（6）成立盐防安全营，负责护送盐船辑私：光绪四年（1878 年），丁宝桢又派遣唐炯负责川盐入黔四大口岸水陆道整治，发动四大口岸的盐商船民投资捐款，组织民工数以千计，历时三年，耗银 2 万余两，对茅台至合江段的 30 多处险滩进行重点整治，开通了赤水河水路航运，沿河转运码头迅速兴起，促进了沿河集镇的发展。

1927 年，周西成主持黔政，整顿盐务，实行"认商制"，重新规定仁岸盐商为 10 家，分别为德厚、裕通裕、仁记、金裕、德谦裕、利记、裕兴隆、华昌、永清仁、庆丰等盐商。1929 年并为 8 家，1935 年又增至 16 家。1941 年，仁岸盐运被官僚资本大业公司挤垮，贵州盐商经多方交涉力争，孔祥熙允让仁岸，由贵州人刘熙乙、伍效高、孙蕴奇等集资接办，仁岸组设利民盐号，分号经理向炳荣。

多年间，贵州的盐制一直在反复改革，从实际情况来看，贵州盐业比较繁荣的时期是从 1745 年张广泗改革以后一直到 1876 年的丁宝桢改革阶段，这期间贵州盐运繁荣，盐商发达。到了 1927 年以后，经过各次盐务整顿，仁岸盐运被官僚资本挤垮，贵州的盐业事实上已经开始逐步走向衰微。但是，盐运完全不依靠古盐道，也是 1950 年代以后的事了，也就是说，贵州的盐运业一直持续了 200 多年。

在陈列馆中，我们见到的最珍贵的一份资料是《川盐入黔》四大口岸示意图。川盐入黔的四大口岸为：

（1）经永宁河运至叙永县，再经陆路运往贵州毕节各地，称为"永边岸"；

（2）经赤水河运至茅台，再经金沙到安顺、贵阳等黔中腹地，称"仁边岸"；

（3）自綦江至贵州桐梓县松坎，再到遵义黔北等地，称"綦边岸"；

（4）从涪陵沿乌江至丙安、思南等地，称"涪边岸"。（参见图 5-11-13）

实际上，川盐入黔是沿四条河流进来的，赤水河只是其中的一条盐道。由赤水河进入贵州后所经之地原属仁怀辖地，称之为"仁边岸"，又叫"仁岸"。从四川合江经赤水、土城至茅台上陆地，再分五道：一经鸭溪、刀靶水至贵阳，二经团溪、瓮安至福泉，三经金沙、大关至清镇，四经平远至清镇，五经滴金桥至织金等地，销黔中道 31 县、贵西道 23 县，乃"四岸"之首。（参见图 5-11-14）

赤水河经过多次疏浚治理，运输条件得到改善，加之盐制变革，降低了运盐成本，"仁边岸"各地盐号蓬勃发展，各集镇成为盐船云集、商贾汇聚、物资集散的码头和商埠。在我们已多次走访的赤水河谷沿岸，现在有茅台镇的茅台酒厂、二郎镇的郎酒厂、与郎酒厂隔赤水河相望的习酒厂等等名优酒厂，这些名酒的产生与发展都与"仁边岸"这条盐道的形成与繁荣相呼应。在其他三条河道中，也有美酒分布，比如湄潭酒，湄潭酒厂的所在地实际上和"綦边岸"盐道紧密相连；再往东走，铜仁市的德江酒业位于"涪边岸"古盐道上，由此看来，不光是赤水河古盐道上多有好酒，分布在其他盐道途中的各个盐镇也多有酒业，正是频繁的盐业运输，促进了贵州各河道沿岸经济的繁荣，也带来了当地酿酒业的发展与兴旺。

赤水河进入贵州后所经过的盐运名镇有：赤水、复兴、土城、丙安、二郎镇、

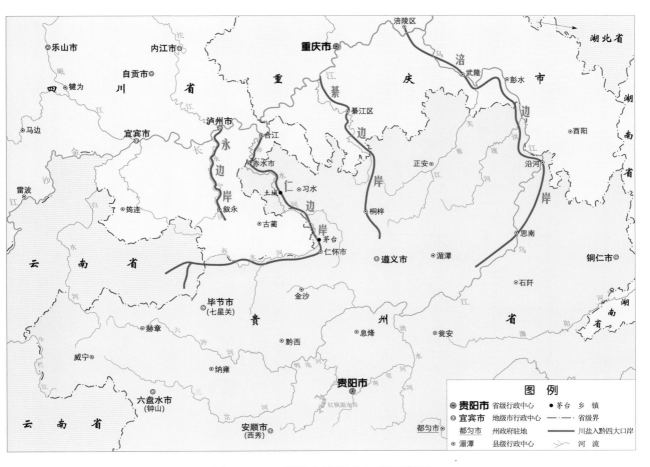

图 5-11-13 川盐入黔四大口岸示意图

川盐入黔的四大口岸为：

1. 经永宁河运至叙永县，再经陆路运往贵州毕节各地，称为"永边岸"；
2. 经赤水河运至茅台，再经金沙到安顺、贵阳等黔中腹地，称"仁边岸"；
3. 自綦江至贵州桐梓县松坎，再到遵义黔北等地，称"綦边岸"；
4. 从涪陵沿乌江至丙安、思南等地，称"涪边岸"。

477

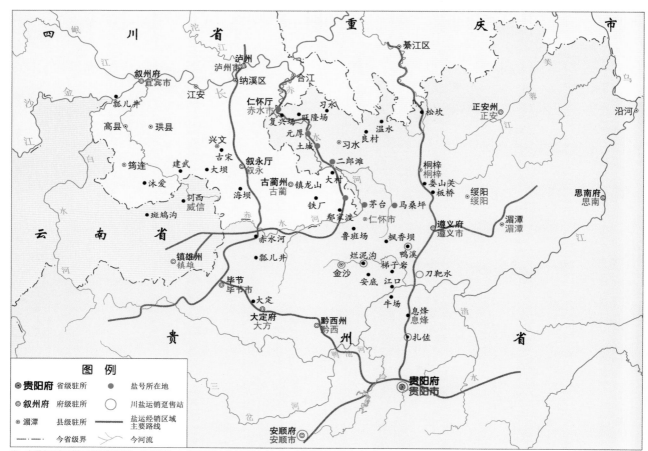

图 5-11-14 仁边岸盐运经销区域示意图

　　由赤水河进入贵州后所经之地原属仁怀辖地，称之为"仁边岸"，又叫"仁岸"。从四川合江经赤水、土城
至茅台上陆地，再分五道：一经鸭溪、刀靶水至贵阳，二经团溪、瓮安至福泉，三经金沙、大关至清镇，四
经平远至清镇，五经滴金桥至织金等地，销黔中道 31 县、贵西道 23 县，乃"四岸"之首。

太平镇等。下面根据赤水河盐运文化陈列馆内的相关资料进行简要介绍。

复兴镇：赤水市复兴镇位于赤水河下游，是赤水河畔重要的码头和商贸集散地。复兴是一块古老的土地，早在新石器时期就有人类在此生息。复兴在北宋时就已经是一个初具规模的水运码头，曾是仁怀地区政治、经济和文化中心。自明代起，是川盐入黔之"仁岸"的重要转运地和农产品输往全国各地的重要通道，长期以来，商贾云集，市场繁荣。

土城镇：习水县土城镇是赤水河中游最大的场镇之一。是赤水河上下游航运的连接点，也是水陆码头的重要集散地，是川盐和川货入黔的重要码头和主要集散地，也是川黔交通的枢纽和咽喉。土城历史悠久，7000多年前就有人类繁衍生息，汉武帝、唐高宗、北宋时期都在此置州县，自古以来，土城一带舟楫繁忙，商贾云集，历史上长期是赤水河中游的政治、经济、文化中心和军事要地。

丙安：丙安位于赤水河中下游，原称"炳滩"。赤水河未治理之前，因其水急滩陡成为川盐入黔的断航地，盐船到此要卸货换船才能前行，人员货物的屯集，使丙安逐渐成为赤水河上川盐入黔要道上的重要场镇，以物丰财富称甲川黔。丙安古镇三面悬崖，再以坚固的城墙城门围之，是盐船和商家必经的夜泊之地，成为赤水河航运最繁华的水陆码头和古镇。

图5-11-15　赤水河盐运文化陈列馆中展示的盐杵（摄影/李寻）

图5-11-16　赤水河盐运文化陈列馆中展示的带有背杵痕迹的石块取样（摄影/李寻）

太平镇：四川古蔺县太平镇位于赤水河中游，与贵州习水县隔河接壤，很早就是川黔商旅聚散之地。太平镇因盐而兴，明末清初，因川盐入黔的交通需求，此地设立水路驿站，众多盐商涌入太平设号，商贾云集，贸易繁忙，古镇因此而逐渐繁荣。到20世纪二三十年代，太平已经成为川黔滇地带极负盛名的商贸枢纽。

我们是从茅台镇出发，一路顺着赤水河北上，行至土城镇的，在沿途中经韩可风先生指点，我们看到了赤水河沿岸的"美酒河"景观附近，还留有当时背盐的盐夫所留下的盐杵凹坑痕迹，在赤水河盐运文化陈列馆中，我们也看到了展示的盐杵和带有背杵痕迹的石块取样等文物，这种文物和现场实景是可以对应上的，可以流露出当年盐运的历史痕迹。

土城古镇的规模比较大，不仅有赤水河盐运文化陈列馆，还有贵州航运博物馆，其展示的内容也非常丰富。想不到在深山古道之中，能有如此大的文化场面展示，在某种程度上，也能流露出当年盐业繁荣时期的壮观景象。

四条古盐道，为何只有赤水河流域留有如此多关于美酒的记忆？

其实，从盐道运输与酒业发展的关系来讲，历史上川盐入黔的四条盐道沿岸的酒业都应该比较繁荣，但目前仅有赤水河"仁岸"一路有较为丰富的史料证明，对于其他三条盐道，历史上它们沿途的码头与重镇等地酒业的发展情况，以及具体所产酒的风格如何等问题，我们还没有见到严密而丰富的考证。我们的贵州访酒一直

图5-11-17　赤水河"美酒河"景观附近还留有当时背盐的盐夫使用盐杵留下的凹坑痕迹　（摄影/李寻）

是一个深入的学习过程，许多东西不是坐在家中查阅文献能够获得的，只有行走在山川河流的实地之中，才能获得更多真实而全面的信息，感受到直击灵魂的文化气息，使我们的认识更加完整丰满。

酱香型白酒微量成分特征

关于茅台酒的微量成分研究起步很早，20世纪五六十年代就开始了。60年代通过层析色谱技术试图搞明白其香型特征，当时主要是根据色谱能测出来的酸、酯、醛、醇微量成分，试图在其中找出能够形成主体的呈香呈味物质的技术思路进行的。

研究的结果却和清香酒、浓香酒不一样，没有找出来可以作为典型标志物的呈香呈味物质代表的微量成分。所以酱香型酒的标准和清香酒、浓香酒不一样，没有标识主体的呈香呈味物质的微量成分。

目前关于酱香酒的主体呈香呈味物质，从风味化学的研究来讲，主要有四种假说[1]：

（1）4-乙基愈创木酚学说；

（2）吡嗪类化合物及加热香气学说；

（3）呋喃类和吡喃类化合物及其衍生物学说；

（4）酚类、吡嗪类、呋喃类、高沸点酸和酯类共同组成酱香复合气味学说。

1.4-乙基愈创木酚学说

4-乙基愈创木酚（简称4-EG）是酱油的一种重要风味物质，所以在1964年茅台试点中用纸色谱法检测到4-EG。有一个阶段，就把4-乙基愈创木酚当做酱香型白酒主体的呈香成分，而且还进一步研究是怎么来的。研究指出4-乙基愈创木酚主要是小麦在发酵过程中，经酵母代谢作用形成的，其特征被描述为类似酱气味和熏香味。

后来随着研究的进一步深入，研究工作者在其他香型酒中也相继检测出来4-乙基愈创木酚的存在，而且发现在含量上和酱香型白酒的含量差别不大，所以4-乙基愈创木酚作为茅台酒的关键风味物质显得证据不足。

2. 吡嗪类化合物及加热香气学说

食品在加热的过程中，由于游离氨基酸或二肽、还原糖以及甘油三羧酸酯或它们衍生物的存在，会发生非酶褐变反应，即美拉德反应，它会赋予食品特殊风味。这些风味的特征组分大都来源于美拉德反应的产物和中间体。它们多数是一些杂环类化合物，具有焙烤香气的气味特征。

---

[1]辜义洪：《白酒勾兑与品评技术》，中国轻工业出版社，2015年1月，第38页。

茅台酒是高温制曲、高温堆积、高温发酵和高温接酒，所以研究者就联想到茅台酒的酱香气味是不是跟高温加热的香气有关，就此展开了研究并发现杂环类化合物在酱香型白酒中含量比较多，而且种类也很多，其中以吡嗪类化合物含量居多。

3. 呋喃类和吡喃类化合物及其衍生物学说

在研究高温产生香气过程的时候，发现了呋喃类化合物，它主要是氨基糖反应的产物。这也是跟对酱油的组分分析有关，人们发现了羟基呋喃酮也是酱油香气一个特征组分。化合物还有糠醛，也叫呋喃甲醛，它在酱香型白酒的含量中比较多，是其他各类香型白酒相应组分含量最多的，酱香型酒中的糠醛含量是浓香型白酒的10倍以上。3-羟基丁酮是呋喃的衍生物，在酱香型白酒的含量也是比较多的，是浓香型白酒的10倍以上。呋喃类化合物气味阈值较低，较少的含量就能从酒中察觉到气味特征。但这类化合物不稳定，容易氧化分解，一般是有颜色的，呈现油状的黄棕色。酱香型白酒在贮存期中会发生颜色变黄。这些因素也都跟呋喃类化合物有关。

研究也显示了其他的酒类经过长期贮存也有变黄，气味上也会产生跟杂环类或者呋喃类化合物有关的"陈味"。

但是汪玲玲等人对这些研究进行了认真的分析之后，又把吡喃类、呋喃类和其他衍生物猜想推翻了。他们分析了酱香型白酒风味骨架成分，通过缺失和添加实验表明，酱香型白酒风味贡献较大的骨架成分是酯类和醇类物质，同时验证了三甲基吡嗪、糠醛、4-乙基愈创木酚和呋喃纽尔等物质不能构成酱香型典型风味。关于这方面的研究学术界还是有不同的观点。

至于把吡嗪类、呋喃类、高沸点酸和酯类共同组成酱香复合气味学说，实际上就没有主体香了，这种折中主义的概念就更加模糊。

2015年出版的辜义洪先生主编的《白酒勾兑与品评技术》，对酱香型白酒香味特征的评价是这样的：总之对酱香型白酒的香味组分的研究还未彻底弄清楚，还有许多未知成分和问题有待进一步解决。

2020年第六期的《酿酒科技》发表四川轻化工大学王荣钰、赵金松以及四川国检检测有限公司的苏占元等人联名的研究论文《酱香型白酒关键风味物质研究现状》，该文总结了对酱香型白酒各种假说，研究主体风味的历程和现状。结论是：研究者们对具有酱香风味的酒体、曲药、发酵液、糟醅进行了大量的风味学分析，在其中检测许多疑似呈酱香风味化合物，但对其进一步研究时并不能找到其对酱香风味的贡献机制。[1]

简单地说，就是在风味化学上对酱香型白酒的主体呈香呈味物质，目前为止还

①四川轻化工大学王荣钰、赵金松以及四川国检检测有限公司的苏占元等：《酱香型白酒关键风味物质研究现状》，酿酒科技，2020（6）。

没有明确的一个结论。

在这里要强调一下，20 世纪 60 年代引入风味化学的理念，对中国白酒的主体呈香呈味物质（也叫关键风味物质）进行研究以来，关于酱香型酒主体呈香呈味物质和关键风味物质的认识一直是不清楚的。有过各种各样的假说，研究文献也是各种香型白酒里最多的，但是得出的结论都是：不清楚。

从现在来看，这是茅台酒以及酱香型白酒对中国白酒的最大贡献，它坚持了一个朴素的基本事实：不清楚就是不清楚，而不是强行地把某些成分当作清楚来看待、甚至写入国家标准。

站在今天的科学观点看来，中国传统白酒中清香型、浓香型、米香型，还有兼香型等其他一切香型，实际上主体呈香呈味物质和酱香型白酒一样，也是不清楚的。只是人们根据当时的色谱成分、骨架成分的认识，认为清楚了，而且按照配方进行了工程上的大规模应用，出现了清香型、浓香型等新工艺酒泛滥的情况。

事实证明，由于认识不清楚，新工艺酒按照风味化学的反向施工，生产出的新工艺酒和天然固态发酵的白酒风味相差甚远，所以在 2021 年修订的新的国家白酒标准中已经取消了关于主体风味成分描述，这是科学认识上的一个重大进步。

由此也提醒我们对待科学的态度：首先，一定要尊重事实，是什么就是什么，如果出现了反证，原来的假设就不能成立。

第二，一定要知道科学是不断发展的，在科学发展的任何一个阶段，借助任何仪器获得的微量成分的认识，只是那一阶段的认识。随着设备精度的提高或者研究面的扩大，就会有不同的看法。风味化学是一个还在不断发展的充满不确定的学科。

在这种情况下，保持对事实的基本尊重，是科学的基础。把某一个阶段的认识结论当作已经全部搞清楚了，而且做了工程化的推广，这是中国白酒发展过程中一个曲折的教训，值得深入地汲取。

图5-12-1 董酒厂内景中的"董"字墙 （摄影/李寻）

第十二节
董香型白酒

国家标准如是说

董香型白酒的标准号是 DB 52/T 550—2013，为贵州省地方标准，由贵州省质量技术监督局于 2008 年发布，2013 年进行过修订。

1. 定义

以高粱、小麦、大米等为主要原料，采用独特的传统工艺制作大曲、小曲，用固态法大窖、小窖发酵，经串香蒸馏，长期储存，勾调而成的，未添加食用酒精及非白酒发酵产生的呈香呈味物质，具有董香型风格的白酒。

2. 感官要求

表 5-12-1 董香型白酒高度酒感官要求

项目	要求
色泽和外观	无色（或微黄色）、清澈透明，无悬浮物，无沉淀 [a]
香气	香气幽雅，董香舒适
口味	醇和浓郁，甘爽味长
风格	具有董香型白酒典型风格

[a] 当酒的温度低于10℃时，允许出现白色絮状沉淀物质或失光。10℃以上时应逐渐恢复正常。

表 5-12-2 董香型白酒低度酒感官要求

项目	要求
色泽和外观	无色（或微黄色）、清澈透明，无悬浮物，无沉淀 [a]
香气	香气优雅，董香舒适
口味	醇和柔顺，清爽味净
风格	具有董香型白酒典型风格

[a] 当酒的温度低于10℃时，允许出现白色絮状沉淀物质或失光。10℃以上时应逐渐恢复正常。

3. 理化要求

表 5-12-3 董香型白酒高度酒理化要求

项目	指标
酒精度 /（% vol）	42.0 ～ 68.0
总酸 /（g/L）	≥ 0.90
总酯 /（g/L）	≥ 0.90
丁酸乙酯＋丁酸 /（g/L）	≥ 0.30
固形物 /（g/L）	≤ 0.50

表 5-12-4 董香型白酒低度酒理化要求

项目	指标
酒精度 /（% vol）	25.0 ～ 42.0
总酸 /（g/L）	≥ 0.70
总酯 /（g/L）	≥ 0.70
丁酸乙酯＋丁酸 /（g/L）	≥ 0.20
固形物 /（g/L）	≤ 0.70

4. 标准理解

董香型这个名称，顾名思义来自生产董酒的贵州董酒股份有限公司，董酒是董香型白酒的代表酒。董香型之前并不叫董香型，而是叫药香型，因为董酒是大、小曲混合发酵而酿成的酒，而且大曲、小曲中都添加了几十种中药，产出的酒微有药香味。

在 1989 年第五届全国评酒会上，新增了六种白酒香型，其中一种就是以董酒为代表酒的药香型，此后，在很长一段时间内，董酒都被称为药香型白酒。从标准发布的时间推测，改名为董香型应是 2000 年以后的事，从以风味特征改为以酒厂名称来命名香型，可能是为了使品牌进一步聚焦，此前，只有凤香型白酒是以厂名作为香型名称的。

董酒厂的历史可追溯至清末，那时，贵州遵义董公寺附近的酿酒产业具有了一定规模，十公里内的小作坊有十多家，以程氏作坊酿制的小曲酒最为出色。1927 年，程氏后人程明坤研制出的"董公寺窖酒"，现在被认为是董酒的前身。

后来，程氏作坊因故停产。1957 年，遵义市政府决定恢复董酒生产，由遵义市酒精厂承担试制任务，当年试制成功，这是现代董酒的起源。

1976 年 6 月 1 日，董酒车间从遵义酒精厂分出，成立遵义董酒厂。1983 年，董酒的生产工艺和配方被国家轻工部列为第一批"机密级"科学技术保密项目。曾经是国家机密级保护项目，目前是董酒的一个重要宣传点。

1994 年，成立遵义董酒股份有限公司。2007 年，董酒公司生产经营的"董牌"董酒准许使用纯粮固态发酵白酒的标志。2008 年 9 月 1 日，贵州省政府公布了董香型白酒的地方标准：DB 52/T 550—2008，后于 2013 年进行了修订。

董酒研发成功是在 1957 年，它在 1963 年第二届全国评酒会上就被评为全国名酒，此后，在 1979 年的第三届全国评酒会、1984 年的第四届全国评酒会，1989 年的第五届全国评酒会上，均被评为全国名酒。

现在在很多场合，我们都能看到董酒厂的宣传仍在讲述它过去曾经被列为国家机密级保护项目的故事，但其实目前关于董酒生产工艺的资料，应该说已经披露得比较充分了，而且有了董香型白酒的标准。不确定其"机密项目"是否已经解密，如果没解密的话，那它到底具体保的是哪一方秘密？如果已经解密，那如今这个机密就只是一个历史故事了。

产地自然地理条件和历史文化背景

董酒厂位于贵州省遵义市区的董公寺附近，地理位置在北纬 27°42′、东经 106°55′左右，平均海拔约在 900 米以上。董酒厂距珍酒厂较近，两者的距离不到 30 公里，地貌和海拔、气候条件等也都接近。

珍酒厂是在遵义进行茅台异地移植生产试验而建立的酒厂，但最终是一个失败的案例，因为遵义市十字铺和茅台镇的气候条件不一样，在遵义酿出的珍酒和茅台酒的风味并不一致。而董酒厂的成功则有另一方面的意义，尽管这家酒厂也历经挫折，但能作为一个香型的代表以及其现在代表产品的知名度，它获得了成功，这个成功基于自然地理条件的基础，又加上了合理的工艺创新，最终创造出一种独特的风味白酒。

如果董酒厂在所在地仿造酱香酒，那肯定是不可能成功的，有珍酒的失败案例可参照；如果生产浓香酒，也未必会成功，因为其所在地的环境使它酿出的浓香酒和传统的川派浓香酒相比，如泸州老窖和五粮液等优质浓香酒，也有差距；如果董酒完全坚持它原来的传统，也难以成功，董酒原来的传统是做小曲酒，其小曲酒有其不足之处，这种酒品难以进一步推广。董酒厂的成功来自对传统小曲白酒的创造性改造，并融入了大曲白酒的部分生产工艺。

在很大程度上讲，董香型白酒是通过工艺改造而创造出的一个新香型，其主要工艺改造点如下：

（1）把传统的小曲酒变成了大小曲并用的酒。传统制作中，小曲一般都是要放些中药的，董酒把小曲中添加中药的工艺移植到大曲中，大曲中也添加了多味中药。

（2）发明了串蒸技术。有资料指出，串蒸技术的发明跟 1957 年董酒厂恢复生产时，由遵义市酒精厂承担试制任务有关。酒精工业和白酒工业是两个起源，现代董酒的成功与酒精工艺是有相互借鉴的地方，因为是酒精厂在进行董酒的恢复生产，董酒早期的串蒸可能是用酒精来串蒸小曲的酒醅，后来改为用小曲酒来串蒸酒醅和大曲发酵香醅（两次法）。现在是改进为酒醅、香醅双层一次蒸馏法（一次法）。

董酒诸多方面的工艺创新，与当地的自然地理条件密不可分。首先，在传统上，小曲要用大米制作，因为当地及附近产大米这种原料，这是由南方的自然环境所提供的。

其次，无论大小曲，其中都添加了丰富的中药材，这与云贵高原上中药材资源丰富有关，也与董酒传统的中药入曲的习惯有关。

（3）和当地自然条件联系最紧密的是其建造窖池所用的白善泥。董酒的窖池是用"白善泥"加石灰、杨桃藤建造，其窖池呈偏碱性，其 pH 值在 7 至 8 左右。董酒的窖池是全国唯一偏碱性的酿酒窖池，这也跟当地的原材料有关，是就地取材产生的结果。外地是否有这种白善泥，我们没有考证过。如果在古代，董酒从传统上用的就是白善泥窖池的话，当时是不知道酸碱度、pH 值等概念的，应该只是因为当地有这种材料，用来做窖池较为方便，窖池也好用，才发展出这种工艺。如果是 1957 年之后才使用这种窖池的话，就应该另当别论了，那是已经有了关于酸碱度的认识等现代科学理论后所选择的材料，这方面还有待于进一步深入了解。

董酒的主要工艺特点是大小曲并用，分型发酵，串蒸取酒。

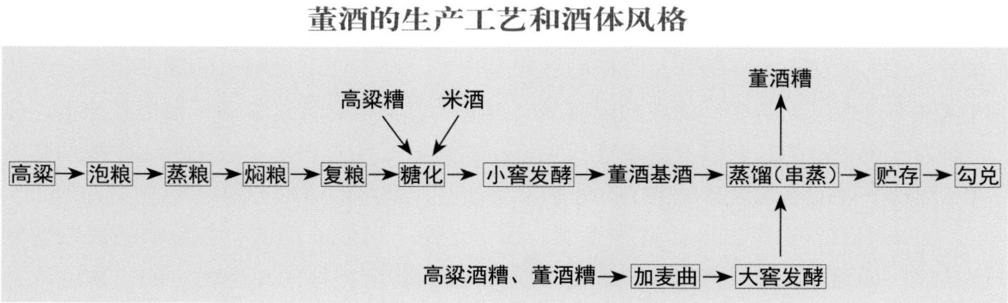

董酒的生产工艺和酒体风格

图 5-12-2 董酒的酿造工艺流程

一、制曲

（1）将小麦（制大曲）或大米（制小曲）粉碎成粉状，必要时米粉可粉碎成细粉，小麦粉碎较粗。

（2）将制大曲用的 40 种中药材、制小曲用的 95 种中药材（药材品名用量见 5-12-5、表 5-12-6）按比例配好，分别粉碎后备用。制小曲添加的 95 味中草药，用量为大米的 4%～5%；制大曲添加的 40 味中草药，用量为小麦的 4%～5%。

（3）取小麦粉（或米粉），加入 5% 中药粉，麦曲料接种大曲粉 2%，小曲料接种小曲粉 1%，加原料量 50%～55% 的新水，用拌料机拌匀。

（4）将拌好的料在板框上踩紧，厚约 3cm，然后用刀切成块状，大曲坯 11cm 见方，小曲坯 3.5cm 见方。

（5）将切好的曲坯放在垫有稻草的木箱中，并把箱堆成柱形。然后保温培养，开始时室温保持28℃左右，以后视情况进行调节。

（6）揭汗曲块培养1天左右，即可达到揭汗温度。小曲揭汗温度为37℃，如采用低温揭汗，则为35～36℃；大曲揭汗温度为44℃，低温揭汗时为38℃。

（7）翻箱揭汗后将曲箱错开，每隔2～3h上下翻箱1次，以调节品温，使曲子生长均匀。

（8）反烧揭汗后曲子品温下降。小曲经24h，大曲经7天左右，曲子品温又有回升，称为"反烧"。此时小曲升温比大曲升温幅度大。但小曲品温也不宜超过40℃，如果品温太高，可勤翻箱，必要时可打开门窗通风降温；大曲反烧时若温度稍高，则问题不大。

（9）经过7天左右，大、小曲基本成熟。培养好的曲子应及时在45℃下烘干。总的培曲时间约2星期。[1]

中草药对微生物的影响试验结果表明，中草药对酵母菌生产影响较大，曲霉次之，根霉甚小。对酵母菌生长促进有明显作用的药材有当归、细辛、青皮、柴胡、熟地、虫草、红花、羌活、花粉、天南星、独活、萎壳等。其次有生地、益智、桂圆、桂子、草乌、

表 5-12-5 董酒大曲中添加中药材品名和用量

编号	药名	用量/kg	编号	药名	用量/kg	编号	药名	用量/kg
1	黄芪	10	16	白芍	10	31	丹皮	10
2	砂仁	10	17	川芎	10	32	大茴香	10
3	波扣	10	18	当归	10	33	小茴香	10
4	龟胶	10	19	生地	10	34	麻黄	10
5	鹿胶	10	20	熟地	10	35	桂枝	10
6	虎胶	10	21	防风	10	36	安桂	10
7	益智仁	10	22	贝母	10	37	丹桂	10
8	枣仁	10	23	广香	10	38	茯神	10
9	志肉	10	24	贡术	10	39	荜拨	10
10	元肉	10	25	虫草	10	40	尖具	10
11	百合	10	26	红花	10			
12	北辛	10	27	枸杞	10			
13	山柰	10	28	犀角	10	计 40 味中药 400kg		
14	甘松	10	29	杜仲	10			
15	柴胡	10	30	破故纸	10			

[1]沈怡方：《白酒生产技术全书》，中国轻工业出版社，2007年1月，第387页—第389页。

表 5-12-6 董酒小曲中添加中药材品名及用量

编号	药名	用量/kg	编号	药名	用量/kg	编号	药名	用量/kg
1	姜壳	2.5	34	泽泻	1.5	67	朱苓	2.0
2	白术	1.5	35	草乌	2.0	68	茵陈	2.0
3	苍术	2.5	36	蛇条子	1.5	69	川乌	2.0
4	远志	2.0	37	破故纸	2.5	70	厚朴	2.5
5	天冬	2.5	38	香薷	2.5	71	牙皂	3.0
6	桔梗	1.5	39	淮通	2.5	72	杜仲	2.0
7	半夏	1.5	40	香附	2.5	73	木瓜	2.5
8	南星	1.5	41	瞿麦	2.0	74	桂子	2.5
9	大具	2.0	42	大茴香	2.5	75	蜈蚣	500 条
10	花粉	2.5	43	小茴香	2.5	76	绿蚕	1.0
11	独活	2.5	44	藿香	2.0	77	自然铜	1.0
12	羌活	2.0	45	甘松	2.5	78	泡参	2.5
13	防风	2.5	46	良姜	2.0	79	甘草	2.5
14	藁本	2.5	47	山奈	2.0	80	雷丸	1.5
15	粉葛	3.0	48	前仁	1.5	81	马蔺子	1.5
16	升麻	3.0	49	茯苓	2.5	82	枸杞	2.0
17	白芷	3.0	50	黄柏	3.0	83	吴萸	2.0
18	麻黄	3.0	51	桂枝	2.5	84	栀子	2.5
19	荆芥	3.0	52	牛膝	2.5	85	化红	2.0
20	紫茉	3.0	53	柴胡	3.0	86	川椒	2.0
21	小荷	2.5	54	前胡	3.0	87	陈皮	2.5
22	木贼	2.5	55	大腹皮	2.5	88	山楂	2.5
23	黄精	2.5	56	五加皮	2.5	89	红娘	1.5
24	玄参	2.5	57	枳实	1.5	90	百合	2.5
25	益智	1.5	58	青皮	2.5	91	穿甲	2.0
26	白芍	2.5	59	肉桂	2.5	92	干姜	2.5
27	生地	2.0	60	官桂	2.5	93	白芥子	1.5
28	丹皮	2.0	61	班蝥	1.0	94	神曲	2.5
29	红花	1.5	62	石膏	1.0	95	大鳖子	1.5
30	大黄	3.0	63	菊花	2.0			
31	黄芩	3.0	64	蝉蜕	1.5	计 95 味中药 208.5kg		
32	知母	2.5	65	大枣	2.0	米曲大米面加中药材 5%		
33	防己	2.0	66	马鞭草	2.5			

注: 此表摘自沈怡方所著《白酒生产技术全书》,中国轻工业出版社,2007年1月,第389页。据推测,原表中的"班蝥"应为"斑蝥","穿甲"应为"穿山甲"。

甘草、茱萸、栀子等。对酵母菌生长有明显抑制作用的只有斑蝥、朱砂、穿山甲。[①]

董酒中添加的中草药，总体上对制曲制酒微生物的生长有促进作用，同时还提供了舒适的药香。据宣传，由于中草药入曲，也使得董酒具有一定的保健作用，对风湿、胃病等，有一定的辅助治疗作用。

董酒的小曲是用来制酒醅的，大曲是用来制香醅的，其具体使用方法见下文中的发酵环节。

二、窖池

董酒发酵的容器有两种，一种是发酵酒醅用的小窖池，这种做小曲酒的窖池比较小，叫小窖池；另外一种是做香醅的大曲窖池，这种窖池大一点，也叫大窖池。小曲在发酵期间要先进入木质的糖化槽进行糖化，糖化之后才能入小窖池发酵，完整地说，董酒的发酵容器是糖化槽、小窖池、大窖池联用的。

建董酒窖池的材料是比较特殊的，采用当地黏性强、密度大的白善泥、石灰和杨桃藤为主要材料，这样使窖池呈偏碱性，pH 值在 7 ~ 8 左右。据厂方介绍，这样偏碱性的窖池在全国是独一无二的，这种窖泥材料对董酒香醅的形成极为重要。[②]

三、发酵

董酒的大小曲合用，和馥郁香型白酒酒鬼酒的大小曲合用不一样。酒鬼酒的大小曲合用是连续使用，用小曲做糖化，然后加上大曲拌在同一个窖池里一起进行发酵；而董酒是小曲做出的酒醅在小曲窖池里发酵，大曲做的香醅在大曲的窖池里发酵。

1. 小曲糖化发酵酒醅

（1）高粱蒸煮：小曲酒酿制的酒粮是高粱，先取整粒的高粱 375 公斤，用 90℃的热水浸泡 8 个小时，基本沥干后入甑蒸煮，待圆汽后干蒸 40 分钟，再用 50℃左右的温水焖粮，持续加温到 95℃左右，如果用糯高粱的话，要焖 5 到 10 分钟，粳高粱要焖 30 到 60 分钟，然后放水后用大汽蒸煮，待圆汽后再蒸 2 个小时，最后打开甑盖冲阳水，蒸煮 20 分钟。

（2）培菌、糖化：把蒸好的酒粮拿出来糖化，有专门的糖化槽，先用扬糙机把摊晾好的蒸熟的高粱放入糖化槽内，用鼓风机吹冷到加曲的温度，一般夏天约为 35℃，冬天约为 40℃左右，然后再添加小曲，小曲的添加量为高粱的 0.4% ~ 0.5%，分两次加入，每次加曲后用耙拌匀，不要翻动最底层的在入粮之前所添加的配糟，

---

①余乾伟：《传统白酒酿造技术》，中国轻工业出版社，2018年5月第二版，第280页—第281页。
②来自李寻团队2020年11月对董酒厂实地采访记录。

然后把物料摊平。培菌的起始温度夏天为 28℃ 左右，冬天约为 34℃ 左右，糯高粱培菌时间为 26 小时左右，粳高粱需要 32 小时左右，出箱时糯高粱品温不超过 40℃，粳高粱不超过 42℃ 为宜。

（3）入窖发酵：把上述培养好的醅子加上 900 公斤的配糟，这个配糟就是上一次蒸酒所留下的酒糟，拌好之后入窖发酵，入窖之后每窖还要再加热水 120 公斤，冬天水温为 65℃ 左右，夏天水温为 45℃ 左右。

接着踩紧表面及周边，用无毒塑料薄膜或者泥封窖。据原来的教科书上说，一般发酵的时间是 6 ～ 7 天，2020 年 11 月我们在董酒厂实地参观的时候，酒厂工作人员告诉我们，小曲酒的发酵时间延长到了 10 到 15 天。

2. 大曲发酵香醅

大曲香醅制备这部分较为复杂，它的原料有三种，第一是取隔天蒸酒后留下的小曲酒糟 750 公斤，这种蒸过一道酒的小曲酒糟叫红糟。第二种是大曲酒糟 350 公斤，这也叫董糟，是生产过董酒的糟醅。第三部分是大窖池里发酵好、但还没有蒸酒的酒醅 350 公斤，这叫香糟。这三种原料混合后，再加上麦曲制的大曲粉 75 公斤，搅拌匀后即可下窖。

图 5-12-3　董酒厂的发酵车间（摄影／李寻）

小曲酒糟、大曲酒糟和香糟之间的具体使用比例根据实际生产情况的需要可以有所调整，加曲量也有所调整，最高的加曲量可以达到上述加量的 50%。[①]

大曲糟下到大曲窖池后的发酵时间很长，书上说，最短的时间为 10 个月。2020年我们在董酒厂参观时，据工作人员介绍，目前最短的发酵时间是 18 个月，而且时间上不封顶，董酒厂老厂区现在还有从 20 世纪 80 年代就开始发酵，到现在没开过封的大窖池。[②]

四、煤密封大窖

董酒的封窖方式也比较特殊，用煤作为封窖材料密封大窖，这样密封性能好，干定后不会产生裂缝，可以长期保持大窖中的香醅不变质。

五、串蒸蒸馏

董酒的蒸馏工艺为独特的串蒸工艺，其串蒸法也有一个不断完善发展的过程。现在，它有三种串香方法是并用的，第一种方法叫复蒸串香法，也叫两步法，就是把小曲发酵出来的高粱酒放入锅底，作为锅底水，再用大曲的香醅进行串蒸，这是最早的传统方法。第二种方法叫双醅串香法，是将小曲酒醅取出后，拌一些稻壳，先装上甑，然后在上层再拌一层稻壳，在小曲酒醅上面再放上大曲香醅，用水蒸气进行串蒸，也叫做一步法、一次法、双醅法。这个方法曾经获得过 1987 年度的贵州省科学技术进步四等奖。"一次法"串香的好处是提高出酒率，节约劳动力，节约厂房建筑面积，而且还能克服董酒酸味及丁酸味稍重，即微臭味的缺陷，适当改进其口味方面的不足。第三种方法是双层串蒸法，采用双层甑柄，下层放小曲做的酒醅，中间用甑柄隔开，上层放香醅进行串蒸。[③]

六、贮存勾调

摘酒的酒精度一般在 60°～65°，蒸馏出的白酒经品尝鉴定后分级贮存在陶坛里，贮存一年以上才能勾兑包装出厂。

七、酒体风格

董香型白酒的地方标准中对其香气特征是这样描述的：香气幽雅，董香舒适；口味醇和浓郁，甘爽味长（高度酒）；醇和柔顺，清爽味净（低度酒），风格具有董香型白酒典型风格。这些描述微妙细致，相似性强，差异性不太好理解，有些词

①李大和：《白酒酿造与技术创新》，中国轻工业出版社，2017年8月，第196页—第197页。
②③李寻：《令人仰之弥高的中国传统白酒工艺——贵州董酒股份有限公司参观记》，休闲读品，2020（3）。

语属于同语反复。

我个人的感受，董酒分为高端董酒和中低端董酒两种，中低端董酒最突出的特点是微臭，小曲酒的丁酸乙酯比较高，带有臭味，所以在酒友中，有人将董酒称为"酒中臭豆腐"，或者评价说董酒有一种"狐骚味"。

但董酒的高端酒，如佰草香，小曲酒的臭味就控制在若有若无的状态，而代之以非常丰富的水果糖香气，后味有烘焙香，而且还带有变化万千的魔幻感。入口的感觉为硬朗、爽健、甘润。

微量成分特征

从微量成分上看，董酒的酯香主要由乙酸乙酯、丁酸乙酯、己酸乙酯和乳酸乙酯四大酯类构成，但它们在量比关系上又与别的酒不同。董酒的酯类含量中，各种酯类不像浓香或清香型酒有主体酯香，而是一种平衡，不突出某一种酯类，以复合酯香表现。

和其他名白酒相比，董酒在香气香味组分含量的量比关系上，可以概括为"三高一低"。一高是丁酸乙酯含量高，丁酸乙酯和己酸乙酯的比例也高，一般在（0.3～0.5）：1，高于其他名白酒3至4倍。董酒酯香幽雅，入口又较浓郁，这与丁酸乙酯含量高，丁、己酯比例高有很大关系。其丁酸乙酯之所以高，和董酒主要酒体由小曲生产有关，小曲酒的丁酸乙酯一般都较高。

二高是高级醇含量高，主要表现为正丙醇、仲丁醇含量高。正丙醇高出其他类型名白酒1倍到数倍，仲丁醇高出其他类型名白酒5至10倍，这也是由董酒的串蒸工艺决定的。高级醇有较好的呈香感，可以使香气清雅，它与其他酯香复合，使董酒的香气更为复杂。

三高是总酸含量高，是其他名白酒酸含量的2至3倍，其中又以丁酸含量为其主要特征，丁酸含量是最大的。丁酸浓时是带臭气的，轻淡时才有愉快的香气，使酒口感清爽。所以董酒的很多产品中，品质稍差的闻时会先有一股丁酸的臭味，品质好的董酒丁酸的味道就很淡，若有若无，产生出清爽之气。

一低是乳酸乙酯含量低，为其他名白酒的1/3至1/2，这是董酒口感甘爽的一个基础。

另外，董酒的醇酯比也较高，醇酯比＞1，一般在1：（0.8～1.0），而其他名白酒的醇酯比则在1：3以上。醇高酯低是董酒的一大特点。总的来说，董酒的香气是药香、酯香、丁酸等香气香味成分的复合，这样才构成了董酒香气幽雅而舒适的独特风格。

2012年，江南大学和董酒股份有限公司共同研究董酒中的风味物质，又发现了其含有较高的倍半萜烯类以及萜烯醛和酮，说明倍半萜烯烃、萜烯醛和酮对董酒的风味、品质影响比较大。[1]

图5-12-4 董酒厂里的董苑 （摄影/李寻）

董酒董苑建于1990年，面积4200平方米，是一个苏州园林风格的院子，在董酒厂区里形成独立空间，环境优雅，有醉亭、醒亭、碑廊等建筑，还种植有一些董酒酿造中使用的草本植物。

①余乾伟：《传统白酒酿造技术》，中国轻工业出版社，2018年5月第二版，第284页－第285页。

表 5-12-7　董酒股份有限公司代表产品

酒名	酒精度	容量	价格	图片
董酒特级国密	54°	500ml	1599 元	
董酒佰草香	54°	500ml	1499 元	
董酒国密方印	54°	500ml	688 元	
董酒红色经典	54°	500ml	258 元	
董酒新贵董	54°	500ml	249 元	
董酒密藏	54°	430ml	199 元	

第十三节
米香型白酒

国家标准如是说

米香型白酒的国家标准号是 GB/T 10781.3—2006。

1. 定义

以大米等为原料，经传统半固态法发酵、蒸馏、陈酿、勾兑而成的，未添加食用酒精及非白酒发酵产生的呈香呈味物质，具有以乳酸乙酯、β－苯乙醇为主体复合香的白酒。

2. 感官要求

表 5-13-1 高度酒感官要求

项目	优级	一级
色泽和外观	无色，清亮透明，无悬浮物，无沉淀[a]	
香气	米香纯正，清雅	米香纯正
口味	酒体醇和，绵甜、爽冽，回味怡畅	酒体较醇和，绵甜、爽冽，回味较畅
风格	具有本品典型的风格	具有本品明显的风格

[a]当酒的温度低于10℃时，允许出现白色絮状沉淀物质或失光。10℃以上时应逐渐恢复正常。

表 5-13-2 低度酒感官要求

项目	优级	一级
色泽和外观	无色，清亮透明，无悬浮物，无沉淀[a]	
香气	米香纯正，清雅	米香纯正
口味	酒体醇和，绵甜、爽冽，回味较怡畅	酒体较醇和，绵甜、爽冽，有回味
风格	具有本品典型的风格	具有本品明显的风格

[a]当酒的温度低于10℃时，允许出现白色絮状沉淀物质或失光。10℃以上时应逐渐恢复正常。

3. 理化要求

表 5-13-3 高度酒理化要求

项目		优级	一级
酒精度 /（%vol）		41 ～ 68	
总酸（以乙酸计）/（g/L）	≥	0.30	0.25
总酯（以乙酸乙酯计）/（g/L）	≥	0.80	0.65
乳酸乙酯 /（g/L）	≥	0.50	0.40
β－苯乙醇 /（mg/L）	≥	30	20
固形物 /（g/L）	≤	0.40[a]	

[a] 酒精度41%vol～49%vol的酒，固形物可小于或等于0.50g/L。

表 5-13-4 低度酒理化要求

项目		优级	一级
酒精度 /（%vol）		25 ～ 40	
总酸（以乙酸计）/（g/L）	≥	0.25	0.20
总酯（以乙酸乙酯计）/（g/L）	≥	0.45	0.35
乳酸乙酯 /（g/L）	≥	0.30	0.20
β－苯乙醇 /（mg/L）	≥	15	10
固形物 /（g/L）	≤	0.70	

4. 对国家标准理解

米香型是在 1979 年第三届全国评酒会上确定的五种基本香型之一。它的特点非常明显，主要分布在两广、两湖、闽、赣、苏、皖、台地区，代表酒是桂林的三花酒。工艺特点是完全以大米为原料，用小曲做糖化剂和酒化剂，采取独特的半固态发酵工艺，香气特征与其他以高粱为主的白酒差别非常明显，因此，很容易就定出这个香气类型。米香型标准和其他四种基本白酒香型标准发展基本上是同步的，1989 年就发布了第一个国家标准 GB/T 10781.3—1989，目前实行的是 2006 年发布的国标 GB/T 10781.3—2006。

产地自然地理条件和历史文化背景

一、米香型白酒的自然地理条件

米香型白酒目前主要产区是两广（广东和广西）和福建南部，代表酒是广西桂林的三花酒。三花酒厂位于广西壮族自治区桂林市，东经 109°45′～104°40′、北纬 24°18′～25°41′之间，平均海拔 150m，年平均气温 18.9℃，年平均降水量

1949mm。从中国气候区划来看，广西、广东、闽南、台湾大部分属于南亚热带气候，米香型白酒分布在南亚热带气候区内。

二、三花酒的独有特点

当地的自然地理条件对酿酒有深刻的影响。首先，从原料角度看，米香型白酒的原料基本上全是大米，甚至制曲也是用大米。此地是稻米产区，不产小麦，历史上就形成了以大米为原料的酿酒传统。其次，米香型白酒的发酵容器是陶缸（罐），没有窖池，推测这与当地降雨量过大有关，在地下挖窖池，雨季很容易被淹。桂林的年降雨量为1900多毫米，将近2000毫米，比四川的降雨量大了将近一倍。第三，他们制作的小曲基本上都用了一部分本地产的中草药，这也是传统做法，是当地特色。

桂林的三花酒之所以称为"三花酒"，主要有三个说法：第一个说法跟传统工艺有关，传统的小曲蒸馏器，第一遍蒸馏出来的酒，酒精度不高，只有20多度，所以要连续蒸馏三次。传统蒸酒的过程中要"看花摘酒"，通过看酒花的大小来判断酒精度，连续蒸三次，当酒花达到小绿豆或者米粒大的时候，才能达到50°左右的酒度，所以叫三蒸三看酒花，第三次的酒花才能达到出酒标准，所以叫"三花酒"。

现在工艺改进了，酿酒过程中已经不用通过传统的看花摘酒来确定酒精度，在这个情况下，酒厂又提出了第二个说法。"三花"——"漓水花，禾稻花，芳草花，三花香天下"。"漓水花"是指三花酒是用漓江水来酿造的，目前用江水酿酒的企业并不多，但是广西、广东的酒厂因为水资源丰富，水质也好，所以用江水来酿造，取的是漓江江底以上大约30cm的水，这里的水经过江底的过滤，然后再经过专门工序过滤之后才酿酒，称其为"漓水花"。"禾稻花"是根据酿酒的原料来的，原料选取当地特产优质大米，"禾稻花"指的就是当地大米。桂林所产的粳米非常好吃，我们在桂林参观三花酒厂那几天，感受到了当地的粳米蒸饭的口感不比北方的粳米差，在车间里发现酿酒用的就是这种米。"芳草花"是指制曲时加入了当地独有的香草。这个"三花"的描述比较直观，能够简明地表达这种酒是自然地理条件的产物。

关于"三花酒"的第三个说法是来自酒液的"堆花"，即摇动盛酒容器，以观察酒上浮起来的泡沫的多少及持续时间长短来鉴定其质量，起泡多、香花（泡）细、堆花久称为"三花"，或视起泡有大、中、小三层为"三花"。[①]

桂林生产米香型白酒的酒厂不少，可能有数百家，整个广西壮族自治区的米香型白酒的年产量约在50万吨以上（2014年年产量52万千升），主要还是在区内市场销售。使用"桂林三花酒"这个商标的是桂林三花酒股份有限公司，他们现在的年产量是过万吨的。

---

① 李大和：《白酒酿造与技术创新》，中国轻工业出版社，2017年8月，第205页。

三、两广、福建、湖南、浙江以大米为原料的酒，风味不尽相同

在南方稻米产区，以大米为原料酿酒是普遍现象，有悠久的传统，除了蒸馏酒之外，更古老的还有米酒、黄酒等等。就蒸馏酒而言，并不是所有用大米酿造的白酒自然就是米香型白酒，比如之前介绍过的江西的四特酒就是以大米为原料，但酿造的白酒是特香型白酒。浙江绍兴用花雕酒的酒糟蒸馏出来的糟白，风格跟米香型的三花酒也大不一样。同样处于两广地区的广东玉冰烧，他们的没有经过肥肉浸过的米香型原酒跟桂林的三花酒香气也不同，他们将其称为清雅型。

之所以形成同样原料不同风味，主要是两方面的因素：一方面是地理环境不同，以我们自己访酒的切身感受，桂林跟广州相比偏冷，特别是冬季，这两个地方的气温实际上差别还是比较大的，这种温度差异会给酿酒风格带来影响。另一方面是工艺的不同，后面我们会详细介绍。

主要生产工艺和酒体风格

目前桂林三花酒厂有两种工艺：第一种是完整地保留下来的传统手工工艺，传统的米香型白酒就是用这种方法酿造的；第二种就是对一些酿酒环节进行了现代化的改造，大批量的白酒是用现代化的设备和工艺生产的。

一、三花酒的传统工艺

1. 制曲

中国小曲的品种非常多，各地都有不同的制作方法。三花酒用的是桂林酒曲丸，做法是以大米粉为原料，加上当地一种香药草——桂林特产的辣蓼花，经过烘干磨粉之后使用，此外，还要加上一小部分上一年的优质曲丸作为种曲，用量是坯粉量的2%，再加坯粉量60%左右的水。[①]原料配比为米粉20kg，其中15kg用于制坯，5kg做裹粉，香药草的用量是制坯米粉量的13%。

制作方法是把大米浸泡然后粉碎，再将米粉、香药草粉末、曲母加水混合成团，然后在制坯架上压平，用刀切成2cm见方的小块，用竹筛旋转成圆形的曲坯。之后再用5kg的细米粉加入0.2kg的曲母混合均匀后作为裹粉。先洒一部分裹粉于簸箕中，并在曲坯上洒少量水后倒入簸箕摊平，再振动簸箕使其成型。

成型之后进入曲室培曲。培曲分为前期、中期、后期三个时期，前期需要20小时左右，中期需要24小时，后期需要48小时，总共大约需要92小时左右。前期主要是培养霉菌菌丝，中期繁殖了大量的酵母。总的品温不超过37℃。

[①] 余乾伟：《传统白酒酿造技术》，中国轻工业出版社，2018年5月第二版，第89页—第90页。

培曲结束后还要干燥，将曲子移到 40 ～ 50℃ 的烘房干燥一天。自曲坯入曲室至成曲入库，基本上历时 5 天左右。也有的书上把干燥也算作制曲后期的一部分。

小曲有个特点，发酵力特别强，每千克小曲能使 100kg 大米生产出酒精体积分数为 58% 的白酒 60kg 以上。小曲里霉菌和酵母菌都

图5-13-1　广西桂林三花股份有限公司大门（摄影/李寻）

有，酶也丰富，所以糖化、酒化靠小曲就可以完成。

2. 蒸饭

桂林本地产的上等粳米经过浸泡，然后入甑，蒸饭的过程比较复杂，要反复蒸，还要加水，蒸饭的总时间前前后后加起来要一个小时以上。中国酿酒原料素有"高粱香、玉米甜、大米净、糯米柔"之说，不到桂林三花酒厂还真体会不到"净"是什么感觉，在酒厂的车间里，特别是蒸粮的车间，弥漫着那种新蒸的米饭的香气，非常干净。跟浓香型酒厂不一样，浓香型白酒的窖池里有发酵的味道，有的时候还带着窖泥的臭味，两相对比之后，我们理解了"大米净"。大米酿酒为什么被称为"净"？就是指它的整个发酵过程，包括酒醅都是那种干净的米香气。

蒸好之后的大米，要把它打散，然后就可以拌曲了。拌曲的量根据温度情况加的比例不同，如果室温在 10℃ 以下就加 1.5% 的曲，室温 25℃ 以上，加 0.8% 的曲就够了。[①]比起大曲，这个用曲量是相当少的，如酱香型白酒，大曲的用量要到 100% 了，浓香型白酒、清香型白酒的用曲量也要 20% 左右。

3. 糖化（大缸）

第三个环节就是糖化，糖化过程是固态的，每个饭缸里面拌好曲的饭大约是 15 ～ 20kg，饭层的厚度是 10 ～ 13cm，在饭层中间挖一个喇叭形的口。糖化时间大约是 24 小时。

4. 发酵（小陶罐）

米香型白酒的发酵是半固态发酵，容器是陶罐。在品温 34 ～ 37℃ 的情况下，糖化好的酒醅放到陶罐里，加入原料量 120% ～ 125% 的水，然后封好口。一般发酵周期是 5 ～ 7 天，成熟后，酒醅里的酒精含量就达到 10%vol ～ 12%vol 左右。

---

① 李大和：《白酒酿造与技术创新》，中国轻工业出版社，2017年8月，第205页。

图5-13-2 桂林三花股份有限公司传统手工生产车间的发酵缸 (摄影/李寻)

桂林三花股份有限公司传统手工生产车间的糖化装置是在大陶缸里完成，每个缸大概装 200 斤粮，酒厂方面称之为地缸，虽说叫做地缸，却是放在地表之上。在大陶缸里完成糖化后，酒醅再转到小陶罐内发酵，小陶罐摆放在大陶缸的后上侧，每个小陶罐可以装酒粮 20 斤左右。

　　糖化完全是固态的，发酵的半固态是因为加了 120% ～ 125% 的水，含水量在 60% 左右，没有超过 80%，一般自由水超过 80% 以上的才叫液态发酵，所以这种发酵被称为半固态发酵。

　　三花酒的糖化容器和发酵容器很有意思，是两个独立的容器。糖化容器是陶缸，大约能装 200 斤粮，当地叫做地缸，是放在地面上的，不是像汾酒那样埋在地底下的，但也叫地缸。中国传统酿酒业的语言，同一个词，在不同地区指的是不同的含义。

　　在大陶缸里完成糖化后，要转到小陶罐里发酵。小陶罐摆放的位置比大陶缸高一点，小罐的容量很小，只能装 20 斤左右。

　　在三花酒厂车间里看到的糖化和发酵容器，和绍兴的古越龙山酒厂传统手工车间展示工艺的时候用的容器很相似，绍兴花雕酒的糖化缸也是大缸，发酵罐也是很小的陶罐，只能装 20 斤左右，都可以整罐买酒。

　　从糖化、发酵过程看，桂林三花酒跟绍兴的黄酒用的容器很相似，显示两者之间似乎有共同的古老传统。参观李渡烧酒遗址时，解说员介绍说，中国最早的白酒是小曲酒，所有的发酵容器都是陶缸或者陶坛，后来逐渐演化成砖窖，这个说法有道理。从发酵容器上看，绍兴的花雕酒和桂林三花酒都是中国酿酒业的活化石。

　　5. 蒸馏

　　发酵好之后就蒸馏，用的是传统的小曲蒸馏器，取酒要人工来看酒花取酒。和其他白酒一样也要掐头去尾，1～1.5kg 的酒头要接到别的酒缸里，一直接到酒精度 57%vol 左右就掐酒了，以下就是酒尾，酒尾取了之后再掺到下一锅酒粮里复蒸。

6. 贮存、勾调

和其他白酒一样，蒸出来的酒也要分级，再放到陶坛里陈化老熟，一般老熟半年以后再勾兑、包装出厂。

特别强调一点，桂林是石灰岩发育地区，溶洞非常多，三花酒厂的酒主要是在溶洞里用陶坛储存。最奢侈的储存环境是在漓江上的著名景点象鼻山的山洞里储存，那个山洞里面的钟乳还在生长，年头早一点的酒的酒坛已经和钟乳长在一起了。因为在江边，里面的湿度非常大。离开了桂林恐怕难以找到这么奢侈的储酒环境。

关于储酒时间，一般是半年以上就可以出厂，但是实际上老酒是没有上限的，可以无限期地储存下去。他们把不同年份的酒和新酒勾调后出厂，和其他白酒的做法差不多。

二、三花酒的现代工艺

1. 连续蒸饭机

三花酒现代工艺的改进主要是提高效率、降低劳动强度。首先是用连续蒸饭机蒸饭。蒸饭过程本来是很复杂的，新的连续蒸饭机的出现，把蒸饭、晾饭、加曲合并到一个工艺里，使它的效率提高了五六倍，也减小了劳动强度。

2. U 型糖化槽

糖化过程在 20 世纪 70 年代以后就开始采用 U 型糖化槽进行固态培菌糖化，容量大，相对占地面积小，操作性强，劳动强度也降低了。

图5-13-3 现代U型糖化槽 （摄影/胡纲）

3. 不锈钢发酵罐

发酵容器一度由碳钢制造，现在全是不锈钢的发酵罐，增加了温控系统，对发酵的过程可以进行现代化的控制。一个发酵罐的容量是 $7m^3$，比起原来只有 20 斤容量的发酵罐，不锈钢发酵罐的规模效率要高得多。

4. 蒸馏釜

蒸馏器改用不锈钢蒸馏釜蒸馏系统，几套蒸馏釜联动，解决了生产中的设备匹配，分段摘酒基本上自动化控制，产品质量更加稳定，减轻了劳动强度。

5. 发酵时间普遍延长

原来按照工艺规定，发酵 7 天就可以完成，现在有的时候可以延长到一个月。

6. 贮存与勾调工艺

虽然酿酒工艺改进了，但储存、勾调的工艺是一样的。桂林三花酒厂综合办主任李勇介绍说，他们感觉手工做的酒和现在用蒸饭机、发酵罐做的酒从蒸馏角度上讲，原酒差异不是太大，主要是陈化老熟对酒质的影响比较大，用陶坛在天然溶洞储存和没有储存过的酒差别是比较大的。

三、酒体风格

关于米香型白酒的风味特征，国家标准的描述是要求米香纯正，清雅。根据我自己的感受，米香型白酒有一种煮熟的大米的香气，还有点醪糟的香气，醪糟香气相对明显一点。有的品酒师说它有种蜂蜜的香气，还有的说它有玫瑰的香气。细闻起来，这两种香气都有，甚至还能闻到一点中药香气。总的来讲，它和浓香型白酒、清香型白酒的香气都不一样，比较淡雅，入口甘爽，醇甜，有的时候回味微苦。口感上跟其他香型白酒相比，没有那么醇厚，比较稀薄。

微量成分特征

有关学者研究了米香型白酒的香味组分，发现米香型白酒有以下几个特点：

（1）香味成分总含量比较少。

（2）总醇含量超过总酯的含量。

（3）酯类化合物中，品种甚少，乳酸乙酯的含量较多，超过了乙酸乙酯的含量。

（4）醇类化合物中，异戊醇含量较高，正丙醇和异丁醇的含量也相当高。

（5）有机酸类化合物中，以乳酸含量最高，其次为乙酸，它们的含量之和占总酸的 90% 以上。总酸比较低。

（6）羰基类化合物含量较少。

香气上，米香型白酒突出了以乙酸乙酯和 β－苯乙醇为主体的淡雅蜜甜香气。

另外，在米香型白酒的香气中还存在有一种似"煮熟的"稻米香气和似"甜酒酿"样的香气。

典型米香型白酒的风味特征是：无色，清亮透明，闻香有以乙酸乙酯和 β - 苯乙醇为主体的淡雅的复合香气，入口醇甜，甘爽，落口怡畅，在口味上有微苦的感觉。香味持久时间不长。[1]

图5-13-4 桂林三花股份有限公司象山酒窖内景（摄影/李寻）
在这个天然溶洞中，可以看到钟乳石在生长，这是桂林三花股份有限公司的藏酒洞。

---

[1]余乾伟：《传统白酒酿造技术》，中国轻工业出版社，2018年5月第二版，第244页。

图5-13-5 广西桂林象鼻山 （摄影/胡纲）

象鼻山因其山体形似在江边伸鼻饮江水甘泉的大象而得名。桂林三花象山酒窖位于桂林象鼻山景区山腹中天然发育的石灰岩溶洞中。

表 5-13-5 桂林三花酒代表产品

酒名	酒精度	容量	价格	图片
桂林三花酒 20 年洞藏	52°	500ml	1388 元	
桂林三花酒 15 年洞藏	52°	500ml	388 元	
桂林三花酒 10 年洞藏	52°	500ml	319 元	
桂林三花酒 象山洞藏	52°	500ml	138 元	
桂林三花酒 老桂林	45°	500ml	115 元	
桂林三花酒 精品	52°	450ml	78 元	

第十四节
豉香型白酒

国家标准如是说

豉香型白酒的国家标准号是 GB/T 16289—2018。

1. 定义

豉香型白酒是以大米或预碎的大米为原料，经蒸煮，用大酒饼作为主要糖化发酵剂，采用边糖化边发酵的工艺，经蒸馏、陈肉酝浸、勾调而成的，不直接或间接添加食用酒精及非自身发酵产生的呈色呈香呈味物质，具有豉香特点的白酒。

2. 感官要求

表 5-14-1 豉香型白酒高度酒感官要求

项目	优级	一级
色泽和外观	无色或微黄，清亮透明，无悬浮物，无沉淀 [a]	
香气	豉香纯正，清雅	豉香纯正
口味口感	醇和甘冽，酒体丰满、谐调，余味爽净	入口较醇和，酒体较丰满、谐调，余味较爽净
风格	具有本品典型的风格	具有本品明显的风格

[a] 当酒的温度低于15℃时，可出现沉淀物质或失光。15℃以上时应逐渐恢复正常。

表 5-14-2 豉香型白酒低度酒感官要求

项目	优级	一级
色泽和外观	无色或微黄，清亮透明，无悬浮物，无沉淀 [a]	
香气	豉香纯正，清雅	豉香纯正
口味口感	醇和甘滑，酒体丰满、谐调，余味爽净	入口较醇和，酒体较丰满、谐调，余味较爽净
风格	具有本品典型的风格	具有本品明显的风格

[a] 当酒的温度低于15℃时，可出现沉淀物质或失光。15℃以上时应逐渐恢复正常。

3. 理化要求

表 5-14-3 豉香型白酒高度酒理化要求

项目		优级	一级
酒精度 /（%vol）		40 ～ 60	
酸酯总量 /（mmol/L）	≥	14.0	12.0
β - 苯乙醇 /（mg/L）	≥	25	15
二元酸（庚二酸、辛二酸、壬二酸）二乙酯总量 /（mg/L）	≥	0.8	
固形物 /（g/L）	≤	0.60	

表 5-14-4 豉香型白酒低度酒理化要求

项目		优级	一级
酒精度 / (%vol)		18 ~ 40[a]	
酸酯总量 / (mmol/L)	≥	12.0	8.0
β-苯乙醇 / (mg/L)	≥	40	30
二元酸(庚二酸、辛二酸、壬二酸)二乙酯总量 / (mg/L)	≥	1.0	
固形物 / (g/L)	≤	0.60	

[a] 不包括40%vol。

4. 对国家标准理解

豉香型白酒是广东多个地区生产的、以大米为原料的一种低度蒸馏酒，和同样以大米为原料的桂林三花酒相比，工艺有所不同，多了肥肉酝浸这一工艺，酒体风格差别比较大。在 1979 年最初提出香型的时候，将豉香型白酒按照原料归到米香型白酒中。在 1984 年第四届全国评酒会上，豉香型白酒从米香型白酒中分离出来，确认为属于其他香型。在第四届、第五届全国评酒会上都被评为国家优质酒。1989 年第五届全国评酒会上，新增加的六个香型里就有豉香型，豉香型就作为一个独立香型存在了。豉香型的国家标准 1996 年就发布了（GB/T 16289—1996），2006 年进行了修改（GB/T 16289—2007），2018 年又做了一次修改（GB/T 16289—2018）。

严格说起来，豉香型白酒的风味主要是靠肥肉酝浸产生的，和其他香型的酒靠发酵产生的风味是不太一样的，有点类似于露酒，如果放到露酒里，它就跟五加皮、竹叶青、枸杞酒是一类了。把它放到白酒里面是不是合适，是有待讨论的：如果靠浸泡产生呈香呈味物质，跟其他香型的基本逻辑是不一致的，这和酒质好不好、风味好不好是两回事，只是作为一种白酒，逻辑上其香气和口感只能通过发酵和蒸馏来实现，如果要通过浸泡来实现，就和其他白酒香型所依据的标准不一样了。

产地自然地理条件和历史文化背景

一、豉香型的自然地理条件

豉香型白酒的代表酒是石湾玉冰烧和九江双蒸。这两款酒都产于广东的佛山，石湾酒厂位于广东省佛山市禅城区石湾镇，九江酒厂位于广东省佛山市南海区九江镇，两个酒厂距离很近，大约 20 公里左右，经纬度都是东经 113°、北纬 23°，平均海拔 5m 左右，年平均气温 22℃，年平均降水量 1982mm，在中国气候区划上属于南亚热带季风湿润气候区。虽然这里和生产米香型白酒的桂林同属一个气候大区（南亚热带），但是桂林位于北回归线以北，佛山位于北回归线以南（北回归线是北纬

23°26′）。北回归线以南和北回归线以北的气候差异其实挺大的，我们的直观感受，在同一个季节——冬季，桂林要穿毛衣和薄外套，广州最多穿件外套，有的时候外套都穿不住，人体感觉广州的气温比桂林要高得多。

广州、佛山的降水量非常大，当地的河流发育。我们是在一个夏末到这两个酒厂参观的，那个地方一天要下几场雨，从广州机场出来后，一会儿出太阳，一会儿下雨，雨下得还比较大。出租车路过河边，雨很大，河里的鱼就跳到马路上，司机停下来后很兴奋，让我们看那几条鱼，一尺多长的鱼在马路上乱跳，这现象在别的地方没看到。

二、当地的饮食习惯：早茶、烧腊

岭南特殊的地理环境，加上它的历史文化，让人们养成了独特的饮食习惯，比如广东的早茶，还有著名的烧腊，腊鹅、腊鸭等等。酒精度低的豉香型白酒已经成为他们早茶的一部分了（一般酒精度在29°～31°左右）。

豉香型白酒因为浸泡过肥猪肉，所以有些品酒专家觉得它有股油哈味，我们感觉它很像烧鹅那种烧腊味，在广东的各个城市里穿行，尤其是沿海城市，每到饭点就闻到这种烧腊气息，感觉在这个环境里，要不来点豉香型白酒，就好像缺了点什么。

三、曾是中国出口量最大的白酒

豉香型白酒曾经有过辉煌的历史，在20世纪80年代以前，它曾经是中国出口量最大的白酒，在东南亚和美国都有一定的爱好者。玉冰烧酒当年每年出口1万多吨。有20年时间生产玉冰烧的石湾酒厂的产品只能出口，直到1978年才获准内销。生产九江双蒸的九江酒厂，当时的出口量也有4000吨。2018年，我们到酒厂参观的时候，酒厂的资料讲他们目前还是中国出口量最大的白酒。

之所以有这么大的出口量，主要有两个原因：第一，它的酒精度低，一般是29.5°，最高也不超过35°，当时国内其他白酒的酒精度都是60°左右，而国外的烈性酒的酒精度多在40°左右，低度酒在海外市场接受度比较高；第二，广东在海外的华侨多，华侨怀念故乡的口味，将这种酒带到了国外，而且有持续的需求。这么大的出口量，是豉香型白酒作为一个香型早早独立出来的原因之一。

但是目前豉香型白酒是国内市场最便宜的白酒，一瓶普通的玉冰烧或者九江双蒸，500ml装的，也就十块钱左右，还比不上一瓶进口的依云矿泉水的价格。豉香型白酒的销量不小，九江双蒸2013年的销量是5万吨，但它的销售额比较低，只有5亿元。无论是九江酒厂还是石湾酒厂，他们都在研究怎样提高产品的附加值。豉香型白酒有其独特的特点，但是它的不足在于它主要在广东市场和海外市场销售，难以在全国形成影响，一个重要原因就是气候和饮食条件不一样。以我作为一个北方人的感受，在北方能想起来喝豉香型白酒，或者适合喝豉香型白酒的菜，几乎没有。而到了广东那种温暖潮湿的地区，在那种弥漫着烧腊香气的环境里，自然就想起来喝豉香型白酒，由于它的酒精度低，每次喝的量还比较大。

主要生产工艺和酒体风格

一、工艺特点

1. 制曲

豉香型白酒用的糖化发酵剂是一种小曲，但在国家标准里叫大酒饼，这是因为它的形状比其他的小曲要大一些。按照书上的说法，是 20×20cm 的方形块，但是，我在酒厂看他们陈列的曲块没有这么大，要小一些。

曲的原料是大米，还有黄豆、中药，大米占 70% 以上，黄豆大概占 18% 左右，其他就是中药，串珠叶或山橘叶、桂皮。

大酒饼的制作方法和大曲不一样，大曲是生料制曲，粮食只浸泡，不蒸煮，而大酒饼的大米和黄豆都是要蒸熟的。蒸熟之后，拌上老曲作为曲种，再加上磨成粉末的中药以及白癣土泥、水，然后搅拌均匀。踩踏或机压成块后入曲房培养一个星期左右，培养好再往焙房干燥 3 天，焙房温度控制在 40℃ 左右。干燥后成品曲块每块约重 0.55 公斤。[①]

2. 发酵

豉香型白酒的酿酒原料为大米。将大米蒸 20 分钟左右，蒸熟后摊晾，摊晾好后和磨碎的酒曲搅拌搅匀。在小曲酒中，豉香型白酒的用曲量是最大的，达到 18%～20%。发酵容器是坛，当地人叫埕，其实就是陶坛。入埕前，先把酒埕洗干净，每埕装 5kg 左右的料，再加上 6.5～7kg 的水，然后放在发酵房里发酵。控制发酵温度是最重要的一个技术措施。发酵前 3 天，控制发酵房的室温为 26～30℃，严格控制品温不能超过 40℃。发酵时间，通常夏天是 15 天，冬天是 20 天以上。发酵完毕，酒醪表面平静，不再冒泡，闻之有扑鼻芬芳，尝之酒味浓郁，酸味正常，略带苦涩味，就可以蒸馏了。[②]

3. 蒸馏

现在都是用一种改良过的蒸馏器来蒸馏，接酒度数是比较低的，29°～35° 左右。

4. 肉埕陈酿

蒸馏出来的酒叫斋酒，斋酒要放到陶坛储存，储存时要放入肥猪肉，这个陶坛

---

① 余乾伟：《传统白酒酿造技术》，中国轻工业出版社，2018年5月第二版，第91页—第92页。
② 余乾伟：《传统白酒酿造技术》，中国轻工业出版社，2018年5月第二版，第286页。

叫肉埕。肥猪肉与酒的比例是 1 ： 10，就是每只储酒的陶埕放酒 20kg，放肥猪肉 2kg。浸泡时间需要 3 个月，使猪肉中的脂肪酸缓慢溶于酒中，给酒中带来特有的豉香。[1]

用大米和小曲生产低度蒸馏酒在广东的历史很悠久，据资料记载，石湾酒厂的前身陈太吉酒庄 1830 年成立，九江酒厂的前身 1820 年成立。初成立时，没有肉浸这个工艺。为什么会发展出肉浸工艺呢？石湾酒厂的营销副总监蔡庄云先生的说法是：肉浸工艺创立于 1895 年，当时物质贫乏，猪肉属于奢侈品，陈太吉酒庄的第三代传人陈如岳先生为了显示陈太吉酒庄的米酒真材实料、比别人好，尝试用猪肉浸泡这一陈酿工艺。这样看来，肥肉泡酒其实是增加烧酒附加值的一个营销手段。我们推测豉香型白酒浸泡猪肉的原因可能和各地普遍存在的以动植物浸泡烧酒的习惯有关。广东有泡酒的传统，如浸泡陈皮的五加皮酒、浸泡青梅的青梅酒、浸泡蛇的三蛇酒等等。另外，还有烧腊的传统，酒中浸泡肥肉，可以和烧腊的香气匹配，所以产生了这个特殊工艺。现代科学解释，浸泡肥肉可以使酒中的一些有机物缩合，促进酸类向酯类转化，有利于陈化烧酒，使其口感更加柔顺。但当时没有这些科学概念，可能是当地饮食风格的一种反映。

说一下广东的烧腊，广东烧腊包括乳鸽、鸭、鹅、乳猪、叉烧，还有其他卤水菜式。"烧和腊"是两种工艺，广东人把它组到一个体系里，"烧"的成分多于"腊"的成分。豉香型白酒跟腊肉还真有些渊源，因为酒里面浸泡的猪肉不是生肉，要经过处理才放进去，处理的过程跟腌制腊肉有点像，只不过一般腊肉是晾干。经过日积月累浸泡过的肥肉，会变得晶莹透明，宛如玉石，这也是玉冰烧这一名称的由来。关于玉冰烧名称的由来，还有一说，广东话肉和玉发音接近，刚开始称其为肉冰烧，后来觉得肉字不雅，书面文字就改成了玉冰烧，烧即烧酒，也就是今天的蒸馏酒。

5. 压滤工艺

经过肥肉陈酿 3 个月之后，把酒倒入大缸或大池中，让它自然沉淀 20 天以上，这样酒体会变得澄明，然后再经过压滤，过滤掉浸泡以及其他原因带来的固形物或者浑浊的物质，达到酒体澄明的效果，然后包装出厂。

二、酒体特点

1981 年广东省酿酒技术协作组概括它的型格特点为："玉洁冰清，豉香纯正，醇和细腻，余味甘爽"十六个字。

---

[1] 余乾伟：《传统白酒酿造技术》，中国轻工业出版社，2018年5月第二版，第286页。

三、技术改进趋势

随着市场需求的变化，豉香型白酒也在调整工艺细节，比如延长发酵期，发酵时间由原来的 15 天左右，增加到 20 天左右，最长不超过 25 天。延长发酵期使酸酯类物质均有所提升。埋浸工艺现在也有所改进，有的是浸泡的肉量有所减少，有的是浸肉的时间缩短，使它的腊肉味淡一些，油哈味淡一些。

2018 年，我们在玉冰烧酒厂参观时，发现他们现在生产两种酒，一种是豉香型白酒，一种是清雅香型白酒。清雅香型从酒厂的工艺来看，就是没有经过肉浸这个工艺，有点接近米香型白酒，当然风格也不一样。在 6 月底广州湿热的天气里，我们觉得喝清雅型玉冰烧酒，入口感觉是凉的，像深井的凉水；豉香型的玉冰烧入口是温润的，好像是没有放凉的白开水，感觉它们一种适合夏天喝，一种适合冬天喝。酒厂资料介绍，清雅型可能更适合不太喜欢腊肉味这种传统豉香型的年轻人。

从豉香型白酒的发展过程能看到，随着时代风气的变化，酒厂的风味也在做不同的选择，做相应的工艺调整。白酒的工艺始终是在变化中的。

四、工艺术语："双蒸""三蒸""玉冰烧"

"双蒸""三蒸"及"玉冰烧"是广东珠江三角洲"大饼"米酒的俗称。早年间，由于设备和操作落后，人挑肩扛，小埕小灶，作坊式生产，每甑的蒸馏量通常仅有 2～4 埕发酵醪液，每埕投料仅为 5kg 大米的饭量。按米量相当的比例收取低度白酒。由于设备简陋，不仅蒸馏量少，而且回收率也甚低。通常酒度在 20%vol 以下，俗称"料半酒"。工人们为提高酒的档次，以加大醪液量来提高酒精度和质量，遂出现"双蒸"和"三蒸"这两个酒精度较高的产品。即以双倍的蒸馏量（或接近双倍）蒸馏所得的低度白酒经浸肉即为双蒸酒，三倍（或接近三倍）蒸馏量蒸馏的为三蒸。以上也俗称"加饭酒"。醪液量大，酒精度高，因此"三蒸"比"双蒸"的酒度高。有认为"双蒸"和"三蒸"是将蒸馏所得的低度酒和酒尾回甑复蒸一次叫"双蒸"，复蒸两次叫"三蒸"。这一说法尚难考究，大概是后人附会，以讹传讹了。

随着企业现代化大生产的迅速发展，过去靠加倍蒸馏量来取得不同档次产品的操作早已不复存在了，取而代之的是机械化大生产和自动化作业。而"双蒸"与"三蒸"的划分也不再是蒸馏量的倍数。现时，大多数企业都以其酒精度的高低来作为主要的划分标准。酒精度在 30%～32%vol 的称为双蒸酒，酒精度在 39%～40%vol 的称为三蒸酒。但必须是以大米为原料，以传统玉冰烧型"大饼"米酒工艺生产的白酒才属此列。[1]

---

[1]广东白酒协会秘书长聂镜明先生回答《酿酒科技》转来的一位名叫钱竹的读者来信，《酿酒科技》，1990 (4) 。

微量成分特征

据李大和先生在《白酒酿造与技术创新》中介绍，豉香型白酒属于半固态发酵的低度白酒，特殊的发酵工艺决定了豉香型白酒的酸、酯含量远比固态法的酱香型白酒、浓香型白酒、清香型白酒低，但其高级醇的含量多，绝对量占香气成分之首，成为基础香的主要成分。总醇占微量成分总量的35%～45%，这一点与米香型白酒极为相似，这说明豉香型白酒的基础香与米香型白酒有一定的相似性。豉香型白酒与米香型白酒一样，酯类中占主要比例的是乳酸乙酯和乙酸乙酯，两者占了总含量的95%以上。豉香型白酒乳酸乙酯与乙酸乙酯的量比关系又与其他香型白酒有区别，从分析数据来看，乳酸乙酯与乙酸乙酯的比值，浓香型白酒为0.9～1.5，酱香型白酒为0.4～0.6，清香型白酒为0.4～0.7，米香型白酒为4～9，而豉香型白酒一般都在2～5，这是豉香型白酒的特征之一。

由于蒸馏时的拖带，并控制低度酒（即酒尾量增加），故酒中β-苯乙醇、甘油等高沸点物质增多，远远高于其他香型白酒。豉香型白酒中的β-苯乙醇是米香型白酒中的2倍，但成品酒或斋酒中却感觉不出"蜜香"或"玫瑰香"，是因为"饼叶"的"霸道"或"豉香、肉味"的掩盖所致。[1]

图5-14-1 广东佛山市石湾镇石湾酒厂门前的河流（摄影／李寻）

---

[1]李大和:《白酒酿造与技术创新》，中国轻工业出版社，2017年8月，第214页。

图 5-14-2 广东省佛山市九江镇九江酒厂厂门（摄影／李寻）

图 5-14-3 广东省佛山市石湾镇石湾酒厂集团主楼（摄影／李寻）
石湾酒厂主要生产玉冰烧酒，主楼旁边的圆形建筑为直径约十米的米仓，每天蒸煮一百多吨大米用于酿酒。

表 5-14-4 豉香型白酒代表产品

酒名	酒精度	容量	价格	图片
九江双蒸 礼盒装	33°	455ml	69 元	
九江双蒸	29.5°	500ml	19 元	
石湾玉冰烧 洞藏 12	50°	500ml	368 元	
石湾玉冰烧 金标六埕藏	45°	500ml	228 元	
石湾玉冰烧 小坛酒	33°	250ml×3 瓶	130 元	
石湾玉冰烧 佛山小酒	45°	155ml	22 元	

第十五节
青稞香型白酒

香型及其标准的由来

青海互助天佑德青稞酒股份有限公司生产的青稞白酒，原来很长时间里被划归为清香型白酒，执行的是清香型白酒的国家标准：GB/T 10781.2—2006。但实际上青稞酒的原料、工艺以及产地的环境都和清香型的汾酒大不一样。青稞酒的酿酒主粮是青稞，青稞也叫裸大麦；制曲的原料是青稞加上 40% 的豌豆。青稞酒是中国白酒中唯一用大麦制曲、大麦做主粮的一个酒种，大麦酿出酒的香气和高粱酿出酒的香气相比差别是比较大的。

青稞酒的酿造环境也不一样，酿酒地在青海省互助县，在中国气候区划上属于高原亚温带亚湿润大区。因此，不论从原料，还是气候、地理环境、海拔高度来看，它和生产清香型白酒的暖温带区域差别都很大。

历史上青稞酒厂探索过各种原料生产的酒，最后工艺还是稳定在以青稞为原料、清蒸清烧四次清、木石结合的窖池这个体系内，而且也在探索自己的香型标准。2003 年，青海互助青稞酒通过国家地理标志产品保护标准，标准号 GB/T 19331—2007 互助青稞酒。

2020 年 1 月，中国酒业协会发布了《青稞香型白酒》团体标准（标准号：T/CBJ 2106—2020)，并于 2020 年 2 月 16 日起正式实施。把青稞酒命名为青稞香型的白酒是符合实际的，它所在的区域范围比较广泛，从青藏高原的东南部一直延伸到西藏的南部，也包括四川和云南的部分区域，该区域是生产青稞的主要产地。依据团体标准 T/CBJ 2106—2020，我们把青稞香型白酒当作第 13 种香型来介绍。

图 5-15-1 青海河湟谷地（摄影／李寻）
此地古来宜于农耕，物产丰盈，滋养出古老的酿酒业。

1. 青稞香型白酒定义

青稞香型白酒以青稞为主要原料（不少于70％），采用青稞大曲为糖化发酵剂，经石窖固态发酵、清蒸清烧、固态蒸馏、贮存陈酿、精心勾调而成，未添加非白酒发酵产生的呈香呈味物质，以乙酸乙酯为主体香且具有青稞粮香的复合香白酒。

2. 产品分类

根据酒精度的不同，产品可分为：

（1）高度酒：酒精度≥50%vol；

（2）中高度酒：40%vol＜酒精度＜50%vol；

（3）低度酒：25%vol＜酒精度≤40%vol。

3. 感官要求

表 5-15-1 青稞香型白酒感官要求

项目	高度酒	中高度酒	低度酒	检测方法
色泽	无色（或微黄），清亮透明，无悬浮物，无沉淀 [a]			GB/T 10345
香气	清雅纯正，怡悦馥合，具有青稞酒特有香气	清香纯正，淡雅舒适，具有青稞酒特有香气	清香淡雅，具有青稞酒的香气	GB/T 10345
口感	醇厚丰满，香味谐调，回味怡畅，有馥郁青稞香	绵柔醇和，香味谐调、余味绵长，有典型青稞香	绵甜柔和，诸味谐调，余味爽净，有青稞香	GB/T 10345
风格	具有青稞香型白酒的独特风格			GB/T 10345

[a] 当酒的温度低于10℃时，允许出现白色絮状沉淀物质或失光，10℃以上应逐渐恢复正常。

4. 理化要求

表 5-15-2 青稞香型白酒理化指标

项目		指标要求			检测方法
		高度酒	中高度酒	低度酒	
酒精度 [a]/（%vol）					GB 5009.225
总酸 /（g/L）	≥	0.50	0.40	0.20	GB/T 10345
总酯 /（g/L）	≥	1.80	1.40	1.00	GB/T 10345
乙酸乙酯 /（g/L）	≥	1.00	0.60	0.40	GB/T 10345
固形物 /（g/L）	≤	0.40			GB/T 10345
铅（以 Pb 计）/（mg/kg）	≤	0.40			GB 5009.12
甲醇 [b]/（g/L）	≤	0.60			GB 5009.266
氰化物 [b]（以 HCN 计）/（mg/L）	≤	8.0			GB 5009.36

[a] 酒精度允许误差为±1.0%vol。

[b] 甲醇、氰化物指标均按100%酒精度折算。

产地自然地理条件和历史文化背景

一、自然地理条件

青海互助天佑德青稞酒股份有限公司坐落于青海省海东市互助土族自治县威远镇。

互助县位于青海省东北部，在地理上属于青藏高原东北部边缘，县境北依祁连山支脉达坂山，与海北州门源县接壤；东南与乐都区接壤；南以湟水河为界，与平安区相望；西南与西宁市相连。地理坐标介于北纬 36°30′～37°9′和东经 101°46′～102°45′之间。县境南北宽约 64 公里，东西长 86 公里，总面积 3423.9 平方公里，平均海拔 2600 米。

互助县属大陆亚温带气候，平均气温为 5.8℃，年日照时数为 2581.7 小时，无霜期 114 天，年降水量 477.4 毫米，年蒸发量 1198.3 毫米，年相对湿度 63%，年平均风速 0.9 米/秒，雷暴日数 39 天。

从总体气候和环境来看，这里冬无严寒、夏无酷暑，日照充沛、空气洁净，自然生态平衡，常年气流稳定，为无污染的小盆地地区，具有山谷地形造成的局地气候特点，形成了独特的酿酒微生物圈。

互助县地处青藏高原和黄土高原的过渡带，在历史上就是传统的农业区，几千年前，这里就有青稞种植，被称为"青稞的故乡"。当然，实际上青稞种植的范围更为广泛，在青藏高原各区域普遍有所种植，种植高度多集中在海拔 2600 米以上到 4000 米左右的位置。当地青稞的种植基础，为历史上青稞酒的生产提供了丰富的物质资源。

同时，在古时，这里还是丝绸之路羌中道和茶马古道的交汇点，商业贸易发达，作为一个重要的商道节点，有足够的流动人口和购买力，从而支撑当地酿酒业的发展。

二、酿酒历史

青海已有 4000 多年的酿酒历史。据《青海通史》记载："青海早在卡约文化和齐家文化时期就有陶制酒器。"而在青海湟水河畔出土的汉代灰陶瓷酿酒器也证明早在汉代，青海河湟地区的酿酒技术已经存在。

据《赵氏宗谱》记载，元大德二年（公元 1298 年），九天保（原土族无姓氏，意为上天保佑）在水坑子（地名，今青海互助天佑德青稞酒股份有限公司厂区旧址）凿井，汲水酿酒。

明洪武六年（公元 1373 年），九天保之玄孙三木德继承祖业，酿酒进一步发展。期间添置酿酒作坊 12 间，柏木板镶嵌酒窖 8 个，"酒海"数个，并将酿酒作坊取名为"天佑德酒作坊"。赵氏家族在沿用古井水、青稞酿酒的基础上,不断汲取中原文化,引进先进的酿酒技术和制曲配方,因酿出的酒甘甜爽净,一时声名鹊起。

公元 1870 年,"天佑德"等酒作坊毁于战火。1918 年,赵长基重建"天佑德"酿酒作坊,生意日渐兴隆。此时互助县威远镇烧酒作坊已发展到十多家,其中以"天佑德""永庆和""世义德"等八大作坊最具出名。"天佑德"酒从此声名远扬,民间曾流传着"开坛十里游人醉,驮酒千里一路香"的佳话。

到 1949 年,威远镇的烧酒坊发展到 13 家,其中比较有名的字号有天佑德、文玉合、文和永、永胜合、义兴成、永庆和、聚顺和等。从业人员 170 多人,年产酒 20 多万公斤,向省内及兰州等地销售 7.5 万公斤左右。[①]横向比较一下,这是个惊人的数据。

史料记载,1948 年,山西汾阳杏花村汾酒生产因战乱已经停顿。汾阳解放后,党组织派人组织恢复生产,专门拨粮,1948 年 9 月恢复到日产 250 公斤的能力。1949 年运往北京供开国大典用的汾酒只有 500 斤。[②]

1950 年 2 月,茅台镇获得解放,但当地的酒坊已经停产好长时间了,仁怀县人民政府任命随军队南下的干部张兴忠为新组建的茅台酒厂厂长,领导恢复生产。当时固定资产只有一间不足 4000 平方米的木结构厂房,全部生产设备为灶 5 眼,酒窖 41 个,蒸甑 5 套,石磨 11 具,骡马 35 头。当年酒厂恢复生产后,全年产酒量仅 6800 斤。1952 年,酒厂先后收购、接管了荣和烧坊和恒兴烧坊,当年的产酒量为 75 吨(7.5 万公斤)。[③]

从以上数据可以看出,1949 年互助威远镇白酒的产量要高于同时期杏花村和 1952 年茅台镇的白酒产量,甚至比二者之和都要高。

如今,互助青稞酒酒厂旧址还被推荐为全国重点文物保护单位。

1952 年,青海省互助县人民政府整合"天佑德""永庆和"等八大酿酒作坊,在原天佑德的坊址上组建国营互助酒厂。

1956 年 5 月,该厂迁往西宁小桥。1969 年 3 月又重建地方国营互助酒厂。1985 年产量 1829 吨,比建厂初期增长 44.7 倍,白酒品种由原来单一的"互助大曲"发展到两个系列(清香型、浓香型)的 8 个品种。其中"互助头曲"于 1985 年被评为省优质产品。各种白酒主要销往省内各地,同时由省商业部门向北京、天津等大城市调拨,甘肃部分地区也有销售。

1992 年,互助酒厂更名为青海青稞酒厂;1996 年,青海青稞酒厂组建青稞酒集团。

---

①互助土族自治县志编纂委员会:《互助土族自治县志》,青海人民出版社,1993年12月,第183页。
②王文清:《汾酒源流·麯水清香》,山西经济出版社,2017年1月,第273页—278页。
③周山荣:《人文茅台》,百花洲文艺出版社,2016年3月,第95页。

2003 年，"互助"青稞酒被国家质检总局认定为中华人民共和国地理标志保护产品。

2005 年，酒厂改制后组建青海互助青稞酒有限公司。

同年，"互助"牌青稞酒获准使用中华人民共和国地理标志保护产品专用标志；2007 年，《互助青稞酒 GB/T 19331—2007》国家标准发布，代替 GB/T 19331—2003 标准，互助青稞酒再次荣获"国家地理标志保护产品"称号，青海互助青稞酒有限公司系该标准的主要起草单位。2009 年 9 月，传承已久的"清蒸清烧四次清"酿酒工艺被认定为青海省非物质文化遗产。

2011 年，青海互助青稞酒有限公司更名为青海互助青稞酒股份有限公司，并成功登陆 A 股市场，进入了新时代，是青海酒业的第一家上市公司。股票简称：青青稞酒，股票代码：002646。2022 年，青海互助青稞酒股份有限公司更名为青海互助天佑德青稞酒股份有限公司，证券简称：天佑德酒。

图 5-15-2 青海互助天佑德青稞酒股份有限公司老厂区前的天佑德广场 （摄影／李寻）

主要生产工艺和酒体风格

一、酿酒用水

常言道，"好水酿好酒""水是酒之血"。互助青稞酒有天然优质的水源，其重要来源是祁连山脉的冰川融水。祁连山位于青藏高原的东北沿，分布在祁连山里的 2194 条冰川构成 1334.77 平方公里的巨大冰川群，这些冰川的储冰量达 615.41 亿立方米。有专家进行过计算，祁连山所有的冰川储量相当于两个多三峡水库的蓄水量。

这些渗出的涓涓细流，逐渐发育了石羊河、黑河、疏勒河三个水系56条内陆河流，以及黄河流域的大通河、庄浪河。那些源自冰川的水量约 106 亿立方米，它们流过山地后与天然林区的溪水相汇合，其中，大通河便流经互助县，在农业和经济上有着重要的地位。在互助县境内，有大小河流 8 条，均属黄河流域湟水水系，河水清冽，水质优良。

地表水来源补给除了冰雪融水和自然降水外，还有地下水。这里潜水类型的地下水十分丰富，单井出水量一般都大于 2000 立方米／日，属强富水地段。青海互助天佑德青稞酒股份有限公司内的威远古井，井水由北部龙王山的冰雪融水与天然神泉溪水相合，经数十公里地下潜流，层层过滤，在互助县地质层深处升涌出地表。水质纯净甘甜，酸碱度和软硬度适中，富含锌硒等多种微量元素，属于 C 类（碳酸盐）与 Ca（钙）组 II 水质，自古以来，就是酿造青稞酒的好水。

二、酿酒用粮

青稞酒的主料是青稞，被喻为"酒之肉"。青稞，是禾本科大麦属的一种禾谷类作物，因其内外颖壳分离，籽粒裸露，故又称裸大麦、元麦、米大麦，普通大麦被称为稃麦或麸麦。那么，大麦与青稞之间的区别是什么呢？全世界的大麦品种约有几十种之多，青稞就是其中一种，它实际上就是中原大麦的老祖先。青稞和普通大麦最大的区别，就是青稞内外颖壳分离，而普通大麦的稃壳和籽粒粘连在一起，很难分离。青稞品种主要有黑老鸦、瓦蓝、白浪散、肚里黄及优化的一些新品种（昆仑 1-19 号），其中白浪散和肚里黄是目前酿造青稞酒的主要原料，而黑老鸦和瓦蓝青稞是稀有品种。

在中国，青稞主要生长于青海、西藏、云南、四川等西部高寒地区，是藏族、土族和其他民族祖祖辈辈赖以生存和十分钟爱的食用粮。青藏高原是中国青稞最主要的产区，产量占全国 98% 以上，从世界范围来讲，也是首位。西藏为中国青稞产量最多的地区，产量整体呈上升走势。青海的青稞产量位居其次，海北、海西、海南、玉树、果洛、黄南，都有青稞的生产基地。海东市的互助土族自治县则是中国最大的青稞产业化基地。

门源浩门农场、山丹军马场、贵南牧场是目前青海互助天佑德青稞酒股份有限公司的主要原料供应基地。同时，位于海西州的一处大型青稞种植基地正在建设之中，这是青海互助天佑德青稞酒股份有限公司自主拥有、自己种植、自己管理的一处青稞种植基地，建成后，将作为最主要的原料基地，为酒厂提供大量优质青稞原料。

三、青稞酒工艺的独特性

1. 种酿合一

中国的传统白酒，一般是就地取粮，如山西、河北的清香型白酒，就是以高粱为主粮；南方的白酒，因为当地出产稻米，其多粮香酒里加了大米、糯米、小麦、玉米等其他粮食；再往南到了两广地区，就是以大米为原料。青稞酒使用青稞为原料，也是因其在历史上就地取粮酿制而形成的。但到今天，随着社会的发展，农业经济的变迁，中国白酒"种"和"酿"集中在一起的情况逐步减少。

相比之下，无论在历史上还是现今，青稞的种植没有离开高原地区，青稞酒的酿造也没有离开高原地区，这种延续几百上千年的"种酿合一"，在中国白酒中还是绝无仅有的。青稞酒的种植基地和酿造基地高度合一，故而是"种酿合一"的代表。

2. 曲粮合一

在中国其他传统大曲酒的酿造中，制曲原料和酿酒的主粮并不一样，北方的清香型白酒，如汾酒，是以高粱为主粮，但制曲原料为大麦和豌豆，大麦占60%，豌豆占40%。在秦岭淮河过渡带南北气候分界线的地方，如皖北和苏北的酒，它们的制曲原料由大麦、小麦和豌豆组成，因为当地也是小麦产区，所以增加了小麦；但其酿酒原料是高粱。在南方，酿酒主粮有高粱、玉米、大米、糯米、小麦等，但制曲的曲粮只是小麦。从这个角度来看，中国绝大多数大曲酒的制曲原料和酿酒原料是不一样的。而青稞酒颇为独特，它制曲用粮为青稞（另外有30%的豌豆），酿酒的主粮也是青稞，形成"曲粮合一"的独特工艺。

3. 双曲并用

青稞酒有两种大曲，一种是在冬春季节制得的中低温曲，叫"白霜满天星"，还有一种是在夏秋季节制得的中高温曲，名为"槐瓢曲"。中低温曲品温在50℃以下，一般品温不超过48℃，中高温曲品温可以达到50℃～60℃。在酿造青稞酒的过程中，中低温和中高温这两种曲是配合起来作为糖化发酵剂使用的。

这个特点也是因地理条件而形成的，青稞酒厂一年四季都可以酿酒，也都可以制曲，冬春两季的环境温度低，所以制中低温曲，夏秋季温度高，则制中高温曲。中低温曲和中高温曲的糖化力及酒化力不一样，生香的风格也不一样，所以酿酒时将两种曲搭配起来混合使用，叫做双曲并用。这样既保证了出酒率，又提高了酒质。

4. 岩木合一

互助青稞酒的窖池是用祁连山花岗岩砌成的，窖底用祁连山松木板覆盖，酒醅上面也要盖松木板，这种"岩木合一"的发酵容器目前在全国白酒界是独一无二的。这种发酵容器可以保证青稞酒有清洁干净的发酵环境，酒醅始终不接触泥土，黄水从窖底专门设有的黄水导流槽排出，保持青稞酒酒体的清新、纯净。另外，松木板的一部分芳香成分也会融入酒醅之中，增加了青稞酒独特的芳香风味。

5. 清蒸清烧四次清工艺

青稞酒的酿造工艺是"清蒸清烧四次清"。所谓"清蒸"，就是它酿酒的粮食是单独蒸熟的；"清烧"，是指取酒（烧酒、烤酒）的时候，也就是用发酵好的酒醅蒸馏出酒时，不再添入新的原料。"清蒸清烧"工艺区分于浓香酒的"混蒸混烧"（也叫混混烧、万年糟工艺），混蒸混烧是将原料和发酵后的酒醅混合，蒸酒和蒸料同时进行。

青稞酒的这种工艺与汾酒有一定的渊源，汾酒的酿造工艺为"清蒸清烧二次清"。所谓"清蒸清烧二次清"，就是第一遍先将酒粮蒸熟，拌好大曲，放入陶缸中进行发酵，发酵完的酒粮叫做大楂，发酵完成后蒸馏取酒，叫大楂酒，取过酒的大楂酒醅还有较高的淀粉和糖，可以再利用，添一部分酒曲，一般为 8% ~ 11% 左右，再放回到原来的发酵容器中进行发酵，之后再进行第二次蒸馏，取的酒就叫二楂酒，第二次蒸馏之后，酒糟就做丢糟处理掉了。整个过程叫做"二次清"，其实从整个蒸馏过程来看，蒸馏取酒是两次，加上第一次的蒸粮总共是蒸了三次。其中大楂发酵 28 天，二楂也发酵 28 天，整体大概有 56 到 60 天左右，两次蒸馏得酒，经储存勾兑成汾酒。

青稞酒是四次蒸馏出酒，和汾酒同理，加上第一次的蒸粮，总共蒸五次。第一次先将酒粮蒸熟，加曲入窖池发酵，这次发酵好的酒醅就是大楂，经过蒸馏取的酒就叫大楂酒，之后还有三次取酒。大楂添上曲之后进行回窖再发酵出的酒，就叫二楂酒，二楂蒸馏取酒后再添上曲去发酵，摘的酒叫三楂酒，剩下的酒醅再添上一些曲发酵，蒸馏所取的最后一次就是四楂酒。每次发酵好蒸馏之后的酒醅，要再添上一部分酒曲，根据各个轮次，大楂酒、二楂酒、三楂酒、四楂酒添加的酒曲比例略有不同。在整个过程中，大楂酒和二楂酒发酵时间在 25 天以上，三楂酒和四楂酒发酵 15 天以上，四楂酒蒸完之后进行丢糟，所以，青稞酒从原粮投入直到丢糟，合计总共一个生产周期约为 80 天。现在的发酵时间又延长了，大楂酒和二楂酒都是发酵 28 天，三楂酒是 20 天，四楂酒 15 天以上，加起来的总天数已经大于 80 天了。在整个发酵过程中，遵循"养大楂、保二楂、挤三楂、追四楂"（四楂酒也叫回楂酒）的原则。

从青稞酒的工艺来看，它的清蒸清烧与汾酒相似，就是酒醅和酒粮都分别蒸馏，但蒸馏次数比汾酒要多两次，汾酒是两楂酒，青稞酒是四楂酒。之所以出现这种差别，可能主要有两个方面的原因，一方面是原料不同，汾酒用的是山西的"一把抓"高粱，为粳高粱，它所含的淀粉大部分为直链淀粉，而青稞的淀粉大部分是支链淀粉，支链淀粉的特点是容易糊化，出酒率相对高一些，但它的结构比直链淀粉要复杂，残余淀粉量比较大，所以更耐蒸煮。经过两次取酒之后，青稞里还会含有残余淀粉，所以还可以再蒸煮两次，这时还能够出酒。青稞的支链淀粉结构和茅台酒用的糯高粱的淀粉结构类似，需要多次糖化发酵才能把其中的淀粉消耗干净。山西的粳高粱中含直链淀粉，会把酒粮磨得比较细，蒸煮的时间要长一些才能糊化，但糊化之后的利用率较高，蒸煮两次之后，其淀粉消耗殆尽，所以蒸煮两次就"清"了，就可以丢糟了。此外，青稞皮薄，如果采用"清蒸清烧二次清"工艺，其盘粒入窖水分要提高到 50% 以上，这样会导致酒醅发黏严重，升温猛、产酸快，不利于产酒和酒质提高。

另一方面，是由于酿酒环境不一样。汾酒处于平原地区，青稞酒处于高原地区，处于高原地区的互助平均温度和空气中的含氧量都比处于平原地区的汾阳要低一些，地理环境使互助地区的微生物活跃性要比汾阳地区弱，所以青稞酒的糖化效率和酒化效率要比汾酒低，其出酒率相对来说比汾酒也要低。尽管近些年来通过工艺的改进，青稞酒的出酒率在提高，但还是比不上汾酒。微生物活跃性较弱，一次发酵不充分，没有产出那么多的酒，就需要多次发酵，这也是青稞酒四次蒸馏取酒之后才丢糟的一个原因。

6. 气候独特，四季酿造

在内陆地区，因为夏季炎热，所以到夏季高温天气的时候，不论是北方地区的河北、山西，还是中部地区的安徽、江苏，以及南方的四川、贵州，均在伏季时停产两个月左右，夏季基本不产酒，因为这时的微生物过度活跃，杂菌滋生，酿出来的酒品质都比较差。而青稞酒所在的互助县是高原地区，夏季的气温不高，这个条件使其春夏秋冬四季都适合酿酒，一年的二十四节气可以连续生产，这在中国的所有大曲白酒中是独一无二的。

微量成分特征

经检测，青稞酒的微量风味含量为 750 ~ 950mg/L，而高粱酒的微量风味含量是 650 ~ 700mg/L，青稞酒的微量风味成分较高粱酒更为丰富。青稞酒中的酯类物质主要是乙酸乙酯和乳酸乙酯，而油酸乙酯、亚油酸乙酯、棕榈酸乙酯的含量甚微，高级醇类含量较低。乳酸乙酯与乙酸乙酯的比值控制在 0.4 ~ 0.9，丁酸乙酯与乙酸乙酯的比值控制在 0.01 ~ 0.08。酸类物质中乙酸和乳酸含量接近，两大酸的总和占总酸的 90% 以上，与"酯"的成分相对应。青稞酒的特点是其总酸与总酯的含量比约为 0.3，而高粱酿造的清香型白酒中总酸与总酯的比值为 0.5 ～ 0.65，所以天佑德青稞酒存在酸低酯高的趋势。组合后的基础酒形成其清亮透明、清雅纯正、怡悦馥和、绵甜爽净、醇厚丰满、香味谐调、回味怡畅的产品风格。

青稞酒中还检测出含氮化合物多种。含氮类化合物一般呈现坚果香、烤面包香及可可的香味，是白酒中重要的一类香气物质。

青稞酒中共鉴定出含氮化合物超过 111 种，包括吡嗪、吡啶、哒嗪、吡唑等。青稞酒中含氮类风味化合物种类显著多于其他清香型白酒。

表 5-15-3 天佑德青稞酒中重要的风味与健康活性物质[1]

化合物名称	CAS	定性离子	定量离子
2,6- 二甲基吡嗪	108-50-9	108	108
2- 甲基吡嗪	109-08-0	94	94
2- 乙酰基吡啶	1122-62-9	121	121
2,3,5,6- 四甲基吡嗪	1124-11-4	54	54
吲哚	120-72-9	117	117
2,5- 二甲基吡嗪	123-32-0	108	108
2- 乙基吡嗪	13925-00-3	107	107
2- 乙基 -6- 甲基吡嗪	13925-03-6	121	121
2- 乙基 -3,5- 二甲基吡嗪	13925-07-0	135	135
吡唑	288-13-1	68	68
4- 咪唑甲醛	3034-50-2	97	97
4- 乙基 -4H-1,2,4- 三唑	43183-55-7	97	97
2- 丁基 -3,5- 二甲基吡嗪	50888-63-6	122	122
4- 甲基 -5- 咪唑甲酸乙酯	51605-32-4	109	109
2,5- 二甲基吡啶	589-93-5	106	106
2,3- 二甲基吡嗪	5910-89-4	108	108
4- 甲氧基吡啶	620-08-6	109	109
吡哆醛	66-72-8	79	79
4- 吡啶甲醛	872-85-5	108	108

---

[1]资料由青海互助天佑德青稞酒股份有限公司提供。

　　天佑德青稞酒中检测出萜烯类化合物为91种，种类多样，功能丰富，具有抗菌活性、抗病毒活性、抗氧化活性、镇痛活性、助消化活性、抗癌活性。

表5-15-4 天佑德青稞酒中重要的风味与健康活性物质[1]

CAS	化合物名称	保留指数	定性离子	CAS	化合物名称	保留指数	定性离子
127-41-3	α-紫罗酮	1533.8	107	1632-73-1	葑醇；小茴香醇	1587.3	154
470-67-7	1,4-桉叶素	1117.4	121	5986-49-2	喇叭茶醇	1944.6	91
481-34-5	α-毕橙茄醇	2207.6	121	79-77-6	β-紫罗兰酮	1955.6	95
2216-51-5	L-薄荷醇	1641.9	137	40716-66-3	反式-橙花叔醇	2046.3	161
7785-26-4	左旋-α-蒎烯	1028.6	121	123-35-3	α-月桂烯	1151.2	94
116-26-7	藏红花醛	1658.6	94	5989-54-8	L-柠檬烯	1186.5	95
39029-41-9	γ-杜松	1770.8	82	77-53-2	柏木脑/雪松醇	2144.9	109
17066-67-0	β-瑟林烯	1677.3	93	21391-99-1	α-二去氢菖蒲烯	1933.6	119
464-17-5	2-草伯烯	1532.1	177	586-62-9	萜品油烯	1276.1	93
31983-22-9	衣兰油烯	1733.2	179	483-76-1	杜松烯	1765.9	71
562-74-3	4-萜烯醇	1608.7	79	5937/11/1	T-杜松醇	2191.7	93
79-76-5	γ-紫罗兰酮	1867.5	69	127-91-3	α-蒎烯	1859.8	104
432-24-6	α-环柠檬醛	1447.9	93	23726-92-3	β-大马酮	1830.9	111
3387-41-5	桧烯	1196.8	95	470-40-6	罗汉柏烯	1627.4	68
555-10-2	β-水芹烯	1399.4	103	1139-30-6	石竹素	2007.6	150
4602-84-0	里哪醇	2366.3	119	464-45-9	龙脑	1709.8	92

[1]资料由青海互助天佑德青稞酒股份有限公司提供。

表 5-15-5 天佑德酒代表产品

酒名	酒精度	容量	价格	图片
天佑德·国之德 G6	52°	500ml	568 元	
天佑德·金宝	52°	500ml	528 元	
天佑德·第三代出口型金标	45°	750ml	418 元	
天佑德·海拔4600	52°	500ml	488 元	
17 版天佑德·海拔 3800	42° /52°	500ml	398 元 /428 元	
天佑德小黑	42°	125ml	30 元	

图 5-15-3 坐落在雪山脚下的青海互助天佑德青稞酒股份有限公司安定厂区
拍摄于 2021 年 5 月 20 日（摄影／李寻）

图 5-15-4 贵南草场青稞基地（摄影／李寻）

图5-15-5 龙王山雪山 (摄影/李寻)

这座雪山距青海互助天佑德青稞酒股份有限公司只有 20 公里的路程，开车可以直达雪山脚下。
青海互助天佑德青稞酒酒厂可能是中国离雪山最近的白酒酿酒厂了。

图 5-16-1 四川剑门关（摄影／李寻）

第十六节
小曲固态法白酒

本书中所介绍的中国白酒主要是以大曲为糖化剂和酒化剂的传统白酒，业界公认的优质白酒也都是大曲白酒，但实际上小曲白酒的历史比大曲白酒更为悠久，据酿酒史方面的研究，中国是先出现小曲后出现大曲的。

小曲白酒现在占中国白酒总产量的 30% 左右，[①]主要在南方地区地方性流通，全国范围内知道小曲酒的人不多。在南方，小曲酒的零售门店很多，但即便是在这些地区，喝酒的人不刻意去了解的话，有的时候也分不清是大曲酒还是小曲酒。

严格说来，小曲酒不是香型的概念，而是一种糖化发酵剂，用这种糖化发酵剂酿造的白酒，统称为小曲酒。小曲的种类很多，酿酒用的原料也不相同，酿出的小曲酒风味各异。四川等地酿造的川法小曲酒被归为清香型白酒的小曲清香型，而广西、广东用小曲和大米酿造的小曲酒为米香型和豉香型白酒。2011 年通过的国家标准 GB/T 26761—2011 名称为《小曲

图 5-16-2 小曲 （摄影／李寻）

以米为原料，也可添加各种药材做成药曲，比起大曲，小曲酿出的白酒更清新淡雅。

图 5-16-3 九江双蒸博物馆内陈列的制作酒曲用的原料 （摄影／李寻）

---

①赵金松：《小曲清香白酒生产技术》，中国轻工业出版社，2018年11月，第9页。

固态法白酒》。我们这节介绍的川法小曲酒一般都被称为"小曲清香型"白酒。事实上，同样用川法小曲酿造的白酒因原料和产地不同，香气口感也有差异。

小曲

一、小曲的名称

关于小曲，各地俗称不一，有的叫酒药，有的叫白曲，有的叫米曲，有的叫酒饼，等等。传统上小曲和大曲的区分就是曲块大小：中国大曲大的像土砖那么大，有五公斤重，小的有两三公斤重；小曲大的也就三五厘米，小的就像硬币那么大。在小曲里也有曲饼大一点儿的，有些地方也叫大曲饼，这是不同地域的人们在日常生产中约定俗成的叫法。

二、小曲的种类

小曲的种类也很多。按照是否添加了中草药分为药小曲和无药小曲；按照用的原料分为粮曲（大米粉）和糠曲（米糠）；按照形状分为酒曲丸、酒曲饼和散曲；按照用途又可以分为甜酒曲和白酒曲。其中比较著名的是邛崃米曲、四川无药糠曲、厦门白曲、桂林酒曲丸、广东酒曲饼等等。桂林的酒曲丸在介绍三花酒的时候介绍过，广东的酒曲饼在介绍豉香型白酒的时候介绍过，本节主要介绍四川小曲和小曲酒。

三、小曲的特点

小曲主要的微生物是霉菌和酵母菌，四川的小曲里霉菌以根霉菌为主，根霉菌具有边生长、边繁殖、边糖化、边发酵的特点，这个特点导致小曲酒在酿造时用曲量少，是传统白酒酿造中用曲最少、发酵时间最短的，一般有 0.2% 以上就能达到比较高的糖化发酵率。根霉菌还适合许多菌种混合培养，共栖性好。[①]

小曲的糖化率强，酒化率也强，适合中小酒厂生产。现在南方各县、乡村的小酒作坊很多，都是小曲在做酒。在北方，青海的青稞酩馏酒有的也用小曲做糖化剂。有些小曲要添加一些中草药，有的对有益菌繁殖、抑制杂菌有作用，有的可能还有副作用，这方面的研究还有待进一步深入。

小曲酒的种类和地理分布

一、小曲酒的种类

小曲酒目前主要分布在我国西南地区一些地级城市和县级城市，乡村分布很广

①余乾伟：《传统白酒酿造技术》，中国轻工业出版社，2018年5月第二版，第82页—第83页。

泛。在四川的县城街道上经常会看到卖散白酒的作坊，很多就是小曲做的酒。据酿酒专家余乾伟先生研究，根据所用原料、曲药和生产工艺的不同，小曲酒可以分为四类。

图 5-16-4 街边卖小曲清香散酒的酒铺（摄影／朱剑）

1. 川法小曲酒（固态发酵）

在四川、重庆、云南、贵州、湖北等地流行的，以高粱、玉米等为原料，采用整粒原料蒸煮，箱式固态培菌糖化，配醅发酵，固态蒸馏的固态法小曲白酒，因为这种酒以四川酒的产量最大，历史

悠久，所以常统称为川法小曲白酒。它的代表酒是重庆江津白酒、永川高粱酒、四川资阳的伍市干酒、隆昌高粱酒等。做法是原粮蒸煮后在晾场加 0.4% 左右小曲入培菌糖化箱，经过 24 小时左右的培菌糖化，再配糟调温，入池发酵 6 天，装甑蒸馏得到 55°～60° 左右的白酒。"川法小曲白酒"因历史悠久、产量大、分布广、市场声誉高，有完整的工艺体系，香味成分有自身的量比关系和独立的风格，被业内归属于小曲清香型酒。本节提到的小曲清香酒，基本上就指的是川法小曲清香酒。目前已有重庆江津集团、重庆江小白、湖北劲牌公司等年产万吨、销售上亿元的企业。以小曲酒作基酒生产保健酒是传统的，也是公认最好的（这是其他香型白酒不可攀比的优势），生产其他露酒或别的香型酒，也是最好的基酒。

2. 半固态发酵法白酒

以广西桂林三花、全州湘山酒（米香型）为代表。这种酒原料蒸煮后拌入 0.8%～1% 的小曲，在缸中搭窝先行培菌糖化 24 小时后再加水，进入半固态的双边发酵，成熟醅在蒸馏釜内蒸酒至 57° 终止（关于三花酒，在本章第十三节米香型白酒中已有详细介绍）。

3. 液态发酵法白酒

以广东玉冰烧（豉香型）为代表。这类产品原粮蒸煮后没有培菌糖化工序，需要直接进入发酵罐，边糖化边发酵。和其他发酵方式还有一个不同点，用曲量比较大，投料量大概 18%～20%，成熟醅在釜式蒸馏器中蒸至酒度 32° 左右终止（关于豉香型的小曲酒，在本章第十四节豉香型白酒中已有详细介绍）。

4. 大小曲混用酒

以小曲产酒，大曲产香，串香蒸馏，大小曲混用生产的酒。以董香型的董酒和馥郁香型的酒鬼酒为代表（本章第十节馥郁香型白酒和第十二节董香型白酒中已有介绍）。

二、小曲酒的地理分布

从地理分布来看，小曲酒主要分布在南方。从气候区划上看，小曲酒主要在我国的中亚热带和南亚热带地区。这一地区是稻米产区，小曲酒的制曲原料是大米米糠，酿酒的主粮有一部分也是大米，部分地方用高粱，也有用玉米的。随着纯种根霉小曲的推广，北方地区也逐渐出现了小曲白酒生产厂。

小曲种类很多，小曲酒种类也很多，不同地区的小曲酒香气大不一样。比如同样用川法小曲生产的白酒，江津白酒、江小白和遍布四川县市的小曲散酒，香气口感就大不一样。云南的小曲清香酒，跟四川的小曲清香酒也不一样。我们前面介绍过的豉香型、米香型跟川法小曲酒也不一样。总体上讲，各种小曲酒是各地适应不同的自然地理条件形成的各有特色的酿酒传统工艺，在现代的微生物学和生物化学的支持下，通过技术改进发展起来的。

小曲固态法白酒的国家标准

经过酿酒专家们的努力，2011 年，国家通过了小曲固态法白酒的标准，标准号是 GB/T 26761—2011。

这个标准中小曲固态白酒是这样定义的：以粮谷为原料，采用小曲或纯种根霉为糖化发酵剂，经蒸煮、固态培菌糖化、固态发酵、固态蒸馏、陈酿、勾兑而成的未添加食用酒精及非白酒发酵产生的呈香呈味物质的白酒。高度酒 41°～68°，低度酒 18°～40°。

表 5-16-1 小曲固态法白酒高度酒感官要求

项目	优级	一级
色泽和外观	无色或微黄，清亮透明，无悬浮物，无沉淀[a]	
香气	香气自然，纯正清雅	香气自然，较纯正清雅
口味	酒体醇和、甘冽净爽	酒体较醇和、较甘冽净爽
风格	具有本品的典型风格	具有本品的典型风格

[a] 当酒的温度低于10℃时，允许出现白色絮状沉淀物质或失光。10℃以上时应逐渐恢复正常。

表 5-16-2 小曲固态法白酒低度酒感官要求

项目	优级	一级
色泽和外观	无色或微黄，清亮透明，无悬浮物，无沉淀[a]	
香气	香气自然，纯正清雅	香气自然，较纯正清雅
口味	酒体柔和、净爽	酒体较柔和、较净爽
风格	具有本品的典型风格	具有本品的典型风格

[a] 当酒的温度低于10℃时，允许出现白色絮状沉淀物质或失光。10℃以上时应逐渐恢复正常。

表 5-16-3 小曲固态法白酒高度酒理化要求

项目		优级	一级
酒精度／（%vol)		41～68	
总酸（以乙酸计）／（g/L）	≥	0.40	0.30
总酯（以乙酸乙酯计）／（g/L）	≥	0.60	0.50
固形物／（g/L）	≤	0.50	

表 5-16-4 小曲固态法白酒低度酒理化要求

项目		优级	一级
酒精度／（%vol)		18～40	
总酸（以乙酸计）／（g/L）	≥	0.25	0.20
总酯（以乙酸乙酯计）／（g/L）	≥	0.45	0.30
固形物／（g/L）	≤	0.70	

小曲固态法白酒的感官要求及理化要求见上表。

小曲固态法白酒的国家标准主要针对川法小曲酒而言，但从定义上看，对糖化发酵剂的规定有些宽泛。小曲或纯种根霉为糖化发酵剂，这个范围就比较大了。纯种根霉作为糖化发酵剂和传统小曲是有所不同的，纯种根霉菌种为人工培养，培养基为麸皮；而传统小曲是以大米或米糠为原料，网罗自然菌种培制而成，两种曲酿出的酒的风味有所不同。这个标准在以后完善的时候，可能会把自然界中的根霉菌（传统小曲）和纯种根霉制作的小曲有所区分。在实际市场中，普通消费者分不清哪些是传统小曲酿造的酒，哪些是人工培养纯种根霉制作小曲酿造的酒。

川法小曲酒的制作工艺

小曲固态法白酒的生产工艺主要分成两大部分：第一部分是制曲工艺；第二部分是酿酒工艺。不论是制曲工艺还是酿酒工艺，都分为传统方法和现代方法。

一、制曲

1. 小曲的演化

前面已经讲过，中国小曲的种类众多，从其发展演化的过程来看，大致可以分成两大类：一是传统小曲，一是纯种根霉菌小曲。

传统小曲是古代就有的、靠自然接种制作的小曲；纯种根霉菌小曲指的是 1950 年代以后我国白酒科研人员培育纯种根霉发展出来的小曲。但是从 1950 年代到现在，根霉菌小曲的制作方法也有了发展和变化，目前把原来用浅盘法或通风池法制作的纯种根霉小曲称为传统制曲，把用更先进的机械化、自动化控制设备制曲的圆盘法称为现代制曲方法。在有些书里，讲传统制曲工艺的时候讲的是浅盘法和通风池法制曲，而现代制曲是圆盘法，其中的"传统制曲"和我们上面讲的古代靠自然接种的传统制曲并不一样。"传统制曲"的"传统"在不同时期的含义是不同的，要加以区分。

2. 纯种根霉菌小曲传统制曲方法

普通读者如果阅读关于小曲生产技术方面的专业书籍，刚开始可能会看到诸如曲盘法、帘子法、圆盘法、浅盘法、试管法、三角瓶法等等术语，初看有点发懵，会误解为某一个术语就代表一种制曲方法，其实不是的。纯种根霉小曲是一种人工选育、培养出来的纯种菌的培养、放大的方法。在制曲过程中第一个要素是要先有菌种。目前根霉菌菌种是相关科研部门选育出来的，大概有五六个主要使用的菌种，包括中科院微生物研究所培育出来的3866、3851，贵州省轻工业科学研究所分离出来的Q303，泸州酿酒研究所培养出来的C-24、L-24，重庆永川酒类研究所诱变、分离出来的YG5-5。[①]

第二个要素要有培养基，菌种要附着在某一种营养物质上来培养，目前纯种根霉菌主要使用的是麸皮。实验室中的培养基有用大米、豆芽汁、麦芽汁等做的。

第三个要素是培养容器。小的培养容器是试管（50～100ml），比试管大一点的是三角瓶（500～1000ml），比三角瓶再大的是生产使用的曲盘，也叫浅盘，一般是用0.5cm厚的椴木板制作，大小不一。还有在钢筋支架上铺上用塑料布做的布帘来做承载麸皮培养菌种的容器，这种方法制成的曲叫帘子曲。更大的培养容器是用混凝土或者金属做的培养池，加上通风装置，叫通风池。所谓的试管法、三角瓶放大法、浅盘法或者通风池法，实际上都是指不同培养阶段的培养容器的名称。培养基一样，菌种一样，只是容器不一样，放大的规模不一样。

第四个要素是培养步骤。根霉菌小曲的培养步骤大致是三步：由专门制曲的工厂或者酒厂里的制曲车间把菌种从研发菌种的科研部门买回来，在试管中进行一级培养；培养好之后进入三角瓶扩大培养，三角瓶中倒入麸皮并加60%～70%的水，用蒸汽高压灭菌40分钟，除掉杂菌后再把试管中培养好的菌种转移到三角瓶里，接种完毕之后放到恒温箱内保温培养，大约40个小时后再除去水分保存下来；第三个阶段就是曲盘培养，采用浅盘法或者通风池法，放入更大量的麸皮，加水比例跟上一阶段差不多，然后把在三角瓶里放大的菌种接种到通风池或者曲盘的麸皮上，继续培养将近40个小时。实际上就是一个连续的、由小到大的放大过程。在根霉菌小曲的培养过程中，还有很多具体的技术要求，特别是要注意接种的温度和环境，避

---

① 刘升华：《重庆小曲白酒生产技术》，中国轻工业出版社，2018年3月，第39页。

免杂菌的感染。

3. 纯种根霉小曲的现代制曲法

现代制曲法也叫圆盘法。这里的圆盘和手工操作用的那种圆盘是不一样的，是一种巨大的制曲设备，最早从日本引进，在酱油生产领域里广泛使用，后来被用到小曲生产中。所谓圆盘是指这个设备上有多种圆板旋转体的培养床，直径 2 ～ 14 米不等，制曲量根据设备大小有 6 吨、10 吨、25 吨的，产量最大的一次可达 60 吨。使用这种机械制作纯种根霉小曲的方法就叫做圆盘法。这种方法实现了机械化、自动化，整个生产过程自动控温控湿，在保证产品品质的同时大大降低劳动强度，还从根本上解决了培养过程中杂菌污染和受人为经验影响的品质问题。传统的纯种根霉菌小曲制曲上面讲过有三个步骤，而这种圆盘法制曲是在制曲机上一体化完成。具体的制曲方法如下：

（1）种曲制作。

①一级种曲制作。

在无菌条件下，从试管菌种中挑取 1 ～ 2 环菌种接种至茄子瓶 PDA 培养基中，在 30℃条件下培养 48h，待长满菌丝后，在无菌操作台上接种于无菌水中，使用灭菌好的果汁机打碎，制成菌悬液，投入下一级种曲生产。

②二级种曲制作。

称取一定量麸皮加水，拌匀，装入种曲机中的浅盘，开蒸汽加热至 121℃，保持 20min，排掉蒸汽，冷却至 30℃左右，接种制备好的菌悬液，维持种曲机内室温 28℃～ 30℃，相对湿度 70% ～ 90%，培养 36h，待麸皮上长满菌丝，有浓郁根霉香味，即可以作为圆盘制曲机中下一级种曲使用。

（2）根霉曲生产。

①灭菌接种入盘。

按量称取大米粉和麸皮通过绞龙均匀混合，分别装入旋转蒸锅内，通入蒸汽加热至 121℃，保持 1h，排掉蒸汽，将灭菌后的曲料倒出，通过调节风冷机风量的大小和进料的速度进行均匀降温，当曲料吹凉至 33 ～ 37℃后加入种曲，并充分搅拌均匀。通过绞龙按物料质量体积比（大米粉＋麸皮）：无菌水：种曲为 10：3：0.2，把大米粉、麸皮、水、种曲搅拌均匀，入圆盘制曲机培养。

目前，行业中应用较多的圆盘制曲机主要由外驱动的旋转筛盘、翻曲装置、进出料绞龙、筛盘驱动装置、通风系统、喷雾系统等部件组成。圆盘制曲机培养室内部与物料接触部位均采用 316L 不锈钢，受杂菌感染少，清洗、消毒方便，使用寿命长。翻曲装置采用特殊结构的搅拌叶片，翻曲均匀、彻底。

②培养。

a）静止期。

入料结束后即进入静止期，此时关闭风门和风机，维持品温 28℃～31℃。

b）升温期。

培养 5～8h 后，当物料品温升至 31℃，开启风机，用风温调节物料温度。前期用内循环小风量，转速 350r/min，风温 28℃，当品温降至 30℃时停止通风。品温每上升 1℃，则增加转速 100r/min。

c）生长旺盛期。

培养 10～13h 后，物料开始结块，通风阻力增加，且品温上升至 34℃，设置风门 40°角，风温 27℃，增大转速 600～800r/min，严格控制品温不超过 34℃。

d）稳定期。

培养 14～18h 后，品温开始下降，逐步降低风速至 400～600r/min，维持品温 32℃～34℃，培养 24～26h 后，当物料结块紧密，曲表菌丝着生粉色孢子时，开始翻曲。

e）排潮期。

培养 30～32h 后，开启风门 45°角，转速为 400r/min，使品温逐步下降至 30℃左右时结束培养。

③干燥。

将培养好的曲料通过风送系统输入干燥机内，吹入 35～40℃的热风，使曲料中的水分汽化，直至曲料含水量降至 10%～15%。由于微生物菌体的耐热性较差，干燥过程中需控制品温不超过 40℃。干燥后酒曲中的微生物处于休眠状态，利于酒曲的保存。

④混合打包。

固体酵母曲圆盘制曲与上述根霉曲工艺方法一致，仅仅部分控制参数的差异。两种半成品曲生产好以后，将不同种类的半成品酒曲按一定的比例进行混合，并根据生产需要，可添加不同的功能菌，以满足酿酒所需的各种微生物及其酶类。混匀后进行打包，整齐码放在托盘上，运送至成品仓库贮存；若室温高于 30℃，则转运至低温库贮存。[①]

4. 注意防治污染菌

所谓纯种菌的培养是有目的的培养自己生产所需要的菌种，如制小曲需要根霉菌，那么其他菌种就是污染菌。在传统培养方法中，不管是试管还是三角瓶，相对来说比较封闭，灭菌和隔离杂菌比较好办，而在用浅盘或者通风池时，和环境有接触，环境中的杂菌就可能落到培养基上去，产生污染。所谓的污染菌主要包括毛霉、

---

①赵金松：《小曲清香白酒生产技术》，中国轻工业出版社，2018年11月，第78页—第79页。

犁头霉、枯草杆菌、曲霉等等。

现代化的圆盘制曲机从试管阶段之后都是在设备内部封闭进行的，特别是在圆盘培养过程中，跟传统浅盘和通风池不一样，与外部环境是隔离的，防止其他杂菌的出现，基本上可以解决污染菌出现的问题。

5. 酵母菌另行培养

上面讲的纯种根霉菌是糖化菌，培养它的主要目的是进行糖化作用，将酒粮产生的淀粉转化为酵母可代谢的葡萄糖单糖。而要把单糖转化成酒，还需要另外一种微生物——酵母菌。在酿酒的过程中，要把根霉菌小曲和酵母共同拌到蒸煮好的酒粮中进行发酵才能出酒。酵母菌也需要人工培养，培养方法有的和根霉小曲类似，以麸皮为培养基，也有制备好的干酵母，具体的培养方法在前面介绍酵母章节已经详述过了，这里不再重复。

二、酿酒生产工艺

小曲酒的生产目前已经有较高程度的专业化分工。一般都是专业的制曲厂制曲，制成成品后销售。酿酒厂只管酿酒，直接从制曲厂购买成品曲投入生产就行。生产酒的过程就是酿酒的生产工艺，大致也分成两种：一种是传统的以手工劳动为主的生产工艺；另一种是现代自动化、机械化的生产工艺，下面分别加以介绍。

1. 传统的生产方法

传统的生产方法主要包括八个部分：泡粮、蒸粮、摊晾下曲、培菌糖化、发酵、蒸馏、陈化老熟、勾调。主要的工艺流程如图5-16-5。

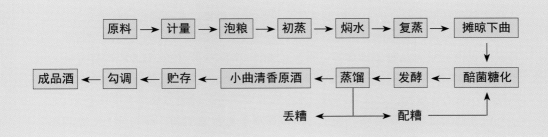

图5-16-5 传统小曲清香白酒生产工艺流程图

（1）泡粮。

传统小曲白酒生产的原料是粮食，包括高粱（糯高粱，粳高粱）、玉米、小麦、稻谷、荞麦等等，使用整粒粮食泡粮，让粮食吸水，增加粮粒的含水量，使粮食粒中的淀粉逐渐膨胀，为下一步蒸粮做好准备。不同的粮食浸泡的时间和水温不一样，详情参见表 5-16-5。

表 5-16-5 小曲酒各种酒粮泡粮水温及时间参考表

粮食名称	泡粮水温 /℃	泡粮时间 /h	备注
糯高粱	73～74	6～10	
粳高粱	74～76	5～7	干发 8～10h
玉米	78～85	2～5	干发 5～8h
小麦	65～70	4～6	
稻谷	72～75	8～12	可泡、焖合一操作

（2）蒸粮。

小曲酒的蒸粮比大曲酒蒸粮要复杂些，蒸粮的目的是使整粒的粮食糊化，以便培菌和糖化。蒸粮分为三个工序：一初蒸，二焖水，三复蒸。

初蒸是酒粮受热的过程，时间过长会直接把粮食蒸开，时间短了又达不到想要的受热程度。一般初蒸的时间根据粮食而定，糯高粱蒸 10～20 分钟，粳高粱 15～30 分钟，玉米 20 分钟，稻谷 20～30 分钟，小麦 20～25 分钟。

第二个环节是焖水，初蒸时间到了之后立即加入不低于 40℃ 的焖粮水开始焖粮，焖水时要根据感官来检查粮食，80% 以上的粮粒无硬心就可以把焖粮水放走。焖水时间根据粮食品种而定，直链淀粉含量越高，焖水时间越长。糯高粱直链淀粉相对粳高粱少，焖 5～10 分钟；粳高粱直链淀粉多，焖 25～30 分钟；玉米焖 3～5 分钟；稻谷焖 10～15 分钟；小麦焖 15～20 分钟。焖多了或者焖少了对出酒率都有影响。焖粮水分掌握在 61%～62% 为宜。温水使粮粒进一步吸收大量水分，利用蒸粮的高温和焖水温度结合，形成一定温差，淀粉粒遇冷收缩，形成挤压力，使淀粉细胞破裂，从而达到粮食糊化的目的。所以焖水的温度也非常重要，在 40℃ 以上。

第三是复蒸。复蒸的目的是使粮食达到糊化，所以要加大火力，圆气压盖。复蒸时间也根据粮食品种不同而异，糯高粱 60～70 分钟，粳高粱 80～90 分钟，玉米 90～120 分钟，稻谷 60～80 分钟，小麦 90～120 分钟。复蒸后的熟粮要求柔熟泫轻，空心无硬瓣，收汗有回力，水分吸收要充分，淀粉破裂率在 85% 以上。

在蒸粮的过程中水分就进去了，所以原料重量普遍增加。糯高粱 100 克蒸熟之后可以达到 215～225 克，粳高粱 100 克蒸熟达到 220～230 克，玉米 100 克蒸熟可以达到 270～290 克，稻谷 100 克蒸熟达到 225～235 克，小麦 100 克蒸熟达到 210 克左右。

（3）培菌糖化。

培菌糖化是小曲酒特有的工艺环节。蒸熟的酒粮经过摊晾之后放入专用的容器——糖化池或者糖化箱中，将制好的小曲及根据需要添加的酵母一同拌到糖化箱中，加曲量一般是酒粮量的 0.7% ～ 2.5%，具体生产时根据季节不同、温度不同分次下曲，进行培养糖化。这个过程的首要目的是培菌，就是让根霉菌和酵母菌进一步放大，使其在蒸熟的酒粮上迅速增长起来，为后续的淀粉变糖、糖变酒提供足够多的酶。

重庆酒研所做过研究，在糖化培菌时只用根霉曲，不放酵母，出箱时酵母菌依然可以达到 300 万～ 500 万个 / 克，依然有很高的出酒率（54.19%），证明根霉菌本身有一定的糖化能力之外，也能够网罗一定的野生酵母。根据多年实践经验，曲药中的酵母菌按季节控制在 0.8 亿～ 1.2 亿个 / 克，对生产有利；出箱时培菌槽的酵母细胞含量控制在 1000 万个 / 克内较有益。

由于根霉菌有糖化能力，在培菌的过程中会不可避免地把已经糊化了的淀粉变成糖，糖化程度过高会使下一步的出酒减少，所以在培菌时要控制好糖化度。糖化程度传统作业的术语是"老嫩"，"老嫩"就是指淀粉里糖分的多少，一般来讲，夏季出箱还原糖含量是 1.5% ～ 2%，春秋季出箱还原糖含量是 2.5% ～ 3.5%，冬季出箱还原糖含量为 3.5% ～ 4.5%。糖化程度高叫老，糖化程度低叫嫩。从提高出酒率的角度看，现在总结的经验是要嫩箱，糖化度保持在上述指标范围之内。培菌时间一般是 24h 左右，出箱的温度 32 ～ 34℃。

（4）发酵。

经过培菌糖化之后的原料要放到发酵容器里用黄泥密封，进行发酵。

小曲白酒的发酵过程跟大曲白酒一样是双边发酵，边糖化边发酵。因为在培菌的过程中糖化程度被控制得比较低，所以入窖池之后，根霉菌产生的糖化酶使原料在发酵容器里继续糖化，而在培菌过程中拌入的酵母菌此时开始代谢出多种复杂的酒化酶，把糖化后的淀粉转化成乙醇。

传统的小曲白酒发酵容器是多种多样的。在四川重庆一带传统小曲酒发酵用木质的发酵桶，一般高出地面约 90 厘米，用黄泥做桶底，两个发酵桶之间还设置一个地下黄水坑，密封发酵桶的材料也是黄泥。20 世纪 70 年代以后，从节约木材出发，把木质发酵桶改为石质发酵桶，有的地方也用水泥做发酵池。20 世纪 90 年代以后，江津酒厂研究证明在五天发酵时间内石材做的发酵池产酒的酒质最好，出酒率也最高。现在使用木桶作为发酵桶的已经越来越少了，但由于曾经长时间使用过木桶，所以现在看到的一些介绍小曲白酒生产技术的书籍或者文献中还经常出现"桶紧""踩桶"这些术语。

发酵的具体操作过程主要也是三个步骤。

①摊晾。把培菌糖化好的酒粮再摊晾开。

②配糟。将上一轮蒸酒的酒糟丢掉面糟后留下来的部分和新蒸的酒粮混合起来，再入池发酵，配糟的量一般是新蒸酒粮的 3.5 ～ 4.5 倍。配糟的作用有几个方面：

一是调节和平衡发酵速度，使产生的糖更多地变成酒；二是调节和提供发酵所需要的酸度，发酵适宜的酸度是 1.1 ～ 1.2；三是提供发酵的水分；四是提供酵母产生酒化酶的条件和养料；五是利用配糟里面的残余淀粉提高出酒率。配糟进入发酵容器之后也要根据温度进行管理，一般的小曲发酵时间是五天。发酵时间短是小曲白酒生产的一个优势。

③入池发酵。

（5）蒸馏。

小曲酒的蒸馏设备和大曲酒类似，是甑桶，主要作用是把小曲酒醅经过蒸馏之后成为含酒精 55% ～ 65% 的高浓度白酒。装甑的方法跟大曲酒装甑的技术差不多，流酒速度一般保持在每分钟 2.5 公斤左右，出酒温度控制在 30℃以下，初馏部分的0.5 ～ 1 千克作为酒头摘取后单独交酒库存放，中馏酒也可以根据实际情况分段摘取。摘酒的时候也和大曲酒一样，看花摘酒。

（6）操作经验八字诀。

"低温、嫩箱、快装、紧桶"是四川和重庆等生产小曲固态酒的酒厂经过多年实践总结出的经验。

低温，是相对而言的，目的是在培菌和发酵过程中尽可能地把温度控制在微生物生长最适宜的范围内。如出箱温度控制在 32℃左右，入窖团烧温度 23 ～ 25℃等，就是达到此目的的最佳温度，和传统操作相比，变化较大。低温的酒醇甜香，高温的酒苦麻辣。

嫩箱，就是培菌糖化的时候箱温和糖化度要控制好，具体参数如上文所述。

快装，就是出箱之后要快速地入池，尽量减少杂菌的污染。

紧桶，就是进入发酵容器之后，根据酵母厌氧发酵，尽快排尽空气，踩紧，封住。[1]

2. 机械自动化的小曲酒生产工艺

在目前的酿酒行业中，小曲白酒的机械化、自动化程度是比较高的，已经出现了全面自动化的生产线，整个生产环节物料不沾地，如劲牌公司的毛铺枫林酒厂的原酒已经完全实现了机械化和自动化，生产流程与传统小曲白酒的生产流程大致相同，但是每个环节都是自动化控制机械来操作的。具体情况如下：

（1）工艺流程。

整个生产过程可分为投料浸泡、带压蒸煮、摊晾加曲、控温糖化、粮糟混合、恒温发酵、上甑馏酒等多个环节，流程如图 5-16-6 所示。

---

①刘升华：《重庆小曲白酒生产技术》，中国轻工业出版社，2018年3月，第66页。

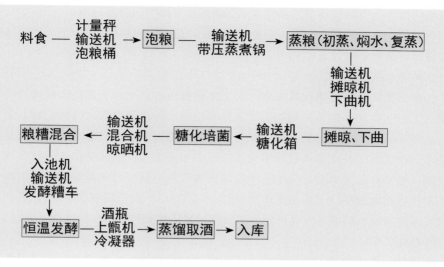

图 5-16-6 机械化小曲清香白酒生产工艺流程图

（2）酿造方法。

①泡粮工序。

机械化酿造采用连续自动称量仪、刮板机或风送机、斗式提升机、水罐、水泵和管道以及其他辅助设备，在粮食出粮仓时直接进行连续自动称重，利用刮板机或风送机输送至车间，再通过斗式提升机将粮食提升到泡粮桶，最后利用刮板机平均将粮食分配到各个泡粮桶，启动水泵将水罐内事先加热好的泡粮水加到各泡粮桶中即可，泡粮水务必淹过粮面 15 ～ 25cm。整个投料过程只需设置一个专人岗位在泡粮区域进行现场确认，设备的操作由中控室操作人员兼任即可。

泡粮是让粮粒吸水，增加粮粒含水量，使粮粒中的淀粉逐渐膨胀，为蒸粮做好准备。采取不锈钢泡粮桶独立泡粮，泡粮水温要适当，水温不能太低，水温、时间等参数随粮食种类、品种、批次的不同，差异较大。泡粮后要求吸水透心、均匀，水分含量达 43% ～ 45%。

②蒸煮工序。

传统蒸粮工艺采用固定的酒甑（或蒸锅）在常压下持续通蒸汽蒸煮，不仅蒸汽消耗大，粮食品种变化时难以把控，而且粮食转入和转出都由人工完成，劳动强度非常大。机械化酿造采用可耐压、可 360° 旋转的蒸锅，蒸粮过程中只需锅内压力达到工艺设定的压力值即可停止供应蒸汽，利用锅内的余压和温度将粮食蒸熟，从而大大减少蒸汽的消耗。此外，由于带压环境下锅内蒸汽的温度比常压下高，使得粮食更容易蒸熟透心，从而大大提高了蒸粮的稳定性，缩短约 1/3 的蒸粮时间。整个蒸粮过程可由标准化程序控制，粮食蒸好后，开盖旋转蒸锅出料，即可将蒸好的粮食输送到下一个摊晾环节，同时蒸锅重新进粮开始下一轮的蒸粮。

蒸煮后，熟粮柔熟、收汗、无生心，水分适当、均匀，熟粮水分在 55% ～ 62%，粮食破口率达到 90% 以上。

③摊晾加曲工序。

传统工艺采用固定的通风晾床，人工将粮食转运到晾床上进行间歇式的降温，并有人工分多次进行撒曲和翻拌，工艺控制粗放，劳动强度大。机械化酿造采用普通传送带和具有通风降温效果的传送带相结合，确保粮食在蒸熟后能直接快速地输送到下一个工序，并在输送过程中完成降温和加曲工作，加曲量由滚筒和变频器配合控制，粮食在加完曲后，经过一小段螺旋输送机，既可使粮食与酒曲均匀混合，又不至于将粮食绞坏，下曲温度控制在 20 ～ 25℃，下曲量控制在 1% 内，若下曲不均匀，可在摊晾机后端分段设置多个加曲机（滚筒和变频器），分几次下曲。

④糖化工序。

传统糖化箱床的进、出料均由人工完成，且是自然环境下糖化，料层厚度受物料升温速度的影响，一般粮层厚度控制在 15 ～ 20cm。机械化酿造因投料量的大幅度上升，实现了自动进、出料，且料层厚度也能够达到最高 70cm，为达到这一目的，新型的糖化箱床采用传送板链作为箱床的底板，启动板链时即可完成物料的输入与输出，并配置有风机和蒸汽盘管，可对糖化室内的环境温度进行调节，起到控制物料升温速度和来箱一致性的作用。

摊晾下曲后的熟粮输送至糖化箱内，静置糖化 24h 左右，糖化过程中，升温曲线应正常，当出现异常情况，及时开启或关闭箱床内控温系统，控制升温速度，以保证糖化效果。

⑤粮糟混合工序。

传统工艺采用地池发酵，粮糟配比约为 1：3.5，入池温度一般控制在 25℃左右，配糟量大，酒醅淀粉浓度低，不利于发酵温度的控制，粮糟混合操作过程中均由人工在通风晾床上完成，劳动强度大，且混合不均匀。机械化酿造利用变频器控制螺旋输送机的转速，从而控制糖化醅和酒糟的出料速度，并利用螺旋输送机将糖化醅与酒糟均匀混合，确保粮糟配比的均匀性。此外，为增加设备的运行效率，机械化酿造工艺减少了配糟的用量，并相应降低酒醅发酵的起始温度，以控制酒醅发酵的升温速度。

配糟在发酵过程中起到调节温度、酸度、淀粉浓度的作用，粮糟配比恰到好处，配糟酸度、水分适宜，色泽红润，疏松不发黏。

⑥发酵工序。

传统生产工艺采用固定的地池发酵，整个发酵过程受环境变化影响较大，且物料的进出都由人工完成，劳动强度大，过程控制粗放。机械化酿造工艺采用可移动的发酵槽车作为发酵容器，其容积为 1～3m³，可以利用叉车进行转运，并可以堆叠放置，节省发酵空间。同时，为减少外界环境对发酵过程的影响，装满酒醅的槽车统一放置在有恒温控制系统的发酵室内进行为期 10～20d 的发酵。

发酵工序仍是边糖化边发酵的过程，是淀粉变糖、糖变酒精的过程。且同时还产生其他物质，如酸类、酯类、醛类、醇类、芳香族化合物等。发酵过程中要做到糖化发酵速度一致，使淀粉尽量地多产酒，少生酸，升温曲线遵循"前缓，中挺，后缓落"原则，温度变化曲线正常。

⑦上甑馏酒工序。

发酵周期达到后，传统工艺通过人工的方式将发酵池内的酒醅取出，并均匀上到酒甑中进行馏酒。机械化酿造则利用叉车或 AGV 小车将发酵槽车放置在翻转机上，通过翻转机的转动，带动槽车翻转，将其中的酒醅倒出，然后利用传送带、上甑机输送到酒甑中，大大降低了人员的劳动强度。馏酒结束后，可就地计量，通过管道直接入库，酒甑则可翻转，直接将酒糟倒出，配糟输送到粮糟混合区域，丢糟直接弃之。馏酒过程中所用的冷却水用水罐收集起来，用于泡粮、焖粮、清洁卫生用水和锅炉用水，将部分水循环利用，既利用了馏酒产生的废热，又可以缓解枯水期用水的压力。

上甑酒糟要疏松均匀，探汽上甑；控制好上甑和馏酒蒸汽压力，出酒温度适宜，掐头去尾，分段取酒。

综上所述：采取小曲清香机械化酿酒工艺，实现生产全过程的机械化、自动化，生产过程中物料不沾地。采取带压蒸粮技术，准确控制蒸粮过程中的工艺参数，大幅度降低蒸粮能耗；采取糖化箱床温控技术，自动进出物料并能够对物料进行 24h 在线控温；采取不锈钢槽车低温长时间发酵技术，提高淀粉利用效率和原酒品质。与传统工艺相比，控制得当，机械化酿酒工艺生产过程中人均产酒量、出酒率、原酒优级率均会得到较好的提升，同时节约大量人力成本、粮食、综合能耗。[1]

小曲清香型白酒的微量成分特征

为了搞清川法小曲白酒的风味特征及微量成分与其他小曲白酒的差异，四川省食品发酵工业研究设计院和四川省酒类科研所先后采用气相色谱对川法小曲白酒的微量成分进行了系统的检测，取得了大量的数据，确认四川小曲白酒应为"小曲清香型"。

---

[1]赵金松：《小曲清香白酒生产技术》，中国轻工业出版社，2018年11月，第93页—第96页。

1. 川法小曲白酒中的酸类物质

小曲白酒含酸量与其他类型酒有显著的不同。发酵期虽短，但含酸量一般在 0.5～0.8g/L，高的可达 1.0g/L。从对不同原料和菌种所生产的酒的测定结果可以看出，产酸的定性组成是一致的。用天然小曲生产的酒产酸幅度大，不同原料之间酸的差别不明显。小曲酒中各种酸的含量比较多，除乙酸、乳酸外，还有丙酸、异丁酸、丁酸、戊酸、异戊酸、己酸等，有的有少量庚酸。酸的构成可与大曲白酒相比，与麸曲清香型白酒相似，但含量较高。米香型白酒几乎不含这些酸。川法小曲白酒中含有较多的低碳酸，特别是丙酸和戊酸的含量较多，酒中的多种酸是构成该酒香味特征的重要因素。

2. 川法小曲白酒中的主要醇、酯、醛类物质

（1）高级醇。

川法小曲白酒中主要的几种高级醇都有且含量高，尤其是异戊醇含量在 1～1.3g/L，正丙醇和异丁醇在 0.28～0.5g/L，高级醇总量在 2g/L 左右，与米香型和大曲、麸曲清香型白酒相比，还有较多的仲丁醇和正丁醇。高级醇是构成川法小曲白酒风味的主要成分。

（2）酯类。

川法小曲白酒中酯含量一般在 0.5～1.0g/L，主要是乙酸乙酯和乳酸乙酯，特别是乳酸乙酯含量较高。此外，小曲白酒中还含有少量的丁酸乙酯（10～20mg/L），或戊酸乙酯和己酸乙酯，量虽少，但阈值低，对口感影响大。虽然酒中各类酸比较全，但相应生成的酯却不多，这是因为发酵期短，来不及酯化形成之故。

（3）醛类。

川法小曲白酒中乙醛和乙缩醛含量大大超过了其他小曲白酒，也与清香型白酒相似。四川小曲白酒中乙缩醛和乙醛是小曲米酒的 2 倍以上，这是两种小曲酒在微量成分上的一个显著区别。

3. 川法小曲白酒中的高沸点成分

在川法小曲白酒中，2，3-丁二醇比三花酒要高些，苯乙酸乙酯比其他酒种多；β-苯乙醇含量较高，接近三花酒，对形成川法传统小曲白酒的"糟香"是否起作用，不容忽视。

4. 小曲清香型白酒风格的形成

据曾祖训等对川法小曲白酒测定数据的统计，其中的酸、酯、醇、醛的比例为 1∶1.07∶3.07∶0.37。这与其他酒种是不同的，主要含量是乙酸和乙酸乙酯，含高级醇的比例较高，但香味阈值比酯类大得多。

在微量成分的组成上，川法小曲白酒是由种类多、含量高的高级醇类和乙酸乙酯、乳酸乙酯的香气成分，配合相当的乙醛和乙缩醛，除乙酸、乳酸外的适量丙酸、异

丁酸、戊酸、异戊酸等有机酸及微量庚酸、β-苯乙醇、苯乙酸乙酯等物质所组成，具有自身香味组分的特点。[①]

表5-16-6 小曲清香型白酒代表产品

酒名	酒精度	容量	价格	图片
金江津酒典藏10	50°	490ml	138元	
江小白表达瓶	40°	100ml	20元	
江小白10周年纪念版	52°	500ml	128元	
西蜀陵州	52°	500ml	190元	

①余乾伟:《传统白酒酿造技术》,中国轻工业出版社,2018年5月第二版,第233页—第234页。

香　型		代表酒	主要产地气候区带	酿酒原料	糖化发酵剂	发酵设备及形式	发酵时间	工艺特点	感官特征[a]
清香型	大曲清香	汾酒	暖温带	高粱	低温大曲	陶瓷地缸、固态发酵	21～28天	清蒸清烧，清蒸二次清，地缸发酵	无色透明，清香纯正，醇甜柔和，自然协调，余味净爽
	麸曲清香	红星二锅头		高粱	麸曲酒母	水泥池砖窖、固态短期发酵	4～5天	清蒸清烧，水泥池发酵	无色透明，清香纯正（以乙酸乙酯为主体的复合香气明显），口味醇和，绵甜爽净
	小曲清香	江津白酒	中亚热带	高粱	小曲	水泥池（四川）或小坛、小罐（云南）	四川小曲清香为7天，云南小曲清香为30天	清蒸清烧，小曲培菌糖化，配糟发酵	无色透明，清香纯正，具有粮食小曲特有的清香和糟香，口味醇和回甜
老白干香型		衡水老白干	暖温带	高粱	中温大曲	地缸、固态发酵	15～30天	地缸发酵、混蒸混烧、老五甑工艺	清澈透明，醇香清雅，甘冽挺拔，丰满柔顺，回味悠长，风格典型
芝麻香型		景芝神酿	暖温带	高粱、小麦、麸皮	以麸曲为主，高温曲、中温曲、强化菌曲混合使用	水泥池、固态发酵	30～45天	清蒸续糌，泥底砖窖、大麸结合	清澈（微黄）透明，芝麻香突出，幽雅醇厚，甘爽协调，尾净，芝麻香特有风格
凤香型		西凤酒	暖温带（秦岭淮河过渡带）	高粱	中偏高温大曲	土窖（每年换新窖泥）、固态发酵	28～30天	新泥发酵、混蒸混烧、续糌老五甑工艺	无色透明，醇香秀雅，醇厚丰满，甘润挺爽，诸味协调，尾味悠长
兼香型	酱兼浓	白云边	北亚热带	高粱	高温大曲、中温大曲	水泥池砖窖、固态发酵	九轮次发酵，每轮发酵一个月	多轮次发酵，酱香浓香工艺并用，1-7轮为酱香工艺，8-9轮为混蒸混烧浓香工艺	清亮（微黄）透明、芳香、幽雅、舒适细腻、丰满、酱浓协调、余味爽净、悠长
	浓兼酱	玉泉酒	中温带	高粱	高温大曲、中温大曲	水泥池、泥窖并用，固态分型发酵	浓香型酒发酵60天，酱香型酒发酵30天	采用酱香、浓香分型发酵产酒，分型贮存（按比例勾调）	清亮（微黄）透明、浓香带酱香、诸味协调、口味细腻、余味爽净

[a]感官特征均按相关香型国家标准中等级最高的酒体描述。

香　型	代表酒	主要产地气候区带	酿酒原料	糖化发酵剂	发酵设备及形式	发酵时间	工艺特点	感官特征 [a]
浓香型	泸州老窖五粮液	中亚热带	单粮：高粱 多粮：高粱、大米、糯米、小麦、玉米	中偏高温大曲	泥窖（老窖泥）、固态发酵	45～90天	泥窖固态发酵、续糟配料、混蒸混烧	无色（微黄）透明，窖香浓郁，绵甜醇厚，香味协调，尾净爽口，风格典型
特香型	四特酒	中亚热带	大米	大曲（制曲用面粉、麸皮及酒糟）	红褚条石窖、固态发酵	45～54天	整粒大米为原料，红褚条石窖发酵	酒色清亮，酒香芬芳，酒味纯正，酒体柔和，诸味协调，香味悠长
馥郁香型	酒鬼酒	北亚热带	高粱、大米、糯米、小麦、玉米	小曲培菌糖化，大曲配糟发酵	泥窖固态发酵	30～60天	整粒原料，大小曲并用，泥窖发酵，清蒸清烧	清亮透明，芳香秀雅，绵柔甘冽，醇厚细腻，后味怡畅，香味馥郁，酒体净爽
酱香型	茅台酒	北亚热带	高粱	高温大曲	条石窖、固态发酵	八轮次发酵，每轮次为一个月	固态多轮次堆积后发酵、两次投料、多轮次发酵，简称12987工艺，具"四高二长"特点	微黄透明，酱香突出，幽雅细腻，酒体醇厚，回味悠长，空杯留香持久，风格典型
董香型	董酒	北亚热带	高粱	大小曲分开用	大小不同材质（泥）窖并用，固态发酵、大小曲酒分别发酵	小曲7天，大曲香醅8个月以上，上不封顶	大小曲分开用、大小曲酒醅串蒸工艺	清澈透明，药香舒适，香气典雅，酸味适中，香味协调，尾净味长
米香型	三花酒	南亚热带	大米	小曲	不锈钢大罐或陶缸、半固态发酵	7天	小曲培菌糖化、半固态发酵、釜式蒸馏	无色透明，蜜香清雅，入口绵甜，落口爽净，回味怡畅，风格典型
豉香型	玉冰烧	南亚热带	大米	小曲	陶缸（半固半液、高档酒）、罐发酵（全液态）、液态发酵	20天	小曲液态发酵、釜式蒸馏制酒、经陈化处理的肥猪肉浸泡	玉洁冰清，豉香独特，醇和甘润，余味爽净
青稞香型	天佑德	高原亚温带	青稞	中低温曲、中高温曲，双曲混合	花岗岩石窖松木板底盖、固态发酵	28天	清蒸清烧四次清	无色（或微黄），清亮透明，清雅纯正，具有青稞酒特有的香气

第六章

白酒市场解剖

第一节
白酒市场的构成

市场这个概念，其实很简单，也很直观。就白酒来讲，市场是由三个主要的实体构成的：第一是要买白酒的人，被称作消费者；第二是生产产品的人，被称作白酒的生产者；第三是销售白酒的人，被称作经销商。

在古代，厂店一体，生产者直接卖酒。那个时候商品经济虽然不太发达，但同样存在系统的销售网络。消费者直接到烧坊去买酒，算酒厂直销了。但是能直接到酒厂或者烧坊买酒的人毕竟是少数，大多数人要通过经销商来买酒，清朝时广州的消费者想喝到山西的汾酒，需要通过经销商层层转运过去。经销商主要有两个作用：第一，把产品从产地运到销售地区；第二，垫付一部分资金，先把酒买下来储存，保证零售商想来买随时都可以买到。如今，我们想到楼下小超市去买酒，不论什么时候去，里面都有红星二锅头，这些二锅头实际上是超市的老板花钱从更大的经销商那里买来储存在这里的，这样才能保证随时都有货提供给顾客。超市老板和给他供货的上一级经销商都垫付了一笔钱，这笔钱是他们的流动资金。

之所以出现消费者、生产者、经销商，前提是消费者需要这个产品，生产者才会生产，而要把它送达到每个消费者手上则需要中间的经销商。但仅有这些要素还不能成为市场。在指令性计划经济时期，生产者生产什么是按计划执行的，糖酒公司或者供销社按照计划只派放到指定的零售点，消费者想获得这个产品，要按照配额供给，各种票证就是配额凭证，仅有货币是不能购买的，所以是计划经济而非市场经济。还有一种情况是自己生产、自己消费，比如家庭自己酿酒自己喝，这不算市场。

形成市场最关键的环节就是消费者可以自主购买产品，想买什么就买什么，不想买什么就不买什么。生产者也是自主地来做决定，能卖出什么就生产什么，卖不出去就可以停产。消费者、生产者、经销商都有自主决策权，这样，他们才能成为真正的市场主体。生产和购买之间重要的媒介是货币，通过货币来自由购买产品的机制，在消费者、生产者和经销商三者之间同时存在，这个机制才叫市场。

市场最直观的特点是需要一般等价物——货币，也就是人们通常说的"钱"。无论消费者、生产者还是经销商，他们直接的目的都是赚钱。生产产品的厂家是为了赚钱，经销商是为了赚钱，消费者购买这个产品的最终目的还是为了自己赚钱。不管是什么产品，消费者消费产品的过程用马克思的话说，就是"劳动力的再生产"，消费者的消费是劳动力再生产的一部分，再生产也还是为了赚钱。

建立起市场的一个前提条件是要有基本的市场伦理观念。遗憾的是，现代中国市场伦理还没有完全建立起来，特别是以消费者自居的群体价值观里，经常会把市场上的一些不良现象，简单地归结为商家不良、商家逐利的心态，好像想赚钱就是有罪的。逐利或者赚钱动机成了原罪，成了攻击任何市场主体的广谱化罪名，也是对自己想赚钱的欲望视而不见、自欺欺人的借口。这是我们的价值观、生活观念与市场经济的实际存在不匹配导致的。

市场是古老的社会活动，不是什么新生事物，自有人类以来就有市场，有买卖双方的自愿交易，对市场的管制以及取消都是短暂的。近代"乌托邦"出现之后有过一些大规模的试验，但是最终都回归了市场。有人类以来就有市场交易，它是人类与生俱来的一种社群方式，它滋生出来的价值观，是应该和实体事实一致的，只有人类的价值观和实体运行是一致的时候，市场很多的不良现象才能得到有效的遏制。再通俗一点儿讲，既然有了市场，而且人人都是市场主体，大家都是为赚钱来的，"赚钱"就不能再作为"原罪"存在于各种价值观念或者评价中，这样才能客观地去认识市场，也认识自我。

消费者

消费者是花钱买酒的人或者群体，消费者买酒的动机五花八门。

用来喝是酒的基本属性，很多人买酒是为了喝的，但是也有一部分人买酒不是为了喝的，比如为了送人，为了储存升值后再卖掉，为了做装饰品等等。消费者的消费动机是千差万别的，而且不是固定的，比如这次买的时候本来是想喝的，后来觉得舍不得就存起来变成收藏品了。为了自己喝酒而买酒可能是最单纯的白酒消费动机。作为礼品或者社交场合应酬，其买酒动机其实是为了赚钱，宴请、送礼的目的是为了获得更多的回报。

单纯以喝为目的消费者，也有不同的喝法。一种喝法是自己在家里喝，或者家人小范围聚会喝，这种消费量在整个白酒市场来看占的比例不是太大，可能不到

20%。另一种喝法是社交场合喝，朋友聚会、同事聚会或者商务宴请，这种消费量就比较大了，约占整个白酒市场的50%以上。有个例子可以间接说明问题，在2020年新冠疫情期间，中国白酒的总体销量下降了将近一半，有行业专家分析，一个重要原因就是因为控制疫情需要限制聚会，由于聚会的减少，白酒的消费量大幅度下滑。

消费者买酒来干什么、怎么消费？白酒生产者和经销商把消费者的购买动机、购买使用情况，统称为客户需求，他们根据客户需求来制定自己的产品战略和销售战略：生产什么种类的产品，怎么做包装，怎么去推广，打的宣传旗号是什么，等等。用营销学上的术语就是消费者的需求分析或者消费者的差异化分析。简单地说，就是生产商和经销商在揣测消费者的需求、揣摩消费者的心理，然后推出适销对路的产品。消费者在想什么呢？消费者的想法千差万别，但是从市场的角度看来，也无非就是能给自己带来更多的好处，比如哪款酒少花钱拿出去又很有面子，少花钱多办事儿等等，这是最真实也是最普遍的需求。

中国白酒市场的营销专家总结出来白酒的营销规律是：高端酒看领导，中端酒看广告，低端酒看促销。①这是白酒专家从营销角度上做出的总结概括，反映了目前中国白酒市场中消费者的主要消费心理和动机。

所谓高端酒看领导，就是领导喝什么，什么酒就是高端酒。这里有一个潜在的前提，就是中国有官本位的文化传统，领导是有号召力的，领导喜欢喝什么，这个东西就可以成为礼品，这个礼品的价值是领导赋予的。高端酒在更多的场合下不是自己饮用，主要是送礼或者宴请用。

所谓中端酒看广告，原因是各种广告（包括电视台的广告和路牌广告等等）会使这款酒的知名度在社会的中等阶层获得提升，小领导、一般的商务活动，甚至家庭之间的交往，他们有一个共同的价值标准，这个价值标准是靠广告标定的，大家宴请用酒，广告上现在宣传什么是主流酒，大家就觉得这个是可靠的，也是有面子的，是可以达成共识的，普通人之间宴请送礼就用这个产品，这是中端酒的销量为什么靠广告就能做起来。

低端酒靠促销，低端酒大量的是自己或者家人、朋友喝的，以喝为直接目的，消费者对价格更加敏感，所以促销（比如临时打折、节日折扣、买一送一、买二送一等等）能够在既有的价格体系里以更低的价格拿到，占了便宜，给自己买东西的人对这方面总要考虑得更多一点。

这三点就是低、中、高端酒价格形成的基础。对消费者消费心理的宏观把握也是生产商和经销商制定营销战略的基础。

---

①赵凤琦：《新常态下白酒行业发展路径选择》，经济管理出版社，2016年3月，第47页—第78页。

生产者

所谓生产者是实际把酒生产出来的企业。现在国内的白酒企业大概有三万家左右，大大小小都有，规模大的多是国企，中小型企业中民企多一些。无论是什么所有制的企业，在市场中基本的目的就是生产适销对路的产品，从而获取合适的利润。降低成本、提高利润率、提高产品的附加值是所有酒厂共同追求的目标。至于产品的品质或者风格，则是基于各个酒厂的不同基础。中国白酒的特点是开放式发酵，受环境影响比较大，所以不同地区生产的产品天然上就有不同。但是由于我们又有一个统一的大市场，所以白酒要想有规模性地发展，一定会做全国市场扩展，一定会出现产品趋同化的现象。

产品趋同化现象是指：如果哪一个产品卖好了，所有酒厂就都竞相效仿。比如五粮液卖好了，那大家全学五粮液的五粮浓香型，不管当地是不是有生产这种香型酒的基础条件。在趋同化的情况下，勾兑技术、添加剂技术的使用发挥了重大作用。再比如2015年以来酱香型白酒突然爆发，形成井喷之势，各地就又都在生产酱香酒。趋同化以及香型的融合等等，都是追求更大市场规模的内在驱动下的产物。

在白酒市场上，产品的品质和风格通过价格显现。生产者定基本的价格体系，经销商在这个基本价格上销售。最基本的市场战略也是由生产者来制定的，而且生产者认为他的战略是出于对消费者的需求分析而来。至于产品的水平，取决于两个因素：一个是生产者自己的管理水平；另一个是生产者的经营战略与整个宏观经济的融合水平，融合得好，那么这个企业就能够发展，它的产品品质不仅能有保证，也能获得市场的确认，如果融合得不好，就算从技术上讲它的品质很好，也未必会获得市场上的确认。

经销商

在刚开始研究白酒问题的时候，我对什么是经销商毫无概念。有一次请教某酿酒公司的董事长，我指着路边卖烟酒的小店问他，这算不算经销商？他笑了，说这不算经销商，经销商消费者是看不到的，烟酒店只是一个零售网点。是的，我们普通消费者平时能见到的都是零售网点，如街上的烟酒专卖店、超市里的柜台，而经销商是给这些网点供货的，消费者看不到他们。

经销商有很多种，有按行政区域设定的省级、地市级代理，整个省或地市的这一品牌都由他来销售，他再设下级分销商。省级经销商是一级经销商，地区的就叫二级经销商，再下面是三级经销商……每个经销商给几个乃至几十个零售站点供货。随着市场经济的成熟，经销商也不断在变化。比如某一个品牌某个省的经销商，他本来做得很好，但是这时候有别人也想做，而且拥有更专业化的渠道，如专门做商超或者专门做餐饮的，那么酒厂就会增设一个渠道经销商。同一品牌在同一城市，可能有几个渠道经销商。

对消费者来讲，一般直接打交道的是零售商。在营销学上，把直接面对消费用户销售产品的都叫零售商。专门做团购、给大的企事业单位提供整体销售的团购经销商，在某种程度上讲也算是零售商，但它的价格要比零售商便宜些。消费者平时见不到经销商，对经销商的作用了解得比较少，但是酒厂跟经销商是直接接触的，酒厂无法和数以百万计的零售网点直接打交道，只能和数量较少的经销商合作。

从酒厂的角度来看，经销商要一次把钱付给酒厂，一个经销商可能就把一个省半年消费的酒钱直接交给酒厂，如果有四五十个经销商，那这个酒厂就可以保证正常稳定的生产了。酒厂要根据自己的销售预期去采购原料，现在农业也是订单式生产，提前一年就要定下来，零售市场的不确定性是无法支撑生产企业做出生产预期的，所以酒厂更依赖经销商。简单地说，生产者只想给经销商卖酒，怎么卖给消费者是经销商想的问题。所以无论多大规模的酒厂，在制定产品战略或者进行所谓的客户心理分析的时候，实际上与消费者是有很大距离的，酒厂直接接触的是经销商，经销商对市场的了解把握、控制和观念对生产者有更直接、更重要的影响。

消费者、生产者、经销商三者间的互动关系

生产者、经销商和消费者之间是互相依存的。没有生产者生产，消费者就没有可消费的东西；没有消费者消费，生产者生产出的产品变不成钱，生产者就生存不下去；没有生产者和消费者这两端存在，经销商就没有存在的基础。但他们之间也存在博弈。生产商跟经销商的博弈是比较明显的，只要浏览关于白酒的商业文献，透露出的多是这方面的信息。消费者与生产者和经销商之间也有博弈，消费者总想拿到低价优质的产品，生产者和经销商则希望获得更大的利润，三者之间都在围绕着钱算计，但最终对市场真正起作用的还是消费者。一款酒，生产者生产得不错，经销商也费了很大的力量，如果消费者不买账，再好的酒也卖不出去；或者差一点的酒，营销工作做得如火如荼，但是消费者在喝的过程中对这个产品产生了抵触，最后也就卖不动了。所以，从宏观上看，消费者最终决定了产品的品质和价格水平，这是最根本的。

消费者的总量是庞大的，酒厂不过两三万家，消费者有近十亿，但是消费者非常分散，单个消费者跟生产者和经销商相比起来，都处于弱势，力量小，所以单个的消费者在博弈过程中不占优势，利益得不到满足。由于此种原因，养成了以"道德武器"获取博弈收益的思维习惯，"利欲熏心、唯利是图"等评价，很大程度上

是消费者与生产者和经销商博弈的工具，而且这类词汇总容易激起人们的共鸣，这是因为消费者的群体人数庞大，有共同的利益和共同的直观心理感受。不过，这类道德化词汇的广泛使用，会掩蔽消费者本身的出发点，从整体上看，并不利于市场整体理性与健康的发展。

图 6—1—1　西安高新区 1919 酒类直供线下店（西安高新路店）（摄影／胡纲）

第二节
白酒的价格

30 块钱，能否酿出一瓶茅台酒

经常在网络上看到有人说茅台酒的成本就二三十块钱（有人引用茅台股份的报告说是 170 元左右，我无法核查各种说法是否准确），为什么卖到了上千块？这是最常见的对于白酒价格的极端揣测。如果我们问发布视频的人，给他 30 元（或 300 元），他能酿出一瓶茅台酒吗？我估计是酿不出来的。不仅仅是他，茅台镇上那么多家酒厂，随便找一家，出 30 元（或 300 元）要一瓶跟茅台酒一样的酒，估计没一个酒厂能够做到。

白酒是有着数百年悠久历史传统的产品，在这么漫长的历史过程中，其生产技术环节的信息早已经被充分披露出来了，而且因为传统，工艺相对来说比较简单，生产门槛并不高。由于有这个基础，所以经常有人在评价白酒价格的时候只是简单地计算它的原材料采购价格。比如最贵的红高粱 4.85 元／斤（2021 年数据），小麦 2.5元／斤，五斤粮一斤酒，两斤半小麦加上两斤半高粱，20 块钱也就到头了。但这不是酒的全部成本。酿酒设备、酿酒人工，加上陈化老熟、场地费用，等等，三十块钱是做不出来一斤茅台酒的。

虽然实际上谁也做不到，但这种观点很有市场。因为它直观，对于大多数消费者来讲，没有时间去了解某一产品的全部生产环节信息来做价格判断，他直观地感觉到这种观点成立，而且很"解气"。但这不仅不符合事实，还会培养一种非理性的情绪，对市场的健康发展和理性精神都没有好处。所以，我们要理性地分析决定一款酒的市场价格的因素都有哪些。

决定白酒价格的因素

一、基本的生产运营成本

基本生产运营成本包括很多方面：原材料成本，如制曲用粮和酿酒用粮的成本；厂房设备投入，摊晾设备、行车、蒸馏锅炉，这些都是一次性投入比较大的，还有包装生产线、安全防护设备等等；人工成本，人工成本是弹性最大的，每个酒厂人工成本不一样，很大程度上受当地的人力资源成本影响，白酒酿造是强体力劳动，而且收益不是太高，在大城市劳动成本高，在相对偏远的地方劳动力成本低一些，这是酒厂集中在偏远地区的经济原因之一。当然也有例外，有少数名酒厂条件好一些，如茅台，据说工人的平均年工资是 15 万，远高于一些城市制造业的工人收入水平。另外还有税收，酒所需要缴纳的税率在制造业里一直是比较高的，仅次于烟草行业，是我国的第二大税种。这些成本是任何一个酒企，不管多大规模，都需要付出的，只是各自所占比例不同。基于这一基本事实，我们可以分析那种说茅台成本就 30 块钱的说法是不符合实际的，30 块钱最多只够原料的成本，其场地、设备、人力成本都没有计算进去。

二、要考虑社会经济发展水平

整个社会经济发展的总水平提高了，人民的收入也越来越多，物价水平也会随之增长。现在一瓶茅台两三千块钱，这在 30 年前是不敢想象的，30 年前一个人一年的工资还不到 2000 块钱，那时候一瓶茅台酒也就百十块钱。随着个人收入的提高，所有的产品价格都在上涨，而且只有整个社会经济发展达到了一定程度，奢侈品才会出现，这是经济繁荣之后的产物。但人们对自己的收入多高都不嫌高，而对物价只要稍微涨一点就会敏感，这是消费者的正常心态，这种心态促使消费者对某些价格产生抵触或者夸张的反应，但是事实上是所有产品价格都在提高。总体上讲，经济发展水平决定了各种产品的基本价格水平。

三、要看消费者的购买水平和购买偏好

一款产品之所以能卖那么多钱，是因为有人出那么多钱买，而且在某种情况下，他只能买这款产品。以茅台为例，它发展到两三千块钱一瓶，首先确实有人能出得起这个钱来买，其次在某种场合下非茅台不可，比如高端送礼，即使买不起借钱也要买。对销售者来说，只要有人能买得起，这就意味着有消费能力，这是决定价格的重要因素。

四、生产者、经销商的利润

生产者和经销商是赚多少钱都不会满足的，为什么在决定价格的诸因素里这个

因素只排到第四位，因为想赚不代表能赚到，能赚到多少取决于消费者的购买水平和偏好，在消费者已经默认了这款产品的前提下，生产商和经销商才能够"割韭菜"，实现其利润追求。

前面讲过，生产者是企业，要赚钱，只包住成本是不够的，要有足够的利润用于发展和满足其他的需要。酒厂除了成本、税收之外，毛利润要做到 30% 以上。酒厂通过经销商把产品卖掉，经销商把酒储存起来要占用他的资金和库房，雇佣推销人员把酒推销出去，也都需要成本。从总代理商到一级级的分销商到零售商，都各自有其成本和利润，这样算下来一瓶酒在市场上看到的价格往往是出厂价格的很多倍。还是以茅台酒为例，据说现在它的出厂价是 900 元 / 瓶，厂家推荐的市场零售价是 1499 元 / 瓶，但是市场上的实际价格在 3000 元 / 瓶左右。其他酒也是大同小异。那些不到 10 块钱一瓶的酒，简单地计算一下，酒瓶、运费、酒厂和经销商的成本加利润，留给酒体的成本就没多少了，除了酒精酒，固态酒根本做不到。

五、要考虑供给和需求的关系

需求多，供给少，产品稀缺，价格就上涨；需求少，供给多，稀缺性降低，价格就会下降。所谓经济学就是研究"稀缺"的学问，而"稀缺"从来都是相对的，而且在很大程度上讲，是生产者和消费者共同制造出来的"稀缺"现象。仍旧以茅台酒为例，茅台酒厂一直强调它的稀缺性，当地产能只能实现那么多的产品，但从 2004 年到 2013 年，其产能就增长了十倍，也就是说，在 4000 吨的时候它说产能达到了极限，结果产能一直提升到了四万吨，又说达到了极限，那么未来能不能再增长到十万吨呢？有市场拉动，肯定还能增长到十万吨。酒类的供给，从自然禀赋来讲，是没有限制的。在市场上已经普遍认可这个产品，愿意用比较高的价格购买这个产品的时候，生产者开始控制产量，这时所谓"稀缺"是生产者控制出来的。但是任何一个企业都不可能将市场全部控制住，比如茅台酒在 2017 年之后价格疯涨，导致大量资本涌入茅台镇，茅台镇本地的产能急剧扩张，按照五年之后才能有成品酒出来的说法，2023 年以后很可能酱香酒的价格就会回调。供给的"稀缺"是在某一时间、某种生产要素组织下动态形成的相对"稀缺"。对消费者来讲，他的需求具有时效性，今天要是没茅台酒办不成事儿，那他就只能花这个钱，是在时间、空间条件约束下产生的需求，才产生了这个价格。明天，他不需要用茅台酒办事了，他就不会出这个价钱，无论茅台酒"稀缺"不"稀缺"，没人买了，就得降价。

决定价格级差的因素

上面分析的只是决定白酒价格基本水平的因素，而不同产品的价格级差则需要进一步详细分析。

酒企的产品并不是单一的，同一品牌下，有的酒可以卖几千块，有的酒则卖几十块。比如汾酒，30 年的青花瓷卖 1000 元 / 瓶，玻汾就只能卖四五十元一瓶，而且都说是优级酒。茅台酒也一样，茅台系列里飞天茅台 3000 元 / 瓶，茅台 15 年要卖到 6000 元 / 瓶，茅台王子酒则几百元一瓶。为什么会形成这样的产品价差呢？

第一个因素是产品品质。不同产品的品质肯定有所不同，30 元一瓶的酒和 1000元一瓶的酒，酒质是不一样的，差别在哪？我们前面在讲生产技术的时候讲过了酒的分级，固态酒比固液酒贵，固液酒里固态酒多的比固态酒少的贵，固液酒比液态酒贵，大曲酒比麸曲酒贵，这是品质带来的价差。至于应该贵多少，则取决于消费者的需求了。我们在上文反复强调，决定一款酒市场价格水平最根本的因素是消费者。从消费者的本能上讲，他们在内心深处需要贵的产品，每个人都希望享受优质的产品和优质的生活，优质的产品从其物理属性来讲必然成本高，必然价格贵，所以追求优质产品就不会便宜。

第二个因素是人追求更高等级的本能需要。我们在市场分析里面常用的消费者需求细分或者个性化等术语，这些术语刻意掩饰了事物的本质。从更本质的层次来讲，人类的天性就是想要追求个体的优越感，这种欲望无处不在，而且表现形式多种多样。如想上名校而不是普通大学，要评高级职称而不满足于低级职称，要当总经理而不止步于普通员工，其本质是追求更高级的社会地位、更高的收入、更丰富的物质享受，具体到住更大的房子、开更好的车子、用更时髦的产品等等。追求更高级的生活，是人类最基本的秉性。以服装为例，它的基本功能是蔽体和可保暖，十几万的时装和几百块的普通成衣并没有什么差别，从审美的角度讲，有些服装的差别也不大，甚至部分高价格的反而不如低价格的好看，那为什么有人要去设计生产几万、十几万元一件的服装，也有人乐于消费呢？原因就是要显示自己社会等级的不同。白酒同理，之所以有些酒卖得贵，是因为有人想要买贵的酒，便宜的他反而不要，因为只有贵，他才能当做礼品送给别人，别人才觉得他送的东西到位了，也只有贵，他招待别人的时候才会让对方觉得给面子。人追求更高等级的这种本能需要是一切产品价格形成级差的最根本的因素。

很多时候人们会采用相反的方式来反映这种追求，比如人们都说要追求平等，但实际上所有追求平等的目标都是共同上名校的平等、共同富裕的平等，而不是将追求共同贫穷作为平等标准。人们追求平等的本质是追求更高等级，其实是保持不平等，这种人性深刻本质的要求，却不能直白地表达出来，这也是人类文化的一个特点，天然地认为这种赤裸裸地表达不合适，所以把这些东西用曲折的办法表达出来。如在酒的价格上追求等级的附加，不直接说，而是用一些体面的、能接受的词汇来表达，这款酒贵是因为它有文化附加值或者品牌附加值等等，但本质依然是满足消费者追求更高等级的愿望。

生产厂家和经销商固然有他们的营销套路，但这个套路是依附于消费者的。消费者有某种需求，生产厂家和经销商就研究怎么满足这种需求，在满足这一需求的过程中会设计各种各样涨价的借口，什么产品稀缺了、产品细分了、等级提高了、运用了新的科学技术了，等等，会编很多其他的故事。所有的营销故事没有一个能经得起逻辑分析的，也没有比数学、物理学更复杂、高深的套路，任何智力正常的人都能明白其中的虚构成分，也明白其目的所在，但就是会在一段时间内接受这个故事，并传播这个故事，因为这个故事满足了他们现在的心理需要，只有在这种心理需要满足后，又萌生出新的需要时，才会"恍然大悟"般地指责商家"低劣的套路"。

价格和购买数量成反比

市场存在这样的规律：购买的价格和购买数量成反比。买的量大，价格就会低。比如在西安小寨军人服务社购物中心里买酒，一瓶五粮液1399元，如果整箱买的话每瓶便宜100元。同样的道理，为什么总代理商拿货的价格比分销商便宜？因为他一次买得多。一个总代理商可能一次要进一千万的货，那么他的拿货价格是一瓶酒200元，一个分销商一次只在总代那里拿50万的货，那他这批酒可能就300元一瓶。普通消费者想拿到便宜且质量好的货，最简单的方法就是一次性多买，这样单价就会低，但一次付出的资金总量就大了，消费如果有预期，一年要用多少酒直接一次性买，这样可以省些钱。

白酒市场常见的团购价也比零售价便宜，几个人拼起来，一单就买的多，经销商就会给出比零售价要低的价格。在商家搞活动的时候也会看到买一送一、买二送一，本质上是商家要促销，想多卖。消费者买得多，生产商和经销商一次出货量比较大，回收成本快，减少资金占用率，就可以冲抵价格降低后利润率的下降。

白酒的性价比是什么

消费者常说白酒的性价比，所谓"性价比"也得具体分析。

一、品质性价比

产品的性价比就是产品品质与价格之比。所谓产品的品质性价比就是在同等品质之上，用更优惠的价格能拿到。比如一级酒100元一斤，优级酒对应的应该200元一斤，但现在100元就能拿到优级酒，说明这个产品的性价比就比较好，这就是品质的性价比。

二、品牌性价比

某一款白酒的品牌已经形成了公开稳定的价格，如茅台酒，市场上飞天茅台实际会卖到 2800 元 / 瓶，要是按 1499 元 / 瓶的酒厂建议价拿到了，那就拿到了品牌性价比。

在上述两种性价比中，品牌性价比很难实现。一款能形成品牌的产品，必然已经形成了相对稳定的价格体系，每一层获利空间都有想获利的人在把控，普通消费者想轻易拿到有品牌性价比的酒几乎是不可能的。前一阵风靡的网上抢购茅台，参与者多是为了挣钱，最后还是要加价卖出去的，这些人也不是消费者，而是临时的小投机商，品牌会使各个获利环节都被人预先控制，对最后买酒的消费者来说，他还是获得不了品牌的性价比。

品质的性价比是比较容易获得的。因为不同的酒厂生产出达到相同等级和级别的产品相对来说还是比较多的，在这个情况下，如果放弃对品牌的追求，拿到品质的性价比是可以实现的。比如跟五粮液同品质的酒，很多酒厂都能做到，同样的工艺、同样的原料、同样的环境。茅台镇上也有这样的酒厂，可以做出和茅台酒在品质上相差无几的产品，它没有品牌效应，自己喝没有问题，但要说拿它招待人，当大牌用，是不现实的，缺少品牌附加值。

第三节
白酒的品牌

品牌的概念及其人性基础

一、品牌的概念

品牌是简单易记的一种商品符号，蕴含着这一商品的等级、档次、品质等方面的信息。

二、品牌现象的人性基础

品牌是在市场经济中普遍存在的一个现象，各类商品都有品牌。品牌之所以能够存在，主要有以下几个方面的原因：

1. 消费者信息处理能力的有限性

消费者在选购某一商品的时候，要根据商品的信息做出判断，但是每一种商品的实际生产过程都是非常复杂的，与商品品质相关的信息非常多，而消费者无法在短时间内获得专业化的知识基础，无法获得这么多信息，或者获得了也不会分析其实质，那么就需要有一个可以代表这些信息的简单符号，这个符号代表了消费者想获得的信息，消费者能够根据符号来选择产品。同样，生产者也希望用一个符号来推销自己的商品。

品牌是最常提到的某一商品的特指性符号，跟商品类型不是一回事。商品的类型一般是根据商品的功能命名的，比如汽车、手机、服装都是商品的类型；宝马、奔驰、法拉利等是汽车的品牌，三星、诺基亚、苹果、华为等是手机的品牌。在品牌之下，可以涵盖各种系列的产品，比如法拉利，在这一品牌名称下，还有手表和太阳镜等其他的产品，属于品牌的拓展和产品的延伸。品牌经常是跨越产品类型的。

品牌之所以能延伸，也是人类的天性所致。由于对信息的处理能力有限，对标志着某种等级、档次、品质等信息的商品符号建立起信任之后，会忽视产品之间在功能性上的差异，因此就有了品牌产品线的延伸，如汽车品牌授权的服装，也能有很好的销量。以 Jeep 为例，其名下的服装在中国市场上甚至比汽车的销售范围还要广。白酒界也有这种跨品牌的尝试。茅台曾经做过葡萄酒，但不是太成功。另一个有幽默感的跨品牌尝试是泸州老窖，泸州老窖曾发布消息说要生产香水，有人就开玩笑问，是浓香型的，还是酱香型的。

2. "社交服装"作用

人类是社会性的动物，无法个体生存，必须在多个个体构成的群体中才能生存下去。群体最小的单位是家庭，大一点的单位是社区，更大一点的是村镇、城市，再大的就是国家、世界。每个个体都脱离不了形形色色的社会群体。由于必须在社会群体中生存，就进化出一系列适应社会的天性，形成了一系列的社会交往规则，这些规则因时代、民族的不同而不同。

人类的中枢神经系统是动物界中最发达的，产生了重要的一个特性，就是对意义的追求，对生活、生命意义的追求。无论是作为人类整体，还是作为一个个体，存在的意义是什么？有各种哲学和宗教上的解释，但没有一个公认正确的答案。每一个人要想生活下去，都要给自己的生命寻找意义，要赋予自己生活在这个世界上的不同阶段以不同的意义。比如说儿童的时候可能把游戏作为意义；少年的时候喜欢弹吉他，把弹吉他作为意义；成年了，挣钱、事业成功是社会共同标准的时候，会把这个东西作为意义；老年了可能会把家庭温馨作为意义。这种意义感是生命在不同阶段产生的不同的心理需求。

因为有社会交往的客观需求和寻求意义的内在心理驱动，就形成了人的另外一个需求，对社会地位感的追求。几乎每个人都会追求在社会结构中已经形成的认知系统里较高的社会等级。这种等级有的时候反映在政治、经济上，但对大多数的人来讲则是反映在心理感受上，具体就是进行社会交往的范围之内所追求的尊严、面子。尊严、面子这两个词在心理学上看实际指的是同一种心理现象，更深刻的心理基础是人类在世界上存活这段时间之内对生命意义感的依赖。

以服装作为例子，更容易形象地说明问题。服装除了保暖御寒之外，一个重要的作用是具有社会交往的功能。人们在洗澡、睡觉的时候可以不穿服装，但是如果出门上班就要穿服装，出入不同的场合要穿不同的服装，不同的服装能显示出不同的身份和地位，不同职业有不同的制服。服装就是非常典型的社会交往的一个符号，服装品牌能明显地标识出社会等级、身份、价格等信息。在古代，官员们的制服形式和颜色不同标志着不同等级，现在，军队中肩章、其他徽标也标志着军衔等级的不同。放大到宽泛的日常社会里，服装的品牌也就是类似制服的等级标志。

白酒的品牌跟服装品牌一样，经常也发挥"社交服装"的作用。当人们选择白酒品牌的时候，要么是请客，要么是送礼。请客时要显示自己的等级或者对客人的尊重程度，因为品牌就意味着酒的价格档次。出于人类社交心理的复杂性特点，不能直接说就是为了这个档次，而是说这个酒的口感好、香气好，就像选择服装，不直接说穿这个衣服显得有钱有地位，而是说喜欢这个风格一样。白酒作为礼品更是有这个作用。花多少钱、送什么等级的酒，显示着你送礼的含义，这个事儿值多少钱，用品牌就可以表示出来了。所以，也有营销学者把品牌称作"社交货币"，但我觉得用"社交服装"可能比"社交货币"更准确一点。

审美偏好和社交等级的需求搅在一起，看起来难以分清，但实际上每个人心里都是清楚的，因为他知道自己在选择这个品牌时的主要指向是什么，而且也很清楚应该用哪种语言、哪种方式表达自己的这种选择，这是人类基本的行为能力。上述分析从人类行为学的角度来透视品牌背后的人性基础，人类行为学只关心人类行为是什么样的状态，不做价值判断，也不是指导意见。这种客观分析，对与品牌相关的各种市场主体，都有一定的启发作用。

品牌和商品品质之间的关系

品牌是产品在品质、审美或者性能上有突出优势的时候才能建立起来的，没产品品质支撑是建立不起来品牌的。以白酒为例，所有能够成名的，中国八大名酒、十三大名酒、十七大名酒等，成名时的获奖产品，品质都是在巅峰状态的，因为有这种品质支撑，才能建立起人们对一个简单的商品符号的认知和信任，甚至是忠诚。但在品牌发展过程中，产品经常和品质脱节，这种现象非常普遍。

消费者把这种情况称作品牌"注水"，而品牌运营称之为品牌产品线的"拓展"。以汽车为例，一线的汽车品牌，如奔驰、宝马、保时捷，都有不同等级产品，低端产品、中端产品、高端产品价格相差几倍甚至更多。为什么有这么大的产品线呢？因为它想尽量扩大消费者的范围，争取不同收入的群体都能成为自己的用户，所以拓展了产品线。严格地说，这一品牌的低端产品跟中端产品、高端产品，品质是有差距的，不可同日而语。

白酒品牌也普遍存在这种现象。比如茅台，除了飞天茅台之外，还有茅台王子酒、茅台迎宾酒等低端一点的产品，也有茅台年份酒等更高端的产品；五粮液下面有五粮醇、五粮春等一系列产品；汾酒分青花瓷30年汾、20年汾、玻盖汾等一系列产品。每个酒品牌下面都会有系列产品，哪一个产品能够代表品牌的价值？消费者其实心里都有数，但是并不妨碍品牌商发展中低端的产品。因为消费者在有限的购买力条件下，只能买某一品牌某一等级的产品，以满足他的社交需要。

品牌根据其影响力的大小分为一线品牌、二线品牌、三线品牌等等，这其实是模糊的划分，没有量化的标准。有些品牌影响力太小，人们会将之忽略掉，视作没有品牌的产品。

白酒市场里有两个术语，就其本意来讲，与品牌的"社交服装"效应有对应性。一个是"散白酒"，在行业内叫作"裸酒"，生产商和贴牌商之间在讨论价格的时候，都是用"裸酒"这个术语的。另一个是"光瓶酒"，零售市场上差一点的低端酒，除了酒瓶没有其他包装。"裸酒"和"光瓶酒"意味着没有"社交服装"效应，只具有最简单的商品功能。

"裸酒"现在基本上还按照其原初的含义在使用，而"光瓶酒"已经作为一种品牌概念或者商品价值概念在市场中被运用了。有些"光瓶酒"价格也很高，也能起"社交服装"的作用，如李渡酒，高端酒为1000多元，但还是以"光瓶酒"著称，这实际上是营销技术的应用，把"光瓶酒"这个概念本身作为一种"社交服装"在使用，它不是不穿衣服，而是穿了很薄透的衣服，类似于服装中的比基尼和丁字裤，一种"低调"的奢华。

各种市场实体与品牌的关系

一、白酒生产者

白酒品牌主要是生产者建立起来的。生产者要销售产品，于是建立起品牌，品牌对他来讲是有价值的。但不是所有生产白酒的酒厂都有建立品牌的动力，中国有约3万家酒厂，很大一部分酒厂是作为整个产业链中生产原料酒的企业存在的，原料酒只在很小的专业范围之内流通，跟生产品牌酒的企业也有所合作，但它隐藏在品牌的后面。这种酒厂没有建立品牌的动力和兴趣，而且如果要建立自己的品牌，有可能会影响向他采购原料酒的大品牌的生产商。这类酒厂等于没有品牌。

说酒厂是品牌的建立者，是因为建立品牌最重要的几个要素只有白酒生产者才能提供。首先，品牌的基础是品质，产品的品质只能在生产者手里把控，只有把品质做好了，才可能建立起品牌；其次，在实际操作中，品牌推广时主要的广告投入也是酒厂出，而不是经销商；第三，产品的文化价值是主要的品牌附加值，跟产品品质密切相关，经销商很难把控，还得白酒生产者来做。经销商建立品牌的也有，如一些销量比较大的贴牌酒，但是具有全国影响力的并不多。

建立起品牌所需的成本是比较大的。白酒行业曾经有一个阶段，靠巨额的广告投入在短时间内建立起品牌的影响力，但是维持的成本非常高。广告一旦中断，影响力就断崖式下降；一直维持广告投入，又难以实现酒厂的财务平衡。品牌的寿命是靠持续的维护获得的，纵观近四十年白酒品牌的起伏，有些曾经轰动一时、影响力很大的品牌却寿命短暂，重要原因就是持续维护成本过高，酒厂支持不下去。

二、白酒经销商

白酒经销商是品牌最有力的推广者，也是品牌故事的放大器。对于经销商来讲，品牌效果越好，他的营销成本就越小，营销难度也越小，所以经销商特别想选择影响力大的品牌，这样，他起的主要作用就不是经销，而是配送。经销商是最热衷于讲品牌故事、放大品牌故事的市场实体。但经销商不是品牌的建立者，只是品牌的受益者，品牌维护主要不是他在投入，产品品质的把控也不是他，在市场交易链中的地位决定了他对于品牌的作用。

三、白酒消费者

从表面上看，白酒消费者只是品牌的接受者，但从更深刻的角度来讲，白酒消费者实际上是和生产者共同建立起品牌的。一个白酒品牌能建立起来，不只是生产者品质的把控，品牌文化的设计、宣传广告能够被消费者接受，使消费者有需求，才能够获得成功。同样的广告投入，并不是所有的酒厂都能成功建立起品牌来；同样好的品质，也并不是所有的酒消费者都能够接受。消费者的偏好始终处于变化的状态。最近几十年，人们目睹了浓香型白酒的崛起和衰退，以及酱香型白酒的蛰伏和崛起。生产者和经销商最热衷研究的就是消费者的心理，经常用市场数据研究市场需求到底是什么，需求有什么差异，如何细分，这方面的文献非常多。作为被研究对象的消费者，由于非常分散，对生产者和经销商的了解，远远低于生产者和经销商对消费者的了解。

消费者自己的兴趣、口感、能够接受的文化暗示，经常自己也不清楚。从近几十年我们所观察到的白酒市场的变化来看，发生过几次大的消费者偏好的转变，最大的一次转变是消费者对酱香酒的钟情。在最近五年期间，发生了酱香酒的井喷，而在此前浓香酒独领风骚。浓香酒风头正劲的时候，很多消费者说喝不惯酱香酒，有异味；在酱香酒一枝独秀的时候，同样一批消费者，又说喝不惯浓香酒了，有香精味。

口感上的转换，有非常复杂的社会文化因素。比如二两装的小酒，曾经是二锅头一统天下，前几年江小白因为文化包装上使用网络流行语，契合了很多城市青年人的心理要求，创造了销售奇迹，迅速成为全国知名的品牌，并且引领了二两装小酒的文化创意潮流，但是最近两年这种潮流又开始渐渐退缩，包括江小白本身的销量也有所回落。这说明社会的文化心理、消费者的心理又有了一次新的变化。

消费者群体人数众多，消费心理变化剧烈且复杂多样，使得白酒品牌内涵也要与时俱进，随之而变。中国白酒形成一个品牌，是因为适合了消费者的消费心理；维护一个品牌，也要适合这种心理，品牌的文化附加内容，甚至酒体的风格，也都要随之变化。在几十年间，没有一种酒的酒体是一直保持稳定不变的，它一定要适应市场的口味而有所调整。调整得及时，信息传达得合适，这个品牌的生命力就旺盛且持久。

白酒品牌的特点

一、中坚品牌是第五次全国评酒会评出的国家名酒和优质酒

新中国成立以后我国一共召开过五届全国评酒会，第一届评出了四大名酒，第二届评出了八大名酒，到第五届评出了十七大名酒，历数目前的中国白酒品牌，一线品牌还是局限在十七大名酒里面。也有一些曾经是十七大名酒的品牌，目前已经衰落了，但是不排除经过重整再次崛起的可能性。

从第二届全国评酒会开始，白酒奖项分成两项，一项是名酒，一项是优质酒。第四届评酒会做了改动，名酒变为金质奖，优质酒变为银质奖。从评酒数量最多的第五届评酒会来看，获得金质奖的是 17 种，获得银质奖的 53 种，简称"17 大名酒"和"53 优"。17 种名酒目前基本上还存在，"53 优"有一些已经在市场上见不到了，有一些正在重新赋予它新的内容，正在发展中。这是中国特有的经济和社会文化决定的。首先，这五届全国评酒会是国家组织的，在中国的消费者心里，有国家信用背书，可靠性高；第二，评酒会时间离现在比较近，这些品牌的工艺跟现在也比较接近，可以在名优酒的基础上，作为无形资产，有难以取代的优势。全国评酒会当时评的不止白酒一类，还有葡萄酒、黄酒等，但是都没有产生这么强大且持久的品牌效应。

二、改革开放之后新崛起的品牌寿命普遍比较短

除了"17 大名酒"和"53 优"之外，改革开放进入市场经济后，通过广告和销售渠道网络建设，新崛起的品牌层出不穷，著名的有获得央视标王的孔府宴酒、秦池酒等等。但是这些品牌的寿命都非常短，几乎没有持续几年就沉寂下去了。主要原因即前面讲的建立品牌的费用很高，维持品牌的费用更高，这些酒厂建立起品牌，销量快速扩大之后，无论产能、品质，还是后期的维护资金，都无法继续维持这个模式，所以"其兴也勃焉，其亡也忽焉"。

这种现象从另一个角度折射出改革开放以后，中国市场经济还处于初级阶段，通过市场手段沉淀下来的有价值的品牌还没有形成，只有持续稳定的市场经济，形成可预期的、长久的发展条件，才能靠市场手段建立起有持久生命力的品牌。

三、老字号品牌都是"仿古"作品

近十多年以来，很多酒厂兴起了复古风，都将自己的历史追溯到民国期间的一些老品牌，甚至清朝、明朝时期的老字号。这些品牌，不管是什么香型的酒，都是仿古作品，因为1949年以后，所有的传统作坊统一国有化，所谓的传统早已中断，后来的酒厂与原来的作坊，无论是在生产技术、工艺，还是文化传承上，其实都没有关系。改革开放以后，政治经济观念发生变化，对过去的私有经济重新承认其价值，企业才开始寻找这种古老的符号标志。

从生产技术、生产工艺、生产场地等各个角度来看，沿袭古代老字号的酒厂是不存在的，所有酒厂的工艺都和古代是不完全一样的，都有所改进。那些号称几百年的老窖池，窖泥也是要进行养护、修整的，不修整，老窖泥也会退化。所有附加于老字号背后的营销故事，包括传统工艺的传承，就像现在很多地方建的仿古一条街一样，都是新建的仿古产品。

"仿古"产品的出现也是适应一部分消费者，特别是比较年轻的消费者的心理需要。年轻人对文化的巨变和中断是没有记忆的，把中断的部分隐去，讲一个新的连续的故事，他们可以接受，也满足了他们好古的需求。但这种品牌的生命力能够有多大的绽放，还有待观察。

消费者选择白酒品牌时应注意的问题

一、消费者选择白酒品牌，首先要牢记品牌的功能是"社交服装"

要实现"社交服装"的效果，只要依据使用的场合选择品牌和品牌中的一个具体产品就可以了。在这方面，普通消费者尽管有足够的智慧做出情景细分下的选择，但是面对日益增多的品牌和产品系列，普通消费者难以有与之相匹配的时间与精力去获得并分析产品信息。

一个品牌有一系列的产品，比如同样是西凤品牌，有红西凤、西凤20年、西凤15年、西凤华山论剑系列等等，出处不同，价格也不同，需要进一步细分，而消费者缺少这方面足够的专业信息。因为消费者没有足够的时间去获得专业信息，这就给一个新职业——"选酒师"的诞生创造了机遇。对于对西凤酒非常了解的客户，西凤15年和红西凤是不一样的。红西凤1000多元一瓶，西凤15年300元左右一瓶，他了解市场行情，你想要用低端产品达到高端产品的效果是不可能的，而对于不了解这款酒的客户就是另一回事了。

其他品牌的酒也一样，都有系列产品，产品最多的可能是江苏的洋河大曲，有天之蓝、梦之蓝、海之蓝等，每个"蓝"又分三六九等，一般消费者连分清这些产品谁是谁都很难,遑论辨识其工艺与酒质,这里专业的选酒师能够起的作用就比较大,他依靠自己专门收集的信息,给客户提供建议,也可能提供产品,这是未来白酒营销界发展的一个趋势。消费者出席不同的社交场合需要不同的产品作为"社交服装",而鉴于场景和产品的复杂性,需要有专业知识的营销人员来服务。

二、产品"品质"只是品牌故事中的一个内容

大多数情况下,消费者选择品牌是选择一件"社交服装",既然选择这个服装,对产品的品质就无法再苛求了。

在同一个品牌下,不同系列的产品价格不同,品质自然就不一样,但是在选择这个品牌的时候,需要的只是"社交服装",很多场合下人们选择茅台系列下的产品茅台王子酒和茅台迎宾酒,以及选择五粮液系列下的产品五粮醇或者五粮春,是因为那个社交场合大多数的参与者只能记住五粮液和茅台这两个简单的符号,对下面的产品没有概念,所以这种产品才能有比较大的存在空间。这种产品要和53°的飞天茅台和52°五粮液有相同的品质,是做不到的。也就是说,品牌在某种程度上跟品质之间是很难维持一致性的,在这种情况下再讲品质,在信息日益透明的时代里,容易适得其反。

三、以增值为目的的收藏是一个专门的商业领域

有很多酒友是以增值为目的进行酒品收藏的,有些刚进入这个领域的酒友迷信品牌,认为有品牌的酒未来的升值空间就会高,这不一定,同一个品牌在不同时期,它的工艺是不一样的,产品种类和包装也不一样,想把这些东西全搞明白,是个非常专业的研究领域,如果大而化之的收藏某一个品牌,认为它的产品就能升值,风险很大。

有很多消费者,不只买现在的产品,也买过去的老产品来收藏,但识别老酒的真假也需要专业的知识。我就经历过,有朋友送我了两瓶习酒的老酒,年代比较远,我不知道真伪,没有这方面的鉴别能力,就发到了酒友群里,请群里搞老酒收藏的酒友们鉴别一下,有酒友马上发现是假的,如地名跟当时不一样,那个时代也不可能有这个位数的电话号码等等。要不是有精细的专门积累,这些知识是不具备的。所以,要想以增值为目的收藏老酒,不能只认品牌,还要对具体产品有非常深入的了解。老酒收藏领域,用俗话来说"水很深",进入须谨慎。

四、消费者在选择品牌的时候一定要注意生产者对品牌的维护力度

前面讲过,维护品牌需要生产企业持续投入大量的维护费用,而消费者是可以比较明显地感受到生产者对品牌的维护力度。首先,品牌广告是不是还持续在主流

媒体上播放，如果没有，说明维护这个品牌的投入在下降。第二，品牌的分布范围，如果在各个城市都能见到这个产品，说明投入量比较大，如果只能在少数几个城市见到，甚至哪里都见不到，说明这个产品的市场营销已经接近停止，酒厂可能已经不正常生产了。这种失去维护或者只有狭小市场的产品，品质很难和以前鼎盛时期的品质一样得到保证，不宜选择。

以第五届全国评酒会上评出的"17种国家名酒"和"53种优质酒"为例，那些被评为国家名酒的酒，如果在各地市场已经很难见到，说明这个品牌的维护力已经极弱，酒厂的生产状况不明，对这种品牌的选择要谨慎，不能盲目地遵从它是个老牌子的概念。老牌子是老牌子，但是老牌子必须有新酒，如果没有持续生产的新酒，没有一个酒厂能将品牌一直维护下去。

除了作为"社交服装"之外，也确实有一些消费者出于对香气、口感、酒质，甚至包装、地域文化风格等的喜爱而忠诚一个品牌。尽管相对来说这种爱好者数量不太多，但如果有这种爱好，可以坚持下去。我采访过几位老酒收藏者，他们对某一个品牌的热情，坚持下去，积累起为数不少的产品，有人几乎建立了一个小型博物馆。不管品牌发生了什么样的变化，哪怕消失了，酒友们收藏的这些东西都具有文物价值。

五、防范假酒

有品牌就有仿冒品牌的"假酒"。每年都有破获仿冒名优白酒案件的报道，"假酒"市场到底有多大，无从估计。造假的手段无所不用其极，仿真程度高低不同。假酒也经常混入销售真酒的渠道，令消费者防不胜防。假酒之所以能够存在，是因为有需要假酒的消费者，不是笼统的市场，而是有相当一批消费者需要假酒，其动机也很正常，请人喝酒的人知道没有多少人能喝出酒的真假，只要酒盒、酒瓶是名牌酒就行；给人送礼的人心想，收礼的人也未必识得真假，说不定又转送了别人。简言之，有相当一部分消费者是"揣着明白装糊涂"，只要便宜就行，明知是假也要购买。这批消费者是假酒的基本盘，正是因为有这样的消费者群体存在，才有造假者和售假者的生存基础。

对普通消费者来讲，买到真酒并不算太难，现在电话网络通信都十分发达，上酒厂官网搜索其指定经销商或致电酒厂营销部门查询其在当地的授权经销商，一般都能买到可靠的真酒。就算是酒品出了问题，也可以追溯到源头，获得赔偿。当然，真酒多数情况下都执行厂家制定的价格，没有意外的惊喜。

图6-3-1　白酒品评专用酒杯　（摄影／胡纲）

第七章

李寻白酒品评法
供消费者和选酒师使用的白酒品评法

第一节
现行专业白酒品评法的局限性

现在的白酒消费者普遍都知道有品酒师这么一个职业，而且很多酒友认为品酒师的职责就是品尝、把控白酒的品质，为消费者服务。这其实是一个重要的误解，专业品酒师确实存在，但他们主要是为白酒生产企业服务的，而不是直接为消费者服务的，专业品酒师的品评方法应用于白酒生产企业，不是对消费者选择白酒提供评价的。企业的目的决定了这个职业的性质和工作方法，所以说，专业白酒品评方法实际上不适用于普通消费者，消费者也无法使用。

目前在白酒市场上，还没有专门为消费者服务的专业品评人员，也没有专门为消费者服务的品评方法。

中国白酒历史悠久，市场体量巨大，但在为消费者提供专业化的服务方面还存在着巨大的空白，希望本书能够给消费者提供一种实用的白酒品评方法，也希望这本书能为正在诞生的一个新的职业——选酒师，提供基础性的知识和方法。

专业品酒师的岗位职责

品酒师这个职业名称是比较晚才出现的，可能不早于 2000 年左右，比较规范的、权威的职业资格考试是在 2014 年才开始有的。但在此之前，酒厂里基本上都有这样的岗位——品酒员。从业务发展过程看，品酒师就是从酒厂的品酒员发展过来的，现在很多酒厂已经把这个岗位称为品酒师了。

比较规范的酒厂基本要有三个工种岗位：第一个是从事酿造的，就是发酵和蒸馏的，这个叫酿酒工或者酿酒师；第二个是从事勾调的，叫勾调师；第三个是在酿酒和勾调环节中都需要尝评，执行这个岗位工作的人就是品酒师（品酒员）。

什么是品酒师（品酒员）？品酒师主要是在生产企业里存在，为企业的生产服务，主要职能首先是在生产过程中对产品进行品评。酿酒生产班组也有品酒能力，酿好酒后会给自己的产品定级，酒厂专门的质检部门或者品评部门的专职品酒师要再品评一次，根据品酒师的品评，才能定级和入库。白酒在入库之后有并坛这个流程，在并坛的过程中，还需要品酒师来品尝，根据储存时间不同，白酒陈化老熟的效果不同，再次品评定级。[①]

除了正常的原酒要评级，酒厂还要生产一些调味酒，调味酒也需要专业的品酒师来评级。

酒厂在生产某一产品之前要先做酒体设计，酒体设计要对自己的各种基酒的性质有个判断，这也需要专业品酒师提供基础意见。在主体设计原则定下来之后，进行小样勾调、大样勾调，负责这个工作的是勾调师，但整个过程都有品酒师参与。这是大型酒厂的岗位划分情况。大型酒厂品酒师较多，不是所有的品酒师都有机会或者说有必要参与勾调工作，参与勾调环节的是少数人。调出来的成品酒要组织酒厂的品酒师进行品评，再做细节上的完善。

除了这些内容，酒厂还要研究市场情况，也会从市场上采购成品酒，甚至有些原料酒，品评工作也是由酒厂的品酒师来完成的。如果在生产中某批酒出了质量问题，这就是生产事故，通过品尝来查找事故的原因，也是品酒师的工作和职责之一。

从这些具体的岗位职责我们就可以看出来，专业品酒师不是为消费者服务的，是为生产企业服务的。其主要职能，首先在生产环节中分清楚原酒的质量等级，这是他必须完成的工作；第二，在勾调的过程中，把差一点的酒跟好一点的酒进行勾调，勾成好一点的酒，投入市场销售。前面讲过，酒厂作为生产者，跟消费者有些利益是一致的，有些利益是不一致的，比如把差一点的酒勾调成好一点的酒来销售，这是酒厂的利益诉求，和消费者的利益之间是有一些冲突的，酒厂的专业品酒师是无法为消费者服务的，他们的职业立场决定了他们是为生产者服务的。

专业白酒品评方法

由于专业品酒师是在生产环节中发展起来的一个岗位，后来才逐渐演变为一个职业，他们使用的专业品酒方法是为生产服务的，他们的工作条件普通消费者无法获得。专业品酒师面对的信息是充分公开透明的，车间班组的生产信息不能对他们隐瞒，原酒的生产工艺清楚、原料清楚、生产过程清楚。

[①] 李大和：《白酒勾兑技术问答》，中国轻工业出版社，2015年6月第二版，第29页—第30页。

每个酒厂有自己的生产方法，大体流程相似，但细节上有很多不同。不仅不同香型的白酒有不同的工艺，就是同一香型的白酒，不同酒厂也有不同的具体操作方法，这就导致各个酒厂的酒体品质、分级不一样，分型也不一样，在某一香型酒厂服务的品酒师再换一个其他香型的酒厂不一定能马上适应。

消费者认为品酒师应该什么酒都能品出来，什么类型的酒通过品尝就能知道它的工艺过程。其实专业品酒师是做不到这一点的。首先，因为他的专业，他只是服务于某一个专业类型的酒厂，越专业，和别的酒之间的差别就越大。其次，他品评的样品大多数是一个整体的体系，如酒粮、工艺等等，他必须对这种体系了解之后才能判断。

白酒成品酒的专业品评方法，目前基本上还是沿袭第四届和第五届评酒会上使用的方法，分为色（10分）、香（25分）、味（50分）、格（15分）四个方面进行品评打分。[①]最新有文献提出来九项计分尝评法，按照酒样的色泽、香气质量、绵柔、醇甜、谐调、爽净、回味、陈味、个性九项内容打分。[②]这两种评分方法的原理、术语比较接近，逻辑也是一致的，九项计分尝评法只是把四项计分法里的色泽的分数减了（5分），把香气质量的分数计20分，味道、口感更加细化了，绵柔20分、醇甜10分、谐调10分、爽净10分、回味10分、陈味5分，个性（10分）就是过去的"格"这个项目，评价的重点不太一样，更加重视口感和口味。

为了与这种白酒品鉴活动相匹配，国家相关标准中就有《白酒感官品评术语》，标准号是GB/T 33405—2016。这套品评方法和品评术语都是从生产过程中产生的，通过传统逐渐积累起来，使用的术语都是专业内的行话，我开玩笑把这种话叫作"黑话"，因为这些行话是特定范围内使用的语言，它指的具体物质是普通消费者见不到的，只有专业人士才见得到，专业人士一说这个词，彼此之间就知道是什么意思，而消费者没见过那些物质，对那些物质不了解，就无法理解那些术语所指为何物。比如《白酒感官品评术语》里有关香气的术语：曲香、糟香、窖香，分别对应的物质就是大曲、糟醅、窖池。这些东西普通消费者是见不着的，曲香是什么香就不知道，窖香是什么香也不知道，糟醅香还是不香，就更不知道了。本书的第五章介绍香型时，大量引用了白酒香型国家标准和国家地理标志产品保护标准，这些标准里都有关于白酒风味特点的描述，有香气的描述，有口味的描述。从我们自己的感受来讲，在我们没有深入去了解白酒、经过白酒品酒师的专业培训之前，对这些术语是根本不懂的，直到现在，对某些术语具体所指的东西，也还不能完全说都感受、感悟到了。相信普通消费者也是一样的，例如浓香型白酒的标准里讲的香气就是有浓郁的己酸

---

① 李大和：《白酒勾兑技术问答》，中国轻工业出版社，2015年6月第二版，第49页。
② 田学梅、王洪渊：《中国白酒品鉴》，四川大学出版社，2021年1月，第44页。

乙酯为主体的复合香气，有多少普通消费者见过己酸乙酯呢？没见过！那他怎么去感受有或者没有！浓香型白酒的优级产品是有浓郁的己酸乙酯为主体的复合香气，一级产品要有较浓郁的己酸乙酯为主体的复合香气，普通消费者对这个强度没有概念，怎么分辨"浓郁"和"较浓郁"？怎么去获得这种认识呢？他是不可能获得这种认识的。再比如说浓香型白酒的口味要醇和谐调、绵甜爽净、余味悠长，这个谐调是什么和什么的谐调？绵甜爽净，一般的消费者感觉酒都是辣的，绵甜是怎么来的？消费者不好把握。

四项评分法里的"格"指的是风格，某种酒体的风格。这个"格"是行业内的专家们有过充分经验积累，品尝过成千上万种酒样之后，慢慢形成的大家公认的一个风格。只有经过多种酒样的品尝对比才能判断这个酒的风格特征是不是明显，但普通消费者没有经过这种训练，"格"是什么是不清楚的。

这套术语对普通消费者来讲形同"黑话"，但对专业人员来讲，是专业内部行话，他们之间是可以进行无障碍沟通的，所以五次全国评酒会才能对酒的品级等达成相对来说一致的意见。

对于成品酒的品鉴来讲，酒厂里受过专业训练而且经验丰富的品酒师当然能够靠感官品鉴出酒的品质的好坏，虽然没有传说中那么神，喝一口酒就知道这个酒是什么原料、什么工艺，甚至知道这个原料是哪一年的原料，但品出成品酒的好与差，绝大多数专业品酒师是没有问题的，具有这个能力。但是，鲜见任何一个酒厂的专业品酒师在公开场合对其他酒厂的酒品头论足的，对自己酒厂的酒也是只说长处，不说短处，这是其岗位性质决定的。

消费者的白酒品评条件及诉求

消费者购买白酒的用途不一而论，大致无外两种：一种就是购买后自己饮用，这种需求会对品质比较关心；另一种用于社会交往，如请客或者送礼，这种消费用途对品质关注的同时，更关注品牌、价格。出于这两种目的，消费者也想自己有对白酒的品评能力，目的一是想了解这个酒到底好不好，它的真实品质是什么，对应的市场价格应该是什么；其目的之二，我们前面讲过，品牌是一个"社交服装"或者"社交货币"，他想了解他付出了这个价格的酒的品质是不是和品牌一致，做"社交货币"使用的时候，都是想少花钱、多办事，即在社会交往过程中，被社交环境认可的价格和品牌价值的情况下，品质和价格能够匹配。这是消费者最关心的两个问题，他们想品评白酒，主要是关心这些。当然还有其他更多的需求，比如有些小众消费者，确实是白酒发烧友，对各种白酒风格的欣赏、把玩，这种也有，但比较少，主要是前面说的那两种。

但是消费者品评白酒有先天的局限性，首先他没有进入到生产环节，也没有专业的生产知识，不了解生产过程中的实际情况，也获得不了相应的信息。如果不具备酿酒的专业知识，就是给他信息，他也判断不清楚，在这种情况下，消费者很容易被销售商和生产商的一些片面的信息所吸引、所忽悠。前面讲过的白酒界的众所皆知的"神话"就是这么产生的，消费者就受到这方面的影响。

消费者要获得白酒品评能力，和专业品酒师一样，也必须通过学习与训练。要想彻底了解白酒生产的工艺过程，要经过理论学习，还要进入到生产实践学习，才能具有品鉴的能力，这个过程要花费巨量的时间和精力，不是专业酿酒、品酒的人，花费这么多时间和精力显然是不值得的。也就是说，消费者想获得品评能力是比较困难的，或者说是不值得付出的，因为白酒选购只是他的生活和工作中很小的一部分，大多数消费者是不可能付出这么巨大的时间、精力和金钱去获得品酒能力的。部分确实花了这么多时间、精力和金钱学习，也获得了白酒品评能力的消费者，在这个过程中多半也会转化成白酒行业的从业人员，由于他是从消费者而不是生产者起步的，最方便的是转化为另一个职业身份——选酒师。

新职业：选酒师出现的客观必然性

选酒师这个名称现在在中国喝进口葡萄酒和烈性酒的消费者中已经不算陌生，但这个职业中国目前还没有出现，我也只是听说国外有这么一个职业叫做选酒师，特别是在葡萄酒行业，但也没见过。选酒师，顾名思义，就是从已经有的成品酒里挑选酒的专业人员，解决的是普通消费者没有时间和精力、也没有条件去获得酒品生产和品质信息的问题。选酒师通过专门的了解、学习和训练，对成品酒的品质具有了判断能力，所以可以给消费者服务。选酒师是酒品市场充分发达之后出现的一个专门化的职业，在消费者有了选择意识、需要选择服务的时候，这个职业才能出现；同时，也是消费者对海量的产品和信息无从判断，需要有专业的信息分析和判断人员为他们服务才能出现的职业。这是经济发达、服务不断深化的结果。以前是没有月子中心的，坐月子都在家里，近十几年来才出现月子中心，有专门的月嫂服务，这是在市场充分发育、消费者的消费能力大幅度增长，可以支付这种服务费用的时候才产生的专业化服务。选酒师的出现，已经显示出其客观基础。

目前中国有约三万家白酒生产企业，有商标的白酒品种不计其数，海量的产品和信息足以支持信息分析和产品选择，这是客观基础。

从白酒销售业态来看，基本上还没有对消费者的服务意识和服务功能，酒厂促销主要是针对经销商做工作，对经销商的助推主要是通过各种广告手段和宣传手段，对消费者的上述两项具体需求，实际上是不关心的，也无法关心。

零售终端只是起了一个铺货陈列的作用。白酒的零售终端包括大品牌的专卖店、各种超市、各种烟酒店零售店等。无论是在哪一个零售场合，服务人员就是营业员，对白酒的实际信息并不清楚，他们能给消费者提供的咨询意见就是哪个酒卖得多，哪个酒卖得少，为什么多与少，他们是不清楚的，消费者要靠自己选择。这是白酒零售目前的实际状态。

中国白酒还有一个比较大的市场，即大客户市场（集团用户销售、圈层销售），就是给那些有规模的企事业单位提供酒品，很多白酒零售店的基础就是服务一些大的集团用户，如一个企业一年会采购几百箱甚至上千箱白酒。这些大客户更有对品质和品牌价值进行深入品鉴的内在需求。随着宏观市场环境的变化，大客户越来越多的是民营企业，他们更关心所谓性价比，而为这些客户做服务的白酒销售人员极其缺乏。很多白酒销售人员自己主动通过各种方式学习，考取品酒师资质证，他们只有获得了更多的知识和技能，才能更好地为大客户服务，更好地拓展自己的市场。所以，从零售终端来看，目前市场的发展存在着从营业员到选酒师的转变的客观趋势。展望未来，通过自己顽强艰苦的自学和各种培训，获得了丰富的知识和品鉴能力的营业员会转行成为选酒师，这是选酒师的第一个来源。

选酒师的另一个来源就是白酒消费者中的那些发烧友，他们储备了相对丰富的知识，也投入了资金和时间进行了专门的职业培训，可能会将选酒师作为一个新的职业，不管他以前是从事什么职业的。一个新职业产生会有一个红利窗口期，从白酒消费者转行成为选酒师，目前这个阶段是新的职业机会。

选酒师的职能和白酒品评方法

选酒师的职能只能是为消费者服务，他必须满足消费者的两个需求才能获得报酬：第一个需求就是判断酒好不好、值不值这个价钱；第二个需求是在社交场合请客或者送礼用酒，选择哪一个品牌，多少钱比较合适。

满足了消费者的需求，就应该获得相应的服务费用，选酒师赚取的本质上是服务费用。但是，在现阶段，行业还没有成熟，这种费用是隐形的，存在于白酒的销售价格中，选酒师是为销售企业服务的，零售企业会给他付工资，这个工资实际上也包含在酒的价格里。那些服务于大客户的选酒师是和大经销商或者酒厂谈业务的，大客户会给他支付专门的服务费用，这种情况已经存在。

选酒师和品酒师不一样，是为消费者服务的，所以他的品酒方法要做到消费者可以理解和重复检验，可以学会使用，他的术语要从专业术语变成日常语言。

第二节
李寻白酒品评法的基本原理

　　我们建立这个方法的目的就是想要提供一个科学的、客观的，且消费者自己可以操作的白酒品评方法。

　　白酒品评，其实说到底就是比较，比较的基础也很简单，就是要有一个标准样板作为参照物，就像任何丈量都需要一把尺子一样，没有尺子，就没有比较标准。

　　普通白酒消费者之所以感觉白酒市场产品繁多、无法选择，是因为他缺少作为比较基础的产品样板，这个样板不只是具体的实物，而且还要品尝过，形成记忆，这个经历其实就是个训练过程，如果没有这种训练，就不会形成品评能力，品评能力的基础是对标准样板的识记，没有这种专门的训练基础，喝多少年的酒也形不成品评能力。在李寻白酒品评方法里，第一部分就是要建立起来关于中国白酒品质等级的客观概念，这种客观等级概念就相当于提供了一组标准的比较样板，以这个样板作为尺度，可以衡量市场上的任何一种成品酒。基本样板是贯穿整个方法始终的，对这个基本样板的解释，下面会有一节详细说明。

　　具体打分，产品信息占 50%，感官品鉴占 50%。产品信息包括生产信息和品牌信息，这种信息不用接触产品，通过了解产品信息就可以获得。普通消费者是没有办法介入到生产领域的，所以他需要通过白酒生产者提供的信息来判断酒品的品质和价格是否合适，如果没有充分的生产信息，专业品酒师对一款具体白酒的生产原料、生产工艺、储存时间（酒龄）等也会判断失误的。对于普通消费者和专业的选酒师来讲，要对白酒做出准确判断，一半以上要依靠生产者提供的信息是否真实或者透明，所以信息的透明度、信息的分析、信息的价值判断，是选酒师们品鉴白酒的一个重要的组成部分，它的作用和直接对酒体的品饮感受一样重要。

把产品信息分析和评价作为白酒品评法的 50% 的组成部分，这是选酒师、消费者所用的白酒品评方法与专业品酒师所用的白酒品评方法的最大不同。因为专业的白酒品酒师在酒厂里工作，他所获得的信息是充分的、透明的，他是在信息充分透明基础上做出品尝和判断的。而作为选酒师和消费者，要做出判断的话，必须有产品信息，没有产品信息，之后的感官品鉴是不可靠的，存在很大的不确定性。

李寻白酒品评法的另外 50% 的内容是感官品鉴方法。感官品鉴方法和专业品酒师所用的方法大部分是相同的，但是，我们根据自己的品酒体验增加了喝感和体感这两部分的内容，这两部分内容是现在的专业白酒品评方法里没有的。这个跟专业品酒师的工作环境有关，因为专业品酒师在生产品评过程中，每天的品酒量非常大，每个酒尝一口，就要喝很多，所以大多数情况下，他们是不会把酒吞咽下去的，闻、尝，然后就吐掉，即便这样，实际上一天摄入的酒精量就已经很大了。

前面介绍的专业白酒品评方法，无论是四项法还是九项计分尝评法都没有吞咽过程中的感受和饮后、饮多少量之后身体感受的项目。消费者则不然，消费者买酒就是喝的，不能喝了再吐出去，对消费者来讲，闻香和尝味可能都是次要的，喝下去后的身体感受是最重要的，喝了口干、头疼，或者对消化道的刺激很强烈等等，这些对他来讲是不能接受的，如果在喝的过程中，就比较难受，也就喝不下去了。这两个环节，恰恰是目前专业品酒法里没有的。

专业品评法里没有这个环节有它的道理，因为专业品评人员的信息是透明的，这个酒是怎么回事他是清楚的。但是白酒零售市场上不一样，市场上的成品酒，各种生产商的都有，大厂也有，小厂也有，有的是正规厂家，有的不正规，特别是有很多液态酒和固液酒的存在，在信息不透明的情况下，很多酒都超出了专业品酒师们的记忆基础。

第三节
中国白酒的客观等级分类

中国白酒存在着客观的等级差别，这些等级差别是由原料、工艺、酿造环境和酿造工人的操作技术等诸多因素决定的。

关于好酒、差酒的等级，在业界是有客观认知的，本书的前五章实际上就是从工艺、原料等诸多方面解释、介绍形成中国白酒等级的原因，以及白酒等级的划分，在这一节我作一个总结，提供下面一个白酒等级划分表。

表 7-3-1 固态发酵原酒等级

基础等级	新酒细分等级		老酒细分等级	
第一等级 纯粮大曲（包括大、小曲混用）固态发酵原酒	新酒	优级	贮存老熟时间	······
				20 年
		一级		15 年
				10 年
				5 年
		二级		3 年
				常规标准
第二等级 传统小曲固态发酵原酒	新酒	优级	贮存老熟时间	······
		一级		3 年
				2 年
		二级		1 年
				常规标准
第三等级 使用人工培育的纯种菌为糖化发酵剂（纯种菌麸曲、纯种菌小曲、干酵母等）、糖化酶固态发酵酒原酒	新酒	优级	贮存老熟时间	10 年
				5 年
		一级		3 年
				2 年
		二级		1 年
				常规标准

表 7-3-2 成品酒等级

基础等级	细分等级	固态酒比例
第一等级 固态酒	1、大曲酒（包括大小曲、麸曲混用）	100%
	2、传统小曲酒	100%
	3、纯种菌麸曲、小曲酒	100%
	4、糖化酶酒	100%
第二等级 固液酒	1、固液比高	80%
	2、固液比中	80%～50%
	3、固液比低	50%～30%
第三等级 液态酒	1、有固态酒	30%以下
	2、串蒸酒	
	3、纯香精酒精勾兑酒	
不可饮用之酒：不符合卫生标准、不符合添加剂要求		

　　首先，得区分能够喝的酒和不可以喝的酒。所谓不可以喝的酒就是不符合食品安全国家标准蒸馏酒及其配制酒（GB 2757—2012）中有毒有害物质即甲醇和氰化物含量要求的，任何酒品的有害物质超标的话都不可以饮用。不可以饮用，就没有品鉴的必要，符合食品安全国家标准的产品才存在品鉴的可能。

表 7-3-3 蒸馏酒及其配制酒食品安全国家标准理化指标

项目	指标		检验方法
	粮谷类	其他	
甲醇[a]/（g/L） ≤	0.6	2.0	GB/T 5009.48
氰化物[a]（以 HCN 计）/（mg/L） ≤	8.0		GB/T 5009.48

[a]甲醇、氰化物指标均按100%酒精度折算。

　　将白酒分为固态发酵原酒和成品酒两大类，固态发酵原酒我将其分为三个基本等级，每个基本等级又可细分为三个等级，不同等级的原酒依贮存时间的不同可再细分为多个等级。

　　第一等级是最好的酒，就是纯粮大曲固态发酵的原酒，有少量的名酒是大小曲混用的，甚至有一部分大曲和麸曲混用的，但是主体是纯粮大曲固态发酵的原酒，这是公认的好酒。这种酒，酒厂在生产的过程中就会分级，有的标准分为特级、优级、一级，有的标准分为优级、一级。酒厂实际的划分可能更细一点，各个酒厂的划分方法不一样。酒厂的划分是可靠的、准确的，因为他们有专业尝评人员反复尝评比较。如果市场上有这种酒直接加浆降度的成品酒，那就是最好的酒了，哪怕不是优级的；一级的酒或者二级的酒，如果只是加浆降度，在成品酒里也算是好酒了。原酒除了等级之外，还有一个分级方法，就是陈化老熟时间，每种酒都有标准的陈化老熟时间，在国家地理标志产品保护标准里面，陈化老熟时间都有具体要求，但是从相关的教科书和实际生产过程中透露出的信息看，陈化老熟时间能做到地理标志产品保护标准要求的其实并不多。如果能够达到教科书上说的标准，这个酒就算非常好的了。

　　从目前的市场情况看，投入到成品酒市场上的瓶装酒整瓶里面全是超过 5 年以上的酒的并不多，酒瓶里装的成品酒全是 10 年以上的酒的更是凤毛麟角。也有相关专家说，超过 10 年的老酒未必就好喝，好不好喝是另一回事，但是 10 年酒龄的酒比 5 年酒龄的酒价格高是事实。

就我们自己的体会，自己 20 年前买的酒无意中存了下来，它的饮用是没有问题的，如果不是还有过专业训练，有时候甚至很难区分它和新酒的差别，所以我们觉得瓶装白酒就是储存 30 年也是可以饮用的，不是有些文献上所说的已经不可以饮用了。10 年、20 年的老酒，大多数情况下，香气没有新酒那么高，但是更加复杂，更加馥郁幽雅，而且无论是空杯，还是在口腔中，留香的时间都更长。陈年老酒的价格高是有酒体这个物质基础的，和风味品质是有关系的。正因为有这种客观物质基础，全世界的蒸馏酒都是陈酿的时间越长，价格越高，而且有的时候高出不是几倍，而是高得离谱。

第二等级的酒是传统天然接种小曲固态发酵的原酒。小曲固态发酵的酒不如大曲固态发酵的酒，口感上要淡薄，而且酒味有不协调的地方，但这种酒也比麸曲酒、糖化酶酒要好，所以我们把它排为第二等级的酒。这种酒的原酒也是分为两种，一种是新酒，一种是老酒。新酒也分级，各个酒厂有不同的分级。小曲酒在厂内储存的时间都比较短，有的 3 个月就出厂了，根据老熟时间，分为 1 年的、2 年的、3 年的等等。这个酒龄指的是确切可靠地在厂里贮存的时间，老熟时间越久，酒的风味越好，价格也越高。根据我自己的品饮感受，小曲酒老熟的效果也很明显，小曲酒新酒的臭味比较浓，但放上 2 年之后，那种臭味基本就可以褪去，转成另外一种比较干净的香气。新酒和 3 年以上的老酒，风味差别非常明显。

第三个等级的就是使用人工培养的纯种菌麸曲、小曲或者糖化酶、干酵母固态发酵的酒。在大曲酒里，如果使用了麸曲和糖化酶，这种酒的品质也是比较差的，麸曲酒没有被评过国家名酒，只获得过国家优质酒的称号，这还是因为在当时鼓励使用麸曲、节约粮食的政策背景下出现的支持性的措施，如果现在再重新品评的话，客观地按照风味品评，在专业品评体系里很多麸曲酒恐怕连优质酒都评不上。这种酒之所以比较差，是因为菌种为人工选育的，成分单一，作用也单一，发酵出来的酒体不如自然接种的野生多菌种酿的酒体丰富。简单地打比方说，人工培育的纯种菌酿的酒就像饲料鸡下的蛋，而自然接种的酒像土鸡蛋，或者是饲料猪和土猪之差别。总之，人工培育的微生物发酵产品不如自然微生物发酵产品好，人造物总不如天然物好。虽然它不使用大曲，使用麸曲或者糖化酶、干酵母，但它还是固态发酵的。这种酒也一样分成新酒和老酒，新酒也分成优级、一级、二级这些等级，根据陈化老熟时间，酒体风格也不一样。

上面所说的这三个等级都是针对固态发酵原酒而言，前面的章节介绍过，原酒是指蒸馏入库的原酒度的酒。从整个白酒的生产链上来看，原酒也可以叫原料酒，普通消费者真正接触到原酒的概率很低。原酒是成品酒的基础，原酒的等级决定了成品酒的等级，对于有专业知识的选酒师来讲，他必须知道成品酒的原酒是什么，不知道原酒，就无法判断成品酒的等级。

第二种类型是成品酒。成品酒指已经经过勾调、装入瓶中的酒，或者是在大的容器中散卖的散白酒（散白酒不是原酒，也是经过加浆降度、勾调过的成品酒）。成品酒分三个等级，第一等级是最好的酒，就是纯粮固态大曲酒，第二等级是差一点的酒，就是固液酒；第三等级就是液态酒。关于这些概念，在前面的相关章节中都做了介绍，这里就不重复了。

固态酒根据原酒的糖化发酵剂，我们把它分成了四种：大曲酒、小曲酒、麸曲酒（包括纯种菌小曲）和糖化酶酒。大曲酒的品质是最高的，小曲酒的品质其次，麸曲酒的品质更差，糖化酶酒是最差的。前面已经讲清楚了人工培育的纯种菌曲和自然接种的多菌种曲的区别，而糖化酶在人工种菌作用酒粮的过程都给取消了，把酿酒从微生物活动变成了化学活动，脱离了生命过程的酒缺少和生命交互产生的适应性、协调性，自然更差。国家名酒里包括大小曲合用的酒——董酒，酒鬼酒和景芝芝麻香酒也是大小曲合用的，虽然没有被评为国家名酒，但是作为各自香型的代表酒在市场上知名度很高。成品酒的年份目前是无法完全准确判断的，不仅感官无法完全准确判断，一切设备也无法完全准确判断。目前所有关于成品酒老酒年份的标识，都是不可信的。国际蒸馏酒共同的准则是以成品酒里酒龄最短的酒来标识，中国白酒现在的酒龄是成品酒里面酒龄最长的那个，比如说用了20年的调味酒，可能只用了万分之一，也标这个酒是20年的酒。国际上其他蒸馏酒，如威士忌和白兰地，是以桶陈最短的酒龄作为成品酒酒龄的，比如桶陈酒龄最短的是10年，哪怕成品酒里加了一半50年的原料酒，也只能标是10年的。在这方面，中国白酒还没有做到酒龄是可靠的、可以检验的，所以就不作为一个品评的标准，因为无法品评，也无法获得准确信息。比较可靠的是酒厂的原料酒的酒龄，只要是连续运营的酒厂，都有比较完善的贮存记录，所以关于原料酒的信息更重要，我把这部分内容放到白酒的信息分析里面，作为一个评分的标准。

第二个基础等级是固液酒。按照现在的国家标准，固液酒里的固态酒不能低于30%。我们把固态酒超过80%的酒，当做它最好的酒，实际上，很多固态酒超过80%的固液酒在市场上都被当做纯固态酒在销售。第二等级的酒就是固态酒占80%～50%之间的。第三等级是固态酒占50%～30%的。

第三个基础等级是液态酒。液态酒也是有等级细分的，稍好一点的，里面还有一点固态酒，比如加了10%或者20%的固态酒，达不到固液酒的标准，在液态酒里算是好的。中档的是串蒸酒，是酒精串蒸出来的，但它的呈香呈味物质是固态发酵的糟醅里带来的。最差的就是纯粹用香精、酒精、糖精勾兑出来的酒。

第四节
成品酒的信息分析

排除无效信息

当一瓶成品酒出现在你面前的时候，它或多或少地带有各种信息，至少酒标上有品牌和酒精度、香型、生产厂家等信息，如果在网络上检索，还会有生产历史、品牌故事等信息。在分析成品酒的信息方面，首先要做的是分析何为有效信息，何为无效信息。

无效信息有几类：

一、历史故事类的信息

白酒的历史悠久，每个酒厂，特别是那些名酒厂、大酒厂，讲起历史都可以追溯到明清时期，甚至可以追溯到更久远的上古时期。但这些历史信息和你面对的具体酒品是没有关系的，和一切现在的产品都没有关系。一些酒厂采用民国时期老酒坊的名称做商标，那也就是个商标，不仅和酒体没有关系，跟酒厂也没有关系。还有一些酒厂生产其 20 世纪 50 年代、60 年代、70 年代、80 年代的怀旧酒或者老版酒，也释放了很多这方面的信息，但这些信息实际上也纯属于历史文化，跟产品的实际品质没有关系。

中国所有的白酒厂，在 1949 年以前是作坊，1949 年以后全部经过国营改制。改革开放之后，又经过市场经济的洗礼、再次改制，体制变化过多次，酒厂的具体生产场所基本都有变化，可以说几乎没有一个酒厂完全在原产地酿酒。大多数酒厂都扩建过，都在新厂区酿酒。那些标榜老窖池的酒厂，新厂区有的窖池只有几十年的窖龄，离标榜的几百年差得很远。

历史信息反映的是过去发生的事，与现在的产品之间没有直接联系，比如说我也姓李，能说我就跟李白有关系吗？如果我想要讲这个故事的时候，可以讲我是李白的多少多少代孙，但那只是个故事。故事对酒的品牌、特别是品牌市场营销是有实际作用的，因为有些消费者喜欢听故事，也愿意相信故事，希望通过故事建立起来与某种历史事件的联系，这种偏好使历史信息产生了文化附加值或者品牌附加值。这方面在做综合分析的时候应该作为一个文化因素去考虑，作为对酒质的评价，它不是有效的信息。

二、广告信息

伴随着产品推出，酒厂会有各种各样的广告宣传，最典型的是在中央电视台做广告的一些广告语，有的广告语脍炙人口，令人印象深刻，比如"衡水老白干，喝出男人味""喝杯青酒，交个朋友""红星二锅头，敬不甘平凡的我们""每个人心中都有一颗红星"等等。有些广告内容很多，如每款酒的特点、获过什么奖、酒体有什么特征，但这些信息在我们对酒质品评的过程中，基本属于无效信息。因为在设计、发布这些信息的时候，主要考虑的是消费者的心理需求，与酒质没有关系。这类信息和历史文化信息一样，都属于文化信息，可以作为酒品的文化风格来理解，但与酒体的品质没有关系。

三、酒瓶、酒盒、包装上印的信息

酒瓶、酒盒上按照国家的相关标准要求（国标 GB 10344—2005《预包装饮料酒标签通则》），成品酒在酒盒和酒瓶的标志上要有相关的信息，如酒名、商标名、酒精度、原料、产品标准、灌装时间等等这些信息。这里面有些信息是比较可靠的，如酒精度，绝大多数情况下是可靠的，正负误差不会有多大。酒厂名称基本也可靠，就算是委托加工的，也能依此找到真实的生产商。但是对这些信息也要做具体的分析，有些信息其实也是无效的，众所周知，包装上的 10 年、15 年、20 年跟酒体的实际储存信息是不一致的，酒龄信息极不可靠。生产厂家也不完全可靠，因为有些酒是贴牌酒，有些酒是酒厂的嫡系酒，从生产厂家名称上是辨识不出来的。产品标准中等级信息基本上是无效信息，同一个生产厂家出来的、使用同一个香型标准，都是优级的酒，价格从几十元到 3000 元都有，那这个优级还有什么意义呢？没有实际意义的信息，也是无效信息。概括起来说，酒盒和酒瓶上按照相关标准提供的信息，能反映白酒品质的信息还不够充分；其次，有些实际做法和信息应该有的内容是不一致的，这些信息中有一部分是无效信息。

四、与具体产品无关的生产信息

每个酒企都生产多种产品，但对外宣传时，宣传的都是最典型的工艺，每个酒厂都是这样。如泸州老窖就讲他们的单粮香、原窖工艺、老窖工艺；古井贡就讲古井水、桃花春曲等等传统的工艺。我相信各个酒厂都有用传统工艺生产出的酒，但是当你面对某一瓶具体的酒时，需要的是这瓶酒的具体信息，而不是这个酒厂里的代表性工艺信息，因为这瓶酒里面的酒体未必是按照那个工艺生产出来的。以五粮液酒厂为例，52°五粮液可能真的是按照宣传的工艺酿造的，五粮春是同一个工艺吗？五粮醇也是这个工艺吗？古井贡酒二十年也许是用宣传的工艺酿造的，古井贡五年、六年是不是也是这个工艺呢？酒厂的代表性工艺和这款酒的实际生产信息是两回事，真正有价值的信息是具体产品是怎么生产出来的信息，这个才有分析的意义。

讲到这里，可能有人会来问，"你说这些全是无效信息，那你说说哪些是有效信息？"下面我们就讲什么是有效信息。

获取产品的真实信息是消费者的基本权利

我们先从基本道理上明白一件事情，就是获取产品的真实信息是消费者的基本权利，而提供产品的真实信息是生产者的基本义务。消费者要求白酒生产企业提供关于这款产品的具体生产信息，这是他的权利，要是放弃权利、自己不觉醒，生产企业是不会主动披露这些信息的，生产企业会以各种各样的方式，比如信息保密、这个是我们的秘方等种种方式搪塞，这些搪塞都不符合国家相关规定。

具体到某一款产品，白酒生产企业应该有什么信息？先看一下国家有怎么样的规定。

国家食品药品监管总局在2015年9月就发布过《关于白酒生产企业建立质量安全追溯体系的指导意见》，这个意见是根据中国食品安全法等法律法规制定的，是个权威文件，它的主要内容摘要如下：

一、工作目标

白酒生产企业通过建立质量安全追溯体系，真实、准确、科学、系统地记录生产销售过程的质量安全信息，实现白酒质量安全顺向可追踪、逆向可溯源、风险可管控，发生质量安全问题时产品可召回、原因可查清、责任可追究，切实落实质量安全主体责任，保障白酒质量安全。

二、基本原则

白酒生产企业建立质量安全追溯体系，应当遵循以下基本原则：一是企业建立。

企业应当根据相关法律法规和食品药品监管部门要求，结合企业实际，建立质量安全追溯体系。二是部门指导。食品药品监管部门根据有关法律法规，督促和指导白酒生产企业建立质量安全追溯体系。三是运行有效。白酒生产企业结合白酒生产过程复杂、生产周期和产品生命周期长的特点，保存记录信息，确保白酒质量安全追溯体系有效运行，并定期组织演练。

三、质量安全信息的记录

白酒生产企业建立质量安全追溯体系的核心和基础，是记录质量安全信息，包括产品、生产、设备、设施和人员等信息内容。

1. 产品信息

企业应当记录白酒产品的相关信息，包括产品名称、执行标准及标准内容、配料、生产工艺、标签标识等。情况发生变化时，记录变化的时间和内容等信息。应当将使用的白酒产品标签实物同时存档。

2. 生产信息

信息记录覆盖白酒生产过程，重点是原辅材料进货查验、生产过程控制、白酒出厂检验等三个关键环节。

（1）原辅材料进货查验信息。企业应当建立白酒原料、食品添加剂、食品相关产品进货查验记录制度，记录质量安全信息。重点是粮谷、外购原酒、食用酒精、食品添加剂、加工助剂、直接接触酒体的包装材料等质量安全信息。

（2）生产过程控制信息。企业应当记录原辅材料贮存、投料、生产过程控制、产品包装入库及贮存等生产过程质量安全控制信息。主要包括：一是原辅材料入库、贮存、出库、生产使用的相关信息；二是制曲、发酵、蒸馏、勾调、灌装的相关信息；三是自产原酒的入库、贮存、出库、生产使用、销售的相关信息；四是成品酒的入库、贮存、出库、销售的相关信息；五是生产过程检验的相关信息，包括每批产品原始检验数据并保存检验报告。

（3）出厂检验信息。企业应当建立白酒出厂检验记录制度，记录相关质量安全信息。

3. 设备信息

记录与白酒生产过程相关设备的材质、采购、安装、使用、清洗、消毒及维护等信息，并与相应的生产信息关联，保证设备使用情况明晰，符合相关规定。

4. 设施信息

记录与白酒生产过程相关的设施信息，包括原辅材料贮存车间及预处理车间、制曲车间、酿酒车间、酒库、勾调车间、包装车间、成品库、检验室等设施基本信息，以及相关的管理、使用、维修及变化等信息，并与相应的生产信息关联，保证设施使用情况明晰，符合相关规定。

5. 人员信息

记录与白酒生产过程相关人员的培训、资质、上岗、编组、在班、健康等情况信息，并与相应的生产信息关联，符合相关规定。明确人员各自职责，包括质量安全管理、技术工艺、生产操作、检验等不同岗位、不同环节的人员，特别是制曲、配料、投料、发酵、蒸馏、原酒贮存、勾调、灌装、检验等关键岗位负责人，切实将职责落实到具体岗位的具体人员，记录履职情况。

四、质量安全信息记录与保存的基本要求

企业质量安全信息记录与保存，应当确保产品从原辅材料采购到产品出厂销售所有环节，都可有效追溯。

1. 质量安全信息记录基本要求

一是真实。能够实时采集的信息应当实时采集，确需后期录入的应当保留原始信息记录。二是准确。采集使用的设备设施能够准确采集信息。三是科学。根据生产过程要求和科技发展水平，设定信息的采集点、采集数据、采集频率等技术要求。四是系统。信息应当形成闭环，前后衔接，环环相扣，做到"五清晰"：原辅材料使用清晰、生产过程管控清晰、时间节点清晰、设备设施运行清晰、岗位履职情况清晰。

2. 质量安全信息保存基本要求

一是不能修改。企业在建立追溯体系中采集的信息，应当从技术上、制度上保证不能修改。二是不能灭失，确保信息安全。采用纸质记录存储的，明确保管方式；采用电子信息手段存储的，要有备份系统。无论采取任何保存形式，都要明确保管人员职责，防止发生信息部分或全部损毁、灭失等问题。

五、企业建立、完善和实施质量安全追溯制度

白酒生产企业负责建立、完善和实施质量安全追溯制度，通过统一规范，严格管理，保障追溯体系有效运行。

1. 建立制度

企业应当建立白酒质量安全追溯制度，适用和涵盖企业组织实施追溯的人员，生产过程各个环节实施追溯的记录，追溯方式及相关硬件、软件运用，追溯体系实施等要求。企业可根据实际情况选择具体追溯方式，如采用条码、二维码、RFID等。记录可采用纸质，或依托计算机等电子记录等形式。鼓励企业采用信息化手段采集、留存信息，不断完善质量安全追溯体系。

2. 组织实施

企业应当按照建立的质量安全追溯体系，严格组织实施。出现产品不符合相关

法律、法规、标准等规定，或生产环节发生质量安全事故等情况，要依托追溯体系，及时查清流向，召回产品，排查原因，迅速整改；原辅材料发现质量安全问题，应当通报相关生产经营单位；如有人为因素，应当依法追究责任。企业建立、完善和实施追溯制度的情况，应当向所在地县级食品药品监管部门报告。

3. 完善提高

在追溯体系实施过程中，企业应当及时分析问题、查找原因、总结经验，特别是对发生食品质量安全问题或发现制度存在不适用、有缺环、难追溯的情况，要及时采取有效措施，调整完善。企业的组织机构、设备设施、生产状况、管理制度等发生变化，应当及时调整追溯信息记录与保存的相应要求，确保追溯体系运行的连续性。

六、监管部门检查指导

地方食品药品监管部门根据相关法律法规和本指导意见，提出指导、监督白酒生产企业建立质量安全追溯体系的具体措施，督促企业落实质量安全主体责任，提高监管工作水平。

1. 试点示范，稳步推进

省级食品药品监管部门应当根据行政区域白酒生产企业实际，制定规划，做好指导、督促、推进和示范工作。可选择有代表性的白酒生产企业先行试点，逐步覆盖所有白酒生产企业。不断指导企业加强追溯信息化建设，重点是追溯技术平台建设，引导企业依托信息化手段，提升追溯体系实施水平。

2. 检查指导，取得实效

地方食品药品监管部门要对白酒生产企业建立质量安全追溯体系情况进行监督检查，对于没有建立追溯体系、追溯体系不能有效运行，特别是出现不真实信息或信息灭失的，要依照相关法律法规等规定严肃处理。不断探索根据监管需要调用企业追溯信息的方式方法，提高监管工作的针对性和有效性，严防区域性、系统性白酒质量安全问题的发生。省级食品药品监管部门应当及时将白酒质量安全追溯体系实施情况分析总结，报告食品药品监管总局。通过大力推动企业建立追溯体系，提升白酒质量安全整体水平，保障我国白酒行业持续健康发展。[1]

根据这个指导意见，每个产品的生产信息酒厂都必须有相应的记录，很多酒厂，特别是规范的大酒厂，这些信息全都有。这些生产信息、检验信息，是对具体酒品最有价值的信息，我们需要获取和分析的就是这类信息，这类信息是有效信息。

---

[1] 余乾伟：《传统白酒酿造技术》，中国轻工业出版社，2018年5月第二版，第551页—第553页。

这个指导意见里面要求酒厂建立白酒原料、食品添加剂、食品相关产品进货查验记录制度，记录质量安全信息。重点是粮谷、外购原酒、食用酒精、食品添加剂、加工助剂、直接接触酒体的包装材料等质量安全信息。这些都应该有详细的记录，才能做到在出现问题时追溯、查证。这是国家监管部门规定的白酒生产企业必须要建立的溯源体系，没有建立溯源体系，出现不真实信息或者信息缺失的，要依照相关法律法规严肃处理。2019 年，中国酒业协会发布团体标准 T/CBJ 2201—2019 白酒产品追溯体系，进一步落实了国家食品药品监管总局的指导意见，把白酒产品追溯体系标准化，标准中除详细规定可追溯的信息外，还规定要使消费者能够通过智能手机等方式查询。

对消费者来说，具体的产品信息是有权利获得的，白酒生产企业在推出具体产品时，相关的信息应该以适当的方式提供（详见 T/CBJ 2201—2019 白酒产品追溯体系中的规定）。如果生产企业没有提供相关信息，或者信息不够充分，消费者有权利向生产者索要信息。消费者根据自己的认识和品鉴，觉得信息有误的话，可以向有关部门提出申诉来维护自己的权利。这种案例已经不少了，关于茅台年份酒，有一个起诉案例，四川一名律师起诉四川国酒茅台销售有限公司出售的 50 年陈茅台和 30 年陈茅台的酒体没有陈储到标示年份，酒厂称"陈年茅台酒并不是指储藏到一定年限的酒，而是使用酒龄不低于 15 年的酒，精心勾兑而成，使之达到该年份酒的老味。"这起诉讼案最后调解结案，四川国酒茅台销售有限公司归还货款 61996 元并支付原告因本案所支出的合理费用 55000 元，被告贵州茅台酒股份有限公司在本案中不承担任何责任。[①]事实上等于承认了原来标注的信息是不准确的。

读者可能会问，以上说的是白酒企业确实有这些信息，消费者也有权利获得这些信息，但酒企不提供怎么办？

不提供消费者就没有办法了吗？

当然有办法，对消费者来说，酒企不提供信息，品评白酒时至少可以当作无信息来处理。

白酒产品信息评分标准

李寻白酒品鉴方法评分标准主要分为两大部分，一部分是信息分析，占 50%，也就是 50 分，另一部分是感官品鉴，也占 50 分。

白酒信息分析又分为三部分，一部分是信息透明度，占 20 分；第二部分是工艺，占 20 分；第三部分是酒龄，占 10 分。

---

① 《"陈年茅台酒"被告欺诈，调解结案！50 年是口感而非酒龄》，中国消费者报，2020 年 11 月 5 日。

信息透明度是最重要的评价标准，我们给它 20 分的分值。如果白酒生产企业提供的具体产品有效信息充分，提供了 T/CBJ 2201—2019 白酒产品追溯体系标准中规定的那些项目的真实信息，它就是高透明度的，在这一项上可以给满分；如果提供的信息不完整，视其具体情况给 16 ～ 20 分之间；如果提供的更少，或者有一些信息不太准确，可以按中等程度给 6 ～ 15 分；如果没有提供相关信息，就是信息不透明，等于无信息，这 20 分就全扣掉了。

表 7-4-1 李寻白酒品评法信息分析打分简表

品评项目	满分	得分等级			
		等级	总分	细分依据	细分分值
信息透明度	20 分	低	5 分及以下		
		中	6 ～ 15 分		
		高	16 ～ 20 分		
工艺	20 分	液态法酒	2 分及以下		
		固液法酒	3 ～ 8 分	固态酒占比 30% ～ 50%	3 ～ 4 分
				固态酒占比 50% ～ 80%	5 ～ 6 分
				固态酒占比 80% 以上	7 ～ 8 分
		固态法酒	9 ～ 20 分	糖化酶	9 ～ 12 分
				麸曲	13 ～ 14 分
				小曲	15 ～ 16 分
				大曲	17 ～ 20 分
酒龄 （陈化老熟时间）	10 分	合格（3 年以下）	3 分及以下		
		老熟充分 （5 ～ 10 年）	4 ～ 6 分		
		陈年老酒 （10 年以上）	7 ～ 10 分		

后面关于工艺和酒龄的评价，前提是必须有信息，而且信息是真实的，如果不是真实的话，就无法判断。如果是真实的，打分就很简单，根据前面讲的固态酒、固液酒、液态酒进行打分，固液酒根据其中的固态酒的含量进行打分，固态酒根据使用的糖化剂进行打分，大曲、小曲、麸曲、糖化酶各有不同的分值。如果工艺的信息少，或者没有，无法判断这个酒的工艺，这 20 分也得全扣了。酒龄也是一样，酒龄我们使用的是国际标准的酒龄，就是这个酒瓶里年份最低的酒龄，分为合格（3 年以下）、老熟充分（5 ～ 10 年）和陈年老酒（10 年以上），如果没有这方面的信息，就无法给分，等于 0 分。

　　最后再强调一下，信息透明度是基础，没有足够的信息透明度，关于工艺和酒龄的信息都是不可靠的，即便是通过别的渠道，如通过酒厂内部工作人员的私人关系获得的信息，但这个信息又没得到酒厂官方的确认，真伪莫辨，将来可能有争议，这种信息也不可靠。如果信息不可靠的话，也就无法分析。在没有信息的情况下，一款酒的信息分析分总分就是 0。在我们这个品评法设计里面，一款酒的总分是 100分，如果没有信息分的话，就算感官评价是满分，总分也只有 50 分。

　　我们希望信息透明度和信息的真实可靠能成为白酒生产企业高度重视的工作，从长远看，它比广告更有效益、更有价值，消费者也更应该关心这方面的内容，将其作为白酒评价选择的重要标准，长期坚持下去，真实的信息就会逐渐显露出来，就会进入良性循环的状态。

第五节
白酒感官品鉴

白酒品鉴的身体素质要求

由于白酒行业工作相对的封闭性，行业外的人经常对专业品酒师有种神秘感，有传说说专业品酒师的嗅觉、味觉都要异于常人，这在一定程度上是一种误解。什么样的人能够品鉴出好酒和差酒？只要是普通的身体健康的人，视觉、嗅觉、味觉都正常，而且身体有耐受酒精的能力，这样的人都可以当品酒师，也可以当选酒师，更可以当消费者。或者说，只要是持续饮用白酒的消费者，都具有成为品酒师的身体条件。通过基本的知识培训和技术训练都能掌握白酒品鉴能力，都能把前面所介绍的白酒的客观等级体系中的质量差品鉴出来。当然，人的感受能力（味觉、嗅觉和其他身体感受能力）是有个体差异的，有些人的感受能力确实突出，嗅觉和味觉更加敏感，如果这种人成为品酒师，特异的天赋可能会使他成为一个品酒大师。大多数人都可以通过训练成为品酒师，但并不是所有的人都可以成为品酒大师或者调酒大师，那是需要特殊天赋的。这就相当于任何人通过基础教育都可以认字、都可以写作文，但并不是任何人都可以成为伟大的作家。读书认字写作文，这是任何人都可以通过训练掌握的基本技能，但是能写出传世名作的伟大作家是要有特殊天赋的。品酒也一样，识别出好坏，识别出等级差别，这几乎是任何人通过训练都可以做到的，而要做到品酒大师或者调酒大师，那是需要有特异天赋的。

品酒的环境和工具

专业品酒师一般是在室内品酒的，室内环境要求光照为 100 勒克斯，选择波长

400～750 纳米的可见光，人眼感觉为白色，不会对酒的颜色产生综合效应。品酒室的温度建议冬季不低于 18℃，夏季不高于 30℃，保持 20℃～25℃最佳。相对湿度建议在 50%～60%。风速建议在 0.01～0.5 米 / 秒，在室内近乎无风的状态。

　　白酒品鉴和国际蒸馏酒品评一样，用的是郁金香形品鉴杯，无色透明、无花纹，大小、形状、厚薄一致，满容量 50～55 毫升，最大液面处容量为 15～20 毫升。郁金香形品鉴杯的特点是腹大口小，腹部面积大的地方蒸发面积大，口小能使蒸发的酒气味分子集中，有利于嗅觉品评。

　　酒样品评时要编组，编组之后，一个酒样对应一个酒杯，酒杯上一般是有编号的，有的是纸贴的编号。倒酒量可以酌情增减，一般是到品酒杯容积的 1/2 到 2/3，留下空间保持酒的香气，而且便于品评时转动酒杯，各个酒样的倒酒量应该是一样的。

　　白酒酒样温度一般是 25℃，味觉比较灵敏的温度范围是 21～30℃。一般来说，酒样温度低于 10℃，会引起舌头的凉爽麻痹的感觉，高于 28℃，则会导致炎热迟钝的感觉。酒样温度偏高，会增加酒的异味；若偏低，则会减弱酒的正常香味。而且在不同温度下，人对味觉的感受也不一样，比如在 5℃时，果糖就甜于蔗糖，在 6℃时，蔗糖就甜于果糖。

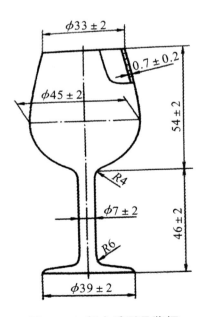

图 7-5-1 郁金香形品鉴杯

最佳品酒时间一般是上午 9 ～ 11 时，下午 3 ～ 5 时。在饭前、饭后立即品酒都会影响品评结果。[①]

上面是专业品评活动时的环境条件要求，但在实际运用过程中，专业品酒师的品酒环境也是变化的，如在生产车间的品评和在酒库里的品评，温度、风速、周围环境的气味都不一样。

对于消费者和选酒师来讲，专业品酒环境只是一个参考，因为在更大多数场合下，白酒的实际饮用环境跟专业品酒的环境是不一样的，比如在餐厅饮用，香味和用餐的气味就串了，在这种情况下，哪一种香气跟哪种菜更搭，也成为一个考虑因素。而且在不同地区，不同的季节，人们的饮酒习惯不一样，北方就习惯冬天把酒加热喝，加热的温度有时候很高，到 50℃ 以上，都有点发烫的样子。近些年来，有些地方也像西方饮酒那样，把白酒放到冰箱里冰一下，冰到 10℃ 以下再饮用。除了用玻璃器具饮用之外，在实际使用过程中，会有其他的酒具，有陶瓷杯、有金属酒杯（如银杯），杯型也不一样，酒杯酒器不一样，对饮用时的口感也会有影响。

从我们自己的品饮经验看，在室外不同环境下品鉴白酒，对白酒的理解会更为深刻，同样一款白酒，在不同的环境下品饮的感受是不一样的。比如在黄河边品鉴清香型的原酒，那种感受是非常好的，酒杯放在眼前，随着风速的高低变化，你会感觉香气在眼前像幻彩画一样，云雾缭绕般的变化，香气呈现各种不同的感觉。中国白酒的香气非常丰富，没有一个稳定的阈值，在不同环境下激发出来的感受不一样，这正是中国白酒的魅力。所以我们建议消费者和选酒师尝试在多种场合，使用多种工具去品鉴白酒，感受和记录不同场合下的感觉，可以发展出不同的饮用场景，对消费者来讲也有实际的帮助意义。

一定要经过标准样的品尝训练

所有的品评说到底就是比较，比较必须有基准，这个基准我们把它叫作标准样。白酒大致分成两类：一类是生产中的标准样；另一类是成品酒。生产中的标准样包括三种：原酒、调味酒、添加剂。添加剂包括香精、酒精、糖精、呈色剂，呈色剂就是焦糖色等。

对于普通消费者来讲，是很难接触到生产环节中的标准样的，如果没有这些标准样，想建立起来对成品酒的品鉴能力是不可能的。为什么这么说呢？比如一款酒，宣称自己是 80% 的原酒或者 100% 的原酒经过加浆降度生产出的成品酒，它的原酒是什么样的？你尝过没有？闻过没有？如果原酒是什么样都不知道，你怎么知道这个

① 田学梅、王洪渊：《中国白酒品鉴》，四川大学出版社，2021年1月，第24页—第27页。

成品酒是否是它所说的那样由原酒加浆降度而成的？或者原酒占了多少比例？它用了哪一种调味酒？是陈年老酒、还是双轮底酒、还是黄水酒？这些东西你没见过、没尝过、没闻过，不知道它们是什么，它们呈现出的气味你也不知道，在成品酒里你怎么去识别它们有或者没有，加了哪一种呢？香精就更是这样了，行业内也叫"单体香"。按照过去的标准，己酸乙酯是浓香型的主体呈香呈味成分，乙酸乙酯是清香型的主体呈香呈味物质，乳酸乙酯和乙酸乙酯是老白干香型的主体呈香呈味物质，这是国家标准上明确写出来的。己酸乙酯到底是什么气味？加入不同比例后又呈现出什么样的气味？如果没有闻过，是根本不清楚的。

我们在自己的工作室做过这种教学实验，来学习的学员以前从来没有见过香精，也没见过原酒，我们把原酒、香精的标准样给他们品尝过后，把按照配方比例勾调出来的液态酒与市场上购买的成品酒相比。基本上一次课（两个小时左右），所有的学员全部具有了辨别成品酒里是否含有香精的能力。成品酒里有没有原酒，原酒占的比例的大小，在一定程度也都能感受出来。

普通消费者要获得生产环境中的标准样是有些困难的，但是作为职业选酒师，必须具有这个职业技能，必须经过这样的培训，没有经过这个环节的培训，就没有识别判断能力。

对普通消费者来讲，学习白酒品鉴，最容易获得的标准酒样就是成品酒，各个香型都有它的代表酒，如果拿不到前面讲的生产过程中的标准样的话，起码得有成品酒的标准样。

成品酒有各种各样档次的，可以选择酒厂生产的最能够代表它的特征的成品酒作为标准样，特别是对各个香型白酒来讲。举个例子，兼香型的白云边酒，有很多品种，大多数品种几乎跟浓香型白酒一样，辨识难度大，但是它的高端产品，五星级以上的区外市场销售的白云边酒，浓酱兼香型的特点还是非常明显的，原酒就更明显了。再举个例子，特香型白酒市场占有率比较高的是东方韵系列，而东方韵系列也很像浓香型白酒，盲品的话，很多专业品酒师都分不清它是浓香型还是特香型，但是四特酒年份酒20年的特香型特征就非常明显，只有喝过了20年的四特酒，才知道特香型之所以能称为特香型的根据是什么。每个香型能成为一个独立的香型，一定是有很明显的与其他香型不一样的标志性的香气和口感，如果你在成品酒里感受不到这种独特性，说明你没有找到能代表该香型白酒的标准样。

成品酒的标准样是消费者最容易获得的，如果想学习掌握白酒品鉴能力的消费者，应该收集各个香型白酒的代表产品，以这些产品作为标准样，起码能知道这个香型白酒的风格是什么样的。一般来说，代表性产品都是各香型白酒成品酒里最好的，以它们作为基准，慢慢地培养出识别酒体质量差别的能力。

但要彻底培养出白酒的品鉴能力，最终还是要获得前面讲的生产过程中的标准样。

学会使用白酒风味轮

对职业白酒选酒师来说，应该了解白酒相关的国家标准，这些非常重要，包括白酒的卫生标准、香型标准、地理标志产品保护标准，这些我们在前面都介绍过，本书最后面附有白酒相关的国家标准目录，以供查询。另外，还有两个国家标准对白酒选酒师非常重要。一个是《白酒工业术语》（GB/T 15109—2021），这个标准是2021年修订的，2022年6月开始实施；另一个是《白酒感官品评术语》（GB/T 33405—2016）。这两个标准对白酒行业中使用的专业术语进行了规范化的表述，掌握这两个关于术语的标准，就等于掌握了与白酒行业沟通的语言。选酒师作为消费者和生产者之间的沟通环节，必须要懂生产者的语言，所以学习这两个标准非常重要。

《白酒感官品评术语》（GB/T 33405—2016）的附件中有一个白酒风味轮（附录A图7-5-2），它是一个比较实用的记录和表达白酒风格的工具。据资料介绍，风味轮最早起源于啤酒，后来在葡萄酒和国外的烈性酒中使用，我国的白酒品评大概在2015年以后也开始逐渐使用白酒风味轮，2016版的《白酒感官品评术语》标准里面作为附件添加进来。中国白酒使用风味轮的时间不长，而且白酒的一些特点还没有在这个风味轮中充分体现出来，这个风味轮不够完善，但不妨碍我们理解它的原理、使用它建立自己的品评工具。

这个风味轮从内向外分为三个圈层，中心是名称，第一个圈层描述的是人体器官的感受，如香气是嗅觉，口感是口腔对液体的感觉，口味是对味道的感觉。第二个圈层是对香气口感来源的说明，如陈酿香、发酵香、原料香，描述香气的来源。第三个圈层是具体的感受，比如原料香是高粱香，还是大米香？发酵香是糟香，还是花香，还是青草香、酸香？陈酿香是枣香，还是油脂香？具体感受还有很多种，还可以扩展。

目前《白酒感官品评术语》附录所引用的风味轮有不完善之处。

第一，它的第一个圈层就是不完整的，除了香气、口感、口味之外，还应该有身体感受，身体感受又可以细分为两个，一个是饮后的整体感受，头疼不疼、口干不干、晕得厉不厉害；第二个就是喝的过程中咽喉吞咽的感受。

第二，圈层的逻辑层次不清晰。香气方面是清晰的，第一圈层是感受，第二圈层是成因。口味、口感在第二圈层就直接是具体感受，口感的纯净度、谐调度、丰满度、柔和度其实也是有原因的，在第二个圈层里应该把造成口感的原因放进来。口味也是有原因的，鲜、咸、苦、酸、甜是怎么来的，口味的原因也应该加到第二个圈层里。

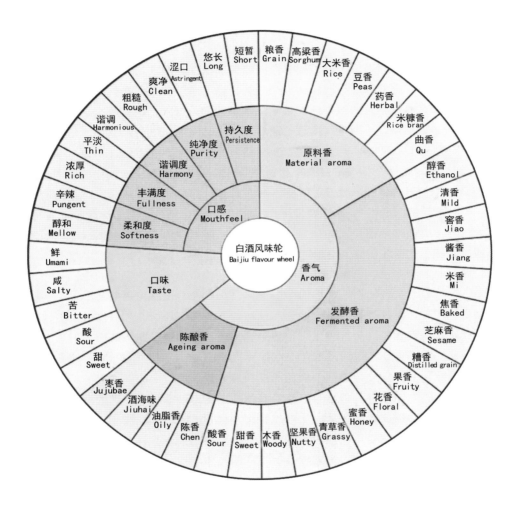

图 7-5-2 《白酒感官品评术语》（GB/T 33405—2016）附件中的白酒风味轮

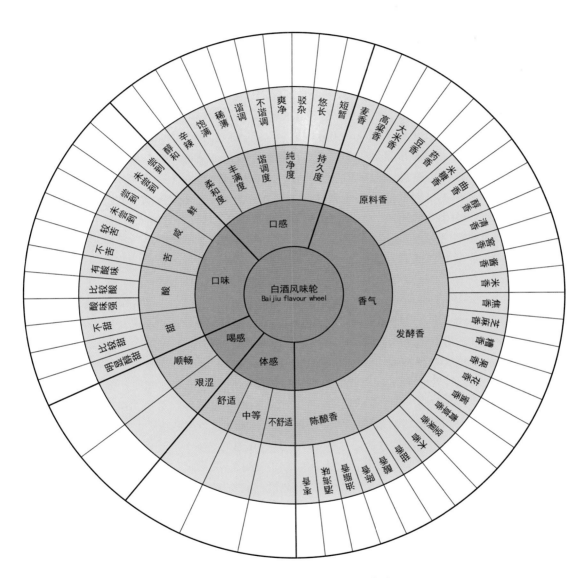

图 7-5-3 李寻设计的白酒风味轮

（注：最外一轮留给品鉴者使用，填写自己品鉴某种酒时的实际感受。）

第三，在很多具体描述上不够准确。比如口感的谐调分了粗糙和谐调，这个不太正确，"粗糙"应该是与"细腻"相对应的一个感觉描述，而谐调应该用"不谐调"或者"偏颇"这样的一个词来对应。如果细分谐调度和细腻程度：细腻程度分为细腻和粗糙，谐调度分为谐调和不谐调，这样才更合乎人类感觉事实。

这个风味轮的好处在于能使品鉴者思路清晰，先把感觉器官描述出来，然后把成因用一个圈层表达出来，最后是表达感受结果的圈层。我们认为可以在最外围再加上一个圈层，这样普通人都可以使用。每个人对于同一个事物的感觉是不一样的，第四个圈层可以留做自定义用，由品鉴者自己填写。

根据国标白酒风味轮的原理，我们初步提出了自己使用的白酒风味轮（见图7-5-3），我建议想做白酒选酒师的读者们也都建立自己方便使用的白酒风味轮。

在描述一款酒的香气时，一定要有一个实体的对应物，香气有很多种，世界上至少有上万种香气，人的语言在描述香气方面相对来说比较贫乏，具体说到一种香气，如果没有一个通用的外在物来对应的话，那就无法和别人沟通了。专业人员说的曲香，专业人员内部都能沟通，因为他们之间有"曲"这个实物可以对标，与普通消费者就不好沟通了，消费者手上没有"曲"。消费者或选酒师品鉴白酒时，关于香气口感的描述，一定要对应某种常见的大家都知道的实物的香气和味道。

当然，如果你已经有了专业的训练，也接触到了整个生产环节中的标准样的话，就可以使用专业术语，专业术语要参照《白酒工业术语》和《白酒感官品评术语》，这些标准里对术语的定义、描述是清晰的，所指向的对应物也是具体的。

讲述品鉴感受时尽量使用通用语言，即便使用专业术语，对选酒师来讲，也尽可能要把它转化成消费者可以理解的通用语言，比如说糟香、曲香到底什么样的香气，消费者感受不到时，可以拿一块曲让他感受。所谓通用语言就是建立在通用的、大家都可以感知到的物质的基础上的词汇和逻辑系统，它必须是指一个真实存在的东西，这个东西是大家都见过的，这样这个词汇才能够被理解。

消费者要提高自己的品酒能力，也需要逐步理解专业语言，因为专业语言不只是明确指向了某一个东西，而且是对整个工艺过程的有逻辑关系的陈述，通过对专业语言的掌握，才能真正了解整个工艺过程，搞懂各环节之间的关系，才能知道你感受到的那款酒的香气、味道是怎么来的。

品鉴白酒的感觉器官和感觉内容、强度

前面介绍白酒风味轮时，第一个圈层就是人的感觉器官，也是感觉能力。感觉器官包括视觉器官、嗅觉器官、味觉器官等。

人之所以能够感受到气味、味道和接触感，是因为有嗅觉、味觉和质感能力。

这些能力来自相应的生理器官。感觉有不同强度，如同一种香气有浓淡的区分，同一种苦味有程度的区分，是轻轻的苦，还是中等程度的苦，还是强烈的苦等。

描述感觉强度的专业术语叫阈值。

一、视觉器官

视觉器官主要是观察白酒的颜色，白酒颜色的标准要求是无色透明或者微黄。在这里要解释几个在消费者中比较流行的观念。

第一个就是白酒的透明度问题。纯粮固态发酵的白酒里面有一部分醇溶性物质，就是只溶于乙醇的高级脂肪酸乙酯，比如亚油酸乙酯等等，这些物质随着酒精浓度的下降、水的比例上升就会出现浑浊失光现象。也正是因为这个原因，很多酒友流行往白酒里加水，鉴定是否固态酒，加水后如果变浑浊了，就是固态酒，没有变浑浊就是非固态。这种判断方法，在某种情况下是可靠的。

另外，白酒是种胶体，目前酒界的研究达成了一个共识，就是越好的白酒，胶体性越强。只要是胶体，就有丁达尔现象，就是一束光线从侧面透过胶体，会出现一束略呈浑浊的光柱，这也常被酒友们用来作为鉴定酒体好坏的一个方法。但是，现在很多酒厂都采取过滤技术过滤掉高级脂肪酸乙酯，而且也有一些造假者，往酒里添加高级脂肪酸乙酯来达到这种效果。所以，上述两种方法不能绝对化。

第二个就是白酒的颜色。中国白酒中有些香型的酒随着储存时间的延长，会变得微黄，典型的就是酱香型白酒。还有在酒海中储存的白酒，时间久了也会变得微黄。有些商家认为大家觉得颜色微黄就是老酒，就用各种各样的方法给白酒里加颜色，有用苦荞茶泡的，有用大曲块泡的，有加焦糖色的，等等，所以酒色微黄不能作为老酒的绝对标志。

第三个就是靠视觉来判断酒的挂杯现象。各种酒多少都会形成挂杯现象，挂杯现象的原因是因为液体的表面张力不一样，表面张力不一样，在杯体晃动时会附着在酒杯壁上，随着乙醇的挥发和水的下降，就形成了所谓的泪滴状。威士忌品评中也使用这种方法，有的人将它叫做"威士忌的眼泪"。在一些白酒爱好者中，把这种方法也当作判断酒质好坏的一个标准。但在专业品酒领域里，没有人把它当作判断酒质好坏的标准。由于有些酒友把挂杯当作判断酒质好坏的一个标准，也就产生了针对此的造假，比如往酒里添加甘油，增加白酒的黏稠度，使挂杯效果更好。

根据视觉来判断酒质，特别是颜色和挂杯，目前看来是不大能够作为酒质的判断标准的。

也有研究者指出，视觉传递的速度比嗅觉和味觉要快，对综合判断会产生影响。法国曾经做过一个实验，给白葡萄酒加了红色，混到红葡萄酒里，让品酒师盲品，品酒师们没有品出来是白葡萄酒，因为颜色迷惑了他，很多品酒师还煞有介事地讲这个酒是用什么品种的葡萄酿成的。[1]

二、嗅觉器官

在白酒品鉴中，七分靠闻，三分靠尝，主要靠闻香。闻香的器官就是人的鼻子，鼻子是人的嗅觉器官，人的嗅觉器官是非常灵敏的，普通人可以嗅出空气中 $4×10^{-5}$mg/L 的人造麝香，通常可以分辨出 1000 ～ 4000 种不同的气味，通过特殊训练的职业人员，比如调香师和品酒师，可以分辨高达一万种的不同气味。嗅觉跟仪器相比，灵敏程度因不同的物质有所差别。有些人对某些气味的灵敏度远超过仪器，比如一个人对正己醇的敏感度是气相色谱仪的 10 倍。有些物质仪器的灵敏度就比人要高，比如气相色谱仪测定丙酮的灵敏度就比常人高出 1.7 万倍。一般来说，女性的嗅觉能力比男性要更强。和一切器官一样，随着年龄的增长嗅觉器官的灵敏度也会降低。[2]

对品酒来说，挥发性的气味分子进入鼻腔有两个途径，一个是鼻腔通路，就是直接通过鼻腔在外面闻，还没有入口，这个感知强度实际上是由空气中的挥发性气味分子的浓度决定的；第二个是鼻咽通道，就是白酒进入口腔后，口腔的加热、舌头搅动以及吞咽形成的内部压力，白酒的挥发分子通过鼻咽通路再到达感受区捕获的气味分子，需要嗅觉感受器去进一步处理。嗅觉感受器为嗅觉区域，是埋藏在嗅觉黏膜层的嗅感受细胞，嗅觉感受区域大约有 $2.5cm^2$ 大小，有 5 亿个嗅觉感受细胞，每个感受细胞都含有 1000 多条纤毛，具有收纳和传导的功能。

我们将用鼻腔闻到的气味称为前味，进入口腔之后所感受到的气味称为中味或者后味。对白酒品鉴来讲，还有一个必须闻嗅的环节，就是空杯，空杯留香，酒喝完之后，酒杯不要洗，上面残余的香气也不同，茅台酒的一个最著名的特点就是空杯留香持久，香气能够持续一两天都不散，而且香气是非常优雅的一种香草味，而浓香型白酒就经常流露出酒糟味。空杯留香也是衡量酒质的一个指标。[3]

三、味觉器官

味觉器官就是人的口腔和舌头。口腔内的感受器官主要是味蕾，其次是自由神经末梢。味蕾大多分布在舌头表面的乳状凸起中，尤其是舌黏膜褶皱处的凸起中最多，味蕾一般由 40 ～ 150 个味觉细胞构成，大约 10 ～ 14 天更换一次，婴儿有 1 万个味蕾，成人有几千个味蕾。味蕾随着年龄的增大而减少，人对物质的味觉敏感性随着

---

①[英]马克·米奥多尼克：《迷人的液体》，天津科学技术出版社，2019年10月，第40页。
②贾智勇：《中国白酒品评宝典》，化学工业出版社，2018年9月，第46页—第47页。
③田学梅、王洪渊：《中国白酒品鉴》，四川大学出版社，2021年1月，第16页。

年龄增长会逐渐降低。

一般来说，人对咸味的感觉最快，对苦味的感觉最慢。但是从敏感性来讲，苦味比其他味觉都更敏感、更容易被觉察。

我们先要把味觉跟感觉区分开来，味觉感受到的就是味道，是味蕾感受到的。目前的研究认为，人能感受到的味觉主要是五种：第一种是苦，第二种是咸，第三种是酸，第四种是甜，第五种是鲜。辣和麻属于感觉，不属于味觉，后面讲感觉的时候再介绍。

过去曾经流行过一个味觉地图，说舌头的前部对甜味比较敏感，前半部分的两侧对咸味敏感，后半部分的两侧对酸味敏感，舌后部分对苦味敏感。现在研究认为，味觉地图其实是不存在的，因为味蕾并不是只感知一种味觉，它可以感知多种味觉。我们在品酒实践中想尝味时，要尽量把白酒摊平在口腔和舌头的各个部位来感受味道。[1]

四、感觉器官

其实人体遍布的感知细胞都是感觉器官，很多器官看起来跟白酒没有联系，但实际上是起作用的。我们先说跟白酒直接相关的口腔。辣不是味觉，而是感觉，是痛感；麻，是高频振动引起的感觉；涩，是蛋白质凝固的感觉。粗糙和细腻，醇和、柔和和刺激，这些强度的感受全是口腔和舌头的感受。这些感觉之外，我们在吞咽时，咽喉部和食道的感觉也在发挥作用。白酒是烈性酒，下咽时食道是有感受的。其他的感受器官，比如头晕，是大脑前庭主管运动的区域有了响应。人们评价好白酒是"打脚不打头"，是说脚上先有感觉，头没有晕、不上头，这种感受描述的是全身的感觉，腿脚的神经和头部的神经整体都参与了对酒的"检测"，白酒很容易进入血液，全身的感受器官都会有响应。人们还常说好酒"醉得慢、醒得快"，就是哪怕喝过量了，第二天起来身体没有太大的不舒适感，好恢复，这也是指整个身体的感觉。

关于饮酒后身体感受方面的研究，应该说还不够深入，可这又是衡量白酒酒质的一个非常重要的指标，值得以后持续关注。

白酒感官品鉴方法

前面简单介绍了进行白酒品鉴的生理基础，在下面这一部分里详细地介绍李寻白酒品评方法中的打分方法。

整个感官品鉴的总分是50分，闻香10分，尝味10分，喝感10分，体感20分。

---

[1] 贾智勇：《中国白酒品评宝典》，化学工业出版社，2018年9月，第67页—第76页。

表 7-5-1 李寻白酒品评法品饮感受打分简表

品评项目	满分	得分等级		
品饮感受	50分	闻香 10分	较差	1～3分
			一般	4～6分
			较好	7～10分
		尝味 10分	较差	1～3分
			一般	4～6分
			较好	7～10分
		喝感 10分	不顺畅	1～3分
			一般	4～7分
			顺畅	8～10分
		体感 20分	不舒适	1～5分
			一般	6～10分
			舒适	11～20分

一、闻香

白酒行业里的行话说品酒"七分靠闻，三分靠尝"，闻香现在是白酒品鉴中最主要的一个部分。第一步，在酒杯中倒入 1/2～2/3 白酒，先在鼻前闻嗅，距离一般建议 1～3 厘米，但在实际品鉴过程中，根据自己的感受，在不同的距离香气是不一样的，可以灵活运用，而且也可以单个鼻孔闻，就是左侧鼻孔先闻，然后右侧鼻孔再闻，两侧鼻孔分别闻，能感受到香气的细微差异。这个时候闻到的是酒的前味。

第二步是落口闻。落口就是咽下去之后再从口腔和咽部返回来的香气，这个就是酒的后味。

第三是空杯留香。空杯静置上一段时间，这个时间可以是 2 小时、5 小时或者 24 小时，时间是随机的，然后去闻嗅，闻空杯的香气。根据闻香情况不同，可给酒品以中、高、低端的评价。

闻香是很个性化的东西，因为酒体的香气千差万别。前面讲过人能识别的香气，专业闻香人员能够识别 1 万种香气，普通人也能识别几千种，但是，个人对于香气的感受能力和描述能力不一样，表述香气的语言也贫乏，能够表述的香气也不过就是上百种，这上百种是跟某个具体事物对应起来才描述出来的，而这又和每个人以往接触过的事物有关，所以，在感受和描述香气方面，有很强的主观性，不同人的描述不同。

对消费者和选酒师来讲，一定要尊重自己的感觉。只要你闻到某种香气，再去找原因，一定是有的，这个原因有可能相关的信息没有透露，但只要你去找它，一定会存在。

二、尝味

尝味是要把酒喝到口腔里，但先不要咽下去，一般吸入量是 0.5～2 毫升，再多一点 3 毫升也行，要使酒液在舌面、舌边、口腔都充分地摊平，这样使口腔各个部位都感受到味道。酒液在口腔停留的时间应该以 3～5 秒为宜。这样不仅能尝到它的味道，而且它的涩、润、滑等都能感受到。

三、吞咽（喝感）

我们将吞咽这个环节称作喝感。现行专业品酒方法里面没有这个环节，但作为消费者，酒是要喝的，不是尝的，只有在喝的过程中，通过咽喉和食道感受吞咽的感觉，才能建立起对酒体更完整的判断。喝也是闻香的一个环节，酒体的后味不经过吞咽是感受不完整的。好的酒，越喝越顺；差的酒，喝着就有喝不动的感觉了。在李寻品酒方法里，尝味是 10 分，喝感也是 10 分。

四、身体感受

身体感受首先就是先上头还是先打脚，好酒打脚不打头，就是脚上发热，有感觉了，头脑一直是比较清醒的，而且喝完之后身体轻松。有的酒一口进去，头就开始有点木木的，脚还没有感觉，这就叫"上头"，这种酒就比较差。

其次就是这个酒喝了之后，口渴不口渴，也有人说所有的酒喝了都口渴，这个要看口渴的程度是不是很明显，有些酒喝了之后，半夜就渴醒了，有的酒就没有。口渴是由于酸酯不平衡、酯类含量过高而引起的，上头可能是由于正丙醇含量过高引起的。

第三就是醉后恢复的状态，这是身体的综合感受，身体是不是能很快将酒精代谢掉。之所以有这种差异，是由于酒体微量成分不同，可能产生了拮抗作用，会使酒精给人体带来的不舒适感降低，这也只是目前的一种科学认识，尚待进一步深入的研究。

这里要强调：舒适度高未必就是健康的，也许酒对器官还是造成了伤害，只是由于其中某些微量成分对神经响应的抑制作用比较强，所以人体没有反应。因此，舒适感是我们现在评价酒质好坏的一个指标，但是它的科学机理还有待于进一步的研究。

身体感受的总分值为 20 分，根据具体的感受确定分数。

所有的感觉器官都有疲劳阈值，比如嗅觉，反复闻一个东西就麻木了，所以品鉴过程中，闻上两三次就休息一下。国外品酒的休息方法是让品酒师闻嗅咖啡豆，让嗅觉恢复。味觉也是这样，如果连续喝两三口，味觉就开始迟钝了，专业白酒品鉴时，要用清水漱口，也可以吃一点苏打饼干，恢复一下味觉，漱口后再进行品尝。

专业白酒品鉴过程首先是辨色，而且有的分值还比较高，在四项计分法中色占到 10 分（总分 100 分）。但对于消费者来讲，能买到的成品酒基本都是清澈透明的，想要有浑浊的还不大容易，所以在李寻品酒法里就没设观色这一项，因为几乎所有产品都合格，没必要再评分了。特殊现象，比如酒体的失光、丁达尔现象或者挂杯，要在信息明确的情况下，针对原酒进行鉴别，才是有意义的。

李寻白酒品评法评分简表

先要根据信息分析和感官评价，将一款酒在我们前面介绍过的白酒质量等级体系里找到它对应的位置，是固态酒、液态酒，还是固液酒；是大曲酒，还是糖化酶酒，先把这个定下来，定下来之后基本等级就出来了。等级出来后，它值什么价格，根据市场经验也都能判断出来。在这个基础上的评分才有意义，这个评分是在确定了酒体等级的基础上更细致的打分，可能更多地反映的是个体风格的偏好。

表 7-5-2 李寻白酒品评法评分简表

酒品名：				品评人：	
品评项目		满分	打分范围		品评分数
			等级	分值	
信息	信息透明度	20分	低	1～5分	
			中	6～15分	
			高	16～20分	
	工艺	20分	液态法酒 1～2分		
			固液法酒 3～8分	固态酒占比 30%～50% 3～4分	
				固态酒占比 50%～80% 5～6分	
				固态酒占比 80% 以上 7～8分	
			固态法酒 9～20分	糖化酶　9～12分	
				麸曲　13～14分	
				小曲　15～16分	
				大曲　17～20分	
	酒龄 （陈化老熟时间）	10分	合格（3 年以下） 1～3分		
			老熟充分（5～10 年） 4～6分		
			陈年老酒（10 年以上） 7～10分		
品饮感受		50分	闻香 10分	较差　1～3分	
				一般　4～6分	
				较好　7～10分	
			尝味 10分	较差　1～3分	
				一般　4～6分	
				较好　7～10分	
			喝感 10分	不顺畅　1～3分	
				一般　4～7分	
				顺畅　8～10分	
			体感 20分	不舒适　1～5分	
				一般　6～10分	
				舒适　11～20分	
感觉描述					总分

第六节
白酒品质和社交价值的综合判断

"社交货币"的价值分析

除了自饮之外,白酒在大多数场合下是作为社交用品使用的,称之为"社交服装"也好,"社交货币"也好,都要根据应用场合来判断它的价值,这时酒的客观品质评价只是其中的一个组成部分。在选择社交场合使用的白酒时,酒质的等级只是消费者考虑的一个因素,另外两个比较重要的因素是品牌和酒品的文化含义,后两个因素是实际选择酒品的重要参数,哪一个参数优先,要看使用环境的具体需求。

正是由于有这三方面的因素,消费者及选酒师在做选择的时候,也有了"价值对冲"的空间,否则的话,只能买最贵的。所有人都想少花钱多办事,既有体面,又节省了支出,由于有上述三种因素的存在,可以用酒质来对冲品牌的影响力,也可以用文化来对冲品牌的影响力,还可以用品牌来对冲酒质的影响力,可供选择的组合就多了。

不同品牌之间也是有对冲效应的。常见的一种对冲效应就是以地方品牌对冲全国知名品牌,在某一地区接待客人,如果既想节约费用,又想突出地方特色,就选用本地名酒。全国每个地方都有本地的特色酒,陕西有西凤酒,江西有四特酒,这样就可以不上茅台酒了,可以节省不少费用,这就是品牌对冲的效果。

香型之间也是可以对冲的,比如请客户吃粤菜,这个时候可以用豉香型白酒,这样就可以不用高端的五粮液或者茅台,可以节省很大一笔费用,而且跟菜系更搭。

品质对冲品牌也是常用的一个办法。实际上所有的酒厂,不论大小,只要按照规范的工艺操作,都有优级酒,所有酒厂的优级酒的品质是差不多的。以茅台镇为例,茅台镇上有近千家酒厂，不少酒厂生产的优级产品，跟飞天茅台相比，是不相上下的。有些大酒厂的酒就是从提供基酒的小酒厂收购的，小酒厂的酒和大酒厂的酒是同一个酒。如果信息可靠，这种酒品的品质和大品牌的优级酒是不相上下的，那么，在对品质比较敏感而对品牌不那么看重的社交场合下，用这种有品质的酒去对冲大品牌的酒是可行的。相同品质的酒，飞天茅台市场价是 3000 元，小酒厂的酒市场价可能是 1000 元，达到相同品质的酒就可以对冲飞天茅台了。

文化影响力也是这样。现在很多新崛起的品牌，是靠文化影响力迅速占领市场的，如江小白、酱香型白酒里的酣客公社酒等，实际上是一种文化影响力。在对文化更敏感的社交场合，就可以用文化去对冲大品牌的影响。文化也可以对冲品质，论酒质的话，普通红星二锅头肯定不如汾酒青花瓷 20 年好，但有的时候要追求凛冽的口感，就要选择二锅头。所以在选酒时，要根据客户的具体需要，是品质优先，还是品牌优先，还是文化影响力优先，做出综合判断之后，再选择酒品。

从选酒师的角度讲，其选择信息应该是透明的，一定要给客户讲清楚选择的依据是什么。其实消费者自己一直在做这种选择，只是没有这么细致、专业，没有收集那么多的信息和用这么多的分析工具来做分析判断而已。选酒师是以此为职业的，必须要充分、理性地考虑这些因素，用更多的分析工具来帮助自己做出判断，给客户提供最优选择方案。

附录一：历届全国评酒会获奖白酒名录

第一届全国评酒会

时间：1952 年秋末。

地点：北京市。

评酒结果：共评出白酒类国家名酒 4 种，为贵州茅台酒、山西汾酒、泸州大曲酒、陕西西凤酒。

第二届全国评酒会

时间：1963 年 10 月。

地点：北京市。

评酒结果：共评出白酒类国家名酒 8 种，白酒类国家优质酒 9 种。

8 种白酒类国家名酒为：五粮液（四川宜宾）、古井贡酒（安徽亳州）、泸州老窖特曲酒（四川泸州）、全兴大曲酒（四川成都）、茅台酒（贵州仁怀）、西凤酒（陕西宝鸡）、汾酒（山西杏花村）、董酒（贵州遵义）。

9 种白酒类国家优质酒为：双沟大曲酒、龙滨酒、德山大曲酒、全州湘山酒、桂林三花酒、凌川白酒、哈尔滨高粱糠白酒、合肥薯干白酒、沧州薯干白酒。

第三届全国评酒会

时间：1979 年 8 月 1 日至 8 月 16 日。

地点：辽宁省大连市。

评酒结果：共评出白酒类国家名酒 8 种，白酒类国家优质酒 18 种。

8 种白酒类国家名酒为：茅台酒、汾酒、五粮液、剑南春酒、古井贡酒、洋河大曲酒、董酒、泸州老窖特曲酒。

18 种白酒类国家优质酒为：西凤酒、宝丰酒、郎酒、武陵酒、双沟大曲酒、淮北口子酒、丛台酒、白云边酒、湘山酒、三花酒、长乐烧酒、迎春酒、六曲香酒、哈尔滨高粱糠白酒、燕潮酩酒、金州曲酒、双沟低度大曲酒（酒精度 39%vol）、坊子白酒。

第四届全国评酒会

时间：1984 年 5 月 7 日至 5 月 16 日。

地点：山西省太原市。

评酒结果：共评出白酒类国家名酒（金质奖）13 种，白酒类国家优质酒（银质奖）27 种。

13 种白酒类国家名酒为：贵州茅台酒、山西汾酒、四川五粮液、江苏洋河大曲酒、四川剑南春酒、安徽古井贡酒、贵州董酒、陕西西凤酒、四川泸州老窖特曲酒、四川全兴大曲酒、江苏双沟大曲酒、武汉黄鹤楼酒、四川郎酒。

27 种白酒类国家优质酒为：湖南武陵酒、哈尔滨特酿龙滨酒、河南宝丰酒、四川叙府大曲酒、湖南德山大曲酒、湖南浏阳河小曲酒、广西湘山酒、广西三花酒、江苏双沟特液（低度）、江苏洋河大曲酒（低度）、天津津酒（低度）、河南张弓大曲酒（低度）、河北迎春酒、辽宁凌川白酒、辽宁大连老窖酒、山西六曲香酒、辽宁凌塔白酒、哈尔滨老白干酒、吉林龙泉春酒、内蒙古赤峰陈曲酒、河北燕潮酩酒、辽宁金州曲酒、湖北白云边酒、湖北西陵特曲酒、黑龙江中国玉泉酒、广东玉冰烧酒、山东坊子白酒。

第五届全国评酒会

时间：1989 年 1 月 10 日至 1 月 19 日。

地点：安徽省合肥市。

评酒结果：共评出白酒类国家名酒（金质奖）17 种，其中 13 种为上届国家名酒经本届复查确认，新增加 4 种，即武陵酒、宝丰酒、宋河粮液、沱牌曲酒；白酒类国家优质酒（银质奖）53 种，其中 25 种为上届国家优质酒经本届复查确认，新增加 28 种。（见下表）

第五届全国评酒会评出的 17 种国家名酒

酒　　名	生产单位	牌号、香型、酒精含量（vol）
茅台酒	贵州茅台酒厂	飞天、贵州牌，大曲酱香，53%
汾酒	山西杏花村汾酒厂	古井亭、汾字、长城牌，大曲清香，65%、53% 汾字牌汾特佳酒，大曲清香，38%
五粮液	四川宜宾五粮液酒厂	五粮液牌，大曲浓香，60%、52%、39%
洋河大曲酒	江苏洋河酒厂	洋河牌，大曲浓香，55%、48%、38%
剑南春酒	四川绵竹剑南春酒厂	剑南春牌，大曲浓香，60%、52%、38%
古井贡酒	安徽亳县古井酒厂	古井牌，大曲浓香，60%、55%、38%
董酒	贵州遵义董酒厂	董牌，小曲其他香，58% 飞天牌董醇，小曲其他香，38%
西凤酒	陕西西凤酒厂	西凤牌，大曲其他香，65%、55%、39%
泸州老窖特曲	四川泸州曲酒厂	泸州牌，大曲浓香，60%、52%、38%
全兴大曲酒	四川成都酒厂	全兴牌，大曲浓香，60%、52%、38%
双沟大曲酒	江苏双沟酒厂	双沟牌，大曲浓香，53%、46% 双沟特液，大曲浓香，39%
特制黄鹤楼酒	武汉市武汉酒厂	黄鹤楼牌，大曲清香，62%、54%、39%
郎酒	四川古蔺县郎酒厂	郎泉牌，大曲酱香，53%、39%
武陵酒	湖南常德市武陵酒厂	武陵牌，大曲酱香，53%、48%
宝丰酒	河南宝丰酒厂	宝丰牌，大曲清香，63%、54%
宋河粮液	河南省宋河酒厂	宋河牌，大曲浓香，54%、38%
沱牌曲酒	四川省射洪沱牌酒厂	沱牌，大曲浓香，54%、38%

第五届全国评酒会评出的 53 种国家优质酒

酒 名	生产单位	牌号、香型、酒精含量（vol）
特酿龙滨酒	哈尔滨市龙滨酒厂	龙滨牌，大曲酱香，55%、50%、39%
叙府大曲酒	四川宜宾市曲酒厂	叙府牌，大曲浓香，60%、52%、38%
德山大曲酒	湖南常德德山大曲酒厂	德山牌，大曲浓香，58%、55%、38%
浏阳河小曲酒	湖南浏阳县酒厂	浏阳河牌，小曲米香，57%、50%、38%
湘山酒	广西全州湘山酒厂	湘山牌，小曲米香，55%
三花酒	广西桂林酿酒总厂	象山牌，小曲米香，56%
双沟特液	江苏双沟酒厂	双沟牌，大曲浓香，33%
洋河大曲酒	江苏洋河酒厂	洋河牌，大曲浓香，28%
津酒	天津市天津酿酒厂	津牌，大曲浓香，38%
张弓大曲酒	河南宁陵张弓酒厂	张弓牌，大曲浓香，54%、38%、28%
迎春酒	河北廊坊市酿酒厂	迎春牌，麸曲酱香，55%
凌川白酒	辽宁锦州市凌川酒厂	凌川牌，麸曲酱香，55%
老窖酒	大连市白酒厂	辽海牌，麸曲酱香，55%
六曲香酒	山西祁县六曲香酒厂	麓台牌，麸曲清香，62%、53%
凌塔白酒	辽宁朝阳市朝阳酒厂	凌塔牌，麸曲清香，60%、53%
老白干酒	哈尔滨市白酒厂	胜洪牌，麸曲清香，62%、55%
龙泉春酒	吉林辽源市龙泉酒厂	龙泉春牌，麸曲浓香，59%、54%、39%
陈曲酒	内蒙古赤峰市第一制酒厂	向阳牌，麸曲浓香，58%、55%
燕潮酩酒	河北三河燕郊酒厂	燕潮酩牌，麸曲浓香，58%
金州曲酒	大连市金州酒厂	金州牌，麸曲浓香，54%、38%
白云边酒	湖北松滋白云边酒厂	白云边牌，大曲兼香，53%、38%
豉味玉冰烧酒	广东佛山石湾酒厂	珠江桥牌，小曲其他香，30%
坊子白酒	山东坊子酒厂	坊子牌，麸曲其他香，59%、54%
西陵特曲酒	湖北宜昌市酒厂	西陵峡牌，大曲兼香，55%、38%
中国玉泉酒	黑龙江阿城市玉泉酒厂	红梅牌，大曲兼香，55%、45%、39%
二峨大曲酒	四川省二峨曲酒厂	二峨牌，大曲浓香，38%
口子酒	安徽省濉溪县口子酒厂	口子牌，大曲浓香，54%
三苏特曲酒	四川省眉山县三苏酒厂	三苏牌，大曲浓香，53%

第五届全国评酒会评出的 53 种国家优质酒 （续表）

酒 名	生产单位	牌号、香型、酒精含量（vol）
习酒	贵州省习水酒厂	习水牌，大曲酱香，52%
三溪大曲酒	四川省泸州三溪酒厂	三溪牌，大曲浓香，38%
太白酒	陕西省眉县太白酒厂	太白牌，大曲其他香，55%
孔府家酒	山东省曲阜酒厂	孔府牌，大曲浓香，39%
双洋特曲酒	江苏省双洋酒厂	重岗山牌，大曲浓香，53%
北凤酒	黑龙江省宁安县酒厂	芳醇凤牌，麸曲其他香，39%
丛台酒	河北省邯郸市酒厂	丛台牌，大曲浓香，53%
白沙液酒	湖南省长沙酒厂	白沙牌，大曲其他香，54%
宁城老窖酒	内蒙古宁城八里罕酒厂	大明塔牌，麸曲浓香，55%
四特酒（优级）	江西省四特酒厂	四特牌，大曲其他香，54%
仙潭大曲酒	四川省古蔺县曲酒厂	仙潭牌，大曲酱香，39%
汤沟特曲酒 汤沟特液酒	江苏省汤沟酒厂	香泉牌，大曲浓香，53% 香泉牌，大曲浓香，38%
安酒	贵州省安顺市酒厂	安字牌，大曲浓香，55%
杜康酒	伊川杜康酒厂 汝阳杜康酒厂	杜康牌，大曲浓香，55% 杜康牌，大曲浓香，52%
诗仙太白陈曲酒	四川省万县太白酒厂	诗仙牌，大曲浓香，38%
林河特曲酒	河南省商丘林河酒厂	林河牌，大曲浓香，54%
宝莲大曲酒	四川省资阳酒厂	宝莲牌，大曲浓香，54%、38%
珍酒	贵州省珍酒厂	珍牌，大曲酱香，54%
晋阳酒	山西省太原徐沟酒厂	晋阳牌，大曲清香，53%
高沟特曲酒	江苏省高沟酒厂	高沟牌，大曲浓香，39%
筑春酒	贵州省军区酒厂	筑春牌，麸曲酱香，54%
湄窖酒	贵州省湄潭酒厂	湄字牌，大曲浓香，55%
德惠大曲酒	吉林省德惠酒厂	德惠牌，麸曲浓香，38%
黔春酒	贵州省贵阳酒厂	黔春牌，麸曲酱香，54%
濉溪特液酒	安徽省淮北市口子酒厂	濉溪牌，大曲浓香，38%

附录二：与白酒相关的国家标准及地方标准名录

GB/T 10346—2006 白酒检验规则和标志、包装、运输、贮存（已废止，新标准待发布）

GB/T 10345—2007 白酒分析方法（部分有效）

GB/T 10781.1—2006 浓香型白酒（含第 1 号修改单）（已被新标准替代）

GB/T 10781.1—2021 白酒质量要求 第 1 部分：浓香型白酒

GB/T 10781.2—2006 清香型白酒（正在修订）

GB/T 10781.3—2006 米香型白酒（正在修订）

GB/T 10781.8—2021 白酒质量要求 第 8 部分：浓酱兼香型白酒

GB/T 10781.9—2021 白酒质量要求 第 9 部分：芝麻香型白酒

GB/T 10781.11—2021 白酒质量要求 第 11 部分：馥郁香型白酒

GB/T 14867—2007 凤香型白酒（正在修订）

GB/T 15109—2021 白酒工业术语

GB/T 16289—2018 豉香型白酒（正在修订）

GB/T 18356—2007 地理标志产品 贵州茅台酒（含第 1 号、2 号修改单）

GB/T 18624—2007 地理标志产品 水井坊酒（含第 1 号修改单）

GB/T 19327—2007 地理标志产品 古井贡酒（含第 1 号修改单）

GB/T 19328—2007 地理标志产品 口子窖酒（含第 1 号、2 号修改单）

GB/T 19329—2007 地理标志产品 道光廿五贡酒（锦州道光廿五酒）（含第 1 号修改单）

GB/T 19331—2007 地理标志产品 互助青稞酒

GB/T 19508—2007 地理标志产品 西凤酒

GB/T 19961—2005 地理标志产品 剑南春酒（含第 1 号修改单）

GB/T 20821—2007 液态法白酒（含第 1 号修改单）

GB/T 20822—2007 固液法白酒（含第 1 号修改单）

GB/T 20823—2017 特香型白酒（正在修订）

GB/T 20824—2007 芝麻香型白酒（已被新标准替代）

GB/T 20825—2007 老白干香型白酒（正在修订）

GB/T 21261—2007 地理标志产品 玉泉酒

GB/T 21263—2007 地理标志产品 牛栏山二锅头酒（含第 1 号修改单）

GB/T 21820—2008 地理标志产品 舍得白酒

GB/T 21822—2008 地理标志产品 沱牌白酒

GB/T 22041—2008 地理标志产品 国窖 1573 白酒

GB/T 22045—2008 地理标志产品 泸州老窖特曲酒

GB/T 22046—2008 地理标志产品 洋河大曲酒（含第 1 号修改单）

GB/T 22211—2008 地理标志产品 五粮液酒（含第 1 号修改单）

GB/T 22735—2008 地理标志产品 景芝神酿酒

GB/T 22736—2008 地理标志产品 酒鬼酒（含第 1 号修改单）

GB/T 23547—2009 浓酱兼香型白酒（已被新标准替代）

GB/T 26760—2011 酱香型白酒（正在修订）

GB/T 26761—2011 小曲固态法白酒（正在修订）

GB/T 33405—2016 白酒感官品评术语

GB 31640—2016 食用酒精

DB12/T 493—2018 地理标志产品 芦台春酒

DB15/T 1224—2017 地理标志产品 归流河酒

DB22/T 1228—2021 地理标志产品 榆树钱酒（榆树大曲）

DB22/T 1860—2013 地理标志产品 吉林高粱酒

DB22/T 1864—2013 地理标志产品 龙泉春酒

DB23/T 1503—2013 地理标志产品 北大仓酒

DB23/T 1777—2016 地理标志产品 富裕老窖酒

DB34/T 2049—2014 地理标志产品 金种子酒

DB34/T 2050—2014 地理标志产品 高炉家酒（高炉酒）

DB34/T 2185—2014 地理标志产品 明绿御酒

DB34/T 2200—2018 地理标志产品 临水酒

DB34/T 2741—2016 地理标志产品 宣酒

DB34/T 2742—2016 地理标志产品 迎驾贡酒

DB34/T 2929—2017 地理标志产品 运漕酒（运酒）

DB36/T 1056—2018 地理标志产品 李渡酒

DB37/T 2442—2013 地理标志产品 扳倒井酒

DB37/T 2443—2013 地理标志产品 强恕堂酒

DB42/T 234—2009 地理标志产品 枝江酒

DB42/T 1267—2017 地理标志产品 古泉清酒

DB42/T 1268—2017 地理标志产品 黄梅堆花酒

DB42/T 1311—2017 地理标志产品 武当酒

DB42/T 1383—2017 地理标志产品 监利粮酒

DB44/T 1604—2015 地理标志产品 九江双蒸酒

DB52/T 550—2013 董香型白酒（国标制定中）

DB52/T 738—2013 地理标志产品 鸭溪窖酒

DB52/T 1029—2015 地理标志产品 习酒（含第 1 号修改单）

DB52/T 1217—2017 地理标志产品 金沙回沙酒

DB53/T 712—2015 地理标志产品 鹤庆乾酒

DB53/T 1009—2021 地理标志产品 庙坝白酒

DB62/T 2202—2012 地理标志产品 金徽酒

DB62/T 2495—2014 地理标志产品 红川酒

DB65/T 3614—2014 地理标志产品 伊犁酒

DB65/T 3985—2017 地理标志产品 古城酒

DB3715/T 2—2020 地理标志产品 景阳冈酒

DB4406/T 2—2021 地理标志产品 石湾玉冰烧酒

DB4414/T 3—2020 地理标志产品 长乐烧酒

DB5101/T 86—2020 地理标志产品 邛酒

DB5101/T 90—2020 地理标志产品 崇阳酒

DB5105/T 37—2020 地理标志产品 郎酒系列产品（酱香型）生产技术规范

DB5105/T 38—2020 地理标志产品 泸州酒（浓香型）工艺技术规范

DB5105/T 39—2020 地理标志产品 泸州酒（酱香型）工艺技术规范

DB5106/T 04—2020 地理标志产品 绵竹大曲酒生产技术规范

DB5115/T 36—2020 地理标志产品 五粮醇酒生产技术规范

DB5115/T 37—2020 地理标志产品 尖庄酒生产技术规范

DB5115/T 38—2020 地理标志产品 五粮春酒生产技术规范

DB5115/T 58—2020 地理标志产品 宜宾酒生产技术规范

DB5115/T 70—2020 地理标志产品 李庄白酒生产技术规范

QB/T 4258—2011 酿酒大曲术语

QB/T 4259—2011 浓香大曲

NY/T 432—2021 绿色食品 白酒

T/CBJ 2101—2019 白酒年份酒

T/CBJ 2106—2020 青稞香型白酒

T/CBJ 2109—2020 二锅头酒

T/CBJ 2111—2022 调香白酒

T/CBJ 2201—2019 白酒产品追溯体系

T/CBJ 2202—2019 陈年白酒鉴定规范

T/CBJ 2303—2021 白酒生态产区

T/CBJ 2304—2021 中国美酒名镇

T/RMJH 1—2020 地理标志产品 仁怀酱香酒

T/RMJH 2—2020 地理标志产品 仁怀酱香酒生产技术规范
T/HBFIA 0016—2020 地理标志产品 刘伶醉酒
T/HBFIA 0017—2020 地理标志产品 板城烧锅酒
T/CQJJLMA 001—2021 地理标志产品 江津白酒

　　注：上述标准状态信息收集于2022年6月15日之前。本书出版后，与白酒相关的国家标准及其他标准信息还会有所变动，请读者实时关注相关方面的发布。

后　记

一

如果坊间有一本关于白酒的书能回答我们所遇到的有关白酒的问题的话，我们是绝不会写这本书的，耗费的时间、资金、精力太大了。历时三年（还不算此前十几年的知识积累），这本书总算是写出来了，它回答了我们作为一个普通消费者对于白酒的所有问题，相信也回答了许多和我们有相同困惑的白酒消费者心中的问题。本书名为《中国白酒通解》，"通解"者，首先是"通俗的解释"，把专业术语和工艺以普通人易懂的方式解读出来；其次是"通达的解释"，把不同时期、不同专业和职业立场造就的白酒知识碎片的来龙去脉和底层逻辑完整地揭示出来，打通"堵点"、连通"断点"，力图做到一通百通，形成认识白酒的系统思维框架。

二

这是一项耗时耗力巨大的工程，依靠我们专业且优秀的顾问团队和工作团队才得以完成。

感谢白酒专家、酿酒大师李家民先生。在本书的写作过程中，我们曾多次向他求教，他甚至多次联系好酒厂，亲自带我到酒厂的生产现场，讲解工艺操作细节和技术要点。他曾为我的上一本书《酒的中国地理》作序，这次又欣然为本书作序。

感谢白酒专家、酿酒大师余乾伟先生，余先生年龄和我相仿，但在白酒方面是我们真正的老师，我们曾经在余老师所工作的四川省食品发酵工业研究设计院接受正规的品酒师培训，余老师是给我们上课的老师之一。在本书的写作过程中，我曾多次向他请教，他还拨冗认真审阅了全书，细致地提出了修改意见，并作序以示鼓励。

感谢著名历史地理学家马正林教授，他曾为我们的上一本书《酒的中国地理》作序，指导我们以地理学的观点认识中国白酒。上一本书主要侧重历史地理和经济地理，这本书我们可以向马教授汇报：我们又进入了"酒的自然地理学"领域。

感谢白酒发烧友、酒评家三圣小庙先生，他所著的《酒畔文潭》和《酒谈》两本专著信息真实、文辞古雅，对我们具有很大的启发意义。他执着地进行中国传统白酒的酿造实践，通过实践揭穿了很多白酒领域的虚假信息。本书写作过程中，我们曾多次向他请教，很多关键的判断来自他第一手实践的资料。

感谢上海丽思卡尔顿酒店首席调酒师 Tural Hasanv，他曾在国外伏特加、威士忌等酒厂实习并工作过，和我分享了威士忌、伏特加等酒的生产工艺和科学原理，使我更深刻地理解了中国白酒和世界上其他国家以谷物为原料的蒸馏酒相通的地方与不同的特点。同时也感谢客串翻译的上海丁墨之先生，他专业且流畅的翻译使我和 Tural 的交流高效顺畅。

感谢贵州湄窖酒业公司董事长陈长文先生和他的助理胡伟先生；感谢贵州天邦酒业公司董事长陈小林先生、总工程师龙则河先生；感谢贵州中心酒业集团董事长周杰明先生；感谢贵州京华酒业集团总经理袁仲华先生；感谢贵州遵义酱香时代酒业有限公司总经理韩春阳先生；感谢贵州钓鱼台酒公司副总经理汤明先生、财务总监刘洪义女士、酒体中心主任邹明鑫先生；感谢贵州夜郎古酒业公司总经理助理何小兵先生；感谢山西汾阳市酒厂董事长郭昌先生、营销总经理孟耀明先生；感谢山西潞州酒业公司董事长王敬宇先生、生产车间主任袁敬涛先生；感谢山西长治麟山酒业公司董事长李迎春先生；感谢青海互助天佑德青稞酒股份有限公司董事长李银会先生，总经理鲁水龙先生，公司副总经理、科技研发总监冯声宝先生，总工程师喇录忠先生，驻上海营销经理李绍之先生；感谢西藏纳曲青稞酒业有限公司总经理王江飞先生；感谢青海稞能酒业公司总经理周有伟先生；感谢山东烟台帝伯仕自酿机有限公司总工程师梁进忠先生。

以上企业的各位领导和专家给本书撰写团队提供了充分透明的研究条件和毫无保留的解疑，公开各个生产环节的全部信息，使我们对酒体酒质的真实性有了切身的体会。

感谢河北衡水老白干酒厂、陕西西凤酒厂、陕西太白酒厂、湖北白云边酒厂、湖南酒鬼酒厂、湖南武陵酒厂、江西四特酒厂、江西李渡酒厂、四川广汉金雁酒厂、四川宜宾金喜来酒厂、贵州珍酒厂、贵州董酒厂、贵州岩博酒厂、广西桂林三花酒厂的技术负责人和讲解人员，他们对我们的采访给予了热情的接待和专业透明的讲解，使本书在各种香型白酒方面，获得了最新的第一手知识。

感谢西安成城裕朗公司经理刘存楠先生，感谢西安佳福商贸有限公司总经理朱小霞女士，这两位经验丰富的白酒经销公司负责人，毫无保留地给我们讲解了白酒销售领域的运行规则和现状，让我们对白酒销售领域有了深入的了解。

感谢宝鸡酒海文化和白酒原酒的热爱者、原宝商集团副总经理马文瑾先生以及马总那些阅历丰富、才华横溢的朋友们，马总的朋友们都已退休或接近退休，时不时地借品鉴原酒聚会在一起，同时，还深入参加环保事业，支持围棋活动。在和他们的酒叙中，我们学习到宝贵的企业管理与经营经验、了解当代文学动态，更重要的，是感受到了中国白酒的日常饮用生态，他们虽然退休了，但没有停止思考，没有停止写作，没有停止生活的进步，而是让生命过得更饱满和快乐，酒在其中起着积极、健康的作用。

2018 年以后，我们陆续开设了公众号"李寻的酒吧""酒的世界地理""选酒师""李寻白酒讲座"英文版"Mr Li Baijiulecture"，抖音上的"李寻谈酒"、B 站上的"李寻品酒学院"，还建立了多个读者、酒友交流群"李寻品酒学院"，通过线上的交流，获得了很多读者和酒友的指导，在此，向他们表示诚挚的谢意。

感谢与我们一同工作的团队成员：编辑朱剑、王海玲、李延安、惠荣、张旋、李明馨、张博、申康帅；摄影师胡纲；设计部门崔蓉、王卉子、赵晶、牛妮妮；行政助理童康育、刘晶、冯巧昀、焦旭；基础科学顾问王小娟；实验室主任赵霏；司机丁耀军、陈昭钧、袁军超。他们除了要承担录音、整理、校对工作外，还承担了各种酒之外的工作。在本篇后记中附上我们团队参观西凤酒厂的照片，因为西凤酒厂离我们比较近，这是我们团队共同访酒人数最多的一次（当然，还不是团队的全部人员，因为当天还有一些同事在别的地方出差）。

感谢并致敬我们的工作团队，在这三年复杂困难的情况下，绝不"躺平"，而是积极进取，以超乎寻常的意志，共同开辟发展之路。

感谢西安石油大学经济管理学院管理学专家侯万宏博士，多年来他一直关注着我们团队的工作进展，经常提出极具启发意义的战略建议；感谢西安人民广播电台著名主持人李朵，他给我们的工作团队带来了饱满的工作激情和新媒体的工作思路。

感谢和我们一起创业的程骏、薛华实、秦如国、申志喜、施常明诸公，三年以来，我们埋头写书，即便在同一城市，和他们几乎没有见过面，但他们始终提供着稳定的物质支持和精神支持，没有他们的支持，我们就不会有稳定、客观、心平气和的写作环境。

特别的感谢依然要献给我们终生志同道合的朋友王永辉，他始终以天使般的高贵和力量鼓舞着我们去奋斗，又是三年过去了，我们没有辜负岁月和生命！

感谢贵州著名作家、学者韩可风先生，近二十年来，我们与时俱进地保持深刻的精神交流，先生蔼如春风的文化风度和深远的治学视野驱散了我偶尔涌起的孤独感，让我们知道，有很多人和我们一样拥有共同的精神家园。

感谢著名水产专家、营销专家何足奇先生，三年来，每次封城时刻，都有他变魔术般寄来的奢华海鲜食品补给，驱散了我们的心理恐慌，感觉到大海一样的力量。何先生是营销专家，他让我们看到了营销领域智慧起舞的商业美感，激发了我们对这一领域的研究兴趣。

感谢西北大学出版社社长马来先生、总编辑张萍女士、责任编辑陈新刚先生、特约审稿人李国庆先生，是他们促成了我们关于白酒的专著《酒的中国地理》的出版，又促成了本书的写作。

　　感谢《华商报》副主编李明先生和采编部主任王宝红女士，《新京报》记者赵方园女士，《新民周刊》主笔姜浩峰先生，新媒体《国酒地理》记者刘雅静女士。在我们上一本书《酒的中国地理》出版后，这些媒体对我们进行了多次采访和报道，通过他们，我们也听到了更多白酒消费者提出的问题，本书中有部分内容就是对这些问题的回应。

　　最后，我们要引述的是《酒的中国地理·后记》中的一段：

　　"最强烈的谢意，要送给那些我现在还无法一一罗列姓名的朋友和亲人。那些和我一起喝过酒的人，每个人的一生当中都有一同喝过酒，一同流过泪，一同打拼过的朋友兄弟，你总会在某一个时刻，不自觉地涌起对他们的感激之情。我们知道，每一个收到这本书的亲人和朋友，都会想起和我们一起喝酒时的那些往事与情景，能够感受到我们对他们的深沉感情，一切都在酒里！"

李寻访酒团队部分成员 2020 年 10 月在西凤酒厂门前合影　（摄影／胡纲）

扫描下列二维码会得到更多实时更新的酒知识和视频

1、《中国白酒通解》
在线服务：
扫码可获取作者答疑、
白酒工艺、趣谈白酒、
白酒科普。

《中国白酒通解》
在线服务

2、李寻的酒吧：
李寻品酒笔记以及由
酒激发出的哲学、历
史、文学感悟和思考。

李寻的酒吧

3、MrLi Baijiu Lecture：
李寻白酒讲座，以英文
（附中文对照）文本向
世界各地酒友介绍中
国白酒基本知识的公
众号。

MrLibaijiulecture

4、酒的世界地理：
介绍世界各地各种酒
的生产和品鉴知识。

酒的世界地理

5、选酒师：
供专业选酒师学习交
流、互相征信的公众
号。

选酒师

6、精酿白酒：
中国精酿白酒同盟官方
公众号。

精酿白酒

7、原酿威士忌：
中国本土原酿威士忌
官方公众号。

原酿威士忌

8、绝妙下酒菜：
若无绝妙下酒菜，纵有
好酒也枉然！

绝妙下酒菜

9、李寻谈酒抖音号：
记录李寻团队走访各
酒厂的现场实录以及
李寻老师回答酒友问
题的短视频。（用抖音
app扫描此码）

李寻谈酒

10、BiLIBiLi视频up
主·李寻品酒学院：
李寻老师系统完整
的"中国白酒工艺
学""中国白酒品鉴
学""中国白酒市场
学"讲课视频。

bilibili
李寻品酒学院

图书在版编目（CIP）数据

中国白酒通解 / 李寻，楚乔著. —— 西安：西北大
学出版社，2022.7

ISBN 978-7-5604-4972-2

Ⅰ.①中… Ⅱ. ①李… ②楚… Ⅲ. ①白酒-介绍-
中国 Ⅳ. ①TS262.3

中国版本图书馆CIP数据核字（2022）第130951号

中 国 白 酒 通 解
ZHONG GUO BAI JIU TONG JIE

作　　者 李 寻　楚 乔
审　　定 余乾伟　李家民
出版发行 西北大学出版社
地　　址 西安市太白北路229号
邮　　编 710069
电　　话 029-88302590 88303593
经　　销 全国新华书店
印　　装 陕西龙山海天艺术印务有限公司
开　　本 787毫米×1092毫米 1/16
印　　张 41.5
字　　数 850千字
版　　次 2022年7月第1版　2022年7月第1次印刷
书　　号 ISBN 978-7-5604-4972-2
审 图 号 GS陕（2022）072号
定　　价 388.00元